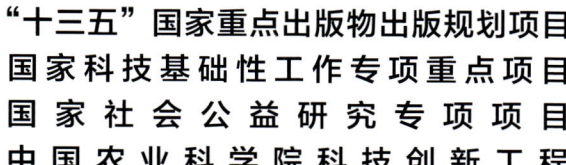

"十三五"国家重点出版物出版规划项目
国家科技基础性工作专项重点项目
国家社会公益研究专项项目
中国农业科学院科技创新工程

中国土壤剖面数据集

·辽宁卷

主　编　张维理

本卷主编　孙文涛　张怀志　牛世伟　徐爱国

浙江科学技术出版社·杭州

版权所有　侵权必究

图书在版编目（CIP）数据

中国土壤剖面数据集. 辽宁卷 / 张维理主编；孙文涛等本卷主编. -- 杭州：浙江科学技术出版社，2024.6. -- ISBN 978-7-5739-1270-1

Ⅰ. S152.2

中国国家版本馆CIP数据核字第2024LA8424号

书　　名	中国土壤剖面数据集·辽宁卷
主　　编	张维理
本卷主编	孙文涛　张怀志　牛世伟　徐爱国
出版发行	浙江科学技术出版社 杭州市拱墅区环城北路177号　邮政编码：310006 办公室电话：0571-85152719 销售部电话：0571-85176040
排　　版	杭州万方图书有限公司
印　　刷	浙江新华数码印务有限公司
经　　销	全国各地新华书店
开　　本	787mm×1092mm　1/8　　　印　张　35.5
字　　数	627千字
版　　次	2024年6月第1版　　　印　次　2024年6月第1次印刷
书　　号	ISBN 978-7-5739-1270-1　　　定　价　280.00元
地图审核号	GS浙（2024）312号

策划组稿	詹　喜　章建林	责任编辑	詹　喜　周乔俐		
责任校对	李亚学	责任美编	金　晖	责任印务	吕　琰

如发现印、装问题，请与承印厂联系。电话：0571-85155604

《中国土壤剖面数据集》
编委会

主　　任　赵其国

副 主 任　张维理

委　　员　（按姓氏笔画排序）

　　　　　毛达如　　史学正　　刘　旭　　刘先林　　刘更另
　　　　　孙　睿　　孙九林　　孙铁珩　　杨　鹏　　张洪江
　　　　　张维理　　周健民　　赵其国　　陶　澍　　黄鸿翔
　　　　　黄德明　　傅伯杰

《中国土壤剖面数据集·辽宁卷》
编写人员

主　　编　张维理

本卷主编　孙文涛　　张怀志　　牛世伟　　徐爱国

本卷编委　（按姓氏笔画排序）

　　　　　王　巍　　牛世伟　　龙怀玉　　邢　岩　　邢月华
　　　　　曲　航　　孙文涛　　孙丽娜　　李　波　　辛景树
　　　　　张认连　　张怀志　　张维理　　郑冬梅　　赵　达
　　　　　宫　亮　　徐爱国　　隋世江　　雷秋良　　冀宏杰

土壤大数据整合与数字制图

设　　计　张维理

制　　作　徐爱国　　张认连　　冀宏杰

程序编制　贾　萌　　吴章生　　严　豪

地图编辑　中国地图出版社集团有限公司

内容提要

本数据集以分县主要土壤类型与土壤剖面点分布图、土壤剖面理化性状表的形式，提供了我国各地详尽的土壤资源与质量的科学数据。全集共25卷，收录了全国2200多个县（市、区）的分县土壤图和6万多个土壤剖面的分层理化性状数据。根据各省级行政区土壤剖面数量和地域关联特征，既有一个省（自治区）的单卷，也有多个省（自治区、直辖市、特别行政区）的合订卷。各卷内容包含分县主要土类说明、主要土壤类型与土壤剖面点分布图、中心区气候特征图表，还含有全国和各卷所涉省级行政区的土壤图、土壤有机质含量图与地势图，以便读者在全国、省级和县级不同视角和尺度上，了解土壤资源与质量状况及其空间分布特征，以及土壤类型、土壤肥力与气候条件、地势、地貌之间的相互关联。

辽宁省位于我国东北地区南部，地势大致为自北向南，自东西两侧向中部倾斜，属温带季风气候。辽宁省地形概貌大体是"六山一水三分田"，地势北高南低，山地丘陵分列东西并向中部平原下降。辽东、辽西为平均海拔800m、500m的山地丘陵，中部为平均海拔200m的辽河平原。年平均气温为8.8℃，自沿海向内陆逐渐递减，南北温差5℃。年平均降水量为648mm，自西北向东南递增。主要土壤类型有棕壤、草甸土、粗骨土、褐土、潮土、水稻土、滨海盐土、风沙土、红黏土、沼泽土、石质土、黑土、暗棕壤、碱土等14个土类。本卷收录了辽宁省49个县（市、区）1213个典型土壤剖面的分层理化性状数据，便于读者了解辽宁省主要土壤类型的分布特征及剖面特征，可作为农业、林业、环境、气象、国土、水利、经济等领域的科研、管理、技术人员的工具书和参考书，也适合高等院校研究生参考使用。

序

万物土中生，有土斯有粮。土为万物之本，土壤的重要性是怎么强调都不为过的。现在，土壤相关数据已成为农业、林业、环境、气象、国土、水利等各部门、各行业的基础数据。土壤研究最基础、最重要的表现形式是土壤剖面数据，其反映了不同层次的土壤理化性状。然而，长期以来，我国一直缺乏一套完整的系统性表现全国各区域土壤性状的剖面数据。

中华人民共和国成立以来，我国曾开展了两次全国性土壤普查，其中20世纪70年代末开始的全国第二次土壤普查是迄今为止最完整的。当时全国挖掘了550余万个剖面，各地分县完成了大比例尺土壤图，数据完整且可靠性高；然而，限于种种因素，当时仅完成了全国范围小比例尺土壤类型图和养分图的汇总，未及时完成全国土壤剖面库的整理。这些纸质资料散落于各地，并且年代久远，面临丢失、损毁的风险。这些宝贵数据具有时空尺度的唯一性，一旦出现问题，将对国家和社会各层面造成无法挽回的损失。

自2001年起，在国家社会公益研究专项项目资助下，张维理研究员带领团队，在全国范围开始对分散存留各地的土壤调查资料进行抢救性收集和整理。2006年，科技部启动了国家科技基础性工作专项项目，"我国1∶5万土壤图籍编撰及高精度数字土壤构建"项目被列入首批重点项目并连续获得两期资助。该项目由中国农业科学院农业资源与农业区划研究所牵头，全国近20个科研单位（两期）共同承担任务，极大地加快了土壤数据抢救的进程，为编制本数据集奠定了基础。在参与本数据集编制的土壤科技工作者20年的持续努力下，在2019年度国家出版基金的资助下，在中国农业科学院科技创新工程的持续支持下，本数据集终于得以面世。

本数据集以涵盖全国2200多个县的土壤剖面分层数据为主体，首次同时展示了分县土壤图与典型土壤剖面分布图，描述了影响土壤发生的气候特征、主要土类的性状等，内容丰富，兼具专业性和科普性。全集共25卷，既有一个省、自治区的单卷，也有多个省、自治区、直辖市、特别行政区的合订卷。鉴于其数据的完整性、系统性、科学性，本数据集可成为我国资源环境领域的必备工具书之一。

本数据集至少可以应用于以下几个方面：

第一，直接服务于农业生产，保障粮食安全和食品安全。全国分县的不同土壤类型分层养分数据、土壤质地信息，可为科学施肥、土壤培肥与耕作措施的制定提供决策依据。

第二，为水利、环境、建筑、旅游等行业提供便捷、直观的土壤分层次基础信息。信息后标有剖面点经纬度，便于查询获取。

第三，对于土壤质量演变、耕地地力演变、碳储量、面源污染、气候变化等多学科研究具有土壤科学起始点数据意义。

我国疆域辽阔，编制本数据集需要对各地分县完成的大比例尺土壤图和土壤调查资料进行数字化整合，创建覆盖我国全域的高精度数字土壤，再进行分县土壤剖面表的提取与分县土壤图的缩编。本数据集的总数据处理量达到TB级且数据来源多而复杂、专业性强、处理难度大，按常规方法，需数万人历时多年方能处理完成。张维理研究员创造性地将数据科学、人工智能与人机交互设计原理引入土壤学范畴，首创土壤大数据方法，以土壤科学需求设计统领其他各层级设计，以智能化、自动化、人机交互式的数据分析流程替代人工流程，高效、精准地完成了土壤大数据的时空整合和表达，这一巨著才得以面世。作为两期项目的专家组组长，我亲历了整个项目的全过程，对张维理研究员勇于创新、踏实、勤奋、务实、敬业、有担当的优秀品质印象深刻，也深感钦佩！

本数据集的完成前后历时20年之久，直接参与数据收集、编撰人数近百人，涉及我国各省（自治区、直辖市）的土壤肥料相关单位。正是他们的付出和努力，才使得本数据集得以面世。衷心希望本数据集能在农业、林业、环境、气象、国土、水利以及肥料工业等领域发挥积极作用，更好地服务于我国经济和社会发展。

中国科学院院士 赵其国

2021年12月

前言

土壤是农业的基础，是陆地生态系统生命过程的基础，也是维持地球上能量与水的交换、生命元素循环的重要基础。《中国土壤剖面数据集》首次以分县土壤图和土壤剖面理化性状表的形式，提供了我国陆域全覆盖的土壤资源与质量的科学数据，为农业、林业、环境、气象、国土、水利等部门和相关行业精准了解各地土壤资源分布与质量状况，科学利用土壤资源，发展绿色农业、特色农业和节水农业，进行耕地保育、科学施肥、面源污染防治和基本农田保护等提供了科学依据；也为农业科学、环境科学及地学、气象、测绘、水利等多个学科领域的科研工作者研究陆地生态系统生产力演变、地球物质循环、气候与环境变化提供了基础数据。

编入本数据集的分县土壤图和土壤剖面理化性状表主要源于对全国第二次土壤普查（以下简称"二普"）调查资料的收集、整理、提取与汇总。二普是我国现代规模最大的以查清土壤资源和土壤肥力为主要目标的土壤资源综合调查，既完成了我国迄今为止最详尽的土壤分类调查，也首次在全国范围内进行了较高密度的土壤采样化验，开启了我国用土壤理化性状量化指标描述土壤资源与土壤质量状况的时代。二普地面调查采样实施于1979—1987年，通过550万个土壤剖面观测和采样，分县完成了1:5万比例尺土壤图绘制和10万余个土壤剖面的分层采样、化验、记录，其中的土壤质量稳定性要素，如土体构造、质地、母质、成土条件、土壤类型等时效性长，CRT值（土壤特性响应时间，characteristic response time）达上千年，可长久使用；土壤有机质含量，氮、磷、钾含量，酸碱度，耕层厚度等土壤质量变化性要素为了解土壤与环境质量演变提供了重要信息。无论从数量还是质量上看，二普获取的土壤科学数据至今都是我国最详尽、最有价值的土壤资源基础数据，其精度与质量超过许多发达国家的土壤资源基础数据。

20世纪末期以来，全球性人口和经济快速增长导致的人均土地资源与水资源紧缺、环境污染、气候变化、粮食安全危机，使科学界对土壤及其形成过程的关注度不断提高，关注重点也从了解土壤与环境质量现状转变为弄清演变趋势、引致变化的内在机理和驱动因素。土壤圈处于地球大气圈、水圈、生物圈和岩石圈的交会处。土壤层中的生物过程和物质循环过程既活跃，又具有一定的稳定性，能较好地反映地球水圈、土壤圈、大气圈、生物圈及岩石圈五大圈层动态交互作用的结果。只要对近年来国际上关于碳足迹、气候变化的研究进展稍加关注，就可知晓具有时空维度的土壤科学数据对于阐明土壤与环境过程并弄清其驱动因素、预测未来土壤与环境质量变化具有无可替代的作用。本数据集编入的土壤质量数据既是我国在全国范围内首次完成的土壤理化性状的科学记载，也是40多年前对我国土壤质量变化性要素的客观记录，能帮助我们了解改革开放以来经济、农业高速发展以及农用化学品投入量高速增长对土壤与环境质量的影响，对了解我国土壤与环境质量时空演变亦具有起始点土壤科学数据的意义。本数据集编入的起始点数据使我们对全国土壤及相关过程的认识延伸了40多年。历史上的土壤调查结果不能被新的调查结果替代，这一不可替代性使得本数据集将成为我国农业与环境领域最具影响力的工具书和参考书之一。

本数据集既是我国老一辈土壤与农业科研工作者在全国土壤普查工作中取得的成果，也是数据集编制人员长期以来默默耕耘的结晶。二普完成的大比例尺土壤图件和土壤剖面理化性状主要为手绘纸质图件和非正式出版的铅印或油印资料，份数少且由各地自行保存。二普结束后，随着各地机构调整与人员变动，土壤调查资料被损毁或丢失严重，难以发挥作用。在我国多位知名科学家的倡议和推动下，"十一五"期间，"我国1∶5万土壤图籍编撰及高精度数字土壤构建"项目（2006—2017）被列为国家科技基础性工作专项重点项目。其目的是对各地宝贵的土壤科学数据进行抢救性收集、数字化和整合，提升我国科学研究与管理基础数据的条件。为实现这一目标，项目组研究人员首先对各地分散存留的纸质分县土壤调查资料进行了全面的收集、修复和整理。针对国际范围内缺少对异源、异质、异构、异形土壤大数据的提取、整合方法的难题，项目组研究人员积极探索、勇于创新，融合应用土壤学、地理信息系统技术、数据科学、人工智能、人机交互设计方法，创建了土壤大数据方法，以层级化的流程设计实现土壤科学层面的需求设计统领体系架构、数据流程及模块设计，以独立于数据流程的监控设计实现土壤科学家对全流程的掌控和人工干预，以智能化、人机交互式数据流程替代人工流程，优质、高效地完成了对各地异源土壤资料的审核、提取、过滤、分类、整合与表达，完成了覆盖我国全陆域的1∶5万比例尺土壤图绘制与土壤剖面点空间数据库建设工作。为满足各行各业准确了解我国各地土壤资源与质量状况的广泛需求，编者通过对1∶5万比例尺土壤图数据的缩编表达与10万余个土壤剖面理化性状数据的进一步提取，最终完成了本数据集的编制。

本数据集共25卷，收录了全国2200多个县（市、区）的分县土壤图和6万多个土壤剖面的理化性状数据。根据各省级行政区土壤剖面数量的多寡和地域关联特征，既有一个省（自治区）的单卷，也有多个省（自治区、直辖市、特别行政区）的合订卷。为便于读者了解全国及各省级行政区土壤资源与质量的分布特征，特别编制了全国及各省级行政区土壤图、土壤有机质含量图与地势图三个序图，读者可以方便地查询全国及各省级行政区任何地区拥有的主要土壤类型，了解其土壤有机质含量及地势、地貌特征。在各分卷中，分县土壤资源与土壤质量性状由主要土类说明、中心区气候特征图表、分县主要土壤类型与土壤剖面点分布图以及土壤剖面理化性状表共同呈现。

本数据集既可作为工具书、参考书，供农业、林业、环境、气象、国土、水利、经济等领域的管理人员和技术人员使用，也适合高等院校相关专业研究生参考使用。

我国幅员辽阔，从收集、整理全国分县土壤调查资料，到完成覆盖我国全境的1∶5万比例尺土壤图籍，再到完成本数据集的编制，来自全国近20家研究机构的科研人员组成项目组，辛苦工作了20多年。其间，本项工作得到了国家社会公益研究专项项目、国家科技基础性工作专项重点项目的长期、连续资助和在项目实施年限上给予的充分理解，同时得到了中国农业科学院科技创新工程的资助，全国50多家国家级及省级土壤、测绘、农业科研与管理机构的大力支持以及我国老一辈土壤科学家自始至终的关心和鼓励。在整个项目实施期间，有9位院士和7位长期从事土壤科学、农业资源环境研究的专家给予了直接和全程的指导。近20年间，项目组研究人员一方面要承担艰难而繁重的科研任务，另一方面要顶着多年没有科研产出的压力，没有他们的坚持和付出，就没有本数据集的面世。在此，谨向所有参加数据集编制的科研人员及对本项工作给予支持的部门和人员一并表示衷心的感谢！

由于本数据集包含的数据量庞大，且不限于土壤学本身，尽管我们在编撰过程中极尽斟酌，仍难免存在不足之处，敬请读者批评指正，以便今后修订完善。

中国农业科学院研究员 张维理

2021年12月

目 录

第一编　编制说明与序图

编制说明

编制目的	002
土壤数据基础知识	002
数据集内容	005
土壤数据来源	005
编制方法——土壤大数据方法	006
中国土壤图、中国土壤有机质含量图与中国地势图编制	007
分省土壤图、分省土壤有机质含量图与分省地势图编制	009
县域中心区气候特征图表编制	011
分县主要土壤类型与土壤剖面点分布图编制	012
分县土壤剖面理化性状表编制	012
土壤专题图与土壤剖面数据可靠性检验	017
参编单位	019

序　图

中国土壤图	020
中国土壤有机质含量图	022
中国地势图	024
辽宁省土壤图	026
辽宁省土壤有机质含量图	028
辽宁省地势图	030

第二编　分县土壤图与土壤剖面数据

沈　阳　市

市辖区	034	法库县	054
辽中区	046	新民市	057
康平县	051		

大　连　市

市辖区	060	瓦房店市	072
金州区	063	庄河市	080
普兰店区	067		

鞍　山　市

市辖区	084	岫岩满族自治县	091
台安县	088	海城市	094

抚　顺　市

市辖区	098	新宾满族自治县	104
抚顺县	101	清原满族自治县	107

本　溪　市

本溪满族自治县	113	桓仁满族自治县	119

丹　东　市

市辖区	122	东港市	131
宽甸满族自治县	126	凤城市	135

锦 州 市

黑山县 ·············· 138 凌海市 ·············· 151
义县 ················ 147 北镇市 ·············· 156

营 口 市

盖州市 ·············· 161 大石桥市 ············ 167

阜 新 市

海州区、新邱区、太平区、细河 彰武县 ·············· 177
区、阜新蒙古族自治县 ········ 171

辽 阳 市

辽阳县 ·············· 183 灯塔市 ·············· 187

盘 锦 市

大洼区 ·············· 191 盘山县 ·············· 194

铁 岭 市

银州区、铁岭县 ········ 199 昌图县 ·············· 207
西丰县 ·············· 204 开原市 ·············· 212

朝 阳 市

双塔区、龙城区、朝阳县 ······ 215 北票市 ·············· 228
建平县 ·············· 221 凌源市 ·············· 233
喀喇沁左翼蒙古族自治县 ······ 225

葫 芦 岛 市

市辖区 ·············· 236 建昌县 ·············· 243
绥中县 ·············· 240 兴城市 ·············· 247

附　　录

附录1　辽宁省县级行政区及分县主要土壤类型与土壤剖面点分布图地域名对照表 252

附录2　专题图基础地理要素图例 254

附录3　土壤图土类图例 255

附录4　中国主要土壤类型简表 257

附录5　辽宁省主要土壤类型表 262

附录6　分省土壤有机质含量图有机质含量分级图例 263

附录7　辽宁省典型剖面0—20cm土层土壤理化性状中位数与平均数 264

附录8　辽宁省主要土地利用类型0—30cm土层土壤有机质含量 265

附录9　辽宁省耕地、园地、林地和草地中主要土壤类型占比 266

附录10　《中国土壤剖面数据集》参编单位 267

参考文献 269

第一编 | 编制说明与序图

编 制 说 明

编制目的

土壤是农业的基础，也是维持地球碳、氮、硫、磷等重要生命元素正常循环的基础。肥沃的土壤促进了人类文明的诞生和繁荣。科学研究表明，地球上种类繁多、形态各异的土壤是在气候、生物、地形、时间、成土母质五大成土因素共同作用下形成的。北京社稷坛铺设的青、白、红、黑、黄五种不同颜色的土壤（五色土），分别代表我国东、西、南、北、中五大区域的典型土壤。不同类型的土壤性状差别很大。例如，南方红壤呈酸性，易缺乏钾离子、钙离子、镁离子等阳离子，农业生产上要注意调酸和补充富含钾、钙、镁的肥料；而西部土壤有机质含量低，施用有机肥料和秸秆还田对提高地力至关重要。我国人均土地资源紧缺，要实现粮食安全、环境安全和可持续发展，需要精准掌握各地土壤资源与质量状况，做到因土制宜，科学管理。

《中国土壤剖面数据集》是国家自然资源基本资料之一，其首次以分县土壤图和土壤剖面理化性状表的形式，提供了我国各地详尽的土壤资源与质量科学数据，为农业、林业、环境、气象、国土、水利等部门了解各地土壤质量状况，科学利用土壤资源，发展绿色农业、特色农业和节水农业，进行耕地保育、科学施肥、面源污染防治和基本农田保护提供了基础数据，也为农业科学、环境科学及地学、气象、测绘、水利多个学科领域的科研工作者研究陆地生态系统生产力及其演变、地球物质循环、气候与环境变化提供了科学依据。

本数据集编入的土壤质量数据亦是我国在全国范围内首次完成的土壤理化性状的科学记载，对了解我国土壤与环境质量时空演变具有起始点数据的意义。通过这些数据，科研工作者可以追溯我国全国范围土壤与环境相关过程至20世纪80年代，分析和了解导致土壤质量变化的环境和人为因素，并对土壤与环境质量演变趋势进行预报与预警。历史上的土壤调查结果不能被新的调查结果替代，这一不可替代性使得本数据集将成为我国农业与环境领域最具影响力的工具书和参考书之一。

土壤数据基础知识

本数据集收录的土壤数据源于土壤调查。为便于读者了解和应用这些数据，本节对土壤调查的目标、内容与主要方法，土壤数据的时空维度特征，土壤数据的应用领域与时效性做一简要介绍。

（一）土壤调查的目标、内容与主要方法

土壤调查的主要目标是查清一个区域内土壤资源与质量状况及其空间分布特征。19世纪末期至20世纪中后期，各国土壤调查的主要目标是查清土壤类型及分布特征[1-2]。由于不同土壤类型最典型的区别是成土过程中形成的土壤剖面特征，因而在传统的土壤调查中，需要在调查区域内进行多点采样，并在每个采样点对0—1—2m深土体的土壤剖面进行分层采样、观测、理化性状分析，记录剖面各分层土壤理化性状，据此进行土壤

分类、命名，并最终依据多点调查结果完成土壤图的绘制。

20世纪末期以来，全球人口及经济快速增长导致人均土地资源和水资源紧缺、环境污染、气候变化与粮食安全危机，不同行业及学科领域对土壤生产功能和环境功能的关注度不断提高，土壤调查的核心内容也逐步从查清土壤类型分布特征转为土壤功能调查。土壤功能调查的目标是了解土壤生产力、土壤环境质量和土壤健康质量等。例如，为了耕地保育和科学施肥，需要进行土壤有效养分含量状况、土壤障碍因素调查；为了了解环境质量，需要进行土壤污染状况、土壤环境容量调查；为了发展节水农业，需要进行土壤保水性状调查；为了控制水污染，需要进行流域农田土壤氮、磷流失特征与风险调查。土壤功能调查的内容主要为可量化的，或含义单一且明确、易于被其他学科和行业认知的土壤功能性指标，如土壤有机碳含量、土壤重金属含量、土壤质地类型、耕层厚度等。在土壤功能调查中，也需要在调查区进行多点采样，并根据调查目标的不同，选择适宜的采样深度。例如，当调查目标是了解土壤有效养分供应量或农田土壤污染物含量时，通常仅对耕层土壤进行采样；当调查目标是了解土壤保水性能、土壤水土流失与养分流失性状时，则需要对较深的土壤剖面进行分层采样和观测。

较早的土壤调查主要通过地面多点采样来了解一个区域土壤资源与质量性状的空间分布特征。近年来，随着遥感技术、地理信息系统（GIS）技术、模拟技术与大数据技术的发展，土壤质量相关数据（如数字高程、土地覆盖、植被数据等）产生量急剧增长，这使得在大区域尺度内通过多类型相关信息精确地捕捉和表达土壤质量性状以及相关过程成为可能。在国际上，地面采样调查与辅助信息结合的方法——数字土壤制图方法（digital soil mapping）已成为土壤调查的重要方法[3]。该方法能利用采样设计、辅助信息、推理模型与地统计检验，大幅度减少地面采样和土壤理化性状测试分析的工作量。与传统方法相比，采用数字土壤制图方法进行土壤调查，可缩短调查周期，降低调查成本，提高用土壤专题地图表征土壤资源与土壤质量性状空间分布特征的可靠性和精度，从而提高土壤调查的效率与质量。

（二）土壤数据的时空维度特征

在现代社会，农业、环境等领域的专业工作者要了解最新的土壤调查结果，更需要掌握未来土壤质量变化趋势，以便根据变化趋势、自然与人为要素对土壤质量的影响，制定具有针对性的政策与技术措施，实现高产、稳产和环境安全。要精确进行土壤与环境质量预测和预警，就需要对重要的土壤质量性状进行周期性的采样、调查、记录，构建具有时空维度的土壤质量数据。这意味着历史上完成的土壤调查不能被新的调查所替代，所以其结果十分宝贵。

土壤数据最重要的特征之一是时空维度特征。通过历史上的土壤调查结果记录，构建具有时间序列的土壤质量科学数据，能将土壤质量现状与土壤质量演变过程相关联，并以此对土壤质量演变趋势和导致其变化的因素进行分析、预测。而土壤数据标有空间坐标，便于科研工作者将土壤调查结果与其他类别的要素和过程，如与气候、地形、土地利用情况有关的变化信息，以及随施肥投入农田的碳、氮、硫、磷数据等相关联，从而进一步提高分析的精度和预测、预报的可靠性。

土壤圈处于地球大气圈、水圈、生物圈和岩石圈的交会处。土壤层中的生物过程和物质循环过程既活跃，又具有一定的稳定性，能较好地反映地球水圈、土壤圈、大气圈、生物圈及岩石圈五大圈层动态交互作用的结果。具有时空维度的土壤科学数据对于阐明土壤与环境过程并弄清其驱动因素、预测未来土壤与环境质量变化具有不可替代的作用。

近年来，具有地理坐标的土壤剖面点数据受到科学界的广泛关注。剖面数据记载了土体构造、剖面分层土壤理化性状，是了解成土过程的基础，也是构建推理模型，量化表征区域尺度土壤过程、流域水土流失与氮磷流失特征、碳氮循环与环境质量演变的基础。在过去的半个世纪中，尽管完成了大量的土壤剖面调查，但由于在较早的土壤调查中尚未使用全球定位系统（GPS）设备，各国在构建地理坐标的土壤剖面点数据库上差别较大。目前，美国完成了约2万个有地理位点标识的土壤剖面数据[4]，澳大利亚已完成约16万个有地理坐标的土壤剖面数据[5]，欧盟各成员国共享使用的土壤剖面数据库含4000个剖面的分层土壤理化性状数据[6]。本数据集则汇集了我国总计6万多个有地理坐标的土壤剖面数据。

（三）土壤数据的应用领域与时效性

表1汇总了本数据集编入的土壤理化性状及其主要影响因素与过程、时间变化特征、所关联的土壤质量性状和应用领域。

表1　土壤理化性状及其主要影响因素与过程、时间变化特征、所关联的土壤质量性状和应用领域

土壤理化性状	主要影响因素与过程	时间变化特征	所关联的土壤质量性状	应用领域
土壤类型	成土过程	变化慢	土壤肥力与环境质量	农业、水利、环境、建筑、肥料工业等
剖面深度（指剖面各土层厚度的总和）	成土过程	变化慢	土壤肥力、土壤环境容量、土壤保水和保肥性能、土壤持水性能	农业、环境等
土体构造（指土壤剖面各发生层有规律的组合，是土壤剖面最重要的特征）	成土过程	变化慢	土壤肥力、土壤环境容量、土壤保水和保肥性能、土壤持水性能、土壤透水性能	农业、水利、环境等
母质	成土因素	变化慢	土壤肥力、土壤矿物组成、矿质养分含量、土壤质地	农业、水利、环境、肥料工业等
质地	成土过程、母质	变化慢	土壤肥力、土壤环境容量、土壤持水性能、土壤耕性、土壤有机碳与养分含量、土壤重金属吸附性能	农业、水利、环境、建筑等
颜色	土壤氧化还原、淋溶等成土过程，土壤有机质累积过程	变化较慢	土壤肥力、土壤有机碳与养分含量	农业
土壤结构	成土过程、耕作措施	耕层：变化快；深层：变化慢	土壤水分、通气与养分供应状况，土壤持水性能、土壤透水性能、土壤阳离子交换量、土壤孔隙度、土壤松紧度、土壤耕性等多个土壤肥力相关性状	农业
有机质含量	成土过程、质地、土地利用、施肥、轮作等	变化较慢	与多项土壤肥力与环境指标密切相关，是土壤肥力最重要的指标	农业、环境、肥料工业等
全氮含量	成土过程、土地利用、施肥、轮作等	变化较慢	土壤肥力、土壤供氮性能	农业、环境等
全磷含量	成土过程、母质等	变化较慢	土壤肥力、土壤供磷性能	农业、环境等
全钾含量	成土过程、母质等	变化较慢	土壤肥力、土壤供钾性能	农业、环境等
pH	成土过程、酸雨、土壤调理剂施用等	变化快	土壤肥力、土壤养分有效性、土壤结构及重金属吸附性能	农业、环境、肥料工业等
碱解氮含量	土地利用、施肥等	变化快	土壤供氮性能、土壤氮素流失特征	农业、环境、肥料工业等
有效磷含量	土地利用、施肥等	变化快	土壤供磷性能、土壤磷素流失特征	农业、环境、肥料工业等
速效钾含量	土地利用、施肥等	变化快	土壤供钾性能、土壤钾素流失特征	农业、环境、肥料工业等
阳离子交换量	成土过程、黏粒、有机质含量、盐分含量	变化较慢	土壤供肥和保肥性能、土壤重金属吸附性能	农业、环境等

在表1中，主要影响因素与过程指对某项理化性状起主要作用的过程和因素。例如，土壤类型、土壤剖面深度、土体构造、母质、土壤质地类型主要由成土过程或成土条件决定；土壤有机质含量和土壤全氮含量则受成土过程、施肥及轮作等农业技术措施的共同影响；在耕地土壤上，施肥等农业技术措施对土壤碱解氮、有效磷、速效钾等土壤有效养分含量的影响很大。

土壤理化性状的现势性主要取决于其影响因素与过程的时间尺度。自然条件下，成土过程通常需要数万年。受成土过程影响的土壤类型、土层厚度、土体构造、土壤质地类型、母质等土壤理化性状变化很慢，CRT值（土壤特性响应时间，characteristic response time）达上千年，可称为土壤稳定性要素或慢变化性状，其相关数据时效性很长，可长久使用。而农田土壤有效养分含量、酸碱度、耕层厚度等土壤质量性状受施肥和耕作等农业措施影响大，变化较快。例如，农田土壤有效磷、速效钾养分含量，在大量施用磷肥、钾肥条件下，10余年后可成倍提升。这些土壤理化性状亦可称为土壤变化性要素或快变化性状。

不同土壤理化性状的应用范围既取决于其现势性、时空维度特征，又取决于其所关联的土壤质量性状。土壤剖面深度、土体构造、质地、有机质含量等与土壤持水、保肥、通气和透水性能密切相关，可供农业、水利、环境、金融等行业用于农田稳产、高产性能，农田排灌设施规划与灌溉定额编制，农田水土流失风险分级，流域农田蓄水容量与降雨后流失水量分级，农田水、旱灾害风险分级，农田环境容量测算等各方面的地力评价。土壤有效养分含量、pH与土壤需肥性状和调酸性状密切相关，可供农业、肥料生产和销售部门用于科学施肥和土壤改良。土体构造和质地、土壤结构、土壤有效养分含量还影响流域农田土壤养分流失特征，农业和环境部门在进行农业面源污染防控时，可利用这些土壤性状与其他要素共同编制流域污染源解析与控制类型区分布图，以便对农业面源污染采取分类型、分区段的源头控制措施。土壤有机质含量变化也是了解气候变化和碳减排措施效果的基础，对于环境管控和环境外交具有重要意义。

数据集内容

本数据集全集共25卷，收录了我国2200多个县（市、区）的分县土壤图和6万多个土壤剖面的理化性状数据。根据各省级行政区土壤剖面数量的多寡和地域关联特征，既有一个省（自治区）的单卷，也有多个省（自治区、直辖市、特别行政区）的合订卷。

为便于读者了解各地土壤资源与质量分布概况及其主要特征，编者为各分卷编制了省级行政区的土壤图、土壤有机质含量图与地势图三图。读者可通过分省三图查询各省级行政区任何地区拥有的主要土壤类型，了解其土壤有机质含量及其地势、地貌特征。此外，编者还编制了全国土壤图、土壤有机质含量图与地势图三图附于各分卷，供读者比较和了解各省级行政区土壤资源及质量特征同全国其他地区的区别和关联。

各分卷的第二部分为分县土壤图与土壤剖面数据。在每个省级行政区内，各分县按四部分展示土壤及其相关信息，即分县主要土类说明、本区域中心区气候特征、主要土壤类型与土壤剖面点分布图以及土壤剖面理化性状表。在本卷目录中，分县按民政部于2022年3月发布的《2021年中华人民共和国行政区划代码》中的地级、县级行政区顺序排序。各分卷目录中仅收录了县域内有土壤剖面数据的县级行政区，无土壤剖面数据的县级行政区未纳入分卷目录中，并在附录1中对其进行了标注。

土壤数据来源

编入数据集的分县土壤图与土壤剖面理化性状数据主要源于全国第二次土壤普查（以下简称"二普"）。二普是我国现代规模最大的、以查清土壤类型和土壤肥力为主要目标的土壤资源综合调查。二普之前，我国土壤调查以观测性调查和定性评价为主，很少有采样化验。在总结之前国内外土壤调查经验的基础上，二普不仅完成了我国迄今为止最为详尽的土壤分类调查，也首次在全国范围进行了高密度土壤采样化验，开启了我国用土壤理化性状量化指标描述土壤资源与土壤质量状况的时代。

二普地面采样调查实施于1979—1987年，调查区域基本覆盖我国全陆域。二普不仅地面采样密度高，科学性和系统性也比较突出。全国百余名长期从事土壤研究的科研工作者共同制定了全国土壤分类系统和统一的土壤调查技术规程[7]。在地面调查中，各地以1∶1万比例尺地形图作为工作底图，以乡为调查单元进行野外采样作业，全国共挖取土壤观察剖面550余万个，记录了1—2m深土体各发生层形态和特征，并根据土壤分类标准对土壤进行了分类和命名。对边远区、高寒区和无人区应用遥感解译方法，填补了之前土壤调查及成图中上述地区土壤数据的空白。在大量剖面土体观测和采样调查的基础上，完成了全国绝大部分分县1∶5万比例尺土壤图的绘制，牧区和边疆地区完成了1∶20万—1∶10万比例尺土壤图的绘制。二普还完成了10余万个典型剖面的分层采样，化验分析了剖面分层质地，有机质含量，大量、中量和微量元素含量，pH，阳离子交换量，土壤矿物组成等多项土壤理化性状，编制了分县土壤志。二普通过野外实地调查、采样和测试获取的土壤科学数据，至今仍是我国最详尽、最有实用价值的土壤资源基础数据，其精度与质量超过许多发达国家的土壤资源基础数据[8]。

如图1所示，收录于本数据集的土壤质量数据是对我国40多年前土壤质量状况的客观记录，亦是我国在全国范围内首次完成的土壤理化性状的科学记载，其中的土壤稳定性要素现势性较长，可在今后若干年间长期使用；而土壤变化性要素对了解我国土壤与环境过程的作用亦不可替代。这些数据使我们用现代科学手段研究各地土壤及相关过程的历史可上溯至20世纪80年代。

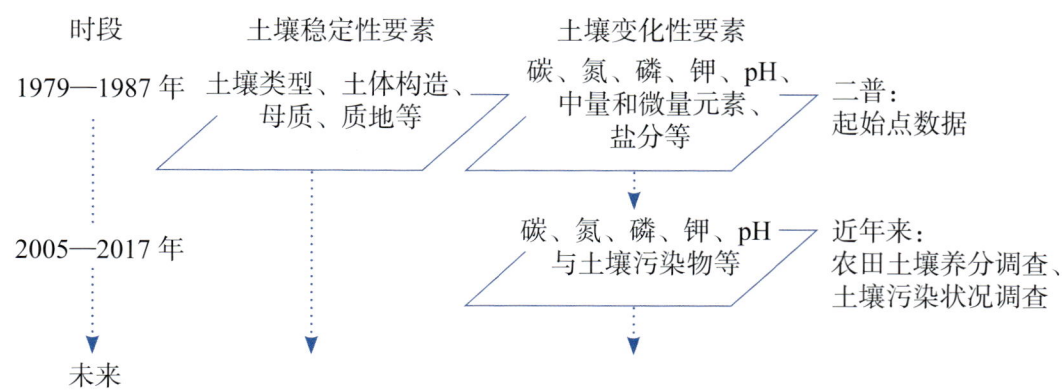

图1　全国性土壤调查所覆盖的时段

受历史条件限制，二普完成的大比例尺土壤图和土壤剖面理化性状主要为手绘纸质图件、非正式出版的铅印或油印资料，份数少且由各地自行保存。二普结束后，随着各地机构调整与人员变动，土壤调查资料被损毁或丢失严重。2000年以来，编者开始对各地分散存留的纸质分县土壤调查资料进行系统性收集、修复与整理，通过对宝贵的土壤科学数据的提取、整合和表达，我国科学研究与管理基础数据的水平得到了提升。本数据集收录的分县土壤图和剖面数据主要源于对全国分县土壤图、分县土种志和分省土种志的整理、提取、汇总与表达（表2）。

表2　数据集主要土壤资料与数据来源

资料类型	资料名称及数量
土壤图（纸质）	1∶5万分县土壤图，总计约1600个县
	1∶100万—1∶50万省级土壤图，总计570个县
土壤剖面资料（纸质）	分县土种志：约2200册，计约2200个县；分省土种志：28册
土壤有机质含量图（纸质）	全国、分省土壤有机质含量图
农区土壤耕层采样数据（电子）	2005—2017年在全国农区采集的、含GPS坐标定位的1000万个采样点耕层有机质含量数据

为编制全国与分省土壤有机质含量分布图，本数据集还使用了我国于二普期间完成的全国、分省土壤有机质含量图纸质图件和于2005—2017年在全国采集的1000万个具有GPS坐标定位的采样点耕层有机质含量数据[9]。

编制方法——土壤大数据方法

我国幅员辽阔，不同地区土壤的土壤类型及其质量状况和分布特征差别较大，各地土壤调查技术条件和水平差别也较大，因此各地分县完成的图件和剖面资料在形式和内容上有较大差异。在用异源土壤数据生成新数据时，新数据的科学性既取决于各异源数据本身的科学性和可靠性，也取决于数据整合采用方法的科学性和可靠性。例如，对分县剖面资料进行整合时，对国标上未出现过的土壤类型名进行归并需要有土壤分类学上的依据；用新的土壤调查数据对原有土壤有机质含量图进行更新，也需要有进行合并表达的科学依据。编制本数据集需要对海量异源数据进行提取、分析、整合、缩编与表达，数据分析流程复杂。同时，在数据分析过程中，土壤专业问题，非标准化数据问题，计算机硬、软件平台系统问题和数据分析员、程序员疏漏问题等可能引致多类别数据分析错误。若既要准确无误地完成各项数据分析技术任务，又要在繁复的数据分析流程中有效贯彻科学原则、实现数据分析科学目标，这就需要一套科学的方法体系。为此，本数据集编者通过研究异源非标准土壤数据特征，融合应用土壤学、数据科学、人工智能、人机交互设计方法与地理信息系统技术，创建了土壤大数据方法[10-11]。

土壤大数据方法是专门供土壤科研工作者使用的一种设计方法，是对经典土壤学研究方法的补充，主要适用于对海量异源土壤数据信息的提取、筛选、分析与表达。通过土壤大数据方法的使用，科研工作者能够分析、认识和阐明土壤性状及相关过程和规律。土壤大数据方法的主要设计规则为以层级化的流程设计实现土壤科学层面的需求设计统领体系架构设计，界定各分段流程目标和关联，部署低层级分段流程、模型和功能模块；以独立于数据流程的监控设计实现土壤科学家对全流程的掌控和人工干预。土壤大数据方法的设计内容包括数据科学分析目标与科学基础界定、数据流程体系架构、流程及软件工具设计、数据流程监控设计。设计中，所有节点均采用双命名制命名，即对流程中各节点数据同时进行土壤科学内涵命名和函数代码命名。应用以上设计方法编制设计文档，能在庞杂的异源、异质、异形、异构大数据分析中，实现以科学目标引领数据分析流程，以自动化、人工智能、人机交互式的数据流程替代人工流程，提高大数据分析效率。

在本数据集编制过程中，编者需要完成图件与资料数字化、矢量化，元数据构建，信息提取、过滤、分类、赋码，土壤空间数据逻辑结构、存储结构归一化，统计检验，数据整合、缩编表达、输出等多项数据分析任务，分段流程达1500余个，需要存储的重要节点数据超过2000个，数据量超过20TB。采用土壤大数据方法，编者自主设计和完成了6个土壤大数据分析工具软件包，其中包含157个功能模块（表3），设计文档的科学和工程目标实现率超过99%，为准确、高效完成数据集编制提供了保障，也为土壤学研究提供了新的方法。

表3　系列化土壤大数据分析软件包及其主要功能与模块数

软件包	主要功能	模块数/个
IMAT2.0（intelligent mapping tools）智能化制图工具	异源土壤空间数据的要素提取、过滤、分类、赋码、坐标转换，空间库要素与字段的编辑，图幅与图层的编辑，土壤要素空间库外挂属性表编辑与管理等	35
IMAT-big（intelligent mapping tools for big data）智能化大数据制图工具	超大土壤及相关要素空间数据的要素筛选、图层拆分、数据整合、节点监控、逻辑结构重组等分析	37
IMAP（intelligent map presentation）智能化地图表达工具	土壤大数据地图制图表达与输出	30
ISPA（intelligent soil profile data analysis）智能化土壤剖面数据分析	异源土壤剖面数据的信息提取、过滤、赋码、坐标匹配、检验、整合与统计等	22
ISPP（intelligent soil profile presentation）智能化土壤剖面表达	土壤剖面图表及辅助信息的表达	12
IMAT-SOM（intelligent mapping tools-SOM）土壤有机质图制图工具	异源土壤有机质数据整合与表达	21

中国土壤图、中国土壤有机质含量图与中国地势图编制

编制全国三图的目的是便于读者在全国视角和尺度上了解我国各地区土壤资源与质量状况空间分布特征，土壤类型和土壤肥力与地势、地貌之间的相互关联。其中，土壤图用于展示土壤资源分布状况及与成土过程相关的土壤质量状况；土壤有机质含量图用于直观反映土壤肥力情况；地势图便于读者了解不同类型和肥力水平土壤的地势、地貌特征。全国三图的制图比例尺为1:1300万。

全国三图中采用的境界、城市等基础地理信息要素源于中国地图出版社出版的《第一次全国地理国情普查地图集》[12]和《中国地图集》[13]。全国三图中，境界、水系、居民地、地级以上城市等基础地理信息要素的图示与图例表达见附录2。

（一）中国土壤图

由于制图比例尺小，中国土壤图是在二普完成的1∶400万比例尺全国土壤图的基础上进行矢量化和缩编表达获得的。在缩编表达过程中，土壤类型仅保留了我国土壤分类系统中的第三层级——土类。

在土壤图中，土类颜色主要根据不同土类在其成土因素、发育程度下形成的典型颜色进行设计（附录3）。红色系供土壤富铝化程度高的土壤选用，如红壤、砖红壤、赤红壤等；黄色系、棕色系供干旱区发育程度低的土壤选用，如黄绵土、灰漠土、灰棕漠土等。受灌水、耕作和地下水影响大的土壤采用绿色系，如水稻土、灌淤土、潮土、草甸土等，表示土壤肥力较高，绿色植物生长茂盛；黑土、黑钙土、栗钙土、棕壤、褐土、黄棕壤、紫色土等分别选用深棕色系、褐色系、紫色系；盐土、碱土、沼泽土等植物生长有障碍的土类采用暗色系，如暗紫色系、灰褐色系、青灰色系等，表示土壤生产力低下，植物生长较差。这一颜色设计与国标相关规定一致[14]。

在图例中，按照我国主要土壤类型从南到北、从东向西的地带性分布规律对土类进行排序，附录4所列中国主要土壤类型的排序也按此规则编排。

（二）中国土壤有机质含量图

土壤有机质含量是指土壤中各种含碳有机物质的总和。土壤有机质主要包括土壤腐殖质、半分解的动植物残体、与土壤黏粒和细粉粒紧密结合的有机物质、土壤微生物体所含的有机物质等。以动植物残体形式进入土壤的有机物质成为土壤生物的食物，供养土壤生物的生命活动；在土壤生物，特别是土壤微生物作用下生成的土壤腐殖质，能够促进土壤团聚体形成，提高土壤保水、保肥、供水、供肥性能，提高土壤肥力，并大幅度提高耕地土壤高产、稳产性能。因此，土壤有机质含量是最重要的土壤质量指标之一。土壤有机质碳量是大气总碳量的2倍，是地球植被总碳量的3倍，参与地球陆域碳循环总碳量中80%的碳以土壤有机质碳的形式存在。研究显示，土壤有机质含量实质上是土壤有机碳投入和分解之间动态平衡的表现，影响这一平衡的主要因素为气候、土壤质地与土地利用方式，施肥和耕作等农业技术措施对其影响则相对较小。当影响平衡的主要因素未发生变化时，土壤有机质含量也比较稳定[15]。

中国土壤有机质含量图由各分省土壤有机质含量图（0—30cm土层）合并编制生成。制图用源数据和编制方法在分省土壤有机质含量图编制说明中加以叙述。

为展示全国范围的土壤有机质含量空间分布特征，编者在中国土壤有机质含量图的图示和图例表达中采用了有机质含量范围的非等距划分分级方式，将我国土壤有机质含量分为7个等级（表4），各分级所占我国陆域面积的比例也列于表中。其中，占我国陆域面积29%的"很低"和"低"两个分级的土壤（有机质含量小于10g/kg）主要分布于西北干旱地区，而"较高""高""很高"三个分级的土壤（有机质含量大于25g/kg）主要分布于东北、西南地区，这些地区森林覆盖率较高，雨量充沛，温度适宜，有利于土壤有机质的累积。

表4 中国土壤有机质含量（0—30cm土层）分级

分级	分级释义	有机质含量/（g/kg）	换算系数	有机碳含量/（g/kg）	占陆域面积/%
1	很低	≤5	1.724	≤2.9	5
2	低	5—10（含）	1.724	2.9—5.8（含）	24
3	较低	10—15（含）	1.724	5.8—8.7（含）	18
4	中	15—25（含）	1.724	8.7—14.5（含）	19
5	较高	25—35（含）	1.724	14.5—20.3（含）	9
6	高	35—45（含）	1.724	20.3—26.1（含）	16
7	很高	>45	1.724	>26.1	6

（三）中国地势图

地势图是表示制图区域地貌特征的专题地图，强调表现地面的高低起伏、倾斜程度及其区域对比关系，以及与地形密切相关的河流、湖泊等水系要素分布特征，显示出制图区域山河分布的脉络体系、结构形式、各种地貌类型的形态特征。地势是影响土壤类型的重要因素，地势图也是编制土壤图、气候图、植被图等的基础。

中国地势图的地貌晕渲图采用SRTM3 DEM（shuttle radar topography mission，digital elevation model，2003）数据，考虑我国地势呈三级阶梯状分布的特点，按0—50—100—200—500—800—1000—1200—1500—2000—2500—3000—3500—5000m及以上设计高度表，以深绿色—黄绿色—棕色—紫色色调的象征色表示海拔由低向高过渡。其他矢量数据来源于中国地图出版社编制的1:400万《中国地形图》[16]。河流参照中国地图出版社编制的《中国河流、水运资料图》进行选取、表达，三级及以上河流全部选取，二级及以上河流标注名称，低级别河流适当选取以反映区域水系特点；成图面积4mm²以上湖泊和水库全部表示，但仅标注大型湖泊名称，小面积湖泊适当选取以反映区域特点，如青藏高原湖泊群分布；山脉、山峰参照中国地图出版社编制的《中国山脉资料图》选取，三级及以上山脉全部选取、表达，二级山脉主峰及知名山峰标注名称和高程，我国主要高原、平原、盆地和沙漠均选取、表达；自然地理要素分级参考中国地图出版社采用的地图编制分级系统；根据版面载负量情况选取省会、部分地级市和少量县级居民点（主要位于西部地区），居民地主要用于定位参照。

分省土壤图、分省土壤有机质含量图与分省地势图编制

编制分省土壤图、分省土壤有机质含量图与分省地势图三图的主要目的是使读者了解各省级行政区内不同地区土壤类型、土壤肥力与地貌的主要分布特征及其相互关联。其中，土壤图用于展示土壤资源分布状况及与成土过程相关的土壤质量状况；土壤有机质含量图用于直观反映土壤肥力情况；地势图便于读者了解不同类型和肥力水平土壤的地势、地貌特征。为便于比较，每个省级行政区的分省三图采用的比例尺相同，制图则采用幅面固定、各省级行政区制图比例尺自适应方法。

分省三图中采用的境界、城市等基础地理信息要素源于中国地图出版社出版的《第一次全国地理国情普查地图集》[12]和《中国地图集》[13]。分省三图中，境界、水系、居民地、地级以上城市等基础地理信息要素的图示与图例表达见附录2。

（一）分省土壤图

为编制数据集用分省土壤图，编者对二普完成的纸质分省土壤图（原图比例尺主要为1:50万）进行了地理校正、空间要素提取、图层与分级码标准化、土壤学专业校正、属性表制作、挂接和专题图缩编表达。在缩编表达过程中，制图比例尺一般在1:200万—1:100万之间。由于制图比例尺较小，土壤类型仅保留了我国土壤分类系统中的第三层级——土类。各土类颜色与中国土壤图中采用的土类颜色相同（附录3）。在分省土壤图中，按照我国主要土壤类型从南到北、自东向西的分布规律对图例中的土壤类型进行排序。附录4所列中国主要土壤类型的排序也按此规则编排。附录5列出了辽宁省主要土壤类型及其占省级行政区域面积百分比。

（二）分省土壤有机质含量图

1. 数据源说明

本数据集中，土壤剖面理化性状表给出了有确切时间和空间坐标的剖面信息。分省土壤有机质含量图的主要作用是便于读者直观了解各省级行政区最重要的土壤肥力指标——土壤有机质含量的空间分布特征。

二普中，受当时技术条件限制，全国仅完成了比例尺为1∶400万的纸质土壤有机质含量分布图的绘制，19个省、自治区、直辖市完成了比例尺为1∶250万—1∶50万的纸质分省土壤有机质含量分布图的绘制。直接采用小比例尺纸质图矢量化生成的土壤有机质含量等级划线图作为分省土壤有机质含量图，存在有机质含量分级的级差大、信息均化、图斑大、制图精度不够等问题，难以精细表现一个省级行政区域内土壤有机质含量的空间分布特征。

2005—2017年，我国在农区进行了测土施肥，农田耕层采样点达到1000万个。这批数据的主要优点是采样密度大且有空间坐标，通过对这批数据进行空间插值分析，可较精细地展示各地农田土壤有机质含量分布特征；其缺点是采样点主要集中于占陆域面积不到20%的农田，仅采用这批数据难以绘制覆盖全域的土壤有机质含量分布图。考虑到土壤，尤其是林地、草地土壤的有机质含量变化较慢，在制图中采用了混合时段数据合并表达的方式。对无测土数据的林地、草地等，仍然采用从小比例尺土壤有机质含量等级划线图中提取的数据；对有测土数据的农田，则采用2005—2017年间耕层采样数据，对原有数据进行了更新。通过对两源数据的提取、土层转换、合并、插值，最终生成各省级行政区土壤有机质含量分布图（土层厚度0—30cm），这样既可较精细展示出各省级行政区土壤有机质含量的空间分布特征，也能保证所做专题图有很强的现势性。

三个数据源制图表达结果比较显示，采用异源数据合并表达的方式制图，各分省图展示的有机质含量空间分布特征与二普小比例尺图相近，但制图精度有较大改进，一个省级行政区域内土壤有机质含量的空间分布特征更为清晰（表5）。

表5　三个数据源制图表达结果比较

数据源	土壤有机质含量图制图表达效果	
	优点	存在问题
采用二普完成的手绘图	小比例尺手绘图中，土壤有机质含量地带性分布特征十分明显；基本无数据空区	局部地区图斑大，制图精度不够
采用新的测土数据插值生成	有数据的区域制图精度高	占陆域面积约80%的林地、草地和一些县域无新的测土数据，难以通过采样点插值生成覆盖全域的有机质含量图
异源数据合并表达	基本无数据空区；制图精度有较大改进；小比例尺图中土壤有机质含量的地带性分布特征被保留	用混合时段数据表达全陆域土壤有机质含量分布状况，其中林地、草地数据主要源于20世纪80年代采样数据，农田数据更新至2017年

表6汇总了分省土壤有机质含量图的主要制图信息。制图采用异源数据合并表达的方式，生成的分省土壤有机质含量图所代表的时间段为1979—2017年，图中核算土壤有机质含量的土层厚度为0—30cm。

表6　分省土壤有机质含量图制图信息

制图数据	异源数据合并表达
采样时间	草地、林地及其他非农田土壤采样时间段为1979—1987年，农田土壤采样时间段为2005—2017年
土层厚度	0—30cm（对采样深度不足0—30cm的耕层采样数据，用剖面数据进行了土层厚度转换，统一转换为0—30cm）
制图方法	普通克利金插值（ordinary Kriging）
网格尺寸	200m

2. 制图表达说明

我国地域辽阔，各地土壤有机质含量差异极大。西北部地区降水量少，土壤粗砂粒含量高，风沙土、漠土大量分布，占我国陆域总面积的12.6%，其0—30cm土层内有机质平均含量不到10g/kg；东北部地区雨量充沛，气候、植被有利于土壤有机碳累积，其0—30cm土层有机质平均含量在40g/kg以上。另外，一些省级行政区的土壤有机质含量变化范围很宽，如内蒙古土壤有机质含量主要为4—70g/kg；而北京、山东等地土壤有机质含量变化范围很窄，为7—17g/kg。

为使各省级行政区域内土壤有机质含量空间分布特征均能得到充分展示，编者在分省土壤有机质含量图的图示和图例表达中对有机质含量范围进行等距划分分级，根据各省级行政区土壤有机质含量分布特征，将有机质含量分为7—14个等级。各分级的颜色设计及其RGB与CMYK色码见附录6。

（三）分省地势图

根据各省级行政区的成图比例尺和地形特点，选取合适精度的数字高程模型（DEM）栅格数据，确定设色原则和色层表进行分层设色，编制彩色晕渲的分省地势图。图中的河流水系及山峰、山脉等地理要素基于中国地图出版社研制的多尺度中国地图数据库选取，按各省级行政区地图设定的投影参数和比例尺投影转换后进行数据融合处理，再进行图形化编辑和地图整饰，最后输出成图。各省级行政区的彩色地貌晕渲图，按0—50—200—500—1000—1500—2000—3000—4000—5000—6000m及以上设计统一的高度表，但对一些低海拔平原地区，如天津、山东、上海等省、直辖市，则增添了20m等高距。确定统一的设色原则，建立色层表，以深绿色—黄绿色—棕色—紫色色调的象征色过渡方式表示海拔由低向高过渡，低海拔地区以绿色为主，中海拔地区以棕色为主，高海拔地区的高寒地带则用冷色调紫色。地势图中的其他地理要素，地级市及以上级别居民地全部选取，县级居民地根据图面载负量情况酌情选取；河流按等级选取以反映地域水系结构特点，主要河流加注名称；成图面积4mm²以上的湖泊和水库全部选取，大型湖泊、水库加注名称，适当选取小面积湖泊以反映区域分布特点；山脉按等级选取，仅标注主要山脉主峰和知名山峰。

县域中心区气候特征图表编制

气候是五大成土因素之一，也是土壤质量的重要影响因素。为便于读者了解各地土壤资源与质量状况及其与气候特征的关联，编者编制了各县域中心区（位于各县域中心点、代表面积约为400km²的区域）气候特征值表、月平均气温与月平均降水量分布图。各县域中心区气候特征值是通过对160个中国地面国际交换站的气象年值、月值以及日值数据的计算和空间分析获得的。气象数据的相关用语也采用中国地面国际交换站所用的表达方式。鉴于各地气候特征值需要依据多年气象观测数据分析和提取，而二普采样时段为1979—1987年，因此采用了1971—2000年共计30年的年值、月值和日值气象数据，气象数据时段覆盖二普采样时段。

在分县气候特征值编制过程中，先从相应的各数据源中提取出各站点年值、月值以及日值数据，再按照表7所示计算方法，计算160个站点的各项气候特征值并对其分别进行插值计算，获得覆盖我国全域、网格尺寸约为20km的网格化气候特征年值与月值数据，最后再与县域中心点图层叠加，提取出各县中心区气候特征值。各县所处气候带则是通过县域中心点图层与中国气候区划图叠加后提取获得的[17]。

表7 县域中心区气候特征值的计算方法与数据来源

县域中心区气候特征	计算方法	气象数据来源
年平均气温 /℃	30年的年值平均	中国地面国际交换站气候标准值年值数据集（160个站点，1971—2000年）
年平均最高气温 /℃		
年平均最低气温 /℃		
年降水量 /mm		
年平均相对湿度 /%		
年日照时数 /h		
月平均气温 /℃	30年的月值平均	中国地面国际交换站气候标准值月值数据集（160个站点，1971—2000年）
月平均降水量 /mm		
≥10℃的积温 /℃	一年中日平均气温≥10℃的温度值加和	中国地面国际交换站气候资料日值数据集（160个站点，1971—2000年）
干燥度	修正的谢良尼诺夫公式：$$干燥度 = 0.16 \times \frac{全年 \geq 10℃的积温}{全年 \geq 10℃期间的降水量}$$	
气候带	提取	1:3200万中国气候区划图

分县主要土壤类型与土壤剖面点分布图编制

编制分县主要土壤类型与土壤剖面点分布图的主要目的是使读者在一个较小的图幅上也能大致了解一个县域内主要土壤类型概况。编者通过对全国 1∶5 万土壤图的缩编表达，为有土壤剖面数据的县级行政区编制了分县主要土壤类型图。受地图幅面限制，在分县土壤图中，仅保留了我国土壤分类系统中的第三层级——土类，通过缩编滤掉了亚类、土属、土种信息。

各分县主要土壤类型与土壤剖面点分布图的制图采用幅面固定、制图比例尺自适应的方法，制图比例尺一般为 1∶35 万—1∶20 万，自适应制图由编制者自行设计的软件模块自动完成。

在分县主要土壤类型与土壤剖面点分布图中，各土类颜色与中国土壤图中采用的土类颜色相同（附录 3）。图中各土类在图例中的排序则按各土类占本县县域面积比例从大到小的顺序排列，便于读者了解本县内主要土壤类型的分布。

在分县主要土壤类型与土壤剖面点分布图中，为便于读者查找，剖面点按照其在图面的位置，先左后右、先上后下顺序编码，编码过程也由 ISPP 软件包（表 3）中的模块自动完成。

分县主要土壤类型与土壤剖面点分布图中的基础地理底图来源于国家基础地理信息中心提供的 1∶25 万 DLG（公众版）数据（使用许可协议编号：非 2011-1011），基础地理信息要素的图示与图例表达主要参照相关国标（详见附录 2）。为保证本数据集中主要土壤类型与土壤剖面点分布图的内容和土壤剖面数据表对应，分县主要土壤类型与土壤剖面点分布图中的市级界线、县级界线均采用二普时的普查界线，并以此作为分县主要土壤类型与土壤剖面点分布图的分幅标准。为兼顾地名位置定位准确性和图书实用性，地图中乡镇级及以上居民地分别根据新版《中华人民共和国行政区划简册》和各省级行政区地图册进行了更新，现势性截至 2021 年 12 月。为更好地表现全书的系统性与协调性，在地图下方加注说明县级行政区划变更情况，部分市辖区图幅的图名根据图上县级居民点进行了更新。

二普后，随着城市化的加快，城市周边土地利用情况变化很大，居民地面积大幅增加，导致一些分县土壤图中的土壤面积占县域面积比例和分县主要土类说明中的一些土类面积占县域面积比例较二普时均有下降。在一些大城市周边县（市、区），土地利用情况的变化使各类土壤总面积不到县域面积的 60%。

二普时，分县完成了 1∶5 万比例尺土壤图编绘后，还通过省级汇总和缩编制图，完成了 1∶50 万比例尺省级土壤图。在省级汇总中，对一些分县土壤图中原有土壤类型名进行了修订。例如，浙江在进行省级汇总时，将分县土壤图中原命名为侵蚀型红壤亚类的大部分土属划归粗骨土类；安徽、湖北等省在省级汇总时将黏盘黄棕壤亚类改为黄褐土类。在对二普调查成果的数字整合中，编者仅收集到约 1600 个县的大比例尺土壤图（表 2）。对大比例尺图数据缺失的县，则以省级土壤图裁切方式进行了补全。这种补全虽有利于完成覆盖我国全域的高、中精度土壤图，但也引起了在一个省级行政区里源于分县和分省的两类土壤图中土壤分类命名不统一的问题，编者在尽量保持调查资料原始记载的前提下，对这类问题进行了力所能及的修订。

分县土壤剖面理化性状表编制

分县土壤剖面理化性状表是本数据集的主体内容。前文已对各项土壤理化性状应用范围以及从分县纸质土种志中进行信息提取、表达和制作的方法做了说明，本节仅对土壤理化性状测试方法、剖面点坐标匹配方法与土壤剖面分类名的修订加以说明。

（一）土壤理化性状测定方法

本数据集所列土壤理化性状的测定方法见表 8。其中，土壤有机质含量，土壤氮、磷、钾全量与有效态含量，pH，土壤阳离子交换量的测定方法以及土壤分类方法均为国标方法。剖面理化性状表中的土壤全氮、全磷、全钾、碱解氮、有效磷、速效钾含量均以 N、P、K 纯养分量计。

在二普中，我国大多数地区土壤质地分级采用了卡庆斯基制，仅极少数地区采用了国际制。其中，卡庆斯基制采用了简制,将土壤质地分为3组9种类型;国际制将土壤质地分为12种类型(表9)。由于两种分级制中的质地分级名并无重复,因此在分县土壤剖面理化性状表中未对两种分级制的分级名进行合并。

表8　土壤理化性状的测定方法

土壤理化性状	测定方法
有机质	湿灰化或干灰化消化后,重铬酸钾滴定法测定(丘林法)
全氮	凯氏定氮法测定
全磷	酸溶或碱熔消化后,钼锑抗比色法测定
全钾	碱熔或酸溶消化后,火焰光度法或四苯硼钠比浊法测定
pH	水浸提法,水土比为5:1或2:1
碱解氮	扩散吸收法(康惠法)测定
有效磷	中性及石灰性土壤:Olsen法测定;酸性土壤:Bray法测定
速效钾	醋酸铵浸提后,火焰光度法或四苯硼钠比浊法测定
阳离子交换量	醋酸铵法测定

表9　卡庆斯基制与国际制土壤质地分级名

等级序号	卡庆斯基制[1] 土壤质地分级名	等级序号	国际制[2] 土壤质地分级名
1	松砂土	1	砂土
2	紧砂土	2	壤质砂土
3	砂壤土	3	砂质壤土
4	轻壤土	4	壤土
5	中壤土	5	粉砂质壤土
		6	砂质黏壤土
6	重壤土	7	黏壤土
		8	粉砂质黏壤土
7	轻黏土	9	砂质黏土
8	中黏土	10	壤质黏土
		11	粉砂质黏土
9	重黏土	12	黏土

注:1)卡庆斯基制指按卡庆斯基粒径分级的质地分类。该分类制有简制和详制两种。简制有3组9种质地,其主要特点是将土粒分为物理性黏粒和物理性砂粒两级;按物理性黏粒或物理性砂粒的数量进行质地分类,而不是按照砂粒、粉粒、黏粒三个粒级的质量比分组。详制是在简制的基础上,把9种质地进一步细分为39种质地类别,把含量最多和次多的粒组作为冠词,顺序放在简制名称前面,主要用于土壤基层分类及大比例尺制图。卡庆斯基还提出根据石砾含量而定的附加分类,也可作为质地分类的冠词,主要应用于山地土壤的质地分类。

2)国际制土壤质地分类在第二届国际土壤学会上通过,根据砂粒(粒径0.02—2mm)、粉粒(粒径0.002—0.02mm)、黏粒(粒径小于0.002mm)三粒组含量的比例,通过国际制土壤质地分类三角图,以黏粒含量为主要标准,小于15%者为砂土质地组和壤土质地组,15%—25%者为黏壤组,黏粒含量大于25%者为黏土组,划定12种质地类别。

(二)土壤剖面点的坐标匹配

含地理坐标的剖面数据可直观展示该土壤剖面点所代表土壤的土层厚度、土体构造及理化性状等特征,也是构建推理模型,进行土壤及其理化性状数字制图的基础。

二普完成的分县土种志中虽无典型剖面地理坐标记载,却有关于剖面采样地点、景观和土壤剖面分类命名的详细记录,如乡镇名、村名、高程和土类、亚类、土属、土种名等。从1:5万土壤类型图与1:5万基础地理信息数据库中也能提取出上述信息。在1∶5万比例尺空间数据库中，空间对象分辨率可达到100m×100m精度，折合为1hm²。在全国性土壤调查中，对于选择、确定典型剖面采样点点位，通常要求其所代表的土壤类型在面积上能代表采样点周围100亩（1亩≈666.7m²）以上的土壤，通过这种匹配方法获得的点位对实际采样点点位有较高的代表性。

为了使分县土种志中记载的剖面数据获得坐标，编者构建了多要素土壤剖面点坐标匹配模型，无空间坐标的土壤剖面从1∶5万土壤类型图和基础地理信息数据库中获得空间坐标。坐标匹配模型工作机制如图2所示。首先，从分县土种志中提取出A源数据，即每个剖面隶属的土类、亚类、土属、土种名及剖面采样点地名、采样点高程等多要素信息；然后，用分县1∶5万土壤图与多要素基础地理信息数据库叠加，生成含土类、亚类、土属、土种名和村名、乡镇名、高程等要素信息的空间数据，即B源数据；最后，利用多要素匹配模型，逐县对A、B两源数据进行匹配。当A源数据中某剖面点土类、亚类、土属、土种名和采样点地名、高程与B源数据中某土壤要素空间对象的四个土壤分类名、地名、高程等多要素信息一致时，该剖面点获得B源数据中土壤要素空间对象中心点坐标。若一个县域内，某剖面点与B源数据中多个空间对象存在配对关系，则取其中面积最大的空间对象的中心点坐标。

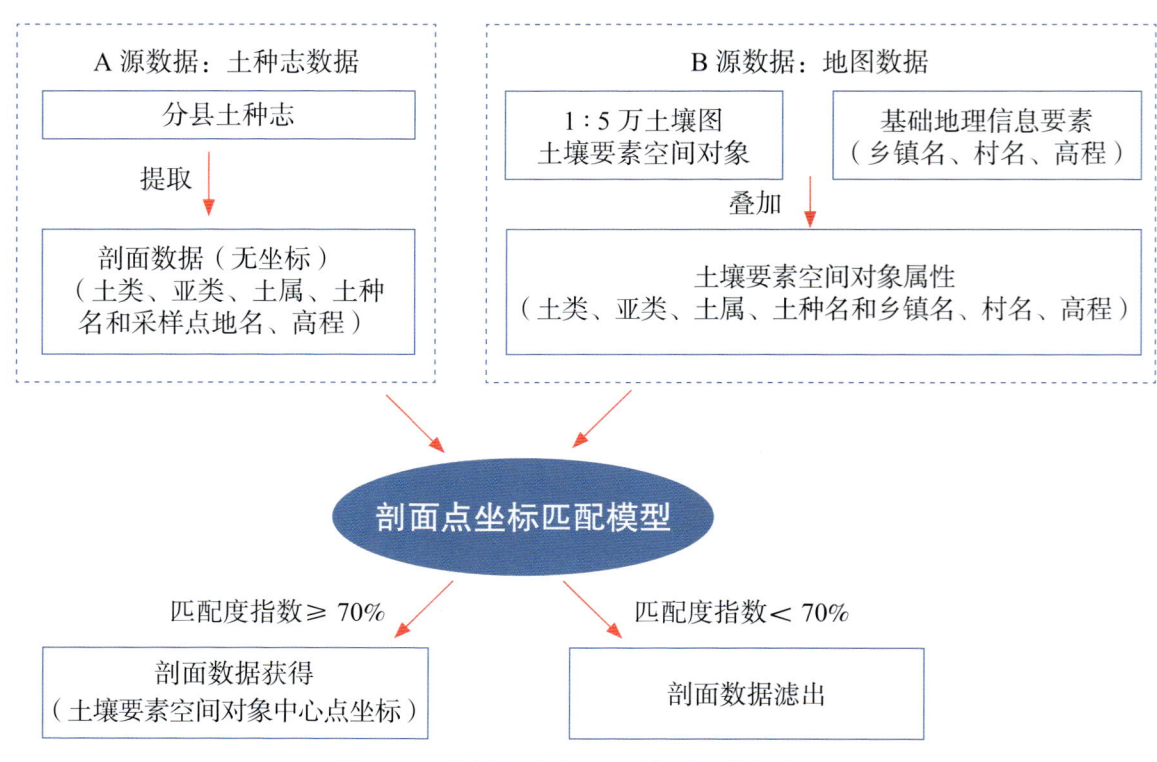

图2　土壤剖面坐标匹配模型工作机制图

为衡量每个土壤剖面坐标匹配的质量，在匹配模型中植入了匹配度评价模型，分析和提取每个土壤剖面点坐标匹配中多要素信息的吻合度。匹配度指数较高，代表两源数据中的土类、亚类、土属、土种名和地名、高程等多要素信息一致性高；匹配度指数较低，代表A、B两源多要素信息存在一些不一致性；匹配度指数小于70%的剖面数据会被滤出，该剖面也会从分县土壤剖面理化性状表中删除（表10）。利用坐标匹配模型，从分县土种志中提取出的10万余个剖面数据中，有6万多个获得了地理坐标并被收录于本数据集的分县土壤剖面理化性状表中，有约3万个由于匹配度指数较低被滤出。

表10　坐标匹配的匹配度指数及释义

匹配度指数 / %	释义
90—100	匹配度高：A（分县土种志）、B（地图）两源数据中乡镇名、村名和三个以上土壤分类名（土类、亚类、土属、土种）、高程均一致
80—90	匹配度较高：A、B两源数据中乡镇名、村名和两个土壤分类名（土类、亚类）、高程一致
70—80	具有一定匹配度：A、B两源数据中乡镇名、村名、土类名、高程一致
＜70	匹配度较低：A、B两源数据中地名和土类名不能全匹配

为检验通过匹配模型获得地理坐标的剖面对当地土壤类型是否具有代表性，编者自2008年以来，在河北、

山东、黑龙江、宁夏、海南等地挖取了 300 余个校验剖面，进行了比对研究。比对研究结果显示，校验剖面与二普完成的剖面记载在土壤类型、土体构造、母质、质地等土壤质量慢变化性状上都有很好的一致性。

（三）土壤剖面分类名的修订

分县土壤剖面理化性状表列出了每个土壤剖面的分类名。土壤分类名是对某一类土壤资源的抽象概括和表达，表述了各类土壤的主要成土过程以及各类土壤综合性的典型特征。如黑土是指在温带半湿润地区草甸草原植被条件下形成的具有深厚均匀腐殖质层的土壤，呈黑色，富含有机质和各种养分；褐土是指在暖温带半湿润地区形成的具有弱腐殖质表层和黏化层的土壤，盐基饱和度较高，呈棕褐色。土壤分类名既具有典型性，又具有综合性，是土壤最基本的属性。

二普中，我国基于全国第一次土壤普查经验制定了六等级土壤分类系统，这也是目前的国标系统。该系统中的六等级分别为土纲、亚纲、土类、亚类、土属和土种，从高级到低级，不同层级之间为隶属关系。其中，土纲用于界定水、温等主要的土壤成土条件，亚纲用来进一步区分土纲内成土条件与过程的差异，土类反映成土条件引致的最典型土壤特征，亚类反映土类内成土条件引致剖面特征的进一步分异，土属反映母质等成土条件引致亚类剖面的分异，土种反映同一土属中土壤的分异或当地群众对该土壤的命名。

在对各地土壤调查数据进行全国汇总时，编者发现，从全国 2200 多个分县土壤剖面资料中提取出的土壤分类名与我国在 1998—2009 年发布的三版《中国土壤分类与代码》国标差异较大[18-20]。国标发布的土类、亚类、土属、土种名数量分别为 60 个、229 个、663 个和 3246 个，而从 2200 多个分县土壤图件与剖面资料中提取出的土类、亚类、土属、土种名数量分别为 312 个、1520 个、12150 个和 43200 个。对国标上从未出现的土壤类型名进行审核和归并需要有土壤分类学上的依据。通过对俄罗斯、美国、加拿大、澳大利亚、德国、英国等各国土壤分类研究及发展状况的研究，编者总结了我国和其他世界各国过去半个世纪中在土壤分类方面的经验，确定了土壤剖面分类名的修订原则[1]。

研究显示，我国国标分类系统中的第三层级——土类（附录4），能很好地反映我国主要土壤类型形态上的典型特征。通过土类及其隶属的 12 大土纲可清晰展现出我国 60 个土类受温度、海拔、降雨、土壤发育度、地下水盐运动、耕种垦殖等主要成土条件影响而形成的地带性分布特征。另外，土类本身属于高层级分类，数目有限，命名符合汉语语言特征，易于专业及非专业人员掌握。通过土类名，读者能够辨识各种土壤类型，了解其成土过程、土壤质量与肥力特征。因此，在土壤剖面分类名的修订中，应重视维护土类名的稳定性。根据这一原则，在对分县资料中土壤分类名的编审中，编者将国标发布的 60 个土类名进行了归并，对亚类及以下的中、低级分类名称则在尽量保留现场获取的一手土壤调查信息的前提下进行适度归并与整合。

为便于读者了解我国目前采用的土壤分类名与国际土壤学会推荐的土壤分类名（world reference base for soil resources，WRB）[21]之间的关联，附录4中还给出了由史学正研究员通过剖面比对建立的 WRB 土组名与我国 60 个土类名的关联及 WRB 土组名对我国土类名的最大可参比性[22]。

（四）剖面土层代码

在形成过程中，由于物质迁移和转化，土壤会分化成一系列组成、性质和形态各不相同的层次，称为发生层或土层。土壤剖面各土层的顺序和变化情况，反映了土壤形成过程及土壤性质。

目前各国尚无统一的土层命名。1967 年国际土壤学会提出将土壤剖面划分成 O 层（有机层）、A 层（腐殖质层）、E 层（淋溶层）、B 层（淀积层）、C 层（母质层）和 R 层（基岩）等 6 个主要土层。全国土壤普查办公室编制出版的《中国土种志》（6 卷）[23-28]、《中国土壤》[29]则将自然土壤剖面划分成 O 层（凋落物有机质层）、A 层（表层）、B 层（淀积层）、C 层（母质层）、D 层（岩石碎屑层）和 R 层（坚硬岩石层）等 6 个主要土层；将旱地农田土壤划分成 A（耕层）、C_1（心土层）和 C_2（底土层）等几个主要土层；将水田土壤划分成 Aa（耕作层）、Ap（犁底层）、P（渗育层）、W（潴育层）和 G（潜育层）等 5 个主要土层。

由于分县土种志中，土层代码和释义与以上文献给出的土层码不尽相同，因此在数据集编制中，编者主要保留了 2200 多个分县土种志中实际采用的土层代码和释义（表11）。为便于读者参考，编者在附录4中列出了引自《中国土壤》部分土类典型剖面的土体构造及其关联的土层代码[29]。

表 11　土壤剖面土层代码和释义[1)]

代码		释义
自然土壤与旱地土壤	Ao	位于土表的枯枝落叶层
	A	自然土壤指表土层，耕地土壤指耕作层
	B	心土层，受成土作用形成的淋溶淀积层
	C	底土层，受成土作用少的母质层，较紧实，通常不受耕作、施肥影响
	D	未风化的母岩层，岩石碎屑层
水田土壤	A	耕作层，亦称淹育层和作物栽培层
	P	犁底层，位于耕作层下，经机械耕作和黏粒淀积，结构较为紧实
	W[2)]	潴育层，位于犁底层下，水田在干湿交替作用下，铁、锰淋溶淀积形成斑纹层，使水稻土有较好的通透性，渗水而不漏水，渍水而不滞水
	G	潜育层，存在于水稻土、沼泽土和泥炭土中。土体长期积水，通透性不良，在还原状态下形成青灰色土层又叫青泥层，作物受还原性物质危害。若在其他土层出现，可用 g 表示，如 Pg、Wg
	E	漂洗层，侧渗作用下黏粒、有机质被淋洗，铁质溶脱，形成灰白色或白色漂洗层

注：1) 表中土层代码和释义主要根据全国各分县土种志中实际采用代码和释义进行综合与汇总。土体构造中，两个字母并列表示过渡层土壤，例如 AB 层、BC 层等。
　　2) 一些地区将潴育层细分为 W_1（渗育层）和 W_2（淀积层）两层。渗育层指有明显水化铁层，多见黄色锈斑；淀积层指明显有铁锰淀斑或铁锰结核的土层。

（五）其他

分县土壤剖面理化性状表中，空格代表本项无数据。

若土壤剖面的土层码为数字，则表示调查中未对该剖面的各分层进行土层代码赋码。对这类剖面，编者按从地表至底土顺序赋土层序号 1、2、3……。土层序号不具有土壤发生学上的含义，仅表达每一土层的顺序。

分县土壤剖面理化性状表中土层厚度的上、下边界表示该土层采样范围。例如：土层厚度为 0—17cm，表示土层采自剖面 0—17cm 部位；土层厚度为 50—100cm 表示采自剖面 50—100cm 部位。一些剖面底土的土层厚度仅有上界而无下界。例如：85—，表示该土层采自剖面 85cm 至更深部位。

个别剖面上、下土层的上、下边界相互不衔接，例如：两个土层厚度分别为 0—10cm、30—35cm，表示该剖面的采样为不连贯采样，每个土层只选取了该土层的代表性层段。

一些剖面分层样本上、下土层的上、下边界相互不衔接，例如：按从地表至底土顺序，6 个土层采样范围分别为 0—13cm、13—18cm、18—40cm、18—32cm、32—100cm、50—100cm，其中第三个土层 18—40cm 为额外增加的采样层。在土壤调查中，当调查者认为需要对某些区域或土类的特定土层进行单独采样和分析时，往往会出现这一情形。为了最大限度保持第一手调查资料的完整性，编者将这类土层也编入了分县土壤剖面理化性状表中。

本卷收录的辽宁省典型土壤剖面共计 1213 个。通过对剖面数据的土层厚度转换，附录 7 给出了这些典型剖面 0—20cm 土层土壤理化性状中位数与平均数。二普剖面采样为典型土类采样，而非网格化采样。0—20cm 土层土壤理化性状中位数与平均数不代表本省土壤理化性状平均状况。但二普是我国最早的大样本量调查，附录 7 所示的 0—20cm 土层土壤理化性状中位数与平均数对了解辽宁省 20 世纪 80 年代土壤肥力性状具有一定参考价值。

附录 8 列出了辽宁省耕地、园地、林地、草地和湿地 0—30cm 土层土壤有机质含量的平均值。该值由辽宁省土壤有机质含量图和自然资源部土地科学数据中心编制的 2019 年 1∶100 万比例尺全国土地利用缩编图通过叠加、计算生成。其中，耕地包括水田、水浇地和旱地三种土地利用类型；园地包括果园、茶园和其他园地三种土地利用类型；林地包括有林地、灌木林地和其他林地三种土地利用类型；草地包括天然牧草地、人工牧草地和其他草地三种土地利用类型；湿地包括沼泽地、沿海滩涂和内陆滩涂三种土地利用类型。鉴于辽宁省土壤有机质含量图源于大样本量地面采样，土壤有机质含量亦为变化较慢的土壤质量性状[15]，附录8对了解辽宁省耕地、园地、林地、草地和湿地的土壤有机质含量状况及演变具有较高的参考价值。为便于读者了解辽宁省耕地、园地、林地和草地四种土地利用类型中受成土过程影响而形成的各主要土壤类型及其在各土地利用类型中的占比情况，附录9给出了主要土壤类型在这四种土地利用类型中的占比。

土壤专题图与土壤剖面数据可靠性检验

该检验目的是对数据集中的土壤专题图和土壤剖面数据能否真实反映土壤资源与土壤理化性状及其空间分布特征给出科学、客观的评价。另外，数据集中的土壤专题图和土壤剖面数据主要源于1979—1987年的二普和2005—2017年在全国测土配方施肥项目中的土壤养分调查，因此，该检验也是对我国两次全国性土壤调查所获成果的质量评估。

对土壤专题图及含地理坐标的剖面数据的检验涉及地图制图学、测绘科学、土壤学、地统计学等多学科内容，而对于不同的学科，数据检验的目标和内容也不同。对于地图制图，精度检验十分重要；而在土壤学范畴，可靠性检验更为重要。精度检验方面，本数据集剖面坐标是通过1∶5万比例尺地图数据匹配获得，匹配用地图精度直接影响剖面数据坐标精度。可靠性检验方面，土壤专题图和土壤剖面数据均属于土壤学范畴，还需要从土壤学角度给出科学评价。借助目前仍在发展中的地统计方法，编者最终给出了合理的可靠性检验方法。为便于读者理解，本节将重点说明两点：一是地图精度与土壤专题图制图的关联；二是土壤专题图和剖面数据的地统计检验结果。

在地图制图中，地图精度用于衡量某一地物点或地物轮廓点的平面位置和高程位置偏离其真实位置的平均误差。这里的地物点或地物轮廓点可以是测量控制点、水准点、道路交叉点、境界线方向变化点、山脚点、山顶等。地图精度与地图投影、比例尺、制作方法和工艺有关。地图比例尺不同，误差控制要求也不同。一般来说，地图比例尺越大，误差越小，精度越高。换言之，地图精度或比例尺主要反映对地图中基础地理信息要素，如测量控制点、河流、道路、等高线、境界的误差控制要求。

在土壤专题图制图中，需要用基础地理信息要素标识土壤要素空间位置。在较早的土壤调查中，没有GPS设备，通常用纸质地形图为底图标识采样点位置。地面土壤采样调查完成后，根据底图标记的采样点位置和实测获得的土壤要素值，由经验丰富的土壤科学家依据土壤及相关要素的空间分布、空间相关性和空间依赖性规律进行人工综合判图，在底图上手工完成土壤专题图的勾绘和制图。我国的二普与欧美各国在20世纪80年代之前进行的全国性土壤调查基本均采用这一方法进行土壤专题图编绘。二普为大样本量土壤调查，采样密度高，采用1∶1万大比例尺地形图为工作底图，全国共挖取土壤观察剖面550余万个，采集0—20cm土壤表层样本200余万个，通过综合判图和人工勾绘，最终完成分县1∶5万比例尺土壤图和各类土壤养分含量图的编制。土壤专题图比例尺不代表地图中对土壤要素的误差控制要求，客观上，地面采样中应用大比例尺的工作底图，采样密度高，土壤采样点均衡分布于调查区域中，以此为依据编制的土壤专题图能精细地表达调查区域内土壤要素的空间变化特征。采样密度低的土壤调查结果则不适合编制大比例尺土壤专题图。

近年来，随着GPS和GIS技术的发展，地统计方法已较多用于反映和研究土壤要素的空间变化规律。地统计方法不仅提供了利用含地理坐标的土壤采样点数据制作土壤专题图的地统计模型，还提供对模拟结果进行不确定性检验的方法。地统计检验的主要目的是了解模拟结果对真实情况反演的客观性和可靠性，而不是评价地图中土壤要素的精度或误差控制。检验结果既受地面采样原则、采样量的影响，也受所选模型类型、建模过程中是否引入协变量等因素的影响。

由于二普完成的土壤图和养分含量图中没有采样点标注，难以对其进行地统计检验。为此，编者同时对我国在全国测土配方施肥项目中完成的有GPS定位坐标的农田耕层土壤有机质含量数据进行了地统计分析和检验。与二普相似，全国测土配方施肥项目也按网格化均匀分布原则进行大样本量、高密度土壤采样，全国总计完成1000万个农田土壤耕层样本的采集。

检验方法为：首先，在我国东、南、西、北、中不同地域选取7个代表性片区，每片区包含地域相连、域内无大面积剖面点缺失的多个行政县，且含土壤剖面点500个以上。其次，提取7个片区源于二普剖面0—20cm土层和源于2005—2017年0—20cm农田耕层采样的土壤有机质含量数据。二普剖面数据的采样特征为在优先选取典型土壤类型的前提下，尽量均衡分布；样本量较小，全国有6万多个具有匹配坐标的剖面。2005—2017年农田养分调查数据为网格化均衡分布的大样本量，全国完成了1000万个有GPS定位坐标的耕层样本。最后，用普通克利金插值（ordinary Kriging）方法进行地统计分析和检验。在每片区剖面点和耕层采样点的数据中分别随机选取80%作为训练样本集，20%作为验证样本集，同时进行建模；将验证样本预测值与实测值进行线性回归，计算R^2（决定系数）和RMSE（均方根误差），以此评价两组数据表达土壤要素空间分布特征的可靠性和误差。选择土壤有机质含量作为检验指标的原因为该指标是最重要的土壤质量性状之一，且可量化表达，便于进行地统计检验。

二普剖面数据的检验结果显示，在7个代表性片区，剖面点数据表达的有机质含量分布状况可靠性均达极显著水平（表12）。这表明，尽管二普典型剖面数据为非网格化采样，含地理坐标样本量较少，需采用匹配坐标替代原点坐标，但在一个由多县组成的片区内，当剖面样本量达到一定数量后，即使未引入可极大改进R^2的地形、土地利用类型等辅助变量，用普通克利金插值仍然能比较真实、可靠地反演土壤要素空间分布特征。2005—2017年耕层采样点数据的检验结果显示，与二普剖面点数据相比，大部分片区的有机质含量分布数据R^2更大（达到中等相关至强相关），RMSE更小，可靠性和预测精度明显更优，这说明就表征土壤要素空间分布特征而言，网格化均衡分布的大样本量采样得到的数据可靠性和精度相对较高。这为二普大比例尺土壤专题图数据（土壤图和土壤pH、有机质、氮、磷、钾养分含量图）的地统计检验特征提供了佐证。二普大比例尺土壤专题图数据均源于网格化均衡分布的大样本量地面调查，其可靠性和精度应优于二普剖面点数据。

两组数据地统计检验结果还显示，尽管相隔近30年，两时段调查的土壤有机质含量也有一定变化，但各片区土壤有机质含量的空间分布规律总体相近。图3展示了东北片区两组数据通过普通克利金插值获得的土壤有机质含量分布图。可以看出，尽管二普土壤剖面样本数（546）远少于农田耕层土壤样本数（45182），20%校验集所获R^2较低，预测值与实测值偏差较大，但两组数据展示的土壤有机质含量空间分布格局相近，均为东北角最高，西南角最低。另外，该片区2005—2017年的农田耕层有机质含量均值为36.41g/kg，低于1979—1987年的二普采样结果（40.53g/kg），这一结果与东北地区所做长期定位试验结论一致。这表明，本数据集剖面数据可为了解土壤质量时空演变规律提供可靠的数据支持[9]。

表12　二普典型土壤剖面数据和2005—2017年耕层采样点数据的地统计检验结果

编号	片区名	县数	面积/km²	二普剖面土壤有机质含量[1]			耕层土壤有机质含量[2]		
				样本量	R^2 [3]	RMSE[3]	样本量	R^2 [3]	RMSE[3]
1	东北片区	19	72353	546	0.329**	14.77	45182	0.689**	6.32
2	冀鲁豫片区	64	50071	881	0.363**	5.65	256341	0.429**	3.47
3	江浙片区	53	63003	1312	0.334**	8.83	51759	0.666**	4.05
4	湖北片区	10	21044	515	0.286**	20.21	60545	0.281**	11.09
5	四川片区	39	98052	1283	0.380**	9.20	206682	0.344**	7.08
6	粤闽赣片区	27	58745	801	0.223**	13.33	51759	0.285**	6.42
7	陕甘片区	47	109010	990	0.296**	7.20	256341	0.558**	2.48

注：1）数据源于二普土壤剖面（1979—1987年采样，0—20cm土层）数据库，土壤有机质含量单位为g/kg。
2）数据源于2005—2017年农田耕层（0—20cm）土壤养分调查数据库，土壤有机质含量单位为g/kg。
3）20%验证样本所获预测值与实测值的线性回归R^2（决定系数，其中**表示1%水平显著）和RMSE（均方根误差）。

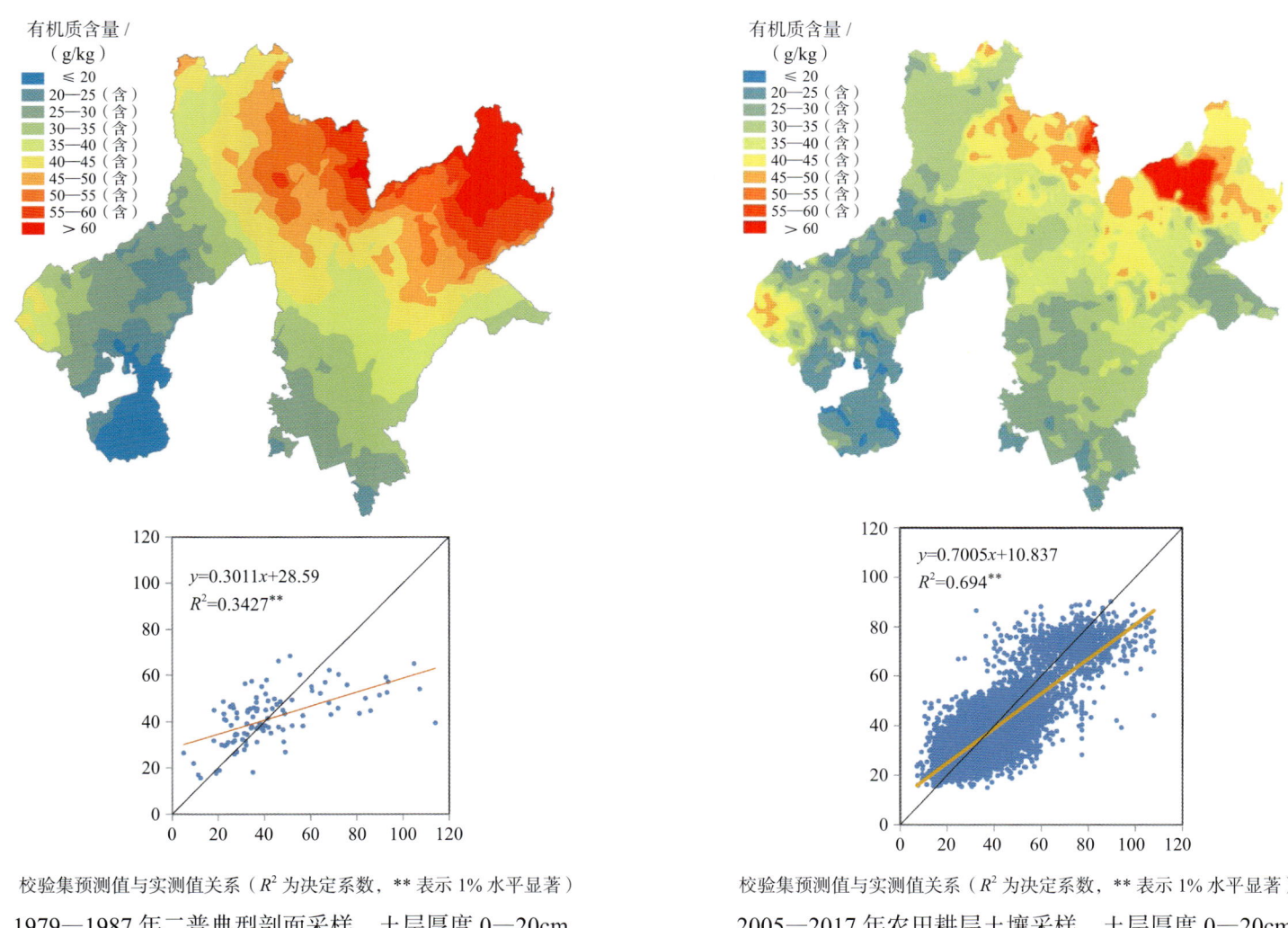

图 3　东北片区土壤有机质含量分布图及地统计检验结果

参编单位

《中国土壤剖面数据集》的编制工作始于1998年。其编制过程主要分为以下两个阶段：

第一阶段为全国1∶5万土壤图编制和中国剖面数据库构建阶段。20世纪末，随着现代科学研究与管理对土壤时空信息的迫切需要和大数据技术的发展，利用土壤调查结果构建我国土壤资源与质量时空数据库日益显现出可行性和必要性。1998年，我国土壤科技工作者开始对二普分县土壤图件和资料进行系统收集和整理，这项工作曾得到国家社会公益性研究专项的资助。"十一五"期间，"我国1∶5万土壤图籍编撰及高精度数字土壤构建"被列为国家科技基础性工作专项重点项目。在全国各地农业、国土、档案等多家单位的大力配合和各地土壤科技工作者的支持下，项目组汇聚全国土壤科学、农业、测绘与环境领域多家专业科研院所的科研力量，深入31个省、自治区、直辖市以及数百个县的原始图件与资料存放部门，完成了2200多个县的分县大比例尺纸质土壤图与土种志的收集。同时，项目组还收集了31个省、自治区、直辖市的分省土壤图、土壤有机质含量图等多类别土壤专题图和分省土壤调查资料，并在此基础上，项目组研究人员通过融合多学科方法创建土壤大数据方法，以方法创新带动异源非标准海量土壤信息的时空整合与表达，至2017年，完成了我国1∶5万土壤图的整合表达和中国土壤剖面数据库的构建，为编制《中国土壤剖面数据集》奠定了科学基础、方法基础和数据基础。

第二阶段为《中国土壤剖面数据集》编制阶段。为满足我国农业、林业、环境、气象、国土、水利等各部门对公众版土壤资源与质量信息的迫切需求，项目组于2017年启动了数据集编制工作。在数据集编制过程中，项目组一方面利用土壤大数据方法进行数据的审核、土壤专题图的缩编与剖面数据表的表达等多项工作，另一方面组织了各省级土壤专业科研院所参与各分卷内容的审核和修订工作。数据集的编制还得到了中国农业科学院科技创新工程的资助。

本数据集的最终面世离不开多家科研单位在过去20多年时间里的共同付出。这些单位包括国家科技基础性工作专项重点项目"我国1∶5万土壤图籍编撰及高精度数字土壤构建""我国1∶5万土壤图籍编撰及高精度数字土壤构建二期工程"主持与参加单位、参加数据集各分卷审核和修订工作的土壤专业科研单位以及参与分县大比例尺纸质土壤图与土种志收集的各地相关管理与科研部门（附录10）。

（张维理、徐爱国、张认连、冀宏杰）

序图

中国土壤图
1:13 000 000

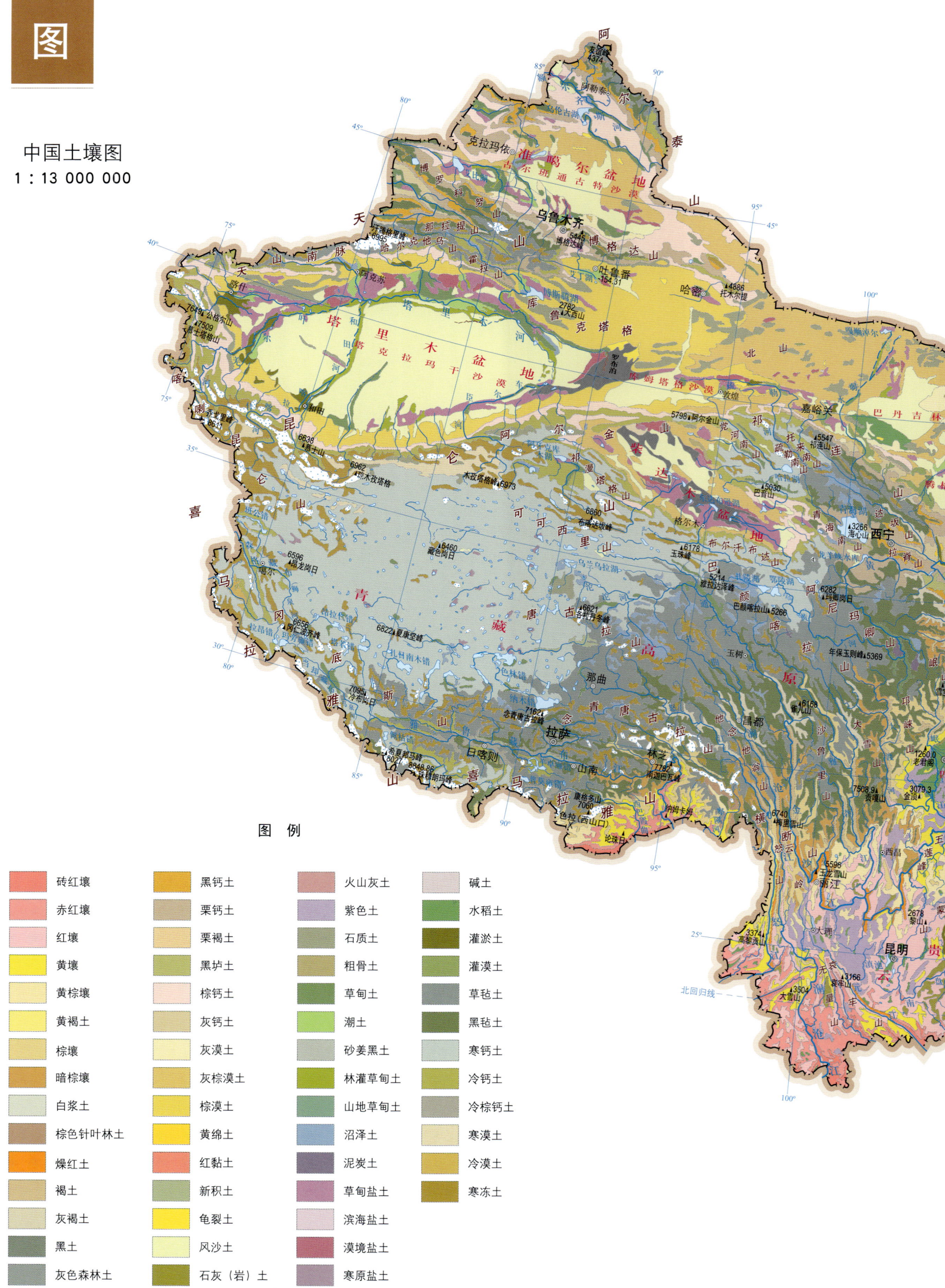

图例

砖红壤	黑钙土	火山灰土	碱土
赤红壤	栗钙土	紫色土	水稻土
红壤	栗褐土	石质土	灌淤土
黄壤	黑垆土	粗骨土	灌漠土
黄棕壤	棕钙土	草甸土	草毡土
黄褐土	灰钙土	潮土	黑毡土
棕壤	灰漠土	砂姜黑土	寒钙土
暗棕壤	灰棕漠土	林灌草甸土	冷钙土
白浆土	棕漠土	山地草甸土	冷棕钙土
棕色针叶林土	黄绵土	沼泽土	寒漠土
燥红土	红黏土	泥炭土	冷漠土
褐土	新积土	草甸盐土	寒冻土
灰褐土	龟裂土	滨海盐土	
黑土	风沙土	漠境盐土	
灰色森林土	石灰(岩)土	寒原盐土	

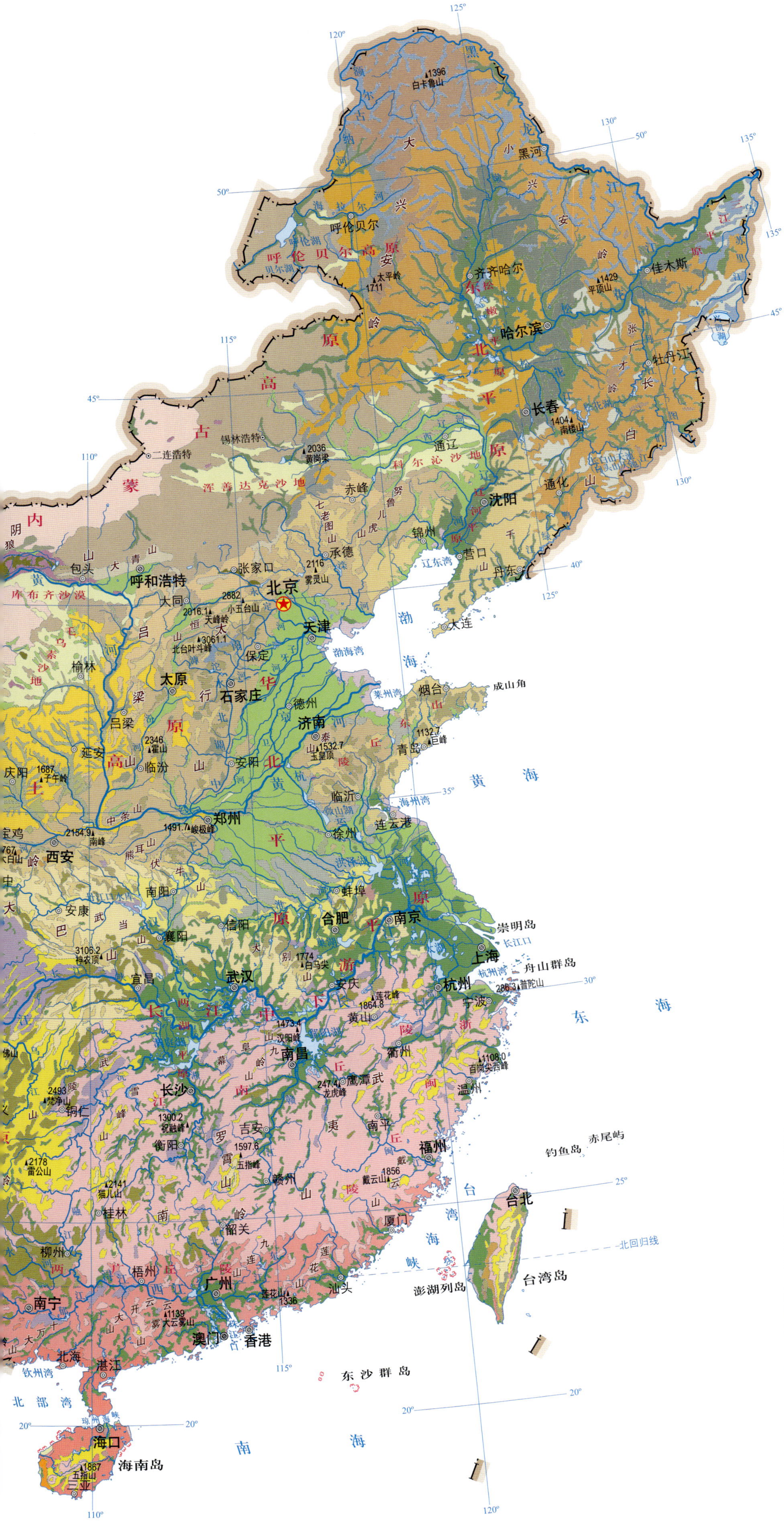

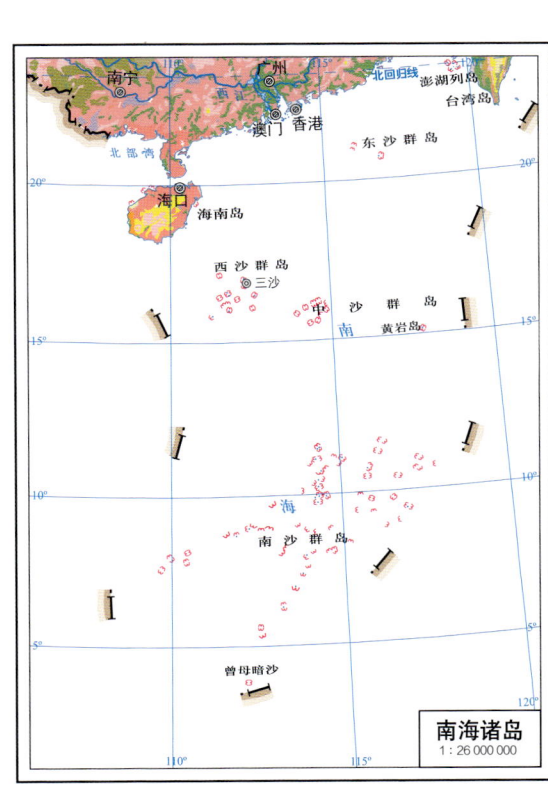

南海诸岛　1∶26 000 000

中国土壤有机质含量图
1∶13 000 000

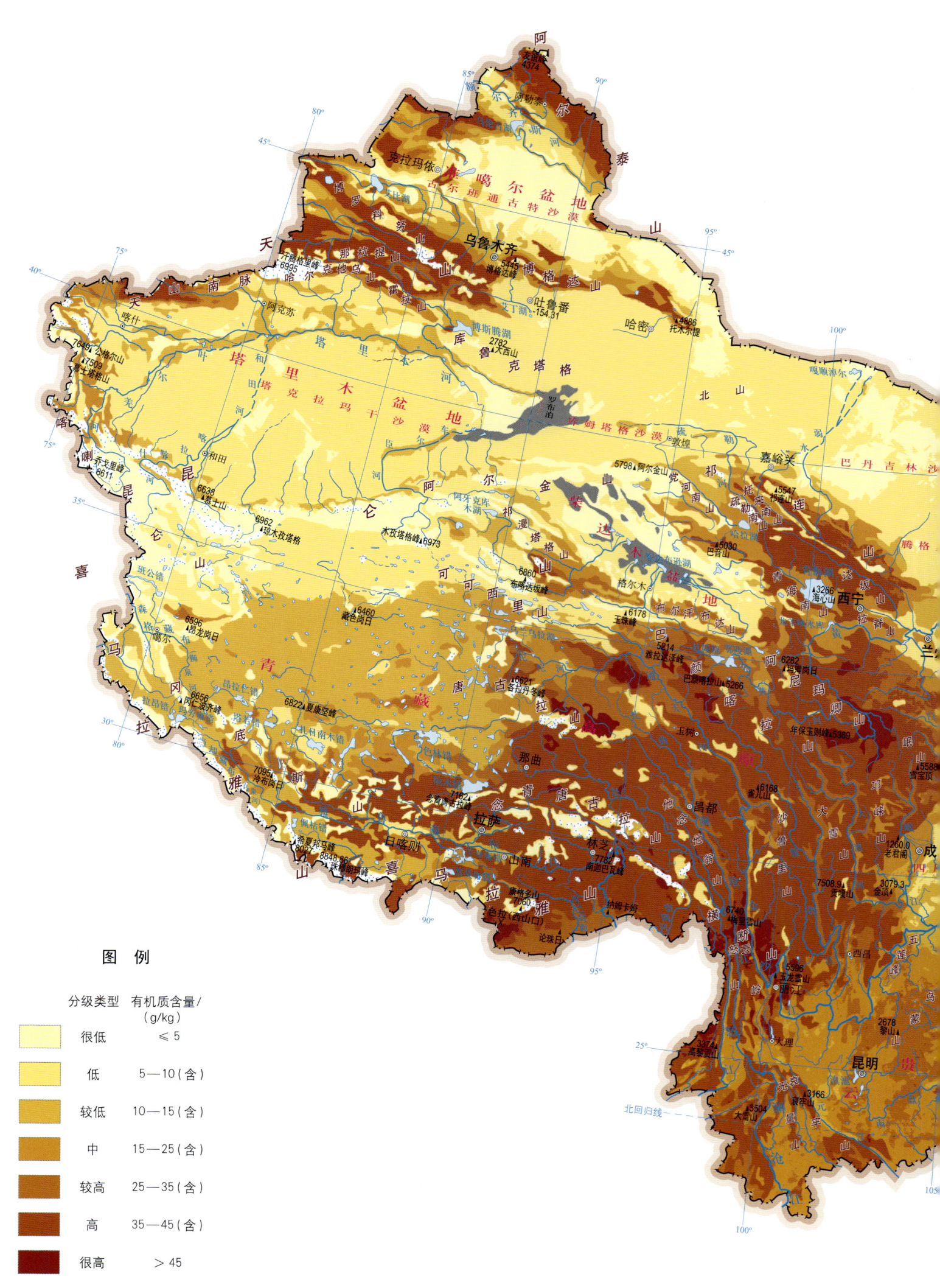

图 例

分级类型	有机质含量/(g/kg)
很低	≤ 5
低	5—10（含）
较低	10—15（含）
中	15—25（含）
较高	25—35（含）
高	35—45（含）
很高	> 45

注：土层厚度为0—30cm。

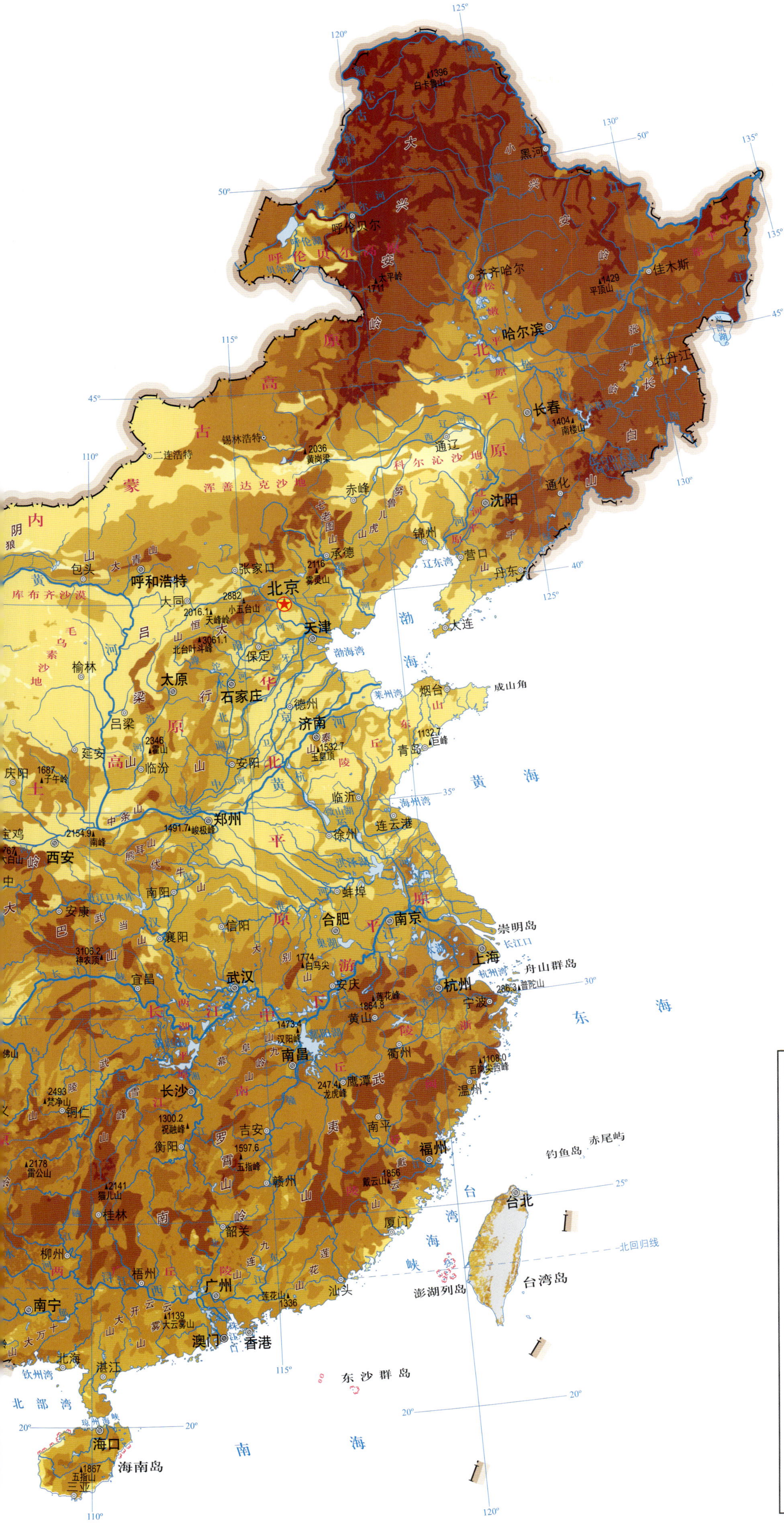

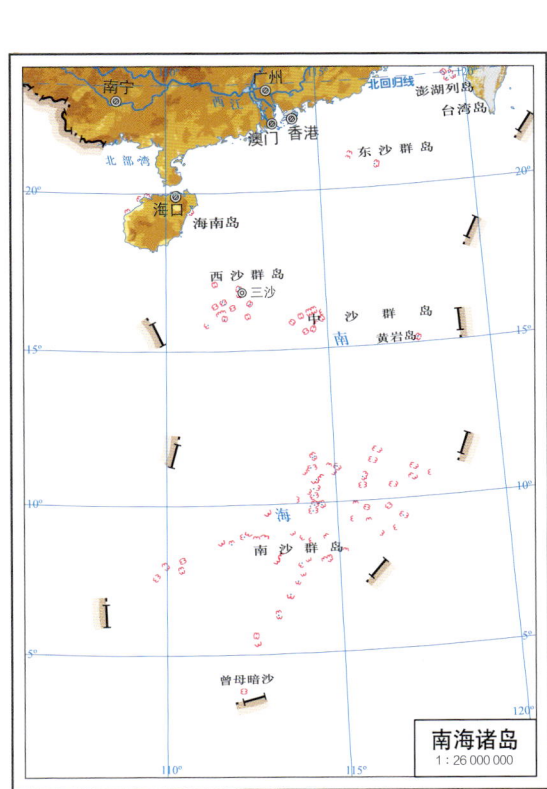

中国地势图

1 : 13 000 000

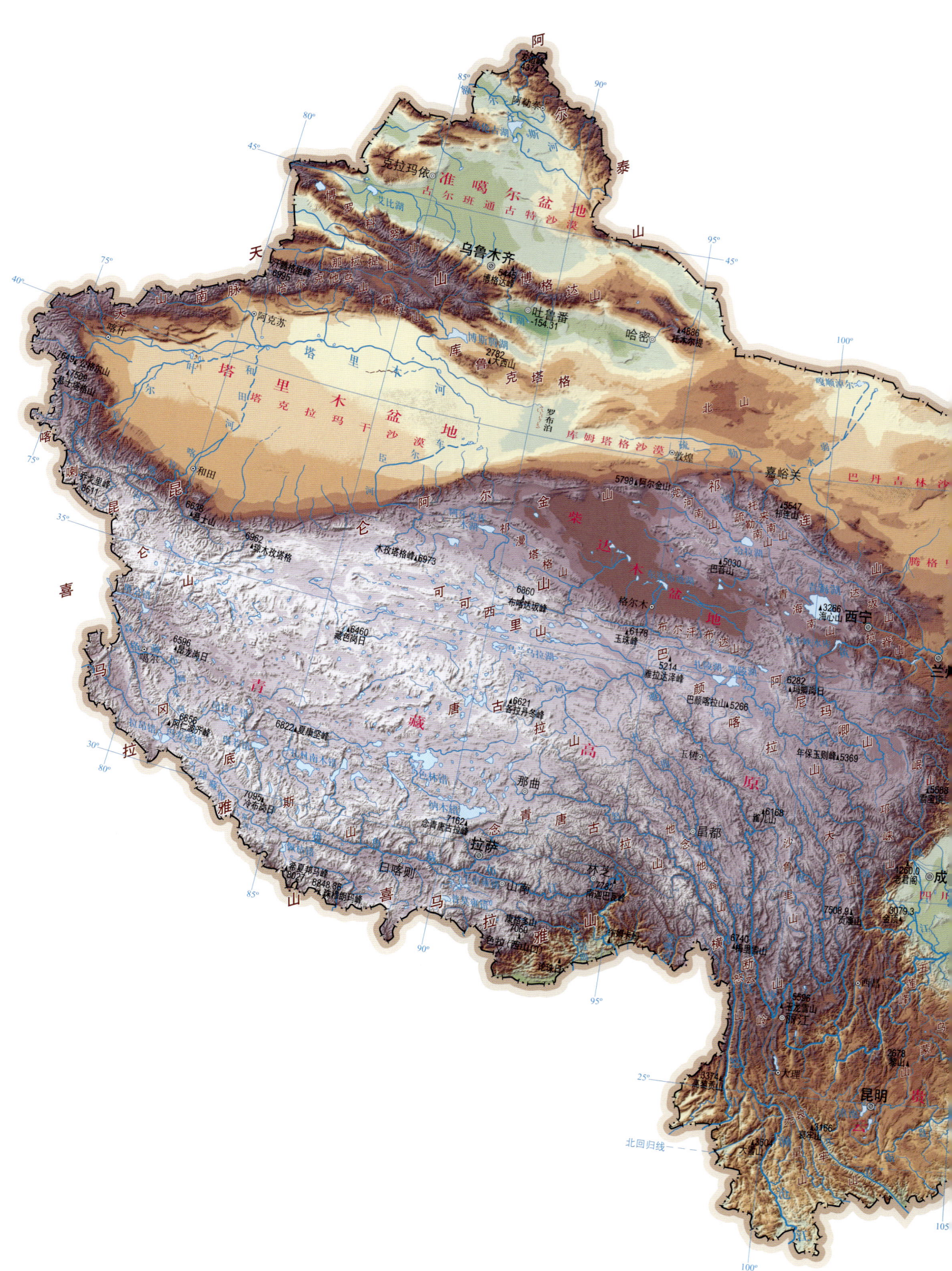

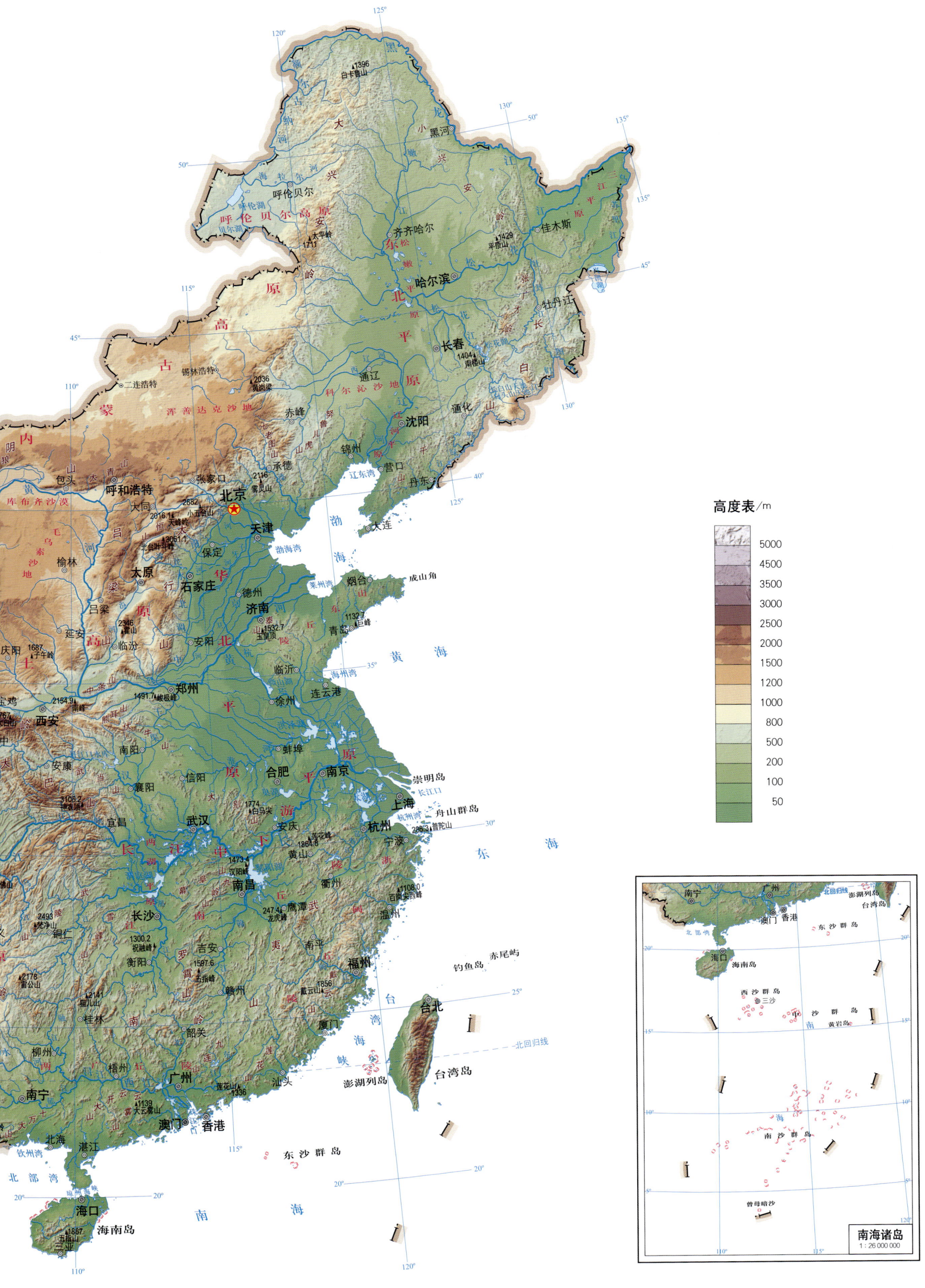

辽宁省土壤图

1∶1 900 000

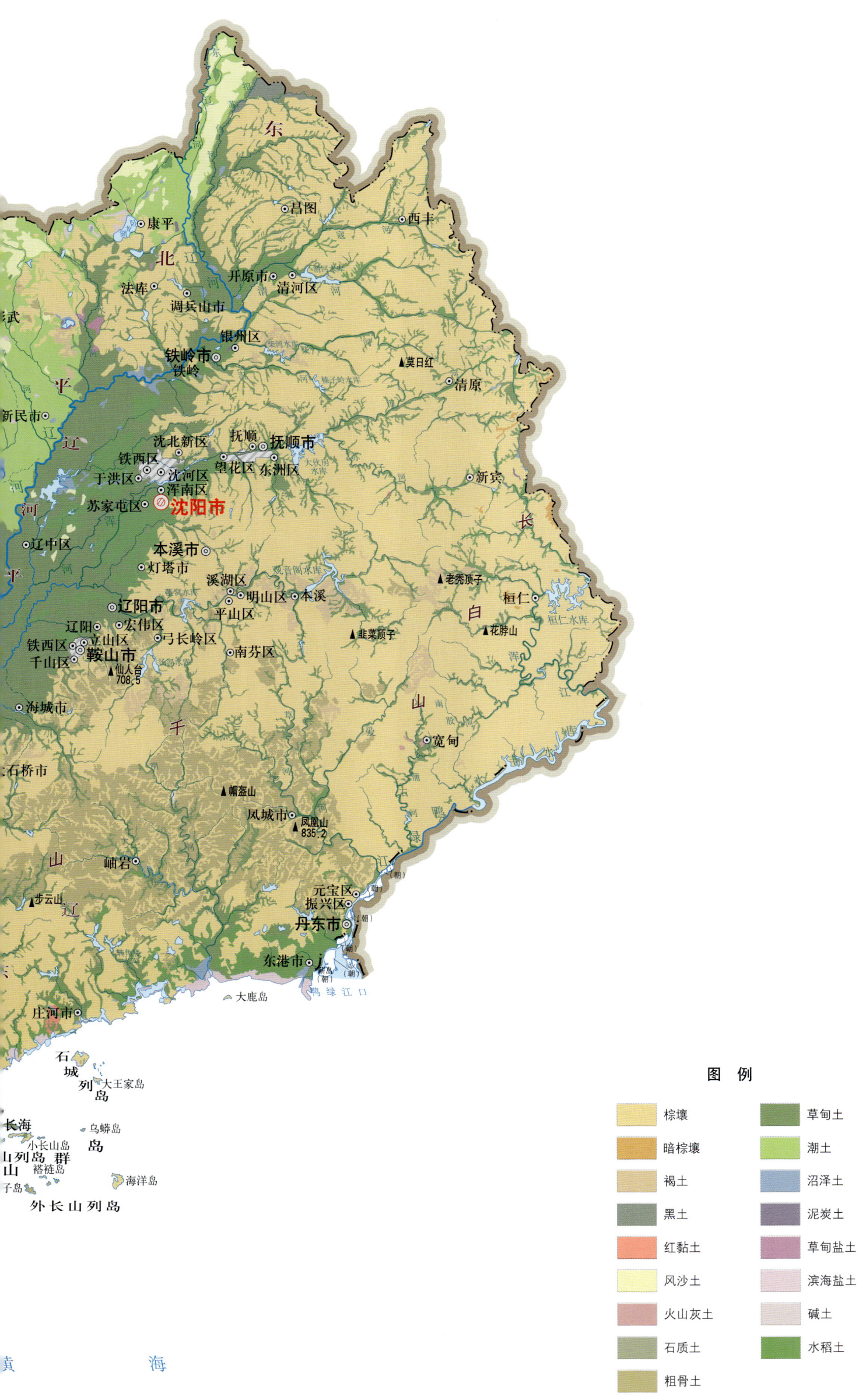

第一编　编制说明与序图

辽宁省土壤有机质含量图
1 : 1 900 000

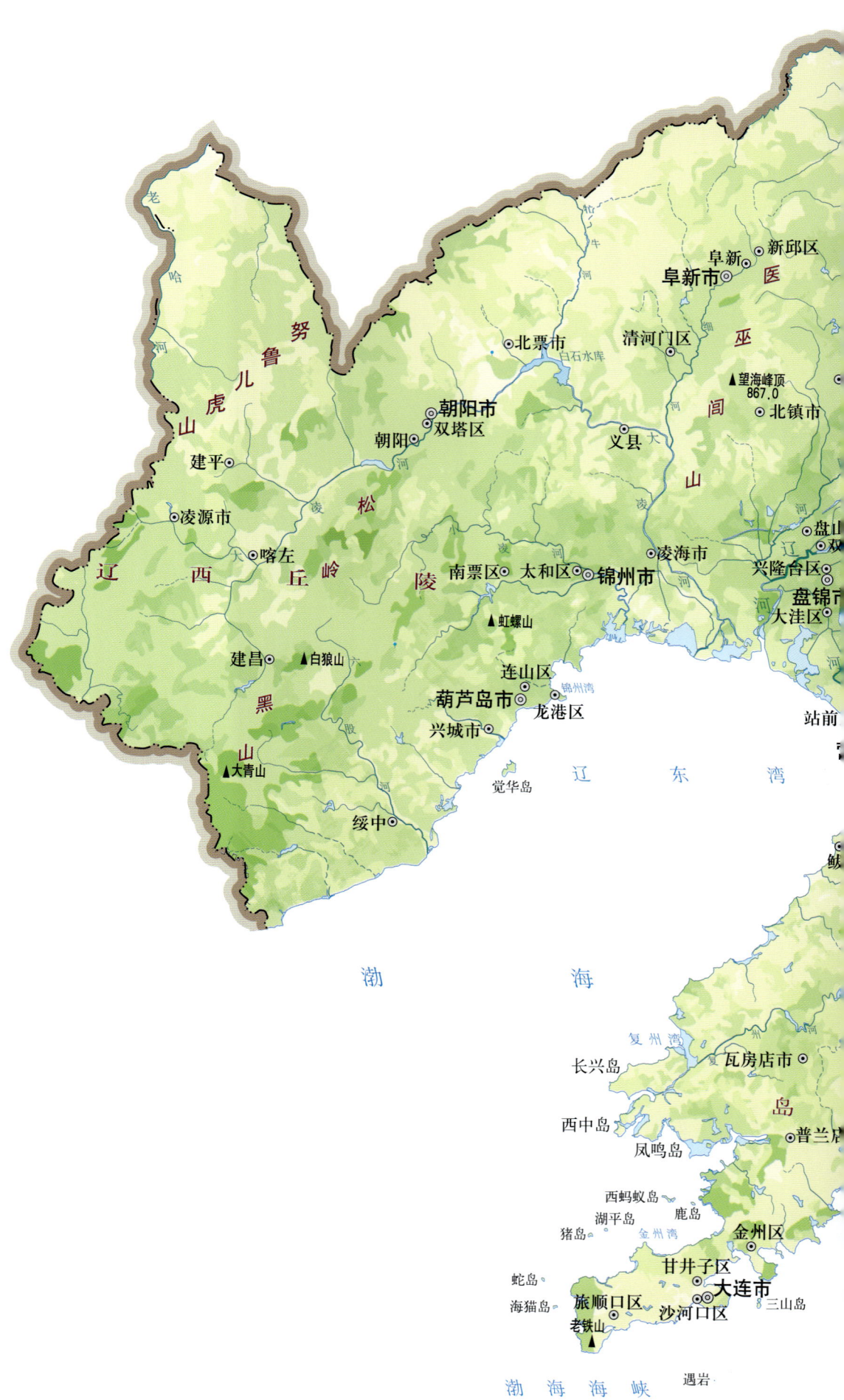

注：土层厚度为0—30cm。

辽宁省地势图
1 : 1 900 000

东
北
平
辽
河
平
康平
昌图
西丰
法库
调兵山市
开原市
清河区
银州区
铁岭市
铁岭
莫日红
清原
新民市
沈北新区
抚顺
抚顺市
铁西区
望花区
东洲区
于洪区
沈河区
浑南区
新宾
苏家屯区
沈阳市
长
辽中区
本溪市
灯塔市
溪湖区
老秃顶子
明山区
本溪
桓仁
辽阳市
白
平山区
辽阳
宏伟区
花脖山
铁西区
立山区
弓长岭区
韭菜顶子
千山区
鞍山市
南芬区
仙人台
708.5
海城市
山
千
宽甸
石桥市
帽盔山
凤城市
凤凰山
835.2
山
岫岩
元宝区
步云山
振兴区
辽
丹东市
东港市
大鹿岛
鸭绿江口
庄河市
石
城
列
岛
大王家岛
长海
乌蟒岛
小长山岛
岛
山列岛
群
褡裢岛
海洋岛
外长山列岛
黄
海
高度表/m
1000
500
200
50

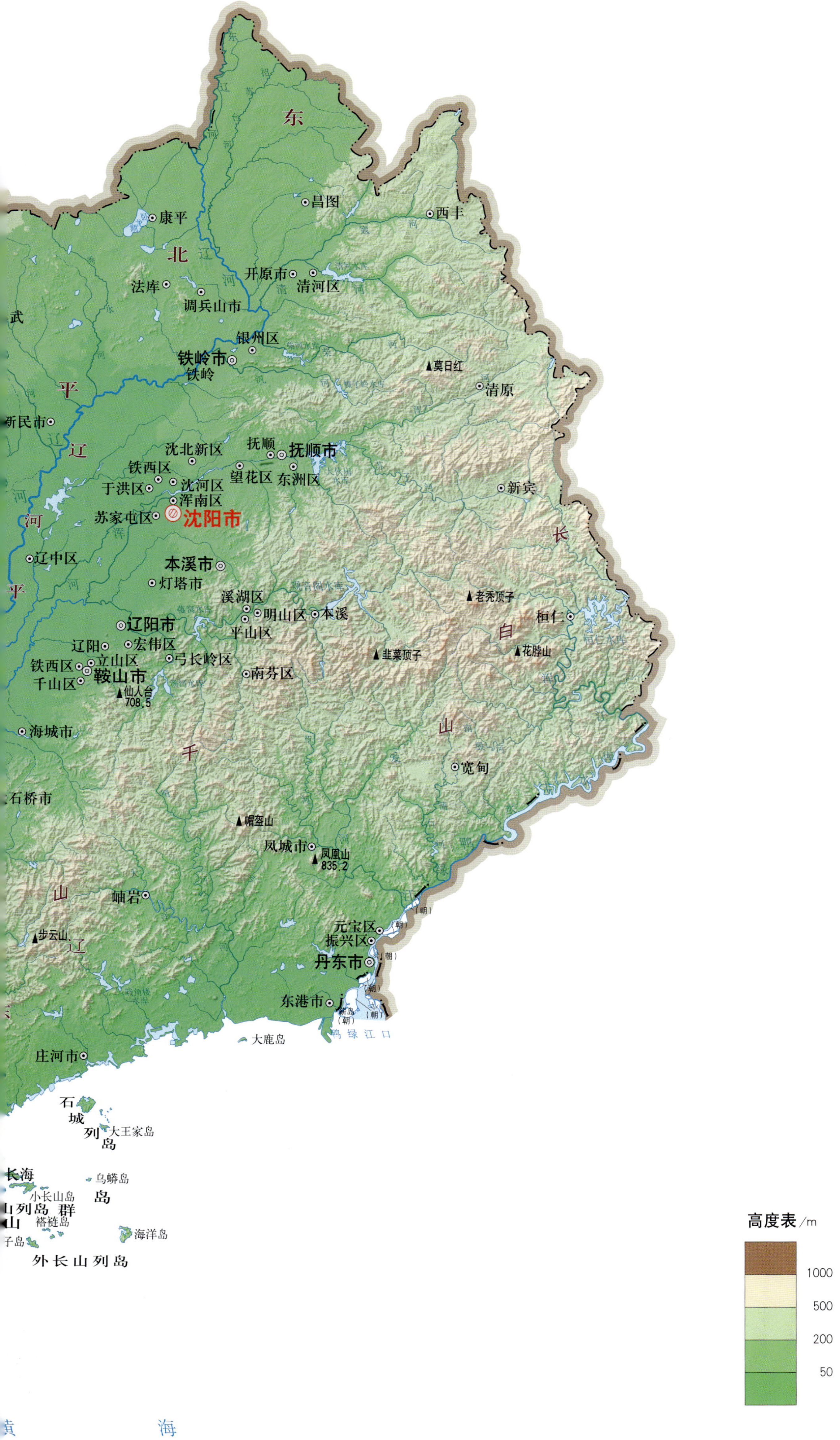

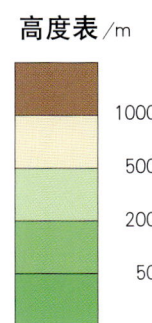

中国土壤剖面数据集·辽宁卷

第二编 | 分县土壤图与土壤剖面数据

沈 阳 市

市 辖 区

主要土类说明

草甸土是沈阳市主要土壤类型，占本市地域面积的34%。草甸土主要分布在河流两岸的冲积平原以及丘陵漫岗间的低平地，地势平坦，土层深厚。因所处地下水位较高，潜水参与土壤形成过程，受地下水升降与浸润作用，其形成过程具有明显的腐殖质累积和铁锰氧化还原特征，土体出现锈色斑纹层。

水稻土是沈阳市第二大土壤类型，占本市地域面积的29%。本市水稻土主要为淹育水稻土，分布在本市西部、西南部的冲积平原，具有明显淹育层特征。淹水后淹育层呈还原反应，土粒分散，呈泥糊状，干后呈块状，土体致密，根孔多，具有红棕色铁锈和根锈。渗育层稍有分化，潴育层发育不清晰，土体仍保留母土的特征。如发育于潮棕壤的棕黄土田，其心土仍具有明显的淀积层，呈核状结构，结构体表面有较多硅质粉末。

棕壤是沈阳市第三大土壤类型，占本市地域面积的25%。棕壤主要分布在辽沈线以东的低山丘陵区，通体以棕色为主，有明显的淋溶淀积过程。其典型剖面形态特征为：表土层呈灰棕色，具块状结构，呈微酸性；心土层呈明显的鲜棕色或棕褐色，质地黏重，具核状结构，结构体表面多覆有胶膜，并析出硅质粉末；底土层多为黄土状母质或岩石风化物。本市棕壤大部分已被垦殖，成为肥力较高的农业土壤。

小于本市地域面积3%的土壤类型有沼泽土和风沙土。

本区域中心区气候特征

本区域中心区气候特征值
Regional climate characteristics in central area of the region

气候带：中温带亚湿润气候 Climate region: Mid temperate subhumid climate	
年平均气温 /℃ Annual average temperature /℃	8.4
年平均最高气温 /℃ Annual average maximum temperature /℃	14.0
年平均最低气温 /℃ Annual average minimum temperature /℃	3.3
年降水量 /mm Annual precipitation /mm	684
≥10℃的积温 /℃ Daily temperature accumulated in a year (≥10℃) /℃	3020
年日照时数 /h Annual sunshine /h	2478
年平均相对湿度 /% Annual average relative humidity /%	63
干燥度 Dryness	0.74

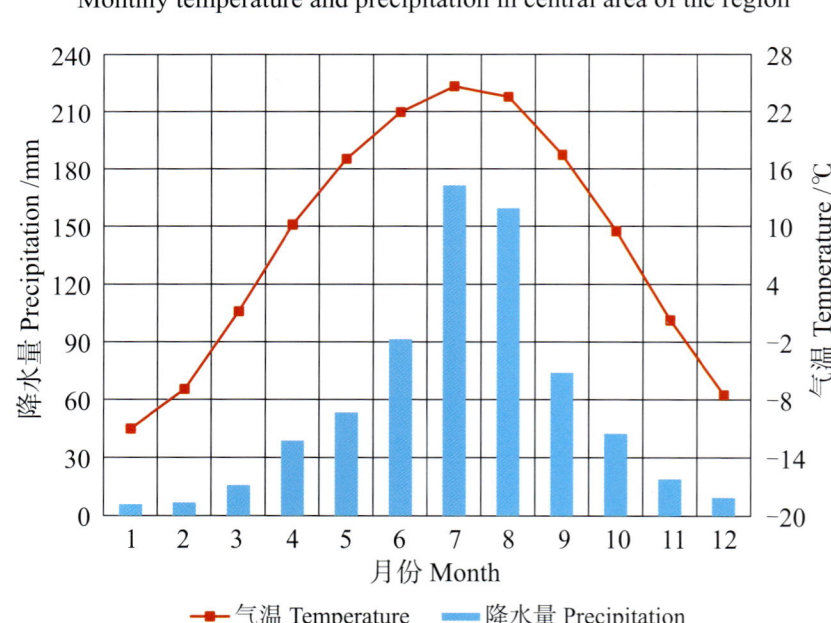

本区域中心区月平均气温与月平均降水量
Monthly temperature and precipitation in central area of the region

沈阳市市辖区（部分）主要土壤类型与土壤剖面点分布图
1：290 000

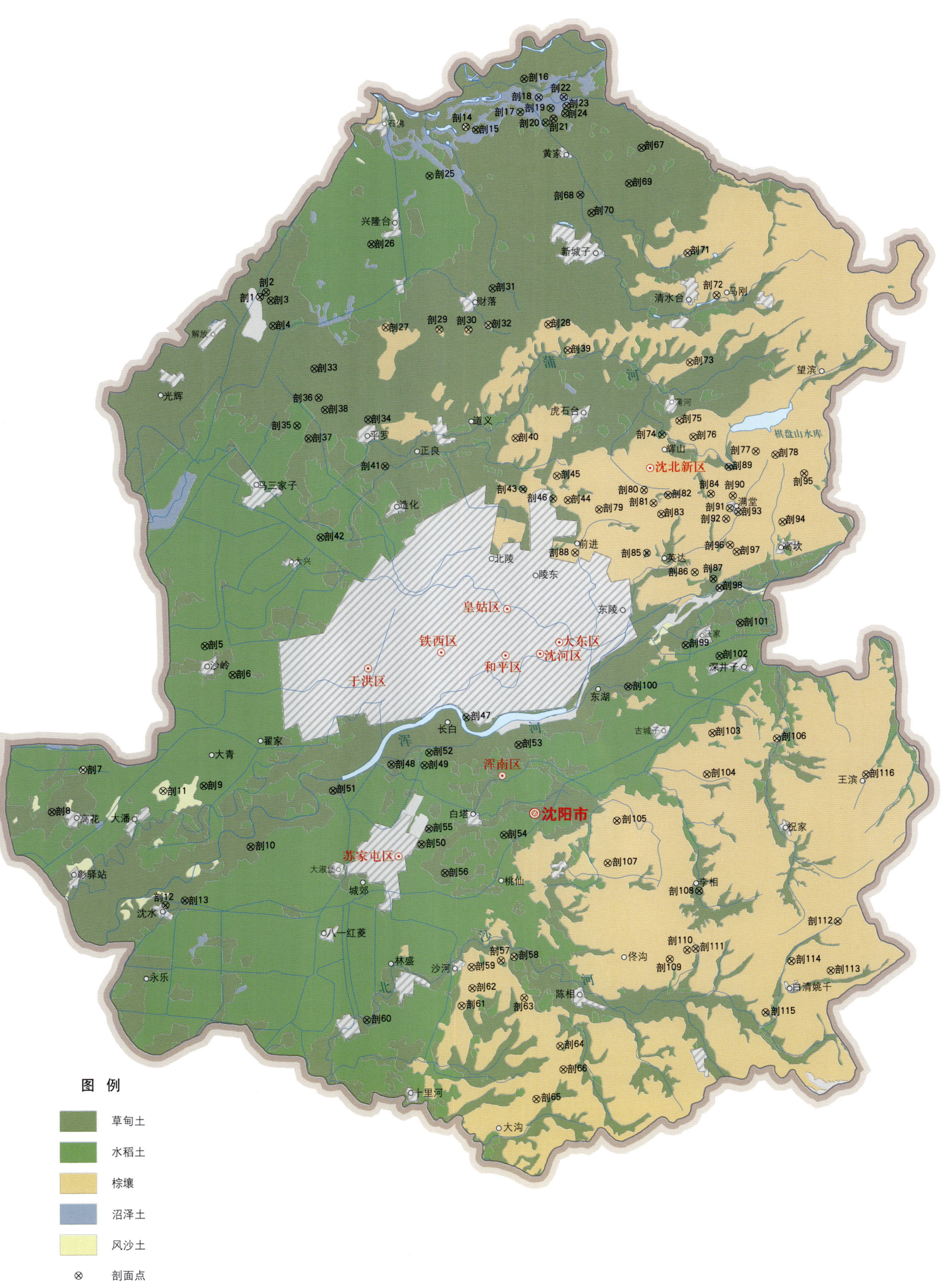

第二编　分县土壤图与土壤剖面数据

沈阳市土壤剖面理化性状表

剖面号 Soil profile	土纲 Soil order	土类 Soil great group	亚类 Soil subgroup	土属 Soil genus	土种 Soil species	土层码 Layer code	土层厚度 Depth/cm	颜色 Soil color	质地 Soil texture	土壤结构 Soil structure	pH	有机质 OM/(g/kg)	全氮 TN/(g/kg)	全磷 TP/(g/kg)	全钾 TK/(g/kg)	有效磷 AP/(mg/kg)	速效钾 AK/(mg/kg)	阳离子交换量 CEC/(cmol/kg)	土壤母质 Parent material	剖面点坐标 Profile coordinate	匹配指数 Matching index/%
剖1	半水成土	草甸土	草甸土	草甸型菜园土	淤黄浅夹黑壤质草甸型菜园土	1	0—30		中壤土		6.8	33.5	1.19	0.91					冲积物	E 123°14′03.8″ N 42°01′19.6″	75
						2	30—38		重壤土		6.9	19.1	0.91	1.08							
						3	38—100		轻黏土		6.9	22.3	1.05	1.42							
						4	100—130		重壤土		6.9	6.3	0.48	0.83	25.8	48.5					
剖2	半水成土	草甸土	草甸土	草甸型菜园土	淤黄壤质草甸型菜园土	1	0—18		轻壤土		5.9	28.4	1.36	3.09					冲积物	E 123°14′18.2″ N 42°01′27.1″	75
						2	18—23		中壤土		5.9	22.7	1.04	2.53							
						3	23—60		中壤土		6.4	11.2	0.63	1.49							
						4	60—		重壤土		6.7	16.2	0.73	1.46	24.7	31.4					
剖3	半水成土	石灰性草甸土	耕型黏质灰性草甸土	耕型淤黄黏质碳酸盐草甸土	1	0—15		中壤土		7.0	16.2	1.04	0.74	21.2				近代淤积物	E 123°14′37.7″ N 42°01′10.9″	75
						2	15—27		中壤土		7.0	12.7	0.64	0.67	27.1						
						3	27—50		重壤土		7.2	8.6	0.59	0.75	27.9						
						4	50—108		重壤土		7.3	4.9	0.17	1.27	27.9						
						5	108—150		重壤土		7.3	3.6	0.14	0.60	27.1		64				
剖4	半水成土	草甸土	草甸土	草甸型菜园土	淤黑黏质草甸型菜园土	1	0—20		中壤土		5.9	32.7	1.52	1.25					冲积物	E 123°14′44.2″ N 42°00′13.0″	75
						2	20—25		轻黏土		6.3	24.0	1.05	1.12							
						3	25—85		轻黏土		6.1	21.2	1.01	1.11							
						4	85—150		重壤土		6.0	21.6	1.14	1.60	24.0	24.6	145				
剖5	人为土	水稻土	潜育水稻土	草甸土田	壤质草甸土田	1	0—17		中壤土		6.8	10.9	0.61	0.81	25.2				河流淤积物	E 123°11′10.3″ N 41°47′56.8″	95
						2	17—27		中壤土		6.6	10.5	0.85	0.85	25.0						
						3	27—67		轻壤土		6.4	4.5	0.16	0.16	24.3						
						4	67—140		中壤土		6.1	32.4	1.28	0.90	25.0						
剖6	人为土	水稻土	潜育水稻土	草甸土田	壤质淤黑草甸土田	1	0—19		重壤土		6.4	15.4	0.77	1.29	22.5				近代淤积物	E 123°12′35.3″ N 41°46′50.2″	95
						2	19—29		中壤土		7.3	10.2	0.55	1.20	26.2						
						3	29—51		中壤土		7.2	6.4	0.21	1.54	23.3						
						4	51—99		中壤土		6.4	18.1	0.81	0.80	25.8						
剖7	初育土	固定风沙土	沙丘固定风沙土	薄层草甸沙丘固定风沙土	1	0—10		砂壤土		5.9	5.5	0.24	0.69	24.0				风积物	E 123°04′53.4″ N 41°43′13.4″	75
						2	10—30		紧砂土		5.8	1.8	0.29	0.85	25.0						
剖8	半水成土	草甸土	草甸土	耕型砂质草甸土	耕型砂质草甸土	1	0—17		砂壤土		6.4	8.4	0.63	0.80	24.6				近代淤积物	E 123°03′16.9″ N 41°41′34.8″	95
						2	17—21		砂壤土		6.4	7.8	0.42	0.69	24.2						
						3	21—46		轻壤土		6.3	7.2	0.83	0.73	24.4						
						4	46—84		轻壤土		6.3	5.3	0.56	0.91	24.4						
						5	84—150		中壤土		6.5	2.8	0.21	0.57	26.2						
剖9	人为土	水稻土	潜育水稻土	草甸土田	壤质淤黑草甸土田	1	0—16		重壤土		6.4	18.1	0.81	3.20	25.2				近代淤积物	E 123°11′05.3″ N 41°42′35.6″	95
						2	16—20		中壤土		6.3	8.1	0.76	1.05	25.2						
						3	20—70		重壤土		7.0	4.8	0.65	1.37							
剖10	半水成土	草甸土	草甸土	河淤土	壤质草甸土	1	0—20		砂壤土		6.5	14.4	0.73	0.89	24.6				现代冲积物	E 123°13′28.6″ N 41°40′13.8″	97
						2	20—50		轻壤土		6.9	10.4	0.42	0.77	24.4						
						3	50—		中壤土		7.3	10.5	0.45								
剖11	初育土	固定风沙土	耕型沙地固定风沙土	砂质河淤土	1	0—10		砂壤土		6.5	11.3	0.35	0.80	26.6				风积物	E 123°08′59.6″ N 41°42′24.1″	95
						2	10—30		紧砂土		6.2	2.1		0.46	25.4						
剖12	半水成土	草甸土	草甸土	河淤土	砂底河淤土	1	0—18		轻壤土		7.6	13.6	0.63	1.28					现代冲积物	E 123°09′05.4″ N 41°37′59.9″	97
						2	18—44		中壤土		7.3	15.2	0.44	1.44							
						3	44—76		轻壤土		7.2	7.1	0.49	0.92							
						4	76—100		轻壤土			8.8	0.51	1.19							

续表 Continued

剖面号 Soil profile	土纲 Soil order	土类 Soil great group	亚类 Soil subgroup	土属 Soil genus	土种 Soil species	土层码 Layer code	土层厚度 Depth/cm	颜色 Soil color	质地 Soil texture	土壤结构 Soil structure	pH	有机质 OM/(g/kg)	全氮 TN/(g/kg)	全磷 TP/(g/kg)	全钾 TK/(g/kg)	有效磷 AP/(mg/kg)	速效钾 AK/(mg/kg)	阳离子交换量CEC/(cmol/kg)	土壤母质 Parent material	剖面点坐标 Profile coordinate	匹配指数 Matching index/%
剖13	半水成土	草甸土	草甸土	河淤土	砂底河淤土	1	0—40		中壤土		6.3	15.2	0.84	1.30					现代冲积物	E 123°10′04.8″ N 41°38′10.7″	97
						2	40—90		轻壤土		6.7	9.3	0.63	1.22							
						3	90—		砂壤土		6.9	8.5	0.26	1.54							
剖14	初育土	风沙土	固定风沙土	耕型沙丘固定风沙土	耕型黄色沙丘固定风沙土	1	0—20		砂壤土		7.7	17.5	0.96	1.86					风积物	E 123°24′45.0″ N 42°07′48.7″	75
						2	20—25		紧砂土		7.1	6.4	0.39	1.35							
						3	25—40		松砂土		7.5										
剖15	半水成土	草甸土	草甸土	耕型壤质草甸土	黑底河淤土	1	0—23		中壤土		7.3	19.4	0.96	0.82	22.0					E 123°25′16.7″ N 42°07′41.9″	97
						2	23—30		轻壤土		7.6	10.8	0.52	0.58	26.3						
						3	30—55		重壤土		7.4	16.4	0.72	0.78	7.5						
						4	55—81		中壤土		7.3	12.8	0.52	0.68	26.9						
						5	81—100		重壤土		7.3	19.5	0.78	0.97	27.6						
剖16	半水成土	草甸土	石灰性草甸土	耕型壤质石灰性草甸土	石灰性河淤土	1	0—20		中壤土		8.4	12.9	0.65	0.56	30.7					E 123°27′47.9″ N 42°09′39.2″	97
						2	20—24		中壤土		8.3	4.0	0.59	0.49	31.1						
						3	24—64		中壤土		8.2	1.4	0.30	0.41	31.4						
剖17	水稻土	淹育水稻土	淤黄土甸土	黄黏土田	1	0—23		重壤土		6.6	25.4	1.13	0.78						E 123°27′35.3″ N 42°08′22.9″	75
						2	23—73		重壤土		7.0	3.7	0.87	0.68							
						3	73—97		重壤土		6.9	3.6	0.41	0.61							
						4	97—		重壤土		7.0	5.4	0.34	0.71							
剖18	水成土	沼泽土	草甸沼泽土	石灰性草甸沼泽土	石灰性涝黑土	1	0—27		重壤土		8.0	17.1	1.10	0.96	25.1				现代冲积物	E 123°28′32.5″ N 42°08′56.4″	97
						2	27—49		重壤土		8.0	22.5	1.30	0.96	24.7						
						3	49—80		重壤土		8.0	7.2	0.55	0.73	25.6						
剖19	人为土	水稻土	淹育水稻土	棕壤土田	壤质黏土田	1	0—20		中壤土		6.1	19.4	0.96	0.60					黄土状母质	E 123°29′09.6″ N 42°08′31.6″	75
						2	20—67		中壤土		7.2	11.8	0.72	1.04							
						3	67—100		重壤土		7.1	1.2	0.46	0.81							
剖20	人为土	水稻土	淹育水稻土	淤黄土田	黏质黑土田	1	0—15		重壤土		6.7	18.8	1.10	0.94					现代冲积物	E 123°28′53.0″ N 42°07′58.1″	75
						2	15—23		轻壤土		7.1	5.7	0.40	0.73							
						3	23—48		轻壤土		6.9	13.0	0.66	0.82							
						4	48—130		重壤土		7.0	17.1	0.65	0.85							
剖21	半水成土	草甸土	草甸土	淤黄土	黑土	1	0—20		中壤土		6.3	26.2	1.35	0.86	31.1					E 123°29′17.9″ N 42°08′07.1″	97
						2	20—25		轻壤土		6.7	27.4	1.31	0.87	28.7						
						3	25—33		轻壤土		6.6	28.4	1.30	0.87	30.1						
						4	33—100		轻壤土		6.7	30.1	1.10	0.98	31.2						
剖22	水成土	沼泽土	草甸沼泽土	草甸沼泽土	涝黑土	1	0—25		中黏土		6.6	40.3	1.70	1.60	27.6					E 123°29′50.3″ N 42°08′57.5″	97
						2	25—80		中黏土		7.1	27.3	1.50	1.30	28.4		94				
剖23	半水成土	草甸土	草甸土	耕型壤质草甸土	淤黄土	1	0—16		中壤土		6.5	16.9	0.86	0.67	28.7					E 123°29′58.2″ N 42°08′36.6″	97
						2	16—21		重壤土		6.7	13.9	0.83	0.50	28.7						
						3	21—44		重壤土		6.7	7.8	0.50	0.36	26.5						
						4	44—104		重壤土		6.8	5.0	0.70	0.49	31.0						
剖24	人为土	水稻土	淹育水稻土	棕黄土田	黏质棕黄土田	1	0—17		重壤土		7.0	14.6	0.70	0.58		28.1			黄土状母质	E 123°29′56.0″ N 42°08′26.5″	75
						2	17—25		重壤土		7.2	13.4	0.39	1.01							
						3	25—50		重壤土		7.1	17.3	0.38	0.65							
						4	50—100		重壤土		7.0	9.4	0.36	0.79							
						5	100—		重壤土					1.34							

续表 Continued

剖面号 Soil profile	土纲 Soil order	土类 Soil great group	亚类 Soil subgroup	土属 Soil genus	土种 Soil species	土层码 Layer code	土层厚度 Depth/cm	颜色 Soil color	质地 Soil texture	土壤结构 Soil structure	pH	有机质 OM/(g/kg)	全氮 TN/(g/kg)	全磷 TP/(g/kg)	全钾 TK/(g/kg)	有效磷 AP/(mg/kg)	速效钾 AK/(mg/kg)	阳离子交换量 CEC/(cmol/kg)	土壤母质 Parent material	剖面点坐标 Profile coordinate	匹配指数 Matching index/%
剖25	人为土	水稻土	淹育水稻土	浅育泥田	河淤土田	Aa	0~20	灰棕色	砂质黏壤土	糊状	7.8	18.4	1.11	0.35	19.9	5.0	80	17.0	河流冲积物	E 123°22′52.7″ N 42°05′56.4″	95
						Ap	20~26	灰棕色	砂质黏壤土	片状	7.7	7.8	0.52	0.24	17.1			17.4			
						C₁	26~100	黄棕色	砂质黏壤土	块状	7.6	4.3	0.38	0.27	18.9			17.5			
						C₂	100~120	黄棕色	砂壤土	块状	7.5			0.22	15.3			12.3			
剖26	人为土	水稻土	淹育水稻土	冲积淹育土	黏淤土田	Aa	0~20	灰黑色	壤质黏土	糊状	6.1	24.4	1.50	0.41	19.5	5.0	93	22.9	黏质河流冲积物	E 123°19′50.9″ N 42°03′19.4″	95
						Ap	20~25	灰黑色	壤质黏土	片状	6.8	14.3	0.84	0.41	18.9			20.0			
						C₁	25~71	灰棕色	壤质黏土	块状	6.5	4.8	0.31	0.32	16.9			23.1			
						C₂	71~120	黄棕色	壤质黏土	块状	6.4	4.1	0.35	0.31	18.6			21.4			
剖27	淋溶土	棕壤	棕壤性土	基性岩类棕壤性土	薄层基性岩棕壤性土	1	0~18		轻壤土		6.5	36.6	1.68	0.98	26.3	5.8	128		基性岩类	E 123°20′33.7″ N 42°00′08.3″	75
						2	18~42		砂壤土		4.9	19.1	10.80	0.56	26.5						
						3	42~70		重壤土		6.3	14.7	0.82	0.62	28.7						
剖28	淋溶土	棕壤	潮棕壤	耕型淤积潮棕壤	深淤淀黄土	2	20~27		中壤土		6.4	13.7	0.77	0.63	27.2					E 123°28′57.4″ N 42°02′14.4″	97
						3	27~66		中壤土		6.1	8.0	0.57	0.90	28.2						
						4	66~100		中壤土		5.9	24.0	1.21	1.90	24.2						
剖29	淋溶土	棕壤	棕壤	耕型坡积棕壤	耕型砂质淀坡积棕壤	1	0~20		砂壤土							5.7	81		坡积物	E 123°23′19.7″ N 42°00′03.6″	75
						2	20~70		砂壤土												
						3	70~102		砂壤土												
						4	102~150		轻壤土												
						5	150—		轻壤土												
剖30	淋溶土	棕壤	潮棕壤	耕型坡洪积潮棕壤	耕型壤质夹砂坡洪积浅潮棕壤	1	0~17		轻壤土		6.7	22.4	1.11	2.18	25.9	8.0	63		坡积物、洪积物	E 123°24′49.7″ N 42°02′02.9″	75
						2	17~22		轻壤土		6.8	13.4	0.70	2.27							
						3	22~63		轻壤土		6.7	12.5	0.67	3.14							
						4	63—		轻壤土												
剖31	半成土	草甸土	草甸土	菜园草甸土	底黑菜园土	Ap	0~20	灰棕色	砂壤土	块状	6.2	34.8	2.34	1.52	17.2	48.0	121	15.9	河流冲积物	E 123°26′05.3″ N 42°01′37.2″	95
						P	20~26	灰棕色	中壤土	片状	6.5	26.8	1.36	2.12	17.4			13.4			
						3	26~100	黄棕色	砂质黏壤土	块状	6.6	14.7	0.84	0.76	16.6			12.6			
剖32	淋溶土	棕壤	棕壤性土	耕型基性岩棕壤性土	1	0~15		砂壤土		6.4	35.6	1.71	0.85	24.0	3.7	80		基性岩类	E 123°25′51.6″ N 42°00′13.0″	75
						2	15~45		重壤土												
剖33	半成土	草甸土	草甸土	黏质草甸土	中腐黏质草甸土	1	0~65		中壤土		7.0	18.5	0.23	0.78	24.8				近代淤积物	E 123°16′52.3″ N 41°58′33.6″	95
						2	65~120		中壤土		7.0	8.4	0.21	0.60	24.6						
剖34	半成土	草甸土	草甸土	草甸型浅园土	壤质草甸型浅园土	1	0~20		中壤土		7.0	31.2	1.40	1.14	25.4				冲积物	E 123°19′37.9″ N 41°56′36.2″	97
						2	20~30		重壤土		7.4	18.1	1.24	0.92	24.6						
						3	30~88		中壤土		7.7	11.8	0.55	0.72	25.4						
						4	88~110		轻壤土		7.5	4.6	0.22	0.68	27.1						
剖35	人为土	水稻土	潜育水稻土	石灰性草甸土田	壤质浓黑酸盐草甸土田	1	0~15		中壤土		7.2	32.1	2.11	1.15	25.0				河流冲积物	E 123°15′58.0″ N 41°56′22.9″	95
						2	15~22		重壤土		7.4	17.5	1.11	0.64	24.8						
						3	22~55		中壤土		7.2	18.1	1.27	0.71	23.3						
						4	55~120		中壤土												
剖36	半水成土	草甸土	石灰性草甸土	石灰性草甸型菜园土	淤黑壤质草甸碳酸盐草甸型菜园土	1	0~20		中壤土		7.3			0.45	27.5				近代淤积物	E 123°17′05.3″ N 41°57′26.6″	97
						2	20~35		中壤土												
						3	35~59		中壤土												
						4	59~114		中壤土												

续表 Continued

剖面号 Soil profile	土纲 Soil order	土类 Soil great group	亚类 Soil subgroup	土属 Soil genus	土种 Soil species	土层码 Layer code	土层厚度 Depth/cm	颜色 Soil color	质地 Soil texture	土壤结构 Soil structure	pH	有机质 OM/(g/kg)	全氮 TN/(g/kg)	全磷 TP/(g/kg)	全钾 TK/(g/kg)	有效磷 AP/(mg/kg)	速效钾 AK/(mg/kg)	阳离子交换量CEC/(cmol/kg)	土壤母质 Parent material	剖面点坐标 Profile coordinate	匹配指数 Matching index/%
剖37	半水成土	草甸土	草甸土	耕型壤质草甸土	耕型壤质深砂底壤质草甸土	1	0~20		轻壤土		5.9	10.3	0.59	0.96	24.8				近代淤积物	E 123°16′33.2″ N 41°55′53.4″	95
						2	20~30		轻壤土		6.1	9.9	0.49	0.90	24.2						
						3	30~95		轻壤土		6.2	5.0	0.41	0.85	24.2						
						4	95~150		砂壤土		6.2	2.7	0.21	0.61	25.0						
剖38	半水成土	草甸土	石灰性草甸土	耕型黏质石灰性草甸土	耕型淤黑黏质碳酸盐草甸土	1	0~26		重壤土		7.8	24.2	1.44	1.26	21.7				河流淤积物	E 123°17′24.0″ N 41°56′58.9″	97
						2	26~40		重壤土		7.7	18.2	1.11	0.92	17.1						
						3	40~61		重壤土		7.8	6.9	0.46	0.70	22.9						
						4	61~130		重壤土		7.9	3.9	0.21	0.41	23.3						
剖39	淋溶土	棕壤	潮棕壤	耕型淤积潮棕壤	浅淀淤黏土	1	0~17		重壤土		6.5	17.0	0.93	0.59	27.1					E 123°29′56.4″ N 41°59′14.3″	97
						2	17~25		重壤土		6.7	8.7	0.61	0.47	29.2						
						3	25~75		重壤土		6.6	4.7	0.37	0.45	28.3						
						4	75~100		重壤土		6.4	5.5	0.38	0.74	27.4						
剖40	淋溶土	棕壤	潮棕壤	黄土状潮棕壤	新城子子板状黄土	Ap	0~17	灰黄色	黏土	团粒状	6.5	17.0	0.92	0.26	19.1			19.6	第四纪黄土状沉积物和堆积物	E 123°27′14.0″ N 41°55′52.0″	82
						P	17~25	黄棕色	壤质黏土	片状	6.3	8.7	0.61	0.21	20.5			24.9			
						Bg	25~75	黄棕色	黏壤土	梭块状	5.9	4.7	0.37	0.20	19.9			20.0			
						BC	75~100	黄棕色	黏壤土	块状	6.1	5.5	0.38	0.32	19.3			23.1			
剖41	半水成土	草甸土	草甸土	草甸型菜园土	壤质草甸型菜园土	1	0~17		中壤土		7.2	30.3	1.15	3.88	20.8				河流淤积物	E 123°20′29.4″ N 41°54′49.0″	98
						2	17~22		中壤土		7.4	26.8	1.15	2.38	26.6						
						3	22~81		中壤土		6.8	18.4	0.55	2.79	27.5						
						4	81~150		轻壤土		6.7	11.4	0.54	0.82	27.1						
剖42	人为土	水稻土	潜育水稻土	石灰性草甸土田	壤质淤黑黄碳酸盐草甸土田	1	0~22		中壤土		7.6	30.2	1.41	>10.00	24.1				河流淤积物	E 123°27′08.9″ N 41°52′06.2″	95
						2	22~36		重壤土		7.6	15.1	0.83	0.92	21.6						
						3	36~46		重壤土		7.4	9.4	0.71	0.69	21.6						
						4	46~87		重壤土		7.4	6.2	0.20	0.92	25.8						
剖43	人为土	水稻土	淹育水稻土	草甸土田	壤质黄土状草甸土田	1	0~20		中壤土		5.7	18.7	0.97	0.83					冲积物	E 123°17′36.0″ N 41°53′55.0″	97
						2	20~80		中壤土		6.3	19.2	0.98	1.18	≤1.0	31.7	149				
						3	80~120		中壤土		6.5	9.7	0.60	1.03							
剖44	淋溶土	棕壤	潮棕壤	耕型壤质黄土状潮棕壤	壤质壤质深淀黄土状潮棕壤	1	0~17		中壤土										黄土状母质	E 123°29′53.6″ N 41°54′29.1″	97
						2	17~22		中壤土												
						3	22~63		重壤土												
						4	63~110		重壤土												
						5	110—		重壤土												
剖45	淋溶土	棕壤	棕壤	耕型壤质黄土状棕壤	壤质壤质深淀黄土状棕壤	1	0~17		中壤土		6.5	16.0	0.88	0.99	25.0	8.4	127		黄土状母质	E 123°29′20.4″ N 41°54′25.2″	97
						2	17~22		中壤土												
						3	22~63		重壤土												
						4	63—		重壤土												
剖46	人为土	水稻土	淹育水稻土	草甸土田	壤质草甸土田	1	0~15		中壤土		6.2	29.6	1.35	3.01					冲积物	E 123°29′08.5″ N 41°53′33.0″	97
						2	15~23		中壤土		6.4	25.0	1.04	2.90							
						3	23~50		中壤土		6.8	18.0	0.92	2.26							
						4	50~110		中壤土		7.0	4.6	0.33	2.35			101				
剖47	半水成土	草甸土	草甸土	草甸型菜园土	浅夹砂壤质草甸型菜园土	1	0~14		中壤土							45.3			冲积物	E 123°24′35.6″ N 41°45′09.7″	97
						2	14~20		中壤土												
						3	20~62		中壤土												
						4	62~83		中壤土		7.2	17.6	0.94	1.94	24.2						
						5	83~90		中壤土		6.1										
						6	90—		中壤土												

续表 Continued

剖面号 Soil profile	土纲 Soil order	土类 Soil great group	亚类 Soil subgroup	土属 Soil genus	土种 Soil species	土层码 Layer code	土层厚度 Depth/cm	颜色 Soil color	质地 Soil texture	土壤结构 Soil structure	pH	有机质 OM/(g/kg)	全氮 TN/(g/kg)	全磷 TP/(g/kg)	全钾 TK/(g/kg)	有效磷 AP/(mg/kg)	速效钾 AK/(mg/kg)	阳离子交换量CEC/(cmol/kg)	土壤母质 Parent material	剖面点坐标 Profile coordinate	匹配指数 Matching index/%
剖48	人为土	水稻土	淹育水稻土	草甸土田	壤质深砂底草甸土田	1	0–17				5.0	30.9	1.27	1.89					冲积物	E 123° 20′ 44.2″ N 41° 43′ 22.8″	97
						2	17–23				6.4	25.5	1.05	1.64							
						3	23–42				7.0	14.8	0.75	1.99							
						4	42–120				6.6	8.8	0.56	2.08							
剖49	人为土	水稻土	淹育水稻土	草甸土田	壤质深砂底草甸土田	1	0–17				5.4	16.5	0.82	0.94					冲积物	E 123° 22′ 26.4″ N 41° 43′ 20.6″	98
						2	17–23				7.0	9.6	0.72	0.94							
						3	23–50				6.8	6.2	0.54	0.87							
						4	50–120				6.9	4.0	0.48	0.85							
剖50	半水成土	草甸土	草甸土	淤黄土	油淤黄土	1	0–22		中壤土		6.8	34.8	1.46	2.07					现代冲积物	E 123° 22′ 15.5″ N 41° 40′ 17.1″	97
						2	22–29		中壤土		7.6	10.8	0.75	0.77							
						3	29–49		重壤土		7.4	11.9	0.84	0.69							
						4	49–100		中壤土		7.0	4.3	0.43	0.59							
剖51	半水成土	草甸土	草甸土	河淤土	油河淤土	5	100—		中壤土		7.1	2.7	<0.10	0.82					现代冲积物	E 123° 17′ 43.1″ N 41° 42′ 23.0″	97
剖52	人为土	水稻土	淹育水稻土	草甸土田	壤质深砂底草甸土田	1	0–28		中壤土		6.6	19.1	1.08	1.13					冲积物	E 123° 22′ 41.2″ N 41° 43′ 49.4″	97
						2	28–39		砂黏土		7.0	15.7	0.89	0.94							
剖53	半水成土	草甸土	草甸土	草甸型莱园土	壤质草甸型莱园土	1	0–10				7.4	43.7	2.39	1.49	2.8				冲积物	E 123° 27′ 16.9″ N 41° 44′ 06.4″	98
						2	10–150														
						3	150—														
剖54	人为土	水稻土	淹育水稻土	棕壤田	黏质棕壤田	1	0–25		中壤土		5.8	13.7	0.66	0.72		7.5	126		现代冲积物	E 123° 26′ 29.8″ N 41° 40′ 37.2″	97
						2	25–80		中壤土		6.5	13.1	0.92	1.09							
						3	80–120		中壤土		6.5	14.1	0.76	1.12							
剖55	半水成土	草甸土	草甸土	淤黄土	淤黄土	1	0–16		重壤土		7.3	17.6	0.82	0.77					现代冲积物	E 123° 22′ 38.3″ N 41° 40′ 53.0″	97
						2	16–21		重壤土		7.4	19.7	0.91	0.80							
						3	21–60		中壤土		7.4	16.4	0.92	0.78							
						4	60–100		轻黏土		7.4	14.9	0.81	0.73							
剖56	半水成土	草甸土	草甸土	耕型黏质草甸土	耕型浅夹黑黏质草甸土	1	0–25		轻壤土		6.6	6.4	0.38	0.86		7.3	115		冲积物	E 123° 23′ 26.5″ N 41° 39′ 10.8″	97
						2	25–30		重黏土		6.8	11.1	0.68	0.76							
						3	30–88		重壤土		6.8	9.2	0.56	0.87							
						4	88–110		重壤土		7.0	8.1	0.52	0.92							
剖57	淋溶土	棕壤	棕壤	坡地棕黄土	浅淀老黄土	1	0–10		轻壤土		7.2	19.1	1.00	0.52					黄土状母质	E 123° 26′ 17.9″ N 41° 35′ 49.2″	97
						2	10–15		重壤土		6.7	6.5	0.35	0.48							
						3	15–40		重壤土		6.5	2.4	0.39	0.58							
						4	40–77		重壤土		7.3	22.4	1.16	1.11							
剖58	淋溶土	棕壤	棕壤	岗黄土	浅淀岗黄土	1	0–16		重壤土		6.7	11.8	0.77	0.96					黄土状母质	E 123° 26′ 57.8″ N 41° 35′ 57.5″	97
						2	15–90		重壤土		6.8	10.1	0.47	0.92							
						3	90—														
剖59	淋溶土	棕壤	潮棕壤	平地棕黄土	中淀暗黄土	1	0–16		重壤土		7.3	22.4							黄土状母质	E 123° 24′ 45.7″ N 41° 35′ 34.4″	97
						2	16–20		重壤土		6.7	11.8	0.77	0.96							
						3	20–68		重壤土		6.8	10.1	0.47	0.92							
						4	68—		重壤土		6.7	2.4	0.41	1.26							

续表 Continued

剖面号 Soil profile	土纲 Soil order	土类 Soil great group	亚类 Soil subgroup	土属 Soil genus	土种 Soil species	土层码 Layer code	土层厚度 Depth/cm	颜色 Soil color	质地 Soil texture	土壤结构 Soil structure	pH	有机质 OM/(g/kg)	全氮 TN/(g/kg)	全磷 TP/(g/kg)	全钾 TK/(g/kg)	有效磷 AP/(mg/kg)	速效钾 AK/(mg/kg)	阳离子交换量 CEC/(cmol/kg)	土壤母质 Parent material	剖面点坐标 Profile coordinate	匹配指数 Matching index/%
剖60	半水成土	草甸土	草甸土	河淤土	夹砂河淤土	1	0–25		砂壤土		7.4	8.5	0.34	1.05					现代冲积物	E 123°19′23.5″ N 41°33′35.3″	97
						2	25–100		轻壤土		6.8	9.2	0.52	0.95							
剖61	淋溶土	棕壤	棕壤	坡地棕黄土	中淀板黄土	1	0–13		重壤土		6.5	6.6	0.45	0.35					黄土状母质	E 123°24′15.1″ N 41°34′06.2″	97
						2	13–18		重壤土		5.7	9.7	0.56	0.61							
						3	18–64		中壤土		5.9	8.6	0.47	0.97							
剖62	淋溶土	棕壤	潮棕壤	平地棕黄土	深淀潮黄土	1	0–14		重壤土		7.6	21.2	0.96	0.81					黄土状母质	E 123°24′47.9″ N 41°34′45.8″	97
						2	14–26		重壤土		7.6	18.4	0.81	0.68							
						3	26–35		中壤土		6.8	10.8	0.58	0.62							
						4	35–117		重壤土		7.1	7.1	0.34	0.95							
剖63	淋溶土	棕壤	棕壤	坡地棕黄土	深淀黄土	5	117–		轻黏土		7.2	6.1	0.35	1.19					黄土状母质	E 123°27′28.1″ N 41°34′23.2″	97
						1	0–24		重壤土		6.2	17.4	1.01	0.64							
						2	24–36		重壤土		6.5	12.4	0.74	0.59							
						3	36–68		重壤土		6.6	8.4	0.59	0.54							
						4	68–100		重壤土		6.5	11.3	0.68	0.56							
剖64	淋溶土	棕壤	棕壤	坡地棕黄土	浅淀黄蒜瓣土	1	0–9		中壤土		6.9	20.9	1.12	0.91					黄土状母质	E 123°29′16.8″ N 41°32′33.0″	97
						2	9–13		中壤土		6.6	16.1	0.92	0.59							
						3	13–27		砂壤土		6.9	13.0	0.83	0.53							
剖65	淋溶土	棕壤	棕壤性	山皮土	中层山皮土	1	0–15		重壤土		6.6	13.9	0.90	0.50					黄土状母质	E 123°28′02.6″ N 41°30′33.1″	97
						2	15–40				7.5	<1.0	0.20	0.30							
剖66	淋溶土	棕壤	棕壤性	山皮土	厚层山皮土	1	0–2				7.0	57.5	2.60	1.36					花岗岩，片麻岩等酸性岩风化物	E 123°29′26.2″ N 41°31′39.7″	97
						2	2–11				7.2	32.2	2.20	1.11							
						3	11–30				6.9	10.0	0.30	0.62							
剖67	半水成土	草甸土	草甸土	菜园草甸土	黑紮菜园土	Ap	0–18	棕灰色	壤质黏土	粒状	5.9	32.7	1.52	0.59	16.8			24.0	近代河流淤积物	E 123°33′49.7″ N 42°06′59.0″	95
						P	18–24	灰棕色	壤质黏土	片状	6.3	24.0	1.05	0.49	16.2			23.5			
						3	24–36	灰黄棕色	壤质黏土	块状	6.1	21.2	1.01	0.48	14.9			22.6			
						4	36–60	浅黄棕色	壤质黏土	块状	6.2	18.4	1.00	0.57	13.2			20.8			
						C	60–100			块状	6.4	8.3	0.54	0.35	15.8						
剖68	半水成土	草甸土	草甸土	黄黑土	黑甸淤土	A_{11}	0–23	棕灰色	黏土	碎块状	7.0	24.0	0.96	0.36	18.4			16.8	壤质河流冲积物	E 123°30′39.6″ N 41°31′11.4″	81
						A_{12}	23–30	灰棕色	黏土	小块状	7.1	10.8	0.52	0.25	18.5			16.5			
						AC	30–50	灰黄棕色	黏质壤土	块状	6.5	16.4	0.74	0.34	19.4			24.9			
						Cu_1	50–80	亮黄棕色	黏质壤土	块状	6.8	12.6	0.52	0.30	18.8			17.3			
						Cu_2	80–100	亮黄棕色	壤质黏土	块状	6.4	9.5	0.78	0.42	19.4			26.9			
剖69	半水成土	草甸土	草甸土	菜园草甸土	底砂菜园土	Ap	0–18	棕灰色	壤土	团粒状	6.4	22.9	1.39	0.82	17.7	38.0		20.0	河流冲积物	E 123°33′10.4″ N 42°05′37.3″	95
						P	18–25	灰棕色	壤土	片状	6.6	17.1	1.35	0.69	17.9			21.4			
						3	25–48	棕色	砂壤土	块状	6.4	14.2	1.08	0.54	17.9			24.5			
						4	48–150	灰黄色	壤质砂土	粒状	6.9	3.2	0.25	0.62	18.4		48	5.1			
剖70	半水成土	草甸土	草甸土	草甸型菜园土	河淤菜园土	1	0–20		中壤土		7.2	18.3	0.89	0.68	27.8				坡积物	E 123°31′13.4″ N 42°04′30.0″	97
						2	20–25		中壤土		7.0	21.1	0.93	0.69	26.4						
						3	25–48		轻壤土		7.5	6.8	0.48	0.42	26.9						
						4	48–74		中壤土		7.4	3.7	0.28	0.38	28.0						
剖71	淋溶土	棕壤	棕壤	耕型坡积棕壤	浅淀坡黄土	1	0–17		重壤土		6.8	13.4	0.89	0.52	29.3					E 123°36′10.4″ N 42°02′56.8″	97
						2	17–23		中壤土		6.7	10.6	0.70	0.47	27.8						
						3	23–91		重壤土		6.6	6.5	0.49	0.47	28.6						

续表 Continued

剖面号 Soil profile	土纲 Soil order	土类 Soil great group	亚类 Soil subgroup	土属 Soil genus	土种 Soil species	土层码 Layer code	土层厚度 Depth/cm	颜色 Soil color	质地 Soil texture	土壤结构 Soil structure	pH	有机质 OM/(g/kg)	全氮 TN/(g/kg)	全磷 TP/(g/kg)	全钾 TK/(g/kg)	有效磷 AP/(mg/kg)	速效钾 AK/(mg/kg)	阳离子交换量CEC/(cmol/kg)	土壤母质 Parent material	剖面点坐标 Profile coordinate	匹配指数 Matching index/%
剖72	淋溶土	棕壤	潮棕壤	潮棕黄土	板浆棕黄土	A₁₁	0—17	浅黄色	黏壤土	屑粒状	6.5	17.0	0.92	0.26	19.1	6.0	96	19.6	黄土堆积物	E 123°37′39.0″ N 42°01′19.9″	95
						A₁₂	17—25	黄棕色	壤质黏土	片状	6.3	8.7	0.61	0.21	20.5	7.0	83	24.9			
						Bt	25—75	黄棕色	黏质黏土	棱粒状	5.9	4.7	0.37	0.20	19.9	5.0	79	20.0			
						Cu	75—100	黄棕色	黏壤土	块状	6.1	5.5	0.38	0.32	19.3	4.0	92	23.1			
剖73	淋溶土	棕壤	棕壤	棕泥砂土	乌棕砂黄土	Ao	0—3	灰色			6.6	71.3							黄土状坡积物	E 123°36′14.8″ N 41°58′45.1″	95
						A	3—26	暗棕色	黏壤土	屑粒状	6.1	19.9	1.21	0.33	18.2	10.0	36	19.2			
						AB	26—52	棕色	黏壤土	小块状	6.3	8.5	0.63	0.18	18.6	3.0	72	22.1			
						Bt	52—95	棕色	黏壤土	块状	5.6	5.7	0.45	0.27	18.9		93	24.7			
						C	95—140		砂壤土		6.3										
剖74	人为土	水稻土	淹育水稻土	棕壤田	壤质棕壤田	2	18—80		中壤土											E 123°34′46.9″ N 41°55′59.2″	97
						3	80—120		重壤土												
剖75	淋溶土	棕壤	潮棕壤	耕型黄土状潮棕壤	耕型壤质淀黄土状潮棕壤	1	0—19					10.3	0.64	0.90	25.0	8.1	124		黄土状母质	E 123°35′40.6″ N 41°56′31.2″	97
						2	19—53		重壤土		6.4	4.4	0.41	0.75							
						3	53—120		重壤土		6.6	3.3	0.37	0.75	27.1	12.8	106				
剖76	淋溶土	棕壤	潮棕壤	耕型黄土状棕壤	耕型黏质淀黄土状棕壤	1	0—20		中壤土		6.6	9.0	0.56	0.56					黄土状母质	E 123°36′23.4″ N 41°55′53.4″	97
						2	20—42		重壤土												
						3	42—150		中壤土												
						4	150—		重壤土												
剖77	淋溶土	棕壤	潮棕壤	坡积洪潮棕壤	薄腐坡洪质戍潮棕壤	1	0—15		中壤土		6.7	49.8	2.01	1.00	25.1	2.4	171	22.3	坡积物、洪积物	E 123°39′36.7″ N 41°55′19.9″	97
						2	15—35		重壤土		6.0	13.3	0.71	0.72	21.2	8.0	147	27.6			
						3	35—60		中壤土		6.6	59.5	2.49	2.49	19.9	12.0	176	28.5			
剖78	淋溶土	棕壤	潮棕壤	坡积洪潮棕壤	薄腐坡洪质戍潮棕壤	1	0—18	浊橙色	壤质黏土	团块状	6.1	10.2	0.79	0.47	21.2	8.0	204	28.6	坡积物、洪积物	E 123°40′36.5″ N 41°55′10.9″	97
						2	18—35	亮棕色	壤质黏土	棱块状	5.8	4.6	0.51	0.38	21.7	26.0					
						3	35—60	亮棕色	壤质黏土	棱柱状	5.8	4.4	0.49	0.44	22.2	28.0					
剖79	淋溶土	棕壤	棕壤	黄土状棕壤	板浆黄土棕壤	Ap	0—17	亮棕色	壤质黏土	棱柱状	5.9	4.4	0.49	0.48	21.7	23.0	193	26.6	第四纪黄土堆积物	E 123°31′30.4″ N 41°53′07.8″	81
						B	17—42	亮棕色	壤质黏土	棱块状	5.8	4.1	0.34	0.44			20				
						BD	42—69														
						B₃	69—95														
						BC	95—144														
剖80	淋溶土	棕壤	潮棕壤	耕型淤积棕壤	薄腐坡洪质戍潮棕壤	1	0—18		中壤土										淤积物	E 123°33′50.0″ N 41°53′51.7″	97
						2	18—25		轻壤土												
						3	25—60		中壤土												
						4	60—100		重壤土		7.1	28.2	1.36	0.86	24.6	2.5	186				
剖81	淋溶土	棕壤	棕壤	黄土状棕壤	薄腐黄土状棕壤	1	0—18		中壤土										黄土状母质	E 123°34′18.8″ N 41°53′21.8″	97
						2	18—35		中壤土												
						3	35—60		中壤土												
剖82	半水成土	草甸土	草甸土	砂质草甸土	薄腐砂质草甸土	1	0—15		紧砂土										冲积物	E 123°35′03.8″ N 41°53′40.2″	97
						2	15—25		砂壤土												
						3	25—75		砂壤土												
						4	75—120		砂壤土		6.9	31.1	1.37	0.60	18.9	7.8	100				
						5	120—														
剖83	淋溶土	棕壤	棕壤	坡积棕壤	薄腐坡积棕壤	1	0—20		中壤土										坡积物	E 123°34′42.6″ N 41°52′56.3″	97
剖84	淋溶土	棕壤	棕壤性土	酸性岩类棕壤性土	中层酸性岩类棕壤性土	1	0—20		中壤土										酸性岩类	E 123°37′16.7″ N 41°53′42.4″	97
						2	20—42		砂壤土												
						3	42—75		砂壤土												

续表 Continued

剖面号 Soil profile	土纲 Soil order	土类 Soil great group	亚类 Soil subgroup	土属 Soil genus	土种 Soil species	土层码 Layer code	土层厚度 Depth/cm	颜色 Soil color	质地 Soil texture	土壤结构 Soil structure	pH	有机质 OM/(g/kg)	全氮 TN/(g/kg)	全磷 TP/(g/kg)	全钾 TK/(g/kg)	有效磷 AP/(mg/kg)	速效钾 AK/(mg/kg)	阳离子交换量CEC/(cmol/kg)	土壤母质 Parent material	剖面点坐标 Profile coordinate	匹配指数 Matching index/%
剖85	半水成土	草甸土	草甸土	壤质草甸土	薄腐壤质草甸土	1	0—15		轻壤土										冲积物	E 123°33′57.2″ N 41°51′27.7″	97
						2	15—35		中壤土												
						3	35—75		重壤土												
剖86	淋溶土	棕壤	棕壤	耕型黄土状棕壤	耕型黏质淀黄土状棕壤	1	0—18		重壤土		6.4	18.1	1.05	0.87		7.0	113		黄土状母质	E 123°36′24.8″ N 41°50′42.4″	97
						2	18—22		重壤土												
						3	22—63		重壤土												
						4	63—														
剖87	半水成土	草甸土	草甸土	耕型砂质草甸土	耕型砂质草甸土	1	0—15		砂壤土		7.2	10.3	0.50	1.76					冲积物	E 123°37′21.4″ N 41°50′26.5″	97
						2	15—25		砂壤土		7.0	10.1	0.48	1.11	22.0	27.2	101				
						3	25—75		紧砂土		7.6	2.1	0.16	1.12							
剖88	淋溶土	棕壤	潮棕壤	棕壤型莱园土	棕壤型莱园型淀棕壤型莱园土	1	0—18		中壤土		6.7	20.8	0.99	0.88					黄土状母质	E 123°30′15.5″ N 41°51′28.8″	95
						2	18—39		中壤土		6.7	14.0	0.72	0.36	26.7	30.5	97				
						3	39—139		中壤土		6.4	12.0	0.72	0.50							
						4	139—				6.2	4.8	0.35	0.55							
剖89	半水成土	草甸土	草甸土	耕型壤质草甸土	耕型浅夹砂壤草甸土	1	0—20		砂壤土		7.4	14.7	0.78	7.03					冲积物	E 123°38′13.2″ N 41°54′43.6″	95
						2	20—45				6.9	4.3	0.34	4.98							
						3	45—65				6.6	2.5	0.22	0.48							
						4	65—105	油棕色	砂质黏壤土	屑粒状	7.4	5.5	0.43	0.93							
剖90	淋溶土	棕壤	棕壤	棕棕砂土	山灰黄土	A₁₁	0—13	亮棕色	砂质黏土	块状	6.3	20.6	1.14	0.38	20.3	10.7	80	18.7	片麻岩风化残积物,坡积物	E 123°38′24.7″ N 41°53′37.3″	81
						A₁₂	13—19	棕色	砂质黏土	大块状	6.2	8.6	0.56	0.23	≤1.0	16.0	184				
						Bt	19—65	橙色	砂壤土	粒状	6.3	5.3	0.45	0.20							
						C	65—120				6.0	3.3	0.34	0.16							
剖91	淋溶土	棕壤	潮棕壤	耕型黄土状潮棕壤	耕型壤质浅淀积棕壤	1	0—20		中壤土										黄土状母质	E 123°38′14.6″ N 41°53′08.9″	97
						2	20—70		重壤土												
						3	70—150		中壤土												
						4	150—														
剖92	淋溶土	棕壤	棕壤	酸性岩类棕壤	薄腐酸性岩棕壤	1	0—18		中壤土		6.3	24.3	1.14	0.37	23.0	4.0	165		酸性岩类	E 123°38′03.5″ N 41°52′44.8″	95
						2	18—45		重壤土		7.1	13.4	0.60	0.66							
						3	45—90		重壤土		7.0	9.6	0.55	0.61							
剖93	淋溶土	棕壤	潮棕壤	耕型淀积潮棕壤	耕型壤质浅淀积潮棕壤	1	0—20		中壤土		6.6	18.2	0.83	0.89	25.0	7.3	107		淀积物	E 123°38′40.9″ N 41°52′59.9″	97
						2	20—25				6.6	13.1	0.67	0.95							
						3	25—56				6.1	16.4	0.92	0.73							
						4	56—120				6.0	7.9	0.59	0.63							
剖94	淋溶土	棕壤	潮棕壤	耕型黄土状潮棕壤	耕型壤质淀黄土状棕壤	1	0—20		砂壤土		6.9	7.6	0.55	0.94	24.0	8.6	121		黄土状母质	E 123°40′56.6″ N 41°52′36.5″	97
						2	20—42		砂壤土		6.6	17.7	0.88	1.76	25.1	4.3	69				
						3	42—150		砂壤土												
						4	150—														
剖95	淋溶土	棕壤性土	棕壤性土	耕型酸性岩棕壤性土	耕型中层酸性岩棕壤性土	1	0—14	棕色	黏壤土	团粒状	5.3	29.0	1.20	0.49	13.6	3.0	96	18.4	酸性岩类	E 123°42′05.4″ N 41°51′27.7″	97
						2	20—42														
						3	42—150														
剖96	淋溶土	棕壤	棕壤	棕黄土	灰棕黄土	A	0—14		黏壤土										黄土状堆积物	E 123°38′15.0″ N 41°51′45.0″	95
						AB	14—38	油橙色	黏壤土	块状	5.0	11.0	0.56	0.40	15.6	4.0	116	22.1			
						Bt	38—87	油橙色	黏壤土	棱块状	5.0	7.4	0.44	0.53	15.9	15.0	123	24.3			
						B	87—120	油红棕色	黏壤土	棱块状	5.0	5.7	0.35	0.47	19.6	15.0	110	23.6			
						C	120—200	油红棕色	黏壤土	块状	5.4	6.5	0.50	0.46	19.3	13.0	116	24.0			

续表 Continued

剖面号 Soil profile	土纲 Soil order	土类 Soil great group	亚类 Soil subgroup	土属 Soil genus	土种 Soil species	土层码 Layer code	土层厚度 Depth/cm	颜色 Soil color	质地 Soil texture	土壤结构 Soil structure	pH	有机质 OM/(g/kg)	全氮 TN/(g/kg)	全磷 TP/(g/kg)	全钾 TK/(g/kg)	有效磷 AP/(mg/kg)	速效钾 AK/(mg/kg)	阳离子交换量 CEC/(cmol/kg)	土壤母质 Parent material	剖面点坐标 Profile coordinate	匹配指数 Matching index/%
剖97	淋溶土	棕壤	棕壤	棕壤土	板棕黄土	A₁₁	0—17	浊棕色	壤质黏土	团块状	6.1	10.2	0.79	0.47	21.2	8.0	147	22.4	黄土堆积物	E 123°38′34.8″ N 41°51′28.8″	82
						A₁₂	17—42	亮棕色	壤质黏土	块状	5.8	4.6	0.51	0.38	19.9	12.0	176	27.5			
						Bt	42—69	亮棕色	壤质黏土	棱块状	5.8	4.4	0.49	0.44	21.7	26.0	204	28.3			
						Bt₂	69—95	亮棕色	壤质黏土	棱块状	5.9	4.4	0.49	0.48	22.2	28.0	201	28.7			
						BC	95—144	亮棕色	壤质黏土	块状	5.8	4.1	0.34	0.44	21.7	23.0	19	26.6			
剖98	半水成土	草甸土	草甸土	草甸型莱园土	深砂底壤质草甸土型莱园土	1	0—22				5.8	29.0	1.32	2.68					冲积物	E 123°37′41.2″ N 41°50′05.3″	97
						2	22—27				6.5	18.6	1.01	2.15							
						3	27—130				6.7	9.4	0.46	1.93		37.3	87				
剖99	半水成土	草甸土	草甸土	壤质草甸土	薄腐壤质草甸土	1	0—15				8.0	30.8	1.54	1.23	23.8				冲积物	E 123°35′54.2″ N 41°47′53.5″	97
						2	15—35				7.6	20.8	0.95	1.09							
						3	35—120				6.3	19.3	0.92	1.07							
剖100	半水成土	草甸土	草甸土	耕型壤质草甸土	耕型深砂底壤质草甸土	1	0—20		中壤土										冲积物	E 123°32′55.7″ N 41°46′19.2″	97
						2	20—45		中壤土												
						3	45—65		轻壤土												
						4	65—105														
剖101	半水成土	草甸土	草甸土	耕型壤质草甸土	耕型深砂底壤质草甸土	1	0—25		轻壤土		6.1	38.0	1.28	1.67					冲积物	E 123°38′43.4″ N 41°48′44.3″	95
						2	25—30		轻壤土		6.8	40.0	1.18	1.72			110				
						3	30—88		轻壤土		6.7	41.6	1.04	2.18	20.3	5.3					
						4	88—120				6.9	22.5	0.96	1.89							
						5	120—				6.0										
剖102	人为土	水稻土	淹育水稻土	棕壤田	黏质棕壤田	1	0—16												淤积物	E 123°37′39.0″ N 41°47′28.3″	99
						2	16—75														
						3	75—120														
剖103	淋溶土	棕壤	潮棕壤	耕型淤积棕壤	耕型壤质深淀积潮棕壤	1	0—19				6.8	13.5	0.79	1.16					坡积物，洪积物	E 123°37′14.5″ N 41°44′30.8″	95
						2	19—26				6.9	10.2	0.57	0.82			93				
						3	26—52				6.6	8.0	0.52	0.69		5.2					
						4	52—90				6.5	8.5	0.66	0.82	27.5						
剖104	淋溶土	棕壤	潮棕壤	耕型坡积洪积潮棕壤	耕型深砾石坡积洪积潮棕壤	1	0—20				6.8	3.9	0.54	1.02					坡积物，洪积物	E 123°36′56.5″ N 41°42′56.2″	97
						2	20—70				6.6	12.2	0.69	1.52							
						3	70—150				6.5	8.9	0.52	0.99							
						4	150—														
剖105	淋溶土	棕壤	棕壤	基性岩类棕壤	中薄基性岩棕壤	1	0—15		重壤土										基性岩类	E 123°32′17.5″ N 41°41′09.2″	97
						2	15—45		重壤土								76				
剖106	淋溶土	棕壤	潮棕壤	耕型淤积洪积潮棕壤	耕型砾石淀积洪积潮棕壤	1	0—15		砂壤土		6.6	18.3	1.02	0.88		4.8			坡积物，洪积物	E 123°40′33.2″ N 41°44′17.2″	97
						2	15—35		砂壤土		6.6	17.1	1.04	7.89							
						3	35—60		砂壤土		6.6	9.2	0.59	0.59							
剖107	淋溶土	棕壤	棕壤	耕型坡积棕壤	耕型砂质浅淀积坡积棕壤	1	0—18		砂壤土		6.6	14.5	1.07	0.97	25.9	8.8	92		坡积物	E 123°31′48.4″ N 41°39′31.7″	95
剖108	半水成土	草甸土	草甸土	耕型壤质草甸土	耕型淤黄质草甸土	1	0—18		中壤土		6.3	19.0	0.99	1.07	18.7				冲积物	E 123°36′28.8″ N 41°38′26.2″	98
						2	18—26		中壤土		6.6	31.4	1.26	1.41							
						3	26—54		轻黏土		6.4	16.3	0.92	0.85							
						4	54—106		轻黏土		7.1										
						5	106—150														
剖109	淋溶土	棕壤	潮棕壤	平地棕黄土	深淀黑黄土	1	0—22		中壤土		7.0	9.5	0.61	0.72					黄土状母质	E 123°34′56.6″ N 41°35′49.6″	97
						2	22—37		中壤土		7.0	7.3	0.56	0.62							
						3	37—		重壤土												

续表 Continued

剖面号 Soil profile	土纲 Soil order	土类 Soil great group	亚类 Soil subgroup	土属 Soil genus	土种 Soil species	土层码 Layer code	土层厚度 Depth/cm	颜色 Soil color	质地 Soil texture	土壤结构 Soil structure	pH	有机质 OM/(g/kg)	全氮 TN/(g/kg)	全磷 TP/(g/kg)	全钾 TK/(g/kg)	有效磷 AP/(mg/kg)	速效钾 AK/(mg/kg)	阳离子交换量CEC/(cmol/kg)	土壤母质 Parent material	剖面点坐标 Profile coordinate	匹配指数 Matching index/%
剖110	淋溶土	棕壤	棕壤性土	山皮土	薄层山皮土	1	0—8		紧砂土		7.3	28.6	1.60	1.28						E 123°35′50.3″ N 41°36′10.1″	97
						2	8—		紧砂土		7.4	6.0	0.30	0.70							
剖111	淋溶土	棕壤	潮棕壤	山淀砾棕黄壤	浅砾厚层浅淀黄土	1	0—18		中壤土		6.2	13.8	0.98	1.30					酸性岩风化坡积物	E 123°36′16.6″ N 41°36′12.6″	97
						2	18—50		轻壤土		6.5	6.1	0.30	1.13							
						3	50—92		中壤土		6.1	13.3	0.75	0.85							
						4	92—143		重壤土		6.1	10.7	0.58	0.78							
剖112	淋溶土	棕壤	棕壤	耕型酸性岩类棕壤	耕型顶浅淀酸性岩棕壤	1	0—20		中壤土		6.9	22.6	1.14	0.56	25.0	6.1	97		酸性岩类	E 123°43′34.7″ N 41°37′12.4″	97
						2	20—42		重壤土												
						3	42—70		重壤土												
						4	70—		砂壤土												
剖113	淋溶土	棕壤	棕壤	耕型红土类棕壤	耕型黏质浅淀红土棕壤	1	0—20		重壤土		5.3	13.0	0.72	1.07	22.9	5.7	91		红土	E 123°43′10.9″ N 41°35′19.7″	95
						2	20—70		重壤土												
						3	70—102		重壤土												
						4	102—150														
剖114	淋溶土	棕壤	棕壤	坡地棕黄壤	深淀黄黏土	1	0—21		重壤土		6.1	5.7	0.46	0.97					黄土状母质	E 123°41′11.8″ N 41°35′42.4″	97
						2	21—55		重壤土		6.2	14.7	0.81	0.82							
						3	55—105				6.0	7.4	0.48	0.75							
剖115	淋溶土	棕壤	棕壤性土	山砂土	薄层山砂土	1	0—13		轻壤土		6.8	15.9	0.70	0.80					酸性岩风化物	E 123°39′49.7″ N 41°33′45.4″	97
						2	13—18		砂壤土		6.9	13.3	0.70	0.80							
						3	18—		砂壤土		7.1	5.3	0.30	0.50							
剖116	淋溶土	棕壤	棕壤性土	耕型酸性岩棕壤性土	耕型薄层酸性岩棕壤性土	1	0—15		砂壤土		6.4	19.3	0.94	0.94	28.7	6.2	113		酸性岩类	E 123°45′07.2″ N 41°42′52.2″	95
						2	15—45		砂壤土												
						3	45—80		砂壤土												

辽中区

主要土类说明

草甸土是辽中区主要土壤类型，占本区地域面积的77%。其成土过程的主要特点是原生草甸植被生长茂密，土壤中腐殖质积累较多，经胶结作用，土壤形成团粒状或粒状结构，发育形成深厚的腐殖质层。受地下水升降活动的影响，土壤氧化还原交替频繁，心土、底土形成锈纹、锈斑或潜育斑块。近河地带或局部洼地，受河流冲积作用，土体中形成黑土层，或在原草甸土上沉积了不同厚度的淤积物，形成埋藏草甸土。本区草甸土分为草甸土、石灰性草甸土、盐化草甸土等亚类。

水稻土是辽中区第二大土壤类型，占本区地域面积的10%。由于本区种稻历史较短（10—20年），本区水稻土主要为淹育水稻土，犁底层以下基本保留了母土的特征，没有形成典型的渗育层或潴育层。水稻土主要分布在本区蒲河以东的淤黄土地带，成土母质为黄土状母质。其犁底层具有较强的滞水作用，心土层在淹水期多处于水分不饱和状态（氧化状态），被淋溶的物质在心土层沉积，形成高价铁锰氧化物和二氧化硅粉末，黏粒也相应聚积，形成水稻土独特的剖面结构。本区水稻土分为淹育型、沼泽型、盐渍型等亚类，母土分别为草甸土、沼泽土和盐化草甸土。

风沙土是辽中区第三大土壤类型，占本区地域面积的6%。风沙土主要是由河流泛滥所挟带的泥沙沉积在河流两岸，特别是河流弯曲地段，又经风力堆积，形成的半固定或固定风沙土。由于成土时间较短，尤其是河床附近的风沙土，处于生草阶段，没有明显的发育层次，通体沙质。离河床较远的风沙土，由于生草作用较强，有机物质积累相应较多，土壤肥力状况有所改善，有的已被开垦为农田。风沙土的形成和发育不受地下水影响，成土母质为风积物。

沼泽土占本区地域面积的4%。沼泽土主要分布在沿河局部封闭的低洼地和泡沼周围，由于地表长期处于积水或半积水状态，生长沼泽植被，形成了以沼泽化为主导的成土过程。在沼泽化过程中，沼泽植被残体在嫌气条件下分解缓慢，地表大部分被植被覆盖，其下有较厚的腐殖质层（泥炭层）。在封闭地周围略高地段，土壤处于干湿交替状态，植被残体分解较好，从地表开始就是腐殖质层。由于土壤水分饱和，腐殖质层下部呈还原状态，具有明显潜育现象，形成潜育层。本区沼泽土主要分为草甸沼泽土和泥炭沼泽土两个亚类。

小于本区地域面积3%的土壤类型有草甸盐土和潮土。

本区域中心区气候特征

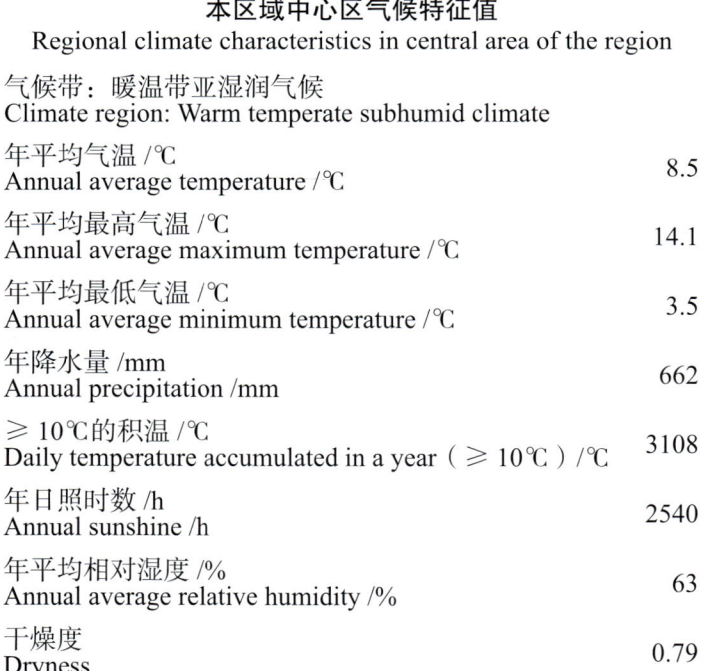

本区域中心区气候特征值
Regional climate characteristics in central area of the region

气候带：暖温带亚湿润气候 Climate region: Warm temperate subhumid climate	
年平均气温 /℃ Annual average temperature /℃	8.5
年平均最高气温 /℃ Annual average maximum temperature /℃	14.1
年平均最低气温 /℃ Annual average minimum temperature /℃	3.5
年降水量 /mm Annual precipitation /mm	662
≥10℃的积温 /℃ Daily temperature accumulated in a year（≥10℃）/℃	3108
年日照时数 /h Annual sunshine /h	2540
年平均相对湿度 /% Annual average relative humidity /%	63
干燥度 Dryness	0.79

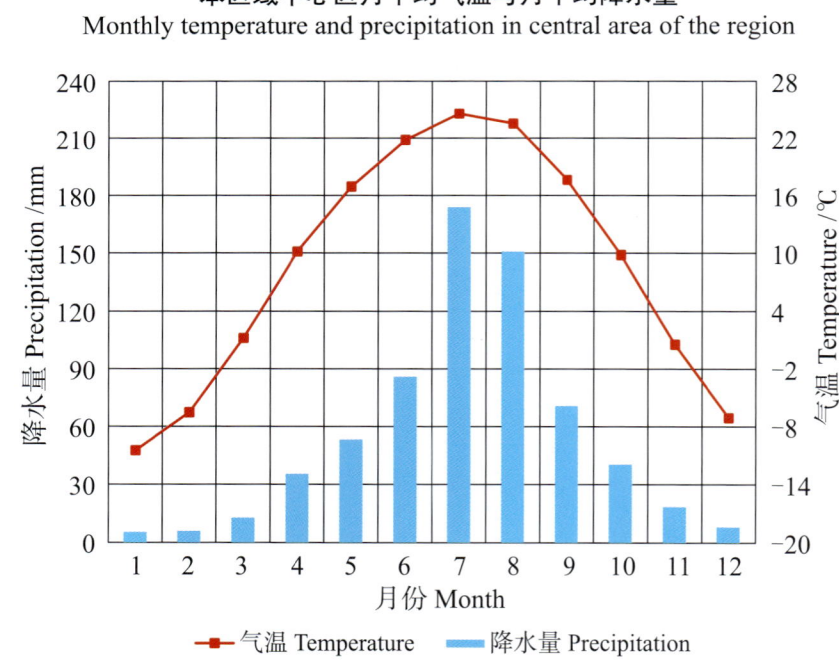

本区域中心区月平均气温与月平均降水量
Monthly temperature and precipitation in central area of the region

辽中县主要土壤类型与土壤剖面点分布图
1∶240 000

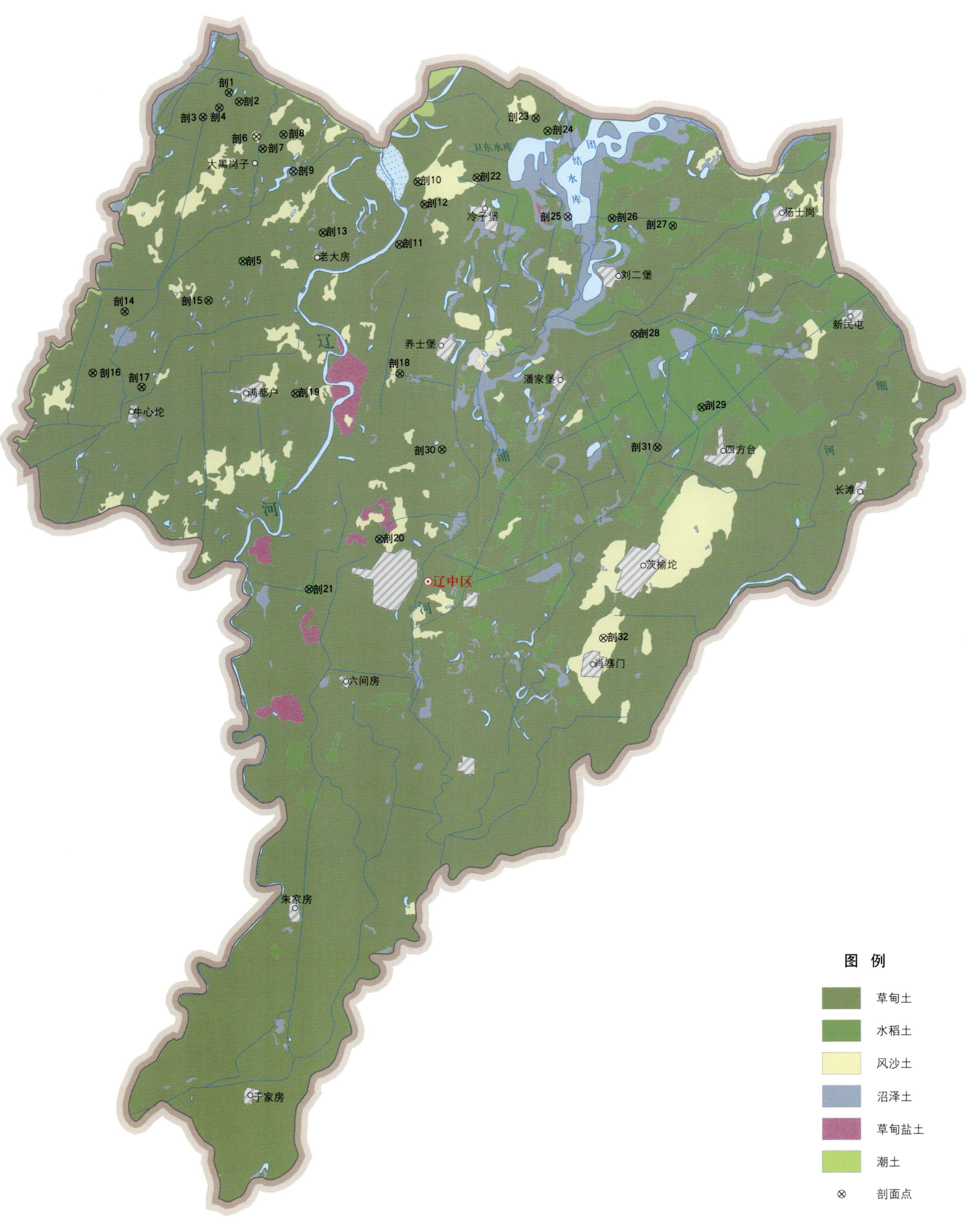

图例
- 草甸土
- 水稻土
- 风沙土
- 沼泽土
- 草甸盐土
- 潮土
- ⊗ 剖面点

注：国务院 2016 年 1 月批准，撤销辽中县，设立辽中区。

辽中区土壤剖面理化性状表

剖面号 Soil profile	土纲 Soil order	土类 Soil great group	亚类 Soil subgroup	土属 Soil genus	土种 Soil species	土层码 Layer code	土层厚度 Depth/cm	颜色 Soil color	质地 Soil texture	土壤结构 Soil structure	pH	有机质 OM/(g/kg)	全氮 TN/(g/kg)	全磷 TP/(g/kg)	全钾 TK/(g/kg)	有效磷 AP/(mg/kg)	速效钾 AK/(mg/kg)	阳离子交换量 CEC/(cmol/kg)	土壤母质 Parent material	剖面点坐标 Profile coordinate	匹配指数 Matching index/%
剖1	半水成土	草甸土	石灰性草甸土	耕型砂质石灰性草甸土	碳酸盐砂河砂土	1	0–15		松砂土		7.8	10.4	0.34	0.40					冲积物	E 122°36′54.4″ N 41°45′18.0″	75
						2	15–		松砂土		7.4	5.7	0.14	0.25							
剖2	半水成土	草甸土	盐化草甸土	耕型硫酸盐氯化物盐化草甸土	轻度盐化硫酸盐氯化物河淤土	1	0–18		中壤土		8.5	13.1	0.68	0.45					冲积物	E 122°37′18.5″ N 41°45′01.4″	75
						2	20–40		中壤土		8.5	16.4	0.55	0.42							
						3	60–100		中壤土		8.0	10.3	0.45	0.39							
剖3	半水成土	草甸土	石灰性草甸土	耕型黏质石灰性草甸土	碳酸盐砂底河淤土	1	0–18		轻壤土		7.5	9.4	0.55	0.92					冲积物	E 122°35′51.0″ N 41°44′33.4″	75
						2	30–50		轻壤土		7.5	8.3	0.49	0.32							
						3	50–100		紧砂土		7.8	2.7	0.15	0.21							
剖4	半水成土	草甸土	盐化草甸土	耕型硫酸盐氯化物盐化草甸土	中度盐化硫酸盐氯化物夹黑壤土	1	0–20		中壤土		7.6	14.8	0.52	0.42					冲积物	E 122°36′30.6″ N 41°44′50.6″	75
						2	50–70		轻壤土		7.7	13.5	0.84	0.51	29.4						
						3	70–100		砂壤土		7.7	9.0	0.81	0.42							
剖5	人为土	水稻土	沼泽型水稻土	潜泥泥沼泽田	涝砂土田	1	0–16		轻壤土		6.5	19.5	1.03	0.48						E 122°37′28.2″ N 41°40′14.2″	75
						2	20–40		砂壤土		6.5	8.6	0.75	0.45							
						3	60–90		砂壤土		7.0	3.5	0.58	0.42							
剖6	初育土	风沙土	半固定风沙土	沙丘固定风沙土	流沙土	1	0–10		紧砂土		7.0	6.9	<0.10	0.19					风积物	E 122°38′00.2″ N 41°43′58.8″	75
						2	20–40		松砂土		7.0	5.8	<0.10	0.10							
						3	40–80		松砂土		6.8	5.9	<0.10	0.23							
剖7	半水成土	草甸土	盐化草甸土	耕型硫酸盐氯化物盐化草甸土	中度盐化硫酸盐氯化物河淤土	1	0–20		中壤土		7.6	16.2	1.50	0.72					冲积物	E 122°38′16.1″ N 41°43′36.8″	92
						2	20–27		中壤土		7.6	13.8	1.15	0.50							
						3	27–100		中壤土		7.2	7.4	1.14	0.52							
剖8	半水成土	草甸土	石灰性草甸土	耕型壤质石灰性草甸土	碳酸盐砂河砂土	1	0–18		重壤土		7.8	11.9	1.04	0.25					冲积物	E 122°39′06.5″ N 41°44′02.8″	97
						2	18–25		中壤土		7.8	8.5	0.55	0.12							
						3	44–68		轻壤土		7.8	18.0	1.30	0.54							
剖9	水成土	沼泽土	草甸沼泽土	耕型草甸沼泽土	涝砂土	1	0–16		砂壤土		7.2	14.6	0.88	0.52					冲积物	E 122°39′31.0″ N 41°42′55.8″	75
						2	20–40		轻壤土		7.3	13.4	0.75	0.40							
						3	40–80		松砂土		7.1	5.7	0.51	0.45							
剖10	半水成土	草甸土	草甸土	耕型壤质草甸土	黑底河淤土	A_{11}	0–17	棕灰色	中壤土	小块状	7.1	25.7	1.37	0.70					冲积物	E 122°44′31.9″ N 41°42′37.8″	97
						A_{12}	17–27	灰黄棕色	壤质黏土	片状	7.1	20.9	1.11	0.75							
						Ah	50–100	棕黑色	壤质黏土	块状	7.5	25.1	1.36	1.11	22.3						
						Cu		黄棕色	壤质黏土	块状											
剖11	半水成土	草甸土	草甸土	耕型黏质草甸土	砂底黑黏土	1	0–20		轻壤土		7.5	21.6	1.29	0.59					冲积物	E 122°43′47.3″ N 41°40′45.1″	75
						2	26–70		轻黏土		7.5	21.7	1.32	0.45							
						3	85–100		砂壤土		7.9	1.2	<0.10	0.27							
剖12	半水成土	草甸土	草甸土	耕型壤质草甸土	黑黄河淤土	1	0–21		轻壤土		7.5	16.3	0.65	0.28					冲积物	E 122°44′48.1″ N 41°41′57.5″	97
						2	21–60		轻壤土		7.6	7.2	0.52	0.24							
						3	60–		轻壤土		7.3	6.5	0.45	0.19							
剖13	半水成土	草甸土	草甸土	砾黑土	油黏甸淤土	1	0–15	棕灰色	壤质黏土		6.9	23.8	1.48	0.20	19.2	5.0	125	28.5	黏质河流冲积物	E 122°40′42.2″ N 41°41′05.6″	95
						2	15–20	灰底棕色	壤质黏土		7.2	23.0	1.15	0.13	17.2			27.4			
						3	20–40	棕底黏色	壤质黏土		7.2	22.8	1.18	0.20	17.7			26.5			
						Cu	60–100	黄棕色	壤质黏土		7.2	16.7	0.92	0.16	16.5			24.8			
剖14	半水成土	草甸土	草甸土	耕型砂质草甸土	面砂土	1	0–15		紧砂土		7.0	9.8	0.71	0.23					冲积物	E 122°32′42.7″ N 41°38′41.6″	96
						2	20–40		紧砂土		7.0	8.7	0.53	0.19							
						3	50–70		松砂土		7.0	5.6	0.35	0.18							

续表 Continued

剖面号 Soil profile	土纲 Soil order	土类 Soil great group	亚类 Soil subgroup	土属 Soil genus	土种 Soil species	土层码 Layer code	土层厚度 Depth/cm	颜色 Soil color	质地 Soil texture	土壤结构 Soil structure	pH	有机质 OM/(g/kg)	全氮 TN/(g/kg)	全磷 TP/(g/kg)	全钾 TK/(g/kg)	有效磷 AP/(mg/kg)	速效钾 AK/(mg/kg)	阳离子交换量CEC/(cmol/kg)	土壤母质 Parent material	剖面点坐标 Profile coordinate	匹配指数 Matching index/%
剖15	半水成土	草甸土	草甸土	耕型砂质草甸土	壤质河砂土	1	0—18		砂壤土		7.5	12.2	0.86	0.18					冲积物	E 122°36′05.8″ N 41°39′02.2″	92
						2	30—40		轻壤土		7.3	7.8	0.64	0.17							
						3	60—70		壤底河砂土		6.2	9.0	1.00	0.16							
剖16	半水成土	草甸土	石灰性草甸土	耕型黏质石灰性草甸土	碳酸盐黑黏土	1	0—17		重壤土			17.5	0.80	0.30					冲积物	E 122°31′26.0″ N 41°36′50.0″	92
						2	17—24		中黏土			11.9	1.08	0.27							
						3	24—85					7.4	0.84	0.24							
剖17	半水成土	草甸土	草甸土	黏质草甸土	辽中黑黏土	Ap	0—15	暗灰色	壤质黏土	粒状	6.9	23.8	1.48	0.20	19.2	5.0	125	28.5	河流淤积物	E 122°33′24.8″ N 41°36′25.2″	81
						P	15—20	灰黄棕色	黏土	片状	7.2	23.0	1.15	0.13	17.2			27.4			
						3	20—60	暗黄棕色	黏土	粒块状	7.2	22.8	1.18	0.20	17.7			26.5			
						4	60—100	黄色	中壤土	块状	7.6	16.7	0.92	0.16	16.5			24.8			
剖18	人为土	水稻土	淹育水稻土	草甸土田	壤质夹黑土田	1	0—20		轻壤土		7.5	21.2	1.18	0.13					冲积物	E 122°43′49.1″ N 41°36′51.1″	97
						2	40—60		重壤土		7.5	10.2	0.60	0.30							
						3	60—100		中壤土		7.0	<1.0	0.34	0.26							
剖19	半水成土	草甸土	草甸土	耕型壤质草甸土	砂底河淤土	1	0—18		轻壤土		7.0	18.2	0.72	0.27	28.9				冲积物	E 122°39′36.7″ N 41°36′14.8″	92
						2	20—50		松砂土		8.2	9.2	0.70	0.23							
						3	80—100				7.8	1.2	0.12	0.18							
剖20	半水成土	草甸土	草甸土	甸泥砂土	泥甸淤土	A_{J1}	0—20	浊黄棕色	黏壤土	碎块状	6.9	14.7	0.91	0.37	16.2	2.0	49	18.2	河流冲积物	E 122°43′00.5″ N 41°31′52.0″	95
						AC	20—54	浊黄棕色	黏土	块状	7.1	10.8	0.60	0.24	16.0	1.0	48	21.5			
						Cu_1	54—80	黄棕色	砂质黏壤土	块状	6.8	4.1	0.34	0.15	16.3	1.0	59	20.3			
						Cu_2	80—110	亮黄棕色	砂质黏壤土	块状	7.1	3.8	0.30	0.19	17.0	1.0	40	15.5			
						Cu_3	110—150	亮黄棕色	砂质黏壤土	块状	7.2	2.6	0.21	0.27	16.9	17.0	45	14.1			
剖21	人为土	水稻土	淹育水稻土	草甸土田	河淤土田	1	0—20		轻壤土		6.7	23.7	1.16	1.00	23.3				冲积物	E 122°40′10.9″ N 41°30′21.2″	97
						2	37—59		中壤土		7.4	20.4	1.17	1.01							
						3	59—100		轻壤土		6.6	24.2	1.18	1.03							
剖22	半水成土	草甸土	草甸土沼泽土	草甸沼泽土	油砂土	1	0—18		砂壤土		7.1	12.7	1.06	0.25	27.3				冲积物	E 122°46′54.8″ N 41°42′45.4″	92
						2	18—74		轻壤土		7.1	9.9	0.84	0.20							
						3	74—100		中壤土		7.5	1.9	0.50	0.32							
剖23	半水成土	草甸土	草甸土	耕型壤质草甸土	夹黑河淤土	1	0—20		中壤土		6.7	22.8	1.30	0.65					冲积物	E 122°49′18.1″ N 41°44′33.4″	97
						2	20—50		轻壤土		7.0	26.1	1.34	0.54							
						3	50—70		轻壤土		7.2	7.1	0.55	0.65							
剖24	沼泽土		草甸沼泽土	草甸沼泽土	草甸沼泽土	1	0—20		中壤土		6.4	16.2	0.86	0.62					冲积物	E 122°49′46.9″ N 41°44′10.3″	97
						2	20—28		轻壤土		6.5	21.5	0.87	0.63							
						3	80—100		中壤土		6.0	12.9	0.74	0.40							
剖25	水成土		潜育水稻土	腐泥潜育田	黏劳洼田	1	0—18	棕灰色	重壤土	糊状	6.8	31.3	1.73	1.65					冲积物	E 122°50′35.5″ N 41°41′35.9″	97
						2	40—60		重壤土		6.9	15.9	0.88	1.31							
剖26	人为土	水稻土	淹育水稻土	冲积淹育草甸土	壤质黏土田	Ap	18—40	黑棕色	壤质黏土	块状	7.0	27.1	1.85	0.24					近代河流冲积物或湖积物	E 122°52′22.8″ N 41°41′33.4″	95
							40—70	黑棕色	壤质黏土	无明显结构	7.4	24.4	1.85	0.21							
剖27	人为土	水稻土			砂土田	Ap	0—18	灰棕色	砂壤土	砂粒状	6.5	12.3	0.83	0.24	12.7	6.0	50	10.7	砂质河流冲积物	E 122°54′49.7″ N 41°41′20.4″	95
						C_1	18—50	浅棕黄色	壤质砂土	粒状	6.9	10.2	0.43	0.19	13.4						
						C_2	50—100	浅棕黄色	壤质砂土	粒状	7.0	7.4	0.38	0.20	12.7						
剖28	半水成土	草甸土	草甸土	耕型壤质草甸土	淤黄土	1	0—20		中壤土		7.3	16.0	0.77	0.62					冲积物	E 122°53′17.5″ N 41°38′04.2″	92
						2	30—50		轻壤土		7.3	16.8	0.92	0.45							
						3	80—100		中壤土		7.6	10.2	0.75	0.55							

续表 Continued

剖面号 Soil profile	土纲 Soil order	土类 Soil great group	亚类 Soil subgroup	土属 Soil genus	土种 Soil species	土层码 Layer code	土层厚度 Depth/cm	颜色 Soil color	质地 Soil texture	土壤结构 Soil structure	pH	有机质 OM/(g/kg)	全氮 TN/(g/kg)	全磷 TP/(g/kg)	全钾 TK/(g/kg)	有效磷 AP/(mg/kg)	速效钾 AK/(mg/kg)	阳离子交换量CEC/(cmol/kg)	土壤母质 Parent material	剖面点坐标 Profile coordinate	匹配指数 Matching index/%
剖29	人为土	水稻土	淹育水稻土	草甸土田	黏质黑土田	1	0—20		重壤土		6.7	20.9	0.84	0.45	24.1				冲积物	E 122° 55′ 59.5″ N 41° 35′ 52.1″	97
						2	27—76		轻黏土		7.4	17.6	0.79	0.44							
						3	76—		中壤土		7.2	10.0	0.17	0.40							
剖30	半水成土	草甸土	盐化草甸土	耕型硫酸盐氯化物盐化草甸土	强度盐化硫酸盐氯化物砂底河淤土	1	0—14		轻壤土		7.0	11.2	0.57	0.32					冲积物	E 122° 45′ 32.0″ N 41° 34′ 34.7″	92
						2	30—40		紧砂土		7.5	10.9	0.54	0.36							
						3	60—90		松砂土		7.5	2.5	0.26	0.20							
剖31	半水成土	草甸土	草甸土	耕型壤质草甸土	黏底淀黄土	1	0—19		轻壤土		7.2	17.8	0.84	0.75					冲积物	E 122° 54′ 12.2″ N 41° 34′ 39.7″	92
						2	25—40		轻壤土		7.5	14.4	0.70	0.24							
						3	60—75		重壤土		7.5	11.7	0.10	<0.10							
剖32	初育土	风沙土	固定风沙土	耕型沙地风沙土	壤底黄沙土	1	0—16		砂壤土		6.4	7.2	0.59	0.37					风积物	E 122° 52′ 01.6″ N 41° 28′ 54.1″	92
						2	16—45		砂壤土		6.9	7.2	0.55	0.31							
						3	45—		轻壤土		7.5	4.8	0.44	0.26							

康 平 县

主要土类说明

草甸土是康平县主要土壤类型，占本县地域面积的48%。草甸土是在冷湿条件下，受地下水浸润并在草甸植被下发育形成的土壤，其形成过程具有明显的腐殖质累积和铁锰氧化还原特征。草甸土主要分布在河流两岸的冲积平原以及丘陵漫岗间的低平地，地势平坦，土层深厚。成土母质为现代淤积物，质地粗细不一，具有明显的砂黏相间的层次排列。地下水位较高，一般为1—3m。受地下水升降活动的影响，土壤氧化还原交替频繁，心土、底土形成斑纹、锈斑或铁锰结核。本县草甸土分为石灰性草甸土、盐化草甸土、碱化草甸土等亚类。

棕壤是康平县第二大土壤类型，占本县地域面积的32%。棕壤通体以棕色为主，有明显的淋溶淀积过程。其典型剖面形态特征为：表土层呈灰棕色，具团粒状或块状结构，呈微酸性；心土层呈明显的鲜棕色或棕褐色，质地黏重，具核块状结构；底土层主要为岩石风化物、坡积物或黄土状母质。本县棕壤分为棕壤性土、棕壤和潮棕壤三个亚类。

风沙土是康平县第三大土壤类型，占本县地域面积的9%。风沙土发生于干旱和半干旱地区，是剖面构型为A-C的疏松的幼年土，处于土壤发育的初始阶段，成土过程微弱，通体沙质，易随风移动。有地带性植物渗入的风沙土，地表结皮较厚，出现弱团粒结构的腐殖质层，但剖面发育仍未出现地带性土壤特征，其形成和发育不受地下水影响。用于耕种的固定风沙土有耕作层。

碱土占本县地域面积的4%。碱土主要分布在辽河低平地的高起部位，与碱化草甸土、盐化草甸土呈复区分布，地下水位为2—3m。碱土土体含较多的苏打（Na_2CO_3），土壤呈强碱性，钠饱和度在20%以上，而且具有碱化淀积层。

小于本县地域面积3%的土壤类型有潮土、水稻土、沼泽土和草甸盐土。

本区域中心区气候特征

本区域中心区气候特征值
Regional climate characteristics in central area of the region

气候带：中温带亚湿润气候 Climate region: Mid temperate subhumid climate	
年平均气温 /℃ Annual average temperature /℃	7.2
年平均最高气温 /℃ Annual average maximum temperature /℃	13.2
年平均最低气温 /℃ Annual average minimum temperature /℃	1.8
年降水量 /mm Annual precipitation /mm	576
≥10℃的积温 /℃ Daily temperature accumulated in a year（≥10℃）/℃	2976
年日照时数 /h Annual sunshine /h	2680
年平均相对湿度 /% Annual average relative humidity /%	62
干燥度 Dryness	0.78

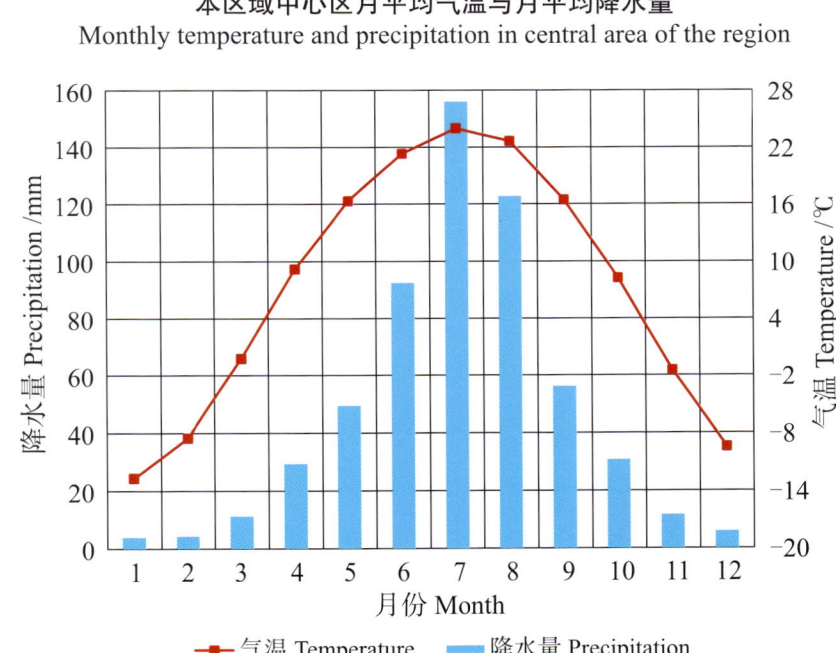

本区域中心区月平均气温与月平均降水量
Monthly temperature and precipitation in central area of the region

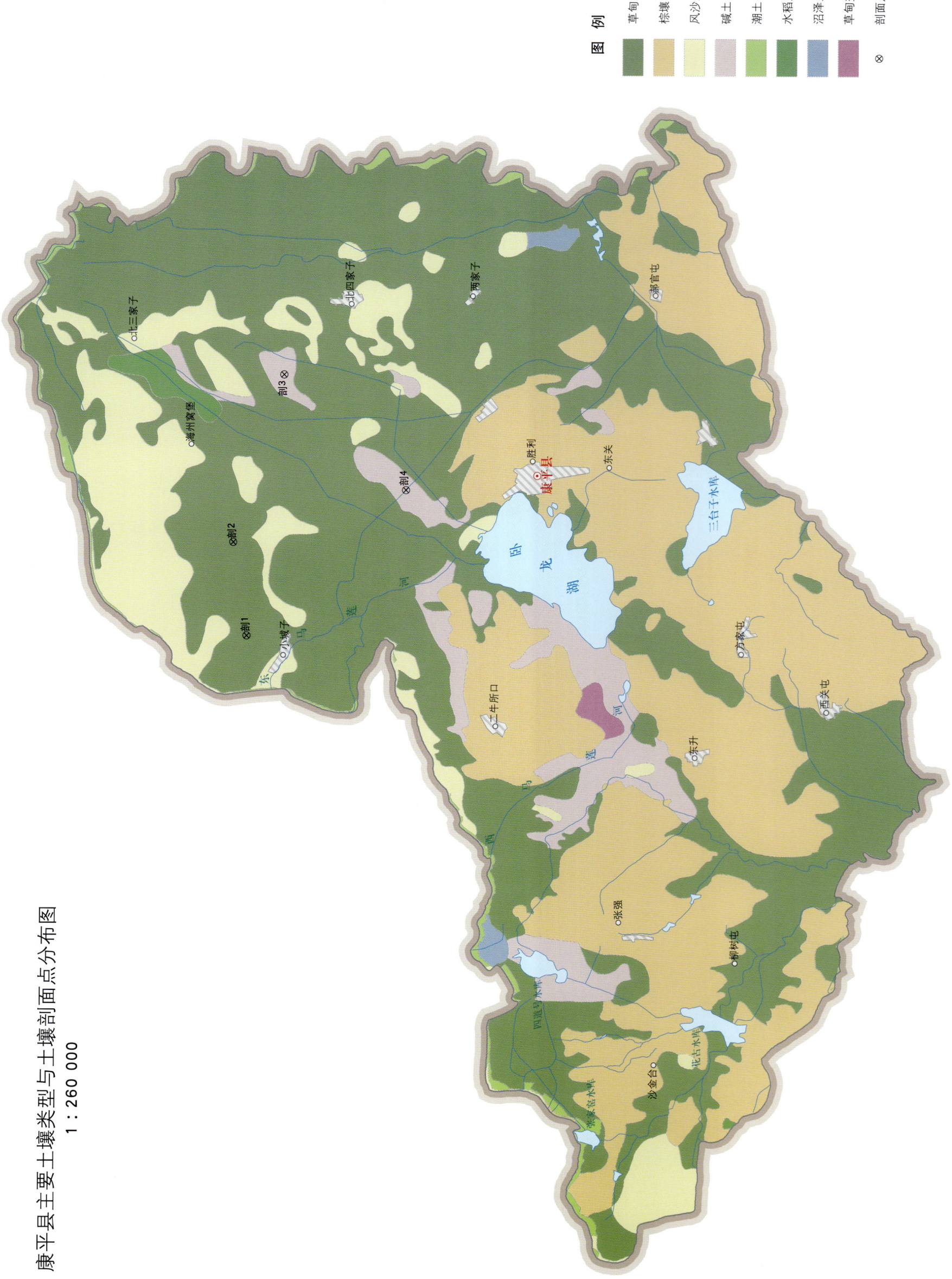

康平县主要土壤类型与土壤剖面点分布图
1∶260 000

康平县土壤剖面理化性状表

剖面号 Soil profile	土纲 Soil order	土类 Soil great group	亚类 Soil subgroup	土属 Soil genus	土种 Soil species	土层码 Layer code	土层厚度 Depth/cm	颜色 Soil color	质地 Soil texture	土壤结构 Soil structure	pH	有机质 OM/(g/kg)	全氮 TN/(g/kg)	全磷 TP/(g/kg)	全钾 TK/(g/kg)	有效磷 AP/(mg/kg)	速效钾 AK/(mg/kg)	阳离子交换量CEC/(cmol/kg)	土壤母质 Parent material	剖面点坐标 Profile coordinate	匹配指数 Matching index/%
剖1	半水成土	草甸土	石灰性草甸土			Ap	0—20	浅灰色	砂质黏壤土	团粒状	8.5									E 123°13′19.2″ N 42°54′31.3″	81
						C	20—45	浅灰色	壤质黏土	块状	8.3										
剖2	半水成土	草甸土	石灰性草甸土	菜园石灰性草甸土	石灰菜园土	Ap	0—20	棕灰色	黏壤土	团粒状	7.5	25.6	1.36	0.50	12.0	8.0	416	21.0	石灰河淤土	E 123°17′40.9″ N 42°54′58.7″	95
						P	20—25	棕灰色	壤质黏土	片状	7.5	21.0	1.09	0.41	11.8			19.4			
						3	25—50	浅棕黄色	黏质黏土	块状	7.8	4.7	0.25	0.26	12.6			17.5			
						C	50—150	浅棕黄色	黏壤土	粒块状	7.8	2.4	0.20	0.23	11.6			16.9			
剖3	盐碱土	碱土	盐化碱土	苏打碱土	卤碱土	Az	0—2	灰灰色	砂壤土	棱柱状	>10.0	4.9	0.26	0.17	25.4	16.0	45	17.3	河流冲积物	E 123°25′25.7″ N 42°53′13.6″	75
						An	2—17	灰棕色	砂壤土	棱柱状	>10.0	6.0	0.41	0.16	26.7	6.0	50	10.5			
						Cn₁	17—31	灰棕色	砂质黏壤土	棱柱状	>10.0	7.0	0.26	0.22	16.7	4.0	79	16.8			
						Cn₂	31—57	灰棕色	砂质黏壤土	棱柱状	>10.0	7.5	0.18	0.22	23.9	4.0	77	21.7			
						Cn₃	57—80	灰棕色	砂质黏壤土	棱柱状	>10.0	6.0	0.21	0.23	23.6	2.0	83	21.5			
						Cu	80—100	灰棕色	砂质黏壤土	鳞片状	9.9	3.7	0.11	0.33	25.1	2.0	67	16.7			
剖4	盐碱土	碱土	草甸碱土	草甸碱土	碱土	1	0—3	灰白色	黏壤土	柱状	9.0	16.2	0.98	0.40	13.7	14.0	220		河相淤积物	E 123°20′03.8″ N 42°49′03.4″	95
						2	3—10	黑灰色	黏壤土	状	9.7	11.9	0.59	0.36	12.0	5.0	279				
						3	10—20	暗灰棕色	砂质黏壤土	状	9.3	11.8	1.32	0.38	11.1	4.0	230				
						4	20—62	灰黄色	砂质黏壤土	状	8.6	9.9	0.38	0.31	12.5	2.0	67				
						C	62—100	黄棕色	砂壤土	砂粒状	8.6	3.6	0.20	0.23	17.0	3.0	45				

法 库 县

主要土类说明

棕壤是法库县主要土壤类型，占本县地域面积的59%。棕壤是在落叶阔叶林下发育的淋溶型棕化的土壤，其剖面由凋落物层、腐殖质层、黏淀层和母质层构成。该土壤化学风化强烈，黏化作用明显，风化产生的黏粒和铁铝氧化物随重力水向下淋移，长期积聚在土壤中下部形成黏淀层。棕壤土壤肥力较高，是本县的主要农业土壤。

草甸土是法库县第二大土壤类型，占本县地域面积的26%。草甸土是在冷湿条件下，受地下水浸润并在草甸植被下发育形成的土壤，其形成过程具有明显的腐殖质累积和铁锰氧化还原特征。该土壤腐殖质层较厚，颜色较暗，呈暗灰色至暗棕灰色。草甸土土壤肥力较高，表层有机质含量为25—100g/kg，供水能力较强，土体呈中性或酸性。

潮土是法库县第三大土壤类型，占本县地域面积的9%。潮土见于近代河流冲积平原或低平阶地，地下水位高，潜水参与成土过程。在潮土成土过程中，底土氧化还原交替作用，形成锈色斑纹和小型铁子。在长期耕作条件下，表层有机质含量为10—15g/kg。

小于本县地域面积3%的土壤类型有草甸盐土、褐土、沼泽土、水稻土、粗骨土和泥炭土。

本区域中心区气候特征

本区域中心区气候特征值
Regional climate characteristics in central area of the region

气候带：中温带亚湿润气候 Climate region: Mid temperate subhumid climate	
年平均气温 /℃ Annual average temperature /℃	7.6
年平均最高气温 /℃ Annual average maximum temperature /℃	13.6
年平均最低气温 /℃ Annual average minimum temperature /℃	2.3
年降水量 /mm Annual precipitation /mm	583
≥10℃的积温 /℃ Daily temperature accumulated in a year (≥10℃) /℃	2935
年日照时数 /h Annual sunshine /h	2615
年平均相对湿度 /% Annual average relative humidity /%	62
干燥度 Dryness	0.80

本区域中心区月平均气温与月平均降水量
Monthly temperature and precipitation in central area of the region

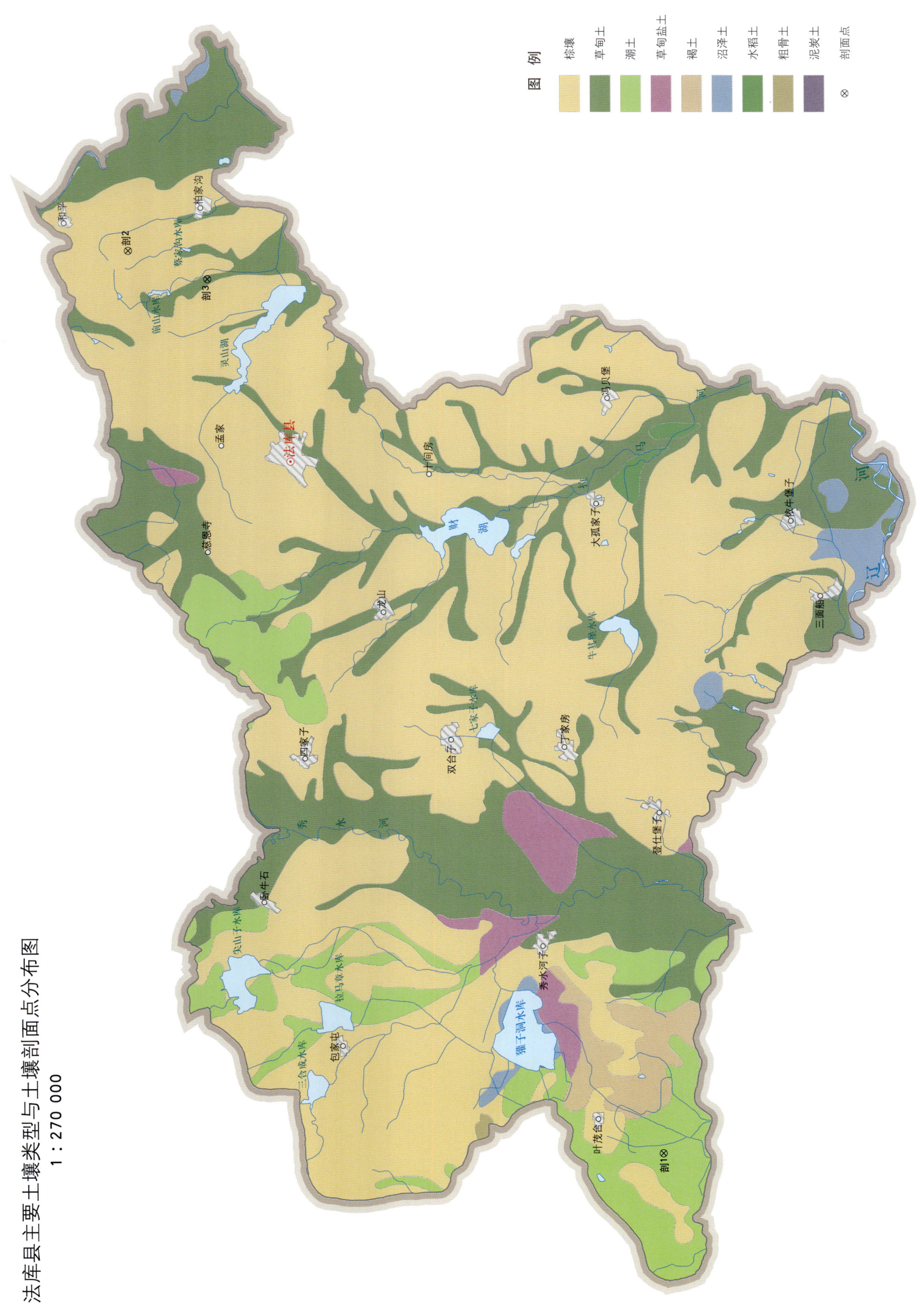

法库县主要土壤类型与土壤剖面点分布图
1∶270 000

法库县土壤剖面理化性状表

剖面号 Soil profile	土纲 Soil order	土类 Soil great group	亚类 Soil subgroup	土属 Soil genus	土种 Soil species	土层码 Layer code	土层厚度 Depth/cm	颜色 Soil color	质地 Soil texture	土壤结构 Soil structure	pH	有机质 OM/(g/kg)	全氮 TN/(g/kg)	全磷 TP/(g/kg)	全钾 TK/(g/kg)	有效磷 AP/(mg/kg)	速效钾 AK/(mg/kg)	阳离子交换量CEC/(cmol/kg)	土壤母质 Parent material	剖面点坐标 Profile coordinate	匹配指数 Matching index/%
剖1	半水成土	潮土	盐化潮土	硫酸盐潮土	菁盐潮淤土	A_{11}	0–12	灰棕色	砂质黏壤土	粒状	8.4	14.0	0.68	0.43	16.7	1.0	150	10.0	河流冲积物	E 122°51′05.4″ N 42°17′09.6″	95
						AC	12–40	灰棕色	砂质黏壤土	块状	9.0	18.8	0.88	0.23	16.9	3.0	40	8.8			
						Cu	40–90	黄色	砂壤土	块状	9.0	3.7	0.26	0.32	17.8		30	8.1			
						Cg	90–150	浅黄色	砂壤土	块状	9.0	7.3	0.59	0.35	18.5		45	10.4			
剖2	淋溶土	棕壤	棕壤性土	幼棕黄泥土	棕片砂土	A	0–20	灰棕色	砂质黏壤土	屑粒状	6.5	25.5	1.50	0.10		29.0	219	16.9	片岩风化物	E 123°34′40.4″ N 42°36′08.6″	95
						Bt	20–63	油黄色	砂质黏壤土	块状	6.3	15.5	1.00	0.70		26.0	101	17.6			
						C	63–100	黄色	砂壤土	粒状	6.2	5.9	0.50	0.79		13.0	50	12.7			
剖3	半水成土	草甸土	盐化草甸土	硫酸盐盐化草甸土	青碱甸土	Ap	0–12	棕灰色	砂质黏壤土	粒状	8.4	14.0	0.68	0.19	16.6	1.0	150	10.0	近代河流冲积物	E 123°33′16.6″ N 42°33′18.4″	95
						2	12–40	灰棕色	砂质黏壤土	块状	9.0	10.8	0.48	0.10	16.1		40	8.8			
						3	40–90	黄色	砂质黏壤土	块状	9.0	3.7		0.14	17.7			8.1			
						C	90–150	黄色	砂质黏壤土	块状	9.0	7.4	0.59	0.15	17.0			10.4			

新 民 市

主要土类说明

草甸土是新民市主要土壤类型,占本市地域面积的84%。草甸土是在冷湿条件下,受地下水浸润并在草甸植被下发育形成的土壤,主要分布在河谷和沿河低阶地。该土壤腐殖质层较厚,颜色较暗,呈暗灰色至暗棕灰色。因所处地下水位较高,潜水参与土壤形成过程,受地下水升降与浸润作用,其形成过程具有明显的腐殖质累积和铁锰氧化还原特征,土体出现锈色斑纹层。草甸土土壤肥力较高,表层有机质含量为25—100g/kg,供水能力较强,土体呈中性或酸性。

水稻土是新民市第二大土壤类型,占本市地域面积的5%。水稻土是在长期季节性淹灌、水下翻耕、季节性脱水、氧化还原交替影响下,原来成土母质或母土的特性发生重大改变,形成的新的土壤类型。由于干湿交替,水稻土形成糊状淹育层、较坚实板结的犁底层、渗育层、潴育层与潜育层等多种发生层。这些不同发生层是在人为耕作、水浆管理下形成的。本市水稻土主要为淹育水稻土。

棕壤是新民市第三大土壤类型,占本市地域面积的3%。棕壤发生于落叶阔叶林下,但大部分已被垦殖,以旱作为主。该土壤处于硅铝风化阶段,具有黏化特征,呈棕色。土体见黏粒淀积,盐基充分淋失,pH为6.0—7.5,见少量游离铁。

小于本市地域面积3%的土壤类型有沼泽土、碱土、风沙土、潮土和褐土。

本区域中心区气候特征

本区域中心区气候特征值
Regional climate characteristics in central area of the region

气候带:中温带亚干旱气候 Climate region: Mid temperate subarid climate	
年平均气温 /℃ Annual average temperature /℃	8.0
年平均最高气温 /℃ Annual average maximum temperature /℃	13.9
年平均最低气温 /℃ Annual average minimum temperature /℃	2.7
年降水量 /mm Annual precipitation /mm	586
≥10℃的积温 /℃ Daily temperature accumulated in a year (≥10℃) /℃	2963
年日照时数 /h Annual sunshine /h	2596
年平均相对湿度 /% Annual average relative humidity /%	62
干燥度 Dryness	0.83

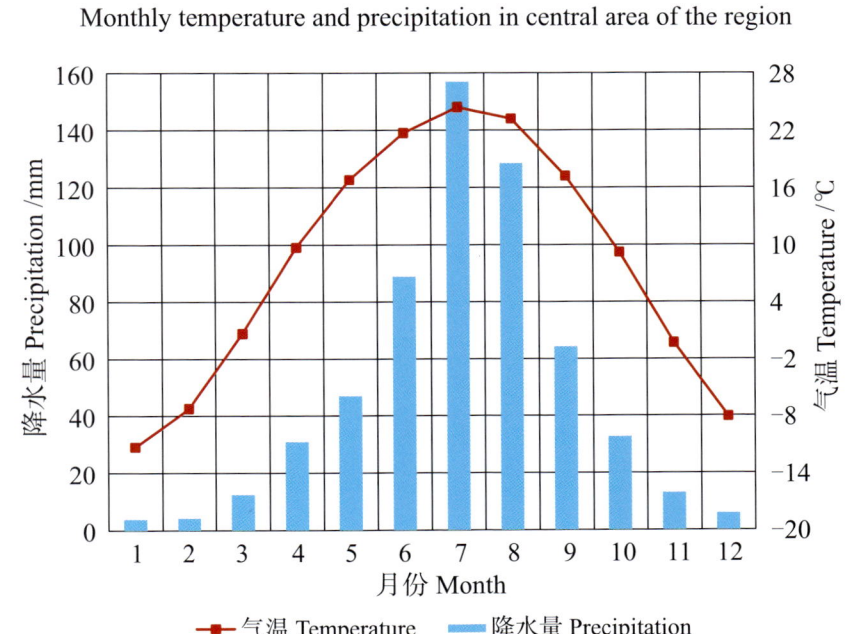

本区域中心区月平均气温与月平均降水量
Monthly temperature and precipitation in central area of the region

新民市主要土壤类型与土壤剖面点分布图

1∶290 000

图 例: 草甸土 水稻土 棕壤 沼泽土 碱土 风沙土 潮土 褐土 剖面点

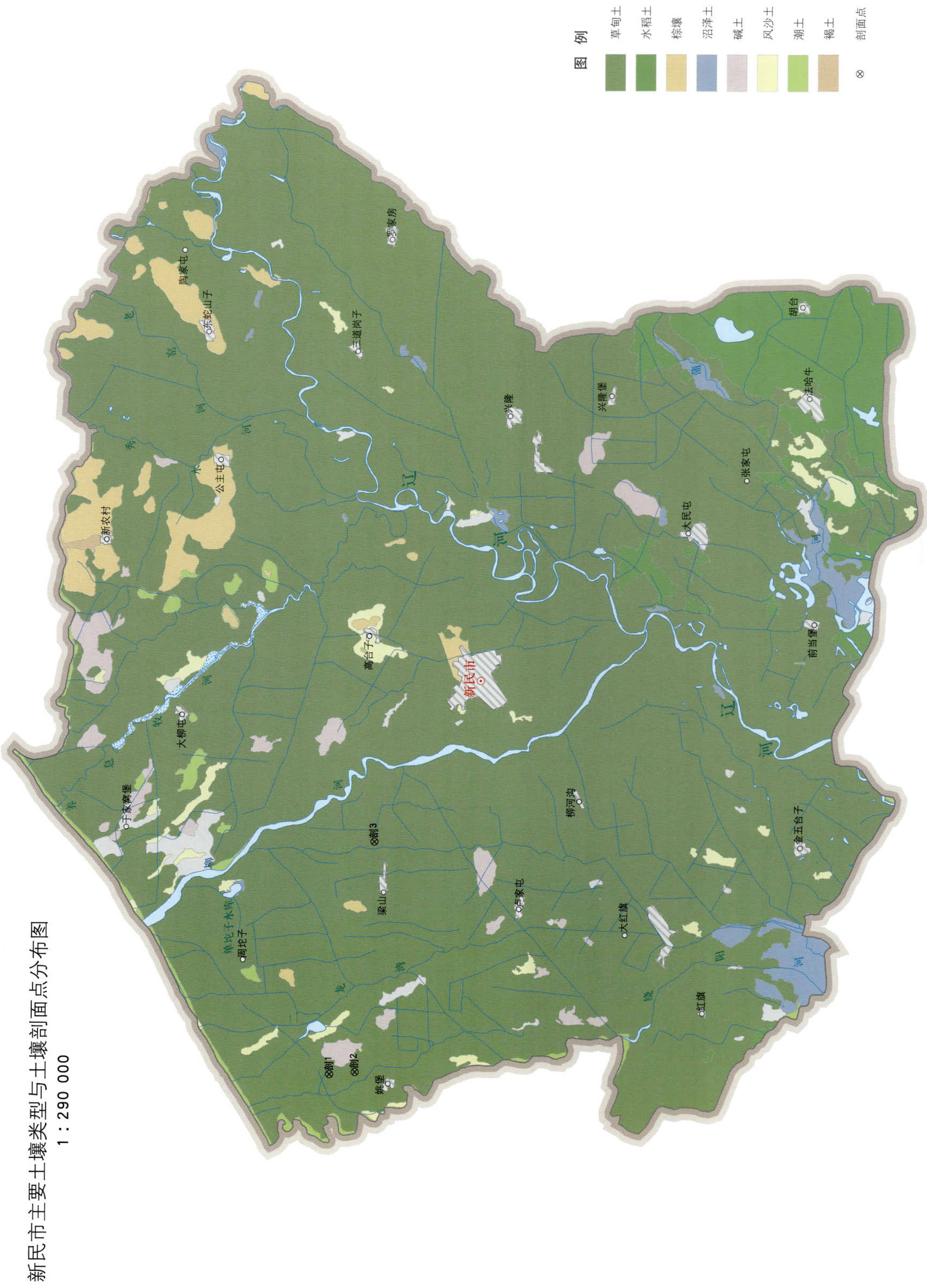

新民市土壤剖面理化性状表

剖面号 Soil profile	土纲 Soil order	土类 Soil great group	亚类 Soil subgroup	土属 Soil genus	土种 Soil species	土层码 Layer code	土层厚度 Depth/cm	颜色 Soil color	质地 Soil texture	土壤结构 Soil structure	pH	有机质 OM/(g/kg)	全氮 TN/(g/kg)	全磷 TP/(g/kg)	全钾 TK/(g/kg)	阳离子交换量 CEC/(cmol/kg)	土壤母质 Parent material	剖面点坐标 Profile coordinate	匹配指数 Matching index/%
剖1	半水成土	草甸土	石灰性草甸土	砂质石灰性草甸土	石灰河砂土	Ap	0–18	黄棕色	砂壤土	块状	7.9	8.6	0.51	0.23		7.8	近代河流冲积物	E 122°28′47.6″ N 42°05′24.7″	95
						2	18–25	黄棕色	砂壤土	粒状	8.3	6.4	0.40	0.17		8.2			
						C	25–56	浅黄棕色	壤质砂土	粒状	8.3	5.3	0.30	0.14		5.4			
						4	56–92	浅黄棕色	壤质砂土	粒状	8.4	1.5	<0.10	<0.10		5.1			
剖2	半水成土	草甸土	石灰性草甸土	壤质石灰性草甸土	石灰荒甸土	A	0–16	浅灰色	砂质黏壤土	团粒状	8.5	14.0	0.83	0.21	17.3	21.4	近代河流冲积物	E 122°28′54.8″ N 42°04′26.0″	95
						Ap	16–45	浅灰色	壤质黏土	块状	8.3	13.8	0.90	0.27	16.7	22.3			
						3	45–62	黄棕色	黏土	块状	8.3	9.8	0.51	0.16	17.9	18.6			
						C	62–150	黄棕色	壤质黏土	块状	8.3	5.3	0.56	0.12	16.2	16.5			
剖3	半水成土	草甸土	碱化草甸土	碱化草甸土	重黑碱甸土	Ap	0–19	暗灰色			8.5						近代河流冲积物	E 122°40′52.0″ N 42°03′45.7″	95
						2	19–29	暗灰色		鳞片状	8.9								
						3	29–80	灰棕色		柱状	8.5								
						C	80–150	浅棕黄色		块状	8.5								

大 连 市

市 辖 区

主要土类说明

棕壤是大连市主要土壤类型，占本市地域面积的72%。棕壤是在落叶阔叶林下发育的淋溶型棕化的土壤，其剖面由凋落物层、腐殖质层、黏淀层和母质层构成。该土壤化学风化强烈，黏化作用明显，风化产生的黏粒和铁铝氧化物随重力水向下淋移，长期积聚在土壤中下部形成黏淀层。棕壤土壤肥力较高，是本市的主要农业土壤。本市棕壤分为棕壤性土、棕壤和潮棕壤三个亚类。其中，棕壤亚类分布在丘陵缓坡和漫岗中下部，土体深厚，通体无砾石或少砾石，成土母质为岩石风化残积物、坡积物和黄土状母质。

草甸土是大连市第二大土壤类型，占本市地域面积的4%。草甸土是在冷湿条件下，受地下水浸润并在草甸植被下发育形成的土壤。该土壤腐殖质层较厚，颜色较暗，呈暗灰色至暗棕灰色。因所处地下水位较高，潜水参与土壤形成过程，受地下水升降与浸润作用，其形成过程具有明显的腐殖质累积和铁锰氧化还原特征，土体出现锈色斑纹层。

滨海盐土是大连市第三大土壤类型，占本市地域面积的4%，主要分布在沿海低平地，成土母质为滨海沉积物，地下水位一般小于2m。受海潮影响，土壤表层含盐量在60g/kg以上，地下水矿化度为10—30g/L。

褐土占本市地域面积的4%。褐土是在半湿润区发育形成的具有黏化与钙质淋移淀积特征的土壤。该土壤盐基饱和，处于硅铝风化阶段，有明显的黏淀层。在其A-B-C剖面构型中，B层呈棕褐色，B层下部有假菌丝状钙积层。土壤pH为7.0—7.5，盐基饱和度在80%以上。

小于本市地域面积3%的土壤类型有红黏土和水稻土。

本区域中心区气候特征

本区域中心区气候特征值
Regional climate characteristics in central area of the region

气候带：暖温带亚湿润气候 Climate region: Warm temperate subhumid climate	
年平均气温 /℃ Annual average temperature /℃	10.9
年平均最高气温 /℃ Annual average maximum temperature /℃	14.8
年平均最低气温 /℃ Annual average minimum temperature /℃	7.6
年降水量 /mm Annual precipitation /mm	599
≥10℃的积温 /℃ Daily temperature accumulated in a year (≥10℃) /℃	3981
年日照时数 /h Annual sunshine /h	2731
年平均相对湿度 /% Annual average relative humidity /%	64
干燥度 Dryness	1.08

本区域中心区月平均气温与月平均降水量
Monthly temperature and precipitation in central area of the region

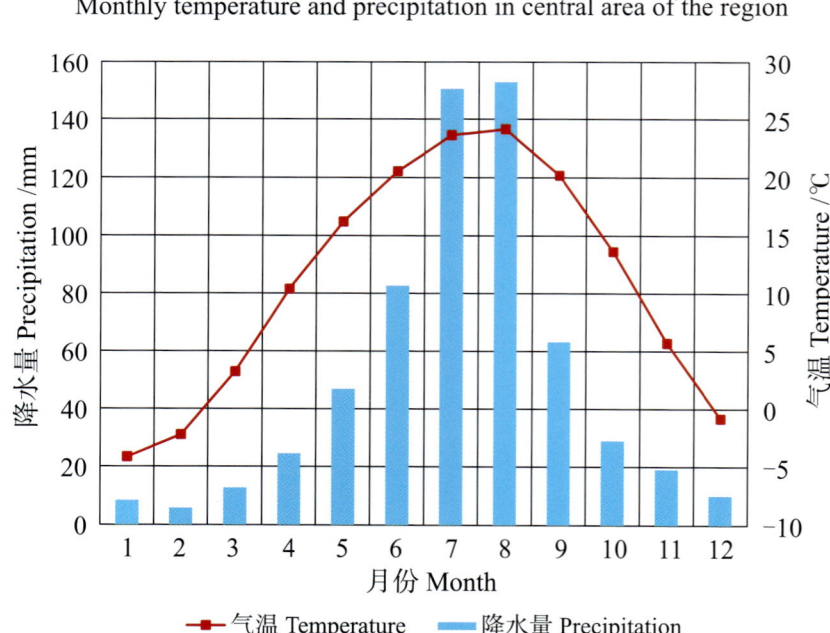

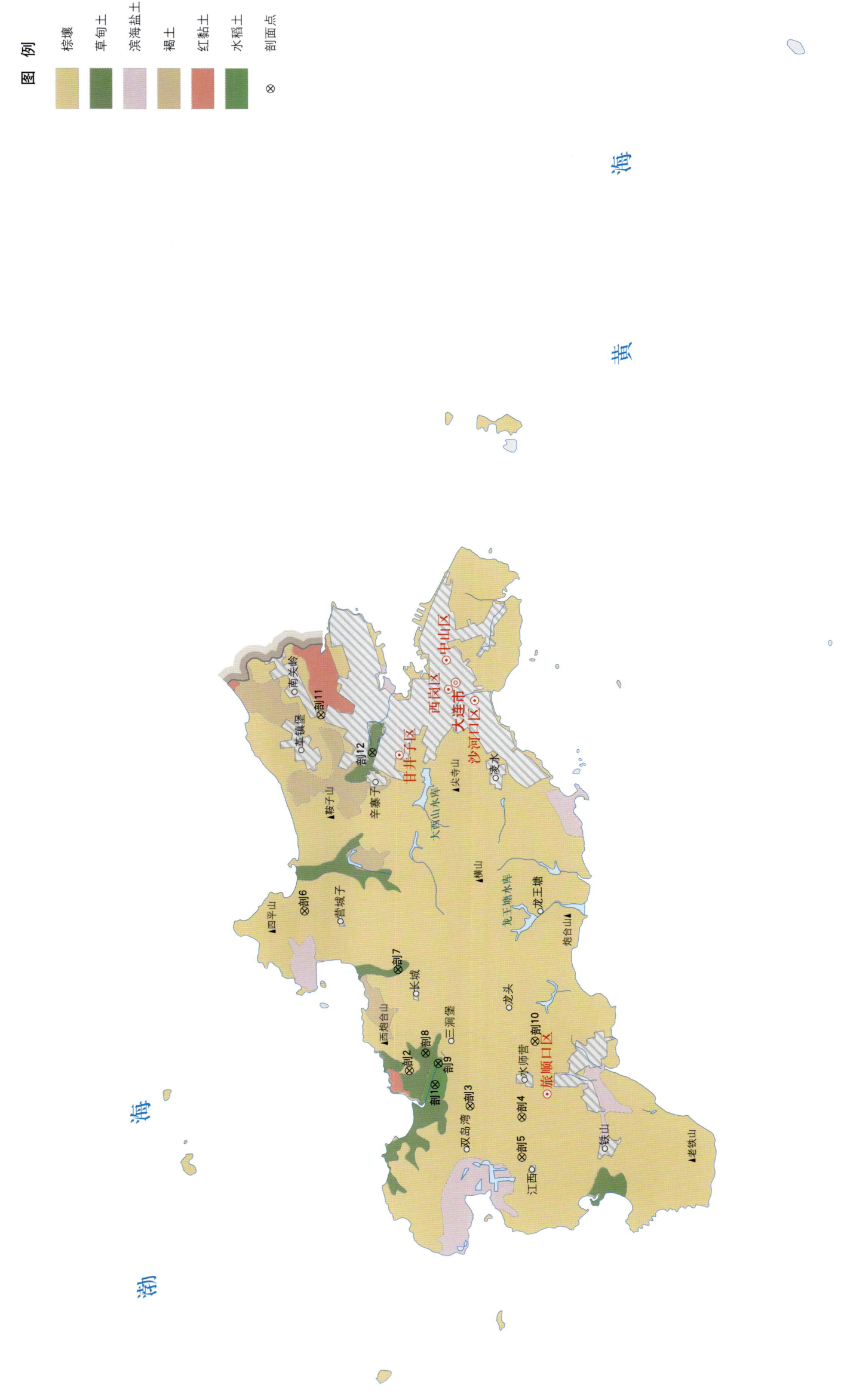

大连市土壤剖面理化性状表

剖面号 Soil profile	土纲 Soil order	土类 Soil great group	亚类 Soil subgroup	土属 Soil genus	土种 Soil species	土层码 Layer code	土层厚度 Depth/cm	质地 Soil texture	pH	有机质 OM/(g/kg)	全氮 TN/(g/kg)	全磷 TP/(g/kg)	全钾 TK/(g/kg)	土壤母质 Parent material	剖面点坐标 Profile coordinate	匹配指数 Matching index,%
剖1	人为土	水稻土	淹育水稻土	草甸土田	壤质草甸土田	1	0—20	轻壤土	8.0	13.3	0.49	0.32	18.7	近代河流冲积物	E 121°14′06.0″ N 38°55′07.3″	75
						2	20—43	轻壤土	8.0	12.2	0.59	0.34	20.2			
						3	43—100	轻壤土	7.5	5.8	0.26	<0.10	19.5			
剖2	淋溶土	棕壤	潮棕壤	耕型黄土状潮棕壤	耕型壤质深淀黄土状潮棕壤	1	0—19	轻壤土	6.9	11.6	0.74	0.44	21.0	黄土状母质	E 121°14′49.6″ N 38°56′13.2″	75
						2	19—30	轻壤土	7.0	7.1	0.49	0.29	22.9			
						3	30—100	轻壤土	7.0	7.1	0.47	0.32	22.9			
剖3	淋溶土	棕壤	棕壤	耕型黄土状棕壤		1	0—20	中壤土	7.4	9.1	0.45	0.28	21.9	黄土状母质	E 121°13′00.1″ N 38°53′39.1″	75
						2	20—100	中壤土	7.3	4.3	0.27	0.15	23.1			
剖4	淋溶土	棕壤	棕壤性土	片夹类棕壤性土	薄层片岩棕壤性土	1	0—22		6.7	8.2	0.47	0.13			E 121°12′27.7″ N 38°51′27.7″	92
剖5	淋溶土	棕壤	棕壤	耕型黄土状棕壤	耕型壤质深淀黄土状棕壤	1	0—36	轻壤土	6.5	13.9	0.73	0.32		黄土状母质	E 121°10′21.4″ N 38°51′26.6″	75
						2	36—72	中壤土	7.5	5.7	0.37	0.23				
						3	72—100	轻壤土	7.1	8.6	0.54	0.26				
剖6	淋溶土	棕壤	棕壤性土	耕型片夹类棕壤性土	耕型中层片岩棕壤性土	1	0—13	轻壤土	7.0	10.5	0.71	0.50	21.0	片岩、板岩、千枚岩等的细碎风化物	E 121°23′16.1″ N 39°00′42.1″	75
						2	13—33	轻壤土	6.9	9.6	0.59	0.37	20.7			
						3	33—51	砂壤土	7.4	4.3	0.37	0.23	21.3			
剖7	半水成土	草甸土	草甸土	草甸型菜园土	砂质草甸型菜园土	1	0—27	砂壤土	7.0	13.8	0.67	0.60	22.9	近代河流冲积物	E 121°20′12.5″ N 38°56′45.2″	75
						2	27—60	中壤土	6.1	9.9	0.40	0.28	22.2			
						3	60—100	中壤土	7.8	2.7	2.50	0.19	23.5			
剖8	半水成土	草甸土	草甸土	耕型壤质草甸土	耕型深砂底壤质草甸土	1	0—20	轻壤土	7.8	8.5	0.43	0.30		近代河流冲积物	E 121°15′46.1″ N 38°55′33.2″	75
						2	20—56	轻壤土	8.1	4.7	0.24	0.23				
						3	50—80	砂壤土	7.7	2.6	0.15	0.23				
剖9	人为土	水稻土	淹育水稻土	草甸土田	壤质浅夹砂草甸土田	1	0—15	中壤土	7.9	20.9	0.95	0.54		近代河流冲积物	E 121°15′13.7″ N 38°55′00.5″	75
						2	15—29	砂壤土	7.6	1.2	0.17	0.13				
						3	29—70	砂壤土	7.2	6.6	0.38	0.22				
						4	70—100	中壤土	8.1	25.4	1.61	0.49				
剖10	淋溶土	棕壤	棕壤性土	石灰岩类棕壤性土	薄层石灰岩棕壤性土	1	0—13	中壤土	8.0	14.8	0.71	0.60		石灰岩风化物	E 121°16′29.6″ N 38°50′57.8″	92
剖11	淋溶土	棕壤	棕壤性土	耕型石灰岩棕壤性土	耕型壤质棕壤性土	1	0—22		6.5	14.3	0.60	0.24			E 121°33′48.2″ N 39°00′07.6″	75
剖12	半水成土	草甸土	盐化草甸土	耕型氯化物盐化草甸土	耕型壤质轻度氯化物盐化草甸土	1	0—30	轻壤土	7.8	9.9	0.54	0.35	21.0	近代河流冲积物	E 121°31′49.8″ N 38°57′57.2″	75
						2	30—55	砂壤土	8.1	2.7	0.29	0.22	22.9			
						3	55—80	砂壤土	8.2	2.3	0.14	0.18	23.6			
						4	80—100	砂壤土	8.3	<1.0	0.25	0.20	20.8			

金 州 区

主要土类说明

棕壤是金州区主要土壤类型，占本区地域面积的63%。棕壤是在落叶阔叶林下发育的淋溶型棕化的土壤。该土壤化学风化强烈，黏化作用明显，风化产生的黏粒和铁铝氧化物随重力水向下淋移，长期积聚在土壤中下部形成黏淀层。本区棕壤分为棕壤性土、棕壤和潮棕壤三个亚类。其中，棕壤性土分布在石质低山和丘陵漫岗，剖面构型为A–AC–C或A–C，土层厚度小于1m，浅者在10cm左右，并含有较多砾石，成土母质为岩石风化物。棕壤亚类分布在土质丘陵坡地，剖面构型为A–B–C，成土母质为红土和黄土状母质。潮棕壤分布在丘岗缓坡、坡脚处以及岗间平地和山前平地，其形成受地下水或侧流水的影响，心土层以下有铁子、铁锈和斑纹。

草甸土是金州区第二大土壤类型，占本区地域面积的28%。草甸土是在冷湿条件下，受地下水浸润并在草甸植被下发育形成的土壤。该土壤腐殖质层较厚，颜色较暗，呈暗灰色至暗棕灰色。因所处地下水位较高，潜水参与土壤形成过程，受地下水升降与浸润作用，其形成过程具有明显的腐殖质累积和铁锰氧化还原特征，土体出现锈色斑纹层。本区草甸土分为草甸土和盐化草甸土两个亚类。草甸土亚类主要分布在河流中上游沿岸，盐化草甸土主要分布在河流入海处的过海平地。

滨海盐土是金州区第三大土壤类型，占本区地域面积的4%，是受海水直接影响形成的土壤。河流挟带的泥沙在近海沉积，被高矿化海水（含盐量在30g/L左右）浸渍，形成盐渍淤泥，逐渐生长耐盐性极强的盐蒿、柽柳等。滨海盐土的土壤和地下水的盐分组成与海水基本一致，氯盐占绝对优势，其次为硫酸盐和重碳酸盐；盐分中以钠、钾离子为主，钙、镁离子次之。土壤含盐量为20—50g/kg，地下水矿化度为10—30g/L。

小于本区地域面积3%的土壤类型有褐土、水稻土、红黏土、粗骨土和暗棕壤。

本区域中心区气候特征

本区域中心区气候特征值
Regional climate characteristics in central area of the region

气候带：暖温带亚湿润气候 Climate region: Warm temperate subhumid climate	
年平均气温 /℃ Annual average temperature /℃	10.6
年平均最高气温 /℃ Annual average maximum temperature /℃	14.5
年平均最低气温 /℃ Annual average minimum temperature /℃	7.4
年降水量 /mm Annual precipitation /mm	627
≥10℃的积温 /℃ Daily temperature accumulated in a year (≥10℃) /℃	3891
年日照时数 /h Annual sunshine /h	2729
年平均相对湿度 /% Annual average relative humidity /%	65
干燥度 Dryness	1.03

本区域中心区月平均气温与月平均降水量
Monthly temperature and precipitation in central area of the region

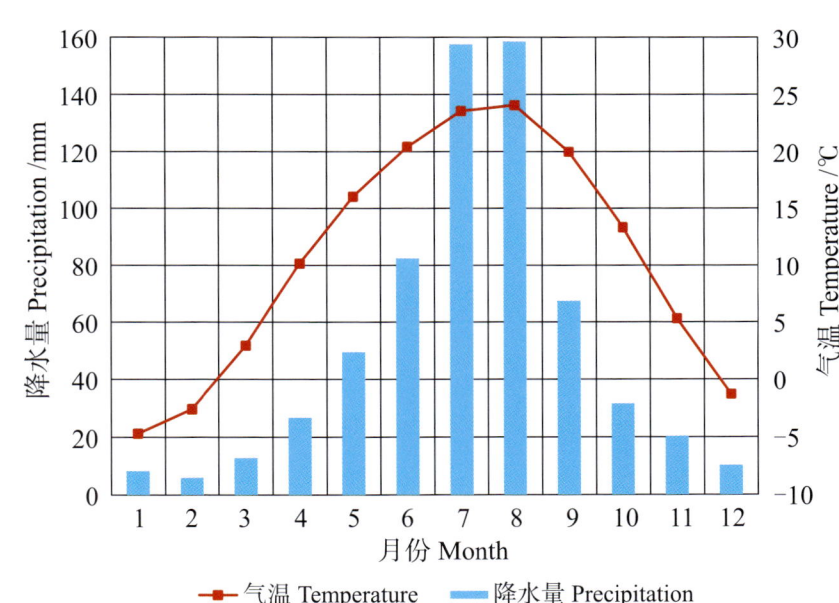

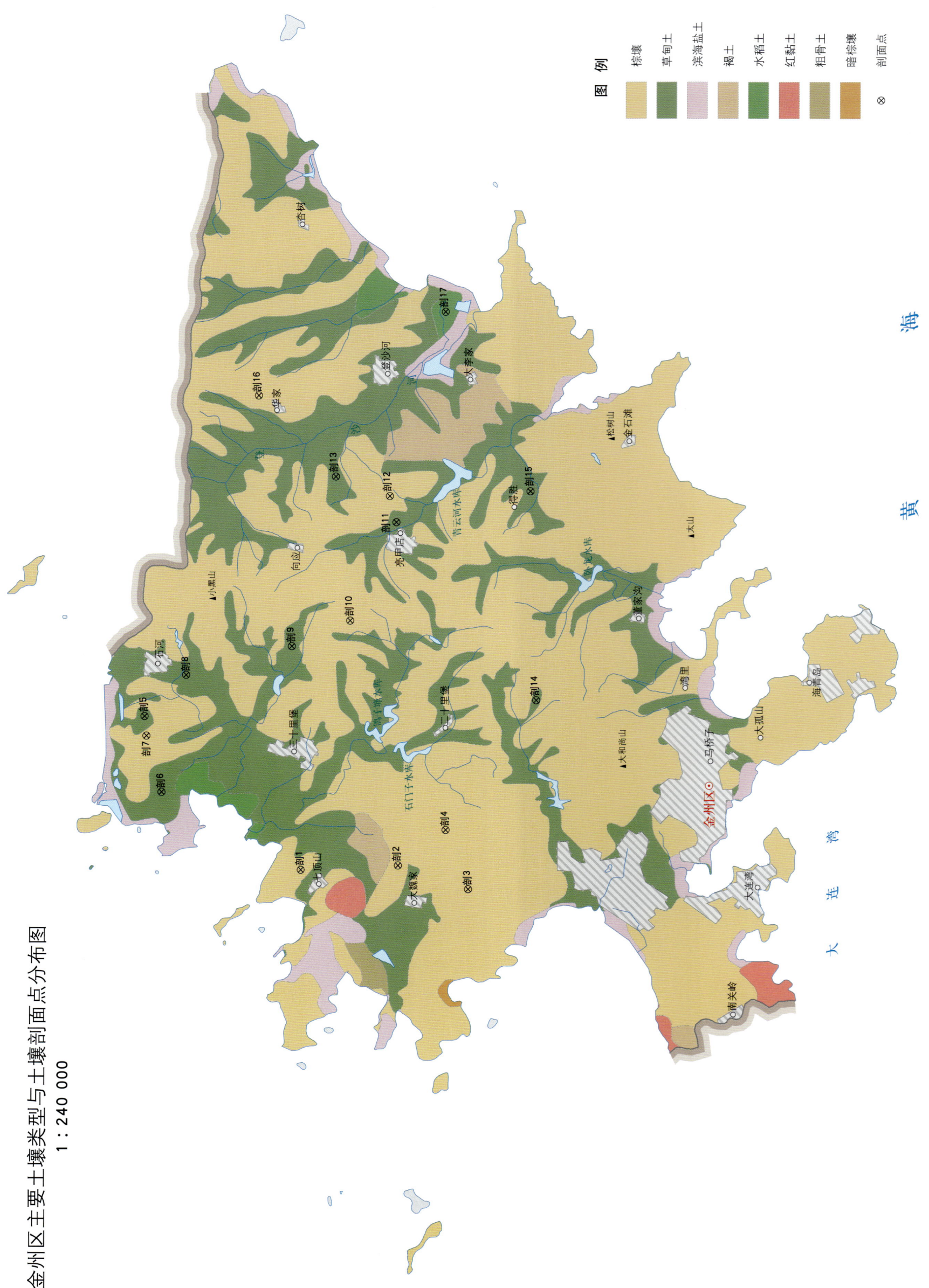

金州区土壤剖面理化性状表

剖面号 Soil profile	土纲 Soil order	土类 Soil great group	亚类 Soil subgroup	土属 Soil genus	土种 Soil species	土层码 Layer code	土层厚度 Depth/cm	颜色 Soil color	质地 Soil texture	土壤结构 Soil structure	pH	有机质 OM/(g/kg)	全氮 TN/(g/kg)	全磷 TP/(g/kg)	全钾 TK/(g/kg)	有效磷 AP/(mg/kg)	速效钾 AK/(mg/kg)	阳离子交换量CEC/(cmol/kg)	土壤母质 Parent material	剖面点坐标 Profile coordinate	匹配指数 Matching index/%
剖1	淋溶土	棕壤	潮棕壤	平地棕黄土	中淀瓣黄土	1	0—30		轻壤土		6.8	11.7	0.62	0.70					第四纪沉积物	E 121°42′37.8″ N 39°15′55.1″	75
						2	30—50		中壤土		6.7	3.5	0.29	0.38							
						3	50—100		轻黏土		6.7	2.4	0.21	0.31							
剖2	淋溶土	棕壤	棕壤性土	硅铝质棕壤性土	金县山砂土	Ap	0—18	棕色	砂壤土	屑粒状	5.8	13.3	0.64	0.39	15.6			14.2	花岗岩、片麻岩等风化残积物	E 121°42′52.2″ N 39°12′49.3″	81
						B	18—65	浅棕色	砂壤土	块状	6.5	7.3	0.44	0.32	12.7			16.1			
						C	65—80	浅棕色	砂壤土	粒状	6.7	3.6	0.24	0.96	10.8			8.9			
剖3	淋溶土	棕壤	棕壤性土	幼棕壤砂土	乌棕山砂土	A_{11}	0—18	棕色	砂壤土	屑粒状	5.8	13.3	0.64	0.39	15.6	4.0	67	14.2	片麻岩风化物	E 121°41′55.7″ N 39°10′34.7″	95
						Bt	18—65	亮棕色	砂壤土	块状	6.5	7.3	0.44	0.32	12.7	5.0	59	16.1			
						C	65—80	亮棕色	砂壤土	粒状	6.7	3.6	0.24	0.96	10.8	4.0	43	8.9			
剖4	淋溶土	棕壤	棕壤	坡地棕红土	中淀红黏土	1	0—20		中壤土		7.8	14.4		0.68					第四纪红色黏土	E 121°41′20.8″ N 39°11′19.7″	95
						2	20—50		中壤土		7.7	5.2		0.38							
						3	50—100		中壤土		7.6	3.3		7.60							
剖5	半水成土	草甸土	草甸土	河淤土	盖砂土	1	0—20		紧砂土		6.3	6.3		0.89	20.9				淤积物	E 121°48′49.7″ N 39°20′58.2″	75
						2	20—40		紧砂土		6.1	2.4		0.62	17.1						
剖6	半水成土	草甸土	草甸土	河淤土	黑河淤土	1	0—29		重壤土		6.5	20.0	1.97	0.65	19.6				淤积物	E 121°45′43.9″ N 39°20′23.3″	75
						2	29—50		重壤土		7.3	17.2	2.00	0.93	17.9						
						3	50—100		重壤土		7.3	12.2	0.92	0.38	15.3						
剖7	淋溶土	棕壤	棕壤性土	砂石土	山砂土	1	0—26		轻壤土		6.4	5.8	0.37	1.44	26.6				淤积物	E 121°48′01.1″ N 39°20′53.9″	75
						2	26—34		中壤土		6.6	2.1	0.12	1.37	9.9						
剖8	半水成土	草甸土	盐化草甸土	轻盐渍土	轻盐渍砂土	1	0—22		砂壤土		7.7	10.7	0.59	1.22	18.1				淤积物	E 121°50′32.6″ N 39°19′39.7″	75
						2	22—32		砂壤土		8.2	7.9	0.48	1.48	23.2						
						3	32—56		砂壤土		8.1	2.5	0.14	1.81	19.5						
						4	56—100		中壤土		7.9	2.6	0.11	0.22	17.6						
剖9	半水成土	草甸土	草甸土	淤黄土	淤黄土	1	0—20		重壤土		6.9	11.9		0.94	18.5				淤积物	E 121°51′46.4″ N 39°16′18.8″	95
						2	20—29		中壤土		7.6	6.9	0.44	0.28	16.0						
						3	29—59		紧砂土		7.5	6.7	0.11	0.58	8.0						
						4	59—100		轻壤土		7.7	1.5	0.14	0.67							
剖10	淋溶土	棕壤	棕壤	坡地棕黄土	砂黄土	1	0—20		轻壤土		7.1	6.7	0.14	0.43					第四纪沉积物	E 121°52′50.9″ N 39°14′28.0″	95
						2	20—40		砂壤土		7.4	5.5		0.34							
						3	40—60		砂壤土		7.4	3.3		<0.10							
						4	60—100		砂壤土		6.9	8.8	0.40	0.30	25.1						
剖11	半水成土	草甸土	草甸土	淤黄土	黑底淤黄土	1	0—25		紧砂土		7.1	7.9	0.36	0.64	9.8				淤积物	E 121°56′53.2″ N 39°13′01.9″	92
						2	25—43		轻壤土		6.8	13.6	0.45	0.53	18.4						
						3	43—64		轻壤土		6.5	9.0	0.45	0.57	15.3						
						4	64—100		砂壤土		6.9	8.8	0.78	0.44							
剖12	淋溶土	棕壤	潮棕壤	山淤土	山淤砾黄土	1	0—18		轻壤土		6.5	15.2	0.40	0.38					近代淤积物	E 121°57′56.9″ N 39°13′15.2″	95
						2	18—36		中壤土		6.0	4.9	0.80	<0.10							
						3	36—100		中壤土		5.9	6.2	0.17	<0.10	15.4						
剖13	半水成土	草甸土	草甸土	河砂土	登眼砂土	1	0—30		紧砂土		7.2	4.7	0.19	0.90	13.2				淤积物	E 121°58′43.3″ N 39°14′58.6″	95
						2	30—60		松砂土		6.9	1.6		1.67							
						3	60—100		紧砂土		7.5	<1.0	0.14	0.47	8.6						

续表 Continued

剖面号 Soil profile	土纲 Soil order	土类 Soil great group	亚类 Soil subgroup	土属 Soil genus	土种 Soil species	土层码 Layer code	土层厚度 Depth/cm	颜色 Soil color	质地 Soil texture	土壤结构 Soil structure	pH	有机质 OM/(g/kg)	全氮 TN/(g/kg)	全磷 TP/(g/kg)	全钾 TK/(g/kg)	有效磷 AP/(mg/kg)	速效钾 AK/(mg/kg)	阳离子交换量 CEC/(cmol/kg)	土壤母质 Parent material	剖面点坐标 Profile coordinate	匹配指数 Matching index/%
剖14	半水成土	草甸土	草甸土	河淤土	黄河淤土	1	0—31		轻壤土		7.4	10.3		0.72	22.3				淤积物	E 121°49′41.5″ N 39°08′30.5″	95
						2	31—71		中壤土		7.5	4.1		0.40	14.5						
						3	71—100		轻壤土		7.3	10.4		0.72	15.8						
剖15	半水成土	草甸土	盐化草甸土	轻盐渍土	轻盐渍潮黑土	1	0—30		轻壤土		7.2	11.8		1.15	17.7				淤积物	E 121°58′12.4″ N 39°08′46.7″	95
						2	30—50		松砂土		7.3	3.1		3.00	15.3						
						3	50—70		砂壤土		7.2	4.6		1.32	16.9						
						4	70—85		中壤土		6.3	18.6		0.68	17.2						
						5	85—100		中壤土			14.0		0.60	20.2						
剖16	淋溶土	棕壤	棕壤性土	砂石土	黄砂土	1	0—18		砂壤土		5.8	7.3	0.44	0.90	15.3					E 122°01′59.9″ N 39°17′27.6″	95
						2	18—65		中壤土		6.5	7.3	0.44	0.73	5.4						
						3	65—80		轻壤土		6.7	3.6	2.40	2.19							
剖17	人为土	水稻土	潴育水稻土	草炭土田	盖泥草炭土田	1	0—18		中壤土		7.6	33.2	2.10	0.89	15.1				淤积物	E 122°05′29.4″ N 39°11′32.6″	75
						2	18—68														
						3	68—100		中壤土		5.8	33.5	1.54	0.31	10.2						

普 兰 店 区

主要土类说明

棕壤是普兰店区主要土壤类型，占本区地域面积的68%。棕壤主要分布在低山丘陵区，通体以棕色为主，有明显的淋溶淀积过程。其典型剖面形态特征为：表土层呈灰棕色，具粒状结构，呈微酸性；心土层质地黏重，具核块状结构，结构体表面覆有胶膜；底土层主要为基岩风化物和松散沉积物。本区棕壤分为棕壤性土、棕壤和潮棕壤三个亚类。其中，棕壤性土多分布在低山、丘陵漫岗的上部，成土母质主要为花岗岩、片麻岩、石英岩、砂页岩、板岩、千枚岩、页岩等风化残积物，土体中含有较多砾石，处于棕壤发育的幼年阶段，剖面发育不明显，只有表土层和母质层。棕壤亚类主要分布在丘陵、漫岗的中部或中下部，发育层次明显，心土层中有明显的淀积层，具核状或核块状结构，结构体表面覆有铁锰胶膜或二氧化硅粉末，土体呈棕色，土层深厚，成土母质为岩石风化残积物、坡积物以及红土等。潮棕壤主要分布在坡脚平地、缓坡地、岗间平地以及平原较高的地形部位，地下水位一般为1—3m，其形成受侧流水或地下水的影响，心土、底土有锈纹、锈斑和铁子。发育于坡积物和洪积物的潮棕壤，土体中夹有砾石层、砂层、黑土层、黏壤土层等。

草甸土是普兰店区第二大土壤类型，占本区地域面积的25%。草甸土是在冷湿条件下，受地下水浸润并在草甸植被下发育形成的土壤。因所处地下水位较高，潜水参与土壤形成过程，受地下水升降与浸润作用，其形成过程具有明显的腐殖质累积和铁锰氧化还原特征，土体出现锈色斑纹层。本区草甸土主要分布在大小河流两岸，地下水位较高，一般为1—3m，土壤肥力较高，是本区的主要产粮土壤之一，分为草甸土和盐化草甸土两个亚类。

水稻土是普兰店区第三大土壤类型，占本区地域面积的4%，主要分布在丘陵河谷、河流两岸、沿海平地和部分低洼地。本区水稻土主要发育于潮棕壤、棕壤和草甸土。根据发育程度和土体构造特征的不同，本区水稻土分为淹育型、沼泽型和盐渍型三个亚类。

滨海盐土占本区地域面积的3%，主要分布在沿海一带，成土母质为滨海沉积物，地下水位一般小于2m。因地下水与海水相通，地下水矿化度高，自然植被稀疏，主要生长碱蓬、盐蒿、芦苇等耐盐植物。土壤表层含盐量在60g/kg以上，心土、底土含盐量也较高。

小于本区地域面积3%的土壤类型有红黏土和褐土。

本区域中心区气候特征

本区域中心区气候特征值
Regional climate characteristics in central area of the region

气候带：暖温带亚湿润气候 Climate region: Warm temperate subhumid climate	
年平均气温 /℃ Annual average temperature /℃	10.2
年平均最高气温 /℃ Annual average maximum temperature /℃	14.3
年平均最低气温 /℃ Annual average minimum temperature /℃	6.7
年降水量 /mm Annual precipitation /mm	691
≥10℃的积温 /℃ Daily temperature accumulated in a year（≥10℃）/℃	3697
年日照时数 /h Annual sunshine /h	2687
年平均相对湿度 /% Annual average relative humidity /%	66
干燥度 Dryness	0.91

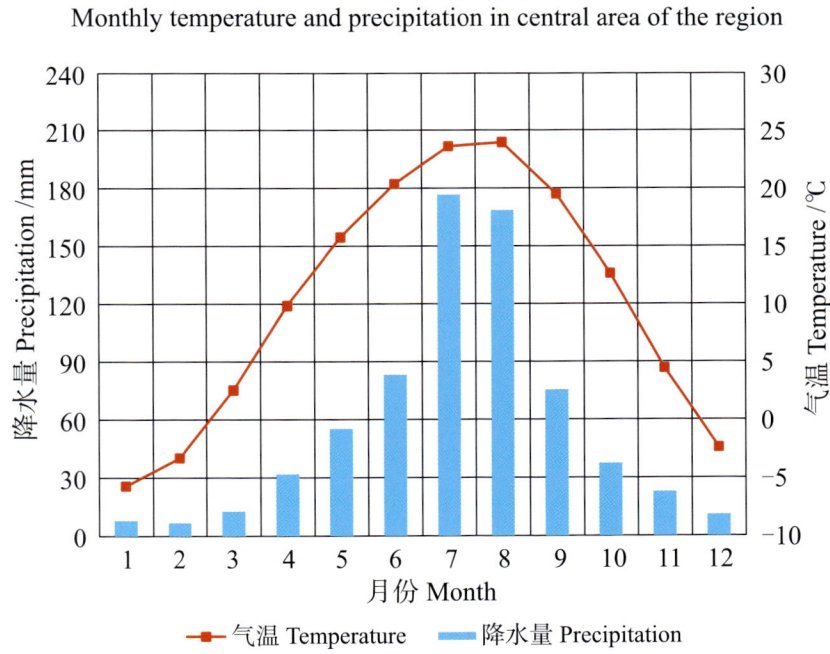

本区域中心区月平均气温与月平均降水量
Monthly temperature and precipitation in central area of the region

普兰店市主要土壤类型与土壤剖面点分布图
1 : 290 000

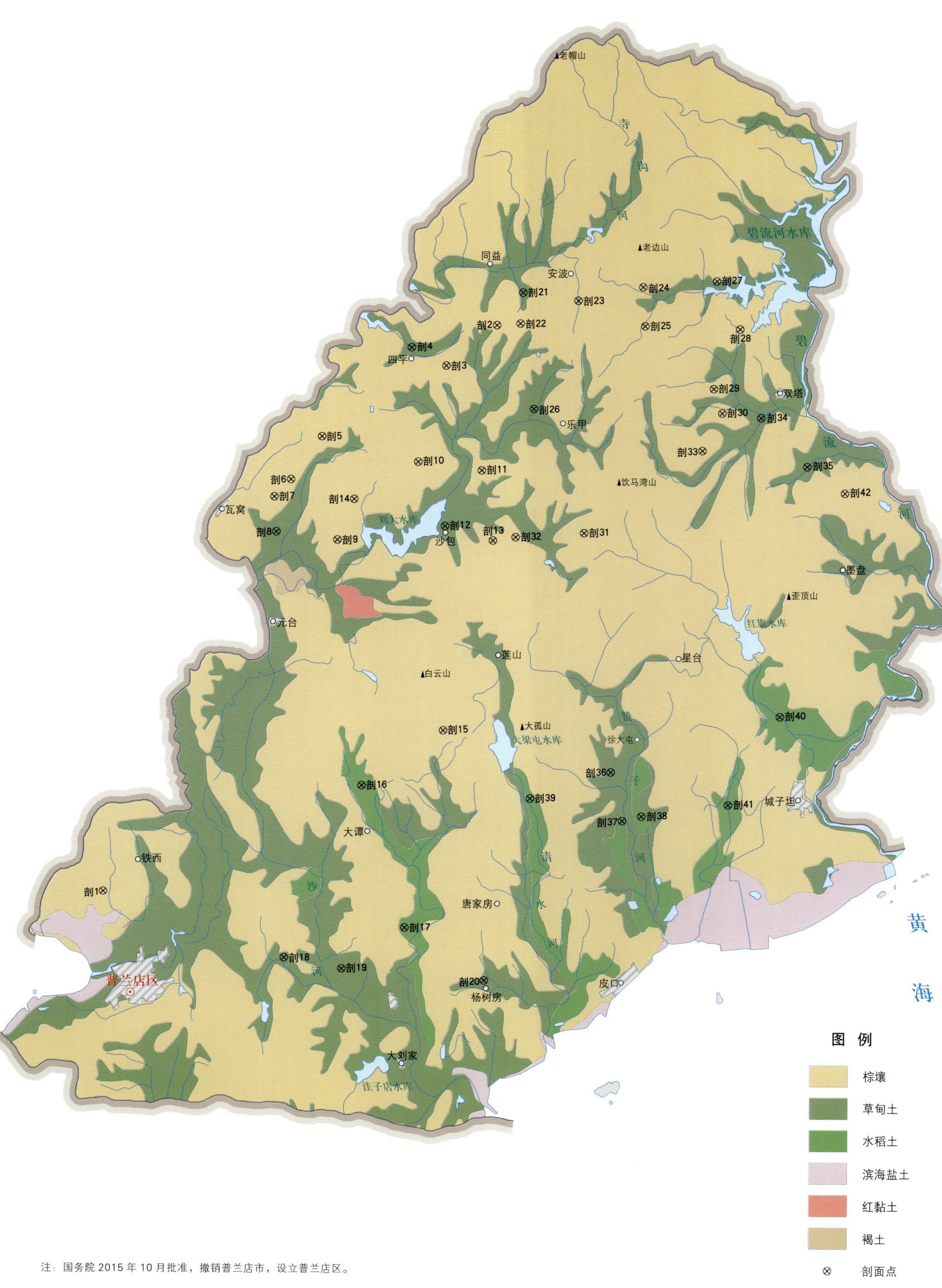

注：国务院 2015 年 10 月批准，撤销普兰店市，设立普兰店区。

普兰店区土壤剖面理化性状表

剖面号 Soil profile	土纲 Soil order	土类 Soil great group	亚类 Soil subgroup	土属 Soil genus	土种 Soil species	土层码 Layer code	土层厚度 Depth/cm	颜色 Soil color	质地 Soil texture	土壤结构 Soil structure	pH	有机质 OM/(g/kg)	全氮 TN/(g/kg)	全磷 TP/(g/kg)	全钾 TK/(g/kg)	有效磷 AP/(mg/kg)	速效钾 AK/(mg/kg)	阳离子交换量CEC/(cmol/kg)	土壤母质 Parent material	剖面点坐标 Profile coordinate	匹配指数 Matching index/%
剖1	淋溶土	棕壤	棕壤	耕型片岩类棕壤	耕型壤质浅淀片岩棕壤	1	0—30		中壤土		7.2	8.4	0.54	0.42	24.4				片岩类	E 121°56′01.0″ N 39°27′19.4″	92
剖2	淋溶土	棕壤	棕壤性	耕型酸性岩棕壤性土		2	30—50		重壤土		7.4	4.2	0.39	0.33						E 122°14′29.4″ N 39°48′18.4″	75
						1	0—20		中壤土		6.2	6.4	0.36	0.41							
剖3	淋溶土	潮棕壤	潮棕壤	耕型淤积潮棕壤	耕型壤质深淀淤积潮棕壤	1	0—27		中壤土		7.6	9.0	0.49	0.49	22.1				淤积物	E 122°12′04.7″ N 39°46′48.7″	75
						2	27—50		砂壤土		6.7	2.9	0.10	0.19	17.7						
						3	50—93		重壤土		6.9	25.7	1.24	0.84	17.5						
						4	93—100		重壤土		7.3	6.7	0.42	0.48	20.1						
剖4	半水成土	草甸土	草甸土	甸泥砂土	底泥甸砂土	A_{11}	0—23	灰棕色	砂质黏壤土	块状	5.6	11.5	0.63	0.48	15.5	8.0	35	9.5	河流冲积物	E 122°10′25.3″ N 39°47′28.3″	95
						AC	23—57	灰棕色	砂质黏壤土	块状	7.2	11.0	0.57	0.29				18.2			
						Cu	57—100	棕色		块状	7.5	6.3	0.41	0.21				12.5			
剖5	淋溶土	棕壤	棕壤	坡积棕壤	中麓坡积棕壤	1	0—24		重壤土		7.4	7.4	0.33	0.52	23.4				坡积物	E 122°06′10.8″ N 39°44′10.0″	75
						2	24—70		中壤土		7.3	7.4	0.20	0.39	20.9						
剖6	淋溶土	棕壤	棕壤性	耕型酸性岩类棕壤性土	薄层酸性岩类棕壤性土	1	0—54		中壤土		7.2	8.2	0.54	0.77						E 122°04′43.0″ N 39°42′34.6″	75
						2	54—84		重壤土		7.0	5.0	0.35	0.66							
剖7	淋溶土	棕壤	棕壤性	基性岩类棕壤性土	薄层基性岩类棕壤性土	1	0—14		中壤土		7.3	10.8	0.61	0.45	19.8				中性凝灰岩等风化物	E 122°03′56.2″ N 39°41′56.0″	75
剖8	半水成土	草甸土	草甸土	酸性岩类棕壤性土	耕型浅壤草甸土	1	0—33		中壤土		5.6	11.5	0.63	1.11					近代淤积物	E 122°04′03.0″ N 39°40′38.6″	75
						2	33—57		中壤土		7.2	11.0	0.57	0.67							
						3	57—100		中壤土		7.5	6.3	0.40	0.49							
剖9	淋溶土	棕壤	棕壤性	酸性岩类棕壤性土	中层酸性岩类棕壤性土	1	0—20		轻壤土		6.2	7.8	0.43	0.50	24.4				砂页岩类	E 122°06′58.0″ N 39°40′22.1″	75
						2	20—40		轻壤土		6.2	2.8	0.17	0.33	19.0						
剖10	淋溶土	棕壤	棕壤性	酸性岩类棕壤性土	薄层酸性岩类棕壤性土	1	0—16		中壤土		6.6	4.0	2.20	0.19						E 122°10′47.3″ N 39°43′16.0″	75
剖11	淋溶土	棕壤	棕壤	耕型砂页岩类棕壤	耕型壤质浅淀砂页岩棕壤	1	0—27		中壤土		6.5	11.6	0.74	0.57	21.4				近代淤积物	E 122°13′49.4″ N 39°42′58.0″	75
						2	27—55		重壤土		7.3	8.7	0.64	0.46	23.8						
						3	55—70		重壤土		8.0	4.7	0.36	0.36	21.8						
剖12	半水成土	草甸土	草甸土	酸性岩类棕壤性土	耕型深砂淀草甸土	1	0—37		紧砂土		5.5	9.9	0.57	1.00					近代淤积物	E 122°12′06.1″ N 39°40′54.8″	75
						2	37—70		轻壤土		6.8	6.3	0.35	1.14	24.4						
						3	70—100		轻壤土		6.6	<1.0	<0.10	0.59	19.0						
剖13	淋溶土	棕壤	棕壤	耕型石灰岩类棕壤	厚层壤质深淀石灰岩棕壤	1	0—35		中壤土		8.0	10.0	0.54	0.93					石灰岩类	E 122°14′24.0″ N 39°40′23.9″	75
						2	35—70		重壤土		7.6	7.8	0.43	0.63							
剖14	淋溶土	棕壤	棕壤	耕型石灰岩类棕壤	耕型壤质深淀石灰岩棕壤	1	0—18		中壤土		6.8	8.2	0.53	0.75	30.3					E 122°07′45.1″ N 39°41′52.4″	75
						2	18—34		重壤土		7.6	7.4	0.53	0.61	29.8						
						3	34—80		重壤土		7.5	6.7	0.41	0.64	31.1						
剖15	淋溶土	棕壤	潮棕壤	耕型坡洪积洪积潮棕壤	耕型砂质浅淀洪积潮棕壤	Ap	0—27		砂壤土		7.0	6.1	0.38	0.45					坡积物、洪积物	E 122°12′07.2″ N 39°33′24.1″	75
						2	27—42		砂壤土		6.1	6.0	0.40	0.44	13.2			6.9			
						3	42—63		砂壤土		6.8	2.9	0.17	0.31	14.2			11.3			
						4	63—100		砂壤土		7.1	1.8	0.25	0.24	13.7			7.6			
剖16	人为土	水稻土	淹育水稻土	冲积淹育田	腰黏砂土田	1	0—23	浅灰色	黏壤土	团块状	6.8	11.5	0.63	0.56						E 122°08′15.4″ N 39°31′20.6″	95
						2	23—53	浅灰色		粒状	6.8	1.4	<0.10	0.71	22.7						
						C	53—100	黄灰色	壤质砂壤土		7.3										
剖17	人为土	水稻土	淹育水稻土	草甸田	壤质淤黄草甸土	1	0—50		轻壤土	粒状	6.7	9.8	0.50	1.07	22.7				近代淤积物	E 122°10′23.9″ N 39°26′07.1″	92
						2	50—100		轻壤土		6.8	8.0	0.29	0.85	24.4						

续表 Continued

剖面号 Soil profile	土纲 Soil order	土类 Soil great group	亚类 Soil subgroup	土属 Soil genus	土种 Soil species	土层码 Layer code	土层厚度 Depth/cm	颜色 Soil color	质地 Soil texture	土壤结构 Soil structure	pH	有机质 OM/(g/kg)	全氮 TN/(g/kg)	全磷 TP/(g/kg)	全钾 TK/(g/kg)	有效磷 AP/(mg/kg)	速效钾 AK/(mg/kg)	阳离子交换量CEC/(cmol/kg)	土壤母质 Parent material	剖面点坐标 Profile coordinate	匹配指数 Matching index/%
剖18	半水成土	草甸土	草甸土	草甸型菜园土		1	0—37		重壤土		6.9	23.7	0.93	1.05					近代淤积物	E 122°04′40.8″ N 39°24′57.6″	96
						2	37—79		重壤土		6.9	14.0	0.72	0.42							
剖19	半水成土	草甸土	草甸土	砂质草甸土	砂溜土	A	0—22	灰棕色	砂壤土	块状	7.7	11.0	0.60	0.37	12.6	6.0	108	9.1	砂质河流冲积物	E 122°07′25.0″ N 39°24′34.6″	81
						2	22—54	浅棕色	壤质砂土	粒状	7.7	6.0	0.40	0.13	11.2			1.0			
						C	54—73	浅棕色	砂壤土	粒状	7.4	5.0	0.30	0.13	13.2						
剖20	半水成土	草甸土	草甸土	砂质草甸土	底泥河砂土	Ap	0—23	棕灰色	砂质黏壤土	块状	5.6	11.5	0.63	0.48	15.5	8.0	55	9.5	近代河流冲积物	E 122°14′12.5″ N 39°24′11.9″	82
						2	23—57	棕灰色	砂质黏壤土	粒状	7.2	11.0	0.57	0.29	26.6			18.2			
						3	57—100	棕色	砂质黏壤土	块状	7.5	6.3	0.41	0.21				12.5			
剖21	半水成土	草甸土	草甸土	耕型砂质草甸土	耕型浅夹黏砂质草甸土	1	0—36		砂壤土		6.1	6.9	0.39	0.50	26.8				近代淤积物	E 122°15′42.8″ N 39°49′30.4″	75
						2	36—58		中壤土		6.4	11.7	0.50	0.69	26.6						
						3	58—73		砂壤土		6.5	2.7	0.16	0.25	23.2						
剖22	淋溶土	棕壤	棕壤性土	耕型片岩类棕壤性土	耕型厚层片岩棕壤性土	1	0—36		轻壤土		7.7	4.8	0.29	0.80					砂砾岩风化物	E 122°15′36.7″ N 39°48′22.3″	75
剖23	淋溶土	棕壤	棕壤性土	耕型片岩类棕壤性土	耕型中层片岩棕壤性土	1	0—33		中壤土		6.8	9.0	0.52	0.52						E 122°18′22.0″ N 39°49′13.4″	75
						2	33—46		中壤土		6.8	4.0	0.25	0.34							
剖24	淋溶土	棕壤	棕壤性土	耕型片岩类棕壤性土	耕型中层片岩棕壤性土	1	0—39		中壤土		6.4	14.3	0.77	0.69	23.6					E 122°21′28.4″ N 39°49′44.4″	75
剖25	淋溶土	棕壤	棕壤性土	耕型片岩类棕壤性土	薄层片岩棕壤性土	1	0—61		中壤土		7.0	4.9	0.24	0.35					砂砾岩风化物	E 122°21′35.3″ N 39°48′18.7″	75
剖26	淋溶土	棕壤	棕壤性土	耕型砂质棕壤性土	耕型深黏底砂质草甸土	1	0—30		砂壤土		5.6	3.3	0.44	1.18					近代淤积物	E 122°16′17.8″ N 39°45′14.8″	75
						2	30—70		砂壤土		6.7	6.9	0.34	1.13							
						3	70—100		轻壤土		6.7	12.0	0.69	1.30							
剖27	淋溶土	棕壤	棕壤性土	耕型片岩类棕壤性土	耕型厚层片岩棕壤性土	1	0—24		轻壤土		5.9	8.9	0.57	1.51						E 122°25′00.5″ N 39°49′58.4″	75
						2	24—68		中壤土		6.1	7.0	0.43	1.04							
剖28	淋溶土	棕壤	棕壤性土	耕型片岩类棕壤性土	耕型薄层片岩棕壤性土	1	0—21		中壤土		6.5	16.5	0.70	0.84						E 122°26′07.8″ N 39°48′13.3″	75
剖29	淋溶土	棕壤	棕壤性土	耕型片岩类棕壤性土	薄层片岩棕壤性土	1	0—18		重壤土		7.3	8.7	0.58	0.52	22.3					E 122°24′54.0″ N 39°46′01.9″	75
剖30	淋溶土	棕壤	潮棕壤	棕壤型菜园土	耕型壤质深淀浆型菜园土	1	0—28		中壤土		6.7	20.8	1.02	0.65	21.6				淤积物	E 122°25′18.8″ N 39°45′07.9″	96
						2	30—55		中壤土		6.6	19.0	1.00	1.63	22.4						
						3	55—100		重壤土		7.1	13.1	0.60	0.89	26.4						
剖31	淋溶土	棕壤	棕壤性土	石灰岩类棕壤性土	薄层石英岩棕壤性土	1	0—15		重壤土		6.7	10.1	0.61	0.43					石英岩风化物	E 122°15′28.8″ N 39°40′31.4″	75
剖32	淋溶土	棕壤	棕壤性土	石灰岩类棕壤性土	薄腐石英岩棕壤性土	1	0—32		中壤土		5.6	26.4	1.13	0.77	16.5				石灰岩类	E 122°24′22.7″ N 39°43′44.4″	75
剖33	淋溶土	棕壤	棕壤性土	片岩类棕壤性土	薄腐砂质棕壤性土	1	0—25		砂壤土		7.5	13.5	0.83	1.50						E 122°27′10.1″ N 39°44′57.8″	75
剖34	半水成土	草甸土	草甸土	砂质草甸土	中腐砂质草甸土	1	0—31		松砂土		6.9	7.9	0.43	0.56	35.8				近代淤积物	E 122°29′23.6″ N 39°43′10.9″	75
						2	31—100		砂壤土		7.3	<1.0	<0.10	0.36	36.5						
剖35	半水成土	草甸土	草甸土	砂质草甸土		1	0—24		中壤土		6.6	4.1	0.15	0.96					近代淤积物		75
						2	24—52		中壤土		6.6	3.9	0.21	1.04							
剖36	半水成土	草甸土	草甸土	耕型壤质草甸土	耕型淤质草甸土	1	0—24		中壤土		6.8	10.2	0.63	0.94					近代淤积物	E 122°20′07.8″ N 39°31′54.1″	92
						2	24—52		中壤土		6.6	8.0	0.55	1.07							
						3	52—68		中壤土		7.2	5.6	0.50	1.17							
						4	68—100		中壤土		6.5	5.6	0.37	0.60							

续表 Continued

剖面号 Soil profile	土纲 Soil order	土类 Soil great group	亚类 Soil subgroup	土属 Soil genus	土种 Soil species	土层码 Layer code	土层厚度 Depth/cm	颜色 Soil color	质地 Soil texture	土壤结构 Soil structure	pH	有机质 OM/(g/kg)	全氮 TN/(g/kg)	全磷 TP/(g/kg)	全钾 TK/(g/kg)	有效磷 AP/(mg/kg)	速效钾 AK/(mg/kg)	阳离子交换量CEC/(cmol/kg)	土壤母质 Parent material	剖面点坐标 Profile coordinate	匹配指数 Matching index/%
剖37	人为土	水稻土	盐渍水稻土	氯化物盐渍田	黏质轻度氯化物盐渍田	1	0—20		重壤土			14.0	0.68	1.33	>50.0				海积物	E 122°20′42.0″ N 39°30′08.3″	75
						2	20—70		重壤土			12.5	0.54	1.10	17.2						
						3	70—100		轻黏土			18.7	0.72	1.11	16.9						
						4	100—115		中壤土			8.9	0.45	0.92	25.0						
						5	115—125		中壤土			8.3	0.43	0.73	24.0						
剖38	人为土	水稻土	沼泽型水稻土	草甸沼泽田	壤质浅育草甸沼泽土	1	0—30		轻壤土			27.1	1.21	2.12					淤积物	E 122°21′37.1″ N 39°30′18.0″	75
						2	30—60		中壤土			19.7	0.91	1.47	24.5						
						3	60—100		中壤土			20.0	1.00	1.40	25.5						
剖39	人为土	水稻土	沼泽型水稻土	草甸沼泽田	壤质浅育草甸沼泽土	1	0—30		中壤土			18.0	0.91	5.40	20.7				淤积物	E 122°16′17.4″ N 39°30′55.1″	75
						2	30—50		重壤土			18.0	1.02	2.74							
						3	50—100		重壤土			26.3	1.28	1.47							
剖40	人为土	水稻土	盐渍水稻土	氯化物盐渍田	壤质浅育氯化物盐渍田	1	0—23		中壤土			9.4	0.40	1.06					海积物	E 122°28′10.9″ N 39°33′59.4″	75
						2	23—76		中壤土			8.5	0.36	1.01							
剖41	人为土	水稻土	盐渍水稻土	氯化物盐渍田	壤质中度氯化物盐渍田	1	0—24		砂壤土			7.8	0.46	0.60					海积物	E 122°25′44.4″ N 39°30′44.3″	75
						2	24—36		砂壤土			6.7	0.39	0.62							
						3	36—74		砂壤土			5.7	0.31	0.60							
						4	74—100		中壤土			5.3	0.31	0.52							
剖42	淋溶土	棕壤	棕壤	耕型坡积棕壤	耕型砂质深淀坡积棕壤	1	0—26		砂壤土		6.8	4.3	0.30	0.67					坡积物	E 122°31′12.4″ N 39°42′12.6″	75
						2	26—53		砂壤土		7.2	3.2	0.24	0.54							
						3	53—100		中壤土		6.7	3.4	0.27	0.61							

瓦房店市

主要土类说明

棕壤是瓦房店市主要土壤类型，占本市地域面积的77%。棕壤主要分布在低山丘陵区和平原局部高地处，土体呈棕色和棕黄色。由于温暖多雨季节和干旱季节交替出现，土壤氧化还原交替进行，化学风化较强烈，形成了较多的富含铁质的绿高岭土、水针铁矿等次生黏土矿物和高价铁氧化物的水化物。在雨季的强烈淋溶作用下，土体上部的黏粒及水解生成的硅酸随水下移，在心土的适宜位置黏粒聚积，形成了质地黏重、具有块状结构的黏淀层，该层结构体表面覆有铁质胶膜和二氧化硅粉末。同时，易溶于水的钙、镁、钾、钠等盐基被淋洗，表层土壤中盐基不饱和，使土壤呈微酸性。本市棕壤黏淀层大多出现在距地表30—70cm处。本市棕壤分为棕壤性土、棕壤和潮棕壤三个亚类。

草甸土是瓦房店市第二大土壤类型，占本市地域面积的14%。草甸土是在冷湿条件下，受地下水浸润并在草甸植被下发育形成的土壤。因所处地下水位较高，潜水参与土壤形成过程，受地下水升降与浸润作用，其形成过程具有明显的腐殖质累积和铁锰氧化还原特征，土体出现锈色斑纹层。本市草甸土分为草甸土、石灰性草甸土、盐化草甸土等亚类。其中，草甸土亚类分布在河漫滩、低阶地或山前平地，土体多呈微酸性至微碱性，无石灰反应。石灰性草甸土所处地形部位和土壤发生层次与草甸土亚类相近，不同的是其剖面或剖面中某一层有石灰反应。盐化草甸土主要分布在沿海地带，大部分同石灰性草甸土呈复区分布，剖面表层为盐化层，含盐量为1—6g/kg。

风沙土是瓦房店市第三大土壤类型，占本市地域面积的3%，呈带状断续分布在本市西北部、西南部的沿海地带和沿河两岸。本市风沙土分为流动风沙土和半固定风沙土两个亚类。流动风沙土植物生长稀疏，土壤通体松散，处于移动和堆积中，没有明显的剖面发育层次。半固定风沙土是从流动风沙土发育而来的，随着植物的生长繁殖，植被覆盖度增加，地形变缓，沙面变深，形成一层薄结皮，出现微弱的剖面分化。

小于本市地域面积3%的土壤类型有滨海盐土、水稻土和沼泽土。

本区域中心区气候特征

本区域中心区气候特征值
Regional climate characteristics in central area of the region

气候带：暖温带亚湿润气候 Climate region: Warm temperate subhumid climate	
年平均气温 /℃ Annual average temperature /℃	10.2
年平均最高气温 /℃ Annual average maximum temperature /℃	14.5
年平均最低气温 /℃ Annual average minimum temperature /℃	6.5
年降水量 /mm Annual precipitation /mm	648
≥10℃的积温 /℃ Daily temperature accumulated in a year（≥10℃）/℃	3700
年日照时数 /h Annual sunshine /h	2728
年平均相对湿度 /% Annual average relative humidity /%	65
干燥度 Dryness	0.96

本区域中心区月平均气温与月平均降水量
Monthly temperature and precipitation in central area of the region

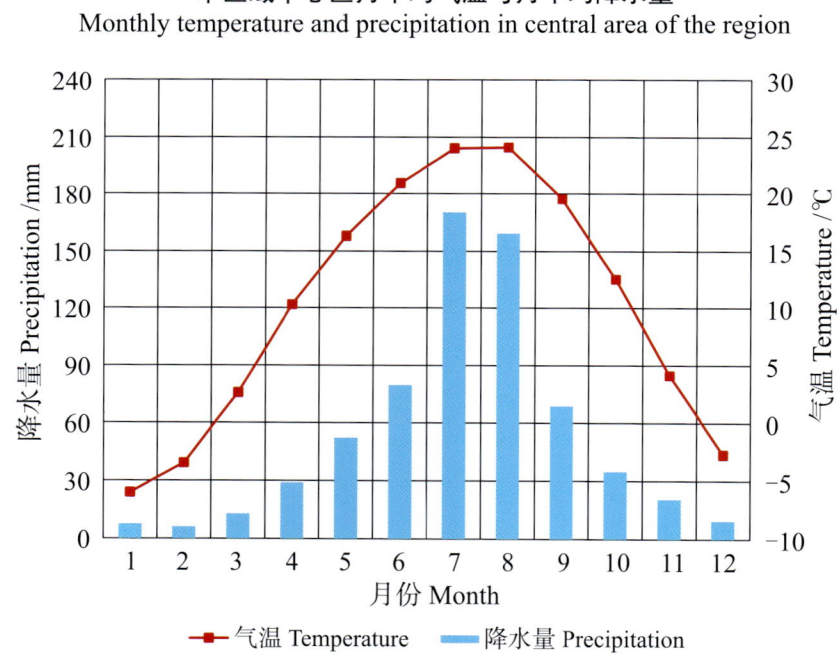

瓦房店市主要土壤类型与土壤剖面点分布图

1∶370 000

图例
- 棕壤
- 草甸土
- 风沙土
- 滨海盐土
- 水稻土
- 沼泽土
- ⊗ 剖面点

第二编　分县土壤图与土壤剖面数据 | 073

瓦房店市土壤剖面理化性状表

剖面号 Soil profile	土纲 Soil order	土类 Soil great group	亚类 Soil subgroup	土属 Soil genus	土种 Soil species	土层码 Layer code	土层厚度 Depth/cm	颜色 Soil color	质地 Soil texture	土壤结构 Soil structure	pH	有机质 OM/(g/kg)	全氮 TN/(g/kg)	全磷 TP/(g/kg)	全钾 TK/(g/kg)	阳离子交换量 CEC/(cmol/kg)	土壤母质 Parent material	剖面点坐标 Profile coordinate	匹配指数 Matching index/%
剖1	淋溶土	棕壤	棕壤	耕型坡积物棕壤	耕型壤质深淀坡积棕壤	1	0–15		轻壤土			12.8	0.22	1.15	>50.0		坡积物	E 121°27′37.4″ N 39°36′04.0″	95
						2	15–30		轻壤土			12.8	0.22	1.06					
						3	30–50		重壤土			15.5	1.73	0.85					
						4	50–100		重壤土			9.2	0.75	0.63					
剖2	淋溶土	棕壤	棕壤性土	耕型砂页岩棕壤性土		1	0–15	棕色	砾石土								砂页岩残积物	E 121°28′32.9″ N 39°37′00.8″	95
						2	15–20	棕色	重壤土	块状									
剖3	半水成土	草甸土	草甸土	耕型砂质草甸土	耕型砂质甸土	1	0–27	棕黄色	砂壤土	粒状	6.6	9.5	0.50	0.56	36.6		近代河流淤积物	E 121°18′25.6″ N 39°34′05.5″	98
						2	27–52	棕黄色	砂壤土	粒状	7.4	4.3	0.24	0.30	34.9				
						3	52–77	灰白色	砂壤土	粒状	7.9	3.0	0.21	0.28	32.5				
						4	77–100	棕色	壤土	块状	7.7	1.7	0.19	0.32	33.7				
剖4	淋溶土	棕壤	棕壤性土	耕型石英岩棕壤性土		1	0–20		轻壤土		7.1	13.1	0.47	0.39			石英岩、石英砂岩风化物	E 121°20′25.8″ N 39°32′42.0″	97
						2	20–60		轻黏土		7.4	13.6	0.53	0.16					
剖5	淋溶土	棕壤	棕壤性土	耕型石英岩棕壤性土		1	0–16	棕色	中壤土	团块状	7.5	7.0	1.24		14.9		石英岩、石英砂岩风化物	E 121°23′49.9″ N 39°34′04.4″	97
						2	16–32	浅棕色	中壤土	块状	7.6	3.2	0.14						
剖6	淋溶土	棕壤	棕壤性土	耕型石灰岩棕壤性土		1	0–9	黄棕色	中壤土	团块状	7.9	24.4	0.80	0.23	37.1		石灰岩风化物	E 121°24′06.5″ N 39°32′37.3″	97
						2	9–18	栗色	中壤土	块状	7.9	28.5	0.90	0.87	42.3				
剖7	淋溶土	棕壤	棕壤性土	石灰岩类棕壤性土	中层石灰岩棕壤性土	1	0–30				7.3	7.5	0.32	0.45			石灰岩残积物	E 121°25′36.1″ N 39°34′56.6″	97
						2	30–60				7.6	2.7	0.14	0.26					
剖8	淋溶土	棕壤	棕壤	耕型酸性岩棕壤		1	0–20				5.8	11.4	0.40	0.29			花岗岩、片麻岩、角闪岩等酸性岩风化残积物	E 121°27′23.8″ N 39°33′16.9″	95
						2	20–35		砂壤土		5.7	4.1	0.46	0.41					
						3	35–55				6.0	10.9	0.34	0.25					
						4	55–100				6.4	3.2	<0.10	<0.10					
剖9	淋溶土	棕壤	棕壤	耕型砂页岩棕壤		1	0–24		中壤土		7.1	7.2	0.39	0.31	10.4		砂页岩残积物	E 121°37′53.1″ N 39°51′46.8″	96
						2	24–100		砂壤土		7.1	5.4	0.55	0.40	28.7				
剖10	淋溶土	棕壤	棕壤	耕型坡积物棕壤	耕型砂质浅淀坡积棕壤	1	0–25		砂壤土		8.0	8.0	1.13	0.53	24.6		坡积物	E 121°35′42.7″ N 39°46′05.2″	95
						2	25–45		砂壤土		8.0	5.2	0.58	0.49	28.5				
						3	45–100		砂壤土		7.6	4.2	0.64	0.31	34.1				
剖11	淋溶土	棕壤	棕壤	耕型砂页岩棕壤		1	0–35				6.8	2.4	0.36	0.41	17.1		砂页岩残积物	E 121°31′37.9″ N 39°46′09.5″	95
						2	35–45				7.0	8.4	0.65	0.36	25.1				
剖12	淋溶土	棕壤	棕壤	耕型坡积物棕壤	耕型壤质浅淀坡积棕壤	1	0–30		重壤土	粒状	5.8	7.8	0.53	0.63	14.9		坡积物	E 121°44′44.9″ N 39°49′49.4″	95
						2	30–60		中壤土	块状	7.4	10.0	0.42	0.56	17.9				
						3	60–100		中壤土	块状	6.9	4.6	0.40	0.54	13.0				
剖13	淋溶土	棕壤	棕壤	耕型酸性岩棕壤	耕型黏质浅淀酸性岩棕壤	1	0–20	暗棕色	重壤土		7.8	7.6	0.99	0.35	20.2		花岗岩、片麻岩、角闪岩等酸性岩风化残积物	E 121°39′02.9″ N 39°45′36.4″	94
						2	20–60	棕色	中壤土		8.1	3.2	0.39	0.33	21.5				
						3	60–100	黄棕色	砂壤土		8.1	2.1	0.53	0.33	25.6				
剖14	淋溶土	棕壤	棕壤	耕型石灰岩棕壤		1	0–17		轻壤土		7.4	24.4	2.08	1.12	36.7		石灰岩风化物	E 121°35′20.0″ N 39°40′48.0″	95
						2	17–35		中壤土		7.7	14.9	1.05	0.49	29.7				
						3	35–52		中壤土		7.6	10.2	0.76	0.40	31.2				
剖15	淋溶土	棕壤	棕壤	酸性岩类棕壤	中腐酸性岩棕壤	1	0–30		中壤土		7.4	17.9	1.10	0.15			花岗岩、片麻岩、角闪岩等酸性岩风化残积物	E 121°34′57.4″ N 39°39′00.7″	95
						2	30–55		轻壤土		6.8	5.6	0.42	0.44					
						3	55–100				7.9	6.2	0.57	0.31					

续表 Continued

剖面号 Soil profile	土纲 Soil order	土类 Soil great group	亚类 Soil subgroup	土属 Soil genus	土种 Soil species	土层码 Layer code	土层厚度 Depth/cm	颜色 Soil color	质地 Soil texture	土壤结构 Soil structure	pH	有机质 OM/(g/kg)	全氮 TN/(g/kg)	全磷 TP/(g/kg)	全钾 TK/(g/kg)	阳离子交换量CEC/(cmol/kg)	土壤母质 Parent material	剖面点坐标 Profile coordinate	匹配指数 Matching index/%
剖16	淋溶土	棕壤	棕壤	耕型红土棕壤	耕型壤质深淀红土棕壤	1	0—25	浅棕色	轻壤土	粒状	8.0	6.0	0.76	0.47	24.4		红土	E 121°30′16.6″ N 39°35′16.1″	95
						2	25—60	浅栗色	砂壤土	粒状	7.8	1.9	0.44	0.34	31.1				
						3	60—100	红褐色	砂壤土	块状	7.0	2.6	0.35	0.74	31.1				
剖17	淋溶土	棕壤	潮棕壤	耕型坡洪积潮棕壤	耕型砂壤浅位黏坡洪积潮棕壤	1	0—26	棕色	紧砂土	粒状	7.2	7.7	0.48	0.62	23.2		坡积物、洪积物	E 121°44′26.2″ N 39°36′19.8″	95
						2	26—41	黄色	轻壤土	片状	7.1	6.2	0.27	0.48	25.4				
						3	41—100	浅栗色		块状	7.0	4.4	0.26	0.39	23.5				
剖18	淋溶土	棕壤	棕壤	耕型石灰岩类棕壤		1	0—29		中壤土		8.0	17.9	1.05	0.96	21.9		石灰岩风化物	E 121°36′51.1″ N 39°34′45.8″	95
						2	29—50		重壤土		7.9	2.7	1.99	1.02	24.3				
剖19	淋溶土	棕壤	潮棕壤	耕型坡洪积棕壤	耕型壤质深淀砂底坡洪积潮棕壤	1	0—20	棕色	重壤土	片状							坡积物、洪积物	E 121°34′45.8″ N 39°30′51.8″	97
						2	20—90	浅棕色	重壤土	片状									
						3	90—100	黄棕色	砂壤土	块状									
剖20	淋溶土	棕壤	潮棕壤	耕型坡洪积棕壤	耕型棕色坡洪积潮棕壤	1	0—20	黄棕色	壤质黏土	粒状	7.2	8.5	0.40	0.52	12.4		坡积物、洪积物	E 121°42′02.9″ N 39°32′37.0″	95
						2	20—66			块状	7.1	2.6	0.23	0.12	3.2				
剖21	淋溶土	棕壤	棕壤	耕型坡积棕壤		1	0—20				6.3	10.1	0.78	0.52			坡积物	E 121°42′56.9″ N 39°32′12.5″	95
						2	20—45			粒状	6.1	8.1	0.59	0.34					
						3	45—60				7.0	6.4	0.41	0.24					
						4	60—100				6.0	1.9	0.26	0.16					
剖22	水成土	沼泽土	草甸沼泽土	草甸沼泽土	瓦房店连甸土	A	0—27	浅灰色	壤质黏土	粒状	7.9	19.4	1.12	0.33	6.5	18.0	近代黏质河流冲积物	E 121°32′14.6″ N 39°29′12.5″	97
						2	27—45	暗青灰色	壤质黏土	块状	7.3	16.2	0.82	0.34	14.3	15.4			
						3	45—100	青灰色	壤质黏土	糊块状	7.4	10.8	0.62	0.20	16.7	15.4			
剖23	半水成土	草甸土	石灰性草甸土	壤质石灰性草甸性土	耕型碳石片岩酸性岩碳甸土	1	0—26		中壤土		7.4	20.9	1.32	0.82	20.2		近代河流淤积物	E 121°32′40.9″ N 39°28′35.8″	97
						2	26—51		重壤土		7.5	22.8	1.31	0.77	20.2				
						3	51—		中壤土		7.9	14.0	1.32	0.59	19.5				
剖24	半水成土	草甸土	盐化草甸土	耕型氯化物盐化草甸土	耕型壤质轻度氯化物盐化草甸土	1	0—20	暗棕色	黏土	粒状	7.8	13.2	1.06	1.10	21.9		海相沉积化物	E 121°43′48.7″ N 39°28′01.6″	95
						2	20—40	黄棕色	轻壤土	片状	8.1	9.3	0.62	0.58	23.0				
						3	40—100	浅棕色	黏土	块状	8.0	12.8	0.79	0.71					
剖25	淋溶土	棕壤	棕壤性土	耕型片岩类棕壤性土	耕型碳石片岩棕壤性土	1	0—10		砂壤土		8.0	21.6	0.53	0.51	9.9		片岩类	E 121°40′38.3″ N 39°27′11.2″	97
						2	10—20		砂壤土		7.5	19.8	0.66	0.67	8.8				
剖26	淋溶土	棕壤	棕壤	耕型酸性岩类棕壤	耕型砂浆酸性岩性岩棕壤	1	0—33		中壤土		7.2	12.2	0.54	0.26			花岗岩、片麻岩、角闪岩等酸性岩风化残积物	E 121°49′12.4″ N 39°53′39.1″	95
						2	33—56		中壤土		7.2	15.0	0.85						
						3	56—100		中壤土		7.1	18.1	0.69	0.33					
剖27	淋溶土	棕壤	棕壤	耕型坡积棕壤	耕型壤质深淀坡积棕壤	1	0—50		砂壤土		7.6	8.3	0.44	0.59	17.5		坡积物	E 121°49′34.3″ N 39°53′17.5″	95
						2	50—70		中壤土	粒状	7.9	7.6	0.39	0.44	17.4				
剖28	半水成土	草甸土	草甸土	砂质草甸土	薄腐薄质草甸土	1	0—15	栗色	砂壤土	粒状	7.1	18.1	0.79	0.59	30.6		近代河流淤积物	E 121°49′01.2″ N 39°52′46.9″	98
						2	15—100	浅棕色	紧砂土	粒状	7.1	4.8	0.37	0.46	32.4				
剖29	淋溶土	棕壤	潮棕壤	潮棕泥砂土	底黑山根土	A₁₁	0—20	油棕色	砂壤土	团块状	6.8	10.5	0.56	0.14	13.4	13.5	异元母质	E 121°45′51.1″ N 39°49′34.7″	95
						Bu	20—50	油棕色	砂壤土	块状	6.8	4.0	0.30	0.17	14.3	14.2			
						3	50—100	暗棕色	砂质黏壤土		7.2	15.1	0.68	0.25	16.1	16.9			
剖30	淋溶土	棕壤	棕壤	耕型砂页岩类棕壤		1	0—30				8.1	6.6	0.41	0.89	27.1		砂页岩残积物	E 121°45′02.9″ N 39°48′14.0″	75
						2	30—60		中壤土		7.6	8.2	0.51	0.57	30.9				

续表 Continued

剖面号 Soil profile	土纲 Soil order	土类 Soil great group	亚类 Soil subgroup	土属 Soil genus	土种 Soil species	土层码 Layer code	土层厚度 Depth/cm	颜色 Soil color	质地 Soil texture	土壤结构 Soil structure	pH	有机质 OM/(g/kg)	全氮 TN/(g/kg)	全磷 TP/(g/kg)	全钾 TK/(g/kg)	阳离子交换量 CEC/(cmol/kg)	土壤母质 Parent material	剖面点坐标 Profile coordinate	匹配指数 Matching index/%
剖31	淋溶土	棕壤	潮棕壤	坡洪积潮棕壤	底黑山根土	Ap	0~20	暗黄棕色	砂壤土	粒状	6.8	10.5	0.56	0.15		13.5	异元母质	E 121° 50' 30.8" N 39° 48' 33.1"	81
						Bg	20~50	暗黄棕色	壤质砂土	团块状	6.8	4.0	0.30	0.17		14.2			
						Cb	50~100	暗棕色	砂质黏壤土	块状	7.2	15.1	0.68	0.25		16.9			
剖32	淋溶土	棕壤	棕壤性土	耕型砂页岩棕壤性土		1	0~30	浅栗色	紧砂土	团块状	6.4	4.8	0.31	0.54	19.2		砂页岩风化物	E 121° 49' 55.6" N 39° 47' 54.2"	95
剖33	淋溶土	棕壤	棕壤	耕型坡积棕壤		1	0~20		砂壤土		7.4	12.7	0.79	2.28	21.5		坡积物	E 121° 50' 48.5" N 39° 48' 09.7"	75
						2	20~50		中壤土		6.8	6.5	0.37	0.77	18.7				
						3	50~70		中壤土										
						4	70~100		砂壤土										
剖34	淋溶土	棕壤	棕壤性土	耕型酸性岩棕壤性土		1	0~30											E 121° 51' 42.1" N 39° 49' 45.5"	75
						2	30~100		紧砂土		6.3	6.4	0.38	0.44	31.0				
剖35	淋溶土	棕壤	棕壤性土	耕型片岩类棕壤性土		1	0~17										片岩类	E 121° 49' 04.1" N 39° 45' 37.8"	97
剖36	淋溶土	棕壤	潮棕壤	耕型淤积潮棕壤		1	0~20	棕色	中壤土	粒状	7.8	9.5	0.67	0.59	26.2		淤积物	E 121° 50' 34.8" N 39° 46' 12.0"	97
						2	20~50	浅棕色	中壤土	块状	7.2	11.9	0.66	0.63	26.7				
						3	50~70	棕色	重壤土	块状	7.5	9.8	0.66	0.53	27.7				
剖37	淋溶土	棕壤	棕壤	耕型黄土状棕壤	耕型壤质深淀黄土状棕壤	1	0~25		轻壤土		6.3	10.6	0.65	1.03	12.9		黄土状母质	E 121° 50' 41.6" N 39° 45' 27.0"	95
						2	25~50		轻壤土		6.9	13.4	0.66	0.76	13.7				
						3	50~100												
剖38	半水成土	草甸土	草甸土	耕型黄土状草甸土	耕型浅砂底淡黄壤质草甸土	1	0~15	浅棕色	中壤土	粒状	7.4	13.0	0.83	0.64	28.5		近代河流淤积物	E 121° 52' 00.8" N 39° 46' 04.4"	75
						2	15~40	黄黄棕色	中壤土	块状	7.3	5.3	0.33	0.24	25.4				
						3	40~80	暗棕色	砂壤土		7.4	3.5	0.31	0.33	25.6				
剖39	半水成土	草甸土	草甸土	耕型壤质草甸土	耕型浅砂底深淀壤质草甸土	1	0~20		轻壤土	粒状	7.2	7.9	0.63	0.31	22.1		近代河流淤积物	E 121° 52' 25.3" N 39° 46' 53.8"	97
						2	20~65		紧砂土	块状	7.3	4.7	0.23	0.32	19.0				
						3	65~100		松砂土	块状	7.5	1.5	0.23	0.26	24.2				
剖40	淋溶土	棕壤	潮棕壤	耕型黄土状棕壤	耕型淤黄土状质棕壤	1	0~15		中壤土	粒状	7.2	22.3	1.62	0.70	29.2		黄土状母质	E 121° 45' 48.6" N 39° 45' 36.7"	97
						2	15~35		中壤土	块状	7.5	22.9	1.67	0.69	29.5				
						3	35~75		中壤土	块状	7.3	22.1	1.53	0.69	29.4				
剖41	半水成土	草甸土	草甸土	耕型黄土状草甸土	耕型壤质深淀黄土状草甸土	1	0~20		中壤土		7.8	17.3	0.64	0.42	29.2		近代河流淤积物	E 121° 46' 53.8" N 39° 46' 40.1"	97
						2	20~40		中壤土		7.5	11.3	0.75	0.54	29.5				
						3	40~70		重壤土		7.4	9.9	0.56	0.53	29.4				
剖42	淋溶土	棕壤	棕壤	耕型黄土状棕壤	耕型壤质浅淀黄土状棕壤	1	0~18		重壤土		6.9	6.6	0.46	0.57	22.2		黄土状母质	E 121° 46' 28.6" N 39° 45' 51.1"	75
						2	18~48		重壤土		6.9	5.8	0.49	0.40	27.0				
						3	48~100				7.2	6.2	0.38	0.45	25.4				
剖43	淋溶土	棕壤	潮棕壤	耕型坡洪积潮棕壤	耕型砂质黏底坡积潮棕壤	1	0~30		砂壤土	粒状	7.1	17.4	0.83	0.96			坡积物、洪积物	E 121° 45' 12.6" N 39° 45' 17.3"	75
						2	30~60	浅灰色	中壤土	片状	7.2	21.6	0.86	0.94					
						3	60~100	暗灰白色	重壤土	粒状	6.8	29.0	0.97	0.72					
剖44	半水成土	草甸土	草甸土	耕型壤质草甸土		1	0~23	暗棕色	轻壤土	粒状	6.5	16.1	0.99	0.15	21.6		近代河流淤积物	E 121° 45' 55.9" N 39° 45' 47.5"	98
						2	23~65	棕色	轻壤土	粒状	7.0	8.3	0.88	1.12	17.4				
						3	65~100	暗棕色	轻壤土	粒状	6.4	7.1	0.53	0.54	24.5				
剖45	淋溶土	棕壤	潮棕壤	坡洪积潮棕壤	薄腐坡积潮棕壤	1	0~16	浅棕色	砂壤土	粒状	6.2	9.3	0.46	0.47			坡积物、洪积物	E 121° 47' 50.3" N 39° 46' 04.8"	75
						2	16~40		轻壤土	粒状	7.2	6.2	0.41						
						3	40~100		轻壤土	块状	7.0	<1.0	0.57	0.50					

续表 Continued

剖面号 Soil profile	土纲 Soil order	土类 Soil great group	亚类 Soil subgroup	土属 Soil genus	土种 Soil species	土层码 Layer code	土层厚度 Depth/cm	颜色 Soil color	质地 Soil texture	土壤结构 Soil structure	pH	有机质 OM/(g/kg)	全氮 TN/(g/kg)	全磷 TP/(g/kg)	全钾 TK/(g/kg)	阳离子交换量 CEC/(cmol/kg)	土壤母质 Parent material	剖面点坐标 Profile coordinate	匹配指数 Matching index/%
剖46	半水成土	草甸土	盐化草甸土	氯化物盐化草甸土	中度氯化物盐化草甸土	1	0—35	暗棕色	砂壤土	粒状	8.2	2.5	<0.10	0.12	25.0		海相沉积物	E 121°53′16.1″ N 39°49′55.2″	75
						2	35—70	浅灰色	轻壤土	粒状	8.4	2.3	0.24	0.55	28.1				
剖47	半水成土	草甸土	草甸土	耕型残积质草甸土	耕型残积黄壤质草甸土	1	0—25		轻壤土		6.8	14.2	0.68	0.86	22.4		近代河流淤积物	E 121°53′19.7″ N 39°48′57.6″	75
						2	25—45		轻壤土		5.5	13.4	0.75	0.87	22.1				
						3	45—85		中壤土		6.2	13.2	0.68	0.57	26.1				
						4	85—100		中壤土		6.6	11.2	0.41	0.55	23.5				
剖48	淋溶土	棕壤	棕壤性土	砂页岩类棕壤性土		1	0—35		紧砂土		6.4	4.8	0.31	0.54	19.2		砂页岩风化物	E 121°53′22.9″ N 39°47′30.5″	75
剖49	淋溶土	棕壤	棕壤性土	石灰岩类棕壤性土	薄层石灰岩棕壤性土	1	0—10		砂壤土		7.7	22.7	1.73	0.73			石灰岩风化物	E 121°54′05.0″ N 39°47′40.6″	97
剖50	淋溶土	棕壤	棕壤	耕型砂页岩类棕壤	耕型壤质深淀砂页棕壤	1	0—27	浅栗色	轻壤土	粒状		8.8	0.47	0.55	21.5		砂页岩残积物	E 121°55′53.0″ N 39°48′49.7″	95
						2	27—62	褐色	轻壤土	块状		5.2	0.32	0.47	18.7				
						3	62—100	褐色	轻壤土	块状		3.5	0.28	0.45	19.3				
剖51	淋溶土	棕壤	棕壤性土	耕型酸性岩类棕壤性土		1	0—24	棕黄色	砂壤土	团粒状	7.2	5.1	0.30	1.89	21.5		花岗岩风化物	E 121°56′16.8″ N 39°49′31.8″	95
						2	24—52	黄棕色	中壤土	块状	7.0	5.0	0.29	2.10	18.7				
剖52	半水成土	草甸土	草甸土	耕型壤质草甸土	耕型残夹黑草甸土	1	0—15		重壤土	块状	7.0	14.8	0.52	0.89	19.3		近代河流淤积物	E 121°57′01.1″ N 39°49′49.4″	97
						2	15—45		重壤土	块状	7.9	15.3	0.55	0.54	15.1				
						3	45—80		重壤土	块状	7.5	11.5	0.56	0.56	18.0				
剖53	淋溶土	棕壤	棕壤	耕型坡积棕壤	耕型壤质淀坡质棕壤	1	0—20		轻壤土	粒状	6.8	18.3	0.84	0.51			坡积物	E 121°57′52.2″ N 39°49′49.1″	95
						2	20—60		轻壤土	块状	7.7	14.9	0.72	0.37					
						3	60—100		重壤土	块状	7.2	15.1	0.65	0.42					
剖54	淋溶土	潮棕壤	潮棕壤	耕型坡积洪积棕壤	耕型黏质坡积洪积潮棕壤	1	0—20	棕黄色	轻黏土	粒状	6.9	7.9	0.43	0.30	28.1		坡积物、洪积物	E 121°58′28.9″ N 39°48′41.4″	97
						2	20—80	黄棕色	轻壤土	块状	6.7	2.9	0.66	0.15	30.1				
剖55	淋溶土	棕壤	棕壤性土	石英岩类棕壤性土	中层石英岩棕壤性土	1	0—20	灰棕色	轻壤土	团块状	6.4	16.2	0.78	0.41			石英岩、石英砂岩风化物	E 121°59′04.9″ N 39°49′11.6″	95
						2	20—35	棕色	轻壤土	块状	6.3	3.0	0.39	0.20					
剖56	淋溶土	棕壤	棕壤性土	砂页岩类棕壤性土	中层砂页岩棕壤性土	1	0—40		砂壤土		5.6	19.0	0.64	0.33				E 121°59′31.2″ N 39°48′22.3″	97
						2	40—60		砂壤土		5.5	15.5	0.89	0.73					
剖57	淋溶土	棕壤	棕壤性土	砂页岩类棕壤性土	薄层砂页岩棕壤性土	1	0—23		砂壤土		7.0	12.1	0.72	0.59				E 121°57′47.5″ N 39°47′03.8″	97
剖58	淋溶土	棕壤	棕壤	耕型坡积棕壤	耕型壤质浅淀坡积棕壤	1	0—15				7.7	9.4	0.66	0.48			坡积物	E 121°56′56.8″ N 39°45′40.7″	95
						2	15—56				7.6	6.3	0.37	0.17					
						3	56—100				6.8	4.6	0.31	0.13					
剖59	淋溶土	棕壤	棕壤	坡积棕壤	薄障坡积棕壤	1	0—20				6.1	5.9	0.76	0.34	16.0		坡积物	E 121°57′25.6″ N 39°45′29.2″	97
						2	20—60				6.5	2.5	0.31	0.32	14.1				
						3	60—100				6.9	2.7	0.24	0.38	17.8				
剖60	淋溶土	棕壤	棕壤性土	酸性岩类棕壤性土	薄层酸性岩棕壤性土	1	0—30		重壤土		7.4	32.7	0.91	0.58	22.4		砂页岩风化物	E 121°56′21.1″ N 39°45′07.9″	97
剖61	淋溶土	棕壤	棕壤性土	片岩类棕壤性土	薄层片岩棕壤性土	1	0—25				5.7	11.3	0.60	0.66	8.2		片麻岩、板岩、千枚岩风化残积物	E 121°58′55.9″ N 39°45′23.6″	75
剖62	淋溶土	棕壤	棕壤性土	片岩类棕壤性土	中层片岩棕壤性土	1	0—20				7.9	11.5	0.41	0.59	33.0		片岩、板岩、千枚岩残积物	E 121°59′23.6″ N 39°46′22.1″	97
						2	20—35				7.6	12.2	0.32	0.60	27.7				
剖63	淋溶土	棕壤	棕壤性土	片岩类棕壤性土	裸露片岩棕壤土	1	0—10	棕色	重壤土	粒状	6.6	1.0	0.41	<0.10	9.3		片岩、板岩、千枚岩残积物	E 121°59′43.8″ N 39°47′10.0″	97
						2	10—20	棕色		粒状	6.8	4.2	0.32	0.31	1.1				
剖64	淋溶土	棕壤	潮棕壤	耕型坡积洪积棕壤	耕型砂壤潮积棕壤	1	0—25		砂壤土								坡积物、洪积物	E 121°59′04.6″ N 39°45′02.9″	97
						2	25—70		砂壤土										

续表 Continued

剖面号 Soil profile	土纲 Soil order	土类 Soil great group	亚类 Soil subgroup	土属 Soil genus	土种 Soil species	土层码 Layer code	土层厚度 Depth/cm	颜色 Soil color	质地 Soil texture	土壤结构 Soil structure	pH	有机质 OM/(g/kg)	全氮 TN/(g/kg)	全磷 TP/(g/kg)	全钾 TK/(g/kg)	阳离子交换量CEC/(cmol/kg)	土壤母质 Parent material	剖面点坐标 Profile coordinate	匹配指数 Matching index/%
剖65	淋溶土	棕壤	棕壤	耕型酸性岩类棕壤	耕型壤质浅淀酸性岩棕壤	1	0~12		轻壤土								花岗岩、片麻岩、角闪岩等酸性岩风化残积物	E 121°55′27.8″ N 39°47′28.3″	75
						2	12~42		中壤土										
						3	42~100		中壤土										
剖66	淋溶土	棕壤	棕壤	耕型黄土状棕壤	耕型壤质戏壤	1	0~30				7.5	11.3	0.71	0.58	26.0		黄土状母质	E 121°46′37.6″ N 39°44′56.0″	75
						2	30~50				6.9	9.8	0.48	0.57	25.3				
剖67	半水成土	草甸土	草甸土	耕型磷质草甸土	耕型油黑壤质草甸土	1	0~20		轻壤土		6.4	11.6	0.56	1.10	21.6		近代河流淤积物	E 121°45′36.7″ N 39°43′07.3″	75
						2	20~100		中壤土		7.4	4.9	0.34	0.68	23.5				
剖68	半水成土	草甸土	草甸土	耕型磷质草甸土	耕型深砂底壤质草甸土	1	0~20		砂壤土		5.6	15.3	0.70	1.38			近代河流淤积物	E 121°46′12.7″ N 39°43′09.5″	97
						2	20~50		砂壤土		5.8	6.6	0.48	1.14					
						3	50~100		紫砂土		5.9	2.7	0.31	0.92					
剖69	初育土	风沙土	半固定风沙土	沙丘半固定沙土	薄层沙丘固定风沙土	1	0~15	棕黄色	紫砂土	粒状	6.8	4.5	0.32	0.21	25.7		风积物	E 121°48′00.7″ N 39°43′12.0″	75
						2	15~60	黄棕色	松砂土	粒状	6.5	2.4	0.19	1.29	26.5				
						3	60~100	黄色	松砂土	粒状	6.5	1.1	0.13	1.34	26.5				
						4	100~												
剖70	半水成土	草甸土	草甸土	耕型壤质草甸土	耕型浅夹砂甸土	1	0~30		砂壤土		6.9	6.0	0.32	0.51	32.0		近代河流淤积物	E 121°48′27.4″ N 39°42′33.1″	97
						2	30~60		紧砂土		7.0	4.3	0.23	0.48	29.4				
						3	60~100		砂壤土		7.0	3.1	0.21	0.44	29.4				
剖71	淋溶土	棕壤	棕壤	耕型坡积棕壤		1	0~10		砂壤土								坡积物	E 121°49′21.7″ N 39°44′38.8″	75
						2	10~50		轻壤土										
						3	50~80		中壤土										
剖72	半水成土	草甸土	石灰性草甸土	砂质石灰性草甸土	中腐砂质碳酸盐草甸土	1	0~30		砂壤土		8.0	14.7	0.48	1.47	25.5		近代河流淤积物	E 121°49′49.1″ N 39°44′14.3″	95
						2	30~100		中壤土	粒状	7.9	6.6	0.34	1.27	24.7				
剖73	淋溶土	棕壤	棕壤	耕型酸性岩类棕壤	耕型壤质浅淀酸性岩棕壤	1	0~20		中壤土	片状							花岗岩、片麻岩、角闪岩等酸性岩风化残积物	E 121°51′32.4″ N 39°44′30.1″	97
						2	20~40		中壤土										
						3	40~100		轻壤土										
剖74	淋溶土	棕壤	棕壤性	酸性岩类棕壤性	裸露酸性岩棕壤性土	1	0~20				7.4	35.1	18.10	0.58	22.4		砂页岩风化物	E 121°51′53.3″ N 39°43′09.8″	97
剖75	淋溶土	棕壤	棕壤性	耕型砂质页岩棕壤性		1	0~14		轻壤土		7.5	10.3	0.56	0.34	>50.0		砂页岩风化物	E 121°52′22.1″ N 39°44′23.6″	75
						2	14~44		轻壤土			6.2	0.69	0.35	23.3				
剖76	淋溶土	棕壤	棕壤性	耕型石灰岩棕壤性	中层石灰岩棕壤性土	1	0~15				6.8	4.7	0.24	0.29			石灰岩风化物	E 121°49′17.0″ N 39°41′28.3″	97
						2	15~38				7.1	2.8	0.11	0.23					
剖77	淋溶土	棕壤	棕壤	耕型酸性岩类棕壤	耕型壤质浅淀酸性岩棕壤	1	0~30				7.2	5.1	0.30	1.89			花岗岩、片麻岩、角闪岩等酸性岩风化残积物	E 121°49′59.9″ N 39°41′08.5″	75
						2	30~50				7.0	5.0	0.29	2.10					
剖78	淋溶土	棕壤	棕壤	耕型酸性岩类棕壤	耕型壤质浅淀酸性岩棕壤	1	0~20		轻壤土		5.0	10.6	0.71	0.45			石英岩、石英砂岩风化物	E 121°45′12.2″ N 39°41′42.0″	75
						2	20~46		中壤土		5.4	9.5	0.60	0.45					
						3	46~100		中壤土		5.3	3.5	0.49	0.30					
剖79	淋溶土	棕壤	棕壤	石英岩类棕壤性	中层石英岩棕壤性土	1	0~20		轻壤土		6.4	16.2	0.78	0.41			坡积物	E 121°45′17.3″ N 39°40′46.2″	75
						2	20~60				5.3	3.0	0.39	0.20					
剖80	淋溶土	棕壤	棕壤	耕型砂类坡积棕壤	耕型砾质坡积棕壤	1	0~20				7.3	9.3	0.56	0.30			坡积物	E 121°45′01.8″ N 39°40′17.4″	75
						2	20~35				7.4	7.6	0.55	0.38					
						3	35~75				7.3	4.7	0.37	0.32					
剖81	淋溶土	棕壤	棕壤性土	耕型灰岩棕壤性土		1	0~18		中砾石土		6.6	25.4	0.62	0.68			石灰岩风化物	E 121°47′35.9″ N 39°40′22.1″	97
						2	18~60				6.8	19.7	0.72	0.36					

续表 Continued

剖面号 Soil profile	土纲 Soil order	土类 Soil great group	亚类 Soil subgroup	土属 Soil genus	土种 Soil species	土层码 Layer code	土层厚度 Depth/cm	颜色 Soil color	质地 Soil texture	土壤结构 Soil structure	pH	有机质 OM/(g/kg)	全氮 TN/(g/kg)	全磷 TP/(g/kg)	全钾 TK/(g/kg)	阳离子交换量 CEC/(cmol/kg)	土壤母质 Parent material	剖面点坐标 Profile coordinate	匹配指数 Matching index/%
剖82	淋溶土	棕壤	棕壤性土	耕型砂页岩棕壤性土		1	0—30	暗棕色	砂壤土		6.3	10.2	0.66	0.83	26.6		砂页岩风化物	E 121°53′22.6″ N 39°44′46.7″	75
						2	30—64		砂壤土		7.1	5.2	0.26	0.62	18.8				
剖83	淋溶土	棕壤	潮棕壤	耕型坡洪积潮棕壤	耕型壤质坡洪积潮棕壤	1	0—25	棕色	轻壤土	粒状	6.1	21.1	1.72	0.72	24.9		坡积物、洪积物	E 121°55′04.4″ N 39°43′43.3″	98
						2	25—60	黄棕色	中壤土	粒状	6.7	11.1	0.61	0.87	25.3				
						3	60—100		中壤土	块状	7.6	11.4	0.93	0.77	24.9				
剖84	淋溶土	棕壤	棕壤性土	耕型片岩类棕壤性土	耕型中壤片岩风化棕壤性土	1	0—30	灰黄色	中壤土	团块状	7.4	5.4	0.40	0.61	25.3		片岩类	E 121°55′21.0″ N 39°42′40.0″	97
						2	30—50	浅黄色	中壤土	块状	5.9	2.0	0.14	0.12	7.3				
剖85	淋溶土	棕壤	棕壤	耕型片岩类棕壤	耕型壤质浅淀坡积棕壤	1	0—26	浅栗色	轻壤土	粒状	7.9	16.3	1.42	0.75	31.0		片岩类	E 121°56′38.4″ N 39°42′58.3″	75
						2	26—49	暗栗色	轻壤土	片状	8.0	3.5	0.23		30.7				
						3	49—90	栗色				16.2	0.59	0.38					
剖86	淋溶土	棕壤	棕壤	耕型坡积棕壤	中层酸性岩淀坡积棕壤	1	0—15				7.1	8.4	0.43	0.34	28.4		坡积物	E 121°56′39.1″ N 39°41′34.8″	95
						2	15—40				8.3	3.4	0.69	0.26	27.8				
						3	40—60				7.7	5.6	0.67	0.46	30.6				
						4	60—80		轻壤土		7.5	5.3	0.97	0.32	31.5				
剖87	淋溶土	棕壤	棕壤性土	酸性岩类棕壤性土	中层酸性岩片棕壤性土	1	0—24		轻壤土			52.3	1.99	1.00	29.5		片岩类	E 121°57′25.6″ N 39°40′27.8″	97
						2	24—25				7.4	27.9	0.33	0.59					
剖88	淋溶土	棕壤	棕壤性土	耕型片岩类棕壤性土	耕型中层片岩淀片棕壤性土	1	0—30	浅栗色	砂壤土	粒状	5.9	5.4	0.40	0.61	25.3		片岩类	E 121°53′00.2″ N 39°41′34.1″	97
						2	30—50		砂壤土		7.4	2.0	1.14	0.12	7.3				
剖89	淋溶土	棕壤	潮棕壤	耕型坡洪积潮棕壤	耕型砂质坡洪积黏底潮棕壤	1	0—20	浅栗色	砂壤土	团块状	6.8	6.5	0.36	0.35			坡积物、洪积物	E 121°54′38.9″ N 39°41′05.3″	95
						2	20—50	暗棕色	重壤土	块状	6.8	4.0	0.30	0.39					
						3	50—100		重壤土		7.2	8.1	0.58	0.58					
剖90	淋溶土	棕壤	棕壤	耕型黄土状棕壤	耕型壤质深淀黄土状棕壤	1	0—30	棕色	中壤土	粒状	7.4	18.2	0.96	0.94	23.8		黄土状母质	E 121°54′32.4″ N 39°40′03.0″	75
						2	30—60	黄棕色	重壤土	块状	7.3	5.4	0.35	0.60	24.4				
						3	60—100	黄棕色	重壤土	块状	7.2	4.0	0.37	6.46	23.0				
剖91	淋溶土	棕壤	棕壤性土	酸性岩类棕壤性土	中层酸性岩淀菜园棕壤性土	1	0—24	灰褐色	中壤土	粒状	5.7	52.3	1.99	1.00	29.5		花岗岩风线积物	E 121°57′36.4″ N 39°39′36.7″	98
						2	24—52	灰色	中壤土	块状	6.5	27.9	0.33	0.59					
						3	52—												
剖92	淋溶土	棕壤	潮棕壤	棕壤型菜园土	耕型砂质淀棕壤型菜园土	1	0—20		轻壤土	粒状							坡积物、淤积物和黄土状母质	E 121°57′54.0″ N 39°37′04.4″	97
						2	20—40		轻壤土	粒状									
						3	40—76		轻壤土	粒状									
						4	76—100		中壤土	块状									
剖93	淋溶土	棕壤	棕壤	耕型壤质深淀坡积棕壤		1	0—10	棕色			6.3	8.4	0.49	0.56	>50.0		坡积物	E 121°45′23.0″ N 39°34′13.4″	95
						2	10—80	黄棕色			6.9	7.9	0.51	0.50	40.5				
						3	80—100	黄棕色			7.8	3.3	0.94	0.50	24.6				
剖94	淋溶土	棕壤	棕壤性土	耕型石英岩棕壤性土	耕型壤质浅淀坡积棕壤	1	0—20	褐色	轻壤土	粒状	7.1	22.8	0.67	0.67	30.0		石英岩、石英砂岩风化物	E 121°55′00.5″ N 39°34′58.8″	97
剖95	淋溶土	棕壤	棕壤性土	耕型酸性岩棕壤性土	耕型砂质淀棕壤	1	0—25	棕色	轻壤土		7.8	5.9	0.27	2.00	16.0			E 121°57′41.8″ N 39°56′54.2″	92
						2	25—50		轻壤土		7.4	1.5	<0.10	0.16	≤1.0				
剖96	淋溶土	棕壤	棕壤性土	耕型砂页岩棕壤性土		1	0—14	棕色	轻壤土	粒状	7.4	10.3	0.56	0.34	26.7		砾岩风化物	E 122°09′30.0″ N 39°50′16.4″	95
						2	14—44	黄棕色	砂壤土	粒状	7.5	6.2	0.69	0.35	23.3				
剖97	淋溶土	棕壤	棕壤性土	砂页岩棕壤性土	中层砂质棕壤性土	1	0—30		中壤土		5.8	28.7	1.43	0.54				E 122°01′22.8″ N 39°49′01.6″	97
						2	30—50				5.5	18.1	0.98	0.52					

庄 河 市

主要土类说明

棕壤是庄河市主要土壤类型，占本市地域面积的75%。棕壤是在落叶阔叶林下发育的淋溶型棕化的土壤，主要分布在低山丘陵和漫岗地带。棕壤通体以棕色为主，有明显的淋溶淀积过程。其典型剖面形态特征为：表土层呈灰棕色，具块状结构，呈微酸性；心土层呈明显的棕色或棕褐色，质地黏重，具核状结构，结构体表面多覆有铁锰胶膜和二氧化硅粉末；底土层大部分为岩石风化物、黄土状母质、红土、坡积物、洪积物等。本市棕壤大部分已被垦殖，分为棕壤性土、棕壤和潮棕壤三个亚类。

水稻土是庄河市第二大土壤类型，占本市地域面积的10%。水稻土是在长期季节性淹灌、水下翻耕、季节性脱水、氧化还原交替影响下，原来成土母质或母土的特性发生重大改变，形成的新的土壤类型，主要分布在丘陵河谷、河流两岸及沿海平地。由于干湿交替，水稻土形成糊状淹育层、较坚实板结的犁底层、渗育层、潴育层与潜育层等多种发生层。本市水稻土分为淹育型、沼泽型、盐渍型等亚类。

草甸土是庄河市第三大土壤类型，占本市地域面积的8%，主要分布在本市北部低山和中部丘陵间的宽谷平地、河流中下游两岸冲积平原和沿海平地。草甸土是在冷湿条件下，受地下水浸润并在草甸植被下发育形成的土壤。该土壤腐殖质层较厚，颜色较暗，呈暗灰色至暗棕灰色。因所处地下水位较高，潜水参与土壤形成过程，受地下水升降与浸润作用，其形成过程具有明显的腐殖质累积和铁锰氧化还原特征，土体出现锈色斑纹层，全剖面无石灰反应。其剖面一般由腐殖质层、锈色斑纹层和母质层构成，有的受砂质或夹砂层影响，锈纹、锈斑不明显，还有的埋藏有黑土层。本市草甸土分为草甸土和盐化草甸土两个亚类。

小于本市地域面积3%的土壤类型有滨海盐土和风沙土。

本区域中心区气候特征

本区域中心区气候特征值
Regional climate characteristics in central area of the region

气候带：暖温带亚湿润气候 Climate region: Warm temperate subhumid climate	
年平均气温 /℃ Annual average temperature /℃	9.7
年平均最高气温 /℃ Annual average maximum temperature /℃	14.1
年平均最低气温 /℃ Annual average minimum temperature /℃	5.9
年降水量 /mm Annual precipitation /mm	745
≥10℃的积温 /℃ Daily temperature accumulated in a year（≥10℃）/℃	3564
年日照时数 /h Annual sunshine /h	2642
年平均相对湿度 /% Annual average relative humidity /%	67
干燥度 Dryness	0.82

本区域中心区月平均气温与月平均降水量
Monthly temperature and precipitation in central area of the region

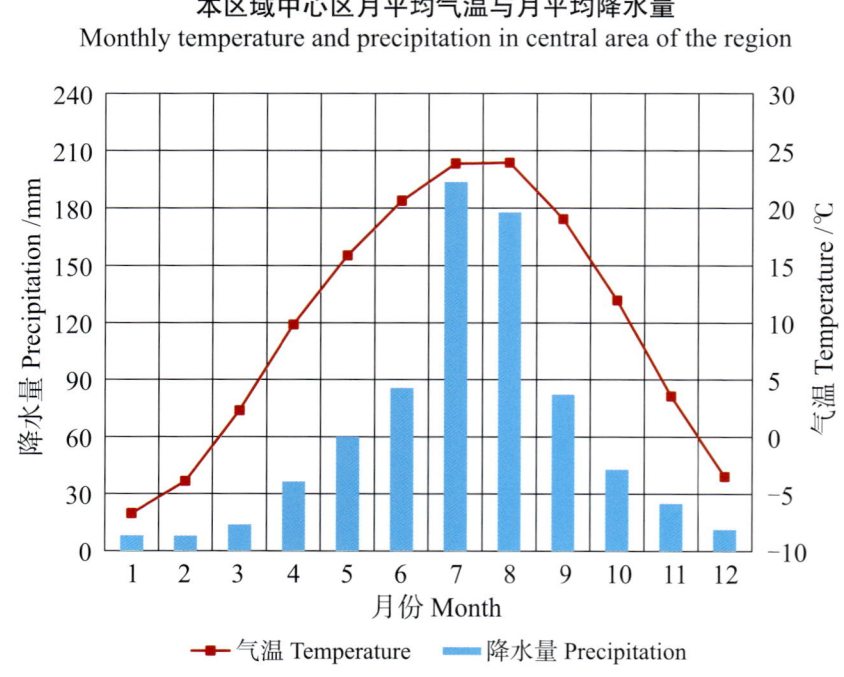

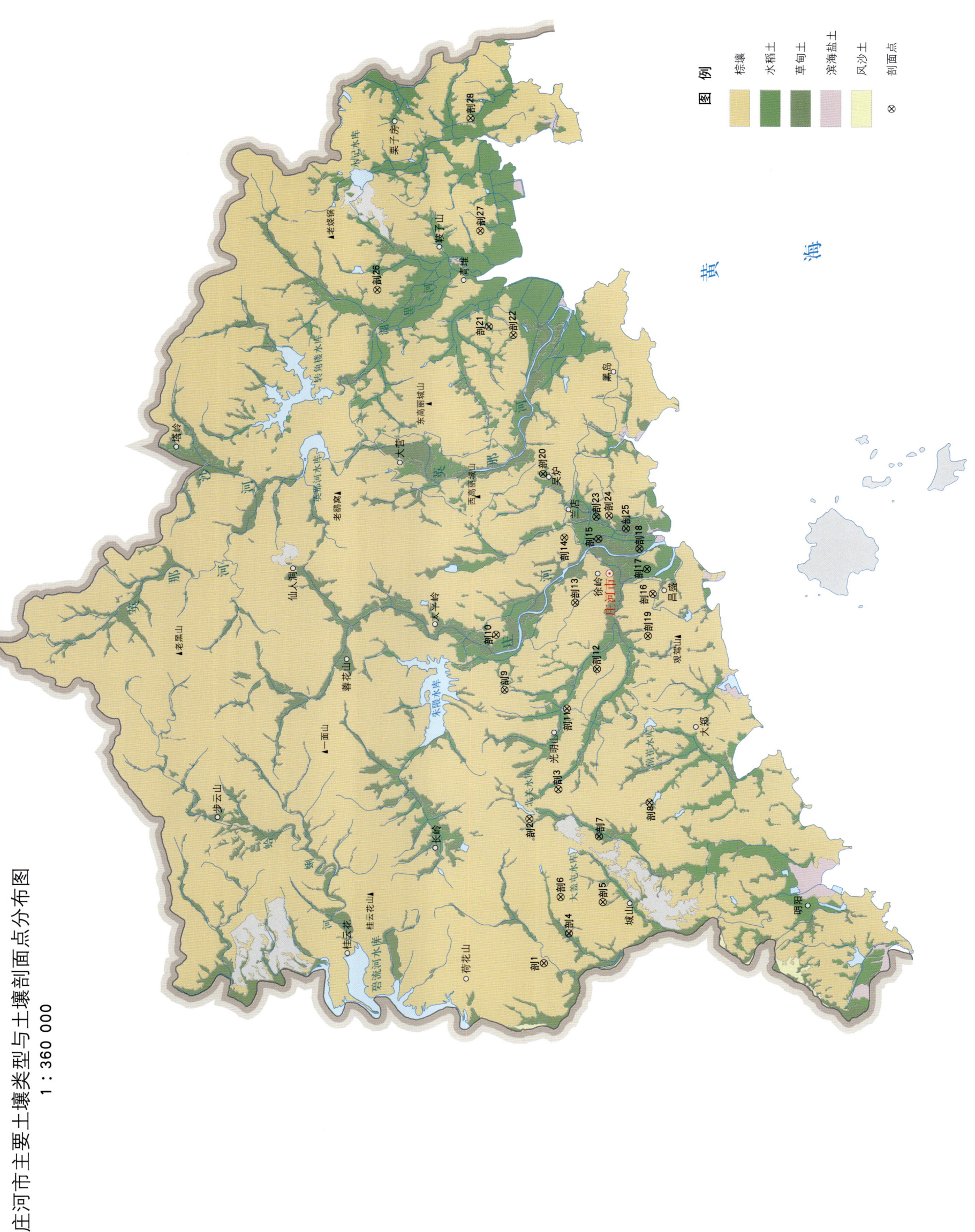

庄河市主要土壤类型与土壤剖面点分布图
1:360 000

庄河市土壤剖面理化性状表

剖面号 Soil profile	土纲 Soil order	土类 Soil great group	亚类 Soil subgroup	土属 Soil genus	土种 Soil species	土层码 Layer code	土层厚度 Depth/cm	颜色 Soil color	质地 Soil texture	土壤结构 Soil structure	pH	有机质 OM/(g/kg)	全氮 TN/(g/kg)	全磷 TP/(g/kg)	全钾 TK/(g/kg)	有效磷 AP/(mg/kg)	速效钾 AK/(mg/kg)	阳离子交换量 CEC/(cmol/kg)	土壤母质 Parent material	剖面点坐标 Profile coordinate	匹配指数 Matching index/%
剖1	淋溶土	棕壤	潮棕壤	潮棕泥砂土	灰山根土	A	0—27	灰棕色	黏壤土	屑粒状	6.0	21.0	1.25	0.21		2.0	100		坡积物、洪积物	E 122°33′25.9″ N 39°45′45.7″	95
						Bt	27—60	棕色	壤质黏土	块状	6.0	10.6	0.78	0.21		1.0	66				
						BC	62—100	浊黄色	黏质黏土	块状	5.4	6.1	0.46	0.15		3.0	70				
剖2	淋溶土	棕壤	潮棕壤	坡洪积潮棕壤	蓉花山根土	A	0—27	棕色	黏壤土	团粒状	6.0	21.0	1.25	0.21		2.0	100		山前坡积物、洪积物	E 122°42′21.2″ N 39°46′28.6″	95
						Bg	27—62	棕色	壤质黏土	块状	6.0	10.6	0.78	0.21							
						BC	62—100	浅棕黄色	黏质黏土	块状	5.4	6.1	0.46	0.15							
剖3	淋溶土	棕壤	潮棕壤	潮棕泥砂土	黏山根土	A11	0—20	灰棕色	壤质黏土	屑粒状	7.0	17.3	1.03	0.33	12.0	2.0	124	18.9	黄土坡积物	E 122°44′12.1″ N 39°45′05.4″	95
						A12	20—25	棕黑色	黏土	片状	7.0	22.9	1.64	0.29	12.9	2.0	105	27.0			
						Bt	25—60	浊黄橙色	黏土	棱块状	6.9	9.3	0.76	0.32	12.5	1.0	76	27.7			
						Cu	60—100	亮黄棕色	壤质黏土	块状	6.6	8.1	0.61	0.28	13.2	3.0	78	20.0			
剖4	半水成土	草甸土	草甸土	耕型砂质草甸土	耕型深黏底砂质草甸土	1	0—24		松砂土		5.5	6.7	0.41	<0.10	18.7				近代河流冲积物	E 122°35′16.1″ N 39°44′34.1″	97
						2	24—54		紧砂土		6.0	3.8	0.30	0.10	16.2						
						3	54—84		砂质壤土		5.9	7.4	0.77	0.12	16.1						
						4	84—100		砂质壤土		6.0	7.1	0.48	0.11							
剖5	淋溶土	棕壤	潮棕壤	耕型坡洪积潮棕壤	耕型壤质浅淀砂底坡洪积潮棕壤	1	0—17		砂壤土		6.0	13.1	0.64	0.43					坡积物、洪积物	E 122°37′12.7″ N 39°42′56.2″	95
						2	17—30		中壤土		6.5	21.0	0.89	0.50							
						3	30—44		中壤土		6.5	30.0	1.28	0.59							
						4	44—76		砾石土		6.8	5.4	0.29	0.22							
						5	76—100		紧砂土		6.9	3.0	0.25	0.21							
剖6	淋溶土	棕壤	棕壤	坡积棕壤	薄腐坡积棕壤	1	0—15		轻壤土		6.1	23.7	0.94	0.39					坡积物	E 122°37′30.4″ N 39°44′58.2″	95
						2	15—36		中壤土		6.3	10.1	0.52	0.42	24.4						
						3	36—100		中壤土		6.2	9.8	0.34	0.37	38.6						
剖7	半水成土	草甸土	草甸土	耕型壤质草甸土	耕型黏薄质浅淀积潮土	1	0—20		中壤土		6.6	10.1	0.57	1.01					近代河流冲积物	E 122°41′16.8″ N 39°43′07.0″	97
						2	20—90		中壤土		6.5	10.8	0.53	1.02							
						3	90—100		中壤土		6.4	8.6	0.53	1.03							
剖8	淋溶土	棕壤	潮棕壤	耕型淤积潮棕壤	耕型黏质浅淀淤积潮棕壤	1	0—19		轻黏土		7.0	17.8	1.00	1.02	20.9				黄土状淤积物	E 122°43′25.0″ N 39°40′41.5″	97
						2	19—45		轻黏土		6.9	9.5	0.64	0.57	22.9						
						3	45—100		中壤土		6.0	4.5	0.38	0.50	23.6						
剖9	淋溶土	棕壤	棕壤	硅铝质棕壤	砂山黄土	Ap	0—18	棕灰色	砂壤土	粒状	5.9	8.2	0.51	<0.10				13.4	坡积物、洪积物	E 122°50′23.3″ N 39°47′40.6″	82
						B	18—42	红棕色	壤土	块状	5.9	6.8	0.49	0.11				11.9			
						BC	42—100	棕色	壤土	块状	5.9	5.5	0.33	<0.10				9.2			
剖10	淋溶土	棕壤	棕壤	耕型黄土状棕壤	耕型壤质浅淀黄土状棕壤	1	0—24		棕色		6.1	16.8	0.87	0.45	22.5				黄土状母质	E 122°53′49.9″ N 39°48′05.4″	97
						2	24—40		重壤土		5.8	9.5	0.67	0.37	23.2						
						3	40—100		重壤土		5.7	5.6	0.45	0.30	23.8						
剖11	淋溶土	棕壤	棕壤	棕砂土	山麻砂土	1	0—18	灰棕色	砂壤土	粒状	5.9	9.2	0.51	<0.10	19.5			13.4	花岗岩风化残积物、坡积物	E 122°49′13.8″ N 39°44′40.9″	95
						Bt	18—52	亮红棕色	砂黏土	块状	5.9	6.0	0.49	0.10	20.3			11.9			
						BC	52—100	浊红棕色	重黏土	块状	5.9	5.5	0.33	<0.10	21.3			9.2			
剖12	淋溶土	棕壤	棕壤	耕型黄土状棕壤	耕型黄土状棕深淀黄土棕壤	1	0—18		轻壤土		7.2	10.4	0.79	0.35	21.6				黄土状母质	E 122°51′42.5″ N 39°43′13.8″	97
						2	18—29		重壤土		7.5	3.8	0.92	0.71							
						3	29—70		轻壤土		7.0	8.4	0.60	0.29							
						4	70—100		重壤土		6.5	5.5	0.34	0.28							
剖13	淋溶土	棕壤性土	棕壤性土	砂页岩类棕壤性土	中层砂页岩棕壤性土	1	0—25		轻壤土		5.8	14.7	0.67	0.19	14.8				砂页岩、页岩风化物	E 122°55′49.8″ N 39°44′17.5″	95
						2	25—50		中壤土		5.4	10.4	0.49	0.16	14.8						

续表 Continued

剖面号 Soil profile	土纲 Soil order	土类 Soil great group	亚类 Soil subgroup	土属 Soil genus	土种 Soil species	土层码 Layer code	土层厚度 Depth/cm	颜色 Soil color	质地 Soil texture	土壤结构 Soil structure	pH	有机质 OM/(g/kg)	全氮 TN/(g/kg)	全磷 TP/(g/kg)	全钾 TK/(g/kg)	有效磷 AP/(mg/kg)	速效钾 AK/(mg/kg)	阳离子交换量 CEC/(cmol/kg)	土壤母质 Parent material	剖面点坐标 Profile coordinate	匹配指数 Matching index/%
剖14	淋溶土	棕壤	棕壤	耕型酸性岩类棕壤	耕型砂质深	1	0–18		砂壤土		4.9	8.2	0.51	0.19					酸性岩类	E 122°59′52.1″ N 39°44′48.5″	97
						2	18–42		中壤土		5.9	10.8	0.71	0.33							
						3	42–68		中壤土		5.9	6.8	0.49	0.26							
剖15	半水成土	草甸土	草甸土	草甸型砂页岩菜园土	壤质草甸型菜园土	1	0–15		轻壤土		5.9	17.5	0.84	1.16	25.4				近代河流冲积物	E 122°59′47.8″ N 39°43′09.5″	98
						2	15–50		中壤土		6.7	12.0	0.64	0.86	26.0						
						3	50–100		轻壤土		6.6	12.1	0.53	0.87	22.6						
剖16	淋溶土	棕壤	棕壤性土	耕型砂页岩棕壤性土		1	0–33		砂壤土		7.3	10.8	0.54	1.24	22.6				页岩、砂页岩风化物	E 122°56′23.6″ N 39°40′32.9″	97
剖17	人为土	水稻土	潜育水稻土	腐泥潜育田	涝洼田	1	0–20	浅灰色	黏壤土	糊状	6.0	15.3	0.90	0.36	16.6	7.0	167	12.5	河湖相沉积物	E 122°57′56.2″ N 39°40′49.8″	95
						2	20–35	暗灰色	粉砂质壤土	块状	6.2	15.1	0.80	0.29	16.3			12.0			
						3	35–100	灰白色	黏壤土	无明显结构	6.4	10.2	0.46	0.21	17.4			13.2			
剖18	半水成土	草甸土	草甸土	菜园草甸土	腰砂菜园土	Ap	0–25	暗灰棕色	砂质黏壤土	团粒状	6.1	21.2	0.92	0.35	14.9			18.0	河流冲积物	E 122°59′11.4″ N 39°41′11.8″	81
						2	25–55	浅灰棕色	壤质黏壤土	粒状	6.9	4.1	0.31	0.32	15.5			5.1			
						3	55–75	灰黄色	砂质黏壤土	块状	7.0	7.6	0.47	0.36	15.1			18.7			
						4	75–100	灰黄色		块状											
剖19	淋溶土	棕壤	棕壤性土	耕型砂页岩棕壤性土		1	0–20		松砂土		6.0	6.9	0.39	0.42	22.7				页岩、砂页岩风化物	E 122°53′47.4″ N 39°40′47.3″	97
剖20	人为土	水稻土	棕壤性土	耕型酸性岩棕壤田		1	0–19		轻壤土		6.1	16.8	0.87	0.41	26.9				坡积物、洪积物和淤积物	E 123°03′49.3″ N 39°45′49.7″	95
						2	19–35		重壤土		6.3	10.5	0.60	0.32	22.6						
						3	35–60		中壤土		6.0	7.2	0.52	0.30	21.4						
						4	60–100		重壤土		5.9	4.6	0.35	0.25	23.4						
剖21	人为土	水稻土	沼泽型水稻土	泥炭沼泽田	泥炭沼泽田	1	0–22		轻壤土		5.5	34.4	0.86	0.68	19.8					E 122°53′57.6″ N 39°48′25.6″	97
						2	22–55		中壤土		5.4	64.8	2.77	1.15	17.7						
						3	55–100		砾石土		4.9		9.53	0.86							
剖22	淋溶土	棕壤	棕壤性土	耕型酸性岩类棕壤土	耕型厚层酸性岩棕壤土	1	0–18		中壤土		5.4	10.6	0.49	0.27	25.7				酸性岩风化物	E 123°12′26.6″ N 39°47′14.6″	98
						2	18–42		中壤土		5.8	11.9	0.74	0.33	18.2						
						3	42–100		中壤土		6.8	7.8	0.48	0.30	18.6						
剖23	人为土	水稻土	淹育水稻土	菜园草甸土	耕型壤质草甸菜园土田	1	0–35		轻壤土		6.5	11.9	0.60	0.25	26.0	2.82			近代河流冲积物	E 123°01′10.6″ N 39°43′15.6″	95
						2	35–80		中壤土		7.2	9.5	0.59	0.67	27.4						
						3	80–100		中壤土		7.3	6.4	0.44	0.68	27.7						
剖24	半水成土	草甸土	草甸土	耕型砂页岩草甸土	耕型壤浅淀砂页岩草甸田	1	0–16	黑色	轻壤土		7.1	13.5	0.34	0.65	17.4					E 123°01′14.9″ N 39°42′38.9″	95
						2	16–33	黑色	中壤土		7.1	6.4	0.97	0.64	21.6						
						3	33–100	灰黄色	重壤土		6.9	4.3	0.56	0.59	23.6						
剖25	淋溶土	棕壤	棕壤	耕型壤质坡积棕壤	耕型壤质淀积坡积棕壤	1	0–22	浅棕黄色	重壤土		6.6	14.0	0.87	0.72	28.6				砂页岩	E 123°00′26.6″ N 39°41′50.3″	95
						2	22–55		重壤土		6.1	6.9	0.75	0.80	23.4						
						3	55–100		轻壤土		6.9	18.7	1.19	1.07	23.4						
剖26	棕壤	棕壤	棕壤	坡洪积潮棕壤	黏山根土	1	0–17		轻壤土	团粒状	6.1	20.3	1.03	0.37	23.8			13.9	坡积物	E 123°15′15.8″ N 39°53′47.4″	99
						2	17–41		中壤土	片状	5.3	6.6	0.49	0.30	23.7						
						3	41–100		中壤土	块状	6.5	4.5	0.41	0.30	22.1						
剖27	淋溶土	棕壤	潮棕壤	耕型坡洪积潮棕壤		Ap	0–20		壤黏土	块状	7.0	17.3	1.03	0.33	12.0	2.0	124	27.0	黄土状坡积物	E 123°18′55.8″ N 39°48′49.7″	81
						P	20–25		黏土		7.0	22.9	1.64	0.29	12.9			27.7			
						Bg	25–60	灰黄色	黏土		6.9	9.3	0.76	0.32	12.5			20.0			
						BC	60–100	浅棕黄色	壤质黏土		6.6	8.1	0.61	0.28	13.2						
剖28	淋溶土	棕壤	潮棕壤	耕型坡洪积潮棕壤		1	0–20		中壤土		7.4	17.3	1.03	0.76	17.0				坡积物、洪积物	E 123°25′55.2″ N 39°49′16.7″	95
						2	20–35		轻壤土		7.0	22.9	1.64	0.67	18.2						
						3	35–60		轻黏土		6.9	19.3	1.86	0.73	17.8						
						4	60–100		重壤土		6.6	8.1	0.61	0.65	18.7						

鞍 山 市

市 辖 区

主要土类说明

草甸土是鞍山市主要土壤类型，占本市地域面积的28%。草甸土主要分布在本市河流两岸，地下水位为1—3m。由于土壤水分充足，草甸植被生长茂盛，植被死后经微生物分解产生大量腐殖质，形成较厚的腐殖质层。因所处地下水位较高，潜水参与土壤形成过程，受地下水升降与浸润作用，其形成过程具有明显的腐殖质累积和铁锰氧化还原特征，土体出现锈色斑纹层。本市草甸土分为草甸土和盐化草甸土两个亚类。

棕壤是鞍山市第二大土壤类型，占本市地域面积的25%，主要分布在本市东南部的低山丘陵区。该土壤化学风化强烈，黏化作用明显，风化产生的黏粒和铁铝氧化物随重力水向下淋移，长期积聚在土壤中下部形成黏淀层。棕壤通体以棕色为主，土体上部由于腐殖质含量较高，颜色较深，呈暗棕色或灰棕色，土体下部颜色较浅。其典型剖面形态特征为：表土层呈暗棕色，具粒状结构，呈微酸性；心土层呈棕色，质地黏重，具核状结构；底土层呈浅棕色，具块状结构，主要为黄土状沉积物或岩石风化物。

粗骨土是鞍山市第三大土壤类型，占本市地域面积的24%，主要分布在低山丘陵顶部和半坡。粗骨土土层厚度仅为十几厘米或几十厘米，土体中含有大量砾石，剖面发育不明显，无心土层。剖面构型为 A-C 或 A-D。表层以下为风化或半风化的岩石，A 层浅薄，水土流失现象较为严重。

水稻土占本市地域面积的6%。水稻土是在长期季节性淹灌、水下翻耕、季节性脱水、氧化还原交替影响下，原来成土母质或母土的特性发生重大改变，形成的新的土壤类型，在本市分为淹育型和盐渍型两个亚类。

本区域中心区气候特征

本区域中心区气候特征值
Regional climate characteristics in central area of the region

气候带：暖温带亚湿润气候 Climate region: Warm temperate subhumid climate	
年平均气温 /℃ Annual average temperature /℃	8.6
年平均最高气温 /℃ Annual average maximum temperature /℃	13.9
年平均最低气温 /℃ Annual average minimum temperature /℃	3.9
年降水量 /mm Annual precipitation /mm	734
≥10℃的积温 /℃ Daily temperature accumulated in a year (≥10℃) /℃	3157
年日照时数 /h Annual sunshine /h	2502
年平均相对湿度 /% Annual average relative humidity /%	65
干燥度 Dryness	0.72

本区域中心区月平均气温与月平均降水量
Monthly temperature and precipitation in central area of the region

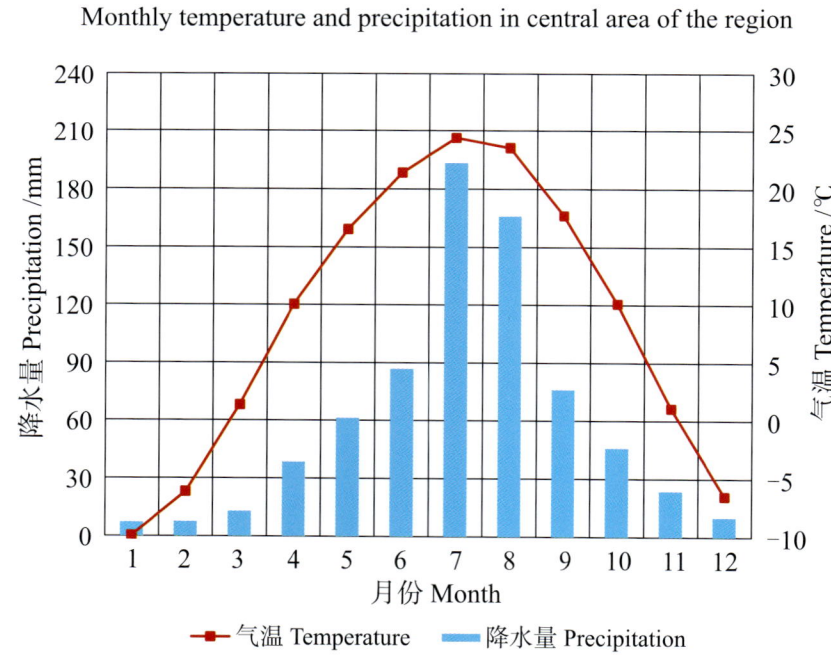

鞍山市市辖区主要土壤类型与土壤剖面点分布图

1∶140 000

图 例
- 草甸土
- 棕壤
- 粗骨土
- 水稻土
- ⊗ 剖面点

第二编　分县土壤图与土壤剖面数据 | 085

鞍山市土壤剖面理化性状表

剖面号 Soil profile	土纲 Soil order	土类 Soil great group	亚类 Soil subgroup	土属 Soil genus	土种 Soil species	土层码 Layer code	土层厚度 Depth/cm	颜色 Soil color	质地 Soil texture	土壤结构 Soil structure	pH	有机质 OM/(g/kg)	土壤母质 Parent material	剖面点坐标 Profile coordinate	匹配指数 Matching index/%
剖1	人为土	水稻土	淹育水稻土	矿毒田	化工污水田	1	0—18	灰黑色	壤土	粒状	8.2	48.3		E 122°56′10.3″ N 41°10′26.8″	75
						2	18—27	黑色	壤土	片状	7.8	22.9			
						3	27—43	黑色	壤土	片状	7.7	24.8			
						4	43—90	暗灰色	壤土	粒状	7.9	<1.0			
剖2	人为土	水稻土	淹育水稻土	草甸土田	河淤土田	1	0—21	暗黑色	壤土	粒状	7.2	11.9	冲积物、洪积物	E 122°54′39.6″ N 41°08′54.2″	75
						2	21—26	暗黑色	砂壤土	片状	7.6	3.9			
						3	26—70	棕色	砂壤土	片状	6.2	3.8			
						4	70—94	黄棕色	轻壤土	片状	7.4	2.7			
剖3	人为土	水稻土	淹育水稻土	草甸土田	淤黄土田	1	0—19	黑灰色	黏壤土	粒状	8.1	22.6	冲积物、洪积物	E 122°56′45.2″ N 41°09′36.4″	75
						2	19—24	浅灰色	轻壤土	片状	8.7	2.7			
						3	24—73	褐色	黏壤土	块状	7.7	2.0			
						4	73—92	黄色	黏壤土	块状	7.7	3.9			
						5	92—	暗棕色	壤土	粒状	7.6	8.2			
剖4	人为土	水稻土	淹育水稻土	草甸土田	黑黏田	1	0—13	暗褐色	砂壤土	粒状	5.4	1.9	冲积物、洪积物	E 122°55′05.9″ N 41°07′27.1″	75
						2	13—19	黄褐色	壤土	粒状	6.7	21.7			
						3	19—60	暗灰色	砂壤土	片状	5.4	14.2			
						4	60—	浅黄色	轻黏土	块状	6.6	7.2			
剖5	半水成土	草甸土	草甸土	草甸型菜园土	黑底河淤菜园土	1	0—13	褐棕色	黏土	块状	6.8	10.0	冲积物、洪积物	E 122°55′15.2″ N 41°05′26.9″	75
						2	13—19	黑色	砂壤土	粒状	5.7	17.1			
						3	19—73	红棕色	砂壤土	片状	6.7	15.9			
						4	73—100	红棕色	重壤土	片状	7.0	7.2			
剖6	淋溶土	棕壤	棕壤性土	耕型片岩类棕壤性土	薄层板石土	1	0—17	暗棕色	中壤土	粒状	6.7	24.1	板岩风化物	E 122°58′19.9″ N 41°03′20.5″	75
						2	17—22	棕褐色	轻壤土	团粒状	6.8	12.8			
						3	22—48	浅棕色	砂壤土	团粒状	6.7	7.0			
剖7	淋溶土	棕壤	棕壤性土	耕型片岩类棕壤性土	中层板石土	1	0—20	暗棕色	壤土	团粒状	7.4	4.2	板岩风化物	E 122°59′42.4″ N 41°03′32.8″	75
						2	20—43	棕褐色	壤土	粒状	7.8				
						3	43—60	浅棕色	壤土	粒状	7.3				
剖8	半水成土	草甸土	盐化草甸土	盐化草甸型菜园土	中度盐化淤黄菜园土	1	0—26	暗灰色	壤土	粒状	7.1		冲积物、洪积物	E 122°59′43.4″ N 41°02′44.9″	75
						2	26—40	浅灰色	中壤土	粒状					
						3	40—90	棕灰色	轻壤土	粒状					
						4	90—	黄色	砂壤土	块状					
剖9	淋溶土	棕壤	棕壤性土	片岩类棕壤性土	中腐片岩棕壤性土	1	0—20	黑灰色	砂壤土	粒状	7.2	21.2	板岩风化物	E 122°59′59.3″ N 41°03′00.0″	75
						2	20—48	黄褐色	黏壤土	核状	7.1				
剖10	淋溶土	棕壤	棕壤	耕型酸性岩类棕壤	山黄土	1	0—13	棕黄色	壤土	块状	6.1	20.1	花岗岩风化物	E 122°57′16.2″ N 41°01′47.6″	75
						2	13—38	黄棕色	轻黏土	粒状	7.1	14.0			
						3	38—	棕色	中壤土	片状	6.9	15.4			
剖11	淋溶土	棕壤	棕壤	耕型坡积棕壤	多砾坡黄土	1	0—10	棕色	中壤土	块状	6.7	9.9	坡积物	E 122°58′44.8″ N 41°00′45.4″	75
						2	10—14	暗棕色	砂壤土	粒状	6.5	29.8			
						3	14—71	暗棕色	中壤土	核状	7.0	5.1			
剖12	淋溶土	棕壤	棕壤	坡积棕壤	少砾坡积棕壤	1	0—17	暗棕色	壤土	核状	6.2	10.0	坡积物	E 122°56′05.6″ N 41°01′18.1″	75
						2	17—61	棕色	轻黏土						
						3	61—	棕黄色	轻黏土		5.6				

续表 Continued

剖面号 Soil profile	土纲 Soil order	土类 Soil great group	亚类 Soil subgroup	土属 Soil genus	土种 Soil species	土层码 Layer code	土层厚度 Depth/cm	颜色 Soil color	质地 Soil texture	土壤结构 Soil structure	pH	有机质 OM/(g/kg)	土壤母质 Parent material	剖面点坐标 Profile coordinate	匹配指数 Matching index/%
剖13	淋溶土	棕壤	潮棕壤	耕型坡积物潮棕壤	夹黑潮黄土	1	0—9	暗棕色	壤土	粒状	8.2	28.6	坡积物、洪积物	E 123°06′05.8″ N 41°08′51.0″	75
						2	9—19	棕黄色	砂壤土	粒状	8.1	17.7			
						3	19—61	黑色	黏壤土	块状	7.9	10.0			
						4	61—	黄色	砂壤土	块状	7.4	11.8			
剖14	淋溶土	棕壤	潮棕壤	耕型黄土状潮棕壤	潮黄土	1	0—16	暗棕色	轻壤土	粒状	7.5	17.7	黄土状母质	E 123°03′59.4″ N 41°06′35.6″	75
						2	16—66	浅棕色	中壤土	片状	7.6	10.7			
						3	66—	浅棕色	中壤土	粒状	7.7	6.7			
剖15	淋溶土	棕壤	潮棕壤	棕壤型菜园土	潮黄土型菜园土	1	0—22	黄色	壤土	粒状	7.3	24.0	黄土状母质	E 123°01′48.0″ N 41°06′51.5″	75
						2	22—34	黄褐色	轻黏土	片状	7.6	7.8			
						3	34—53	黄色	砂壤土	粒状	7.6	9.7			
						4	53—124	黄褐色	重黏土	粒状	7.2	7.8			
剖16	淋溶土	棕壤	潮棕壤	耕型淤积物潮棕壤	潮淤黄土	1	0—23	浅棕色	砂壤土	粒状	7.2	16.3	黄土状淤积物	E 123°08′40.6″ N 41°05′05.3″	75
						2	23—28	浅棕色	轻壤土	粒状	7.1	15.1			
						3	28—47	浅棕色	轻壤土	粒状	7.0	12.3			
						4	47—76	浅棕色	轻壤土	块状	6.8	9.6			
						5	76—115	浅棕色	轻壤土	块状	6.8	4.8			

台 安 县

主要土类说明

草甸土是台安县主要土壤类型，占本县地域面积的 98%。草甸土是在冷湿条件下，受地下水浸润并在草甸植被下发育形成的土壤，其形成过程具有明显的腐殖质累积和铁锰氧化特征。该土壤腐殖质层较厚，颜色较暗，呈暗灰色至暗棕灰色。其剖面一般由腐殖质层、锈色斑纹层和母质层构成。草甸土土壤肥力较高，表层有机质含量为 25—100g/kg，供水能力较强，土体呈中性或酸性。根据石灰反应、盐分含量等不同，本县草甸土分为草甸土、石灰性草甸土、盐化草甸土等亚类。草甸土亚类主要分布在浑河沿岸的河漫滩、低阶地和冲积平地，已全部被开垦为耕地，其剖面由耕作层、犁底层、腐殖质层、锈色斑纹层和母质层构成。石灰性草甸土与草甸土亚类的主要区别在于石灰性草甸土土体有石灰反应，有的只出现在表层，有的出现在心土层和底土层，有的出现在全剖面，剖面可见石灰结核；与盐化草甸土的主要区别在于石灰性草甸土表层（0—5cm）含盐量低于 1g/kg。盐化草甸土又称水碱土、轻碱土、杠碱土、沙碱土、灰碱土等，所处地势低洼，常与石灰性草甸土或草甸盐土呈复区分布，地下水位为 1—1.5m，地下水矿化度一般为 1—1.5g/L，土壤盐分组成以硫酸盐和氯化物为主，自然植被为碱蓬、芦苇和茅草等。盐化草甸土与石灰性草甸土的主要区别在于盐化草甸土表层为盐化层，有的积有盐霜和结皮，表层含盐量为 1—6g/kg，其余均与石灰性草甸土相同。本县石灰性草甸土和盐化草甸土大部分已被开垦为耕地，小部分为荒地。

小于本县地域面积 3% 的土壤类型有风沙土、水稻土、沼泽土和潮土。

本区域中心区气候特征

本区域中心区气候特征值
Regional climate characteristics in central area of the region

气候带：暖温带亚干旱气候 Climate region: Warm temperate subarid climate	
年平均气温 /℃ Annual average temperature /℃	8.8
年平均最高气温 /℃ Annual average maximum temperature /℃	14.3
年平均最低气温 /℃ Annual average minimum temperature /℃	3.8
年降水量 /mm Annual precipitation /mm	611
≥10℃的积温 /℃ Daily temperature accumulated in a year（≥10℃）/℃	3204
年日照时数 /h Annual sunshine /h	2636
年平均相对湿度 /% Annual average relative humidity /%	62
干燥度 Dryness	0.87

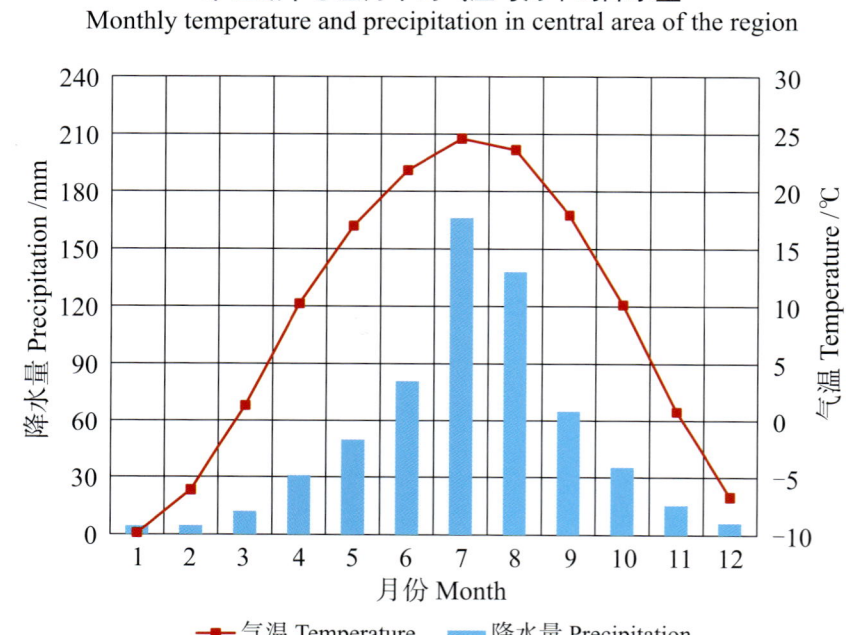

本区域中心区月平均气温与月平均降水量
Monthly temperature and precipitation in central area of the region

台安县主要土壤类型与土壤剖面点分布图
1:210 000

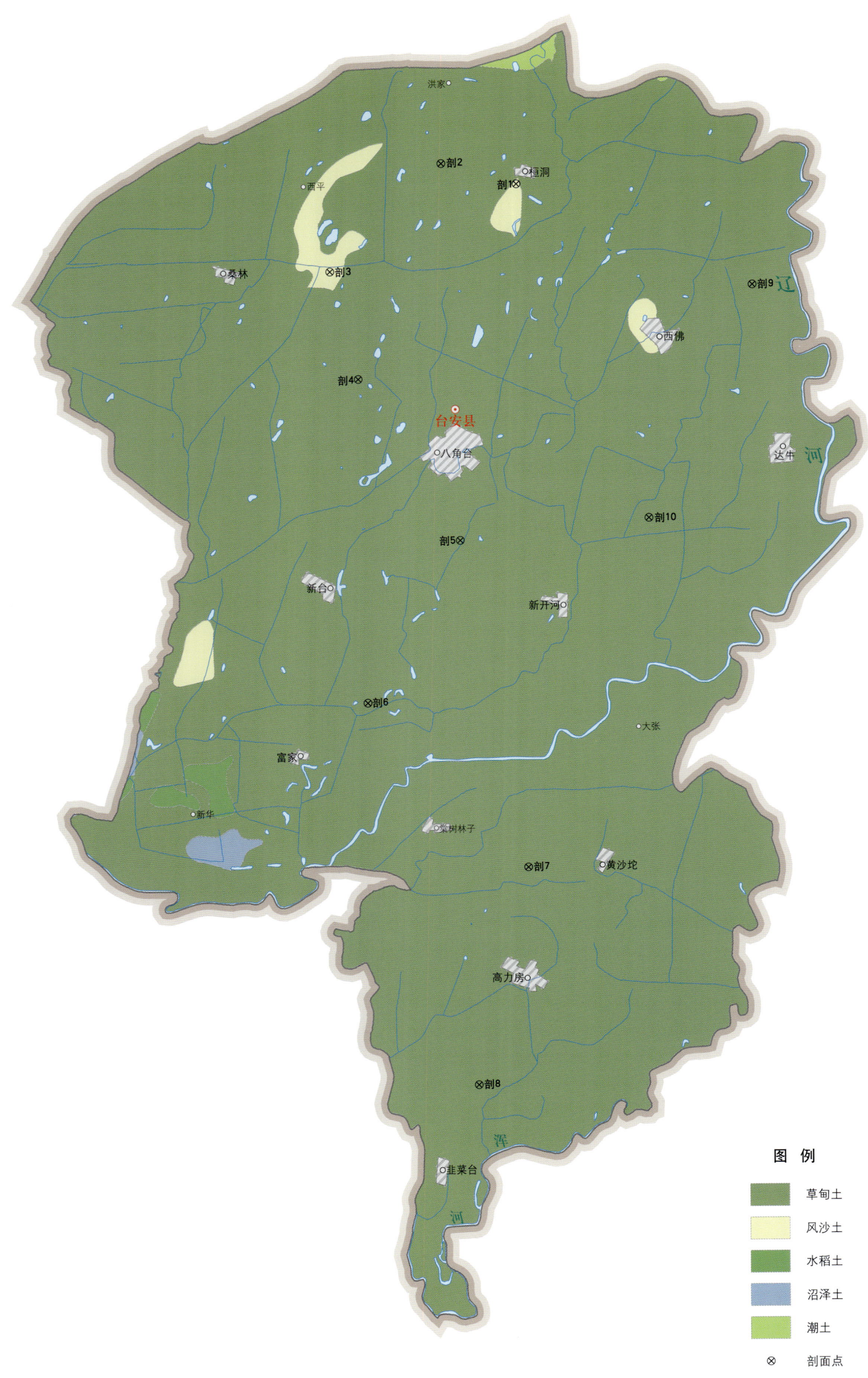

图 例
- 草甸土
- 风沙土
- 水稻土
- 沼泽土
- 潮土
- ⊗ 剖面点

台安县土壤剖面理化性状表

剖面号 Soil profile	土纲 Soil order	土类 Soil great group	亚类 Soil subgroup	土属 Soil genus	土种 Soil species	土层码 Layer code	土层厚度 Depth/cm	颜色 Soil color	质地 Soil texture	土壤结构 Soil structure	pH	有机质 OM/(g/kg)	全氮 TN/(g/kg)	全磷 TP/(g/kg)	全钾 TK/(g/kg)	土壤母质 Parent material	剖面点坐标 Profile coordinate	匹配指数 Matching index/%
剖1	初育土	风沙土	半固定风沙土	沙丘半固定风沙土		1	0—3	灰白色	松砂土	粒状	7.1	2.3	0.11	<0.10	24.3	风积物	E 122°27′36.0″ N 41°30′05.0″	73
						2	3—100	白色	松砂土	粒状	7.2	1.2	<0.10	<0.10	30.6			
剖2	半水成土	草甸土	石灰性草甸土	耕型壤质石灰性草甸土		1	0—18	浅黄色	中壤土	片状	7.8	12.1	0.71	0.36	22.9	河流冲积物、淤积物	E 122°25′00.1″ N 41°30′35.6″	95
						2	18—26	中壤土	中壤土	团块状	7.9	9.3	0.54	0.17	26.0			
						3	26—43	浅黄色	中壤土	团块状	7.1	7.1	0.40	0.14	26.0			
						4	43—130	浅黄色	中壤土	粒状	7.8	4.7	0.35	<0.10	25.7			
剖3	初育土	风沙土	半固定风沙土	半固定风沙土	台安沙包土	1	0—13	灰黄色	壤质砂土	弱团块状	7.5	2.3	0.11	<0.10	10.6	河流冲积物、滨海沉积物	E 122°21′10.4″ N 41°27′47.5″	92
						C	13—100	灰黄色	壤质砂土	粒状	7.2	1.2	<0.10	<0.10	13.4			
剖4	半水成土	草甸土	盐化草甸土	硫酸盐盐化草甸土	重青碱甸土	Ap	0—14	棕灰色	砂质黏壤土	粒状	8.4	27.2	1.28	0.15	18.5	近代河流淤积物	E 122°22′09.1″ N 41°25′00.8″	95
						P	14—22	棕灰色	砂质黏壤土	鳞片状	8.7	13.0	0.65	0.11	15.8			
						3	22—63	浅棕黄色	砂质黏壤土	块状	8.8	4.3	0.24	<0.10	19.6			
						4	63—100	浅棕黄色	砂质黏壤土	粒状	8.8	2.8	0.14	<0.10	17.2			
剖5	半水成土	草甸土	石灰性草甸土	壤质石灰性草甸土		1	0—40	浅灰色	中壤土	粒状	8.0	8.4	0.51	0.13	24.4	河流冲积物、淤积物	E 122°25′40.4″ N 41°20′52.1″	95
						2	40—70	黄棕色	中壤土	粒状	7.6	3.8	0.21	0.17	22.1			
						3	70—100	黑色	轻黏土	团粒状	7.4	10.3	0.51	0.14	20.5			
剖6	半水成土	草甸土	盐化草甸土	耕型硫酸盐盐化草甸土		1	0—20	浅灰色	轻壤土	团粒状	7.4	8.4	0.55	0.18	23.3	近代河流淤积物	E 122°22′30.0″ N 41°16′39.7″	95
						2	20—29	灰色	中壤土	片状	8.0	8.9	0.52	0.19	26.3			
						3	29—62	浅黄色	中壤土	核状	7.6	3.6	0.27	0.12	24.6			
						4	62—80	白色	轻壤土	粒状	7.5	1.8	0.51	<0.10	27.7			
						5	80—100	浅棕色	轻壤土	团块状	7.4	3.0	0.15	0.13	23.3			
剖7	半水成土	草甸土	石灰性草甸土	耕型黏质石灰性草甸土		1	0—19	黑灰色	轻黏土	粒状	7.7	24.4	1.31	0.37	21.0	河流冲积物、淤积物	E 122°28′01.2″ N 41°12′25.6″	95
						2	19—27	暗灰色	轻黏土	片状	7.7	24.0	1.21	0.41	20.2			
						3	27—100	黄灰色	重黏土	块状	7.9	7.6	0.45	0.48	19.3			
剖8	半水成土	草甸土	草甸土	耕型壤质草甸土		1	0—23	灰色	重壤土	团粒状	7.5	28.3	1.31	0.65	21.6	近代河流淤积物	E 122°26′19.0″ N 41°06′48.6″	95
						2	23—30	浅灰色	中壤土	片状	7.4	26.3	1.22	0.51	18.6			
						3	30—57	浅黄色	中壤土	团块状	7.3	26.5	1.24	0.67	23.5			
						4	57—100	浅棕色	重壤土	团块状	7.2	27.2	1.24	0.78	23.3			
剖9	半水成土	草甸土	盐化草甸土	耕型硫酸盐盐化草甸土		1	0—18	浅灰色	中壤土	粒状	7.6	7.8	0.49	0.21	24.5	近代河流淤积物	E 122°35′44.5″ N 41°27′30.6″	95
						2	18—26	浅灰色	轻壤土	片状	8.0	6.6	0.41	0.19	23.7			
						3	26—62	暗灰色	重壤土	粒状	7.9	9.7	0.58	0.28	22.9			
						4	62—100	黑色	重壤土	团粒状	7.7	15.7	0.79	0.29	24.8			
剖10	半水成土	草甸土	石灰性草甸土	耕型黏质石灰性草甸土		1	0—19	暗棕色	轻黏土	团块状	7.5	30.8	1.53	0.46	23.1	河流冲积物、淤积物	E 122°32′10.7″ N 41°21′28.8″	95
						2	19—34	黑色	轻黏土	片状	7.3	30.8	1.45	0.40	21.8			
						3	34—63	暗灰色	重黏土	团块状	7.6	19.4	0.99	0.38	22.9			
						4	63—100	暗棕色	重壤土	团块状	7.3	8.3	0.54	0.67	21.4			

岫岩满族自治县

主要土类说明

粗骨土是岫岩满族自治县主要土壤类型，占本县地域面积的 59%。粗骨土属于 A-C 型，甚至（A）-C 型土壤，主要分布在低山丘陵顶部和半坡。A 层发育不明显，与母质土层性状相似，略显有机质累积。有时母质层富含砾石，很少出现剖面分异与发育特征，土壤肥力较低。

棕壤是岫岩满族自治县第二大土壤类型，占本县地域面积的 30%。棕壤是在落叶阔叶林下发育的淋溶型棕化的土壤，其剖面由凋落物层、腐殖质层、黏淀层和母质层构成。该土壤化学风化强烈，黏化作用明显，风化产生的黏粒和铁铝氧化物随重力水向下淋移，长期积聚在土壤中下部形成黏淀层。棕壤通体以棕色为主，土体上部由于腐殖质含量较高，颜色较深，呈暗棕色或灰棕色。

草甸土是岫岩满族自治县第三大土壤类型，占本县地域面积的 10%。草甸土是在冷湿条件下，受地下水浸润并在草甸植被下发育形成的土壤。该土壤腐殖质层较厚，颜色较暗，呈暗灰色至暗棕灰色。因所处地下水位较高，潜水参与土壤形成过程，受地下水升降与浸润作用，其形成过程具有明显的腐殖质累积和铁锰氧化还原特征，土体出现锈色斑纹层。其剖面一般由腐殖质层、锈色斑纹层和母质层构成。草甸土土壤肥力较高，表层有机质含量为 25—100g/kg。

小于本县地域面积 3% 的土壤类型有水稻土。

本区域中心区气候特征

本区域中心区气候特征值
Regional climate characteristics in central area of the region

气候带：中温带亚干旱气候 Climate region: Mid temperate subarid climate	
年平均气温 /℃ Annual average temperature /℃	9.0
年平均最高气温 /℃ Annual average maximum temperature /℃	14.0
年平均最低气温 /℃ Annual average minimum temperature /℃	4.7
年降水量 /mm Annual precipitation /mm	799
≥10℃的积温 /℃ Daily temperature accumulated in a year（≥10℃）/℃	3290
年日照时数 /h Annual sunshine /h	2532
年平均相对湿度 /% Annual average relative humidity /%	67
干燥度 Dryness	0.70

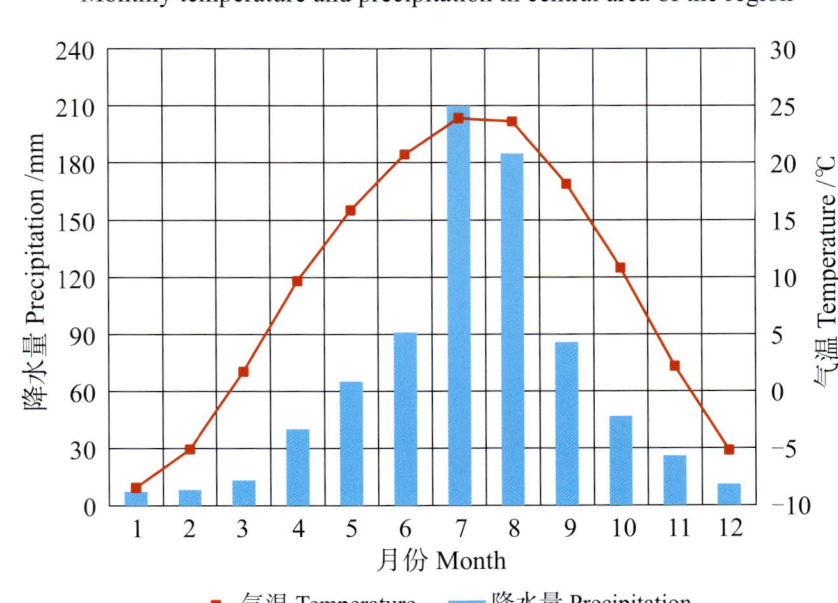

本区域中心区月平均气温与月平均降水量
Monthly temperature and precipitation in central area of the region

岫岩满族自治县主要土壤类型与土壤剖面点分布图
1 : 340 000

岫岩满族自治县土壤剖面理化性状表

剖面号 Soil profile	土纲 Soil order	土类 Soil great group	亚类 Soil subgroup	土属 Soil genus	土种 Soil species	土层码 Layer code	土层厚度 Depth/cm	颜色 Soil color	质地 Soil texture	土壤结构 Soil structure	pH	有机质 OM/(g/kg)	全氮 TN/(g/kg)	全磷 TP/(g/kg)	全钾 TK/(g/kg)	有效磷 AP/(mg/kg)	速效钾 AK/(mg/kg)	阳离子交换量 CEC/(cmol/kg)	土壤母质 Parent material	剖面点坐标 Profile coordinate	匹配指数 Matching index/%
剖1	半水成土	草甸土	草甸土	菜园草甸土	砂菜园土	Ap	0—19	暗灰色	砂壤土	块状	6.5	14.1	0.65	0.31	11.0			8.5	近代河流冲积物	E 123°06′02.2″ N 40°30′41.4″	81
						2	19—40	浅灰色	砂壤土	块状	6.1	10.1	0.64	0.26	8.5			7.9			
						3	40—74	浅灰色	壤质砂土	粒状	7.0	4.2	0.22	0.27	8.7			4.2			
						4	74—86	黄灰色	壤质砂土	粒状	7.2	3.0	0.19	0.14	9.1			4.3			
						C	86—100				7.2										
剖2	初育土	粗骨土	中性粗骨土	幼褐灰泥土	粗石土	A	0—28	灰棕色	砂壤土	小粒状	6.4	23.0	1.21	0.12	18.3	7.0	142	10.7	花岗岩风化残积物	E 123°27′24.5″ N 40°15′20.2″	95
						C	28—54	浊黄橙色	砂土		6.0	5.0	0.20	<0.10				8.4			
剖3	半水成土	草甸土	草甸土	甸泥砂土	油砂甸土	A_{11}	0—19	黄灰色	砂壤土	小块状	6.5	14.1	0.65	0.31	11.0			8.5	河流冲积物	E 123°31′47.6″ N 40°41′55.7″	95
						AC	19—40	黄灰色	砂壤土	块状	6.1	10.1	0.64	0.26	8.5			7.9			
						Cu_1	40—74	浊黄色	砂土	粒状	7.0	4.2	0.22	0.27	8.7			4.2			
						Cu_2	74—100	浅黄色	砂壤土	粒状	7.2	3.0	0.19	0.14	9.1			4.3			
剖4	初育土	粗骨土	中性粗骨土	硅铝质中性粗骨土	酥石土	A	0—28	灰棕色	砂壤土	小粒状	6.4	23.0	1.21	0.12	18.3	7.0	142	10.7		E 123°38′47.0″ N 40°17′46.0″	81
						C	28—	浅黄棕色			6.0	5.0	0.20	<0.10				8.4			

海 城 市

主要土类说明

棕壤是海城市主要土壤类型，占本市地域面积的 49%。棕壤是在落叶阔叶林下发育的淋溶型棕化的土壤，其剖面由凋落物层、腐殖质层、黏淀层和母质层构成。该土壤化学风化强烈，黏化作用明显，风化产生的黏粒和铁铝氧化物随重力水向下淋移，长期积聚在土壤中下部形成黏淀层。棕壤通体以棕色为主，土体上部由于腐殖质含量较高，颜色较深，呈暗棕色或灰棕色，土体下部颜色较浅，呈浅棕色。本市棕壤分为棕壤性土、棕壤和潮棕壤三个亚类。

草甸土是海城市第二大土壤类型，占本市地域面积的 47%。草甸土主要分布在本市河流两岸，地下水位为 1—3m。草甸土是在冷湿条件下，受地下水浸润并在草甸植被下发育形成的土壤，其形成过程具有明显的腐殖质累积和铁锰氧化还原特征。其剖面一般由腐殖质层、锈色斑纹层和母质层构成，有的受砂质或夹砂层影响，锈纹、锈斑不明显，还有的埋藏有黑土层。本市草甸土分为草甸土和盐化草甸土两个亚类。

小于本市地域面积 3% 的土壤类型有水稻土、沼泽土和粗骨土。

本区域中心区气候特征

本区域中心区气候特征值
Regional climate characteristics in central area of the region

气候带：暖温带亚干旱气候 Climate region: Warm temperate subarid climate	
年平均气温 /℃ Annual average temperature /℃	9.0
年平均最高气温 /℃ Annual average maximum temperature /℃	14.0
年平均最低气温 /℃ Annual average minimum temperature /℃	4.5
年降水量 /mm Annual precipitation /mm	719
≥10℃的积温 /℃ Daily temperature accumulated in a year (≥10℃) /℃	3268
年日照时数 /h Annual sunshine /h	2596
年平均相对湿度 /% Annual average relative humidity /%	66
干燥度 Dryness	0.77

本区域中心区月平均气温与月平均降水量
Monthly temperature and precipitation in central area of the region

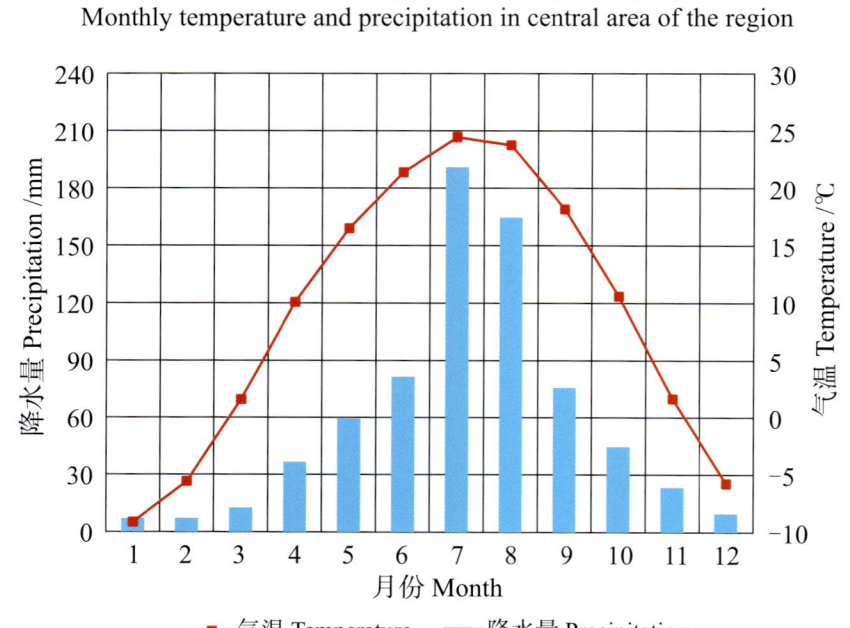

海城市主要土壤类型与土壤剖面点分布图
1:310 000

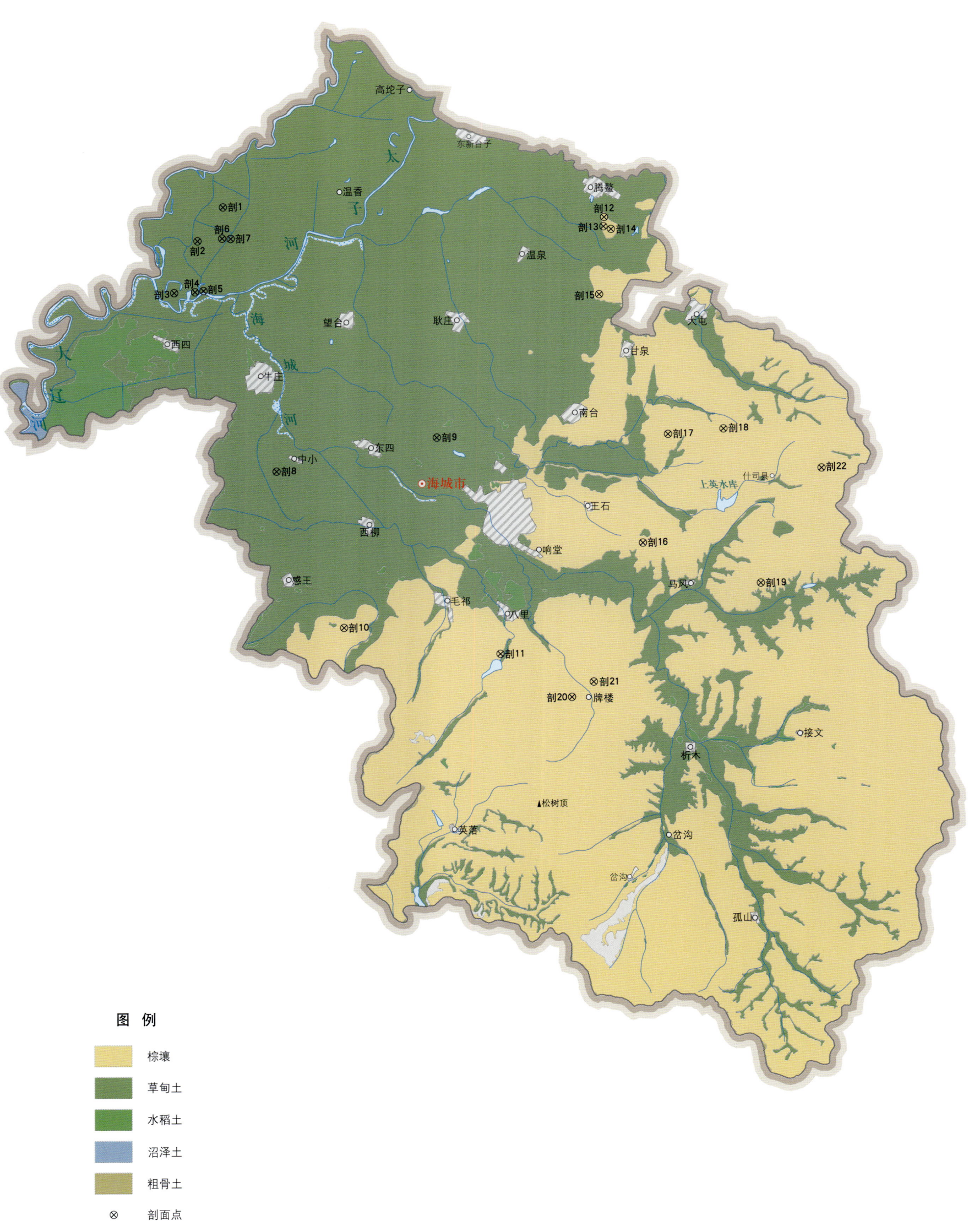

海城市土壤剖面理化性状表

剖面号 Soil profile	土纲 Soil order	土类 Soil great group	亚类 Soil subgroup	土属 Soil genus	土种 Soil species	土层码 Layer code	土层厚度 Depth/cm	颜色 Soil color	质地 Soil texture	土壤结构 Soil structure	pH	有机质 OM/(g/kg)	全氮 TN/(g/kg)	全磷 TP/(g/kg)	全钾 TK/(g/kg)	土壤母质 Parent material	剖面点坐标 Profile coordinate	匹配指数 Matching index/%
剖1	半水成土	草甸土	草甸土	河淤黄土	浅位厚层底黑河淤黄土	1	0–18	暗棕色	中黏土	粒状		22.6	1.22	1.37	20.3	坡积物、冲积物、洪冲积物	E 122°29′31.6″ N 41°03′38.5″	75
						2	18–42	灰棕色	中黏土	粒状		21.5	1.27	1.25	28.7			
						3	42–100	黑色	中黏土	块状		26.5	1.35	1.29	20.1			
剖2	半水成土	草甸土	草甸土	河淤黄土	浅位中层夹黑河淤黄土	1	0–22	浅棕色	重壤土	小粒状		9.6	1.15	0.76	20.8	坡积物、冲积物、洪冲积物	E 122°28′09.8″ N 41°02′16.8″	75
						2	22–28	浅棕色	中黏土	小粒状		11.3	0.53	0.71	29.4			
						3	28–67	黄棕色	中黏土	块状		22.4	1.04	0.69	26.9			
						4	67–87	浅黄色	中黏土	块状		26.2	0.94	0.64	26.4			
						5	87–100	浅黄色	轻黏土	块状		4.8	6.05	0.53	31.4			
剖3	半水成土	草甸土	草甸土	河淤土	壤质河淤土	1	0–33	浅棕色	中黏土	粒状		21.3	1.02	1.03	31.8	冲积物、洪积物	E 122°26′56.8″ N 41°00′11.5″	75
						2	33–43	浅棕色	中黏土	粒状		9.8	0.66	0.77	31.7			
						3	43–64	暗棕色	重黏土	块状		6.8	0.58	0.73	31.7			
						4	64–100	暗棕色	轻黏土	块状		12.5	0.63	0.95	32.2			
剖4	半水成土	草甸土	草甸土	河淤黄土	深位薄层底黄河淤黄土	1	0–20	暗棕色	中黏土	粒状		25.7	1.09	0.98	27.0	坡积物、冲积物、洪冲积物	E 122°28′03.4″ N 41°00′14.0″	75
						2	20–39	深灰色		片状		34.7	1.01	1.14	25.9			
						3	39–95	黑色	重黏土	粒状		24.8	0.60	1.37	40.9			
						4	95–100	黄色	轻黏土	大粒状		8.4	0.52	0.87	26.5			
剖5	半水成土	草甸土	底砂河淤土	浅位厚层底砂人造土	1	0–15	灰棕色	中黏土	粒状							坡积物、冲积物、洪冲积物	E 122°28′30.4″ N 41°00′17.3″	75
						2	15–25	灰棕色	中壤土	砂粒状								
						3	25—											
剖6	半水成土	草甸土	草甸土	河淤黑土	深位中层黄河淤黑土	1	0–22	黑色	轻黏土	粒状		31.1	1.74	1.15	24.6	坡积物、冲积物、洪冲积物	E 122°29′29.4″ N 41°02′23.3″	75
						2	22–34	暗棕色	轻黏土	块状		31.8	1.74	1.22	21.0			
						3	34–78	黄棕色	轻黏土	块状		22.0	1.20	1.29	19.2			
剖7	半水成土	草甸土	草甸土	河淤黄土	浅位中层底黑河淤黄土	1	0–20	棕色	中黏土	粒状		21.7	1.41	0.92	33.6	坡积物、冲积物、洪冲积物	E 122°28′51.7″ N 41°02′24.0″	75
						2	20–30	浅黄色	中黏土	小粒状		19.7	0.92	0.81	30.4			
						3	30–43	黄棕色	中壤土	片状		7.9	0.41	0.59	31.2			
						4	43–67	黄棕色	中壤土	片状		15.5	0.72	0.88	31.7			
						5	67–100	黑色	中黏土	粒状								
剖8	半水成土	草甸土	底砂河淤土	深位厚层底砂河淤土	1	0–16	灰棕色	中壤土	粒状		12.6	0.66	1.11	28.9	坡积物、冲积物、洪冲积物	E 122°32′25.8″ N 40°53′03.8″	81
						2	16–21	灰棕色	中壤土	粒状		8.1	0.43	0.96	27.8			
						3	21–57	深棕色	中壤土	粒状		7.7	0.32	0.96	27.8			
剖9	半水成土	草甸土	河淤土	砂壤质河淤土	1	0–20	浅棕色	砂壤土	粒状		17.7	0.94	0.54	36.1	冲积物、洪积物	E 122°40′55.9″ N 40°54′27.0″	81
						2	20–27	暗棕色	中壤土	粒状	6.0	24.6	1.23	0.65	33.5			
						3	27–100	浅棕色	中壤土	片状	5.5	9.9	0.67	0.46	31.5			
剖10	淋溶土	棕壤	棕壤	红黄土	红黄土	1	0–22	红棕色	中壤土	块状	5.5	5.4	0.54	0.45	33.0	砂岩、混合岩	E 122°36′02.2″ N 40°46′48.4″	81
						2	22–29	暗棕色	重壤土	块状								
						3	29–51	棕色	重壤土	粒状								
						4	51–100	红棕色	中壤土	粒状								
剖11	淋溶土	棕壤	棕壤性	砂石土	厚层黑岩砂石土	1	0–5	黑灰色	中壤土	粒状		12.8	0.68	1.19	13.6	砂岩、混合岩	E 122°44′18.6″ N 40°45′46.8″	81
						2	5–30	棕色	砂壤土	粒状		7.6	0.47	1.16	11.2			
						3	30–80	灰棕色		小块状								
剖12	淋溶土	棕壤	棕壤性	麻石土	耕地黄麻石土	1	0–11	棕色	砂壤土	小粒状						酸性岩风化物	E 122°49′48.0″ N 41°03′20.2″	75
						2	11–13											
						3	13—											

续表 Continued

剖面号 Soil profile	土纲 Soil order	土类 Soil great group	亚类 Soil subgroup	土属 Soil genus	土种 Soil species	土层码 Layer code	土层厚度 Depth/cm	颜色 Soil color	质地 Soil texture	土壤结构 Soil structure	pH	有机质 OM/(g/kg)	全氮 TN/(g/kg)	全磷 TP/(g/kg)	全钾 TK/(g/kg)	土壤母质 Parent material	剖面点坐标 Profile coordinate	匹配指数 Matching index/%
剖13	淋溶土	棕壤	棕壤性土	麻石土	薄层黄麻石土	1	0—20	深灰色	砂壤土	粒状		17.2	0.95	0.25	21.1	酸性岩风化物	E 122°49′51.2″ N 41°02′54.6″	75
剖14	淋溶土	棕壤	棕壤性土	板石土	薄层黄板石土	1	0—5	黑色	轻壤土	粒状		84.7	2.80	0.98	36.4		E 122°50′10.0″ N 41°02′51.4″	75
						2	5—13	灰棕色	中壤土			25.5	1.03	0.63	42.5			
剖15	淋溶土	棕壤	棕壤性土	麻石土		1	0—1	黑色			7.5	57.9	1.85	0.57	37.8	酸性岩风化物		75
						2	1—10	灰黑色		粒状	7.5	8.4	0.41	0.18	38.3			
						3	10—45	浅棕色		粒状	7.5	4.5	1.67	0.19	28.9			
						4	45—65	深棕色		块状	7.5	3.6	<0.10	0.30	33.6			
剖16	淋溶土	棕壤	棕壤	棕黄土	中位棕黄土	1	0—20	棕黄色	轻壤土	粒状	6.5	23.2	0.96	1.53	26.3	黄土状母质	E 122°51′51.8″ N 40°50′16.8″	81
						2	20—26	棕黄色	中壤土	片状	7.5	10.2	0.72	1.36	25.7			
						3	26—100	棕色	轻黏土	粒块状	7.5	9.8	0.64	0.76	28.2			
剖17	淋溶土	棕壤	潮棕壤	山地潮棕土	山地潮棕土	1	0—27	棕色		粒状	7.2	8.5	0.48	0.50	33.0	黄土状母质	E 122°53′12.5″ N 40°54′38.2″	81
						2	27—50	灰棕色		块状	7.2	6.5	0.42	0.38	32.5			
						3	50—100	深棕色		块状	7.2	6.2	0.37	0.70	32.3			
剖18	淋溶土	棕壤	棕壤性土	麻石土	厚层黑麻石土	1	0—1	黑色	砂壤土			57.9	1.85	0.57	37.8	酸性岩风化物	E 122°56′08.5″ N 40°54′51.8″	81
						2	1—10	灰黑色				8.4	0.41	0.18	38.3			
						3	10—45	浅棕色				4.5	0.72	0.19	28.9			
						4	45—60	深棕色	松砂土	块状		3.6	<0.10	0.30	33.6			
剖19	淋溶土	棕壤	棕壤性土			1	0—30	暗灰色	砂壤土	粒状	7.5	39.8	0.83	1.45	13.5		E 122°58′07.3″ N 40°48′40.3″	81
剖20	淋溶土	棕壤	棕壤	棕红土	棕红土	1	0—20	暗棕色		粒状		15.8	0.92	0.57	21.5	红土	E 122°48′06.5″ N 40°44′03.8″	81
						2	20—40	浅棕色		鳞片状		10.7	0.67	0.53	20.4			
						3	40—100	红棕色		块状		6.8	0.46	0.60	21.0			
剖21	淋溶土	棕壤	棕壤	棕砂土	棕砂土	1	0—30	暗灰棕色	砂土	粒状	7.1	3.2	0.25	0.56	13.5	坡积物、洪积物	E 122°49′16.3″ N 40°44′41.3″	81
						2	30—55	灰棕色	砂土	片状	7.2	7.7	0.73	0.63	19.5			
						3	55—100				7.2	13.3	0.80	0.83	21.3			
剖22	淋溶土	棕壤	棕壤性土	板石土	薄层黑板石土	1	0—10	灰色	砂壤土	粒状	7.1	35.4	0.72	1.29	25.1		E 123°01′21.4″ N 40°53′17.5″	81
						2	10—15	灰棕色	砂壤土	粒状	7.2	29.0	0.69	1.09	23.8			

抚 顺 市

市 辖 区

主要土类说明

棕壤是抚顺市主要土壤类型,占本市地域面积的51%。棕壤主要分布在本市低山丘陵和山前缓坡平地,是在落叶阔叶林下发育的淋溶型棕化的土壤,其剖面由凋落物层、腐殖质层、黏淀层和母质层构成。该土壤化学风化强烈,黏化作用明显,风化产生的黏粒和铁铝氧化物随重力水向下淋移,长期积聚在土壤中下部形成黏淀层。棕壤通体以棕色为主,土体上部由于腐殖质含量较高,颜色较深,呈暗棕色或灰棕色,土体下部颜色较浅,呈浅棕色。本市棕壤分为棕壤性土、棕壤和潮棕壤三个亚类。

草甸土是抚顺市第二大土壤类型,占本市地域面积的18%。草甸土分布在浑河及其支流两侧的河漫滩和一级阶地,已全部被开垦为耕地。因所处地下水位较高,潜水参与土壤形成过程,受地下水升降与浸润作用,其形成过程具有明显的腐殖质累积和铁锰氧化还原特征,土体出现锈色斑纹层。其分布具有明显的规律性,距河床由近至远,土层由浅变厚,质地由粗变细。草甸土受河水泛滥及冲积、沉积的影响,土壤结构呈层状,其剖面由表土层(耕地分化出耕作层、犁底层)、锈色斑纹层和母质层构成。

水稻土是抚顺市第三大土壤类型,占本市地域面积的12%。在淹水条件下,土壤中的各种盐基及铁、锰等物质淋失,导致土壤颜色变浅,团粒结构遭到破坏,土壤湿时呈泥糊状,干时坚硬不散。由于干湿交替,土壤氧化还原交替频繁,土体中出现较多的锈纹、锈斑和根锈;加上淹水时间长,土壤处于还原状态,有机物大量累积,使水稻土有机质含量普遍高于棕壤和草甸土。

本区域中心区气候特征

本区域中心区气候特征值
Regional climate characteristics in central area of the region

气候带:中温带亚湿润气候 Climate region: Mid temperate subhumid climate	
年平均气温 /℃ Annual average temperature /℃	7.8
年平均最高气温 /℃ Annual average maximum temperature /℃	13.6
年平均最低气温 /℃ Annual average minimum temperature /℃	2.6
年降水量 /mm Annual precipitation /mm	697
≥10℃的积温 /℃ Daily temperature accumulated in a year (≥10℃) /℃	2840
年日照时数 /h Annual sunshine /h	2460
年平均相对湿度 /% Annual average relative humidity /%	64
干燥度 Dryness	0.68

本区域中心区月平均气温与月平均降水量
Monthly temperature and precipitation in central area of the region

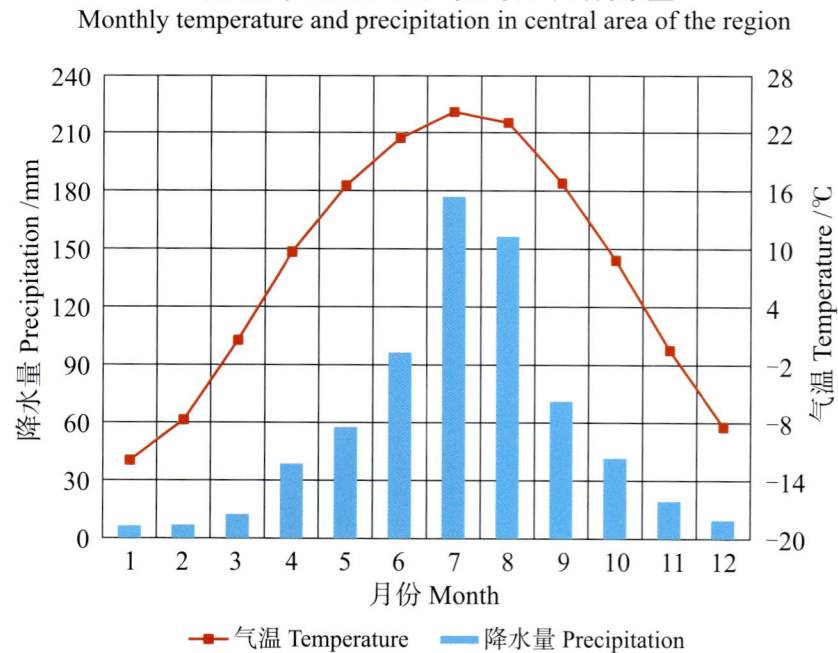

抚顺市市辖区主要土壤类型与土壤剖面点分布图

1:150 000

图例：
- 棕壤
- 草甸土
- 水稻土
- ⊗ 剖面点

抚顺市土壤剖面理化性状表

剖面号 Soil profile	土纲 Soil order	土类 Soil great group	亚类 Soil subgroup	土属 Soil genus	土种 Soil species	土层码 Layer code	土层厚度 Depth/cm	颜色 Soil color	质地 Soil texture	土壤结构 Soil structure	pH	有机质 OM/(g/kg)	全氮 TN/(g/kg)	全磷 TP/(g/kg)	全钾 TK/(g/kg)	有效磷 AP/(mg/kg)	速效钾 AK/(mg/kg)	阳离子交换量CEC/(cmol/kg)	土壤母质 Parent material	剖面点坐标 Profile coordinate	匹配指数 Matching index/%
剖1	淋溶土	棕壤	潮棕壤	菜园潮棕壤	腰砂菜园黄土	Ap	0—19	浅棕黄色	砂质黏壤土	粒状	6.8	12.0	0.75	0.49	13.6	2.0	38	18.7	坡积物、洪积物	E 123°48′06.8″ N 41°56′44.5″	81
						P	19—28	浅棕黄色	砂质黏壤土	片状	7.0	5.1	0.28	0.32	8.7	2.0	22	13.8			
						3	28—58	黄棕色	壤质砂土	粒状	7.2	1.0	<0.10	0.16	8.2	1.0	7	3.2			
						Bg	58—100	灰黄色	黏壤土	小块状	6.9	12.9	0.67	0.26	16.0	11.0	84	14.3			
剖2	淋溶土	棕壤	潮棕壤	菜园潮棕壤	板菜园黄土	Ap	0—23	暗灰黄色	砂质黏壤土	团粒状	6.2	19.9	1.03	0.49	13.0	10.0	50	16.8	第四纪黄土状沉积物	E 123°46′36.8″ N 41°53′37.3″	95
						P	23—30	浅棕黄色	黏壤土	片状	6.4	11.1	0.78	0.40	14.1	5.0	70	20.8			
						B	30—77	黄棕色	黏壤土	核块状	6.9	9.1	0.85	0.36	15.9	2.0	68	20.5			
						BC	77—100	浅黄棕色		块状	6.6	6.3	0.54	0.54	15.8	11.0	80	25.6			
剖3	淋溶土	棕壤	棕壤性土	硅铝质棕壤性土	塔岭山砂土	Ap	0—14	灰黄色	砂壤土	团块状	6.4	11.2	0.66	0.35	15.8	6.0	46	11.6	花岗岩、片麻岩风化残积物	E 123°49′53.4″ N 41°53′50.3″	82
						B	14—48	浅棕黄色	砂质黏壤土	块状	5.8	5.0	0.34	0.17	14.7	5.0	48	12.9			
						C	48—63	黄棕色	砂壤土	粒状	6.0	3.8	0.25	0.15	14.8	3.0	23	10.8			
剖4	淋溶土	棕壤	棕壤性土	幼棕碌砂土	灰棕山砂土	A₁₁	0—14	油黄色	砂质黏壤土	小块状	6.4	11.2	0.66	0.35	15.8	6.0	46	11.6	花岗岩风化残积物、坡积物	E 123°50′38.4″ N 41°53′10.0″	95
						Bt	14—48	油黄色	砂质黏壤土	块状	5.8	5.0	0.34	0.17	14.7	5.0	48	12.9			
						C	48—63	黄棕色	砂壤土	粒状	6.0	3.8	0.25	0.15	14.8	3.0	23	10.8			

抚 顺 县

主要土类说明

棕壤是抚顺县主要土壤类型，占本县地域面积的87%。棕壤主要分布在本县低山丘陵和山前缓坡平地，是在落叶阔叶林下发育的淋溶型棕化的土壤，其剖面由凋落物层、腐殖质层、黏淀层和母质层构成。该土壤化学风化强烈，黏化作用明显，风化产生的黏粒和铁铝氧化物随重力水向下淋移，长期积聚在土壤中下部形成黏淀层。棕壤通体以棕色为主，土体上部由于腐殖质含量较高，颜色较深，呈暗棕色或灰棕色，土体下部颜色较浅，呈浅棕色。本县棕壤分为棕壤性土、棕壤和潮棕壤三个亚类。

草甸土是抚顺县第二大土壤类型，占本县地域面积的6%，主要分布在浑河及其支流两侧的河漫滩、低阶地以及河谷平原或低山丘陵间的沟谷平地，地下水位为1—3m。草甸土是在冷湿条件下，受地下水浸润并在草甸植被下发育形成的土壤，其形成过程具有明显的腐殖质累积和铁锰氧化还原特征。在降雨季节，地下水位升高，受地下水浸润的底层土壤处于嫌气状态，氧化铁等三价氧化物被还原成二价氧化物；在旱季，地下水位下降，底层土壤脱水变干，处于好气状态，二价氧化物被氧化成三价氧化物。由于干湿交替，土壤中的铁、锰、硅等化合物发生移动或局部淀积，土壤剖面出现锈色斑纹、铁子和铁锰结核，并有二氧化硅白色粉末析出。夏季，由于水热条件良好，各种草本植物地上部分茂盛，根系密布于土层之中，深度可达1m左右；冬季寒冷且时间较长，有利于腐殖质的积累，地表腐殖质累积较多，形成良好的团粒结构。其剖面一般由腐殖质层、锈色斑纹层和母质层构成。在河漫滩处，受河水泛滥影响，草甸化过程和河流泥砂沉积作用交替进行，使剖面具有明显的砂黏相间的层次排列。在近河流处，受河水冲击影响，土壤发育时间较短，腐殖质含量较低。

水稻土是抚顺县第三大土壤类型，占本县地域面积的3%。本县水稻土主要发育于草甸土和潮棕壤。由于本县种稻历史较短，水耕熟化仍处于初期阶段，心土、底土基本保留了母土的特征。

小于本县地域面积3%的土壤类型有泥炭土。

本区域中心区气候特征

本区域中心区气候特征值
Regional climate characteristics in central area of the region

气候带：中温带亚干旱气候 Climate region: Mid temperate subarid climate	
年平均气温 /℃ Annual average temperature /℃	7.5
年平均最高气温 /℃ Annual average maximum temperature /℃	13.4
年平均最低气温 /℃ Annual average minimum temperature /℃	2.4
年降水量 /mm Annual precipitation /mm	745
≥10℃的积温 /℃ Daily temperature accumulated in a year（≥10℃）/℃	2762
年日照时数 /h Annual sunshine /h	2390
年平均相对湿度 /% Annual average relative humidity /%	65
干燥度 Dryness	0.61

本区域中心区月平均气温与月平均降水量
Monthly temperature and precipitation in central area of the region

抚顺县主要土壤类型与土壤剖面点分布图
1:270 000

抚顺县土壤剖面理化性状表

剖面号 Soil profile	土纲 Soil order	土类 Soil great group	亚类 Soil subgroup	土属 Soil genus	土种 Soil species	土层码 Layer code	土层厚度 Depth/cm	颜色 Soil color	质地 Soil texture	土壤结构 Soil structure	pH	有机质 OM/(g/kg)	全氮 TN/(g/kg)	全磷 TP/(g/kg)	全钾 TK/(g/kg)	阳离子交换量CEC/(cmol/kg)	土壤母质 Parent material	剖面点坐标 Profile coordinate	匹配指数 Matching index/%
剖1	淋溶土	棕壤	潮棕壤	坡洪积潮棕壤	腰黑山根土	Ap	0—19	暗灰色	壤质砂土	粒状	6.6	21.0	1.04	0.80	10.3		异元母质	E 123°59′26.5″ N 41°56′11.8″	95
						P	19—25	暗棕色	砂壤土	弱片状	6.6	16.1	0.82	0.77	16.0				
						Bb	25—97	黑棕色	砂质黏壤土	块状	6.7	20.4	1.01	0.75	15.3				
						C	97—150	浅棕色	砂壤土	块状	6.5	7.1	0.60	0.81	16.5				
剖2	半水成土	草甸土	草甸土	甸泥砂土	甸砂土	A₁₁	0—18	灰棕色	砂壤土	块状	6.8	13.0	0.72	0.74	18.2	9.2	砂质冲积物	E 123°54′56.9″ N 41°43′27.5″	95
						AC	18—36	亮棕色	砂壤土	块状	6.8	8.8	0.57	0.69	16.8	4.5			
						Cu	36—115	亮棕色	砂土	粒状	6.5	4.7	0.45	0.65	15.6	3.4			
						C	115—	黄色	砂土	粒状	6.7	3.2	0.32	0.43	13.0	3.4			

新宾满族自治县

主要土类说明

棕壤是新宾满族自治县主要土壤类型，占本县地域面积的 91%。棕壤是在落叶阔叶林下发育的淋溶型棕化的土壤，其剖面由凋落物层、腐殖质层、黏淀层和母质层构成。该土壤化学风化强烈，黏化作用明显，风化产生的黏粒和铁铝氧化物随重力水向下淋移，长期积聚在土壤中下部形成黏淀层。棕壤土壤肥力较高，是本县的主要农业土壤。

草甸土是新宾满族自治县第二大土壤类型，占本县地域面积的 4%。草甸土是在冷湿条件下，受地下水浸润并在草甸植被下发育形成的土壤，其形成过程具有明显的腐殖质累积和铁锰氧化还原特征。其剖面一般由腐殖质层、锈色斑纹层和母质层构成。该土壤腐殖质层较厚，颜色较暗，呈暗灰色至暗棕灰色。草甸土土壤肥力较高，表层有机质含量为 25—100g/kg。

水稻土是新宾满族自治县第三土壤类型，占本县地域面积的 3%。水稻土是在长期季节性淹灌、水下翻耕、季节性脱水、氧化还原交替影响下，原来成土母质或母土的特性发生重大改变，形成的新的土壤类型。由于本县种稻历史较短，本县水稻土主要为淹育水稻土，犁底层以下基本保留了母土的特征，没有形成典型的渗育层或潴育层。

小于本县地域面积 3% 的土壤类型有白浆土、沼泽土和暗棕壤。

本区域中心区气候特征

本区域中心区气候特征值
Regional climate characteristics in central area of the region

气候带：中温带亚干旱气候 Climate region: Mid temperate subarid climate	
年平均气温 /℃ Annual average temperature /℃	7.1
年平均最高气温 /℃ Annual average maximum temperature /℃	13.1
年平均最低气温 /℃ Annual average minimum temperature /℃	2.1
年降水量 /mm Annual precipitation /mm	803
≥10℃的积温 /℃ Daily temperature accumulated in a year（≥10℃）/℃	2591
年日照时数 /h Annual sunshine /h	2333
年平均相对湿度 /% Annual average relative humidity /%	67
干燥度 Dryness	0.53

本区域中心区月平均气温与月平均降水量
Monthly temperature and precipitation in central area of the region

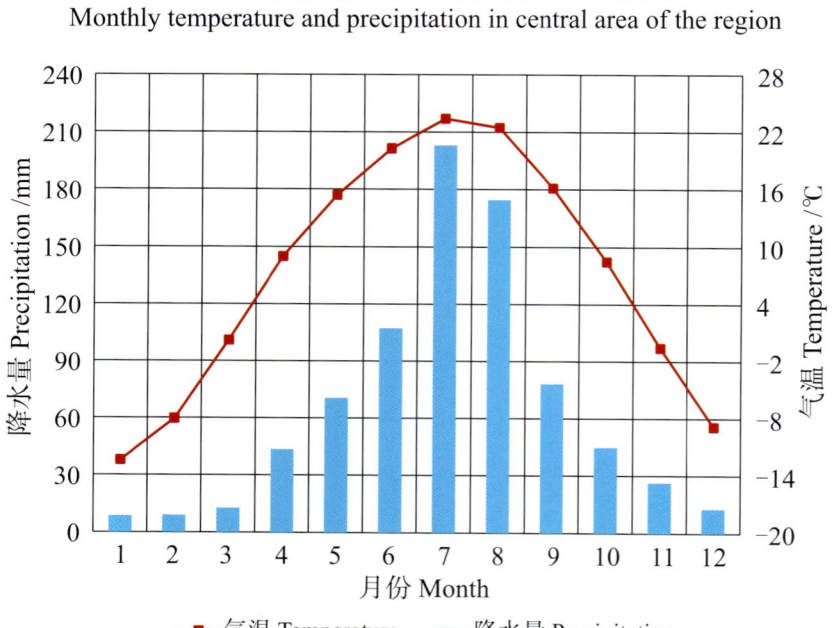

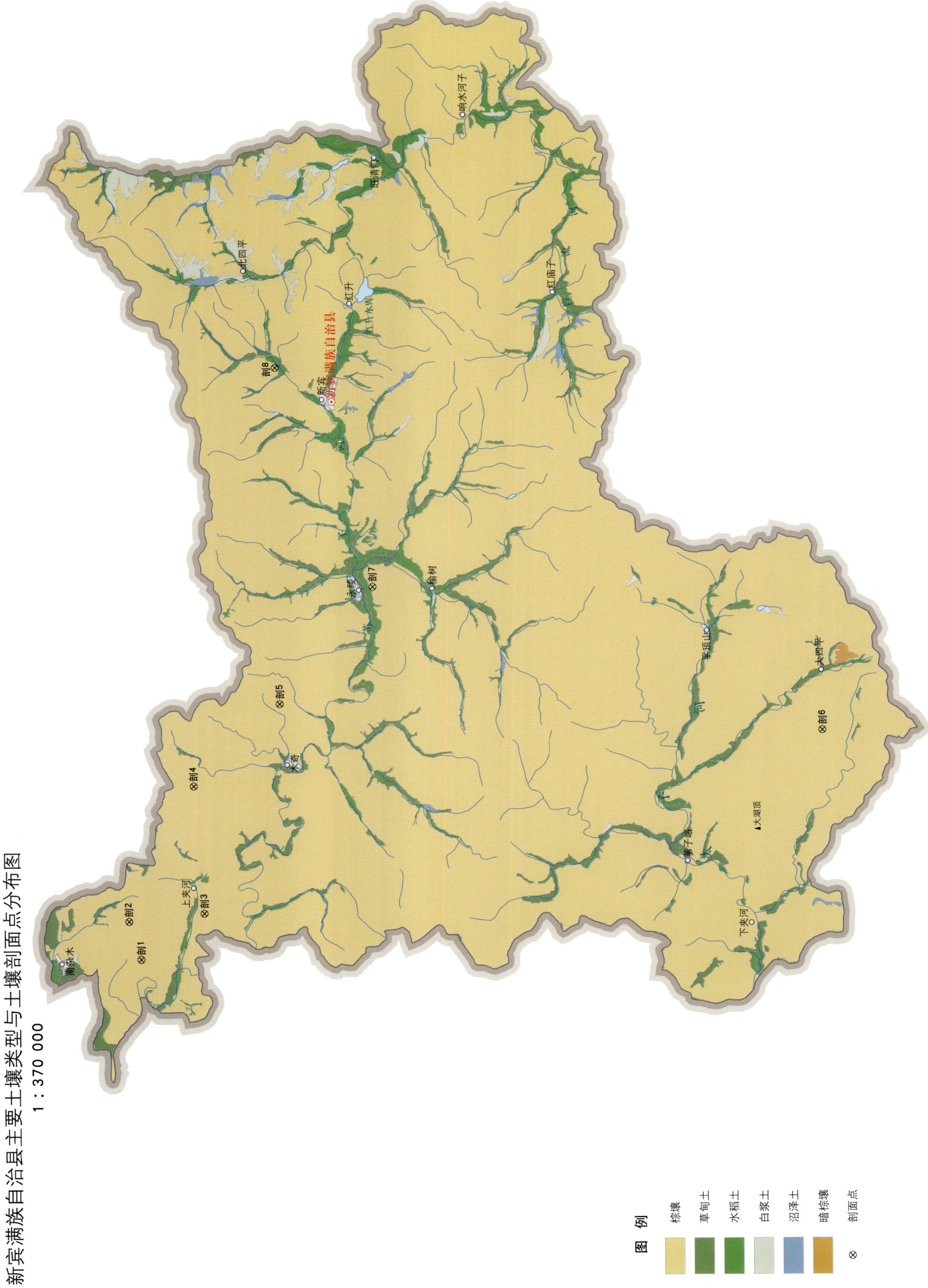

新宾满族自治县土壤剖面理化性状表

剖面号 Soil profile	土纲 Soil order	土类 Soil great group	亚类 Soil subgroup	土属 Soil genus	土种 Soil species	土层码 Layer code	土层厚度 Depth/cm	颜色 Soil color	质地 Soil texture	土壤结构 Soil structure	pH	有机质 OM/(g/kg)	全氮 TN/(g/kg)	全磷 TP/(g/kg)	全钾 TK/(g/kg)	有效磷 AP/(mg/kg)	速效钾 AK/(mg/kg)	阴离子交换量CEC/(cmol/kg)	土壤母质 Parent material	剖面点坐标 Profile coordinate	匹配指数 Matching index/%
剖1	淋溶土	棕壤	棕壤	硅质棕壤	平顶山砾黄土	1	0—19	浅灰色	砂质黏壤土	粒块状	6.4	16.5	0.99	0.29	14.3	1.0	65	17.1		E 124°24′17.6″ N 41°53′54.6″	95
						B	19—75	黄棕色		无明显结构	6.7	3.9	0.30	0.26	9.5	2.0	34	8.1			
						C	75—95				6.7	3.0	0.25	0.30	9.0	3.0	30	9.3			
剖2	淋溶土	棕壤	棕壤	棕砂土	砾黄土	A	0—19	灰色	壤土	屑粒状	6.4	16.5	0.99	0.29	14.3	1.0	65	17.1	砂质页岩风化残积物、坡积物	E 124°26′51.7″ N 41°54′28.4″	95
						Bt	19—75	黄棕色	黏壤土	小块状	6.7	3.9	0.30	0.26	9.5	2.0	34	18.1			
						C	75—100		砂质黏壤土	粒状	6.7	3.0	0.25	0.30	9.0	3.0	30	9.3			
剖3	淋溶土	棕壤	白浆化棕壤	侧渗型白浆化棕壤	南岔河白汤土	A	0—15	暗棕灰色	砂质黏壤土	粒状	5.1	39.8	1.95	0.66	14.4	8.0	68	20.9	第四纪黄土状沉积物、坡积物	E 124°27′17.6″ N 41°50′38.8″	93
						Aw	15—35	黄色	砂壤土	鳞片状	5.3	16.5	0.68	0.62	12.0	8.0	32	14.5			
						Bg	35—100	棕色	黏壤土	块状	5.3	7.2	0.58	0.63	13.4	5.0	83	16.7			
剖4	淋溶土	棕壤	棕壤	棕黄泥土	新宾暗黄土	Bt	20—45	橄榄黑色	黏壤土	屑粒状	5.8	35.4	2.21	0.69	15.6	3.0	69	22.5	玄武岩风化残积物	E 124°35′54.6″ N 41°51′01.8″	95
						BC	45—90	黄棕色 亮黄棕色	砂壤土	块状	5.6 6.0	16.6 3.4	1.17 0.25	0.45 0.48	13.8 13.2	3.0	55	19.5 13.4			
剖5	淋溶土	棕壤	白浆化棕壤	白浆型棕黄土	深位洞白土	A	0—24	棕灰色	黏壤土	小块状	5.8	37.3	1.92	0.62	20.7	6.0	125	22.5	黄土坡积物	E 124°41′20.0″ N 41°46′34.0″	93
						Ae	24—52	棕灰色	粉砂质黏土	片状	5.9	7.5	0.79	0.38	22.6	8.0	128	19.4			
						Bt	52—70	亮黄棕色	壤质黏土	核块状	5.5	5.1	0.68	0.45	19.8	21.0	132	25.2			
						Bt₂	70—120	亮棕色	壤质黏土	核块状	6.0	5.0	0.70	0.55	19.0	26.0	143	25.1			
剖6	淋溶土	棕壤	棕壤	铁镁质棕壤	新宾暗黄土	Ao	0—5												安山岩、玄武岩等残积物、坡积物	E 124°38′44.9″ N 41°19′05.5″	82
						A	5—25	黑棕色	黏壤土	粒状	5.8	35.4	2.21	0.69	15.6	3.0	69	22.5			
						B	25—40	浅黄棕色	壤质黏土	块状	5.6	16.6	1.17	0.45	13.8	2.0	55	19.5			
剖7	淋溶土	棕壤	白浆化棕壤	侧渗型白浆化棕壤	旺清白汤土	Ap	0—21	暗黄棕色	砂质黏土	团粒状	5.5	35.4	1.68	0.35	13.4	3.0	59	14.8	黄土状沉积物	E 124°49′04.4″ N 41°41′41.6″	93
						Aw	21—30	黄棕色	砂质黏壤土	鳞片状	5.8	8.8	0.60	0.34	15.0	3.0	41	12.7			
						Bg	30—55	浅黄棕色	砂壤土	核块状	5.5	5.9	0.40	0.25	13.3	2.0	33	10.0			
剖8	淋溶土	棕壤	白浆化棕壤	侧渗型白浆化棕壤	木奇白汤土	A	0—24	棕灰色	黏壤土	粒块状	5.8	37.3	1.92	0.62	20.7	6.0	125	22.4	第四纪黄土状沉积物或坡积物	E 125°03′59.8″ N 41°46′19.9″	81
						Aw	24—52	棕灰色	粉砂质黏土	片状	5.9	7.5	0.79	0.38	22.6	8.0	128	19.3			
						B₁	52—70	亮黄棕色	壤质黏土	核块状	5.5	5.1	0.68	0.45	19.8	21.0	132	25.1			
						BD	70—120	亮红棕色	壤质黏土	核块状	6.0	5.0	0.70	0.55	19.0	26.0	143	25.1			

清原满族自治县

主要土类说明

棕壤是清原满族自治县主要土壤类型，占本县地域面积的77%。棕壤是地带性土壤，分布在本县东南部海拔600m以下，中部、西部海拔800m以下，河谷阶地以上的低山丘陵区。棕壤所处地形部位较高，其形成和发育一般不受地下水影响。受夏季温暖多雨的生物气候条件影响，土壤化学风化强烈，土体中黏粒含量较高，由于本县夏秋两季雨量偏多，土壤淋溶作用颇为强烈，易溶性盐类及黏粒随水下移至心土、底土沉积，具有较明显的淋溶淀积及黏化过程。成土母质多为黄土状母质或各种岩石风化残积物。本县棕壤分为棕壤性土、棕壤、潮棕壤等亚类。

暗棕壤是清原满族自治县第二大土壤类型，占本县地域面积的9%。暗棕壤发育于本县地形部位较高、气温较低的地区，具有垂直地带分布特点。暗棕壤主要分布在本县东南部海拔600m以上的石质山地，沿龙岗山脉呈东西走向，本县中部、北部的局部高地也有零星分布，全部为林地。本县暗棕壤的腐殖质积累比棕壤多，铁锰淀积及黏粒下移均不明显，剖面中一般见不到铁锰胶膜和铁子，剖面构型主要为A–B–C或A–C。A层中可明显分辨出枯枝落叶层和粗腐殖质层，B层不明显。成土母质为各种岩石风化残积物或坡积物。本县暗棕壤仅有一个暗棕壤亚类，按成土母质岩石性质的不同，续分为酸性岩类暗棕壤和基性岩类暗棕壤两个土属。

草甸土是清原满族自治县第三大土壤类型，占本县地域面积的7%。草甸土主要分布在浑河、清河、柴河、柳河四大河流及其一级支流沿岸的河漫滩和低阶地，地下水位为1—3m。成土母质为近代河流冲积物，具有明显的砂黏相间的层次排列。受腐殖质累积和铁锰氧化还原过程影响，其剖面具有颜色较暗的腐殖质层，还有锈色斑纹层和母质层，其间夹有不同的质地层次，但多出现大量的锈纹、锈斑。本县草甸土已全部被开垦为耕地，土层深厚，通透性强，水分充足，肥力较高，均无石灰反应，仅有一个草甸土亚类。

水稻土占本县地域面积的3%，主要分布在大小河流沿岸的河漫滩、低阶地及山间洼地。成土母质多为冲积物或淤积物，局部为黄土状母质。本县种稻历史较短，水耕熟化仍处于初期阶段，仅淹育层发生某些变化，土体下部仍保留母土的特征。本县水稻土分为淹育型和沼泽型两个亚类。

小于本县地域面积3%的土壤类型有白浆土和沼泽土。

本区域中心区气候特征

本区域中心区气候特征值
Regional climate characteristics in central area of the region

气候带：中温带亚干旱气候 Climate region: Mid temperate subarid climate	
年平均气温 /℃ Annual average temperature /℃	6.8
年平均最高气温 /℃ Annual average maximum temperature /℃	12.9
年平均最低气温 /℃ Annual average minimum temperature /℃	1.7
年降水量 /mm Annual precipitation /mm	742
≥10℃的积温 /℃ Daily temperature accumulated in a year（≥10℃）/℃	2487
年日照时数 /h Annual sunshine /h	2407
年平均相对湿度 /% Annual average relative humidity /%	66
干燥度 Dryness	0.56

本区域中心区月平均气温与月平均降水量
Monthly temperature and precipitation in central area of the region

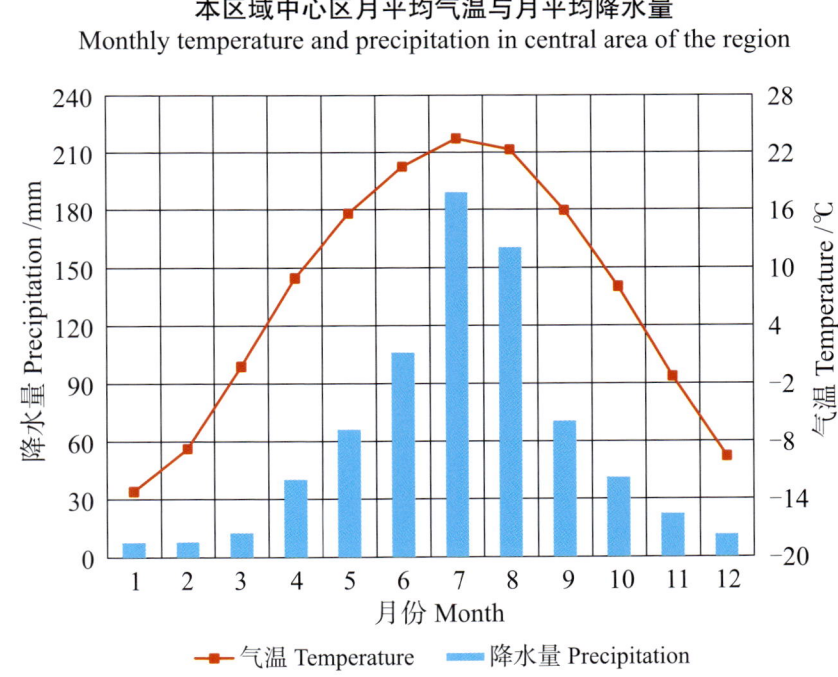

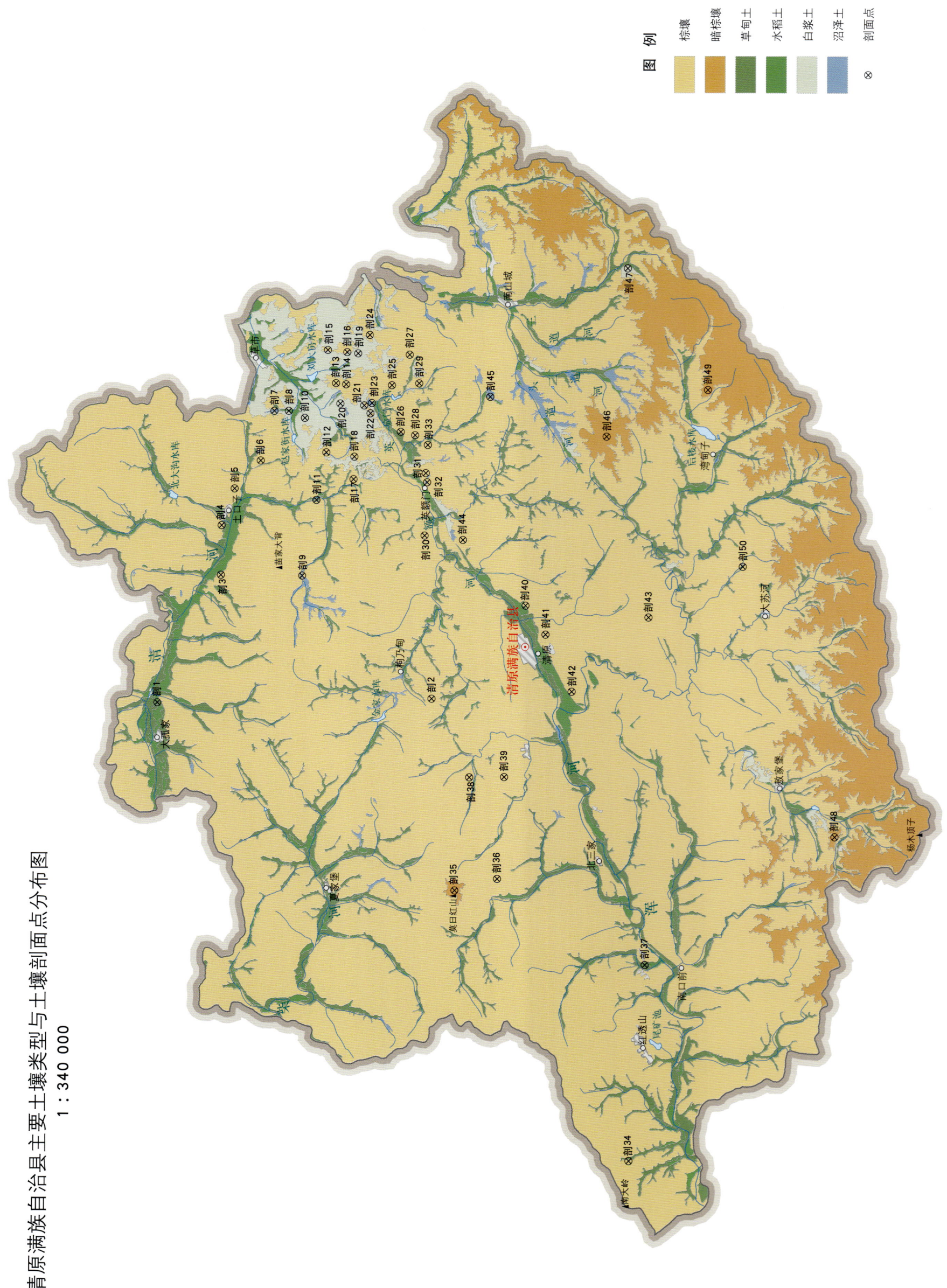

清原满族自治县土壤剖面理化性状表

剖面号 Soil profile	土纲 Soil order	土类 Soil great group	亚类 Soil subgroup	土属 Soil genus	土种 Soil species	土层码 Layer code	土层厚度 Depth/cm	颜色 Soil color	质地 Soil texture	土壤结构 Soil structure	pH	有机质 OM/(g/kg)	全氮 TN/(g/kg)	全磷 TP/(g/kg)	全钾 TK/(g/kg)	有效磷 AP/(mg/kg)	速效钾 AK/(mg/kg)	阳离子交换量 CEC/(cmol/kg)	土壤母质 Parent material	剖面点坐标 Profile coordinate	匹配指数 Matching index/%
剖1	人为土	水稻土	淹育水稻土	草甸土田	浅夹砂河淤土田	1	0—14		轻壤土		5.8	25.1	1.50	1.60	15.3				冲积物	E 124°52′37.9″ N 42°22′41.5″	92
						2	14—53		紧砂土		6.2	18.8	1.40	2.00	12.8						
剖2	淋溶土	棕壤	潮棕壤	耕型坡洪积潮棕壤	砂底壤质山淤土	1	0—18		中壤土		6.1	22.0	1.50	1.00	13.0				坡积物、洪积物	E 124°52′30.0″ N 42°10′19.9″	92
						2	18—75		轻砂土		6.5	6.9	0.60	0.60	11.1						
剖3	淋溶土	棕壤	棕壤性土	酸性岩类棕壤性土	中层酸性岩棕壤性土	1	0—22		中壤土		5.8	17.3	1.20	0.60	18.9				坡积物	E 125°00′16.6″ N 42°19′42.6″	75
						2	22—52		中壤土		5.8	2.0	0.30	0.40	16.4						
剖4	淋溶土	棕壤	潮棕壤	坡洪积棕壤	中腐坡洪积潮棕壤	1	0—24		中壤土		6.5	10.4	0.80	0.50	14.0				坡积物、洪积物	E 125°03′18.0″ N 42°19′37.6″	97
						2	24—62		中壤土		6.4	3.5	0.30	0.30	6.5						
						3	62—100		中壤土		6.6	2.3	0.20	0.50	6.6						
剖5	淋溶土	棕壤	棕壤性土	耕型酸性岩类棕壤	壤质浅淀岗黄土	1	0—16		重壤土		5.7	46.2	2.80	1.10	17.8				酸性岩类	E 125°05′29.8″ N 42°18′59.8″	75
						2	16—24		重壤土		5.5	17.5	1.20	0.80	22.0						
						3	24—65		重壤土		5.2	8.9	1.00	0.90	17.0						
剖6	淋溶土	棕壤	棕壤性土	酸性岩类棕壤性土	薄层酸性岩棕壤性土	1	0—15		轻壤土		5.4	16.2	1.04	2.34	10.2				酸性岩类	E 125°07′10.6″ N 42°17′48.1″	97
						2	15—27		紧砂土		5.3	6.1	0.39	0.33	9.5						
剖7	水成土	沼土	泥炭沼泽土	耕型埋藏泥炭土	壤质深埋岱子土	1	0—10		中壤土		5.4	126.3	6.80	2.70	20.4				坡积物、洪积物	E 125°10′05.9″ N 42°17′07.8″	75
						2	10—20		中壤土		5.9	95.3	5.70	3.20	22.7						
						3	20—80		重壤土		5.4	146.6	18.70	3.40	9.3						
						4	80—100		中壤土		5.7	61.1	7.40	3.10	21.1						
剖8	人为土	水稻土	沼泽型水稻土	泥炭沼泽田	埋藏泥炭潴田	1	0—14		中壤土		6.3	85.7	3.70	4.10	23.2					E 125°10′05.2″ N 42°16′30.0″	97
						2	14—25		重壤土	片状	6.5	15.6	3.70	1.80	22.9						
						3	25—115		中壤土		6.3	52.7	1.20	6.10	20.4						
						4	115—150				6.2		3.10		20.5						
剖9	水成土	沼泽土	泥炭沼泽土	淹浆土	清原淹浆土	He	0—40	棕黑色	黏土		5.5	158.9	5.74	0.78	20.2	9.0	117	56.5	湖沼沉积物	E 125°00′05.8″ N 42°16′03.0″	75
						G₁	40—62	黄灰色	壤质黏土	糊块状	5.3	54.1	1.99	0.51	27.1	6.0	180	33.8			
						G₂	62—100	黄灰色	壤质黏土	糊块状	5.0	9.6	0.72	0.45	28.9	7.0	185	28.2			
剖10	白浆土	白浆土	草甸白浆土	黄土状草甸白浆土	深位黄土状草甸白浆土	1	0—23		中壤土		4.5	33.1	1.80	0.90	24.2				黄土状母质	E 125°09′39.2″ N 42°15′45.7″	97
						2	23—50		重壤土		4.5	8.1	0.70	0.50	25.3						
						3	50—120		重壤土		5.0	7.5	0.70	0.80	24.8						
						4	120—150		重壤土		5.0	4.4	0.60	0.70	25.5						
剖11	淋溶土	棕壤	潮棕壤	耕型坡洪积潮棕壤	黏底砂质山淤土	1	0—15		砂壤土		6.9	19.5	1.25	1.59	17.3				坡积物、洪积物	E 125°04′39.4″ N 42°15′20.2″	75
						2	15—31		中壤土		6.3	9.7	0.62	1.35	17.7						
						3	31—		中壤土		6.4	25.3	1.62	1.67	17.3						
剖12	淋溶土	棕壤	棕壤	黄土状棕壤	中腐黄土状棕壤	1	0—23		中壤土		5.7	32.4	2.07	0.99	24.9				第四纪黄土状沉积物	E 125°07′33.2″ N 42°14′50.3″	97
						2	23—43		中壤土		5.9	11.6	0.74	0.65	21.4						
						3	43—		中壤土		6.0	7.2	0.46	0.45	25.6						
剖13	淋溶土	棕壤	棕壤	耕型黄土状棕壤	壤质深淀黄泥土	1	0—28		轻壤土			31.8	2.00	1.90	25.4				黄土状母质	E 125°11′43.4″ N 42°14′20.0″	75
						2	28—46		中壤土		6.3	29.3	2.00	1.90	22.5						
						3	46—68		中壤土		6.4	25.8	1.80	2.20	19.3						
						4	68—150		中壤土		4.9	4.9	0.70	1.50	21.8						
剖14	淋溶土	棕壤	棕壤性土	基性岩类棕壤性土	中层基性岩棕壤性土	1	0—38		中壤土		4.7	43.9	2.50	1.80	17.8					E 125°11′38.0″ N 42°13′53.4″	97
						2	38—61		重壤土		5.1	10.5	2.80	2.30	14.0						
						3	61—		轻黏土		4.9	10.9	0.40	1.60	6.9						

续表 Continued

剖面号 Profile	土纲 Soil order	土类 Soil great group	亚类 Soil subgroup	土属 Soil genus	土种 Soil species	土层码 Layer code	土层厚度 Depth/cm	颜色 Soil color	质地 Soil texture	土壤结构 Soil structure	pH	有机质 OM/(g/kg)	全氮 TN/(g/kg)	全磷 TP/(g/kg)	全钾 TK/(g/kg)	有效磷 AP/(mg/kg)	速效钾 AK/(mg/kg)	阳离子交换量CEC/(cmol/kg)	土壤母质 Parent material	剖面点坐标 Profile coordinate	匹配指数 Matching index/%
剖15	淋溶土	棕壤	棕壤	硅铝质棕壤	南口前山黄土	A	0—29	棕灰色	砂质黏壤土	粒状	6.1	23.8	1.50	0.57	8.4	2.0	68	11.7	花岗岩、片麻岩等岩石风化物	E 125°13′43.9″ N 42°14′39.7″	81
						B	29—50	黄棕色	砂质黏壤土	核块状	5.8	6.0	0.70	0.44	9.6	6.0	130	12.9			
						C	50—100	棕色	黏壤土	块状	6.0	3.2	0.50	0.74	8.4	9.0	87	12.0			
剖16	淋溶土	棕壤	潮棕壤	耕型黄土状潮棕壤	壤质深淀潮黄土	1	0—18		中壤土		6.4	21.4	1.40	1.10	19.5				黄土状母质	E 125°13′34.7″ N 42°13′48.0″	75
						2	18—22		轻壤土		6.4	7.1	0.80	1.20	23.0						
						3	22—60		中壤土		6.0	3.2	0.60	1.10	25.5						
剖17	淋溶土	棕壤	白浆化棕壤	白浆黄土棕壤	黏白淀白浆黄土	A_{11}	0—27	灰棕色	壤质黏土	小块状	5.6	28.8	1.87	0.61	16.0	18.0	148	20.1	黄土沉积物	E 125°05′53.5″ N 42°13′38.6″	93
						Ae	27—35	浅黄色	黏质黏土	片状	6.0	25.4	1.70	0.48	15.3	6.0	82	16.8			
						Bt	35—67	黄棕色	壤质黏土	棱块状	5.8	6.8	0.60	0.35	17.5	12.0	140	20.0			
						Bt_2	67—100	棕色	粉砂质黏土	棱块状	6.0	5.3	0.60	0.26	18.5	17.0	139	18.9			
剖18	淋溶土	棕壤	棕壤	耕型酸性岩类棕壤	壤质深淀岗黄土	1	0—20		中壤土		6.8	25.0	1.59	1.49	20.3				酸性岩类	E 125°07′14.5″ N 42°13′35.4″	75
						2	20—51		紧砂土		6.5	13.3	0.85	0.91	22.7						
						3	51—100				6.2	5.2	0.34	0.75	20.3						
剖19	淋溶土	白浆土	白浆土	黄土状白浆土	深位黄土状白浆土	1	0—17		中壤土		4.2	30.5	1.80	0.90	20.5				黄土状母质	E 125°13′29.3″ N 42°13′17.8″	97
						2	17—64		重壤土		5.3	5.7	0.70	0.50	19.2						
						3	64—109		中壤土		5.0	5.4	0.60	0.50	20.9						
						4	109—150		中壤土		5.8	5.6	0.60	0.80	20.3						
剖20	淋溶土	白浆土	草甸土	黄土状草甸白浆土	中位黄土状草甸白浆土	1	0—13		中壤土		6.0	48.1	2.60	1.70	18.1				黄土状母质	E 125°10′27.1″ N 42°14′09.1″	97
						2	13—46		轻壤土		6.2	18.7	1.40	1.80	23.9						
						3			中壤土		5.4	11.2	1.10	1.90	17.5						
剖21	淋溶土	棕壤	潮棕壤	耕型坡积洪积潮棕壤	夹黏砂质山淤土	1	0—19		中壤土		6.6	9.4	0.60	1.70	16.0				坡积物、洪积物	E 125°10′21.0″ N 42°13′00.8″	75
						2	19—29		轻壤土		6.4	1.3	0.20	1.30	11.6						
						3	29—35		中壤土		5.4	45.1	3.30	0.80	16.5						
剖22	淋溶土	棕壤	棕壤性土	酸性岩类棕壤性土	厚层酸性岩棕壤性土	1	0—63		轻壤土		5.4	2.8	0.40	0.40	13.2				坡积物、洪积物、粉积物	E 125°09′50.4″ N 42°12′49.0″	75
						2	63—104		中壤土		4.6										
剖23	水成土	沼泽土	泥炭沼泽土	耕型泥炭土	壤质厚层泥炭土	1	0—24		重壤土		4.3	20.10	3.50	15.4					砂页岩类	E 125°10′26.8″ N 42°12′48.6″	75
						2	24—30		重壤土		4.1	112.9	5.60	1.40	23.4						
						3	30—100		重壤土		4.5	16.10	2.70	8.5							
剖24	淋溶土	棕壤	潮棕壤	耕型坡积洪积潮棕壤	山淤砾石土	1	0—17		中壤土		6.1	10.6	1.30	0.70	11.9				坡积物、洪积物	E 125°14′34.4″ N 42°12′43.9″	75
						2	17—61		轻壤土		6.8	6.0	0.70	1.10	21.2						
						3	61—150		中壤土		6.4	5.1	0.60	1.70	17.8						
剖25	淋溶土	棕壤	棕壤	耕型砂页岩类棕壤	壤质浅淀紫泥土	1	0—11		重壤土		4.6	2.9	0.80	1.20	27.7				砂页岩类	E 125°11′30.8″ N 42°11′48.1″	75
						2	11—25		中壤土		4.5	11.9	1.10	0.60	23.0						
						3	25—72		轻壤土		5.2	20.6	1.30	0.70	20.1						
						4	72—		中壤土		4.7	2.3	0.50	0.90	12.6						
剖26	淋溶土	棕壤	棕壤	坡积棕壤	薄腐坡积棕壤	1	0—15		重壤土		7.2	36.0	3.20	1.08	21.0				坡积物	E 125°08′39.8″ N 42°11′28.3″	75
						2	15—43		中壤土		6.8	2.8	0.40	0.50	21.8						
						3	43—75		重壤土		6.5	<1.0	<0.10	0.50	18.4						
剖27	淋溶土	棕壤	潮棕壤	耕型黄土状潮棕壤	壤质浅淀潮黄土	1	0—15		中壤土		5.6	18.9	1.90	1.00	21.9				黄土状母质	E 125°13′17.0″ N 42°10′58.8″	75
						2	15—40		重壤土		5.7	10.0	1.20	1.40	23.3						
						3	40—86		重壤土		5.6	11.8	0.70	1.20	32.4						
						4	86—100		重壤土		5.5	22.0	0.60	0.80	23.2						
剖28	淋溶土	棕壤	棕壤	酸性岩类棕壤	中腐酸性岩棕壤	1	0—29		中壤土		6.1	23.8	1.50	1.30	12.0				酸性岩类	E 125°08′25.8″ N 42°10′50.2″	97
						2	29—50		重壤土		5.8	6.0	0.70	1.00	13.6						
						3	50—		中壤土		6.0	3.2	0.50	1.70	11.9						

续表 Continued

剖面号 Soil profile	土纲 Soil order	土类 Soil great group	亚类 Soil subgroup	土属 Soil genus	土种 Soil species	土层码 Layer code	土层厚度 Depth/cm	颜色 Soil color	质地 Soil texture	土壤结构 Soil structure	pH	有机质 OM/(g/kg)	全氮 TN/(g/kg)	全磷 TP/(g/kg)	全钾 TK/(g/kg)	有效磷 AP/(mg/kg)	速效钾 AK/(mg/kg)	阳离子交换量 CEC/(cmol/kg)	土壤母质 Parent material	剖面点坐标 Profile coordinate	匹配指数 Matching index/%
剖29	淋溶土	棕壤	棕壤	耕型黄土状棕壤	壤质浅淀黄泥土	1	0—20		中壤土		4.5	22.9	1.80	1.10	23.8				黄土状母质	E 125°11′33.7″ N 42°10′33.6″	75
						2	20—40		中壤土		4.9	12.1	1.00	0.70	19.6						
						3	40—60		中壤土		4.7	4.9	0.80	0.70	23.2						
						4	60—121		中壤土		5.1	4.0	0.60	0.90	22.9						
						5	121—		中壤土		5.5	5.3	0.70	1.10	20.9						
剖30	淋溶土	棕壤	棕壤		山麻黄土	A	0—29	灰棕色	黏壤土	屑粒状	6.1	23.8	1.50	0.57	8.4			19.3	花岗岩风化残积物、坡积物	E 125°02′24.0″ N 42°10′30.0″	95
						Bt	29—50	黄棕色	黏壤土	核块状	5.8	6.0	0.50	0.44	9.6			16.1			
						BC	50—100	棕色	黏壤土	块状	6.0	3.2	0.25	0.74	8.4			20.8			
剖31	淋溶土	棕壤	棕壤性土	耕型酸性岩棕壤性土	中层酸性土	1	0—14		轻壤土		7.0	11.7	1.10	1.90	26.7					E 125°06′09.7″ N 42°10′23.2″	75
						2	14—67		轻壤土		6.7	8.7	0.70	1.40	25.7						
剖32	水成土	沼泽土	泥炭沼泽土	耕型薄层泥炭土	壤质薄层泥炭土	1	0—16		轻壤土		5.5	150.6	66.90	3.40	21.3					E 125°05′33.0″ N 42°10′21.0″	75
						2	16—100		轻壤土		5.5		22.20		9.3						
剖33	淋溶土	棕壤	棕壤性土	砂页岩类棕壤性土	薄层砂页岩棕壤	1	0—11		中壤土		4.1	97.9	4.60	1.10	22.9					E 125°07′49.4″ N 42°10′16.3″	97
						2	11—75		重壤土		4.5	22.7	1.20	0.50	18.3						
剖34	淋溶土	棕壤	潮棕壤	坡洪积潮棕壤	薄腐坡洪积潮棕壤	1	0—14		轻壤土		4.8	14.8	1.20	0.80	17.1				坡积物、洪积物	E 124°24′28.4″ N 42°01′45.8″	97
						2	14—42		中壤土		4.6	5.9	0.70	0.90	25.1						
						3	42—63		中壤土		4.3	2.1	0.30	0.40	8.4						
						4	63—100		轻壤土		4.8	3.8	0.50	0.50	15.0						
剖35	淋溶土	暗棕壤	暗棕壤	酸性岩类暗棕壤	厚层酸性岩暗棕壤	1	0—26		中壤土	屑粒状	6.9	18.7	1.70	1.80	18.2	7.0	108	10.4	酸性岩残积物或坡积物	E 124°40′52.3″ N 42°09′25.6″	97
						2	26—72		中壤土		6.4	10.6	1.00	2.90	19.3	1.0	93	7.7			
						3	72—100		中壤土		6.2	4.7	0.40	1.90	13.5			13.3			
剖36	淋溶土	棕壤	白浆化棕壤	白浆棕黄土	白馅黄土	A	0—23	黄灰色	黏壤土		5.0	33.1	1.80	0.39	17.0	7.0		22.0	黄土沉积物	E 124°41′31.6″ N 42°09′31.1″	93
						Ae	23—50	浅灰色	黏壤土	片状	5.1	8.1	0.70	0.22	17.8	1.0		18.7			
						Bt	50—120	棕色	壤质黏土	棱块状	5.2	7.5	0.70	0.35	17.5	11.0		18.1			
						BC	120—150	黄棕色	黏壤土	块状	5.2	4.4	0.60	0.31	17.0	14.0		21.1			
剖37	半水成土	草甸土	草甸土	耕型砂质草甸土	浅夹薪砂砂土	1	0—14		砂壤土		5.0	8.7	1.60	1.80	16.9			22.8	近代河流冲积物	E 124°36′10.1″ N 42°00′55.1″	92
						2	14—21		轻壤土		5.1	6.0	1.20	1.30	10.9			22.8			
						3	21—60		中壤土		5.0	30.4	1.90	1.60	19.8	12.0		18.6			
						4	60—100		中壤土		4.5	<1.0	0.20	0.20	5.4	4.0					
剖38	淋溶土	棕壤	棕壤性土	石灰岩类棕壤性土	薄层石灰岩棕壤性土	1	0—10	棕色	黏壤土	粒状	7.5	54.8	3.50	0.40	10.9	3.0	141	18.1	石灰岩风化残积物	E 124°47′41.3″ N 42°08′41.3″	97
						2	10—25		黏壤土	鳞片状	7.2	56.4	3.61	0.49	13.9		104	20.9			
剖39	淋溶土	棕壤	白浆化棕壤	粉白馅棕黄土	粉白馅棕黄土	Aw	0—10	油黄橙色	壤质黏土	屑粒状	6.0	33.2	1.77	0.49	24.2	4.0	132	22.8	黄土沉积物	E 124°47′40.6″ N 42°07′07.7″	93
						B₁	10—29	油黄橙色	壤质黏土	棱块状	6.2	9.2	0.54	0.39	27.2	3.0	104	22.7			
						Bg	29—56	棕色	壤质黏土	棱块状	6.4	4.2	0.38	0.50	25.9	6.0	132	10.4			
						BC	56—75	油棕色	壤质黏土	块状	6.2	5.1	0.42	0.58	27.3	10.0	159				
剖40	淋溶土	棕壤	白浆化棕壤	滞水型白浆化棕壤	小板河白汤土	Aw	0—10	棕色	粉砂质黏土	粒状	6.0	4.9	0.45	0.40	30.1	12.0	155	18.6	黄土状沉积物或坡积物	E 124°57′59.8″ N 42°06′01.1″	81
						B₁	10—29	油黄橙色	壤质黏土	鳞片状	6.2	33.2	1.77	0.49	24.2	4.0	141	18.1			
						Bg	29—56	油黄橙色	壤质黏土	核块状	6.2	9.2	0.54	0.39	27.2	3.0	104	20.9			
						BC	75—120	油棕色	壤质黏土	块状	6.4	4.2	0.38	0.50	25.9	6.0	132	22.8			
							75—120	油橙棕色	粉砂质黏土	粒状	6.0	4.9	0.42	0.58	27.3	10.0	159	22.7			
剖41	淋溶土	棕壤	白浆化棕壤	滞水型白浆化棕壤	草市白汤土	A	0—23	暗灰色	黏壤土	鳞片状	5.0	33.1	1.80	0.39	17.0	7.0	108	10.4	第四纪黄土状沉积物坡积物	E 124°56′14.6″ N 42°05′08.5″	81
						Aw	23—50	灰黄色	黏壤土	鳞片状	5.1	8.1	0.70	0.22	17.8	1.0	93	7.7			
						Bg	50—120	棕色	壤质黏土	核块状	5.2	7.5	0.70	0.35	17.5	11.0	105	13.3			
						BC	120—150	黄棕色	黏壤土	块状	5.2	4.4	0.60	0.31	17.9	14.0	120	22.0			

续表 Continued

剖面号 Soil profile	土纲 Soil order	土类 Soil great group	亚类 Soil subgroup	土属 Soil genus	土种 Soil species	土层码 Layer code	土层厚度 Depth/cm	颜色 Soil color	质地 Soil texture	土壤结构 Soil structure	pH	有机质 OM/(g/kg)	全氮 TN/(g/kg)	全磷 TP/(g/kg)	全钾 TK/(g/kg)	有效磷 AP/(mg/kg)	速效钾 AK/(mg/kg)	阳离子交换量CEC/(cmol/kg)	土壤母质 Parent material	剖面点坐标 Profile coordinate	匹配指数 Matching index/%
剖42	淋溶土	棕壤	白浆化棕壤	潴水型白浆化棕壤	大板河汤土	Ap	0—27	棕灰色	壤质黏土	粒状	4.6	28.8	1.87	0.61	16.0	18.0	148	20.1	第四纪黄土状沉积物	E 124°52′46.9″ N 42°04′00.8″	81
						Aw	27—35	黄棕色	黏壤土	片状	4.8	25.4	1.70	0.48	15.3	6.0	82	16.8			
						Bg	35—67	黄棕色	壤质黏土	核块状	4.8	6.8	0.90	0.35	17.5	12.0	140	20.0			
						BC	67—100	棕色	粉砂质黏土	核块状	4.8	5.3	0.60	0.26	18.5	17.0	139	18.9			
剖43	淋溶土	棕壤	棕壤性土	耕型酸性岩棕壤性土	薄层酸砂土	1	0—16		轻壤土			15.4	1.20							E 124°57′09.0″ N 42°00′29.5″	92
剖44	淋溶土	棕壤	棕壤性土	砂页岩类棕壤性土	中层砂页岩棕壤性土	1	0—27		中壤土		5.1	38.6	2.10	1.70	18.3					E 125°02′04.2″ N 42°08′45.6″	97
						2	27—55		中壤土		4.7	7.1	0.50	0.70	15.6						
						3	55—97		轻壤土		5.0	3.9	0.40	0.90	16.4						
剖45	水成土	沼泽土	泥炭沼泽土	埋藏泥炭土	深位埋藏泥炭土	1	0—20		中壤土		4.9	33.9	2.00	1.40	25.4					E 125°10′40.8″ N 42°07′23.5″	97
						2	20—40		中壤土		4.6	35.6	2.10	1.50	21.5						
						3	40—70				4.9		15.40	3.30	12.9						
剖46	淋溶土	暗棕壤	暗棕壤	酸性岩类暗棕壤	薄层酸性岩暗棕壤	1	0—23		中壤土		6.4	37.5	2.40	1.90	18.3					E 125°08′05.3″ N 42°02′11.0″	97
						2	23—36		中壤土		6.1	10.2	0.90	1.30	20.5						
剖47	淋溶土	白浆土	白浆土	坡积物类白浆土	深位坡积白浆土	1	0—25		重壤土		5.5	46.4	2.70	2.00	25.3				坡积物	E 125°18′09.4″ N 42°01′04.8″	97
						2	25—39		轻壤土		5.9	41.6	2.90	2.00	30.7						
						3	39—79		中壤土		5.5	4.0	0.50	0.60	16.6						
						4	79—99		中壤土		5.2	6.7	0.60	0.70	17.1						
剖48	淋溶土	暗棕壤	暗棕壤	酸性岩类暗棕壤	中层酸性岩暗棕壤	1	0—15		轻壤土		6.1	45.2	2.50	1.60	14.7				酸性岩类风化残积物或坡积物	E 124°43′41.5″ N 41°52′17.0″	97
						2	15—45		轻壤土		5.6	7.6	0.80	1.30	16.0						
						3	45—		砾质土		5.6	6.2	0.40	1.30	13.8						
剖49	淋溶土	暗棕壤	暗棕壤	基性岩类暗棕壤	薄层基性岩暗棕壤	1	0—28		轻壤土		6.2	50.4	3.70	1.90	20.7					E 125°10′44.4″ N 41°57′34.9″	97
						2	28—68		中壤土		6.3	20.8	1.60	1.30	22.1						
						3	68—		中壤土		6.5	9.5	0.90	0.80	18.7						
剖50	半水成土	草甸土	草甸土	耕型壤质草甸土	浅夹砂河淤土	1	0—15		中壤土		6.6	21.3	1.40	1.70	25.6				近代河流冲积物	E 125°00′03.2″ N 41°56′12.1″	96
						2	15—34		中壤土		6.0	20.5	1.30	1.60	24.8						

本 溪 市

本溪满族自治县

主要土类说明

棕壤是本溪满族自治县主要土壤类型，占本县地域面积的71%，广泛分布在低山丘陵和漫岗地带。其典型剖面形态特征为：表土层呈灰棕色，具团粒状结构，呈微酸性至中性；心土层呈棕色或暗棕色，质地较黏重，具核块状结构，有铁锰结核或铁锰胶膜；底土层主要为岩石风化残积物、坡积物或黄土状母质。

草甸土是本溪满族自治县第二大土壤类型，占本县地域面积的13%。草甸土长期受地下水影响，草甸植被茂密，根系发达，有机质积累较多，腐殖质含量较高，经腐殖质胶结作用，表土形成团粒状结构。由于干湿交替，土壤氧化还原交替频繁，心土、底土常出现锈纹、锈斑，有的发育成锈色斑纹层。但本县地势坡度大，河谷较深，地下水位较低，土体滞水时间短，锈色斑纹层发育不明显。成土母质为近代河流淤积物，因洪水年代不同，淤积差异较大，层理较明显。

褐土是本溪满族自治县第三大土壤类型，占本县地域面积的10%。褐土是在半湿润区发育形成的具有黏化与钙质淋移淀积特征的土壤。该土壤盐基饱和，处于硅铝风化阶段，有明显的黏淀层。在其A–B–C剖面构型中，B层呈棕褐色，B层下部有假菌丝状钙积层。土壤pH为7.0—7.5，盐基饱和度在80%以上。

粗骨土占本县地域面积的6%。粗骨土属于A-C型，甚至（A）-C型土壤。A层发育不明显，与母质土层性状相似，略显有机质累积。有时母质层富含砾石，很少出现剖面分异与发育特征。

小于本县地域面积3%的土壤类型有水稻土。

本区域中心区气候特征

本区域中心区气候特征值
Regional climate characteristics in central area of the region

气候带：中温带亚干旱气候 Climate region: Mid temperate subarid climate	
年平均气温 /℃ Annual average temperature /℃	7.8
年平均最高气温 /℃ Annual average maximum temperature /℃	13.6
年平均最低气温 /℃ Annual average minimum temperature /℃	2.8
年降水量 /mm Annual precipitation /mm	800
≥10℃的积温 /℃ Daily temperature accumulated in a year (≥10℃) /℃	2891
年日照时数 /h Annual sunshine /h	2334
年平均相对湿度 /% Annual average relative humidity /%	65
干燥度 Dryness	0.59

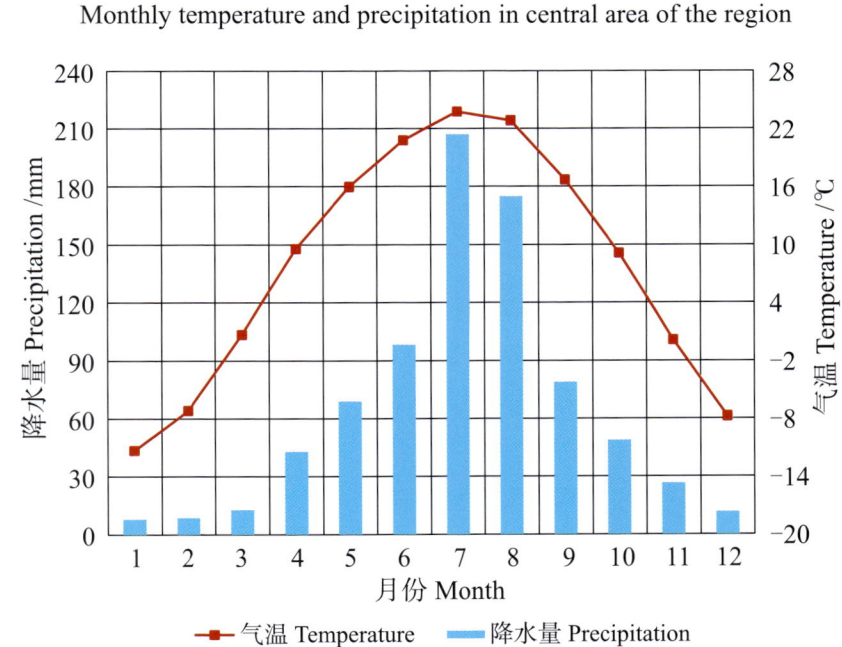

本区域中心区月平均气温与月平均降水量
Monthly temperature and precipitation in central area of the region

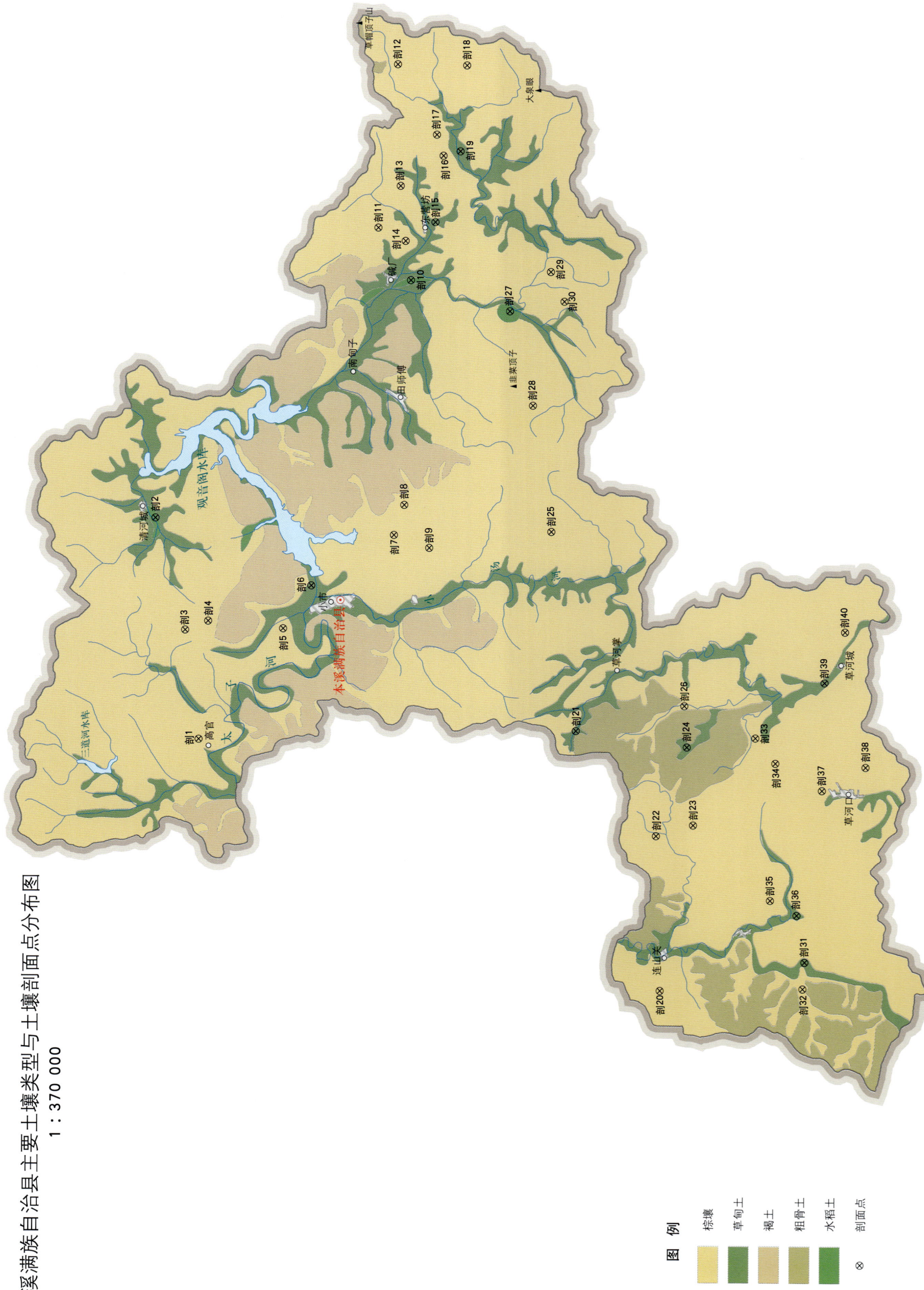

本溪满族自治县土壤剖面理化性状表

剖面号 Soil profile	土纲 Soil order	土类 Soil great group	亚类 Soil subgroup	土属 Soil genus	土种 Soil species	土层码 Layer code	土层厚度 Depth/cm	颜色 Soil color	质地 Soil texture	土壤结构 Soil structure	pH	有机质 OM/(g/kg)	全氮 TN/(g/kg)	全磷 TP/(g/kg)	全钾 TK/(g/kg)	阳离子交换量CEC/(cmol/kg)	土壤母质 Parent material	剖面点坐标 Profile coordinate	匹配指数 Matching index/%
剖1	淋溶土	棕壤	棕壤性土	酸性岩类棕壤性土	薄腐酸性岩棕壤性土	1	0—10	暗棕色	砂壤土	粒状		15.1	0.75	0.30	19.6			E 123° 58′ 19.2″ N 41° 24′ 50.0″	95
						2	10—30	棕色	砂壤土	粒状		3.6	0.18	0.32	19.0				
						3	30—	灰白色											
剖2	人为土	水稻土	沼泽型型水稻土	浅潜草甸沼泽田	壤质沼泽田	1	0—13					20.4	1.03	0.44	17.8		河流淤积物或沼泽沉积物	E 124° 12′ 31.3″ N 41° 26′ 51.2″	75
						2	13—18					23.3	0.91	0.47	17.8				
						3	18—52					17.3	0.91	0.48	17.8				
剖3	淋溶土	棕壤	棕壤性土	石灰岩类棕壤性土	薄腐石灰岩棕壤性土	1	0—3		砂壤土			114.3	4.30	0.46	13.9			E 124° 05′ 25.8″ N 41° 25′ 27.5″	95
						2	3—24		重壤土			16.2	0.77	0.17	14.3				
						3	24—												
剖4	淋溶土	棕壤	潮棕壤	耕型坡洪积潮棕壤	潮浅夹砾土	1	0—12	暗棕色	轻壤土	团粒状		21.7	1.21	0.56	19.2		坡积物、洪积物	E 124° 06′ 07.0″ N 41° 24′ 23.4″	95
						2	12—17	暗棕色	轻壤土	片状		20.2	1.17	0.50	19.2				
						3	17—55	棕黄色	轻壤土	无结构		2.8	0.18	0.11	18.5				
						4	55—97	棕黄色	砂壤土	块状		7.4	0.63	0.27	18.8				
						5	97—100					6.2	0.62	0.44					
剖5	淋溶土	棕壤	棕壤性土	耕型石灰岩类棕壤性土	薄腐石灰岩棕壤性土	1	0—12	灰棕色	轻壤土	团粒状		20.3	1.13	0.61	20.1			E 124° 05′ 20.4″ N 41° 20′ 41.2″	95
						2	12—37	灰棕色	轻壤土	块状		20.2	0.99	0.58	21.4				
						3	37—	灰色		无结构									
剖6	半水成土	草甸土	草甸土	耕型壤质草甸土	漤黄河漤土	1	0—22		中壤土			22.4	1.00	0.72			近代河流淤积物	E 124° 08′ 02.9″ N 41° 19′ 03.8″	95
						2	22—25					23.3	1.23	0.80					
剖7	淋溶土	棕壤	棕壤	耕型砂页岩类棕壤	浅淀页砂土	1	0—12	暗棕色	轻壤土	团粒状		11.2	0.72	0.30	20.5		砂页岩类	E 124° 11′ 30.5″ N 41° 15′ 04.3″	95
						2	12—27	暗棕色	中壤土	片状		5.9	0.42	0.24	21.8				
						3	27—44	棕色	中壤土	块状		1.9	0.23	0.23	19.7				
						4	44—100	棕色	中壤土	状状		3.1	0.21	0.20	20.1				
						5	100—120		重壤土			2.6	0.29	0.24					
剖8	淋溶土	棕壤	棕壤性土	耕型片岩类棕壤性土	片岩山壤土	1	0—12		轻壤土	团粒状		24.6	1.23	0.57			片岩、板岩及千枚岩等风化残积坡积物	E 124° 13′ 26.4″ N 41° 14′ 32.3″	93
						2	12—25		中壤土	片状		11.5	1.16	0.44					
						3	25—63		轻壤土			1.3	<0.10	0.10					
剖9	淋溶土	棕壤	棕壤性土	耕型砂页岩类棕壤性土	页岩壤土	1	0—13	浅黄色	轻壤土	团粒状		23.6	1.14	0.34			砂岩、页岩、砾岩等砂石风化残积物或坡积物	E 124° 10′ 34.7″ N 41° 13′ 20.3″	95
						2	13—20	黄棕色	中壤土	片状		6.9	0.43	0.11	21.8				
						3	20—34	黄棕色	中壤土	状状		6.3	0.41	0.13	19.7				
						4	34—	橙色	轻壤土			4.3	0.38	0.40	20.1				
剖10	人为土	水稻土	潜育水稻土	草甸土田	壤质稻田	1	0—15		重壤土			26.6	1.19	0.49			近代河流淤积物	E 124° 27′ 59.4″ N 41° 14′ 09.1″	95
						2	15—27		中壤土	团粒状		18.0	0.83	0.51					
						3	27—97		中壤土			36.7	1.85	1.03					
剖11	淋溶土	棕壤	棕壤性土	耕型石灰岩类棕壤性土	浅淀石灰土	1	0—18	灰棕色	轻壤土	团粒状		24.5	1.20	0.62			石灰岩类风化坡积物	E 124° 31′ 36.5″ N 41° 15′ 35.6″	95
						2	18—28	黄棕色	中壤土	糊状		8.6	0.54	<0.10					
						3	28—50	黄色	重壤土	块状		8.8	0.56	0.37					
剖12	淋溶土	棕壤	棕壤	片岩类棕壤	薄腐片岩棕壤	1	0—2		砂壤土			34.8	1.61	0.38	21.1		片岩、板岩、千枚岩等风化残积物	E 124° 42′ 11.5″ N 41° 14′ 31.2″	75
						2	2—20		轻壤土			5.6	0.31	0.18	18.8				
						3	20—60												
剖13	淋溶土	棕壤	棕壤性土	片岩类棕壤性土	薄腐片岩棕壤性土	1	0—2		砂壤土			31.8	1.36	0.31			片岩、板岩、千枚岩等风化残积物	E 124° 34′ 15.5″ N 41° 14′ 21.8″	75
						2	2—15		砂壤土			9.2	0.50	0.24					
						3	15—60												

续表 Continued

剖面号 Soil profile	土纲 Soil order	土类 Soil great group	亚类 Soil subgroup	土属 Soil genus	土种 Soil species	土层码 Layer code	土层厚度 Depth/cm	颜色 Soil color	质地 Soil texture	土壤结构 Soil structure	pH	有机质 OM/(g/kg)	全氮 TN/(g/kg)	全磷 TP/(g/kg)	全钾 TK/(g/kg)	阳离子交换量CEC/(cmol/kg)	土壤母质 Parent material	剖面点坐标 Profile coordinate	匹配指数 Matching index/%
剖14	淋溶土	棕壤	棕壤	耕型片岩类棕壤	浅淀片岩砂土	1	0-12		轻壤土			15.8	0.81	0.41			片岩、板岩、千枚岩等坡积物	E 124°30′40.0″ N 41°14′02.9″	75
						2	12-30		轻壤土			11.2	0.34	0.20					
						3	30-50		中壤土			12.8	0.30	0.27					
						4	50-90		轻壤土			8.4	0.26	0.31					
剖15	半水成土	草甸土	草甸土	耕型砂质草甸土	壤底河砂土	1	0-15	棕色	砂壤土	粒状		14.0	0.79	0.48			近代河流淤积物	E 124°31′42.6″ N 41°12′55.5″	95
						2	15-53	棕色	中壤土	团粒状		12.2	0.55	0.32					
						3	53-125	黄棕色	中壤土	团粒状		12.4	0.79	0.59					
剖16	淋溶土	棕壤	棕壤性土	基性岩类棕壤性土	薄腐基性岩棕壤性土	1	0-13		砂壤土			44.1	1.77	0.31				E 124°35′34.0″ N 41°12′48.3″	95
						2	13-34					3.4	0.23	0.15					
剖17	淋溶土	棕壤	棕壤	酸性岩类棕壤	薄腐酸性岩棕壤	1	0-10		轻壤土			97.4	5.60	1.16			酸性岩类	E 124°37′26.3″ N 41°12′24.4″	95
						2	10-45		轻壤土			20.3	1.32	0.51					
						3	45-150		中砾石土			27.2	1.81	0.87					
剖18	淋溶土	棕壤	棕壤性土	耕型片岩类棕壤性土	片岩山砂土	1	0-12	灰棕色	砂壤土	团粒状		11.6	0.51	0.23	24.5		片岩、板岩、千枚岩等风化坡积物	E 124°42′05.4″ N 41°11′04.2″	75
						2	12-18	灰棕色	砂壤土	团粒状		13.0	0.48	0.26	25.6				
						3	18-60	灰棕色	松砂土	砂粒状		7.5	<0.10	0.21	31.8				
						4	60—			片状									
剖19	半水成土	草甸土	草甸土	耕型砂质草甸土	夹壤河砂土	1	0-24	黄棕色	砂壤土			2.6	0.22	0.39			近代河流淤积物	E 124°35′55.0″ N 41°11′21.7″	75
						2	24-40	黄色	砂壤土			3.8	0.15	0.52	21.3				
						3	40-66	暗棕色	砂壤土			29.2	1.51	0.24	20.3				
						4	66-98	黄色	砂壤土			5.7	0.36	0.41	19.5				
剖20	淋溶土	棕壤	棕壤	耕型石灰岩类棕壤	深淀灰壤土	1	0-16		中壤土			22.1	1.21	0.50	9.0		石灰岩类坡积物	E 123°41′34.1″ N 41°02′06.7″	95
						2	16-26		重壤土			20.2	1.07	0.43					
						3	26-66		中壤土			6.2	0.40	0.72					
						4	66-115		中壤土			6.6	0.29	0.52					
						5	121-160		中壤土			21.9	1.10	0.39					
剖21	半水成土	草甸土	草甸土	耕型黄土状草甸土	黑河淤土	1	0-27	暗棕色	中壤土			23.1	1.03	0.41			近代河流淤积物	E 123°58′47.9″ N 41°06′09.3″	75
						2	27-32	暗棕色	中壤土			24.2	1.19	0.53					
						3	32-73	暗棕色	重壤土			18.8	0.90	0.37					
						4	73-121		重壤土			11.7	0.47	0.53					
剖22	淋溶土	棕壤	棕壤	石灰岩类棕壤	薄石灰岩棕壤	1	0-12	暗棕色	中壤土	团粒状		63.2	3.35	1.07			石灰岩类坡积物	E 123°51′47.9″ N 41°02′15.4″	95
						2	12-40	暗棕色	中壤土	片状		53.0	1.84	1.35	21.4				
						3	40-100		重壤土			28.7	1.74	1.35	21.7				
剖23	淋溶土	棕壤	潮棕壤	耕型黄土状潮棕壤	深淀潮暗黄土	1	0-17	暗棕色	中壤土			35.5	1.15	0.55	21.5		黄土及黄土状母质	E 123°52′17.0″ N 41°00′25.2″	95
						2	17-21	暗棕色	中壤土			40.5	1.35	0.58					
						3	21-70	黄棕色	中壤土			27.4	1.36	0.45					
						4	70-120		重壤土			13.9	0.63	0.27					
剖24	半水成土	草甸土	草甸土	夹砾河砂土	夹砾河砂土	1	0-16	暗棕色	轻壤土	团粒状		19.9	0.91	0.53			近代河流淤积物	E 123°57′18.1″ N 41°00′42.5″	75
						2	16-22	暗棕色	轻壤土	片状		16.4	0.94	0.56					
						3	22-37	暗棕色	砂壤土	块状		17.0	0.97	0.52					
						4	37-66	黄色	砂壤土	无结构		8.1	0.26	0.43					
						5	66-120					7.0	0.51	0.34					
剖25	淋溶土	棕壤	棕壤性土	耕型页岩质棕壤性土	页岩石片土	1	0-7		轻壤土			16.0	0.88	0.67			砂岩、页岩、砾岩等岩石风化残积物或坡积物	E 124°11′30.1″ N 41°07′17.0″	95
						2	7-51					8.5	0.57	0.52					
						3	51—												

续表 Continued

剖面号 Soil profile	土纲 Soil order	土类 Soil great group	亚类 Soil subgroup	土属 Soil genus	土种 Soil species	土层码 Layer code	土层厚度 Depth/cm	颜色 Soil color	质地 Soil texture	土壤结构 Soil structure	pH	有机质 OM/(g/kg)	全氮 TN/(g/kg)	全磷 TP/(g/kg)	全钾 TK/(g/kg)	阳离子交换量CEC/(cmol/kg)	土壤母质 Parent material	剖面点坐标 Profile coordinate	匹配指数 Matching index/%
剖26	淋溶土	棕壤	棕壤性土	类幼棕壤砂土	棕山砂土	A₁₁	0—16	黄棕色	砂壤土	小块状	6.4	8.0	0.41	<0.10	12.6	10.4	花岗岩风化物	E 123°59′59.7″ N 41°01′00.3″	81
						Bt	16—29	亮黄棕色	砂壤土	块状	6.5	2.6	0.12	<0.10	16.8	9.5			
						C	29—65	亮黄棕色	砂壤土	块状	6.2	2.3	0.11	<0.10	16.1	7.5			
剖27	人为土	水稻土	淹育水稻土	草甸土田	沙顶稻田	1	0—18	灰棕色	砂壤土	粒状		15.4	0.67	0.55	16.3		近代河流淤积物	E 124°25′47.4″ N 41°09′17.7″	75
						2	18—22	灰黄色	松砂土	粒状		6.5	0.35	0.65	15.2				
						3	22—37	灰黄色	砂壤土	粒状		2.8	0.18	0.96	17.6				
						4	37—55	灰黄色	松砂土	粒状		7.2	0.34	0.51	14.7				
						5	55—88	灰黄色	砂壤土	粒状		2.8	<0.10	0.33					
剖28	淋溶土	棕壤	棕壤	硅质棕壤		Ap	0—17	暗棕色	砂壤土	屑粒状	6.8	10.4	0.52	0.25	15.4	9.2	砂岩、砾岩等岩石风化物残积物或坡积物	E 124°19′45.5″ N 41°08′06.7″	81
						AB	17—24	暗棕色	砂壤土	块状	7.0	5.3	0.32	0.11	14.3	8.3			
						B	24—47	棕色	砂壤土	块状	6.8	3.2	0.20	<0.10	13.1	7.2			
						BC	47—72	棕色	砂壤土	块状	6.6	1.8	0.13	<0.10	16.7	6.9			
剖29	淋溶土	棕壤	潮棕壤	耕型黄土状潮棕壤	浅淀潮黄土	1	0—14		轻壤土			15.0	0.83	0.35	17.9		黄土及黄土状母质	E 124°28′25.7″ N 41°07′07.3″	95
						2	14—20	棕色	中壤土	团粒状		2.2	0.35	0.33	16.8				
						3	20—30	黄棕色	轻黏土	片状		5.0	0.43	0.20	16.9				
						4	30—47	黄棕色	轻黏土	块状		2.7	0.49	0.37	17.7				
剖30	淋溶土	棕壤	潮棕壤	耕型黄土状潮棕壤	深淀潮黏土	1	0—20		中壤土	块状		27.4	1.47	0.75			黄土及黄土状母质	E 124°26′29.4″ N 41°06′28.8″	95
						2	20—32	黄棕色	轻壤土	片状		12.8	0.88	0.41	16.8				
						3	32—62	黄棕色	重黏土	块状		10.9	0.62	0.35	16.9				
						4	62—100	黄色	重黏土	块状		4.7	0.35	0.48					
剖31	半水成土	草甸土	草甸菜园土	草甸型菜园土	壤质菜园土	1	0—15	浅棕色	中壤土	团粒状		30.7	1.09	0.57			近代河流淤积物	E 123°43′16.9″ N 40°54′57.2″	75
						2	15—23	棕色	中壤土	片状		27.8	1.12	0.61					
						3	23—60	灰棕色	重壤土	块状		16.3	0.77	0.45					
						4	60—	灰棕色	中壤土	块状		12.2	0.62	0.32					
剖32	淋溶土	棕壤	潮棕壤	坡洪积潮棕壤	薄腐坡洪积潮棕壤	1	0—20	黑色	砂壤土	团粒状		59.6	3.03	0.72	15.6		坡积物、洪积物	E 123°41′39.8″ N 40°55′00.5″	95
						2	20—60	灰棕色	砂壤土	粒状		11.0	0.70	0.28	14.4				
						3	60—	灰色	轻壤土	无结构		12.1	0.48	0.22					
剖33	淋溶土	棕壤	棕壤性土	耕型石灰岩类棕壤	深淀灰黏土	1	0—10		中壤土			26.1	1.00	0.44			石灰岩类残积物	E 123°57′26.0″ N 40°57′20.6″	95
						2	10—15		中壤土			15.7	0.79	0.48	19.6				
						3	15—51		重壤土			22.2	0.93	0.44					
						4	51—61		中壤土			12.2	0.48	0.35					
						5	61—150		轻壤土			8.8	0.59	0.17					
剖34	淋溶土	棕壤	棕壤性土	砂页岩类棕壤	薄腐砂页岩棕壤性	1	0—4	黄棕色	砂壤土	团粒状		33.9	0.90	0.19	15.6		砂岩、页岩、砾岩等岩石风化残积物或坡积物	E 123°56′15.0″ N 40°56′19.7″	95
						2	4—20	黄棕色	砂壤土	粒状		15.2	0.27	<0.10	15.1				
						3	20—	灰色	紧砂土	无结构									
剖35	淋溶土	棕壤	棕壤性土	耕型基性岩棕壤性土	基性岩黑土	1	0—13		紧砂土			19.4	0.97	0.15	19.6			E 123°46′54.1″ N 40°56′35.7″	93
						2	13—40	黄棕色	紧砂土	粒状		11.6	0.58	0.28	20.7				
						3	40—												
剖36	半水成土	草甸土	草甸土	耕型砂质草甸土	河砂石石土	1	0—17	黄棕色	紧砂土	粒状		13.0	0.64	0.73	15.5		近代河流淤积物	E 123°46′25.6″ N 40°55′26.1″	75
						2	17—20	黄棕色	紧砂土	粒状		7.5	0.36	0.54	15.1				
						3	20—30	浅黄色	松砂土	粒状		2.2	<0.10	0.24	15.0				
						4	30—45	浅黄色	紧砂土	粒状		2.5	0.19	0.84	12.5				
						5	45—70	棕黄色	砂壤土	粒状		15.0	0.79	0.52	14.8				

续表 Continued

剖面号 Soil profile	土纲 Soil order	土类 Soil great group	亚类 Soil subgroup	土属 Soil genus	土种 Soil species	土层码 Layer code	土层厚度 Depth/cm	颜色 Soil color	质地 Soil texture	土壤结构 Soil structure	pH	有机质 OM/(g/kg)	全氮 TN/(g/kg)	全磷 TP/(g/kg)	全钾 TK/(g/kg)	阳离子交换量CEC/(cmol/kg)	土壤母质 Parent material	剖面点坐标 Profile coordinate	匹配指数 Matching index/%
剖37	淋溶土	棕壤	潮棕壤	耕型坡洪积潮棕壤	潮砂石土	1	0—12	浅棕色	砂壤土	粒状		25.3	0.87	0.44			坡积物、洪积物	E 123° 54′ 26.6″ N 40° 53′ 48.8″	95
						2	12—16	浅棕色	轻壤土	片状		22.9	0.86	0.43					
						3	16—32	浅棕色	轻壤土	核状		3.1	0.17	0.10					
						4	32—	黄棕色	重壤土	块状		6.4	0.36	0.30					
剖38	淋溶土	棕壤	棕壤	耕型酸性岩类棕壤	浅淀黄砂土	1	0—16		砂壤土			16.0	0.93	0.48	20.7		酸性岩类	E 123° 55′ 55.6″ N 40° 51′ 52.2″	95
						2	16—23		砂壤土			14.6	0.79	0.54	18.8				
						3	23—110		紧砂土			2.9	0.18	0.47	20.0				
						4	110—		砂壤土			2.9	0.16	0.45					
剖39	半水成土	草甸土	草甸土	耕型壤质草甸土	夹黑河淤土	1	0—17	浅棕色	中壤土	团粒状		33.2	1.75	0.89			近代河流淤积物	E 124° 01′ 26.8″ N 40° 53′ 51.0″	95
						2	17—23	暗棕色	重壤土	片状		59.5	3.05	0.93					
						3	23—43	黑色	重壤土	块状		75.3	3.48	1.00					
						4	43—70	灰黄色	重壤土	块状		13.9	0.77	0.89					
						5	70—100	灰黄色	轻壤土	块状		3.0	0.22	0.54					
剖40	淋溶土	棕壤	棕壤	耕型坡积棕壤	浅淀棕壤土	1	0—15	暗棕色	中壤土	团粒状		19.2	1.01	1.15	19.8		坡积物	E 124° 04′ 43.0″ N 40° 52′ 48.7″	95
						2	15—20	暗棕色	中壤土	片状		17.8	0.94	0.52	20.2				
						3	20—37	黄棕色	中壤土	块状		12.0	0.87	0.59	18.8				
						4	37—74	棕黄色	中壤土	块状		8.1	0.49	0.70	20.0				
						5	74—					6.5	0.49	0.69					

桓仁满族自治县

主要土类说明

棕壤是桓仁满族自治县主要土壤类型，占本县地域面积的 81%。棕壤发生于落叶阔叶林下，但大部分已被垦殖，以旱作为主。该土壤处于硅铝风化阶段，具有黏化特征，呈棕色。土体见黏粒淀积，盐基充分淋失，pH 为 6.0—7.5，见少量游离铁。

草甸土是桓仁满族自治县第二大土壤类型，占本县地域面积的 11%。草甸土是在冷湿条件下，受地下水浸润并在草甸植被下发育形成的土壤。因所处地下水位较高，潜水参与土壤形成过程，受地下水升降与浸润作用，其形成过程具有明显的腐殖质累积和铁锰氧化还原特征，土体出现锈色斑纹层。

小于本县地域面积 3% 的土壤类型有褐土、水稻土和暗棕壤。

本区域中心区气候特征

本区域中心区气候特征值
Regional climate characteristics in central area of the region

气候带：中温带亚干旱气候 Climate region: Mid temperate subarid climate	
年平均气温 /℃ Annual average temperature /℃	6.9
年平均最高气温 /℃ Annual average maximum temperature /℃	13.0
年平均最低气温 /℃ Annual average minimum temperature /℃	1.9
年降水量 /mm Annual precipitation /mm	832
≥10℃的积温 /℃ Daily temperature accumulated in a year（≥10℃）/℃	2509
年日照时数 /h Annual sunshine /h	2305
年平均相对湿度 /% Annual average relative humidity /%	68
干燥度 Dryness	0.49

本区域中心区月平均气温与月平均降水量
Monthly temperature and precipitation in central area of the region

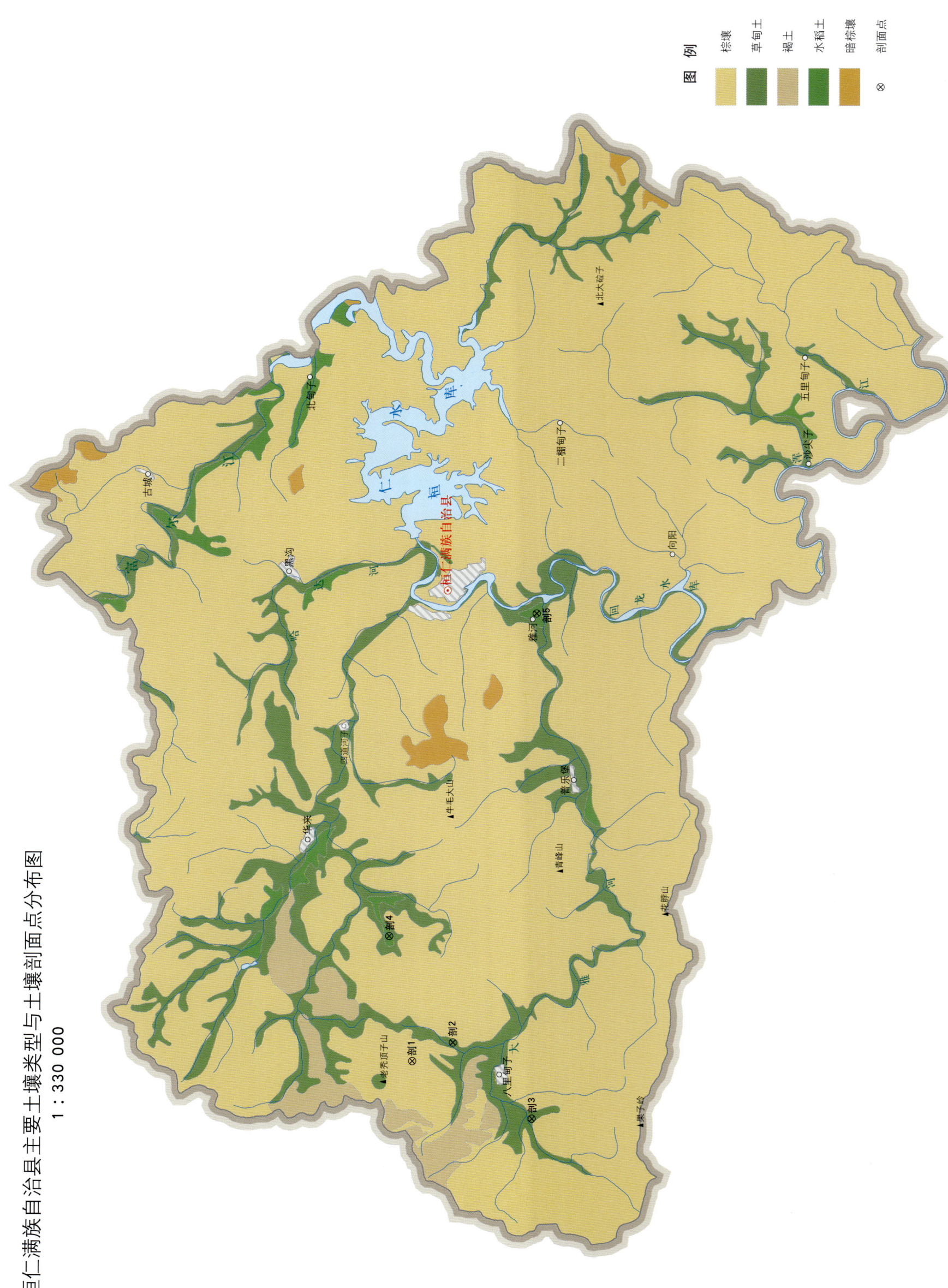

桓仁满族自治县土壤剖面理化性状表

剖面号 Soil profile	土纲 Soil order	土类 Soil great group	亚类 Soil subgroup	土属 Soil genus	土种 Soil species	土层码 Layer code	土层厚度 Depth/cm	颜色 Soil color	质地 Soil texture	土壤结构 Soil structure	pH	有机质 OM/(g/kg)	全氮 TN/(g/kg)	全磷 TP/(g/kg)	全钾 TK/(g/kg)	有效磷 AP/(mg/kg)	速效钾 AK/(mg/kg)	阳离子交换量 CEC/(cmol/kg)	土壤母质 Parent material	剖面点坐标 Profile coordinate	匹配指数 Matching index/%
剖1	淋溶土	棕壤	白浆化棕壤	白浆棕黄土	中位淹白土	A₁₁	0—18	浊黄棕色	粉砂质壤土	屑粒状	6.8	34.7	1.83	0.76	10.7	7.0	116	21.3	黄土坡积物	E 124°53′54.6″ N 41°18′08.3″	93
						Ae	18—42	浅黄色	壤土	鳞片状	5.8	10.6	0.69	0.23	10.6	5.0	34	12.0			
						Bt	42—65	亮棕色	黏壤土	核块状	6.8	8.0	0.50	0.33	10.8	5.0	68	17.4			
						Bt₂	65—100	浊橙色	黏壤土	块状	5.8	9.5	0.50	0.32	10.9	7.0	68	18.3			
						BC	100—130	橙色	黏壤土	块状	5.9	7.2	0.66	0.45	13.3	14.0	108	21.3			
剖2	半水成土	草甸土	草甸土	山灌草甸土	山甸土	As	0—5	棕黑色			5.5								花岗岩风化残积物、坡积物	E 124°55′22.4″ N 41°15′47.2″	85
						Ah	5—21	灰棕色	粉砂质壤土	屑粒状	5.5	76.0	4.58	1.04	17.1	21.0	59				
						AhC	21—46	暗棕色	黏壤土	屑粒状	5.5	48.0	2.91	0.96	21.7	12.0	37				
						Cu	46—79	黄棕色	黏壤土	块状	5.4	40.7	2.13	1.11	22.5	12.0	39				
						C	79—115	亮黄棕色	黏壤土	粒状	5.2	24.0	1.45	1.18	18.7	12.0	41				
剖3	半水成土	草甸土	草甸土	硅铝质山地灌丛草甸土	山甸土	Aa	0—21	暗黄棕色	粉砂质壤土	粒状	5.5								花岗岩风化残积物	E 124°50′49.9″ N 41°12′24.8″	78
						Ap	21—46	暗棕色	黏壤土	粒状	5.5										
						3	46—79	浊黄色	黏壤土	块状	5.4										
						C	79—115	浊黄橙色	黏壤土	块状	5.2										
剖4	人为土	水稻土	潜育水稻土	泥炭潜育田	草煤田	Ap	0—18	灰黑色	砂质壤土	糊状	5.5	47.2		0.78					河湖相沉积物	E 125°01′42.2″ N 41°18′21.6″	75
						2	18—45	灰黑色	黏壤土	粒状	6.1	47.6		0.97		6.0	56	14.0			
						3	45—70	灰黑色	黏壤土	片状	5.5	394.1		1.08		6.0	69	14.9			
						4	70—135	灰色	壤质黏土	无明显结构											
剖5	人为土	水稻土	淹育水稻土	浅甸泥田	黑淤土田	Aa	0—12	棕灰色	黏壤土	糊状	5.8	53.0	1.47	0.55	16.1	6.0			河流冲积物	E 125°19′35.4″ N 41°11′46.7″	95
						Ap	12—15	棕灰色	黏壤土	片状	6.2	27.9	1.05	0.43	16.8	6.0					
						C₁	15—30	棕灰色	黏壤土	块状	6.1	7.6	0.72	0.49	27.4	5.0	91	15.1			
						C₂	30—55	浊棕色	黏壤土	块状	6.7	4.7	0.40	0.31	21.5	7.0	115	20.6			
						C₃	55—110	棕色	黏壤土	块状	6.2	4.6	0.42	0.29	21.1	4.0	162				

丹 东 市

市 辖 区

主要土类说明

棕壤是丹东市主要土壤类型，占本市地域面积的38%。棕壤发生于落叶阔叶林下，但大部分已被垦殖，以旱作为主。该土壤处于硅铝风化阶段，具有黏化特征，呈棕色。土体见黏粒淀积，盐基充分淋失，pH为6.0—7.5，见少量游离铁。

粗骨土是丹东市第二大土壤类型，占本市地域面积的37%。粗骨土属于A-C型，甚至（A）-C型土壤。A层发育不明显，与母质土层性状相似，略显有机质累积。有时母质层富含砾石，很少出现剖面分异与发育特征。

草甸土是丹东市第三大土壤类型，占本市地域面积的12%。草甸土是在冷湿条件下，受地下水浸润并在草甸植被下发育形成的土壤。因所处地下水位较高，潜水参与土壤形成过程，受地下水升降与浸润作用，其形成过程具有明显的腐殖质累积和铁锰氧化还原特征，土体出现锈色斑纹层。

水稻土占本市地域面积的5%。水稻土是在长期季节性淹灌、水下翻耕、季节性脱水、氧化还原交替影响下，原来成土母质或母土的特性发生重大改变，形成的新的土壤类型。由于干湿交替，水稻土形成糊状淹育层、较坚实板结的犁底层、渗育层、潴育层与潜育层等多种发生层。这些不同发生层是在人为耕作、水浆管理下形成的。

本区域中心区气候特征

本区域中心区气候特征值
Regional climate characteristics in central area of the region

气候带：中温带亚干旱气候 Climate region: Mid temperate subarid climate	
年平均气温 /℃ Annual average temperature /℃	8.6
年平均最高气温 /℃ Annual average maximum temperature /℃	13.9
年平均最低气温 /℃ Annual average minimum temperature /℃	4.4
年降水量 /mm Annual precipitation /mm	902
≥10℃的积温 /℃ Daily temperature accumulated in a year (≥10℃) /℃	3144
年日照时数 /h Annual sunshine /h	2426
年平均相对湿度 /% Annual average relative humidity /%	68
干燥度 Dryness	0.57

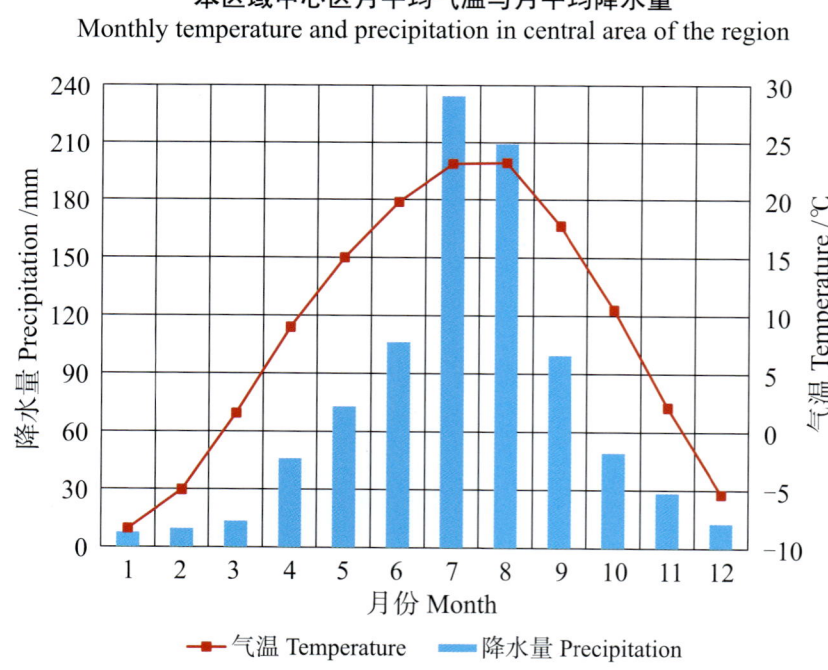

本区域中心区月平均气温与月平均降水量
Monthly temperature and precipitation in central area of the region

丹东市市辖区主要土壤类型与土壤剖面点分布图
1 : 170 000

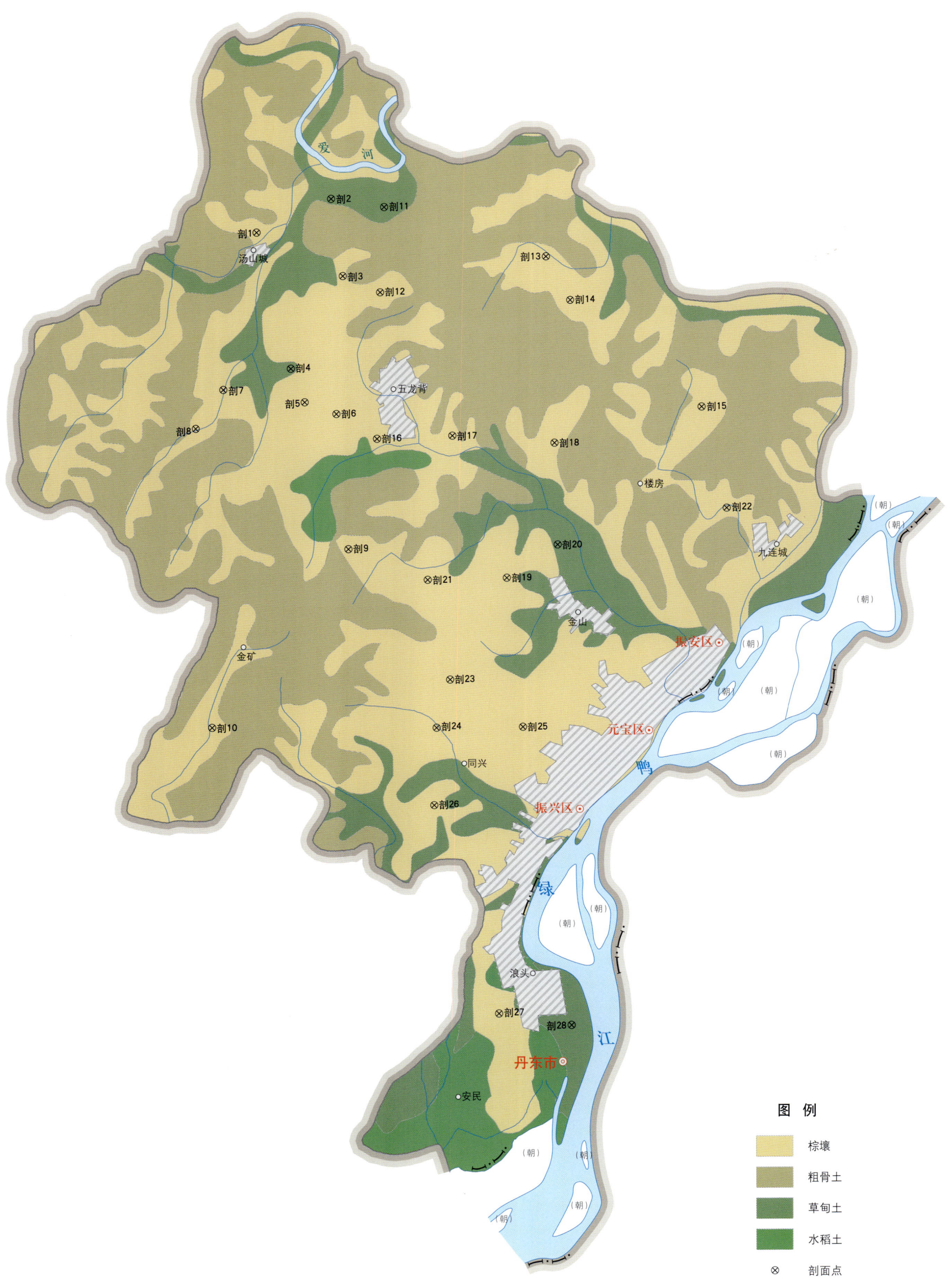

丹东市土壤剖面理化性状表

剖面号 Soil profile	土纲 Soil order	亚类 Soil subgroup	土属 Soil genus	土种 Soil species	土层码 Layer code	土层厚度 Depth/cm	颜色 Soil color	质地 Soil texture	土壤结构 Soil structure	pH	有机质 OM/(g/kg)	全氮 TN/(g/kg)	全磷 TP/(g/kg)	全钾 TK/(g/kg)	有效磷 AP/(mg/kg)	速效钾 AK/(mg/kg)	阳离子交换量CEC/(cmol/kg)	土壤母质 Parent material	剖面点坐标 Profile coordinate	匹配指数 Matching index/%
剖1	淋溶土	棕壤	耕型坡积棕壤	耕型黏质浅淀坡积浅棕壤	1	0~21	棕色	重壤土	块状	5.9	27.9	1.32	1.35	31.7	5.0	71			E 124° 12′ 13.0″ N 40° 19′ 07.0″	75
					2	21~35	浅棕色	重壤土	核状	5.6	35.8	1.84	1.44	30.8	2.0	73				
					3	35~100	浅棕色	重壤土	核状	5.4	19.6	1.07	1.01	25.0	1.0	55				
剖2	半水成土	草甸土	草甸型菜园土	浅砂底坡积草甸土型菜园土	1	0~20	暗棕色	砂壤土	粒状	5.8	25.3	0.88	1.11	26.4	4.0	45		冲积物	E 124° 14′ 25.4″ N 40° 19′ 50.5″	75
					2	20~30	暗棕色	砂壤土	粒状	5.8	9.0	0.34	0.63	47.6	2.0	27				
					3	30~100	浅黄棕色	砂壤土	粒状	6.3	2.8	0.11	0.85	>50.0	7.0	18				
剖3	淋溶土	潮棕壤	耕型坡积洪积潮棕壤	耕型深黏底洪积坡积潮棕壤	1	0~20	暗棕色	轻壤土	粒状	5.5	28.4	1.06	1.93	30.5	3.0	71		坡积物、洪积物	E 124° 14′ 43.8″ N 40° 18′ 06.5″	95
					2	20~32	黄棕色	轻壤土	片状	5.8	25.2	1.84	1.54	28.4	1.0	54				
					3	32~100	浅黄棕色	轻壤土	块状	5.8	36.6	1.18	2.63	28.5	15.0	44				
剖4	半水成土	草甸土	耕型砂质草甸土	耕型深黏底砂质草甸土	1	0~20	暗黄棕色	轻壤土	粒状	5.9	21.0	0.86	1.08	35.6	1.0	50		冲积物	E 124° 13′ 09.8″ N 40° 16′ 03.0″	95
					2	18~25	灰黄棕色	砂壤土	粒状	6.1	18.9	0.70	0.93	33.7	1.0	41				
					3	25~70	暗黄棕色	砂壤土	块状	6.3	12.1	0.53	0.81	34.9	15.0	21				
					4	70~100	暗棕色	轻壤土	粒状	6.2	9.8	0.55	1.05	35.2	3.0	37				
剖5	淋溶土	棕壤	耕型坡积棕壤	耕型壤质浅淀坡积浅棕壤	1	0~16	棕色	轻壤土	粒状	5.7	27.2	1.52	1.63	25.1	6.0	59		花岗岩坡积物	E 124° 13′ 33.6″ N 40° 15′ 17.6″	95
					2	16~31	黄棕色	重壤土	片状	5.2	12.0	0.81	0.60	25.4	2.0	79				
					3	31~100	灰黄棕色	重壤土	核状	5.6	8.0	0.60		24.0	8.0	97				
剖6	淋溶土	棕壤性土	耕型酸性岩棕壤性土	耕型厚层酸性岩棕壤性土	1	0~20	暗棕色	轻壤土	粒状	4.9	32.2	1.40	1.53	32.0	8.0	54		混合花岗岩残积物	E 124° 14′ 29.0″ N 40° 15′ 01.1″	93
					2	20~30	棕色	轻壤土	片状	5.2	49.9	2.04	1.56	30.1	3.0	50				
					3	30~60	黄棕色	中壤土	块状	5.1	46.8	2.04	1.90	29.5	4.0	67				
					4	60~90	浅黄棕色	中壤土	块状	6.2	25.0	1.65	1.90	30.0	3.0	66				
剖7	淋溶土	棕壤性土	耕型酸性岩棕壤性土	耕型中层酸性岩棕壤性土	1	0~18	暗棕色	砂壤土	粒状	5.2	30.6	0.45	0.66	32.6	1.0	45		混合花岗岩残积物	E 124° 14′ 10.3″ N 40° 15′ 35.6″	93
					2	18~35	黄棕色	砂壤土	粒状	5.2	5.1	0.14	0.57	30.7	1.0	53				
					3	35~60	黄棕色	中壤土	片状	5.1	1.6	0.10	0.50	11.4	1.0	31				
剖8	淋溶土	棕壤性土	耕型基性岩棕壤性土	耕型砾石基性岩棕壤性土	1	0~10	暗棕色	中壤土	粒状	5.6	8.3	0.40	0.78	25.5	6.0	126		凝灰岩风化物	E 124° 10′ 20.6″ N 40° 14′ 44.2″	75
					2	10~17	暗棕色	轻壤土	粒状											
					3	17—														
剖9	淋溶土	棕壤	耕型坡积棕壤	耕型中层基性岩棕壤性土	1	0~12	栗色	中壤土	片状	5.6	21.2	1.13	0.79	22.1	4.0	82		凝灰岩风化物	E 124° 14′ 46.7″ N 40° 11′ 59.3″	75
					2	12~20	浅棕色	中壤土	片状	5.7	17.5	0.82	0.57	24.5	5.0	82				
					3	20~40	暗棕色	重壤土	核状	5.3	6.7	0.52	0.38	23.3	5.0	54				
					4	40—														
剖10	淋溶土	棕壤性土	耕型酸性岩棕壤性土	耕型中层酸性岩棕壤性土	1	0~18	棕色	轻砾石土	粒状	5.2	15.6	0.69	0.48	31.4	12.0	90		混合花岗岩风化残积物	E 124° 10′ 41.5″ N 40° 08′ 02.0″	93
					2	18~30	黄棕色	砂壤土	粒状	5.5	4.2	0.20	0.18	32.9	9.0	85				
					3	20~29	暗黄棕色	中壤土	片状	6.7	55.1	1.28	2.60	28.0	38.0	48				
剖11	半水成土	草甸土	草甸型菜园土	深砂底草甸土型菜园土	1	0~20	黄棕色	紧砂土	块状	6.7	41.6	0.65	1.77	29.8	7.0	50		冲积物	E 124° 15′ 58.7″ N 40° 19′ 38.6″	75
					2	29~89	灰黄棕色	中壤土	粒状	6.8	24.1	0.92	1.32	29.3	2.0	40				
					3	89~100	灰黄棕色	砂壤土	粒状	6.9	2.4	0.32	0.53	45.9	3.0	32				
剖12	淋溶土	棕壤	耕型坡积棕壤	耕型深黏底淀积坡积棕壤	1	0~15	暗棕色	重黏土	粒状	4.7	27.6	0.68	1.47	26.9	6.0	75			E 124° 15′ 49.3″ N 40° 17′ 43.8″	75
					2	15~20	黄棕色	轻黏土	片状	5.1	16.9	0.51	1.25	24.1	3.0	78				
					3	20~60	浅棕色	轻黏土	片状	5.5	8.7	0.74	0.94	24.1	5.0	86				
					4	60~100	浅棕色	轻壤土	核状	6.1	8.6	0.33	0.90	25.7	4.0	13				
剖13	淋溶土	潮棕壤	耕型坡洪积潮棕壤	耕型砂底坡积潮棕壤	1	0~15	黄棕色	轻壤土	粒状	5.8	24.2	1.16	1.72	34.4	2.0	63		坡积物、洪积物	E 124° 20′ 42.7″ N 40° 18′ 29.5″	95
					2	15~21	黄棕色	轻壤土	片状	5.9	27.8	0.96	1.71	32.8	1.0	47				
					3	21~40	棕灰色	砂壤土	粒状	5.9	15.1	0.85	1.68	32.1	2.0	56				
					4	40~110	棕灰色	砂壤土	粒状	6.1	13.8	0.71	1.86	31.6	3.0	38				

续表 Continued

剖面号 Soil profile	土纲 Soil order	土类 Soil great group	亚类 Soil subgroup	土属 Soil genus	土种 Soil species	土层码 Layer code	土层厚度 Depth/cm	颜色 Soil color	质地 Soil texture	土壤结构 Soil structure	pH	有机质 OM/(g/kg)	全氮 TN/(g/kg)	全磷 TP/(g/kg)	全钾 TK/(g/kg)	有效磷 AP/(mg/kg)	速效钾 AK/(mg/kg)	阳离子交换量CEC/(cmol/kg)	土壤母质 Parent material	剖面点坐标 Profile coordinate	匹配指数 Matching index/%
剖14	淋溶土	棕壤	棕壤	耕型黄土状棕壤	耕型壤质深淀黄土状棕壤	1	0—18	暗棕色	轻壤土	粒状	5.8	17.5	0.85	1.16	25.3	3.0	57		黄土状沉积物	E 124° 21′ 24.1″ N 40° 17′ 30.1″	75
						2	18—30	浅棕色	中壤土	片状	5.5	8.3	0.58	1.15	24.9	2.0	70				
						3	30—80	栗色	中壤土	核状	5.6	9.0	0.73	1.06	25.6	9.0	93				
						4	80—100	黄棕色	重壤土	块状	5.8	5.1	0.56	1.26	26.5	15.0	119				
剖15	淋溶土	棕壤	棕壤	棕黄泥土	暗灰黄土	A₁₁	0—19	暗棕色	黏壤土	屑粒状	5.9	20.7	1.16	0.48	15.6			29.3	安山岩风化残积物、坡积物	E 124° 25′ 12.7″ N 40° 15′ 04.3″	95
						Bt	19—51	亮棕色	壤质黏土	大块状	5.8	5.4	0.38	0.31	16.7			19.5			
						Bt₂	51—90	亮棕色	壤质黏土		5.6	6.1	0.48	0.12				16.6			
剖16	淋溶土	棕壤	棕壤	耕型黄土状棕壤	耕型黏质浅淀黄土状棕壤	1	0—15	灰棕色	重壤土	粒状	5.3	46.2	1.66	>10.00	25.0	9.0	72		黄土状沉积物	E 124° 15′ 40.0″ N 40° 14′ 27.2″	75
						2	15—30	棕色	中黏土	片状	5.6	30.9	1.87	1.15	24.8	1.0	74				
						3	30—100	棕色	重壤土	核状	5.5	19.3	1.16	0.99	28.6	1.0	87				
剖17	淋溶土	棕壤	潮棕壤	耕型坡积洪积潮棕壤	耕型壤质深积坡底砂洪积潮棕壤	1	0—20	暗棕色	轻壤土	粒状	6.8	19.6	0.74	1.82	33.7	3.0	68		坡积物、洪积物	E 124° 17′ 52.4″ N 40° 14′ 30.1″	75
						2	20—28	暗棕色	中壤土	片状	7.0	20.5	0.88	1.66	33.0	9.0	92				
						3	28—54	黑棕色	轻壤土	核状	6.8	29.7	1.15	1.18	32.7	2.0	65				
						4	54—100	灰棕色	砂壤土	块状	6.9	1.4	0.82	1.06	36.1	1.0	11				
剖18	淋溶土	棕壤	潮棕壤	坡洪积潮棕壤	底砂山根土	Ap	0—20	棕灰色	砂质黏壤土	粒状	6.8	19.6	0.74	0.79	23.7	3.0	68	8.9	坡积物、洪积物	E 124° 20′ 52.4″ N 40° 14′ 18.6″	95
						P	20—28	灰棕色	砂质黏壤土	粒状	7.0	20.5	0.88	0.72	23.2	9.0	92	9.5			
						Bg	28—54	黄棕色	黏壤土	块状	6.8	9.7	0.55	0.51	23.0	2.0	65	12.0			
						C	54—100	浅棕色	砂壤土	粒状	6.9	1.4	0.82	0.46	25.4	1.0	11				
剖19	淋溶土	棕壤	潮棕壤	棕壤型菜园土	壤质浅淀菜园型棕壤土	1	0—20	棕色	轻壤土	粒状	5.8	18.7	0.78	1.32	31.9	10.0	80		洪积物	E 124° 17′ 05.3″ N 40° 11′ 16.4″	75
						2	20—30	暗棕色	中壤土	片状	6.0	8.7	0.65	1.07	30.6	4.0	71				
						3	30—100	暗棕色	中壤土	核状	5.8	6.7	0.48	0.71	29.5	2.0	74				
剖20	半水成土	草甸土	草甸土	耕型壤质草甸土		1	0—20	暗灰棕色	中壤土	粒状	6.6	33.2	1.12	1.30	31.2	4.0	57		冲积物	E 124° 19′ 24.6″ N 40° 11′ 17.5″	95
						2	20—27	暗灰棕色	中壤土	粒状	6.3	20.8	1.19	1.06	11.7	3.0	48				
						3	27—60	暗灰棕色	中壤土	片状	6.4	22.0	1.19	1.15	23.9	3.0	62				
						4	60—100	棕灰色	中壤土	片状	6.4	22.0	0.93	1.37	26.4	2.0	53				
剖21	淋溶土	棕壤	棕壤性	酸性岩类棕壤性土	厚层酸性岩棕壤性土	1	0—17	暗黄棕色	轻壤土	粒状	5.9	33.9	1.20	1.99	23.4	1.0	47		花岗岩残积坡积物	E 124° 20′ 55.0″ N 40° 12′ 01.4″	93
						2	17—40	棕色	中壤土	块状	6.2	23.0	0.88	1.94	24.1	1.0	44				
						3	40—100	暗棕色	轻壤土	粒状	5.7	11.0	0.56	1.84	25.3	1.0	31				
剖22	淋溶土	棕壤	棕壤性	耕型砂页岩棕壤性土	耕型砾质砂页岩浅淀棕壤土	1	0—10	暗棕色	中壤土	块状	4.8	41.1	2.22	2.02	24.8	17.0	95		砂岩	E 124° 25′ 54.1″ N 40° 12′ 47.5″	93
						2	10—20	黄棕色	中壤土	粒状	5.3	12.8	0.67	0.32	17.6	8.0	41				
						3	20—	黄棕色	重壤土	粒状	5.2	12.3	0.65	0.31	25.2	6.0	44				
剖23	淋溶土	棕壤	棕壤性	石灰岩类棕壤性土	中层石灰岩棕壤土	1	0—20	暗黄棕色	中壤土	块状	6.2	48.6	1.82	0.98	33.3	2.0	114		石灰岩	E 124° 17′ 41.3″ N 40° 09′ 02.2″	95
						2	59—	棕色	中壤土	块状	5.3	7.1	0.25	0.96	35.8	2.0	77				
剖24	淋溶土	棕壤	棕壤性	耕型坡积棕壤	耕型壤质深淀坡积棕壤	1	0—18	棕色	轻壤土	粒状	6.0	38.8	1.33	1.46	27.9	4.0	73		酸性岩岩坡积物	E 124° 17′ 16.4″ N 40° 07′ 57.4″	95
						2	18—28	暗棕色	中壤土	粒状	5.9	14.7	0.85	0.85	23.5	1.0	74				
						3	28—56	暗棕色	中壤土	粒状	5.9	10.0	0.63	0.74	22.7	1.0	72				
						4	56—100	棕色	中壤土	粒状	6.9	6.3	0.54	0.60	25.1	2.0	113				
剖25	淋溶土	棕壤	潮棕壤	棕壤型菜园土	壤质深淀菜园型棕壤土	1	0—16	灰黄色	中壤	粒状	5.6	22.7	0.96	2.10	34.9	6.0	230		坡积物、洪积物	E 124° 19′ 48.4″ N 40° 07′ 57.0″	95
						2	16—32	暗黄色	中壤土	块状	5.6	16.5	0.87	2.10	32.2	29.0	153				
						3	32—60	暗黄棕色	中壤土	块状	5.2	21.3	1.24	1.26	32.1	2.0	458				
						4	60—100	灰黄棕色	中壤土	核状											
剖26	淋溶土	棕壤	棕壤性	酸性岩类棕壤性土	薄层酸性岩棕壤性土	1	0—10	棕色	中壤土	粒状	5.7	25.7	0.99	1.70	25.6	1.0	73		酸性岩类	E 124° 17′ 10.0″ N 40° 06′ 13.0″	95
						2	10—30	暗棕色	紧砂土	粒状	5.5	24.0	0.89	0.87	25.7	1.0	46				
剖27	淋溶土	棕壤	棕壤性	耕型砂页岩棕壤性土		1	0—15	暗棕色	中壤土	块状	5.2	27.3	1.34	1.47	30.0	17.5	133		砂质岩类	E 124° 18′ 57.2″ N 40° 01′ 32.2″	93
						2	15—34	暗灰棕色	中壤土	粒状	5.5	8.1	0.21	0.38	23.5	12.0	42				
剖28	半水成土	草甸土	草甸土	壤质草甸土	薄腹壤质草甸土	1	0—10	灰棕色	中壤土	粒状	6.1	52.8	2.21	1.81	31.6	11.0	117		淤积物	E 124° 21′ 04.3″ N 40° 01′ 15.6″	95
						2	10—100	暗灰棕色	中壤土	片状	6.3	31.5	1.51	1.63	13.3	16.0	22				

宽甸满族自治县

主要土类说明

棕壤是宽甸满族自治县主要土壤类型，占本县地域面积的82%。棕壤发生于落叶阔叶林下，但大部分已被垦殖，以旱作为主。该土壤处于硅铝风化阶段，具有黏化特征，呈棕色。土体见黏粒淀积，盐基充分淋失，见少量游离铁。

暗棕壤是宽甸满族自治县第二大土壤类型，占本县地域面积的7%，主要分布在下露河、青山沟、牛毛坞、大川头、八河川、双山子、灌水等地的海拔600m以上的山地。其所处地形是高寒的山地，成土母质为花岗岩、片麻岩等风化残积物和少量坡积物。暗棕壤是在针阔叶混交林下发育的具有明显有机质富集和弱酸性淋溶特征的土壤，剖面构型为O-Ah-AB-Bt-C，全剖面呈中性至微酸性，盐基饱和度为60%—80%。暗棕壤分布区雨量充沛，气候凉湿，高温雨季同生长季节一致，森林植被生长茂密，季节冻层时间长达6—7个月，生物累积与成土过程十分活跃，腐殖质化作用强。因气温低、土壤湿度较高，在林下草本植物作用下，土壤表层积累大量腐殖质，腐殖质含量在100g/kg以上。凋落物中含有较丰富的灰分和大量的钙、镁等盐基，由于灰分元素含量高，中和了微生物活动所产生的有机酸，使土壤保持微酸性，保证了微生物的旺盛活动，加速了有机物的腐殖质化。同时，被中和的有机酸进入土层后，仅引起土壤黏粒及部分元素的淋溶，不会使黏土矿物遭到分解和破坏，腐殖质层中胡敏酸含量高于富里酸，其下胡敏酸含量低于富里酸，这是流动性较强的富里酸向下移动的结果。由于表层土壤有机质含量较高，在嫌气条件下，铁离子被还原为亚铁离子，并与可溶性盐类、黏粒等随水流向下迁移，下移的亚铁化合物再经脱水氧化而沉淀，并以棕色薄膜包被于土粒表面，从而使土体呈棕色。在高温多雨季节，土壤矿物质风化强烈，所产生的游离二氧化硅以硅酸根形态溶于土壤溶液，因冻结或其他原因脱水而沉淀。因此，土壤结构体表面常覆有二氧化硅粉末。

草甸土是宽甸满族自治县第三大土壤类型，占本县地域面积的3%。草甸土属于半水成隐域性土壤，在本县分布较广泛，从山间、丘陵、沟谷低阶地到江河两岸均有分布，所处地形一般为冲积平地、低阶地和河漫滩，地势平坦，地下水位较高，一般为1—3m。草甸土是在冷湿条件下，受地下水浸润并在草甸植被下发育形成的土壤，具A-Cu或A-C-Cu剖面构型，其形成过程具有明显的腐殖质累积和铁锰氧化还原特征。该土壤腐殖质层较厚，颜色较暗，呈暗灰色至暗棕灰色。草甸土土壤肥力较高，表层有机质含量为25—100g/kg，供水能力较强，土体呈中性或酸性。

小于本县地域面积3%的土壤类型有水稻土。

本区域中心区气候特征

本区域中心区气候特征值
Regional climate characteristics in central area of the region

气候带：中温带亚干旱气候 Climate region: Mid temperate subarid climate	
年平均气温 /℃ Annual average temperature /℃	7.7
年平均最高气温 /℃ Annual average maximum temperature /℃	13.4
年平均最低气温 /℃ Annual average minimum temperature /℃	3.0
年降水量 /mm Annual precipitation /mm	869
≥10℃的积温 /℃ Daily temperature accumulated in a year（≥10℃）/℃	2813
年日照时数 /h Annual sunshine /h	2338
年平均相对湿度 /% Annual average relative humidity /%	68
干燥度 Dryness	0.52

本区域中心区月平均气温与月平均降水量
Monthly temperature and precipitation in central area of the region

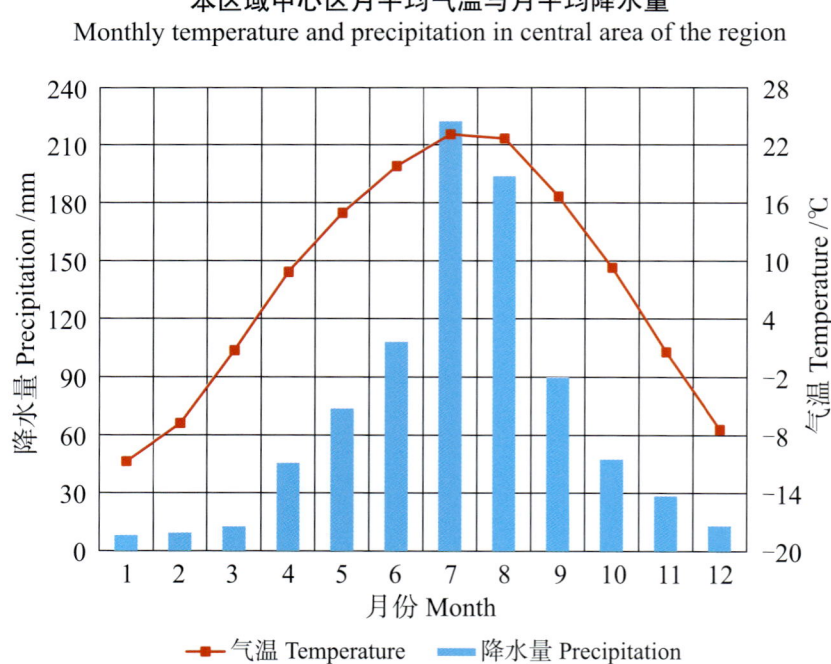

宽甸满族自治县土壤剖面理化性状表

剖面号 Soil profile	土纲 Soil order	土类 Soil great group	亚类 Soil subgroup	土属 Soil genus	土种 Soil species	土层码 Layer code	土层厚度 Depth/cm	颜色 Soil color	质地 Soil texture	土壤结构 Soil structure	pH	有机质 OM/(g/kg)	全氮 TN/(g/kg)	全磷 TP/(g/kg)	全钾 TK/(g/kg)	有效磷 AP/(mg/kg)	速效钾 AK/(mg/kg)	阳离子交换量CEC/(cmol/kg)	土壤母质 Parent material	剖面点坐标 Profile coordinate	匹配指数 Matching index/%
剖1	半水成土	草甸土	草甸土	耕型壤质草甸土	耕型深砂底壤质草甸土	1	0—20		轻壤土		6.1	26.1	1.32	2.27	24.5	12.0	44		淤积物	E 124°25′08.8″ N 40°19′33.6″	97
						2	20—30		砂壤土		6.5	9.3	0.61	1.83	21.2	3.0	34				
						3	30—50		砂壤土		6.4	6.2	0.40	1.75	19.4	6.0	33				
						4	50—100		砂壤土		6.6	2.3	0.20	0.80	16.5	1.0	43				
剖2	淋溶土	棕壤	潮棕壤	耕型坡洪积潮棕壤	耕型壤质深砂底坡洪积潮棕壤	1	0—20	灰棕色	中壤土	团块状	5.5	28.2	1.27	2.08	29.2	11.0	55		坡积物、洪积物	E 124°26′29.5″ N 40°19′50.9″	97
						2	20—35	暗棕灰色	中壤土	片状	5.4	22.0	0.69	1.23	23.5	1.0	48				
						3	35—70	棕黄灰色	轻壤土	无结构	5.0	16.5	0.59	2.21	21.4	3.0	39				
						4	70—100														
剖3	淋溶土	棕壤	棕壤	耕型坡积棕壤	耕型壤质浅淀坡积棕壤	2	12—38	棕灰色	中壤土	粒块状	5.1	23.6	1.20	1.36	25.5	5.0	95		坡积物	E 124°28′13.8″ N 40°19′55.9″	97
								暗棕灰色	中壤土	片状	5.1	6.9	0.45	1.04	22.6	1.0	69				
						3	38—79	棕黄灰色	中壤土	粒块状	5.2	4.5	0.40	1.08	25.0	4.0	71				
						C	79—105		砂壤土		5.5	3.0	0.19	0.93	26.4	8.0	113				
剖4	淋溶土	暗棕壤	暗棕壤	酸性岩类棕壤	中层酸性暗棕壤	Ao	0—25		轻壤土		5.9	107.2	5.30	3.53	23.1	4.0	155			E 124°41′34.4″ N 41°06′00.7″	95
						2	25—39	棕灰色	砂壤土	团粒状	6.0	13.3	0.71	1.86	13.2	3.0	69				
						3	39—85				5.6	<1.0	<0.10	0.12	13.0	1.0	11				
						C	85—														
剖5	淋溶土	棕壤	棕壤	耕型坡积棕壤	耕型砾石坡积棕壤	1	0—14	灰棕色	轻壤土	粒块状	6.1	17.0	0.94	2.84	22.3	1.0	147		坡积物	E 124°43′59.2″ N 41°05′10.7″	97
						2	14—54	棕黄色	中壤土	块状	6.7	13.8	0.42	6.00	21.6	1.0	65				
						3	54—115		轻壤土		7.0	10.3	0.35	5.70	24.4	2.0	62				
剖6	淋溶土	棕壤	棕壤性土	石灰岩类壤性土	中层石岩壤性土	1	0—15	暗棕色	中壤土	团粒状	6.5	41.0	1.92	1.75	22.0	1.0	86			E 124°43′55.9″ N 41°00′37.1″	97
						C	15—50	浅灰色	中壤土		6.8	23.6	0.95	2.15	20.5	1.0	122				
剖7	淋溶土	棕壤	棕壤	棕壤土	乌酸黄土	Ao	0—13	黑色	壤土	团粒状	6.0	113.5	6.36	0.69	18.6	9.0	150	42.6	花岗岩风化坡积物	E 124°37′59.5″ N 41°01′09.8″	95
						A	13—35	浊棕色	黏土	屑粒状	5.1	27.8	1.83	0.34	20.3	4.0	74	27.6			
						Bt	35—74	亮棕色	黏土	块状	5.1	10.6	1.02	0.22	21.9	3.0	80	29.8			
剖8	淋溶土	棕壤	潮棕壤	耕型坡洪积潮棕壤	耕型砾石坡洪积潮棕壤	1	0—18	棕灰色	重壤土	粒状	5.7	25.2	1.40	3.05	23.5	12.0	64		坡积物、洪积物	E 124°35′35.2″ N 40°59′03.5″	95
						2	18—30	深棕灰色	重壤土	片状	5.9	11.4	0.72	2.09	14.3	10.0	51				
						3	30—100	棕灰色	中壤土		6.2	10.3	0.65	1.85	24.0	13.0	56				
剖9	人为土	水稻土	淹育水稻土	棕壤田	壤质坡积棕壤田	1	0—20	浅灰棕色	重壤土	块状	6.3	19.7	0.95	1.53	17.0	6.0	40		坡积物、洪积物或黄土状母质	E 124°33′56.9″ N 40°55′28.6″	97
						2	20—70	浅棕灰色	中壤土	柱状	6.7	18.2	0.91	1.76	20.7	4.0	62				
						3	70—100	暗灰棕色	中壤土	块状、柱状	6.6	16.8	<0.10	1.94	18.4	2.0	73				
						4	100—130	暗灰棕色	轻壤土		6.7	14.9	0.30	1.88	24.0	1.0	44				
剖10	半水成土	草甸土	草甸土	草甸型菜园土	深砂底壤质草甸型菜园土	1	0—15	棕灰色	轻壤土	团粒状	7.5	38.1	1.55	2.62	26.7	48.0	150		淤积物	E 124°34′42.2″ N 40°52′15.2″	97
						2	15—25	棕灰色	中壤土	片状	7.2	29.9	1.19	2.15	23.9	21.0	54				
						3	25—70	浅灰棕色	轻壤土	无结构	6.9	16.1	1.01	1.67	25.3	3.0	43				
						4	70—														
剖11	淋溶土	棕壤	棕壤	片岩类棕壤	中厚片岩片棕壤	1	0—25	暗棕色	中壤土	团粒状	7.0	38.3	1.82	3.24	20.4	23.0	119			E 124°32′39.8″ N 40°51′37.8″	95
						2	25—70	灰白色	中壤土	核块状	7.0	36.3	1.52	2.58	25.1	5.0	66				
剖12	半水成土	草甸土	草甸土	耕型壤质草甸土	耕型壤质草甸土	1	0—18	暗棕色	中壤土	片状	5.4	22.9	1.61	1.63	30.7	18.0	50		淤积物	E 124°32′04.2″ N 40°18′55.8″	97
						2	18—25	暗棕色	中壤土	无结构	6.4	15.7	0.75	1.49	24.2	4.0	56				
						3	25—55	棕灰色	中壤土	无结构	6.3	19.8	0.83	1.74	31.8	4.0	67				
						4	55—100	浅棕灰色	中壤土	无结构	6.8	8.5	0.28	1.17	28.0	4.0	43				

续表 Continued

剖面号 Soil profile	土纲 Soil order	土类 Soil great group	亚类 Soil subgroup	土属 Soil genus	土种 Soil species	土层码 Layer code	土层厚度 Depth/cm	颜色 Soil color	质地 Soil texture	土壤结构 Soil structure	pH	有机质 OM/(g/kg)	全氮 TN/(g/kg)	全磷 TP/(g/kg)	全钾 TK/(g/kg)	有效磷 AP/(mg/kg)	速效钾 AK/(mg/kg)	阳离子交换量CEC/(cmol/kg)	土壤母质 Parent material	剖面点坐标 Profile coordinate	匹配指数 Matching index/%
剖13	淋溶土	棕壤	棕壤	耕型坡积棕壤	耕型砂质浅淀坡积棕壤	1	0—17	棕灰色	砂壤土	粒状	5.7	30.4	1.29	0.87	24.9	1.0	162		坡积物	E 124°33′12.2″ N 40°19′38.6″	97
						2	17—48	暗棕质色	砂壤土	片状	5.3	7.0	0.35	0.53	24.3	1.0	72				
						3	48—84	棕黄色	砂壤土	核块状	5.3	2.5	0.35	0.46	25.0	1.0	63				
剖14	淋溶土	棕壤	棕壤性	片岩类棕壤性土	薄层片岩棕壤性土	1	0—15	棕灰色	砂壤土	屑粒状	6.1	35.8	1.81	1.09	18.9	1.0	93		片岩、板岩、千枚岩等岩石风化物	E 124°36′53.6″ N 40°18′52.2″	97
						2	15—30	浅灰棕色	砂壤土	无结构	6.0	7.3	0.31	0.84	19.7	1.0	37				
						3	30—110				5.7	3.7	0.21	1.23	30.4	2.0	36				
剖15	半水成土	草甸土	草甸土	耕型壤质草甸土	耕型浅淀底壤质草甸土	1	0—20	灰灰色	轻壤土	团粒状	5.5	27.6	1.42	2.75	30.8	22.0	89		淤积物	E 124°41′39.5″ N 40°19′41.5″	97
						2	20—48	深灰色	砂壤土	片状	6.2	18.9	1.18	2.13	28.1	3.0	67				
						3	48—110	灰灰色	砂壤土	无结构	6.0	<1.0	<0.10		15.0	<1.0	10				
剖16	淋溶土	棕壤	棕壤	石灰岩类棕壤	薄腐石灰岩棕壤	1	0—18	棕灰色	紧壤土	团粒状	7.3	45.5	2.13	0.46	20.0	7.0	87			E 124°46′26.8″ N 41°00′39.6″	97
						2	18—43	浅棕色	砂壤土	核块状	7.4	6.7	0.39	0.30	16.5	6.0	29				
						3	43—78	浅棕色	砂壤土	核块状	7.2	7.8	0.32	0.25	16.8	3.0	23				
剖17	淋溶土	棕壤	棕壤			1	0—19	棕灰色	中壤土	团粒状	5.7	24.2	1.16	1.52	20.6	3.0	35			E 124°53′24.4″ N 41°01′10.2″	95
						2	19—30	灰灰色	砂壤土	核块状	5.1	7.1	0.48	2.08	23.0	12.0	21				
						3	30—82	灰灰色			5.5	3.6	0.21	1.92	34.4	6.0	6				
						4	82—114				5.1	2.3	0.12	1.55	21.7	4.0	<5				
剖18	淋溶土	暗棕壤	暗棕壤	酸性岩类暗棕壤	薄层酸性暗棕壤	Ao	0—7		中壤土	团粒状	5.8	109.0	5.28	0.92	16.0	6.0	86			E 124°56′10.0″ N 40°53′26.9″	95
						2	7—30	黑色	轻壤土		5.6	50.0	2.57	0.54	14.4	2.0	40				
						C	30—	浅棕黄色													
剖19	淋溶土	棕壤	潮棕壤	耕型黄土状潮棕壤	耕型黄土状潮棕壤	1	0—28	棕灰色	中壤土	粒状、块状	5.9	12.3	0.98	1.76	27.5	2.0	53		黄土状母质	E 124°52′30.7″ N 40°45′11.2″	95
						2	28—48	暗棕色	重壤土	片状	5.3	9.5	0.53	1.55	26.8	1.0	53				
						3	48—115	浅棕色	重壤土	核块状	5.3	8.6	0.32	0.85	20.5	3.0	76				
						4	115—	棕黄色		块状											
剖20	淋溶土	棕壤	棕壤	基性岩类棕壤	潮腐基质浅淀棕壤	1	0—20	棕色	轻黏土	团粒状	5.5	36.4	1.81	1.86	22.5	1.0	99		玄武岩、安山岩、凝灰岩风化物	E 124°45′24.1″ N 40°42′36.4″	82
						2	20—44	暗棕色	轻黏土	核块状	5.1	61.1	1.42	2.86	23.3	1.0	68				
						C	44—85	灰棕色	重黏土		5.2	26.6	0.60	1.62	23.5	4.0	81				
剖21	淋溶土	棕壤	潮棕壤	耕型黄土状潮棕壤	耕型黏土状浅淀潮棕壤	1	0—30	灰黄色	轻壤土		5.0	23.2	1.16	1.66	24.1	3.0	54		黄土状母质	E 124°50′50.3″ N 40°40′22.1″	95
						2	30—65	灰灰色	轻壤土	粒状	5.2	16.0	1.02	1.20	21.2	5.0	35				
						3	65—126	灰棕色			5.2	6.9	0.33	1.02	24.2	1.0	29				
剖22	水稻土	淹育水稻土	草甸土田	草甸土田	壤性草甸土田	1	0—12	棕色	中壤土	粒状	6.0	27.9	1.22	2.62	26.5	12.0	126			E 125°04′03.7″ N 41°00′41.4″	97
						2	12—30	浅棕灰色	中壤土	片状	6.5	23.6	1.20	2.29	24.1	9.0	99				
						3	30—54	灰灰色	轻壤土	柱状	6.5	19.0	1.05	2.18	25.7	13.0	110				
						4	54—100	灰灰色	轻壤土	柱状	5.8	14.5	0.74	1.28	22.1	11.0	92				
剖23	水稻土	淹育水稻土	草甸土田	块积深永底草甸土田		1	0—19	棕棕色	轻壤土	小洪状	5.5	26.9	1.30	1.28	33.9	2.0	147			E 125°03′29.5″ N 41°00′47.5″	97
						2	19—43	暗棕灰色	砂壤土	粒状	5.8	31.6	1.38	1.35	34.0	5.0	123				
						3	43—76	浅棕黄色	砂壤土	核块状	5.8	12.8	0.37	1.19	31.9	4.0	100				
剖24	淋溶土	棕壤	棕壤	硅铝质棕壤	大西岔山黄土	A	0—19	棕棕色	中壤土	团粒状	5.7	24.2	1.16	0.66	14.7	1.0	17	15.8	淤积物	E 125°10′21.0″ N 40°58′08.4″	81
						B	19—30	暗棕黄色	中壤土	块状	5.1	7.1	0.48	0.91	16.2	4.0	99	14.0			
						BC	30—82	浅棕黄色	轻壤土	块状	5.5	3.6	0.21	0.84	24.2	19.0	116	4.8			
剖25	淋溶土	棕壤	棕壤性	基性岩类洪积棕壤性土	中层基性岩棕壤性土	1	0—35	灰灰色	中壤土	小粒状	5.4	42.0	1.90	2.07	23.7	4.0	262			E 125°11′29.8″ N 40°59′45.6″	99
						2	35—70	深灰色	中壤土	片状	6.0	17.1	0.72	3.86	14.8	25.0	59				
						D	70—157				6.1	4.4	0.11	5.03	13.2	11.0	45				
剖26	淋溶土	棕壤	潮棕壤	耕型坡积潮棕壤	耕型潮棕壤洪积棕壤	1	0—18	灰灰色	轻壤土	小粒状	6.7	24.1	1.25	1.49	29.0	11.0	45		坡积物、洪积物	E 125°07′33.6″ N 40°52′53.0″	98
						2	18—30	深灰色	中壤土	片状	6.4	14.0	0.75	0.83	25.9	2.0	51				
						3	30—100	棕黄色	中壤土		5.8	7.6	0.55	0.72	30.4	2.0					

续表 Continued

剖面号 Soil profile	土纲 Soil order	土类 Soil great group	亚类 Soil subgroup	土属 Soil genus	土种 Soil species	土层码 Layer code	土层厚度 Depth/cm	颜色 Soil color	质地 Soil texture	土壤结构 Soil structure	pH	有机质 OM/(g/kg)	全氮 TN/(g/kg)	全磷 TP/(g/kg)	全钾 TK/(g/kg)	有效磷 AP/(mg/kg)	速效钾 AK/(mg/kg)	阳离子交换量CEC/(cmol/kg)	土壤母质 Parent material	剖面点坐标 Profile coordinate	匹配指数 Matching index/%
剖27	人为土	水稻土	淹育水稻土	草甸土田	壤质浅砂底草甸土田	1	0—20	灰棕色	轻壤土	小块状	4.8	30.8	1.44	1.53	30.3	16.0	53		淤积物	E 125°11′54.2″ N 40°54′42.8″	97
						2	20—40	灰色	轻壤土	片状	5.4	27.0	1.30	1.49	28.0	12.0	57				
						3	40—50	棕灰色	砂壤土	柱状	5.8	12.5	0.85	1.44	28.5	13.0	103				
						4	50—100				5.8	2.6	0.35	1.18	12.3	5.0	22				
剖28	淋溶土	棕壤	棕壤性土	石灰岩类棕壤性土	薄层石灰岩棕壤性土	1	0—18	暗棕色	中壤土	屑粒状	7.0	39.3	1.84	0.34	20.5	5.0	49			E 125°02′32.6″ N 40°41′16.4″	98
						C	18—54	浅砂色	紧砂土	无结构	7.1	<1.0	<0.10	0.23	12.4	5.0	16				
剖29	半水成土	草甸土	草甸土	草甸型菜园土	浅砂底壤型草甸土菜园土	1	0—15		轻壤土		7.0	55.6	1.77	2.35	24.6	28.0	136		淤积物	E 125°29′17.5″ N 40°53′17.2″	97
						2	15—25		中壤土		6.7	39.4	1.68	2.03	29.7	4.0	47				
						3	25—100		紧砂土		6.1	5.5	0.29	1.41	13.7	1.0	12				
剖30	淋溶土	棕壤	棕壤	坡积棕壤	中腐坡积棕壤	1	0—18		轻壤土		5.7	30.5	1.19	1.25	33.1	11.0	86		坡积物	E 125°30′35.3″ N 40°53′21.8″	99
						2	18—44		中壤土		6.0	12.4	0.55	1.34	38.0	1.0	39				
						3	44—100		中壤土		6.3	6.1	0.26	1.40	30.8	1.0	36				

东 港 市

主要土类说明

棕壤是东港市主要土壤类型，占本市地域面积的 39%。棕壤是在落叶阔叶林下发育的淋溶型棕化的土壤，其剖面由凋落物层、腐殖质层、黏淀层和母质层构成。该土壤化学风化强烈，黏化作用明显，风化产生的黏粒和铁铝氧化物随重力水向下淋移，长期积聚在土壤中下部形成黏淀层。

水稻土是东港市第二大土壤类型，占本市地域面积的 34%。水稻土是在长期季节性淹灌、水下翻耕、季节性脱水、氧化还原交替影响下，原来成土母质或母土的特性发生重大改变，形成的新的土壤类型。由于干湿交替，水稻土形成糊状淹育层、较坚实板结的犁底层、渗育层、潴育层与潜育层等多种发生层。这些不同发生层是在人为耕作、水浆管理下形成的。

草甸土是东港市第三大土壤类型，占本市地域面积的 14%。草甸土是在冷湿条件下，受地下水浸润并在草甸植被下发育形成的土壤。因所处地下水位较高，潜水参与土壤形成过程，受地下水升降与浸润作用，其形成过程具有明显的腐殖质累积和铁锰氧化还原特征，土体出现锈色斑纹层。

粗骨土占本市地域面积的 7%。粗骨土属于 A-C 型，甚至（A）-C 型土壤。A 层发育不明显，与母质土层性状相似，略显有机质累积。有时母质层富含砾石，很少出现剖面分异与发育特征。

滨海盐土占本市地域面积的 3%。滨海盐土分布于沿海一带，成土母质为滨海沉积物，全土体含有以氯化物为主的可溶盐，具 A-C 剖面构型，pH 为 7.5—8.5。滨海盐土的土壤和地下水的盐分组成与海水基本一致，氯盐占绝对优势，其次为硫酸盐和重碳酸盐；盐分中以钠、钾离子为主，钙、镁离子次之。土壤含盐量为 20—50g/kg，地下水矿化度为 10—30g/L。

小于本市地域面积 3% 的土壤类型有沼泽土。

本区域中心区气候特征

本区域中心区气候特征值
Regional climate characteristics in central area of the region

气候带：暖温带亚湿润气候 Climate region: Warm temperate subhumid climate	
年平均气温 /℃ Annual average temperature /℃	9.2
年平均最高气温 /℃ Annual average maximum temperature /℃	14.0
年平均最低气温 /℃ Annual average minimum temperature /℃	5.3
年降水量 /mm Annual precipitation /mm	867
≥10℃的积温 /℃ Daily temperature accumulated in a year（≥10℃）/℃	3384
年日照时数 /h Annual sunshine /h	2512
年平均相对湿度 /% Annual average relative humidity /%	69
干燥度 Dryness	0.66

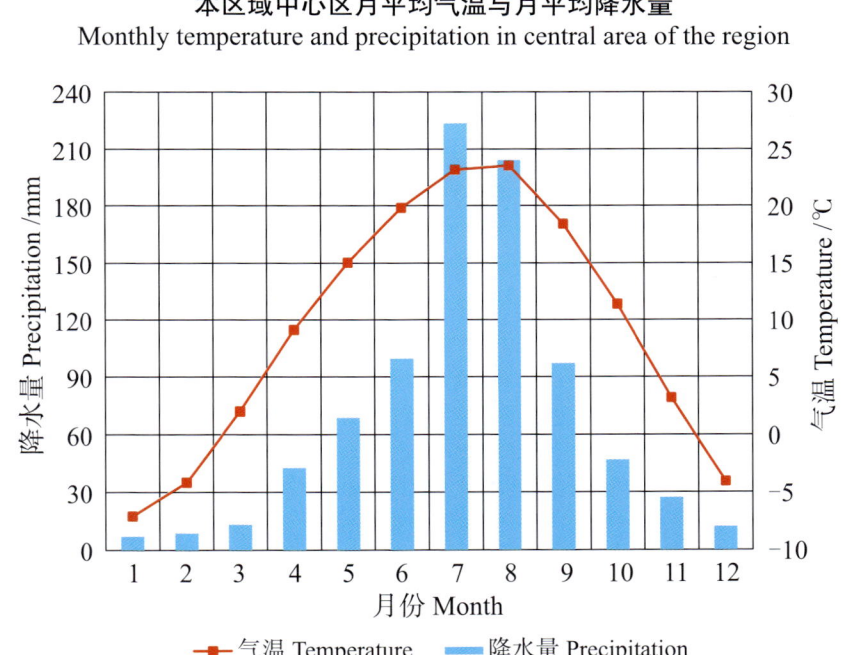

本区域中心区月平均气温与月平均降水量
Monthly temperature and precipitation in central area of the region

东港市主要土壤类型与土壤剖面点分布图

1:270 000

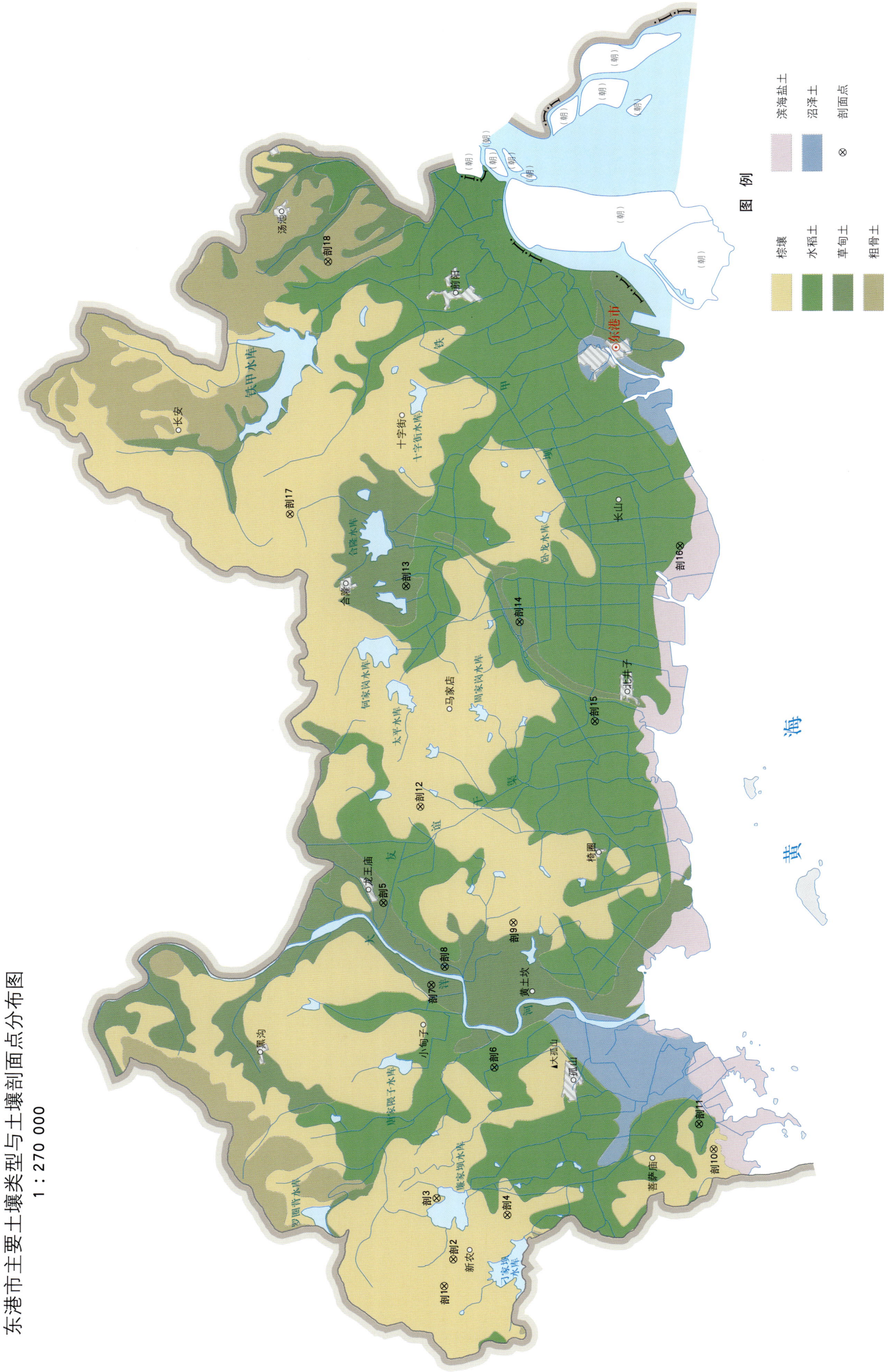

东港市土壤剖面理化性状表

剖面号 Soil profile	土纲 Soil order	土类 Soil great group	亚类 Soil subgroup	土属 Soil genus	土种 Soil species	土层码 Layer code	土层厚度 Depth/cm	颜色 Soil color	质地 Soil texture	土壤结构 Soil structure	pH	有机质 OM/(g/kg)	全氮 TN/(g/kg)	全磷 TP/(g/kg)	全钾 TK/(g/kg)	有效磷 AP/(mg/kg)	速效钾 AK/(mg/kg)	阳离子交换量CEC/(cmol/kg)	土壤母质 Parent material	剖面点坐标 Profile coordinate	匹配指数 Matching index/%
剖1	淋溶土	棕壤	棕壤	耕型坡积棕壤	砂质棕黄土	1	0—14	棕灰黄色	砂壤土	粒状	5.2	1.0	0.61	0.48					坡积物	E 123°25′44.4″ N 39°58′25.3″	75
						2	14—22	暗棕色	重壤土	片状	5.4	8.6	0.52	0.31							
						3	22—64	棕黄色	黏土		5.9	4.2	0.28	0.33							
						4	64—100	棕黄色		核粒状											
剖2	淋溶土	棕壤	潮棕壤	潮泥沉积砂土	腰砂山根土	A_{11}	0—16	砂质黏壤土		屑粒状	5.6	17.1	1.02	0.15	18.4			16.4	岩石风化坡积物、洪积物	E 123°26′57.5″ N 39°58′05.9″	95
						A_{12}	16—24	灰棕色	砂壤土	片状	5.7	8.2	0.53	0.11	17.9			15.1			
						B	24—63	亮棕色	砂壤土	粒状	6.1	4.3	0.25	0.10	9.4			7.3			
						Bu	63—100	浊红棕色	黏壤土	块状	6.1	5.4	0.37	0.16	17.7			24.3			
剖3	淋溶土	棕壤	棕壤	耕型坡积棕壤	砂质棕红土	1	0—12	灰棕色	中壤土	粒状	5.4	14.7	0.83	0.48					坡积物	E 123°29′45.6″ N 39°58′41.5″	75
						2	12—20	暗棕色	重壤土	片状	5.2	9.8	0.54	0.24							
						3	20—65	棕红色	黏土	核粒状	6.4	7.9	0.49	0.22							
						4	65—100	红棕色	黏土	核块状	6.3	5.4	0.46	0.23							
剖4	淋溶土	棕壤	棕壤	坡积棕壤	坡黄黏土	Ap	0—16	灰棕色	壤质黏壤土	粒状	5.4	14.7	1.18	0.21	19.4			17.1	黄土坡积物	E 123°28′59.2″ N 39°56′09.6″	95
						P	16—20	暗棕色	壤质黏壤土	片状	5.6	9.8	1.01	0.10	19.2			15.0			
						B_1	20—65	红棕色	壤质黏土	块状	6.4	7.9	0.49	0.10	18.2						
						B_2	65—100	红棕色	壤质黏土	核块状	6.3	5.4	0.46	0.10	18.2						
剖5	半水成土	草甸土	草甸土	甸泥砂土	腰砂甸甸浆土	A_{11}	0—20	灰棕色	砂质黏壤土	团粒状	6.5	19.3	1.30	0.25	18.7			13.4	河流冲积物	E 123°43′26.0″ N 40°00′33.5″	95
						AC	20—27	棕色	砂质黏壤土	块状	6.5	18.1	0.90	0.18	18.4			14.2			
						Cu_1	27—55	黄棕色	砂土	粒状	7.1	3.3	0.25	0.19	14.8			6.5			
						Cu_2	55—100	灰棕色	砂质黏壤土	块状	6.2	12.3	0.70	0.24	18.6			18.5			
剖6	人为土	水稻土	沼泽型水稻土	淤泥沼泽田	海滨淤泥田	1	0—14		中壤土	粒状	5.9	23.2	0.98	0.28	26.9				海积物	E 123°35′45.2″ N 39°56′36.6″	95
						2	14—26		重壤土		6.6	19.0	1.00	0.28	23.8						
						3	26—44		重壤土		6.2	23.0	1.23	0.37							
						4	44—78		轻黏土		6.0	10.0	0.63	0.32							
						5	78—		重壤土		7.0	4.2	0.25	0.37							
剖7	半水成土	草甸土	草甸土	草甸型菜园土	油黑菜园土	1	0—22	灰棕色	中壤土		5.3	31.2	1.88	0.44	26.3				河流冲积物	E 123°39′35.6″ N 39°58′51.6″	75
						2	22—40	黄棕色	轻壤土		5.8	34.2	1.40	0.39							
						3	40—65	浊棕色	重壤土		6.5	8.7	0.77	0.39							
						4	65—86	黄色	重壤土		6.5	6.8	0.38	0.24							
						5	86—		中壤土		6.8	6.2	0.38	0.36							
剖8	半水成土	草甸土	草甸土	耕型壤质草甸土	油砂浆土	1	0—18	棕灰色	中壤土	屑粒状	6.5	21.0	1.08	0.50	5.8				河流冲积物	E 123°40′26.4″ N 39°58′22.4″	92
						2	18—29	暗棕色	重壤土	片状	6.7	16.7	0.90	0.46	20.0						
						3	29—70		壤质黏壤土	核块状	6.4	14.5	0.82	0.52	21.7						
						4	70—		中壤土		6.4	13.0	0.72	0.52							
剖9	淋溶土	棕壤	潮棕壤	潮棕壤土	灰板潮棕黄土	1	0—15	灰棕色	壤质黏壤土	屑粒状	6.3	19.0	1.36	0.19	18.6			27.2	黄土堆积物	E 123°42′28.4″ N 39°55′54.8″	95
						A_{11}	15—22	黄棕色	壤质黏壤土	片状	6.0	15.0	1.06	0.17	18.4			25.5			
						A_{12}	22—47	浊橙色	粉砂质黏壤土	核块状	6.0	12.0	0.86	0.17	17.0						
						Cu	47—100	黄色	粉砂质黏壤土	块状	6.0	6.0	0.46	0.10	17.4						
剖10	淋溶土	棕壤	棕壤性土	人工堆垫棕壤性土	棕黄壤土	1	0—14	棕灰色	中壤土	粒状	5.3	9.0	0.67	0.31					人工堆垫物	E 123°31′58.1″ N 39°48′46.4″	75
						2	14—22	暗棕色	中壤土	不明显片状	5.6	6.0	0.53	0.31							
						3	22—35	棕黄色	砂壤土		5.5	6.0	0.37	0.30							
						4	35—74	棕黄色	砂土		5.6	4.0	0.30	0.46							
						5	74—														

续表 Continued

剖面号 Soil profile	土纲 Soil order	土类 Soil great group	亚类 Soil subgroup	土属 Soil genus	土种 Soil species	土层码 Layer code	土层厚度 Depth/cm	颜色 Soil color	质地 Soil texture	土壤结构 Soil structure	pH	有机质 OM/(g/kg)	全氮 TN/(g/kg)	全磷 TP/(g/kg)	全钾 TK/(g/kg)	有效磷 AP/(mg/kg)	速效钾 AK/(mg/kg)	阳离子交换量CEC/(cmol/kg)	土壤母质 Parent material	剖面点坐标 Profile coordinate	匹配指数 Matching index/%
剖11	人为土	水稻土	淹育水稻土	冲积淹育田	漏河淤土田	Ap	0—18	浅灰色	壤土	糊状	5.8	24.3	1.45	0.18	18.6			17.3	河流冲积物	E 123°33′07.6″ N 39°49′18.1″	95
						2	18—27	暗灰色	粉砂质壤土	片状	6.0	11.6	0.73	0.19	18.4						
						3	27—75	浅灰色	砂质壤土	粒状	6.0	7.2	0.51	0.14	17.8						
						4	75—100	灰黄色	砂质壤土	粒状	6.1	4.7	0.40	0.11							
剖12	淋溶土	棕壤	潮棕壤	耕型黄土状潮棕壤	腰黑潮黄土	1	0—18	灰棕色	轻壤土	粒状	5.5	16.0	1.06	0.31				16.6	黄土状母质	E 123°47′52.8″ N 39°59′13.2″	92
						2	18—27	灰棕色	重壤土	片状	6.2	9.0	0.56	0.27							
						3	27—54	深灰色	中壤土	团粒状	6.4	26.0	1.40	0.45							
						4	54—100	黄色	黏土	无结构	6.2	5.0	0.22	0.26							
剖13	半水成土	草甸土	草甸土	耕型壤质草甸土	夹砂河淤土	1	0—20		砂壤土		6.4	19.3	1.90	0.58	22.1				河流冲积物	E 123°58′05.2″ N 39°59′39.8″	75
						2	20—27		砂壤土		6.4	18.1	0.90	0.40							
						3	27—55				6.4	3.8	0.25	0.44							
						4	55—		中壤土		6.2	12.3	0.70	0.55							
剖14	半水成土	草甸土	草甸土	耕型壤质草甸土	夹黑河淤土	1	0—15		轻壤土		6.1	27.3	1.26	0.63					河流冲积物	E 123°56′22.6″ N 39°55′36.8″	75
						2	15—21		轻壤土		5.8	21.1	1.23	0.63							
						3	21—36		重壤土		5.8	36.3	1.83	0.81							
						4	36—59		重壤土		6.0	20.9	1.56	0.47							
						5	59—		砂壤土		6.0	15.2	0.47	0.44							
剖15	人为土	水稻土	潴育水稻土	草甸潴育田	黏洼甸田	Ap	0—16	暗灰色	壤质黏土	糊状	5.5	23.3	1.62	0.10	18.4	7.0	142	17.4	近代河流冲积物、淤积物	E 123°51′46.1″ N 39°52′57.0″	95
						2	16—25	暗灰色	壤质黏土	片状	6.1	20.3	1.42	0.11	17.5	7.0	121				
						3	25—90	灰白色	粉砂质黏土	块状	6.0	8.9	0.43	0.43		4.0	101				
						4	90—100	蓝灰色	粉砂质黏土	粒状	7.2	9.4	0.52	0.52		4.0	111				
剖16	人为土	水稻土	沼泽型水稻土	腐殖质沼泽田	夹菜黑土田	1	0—20		中壤土		5.3	102.3	10.44	0.51					以河流淤积物为主，也有海积物	E 123°59′48.1″ N 39°49′50.9″	75
						2	20—27		重壤土		5.5	140.3	10.45	0.42							
						3	27—60		重壤土		5.8	221.2	13.04	0.41							
						4	60—	黑色	重壤土		6.3	12.3	0.57	0.35							
剖17	淋溶土	棕壤	棕壤性土	酸性岩类棕壤性土	山黑黄土	1	0—2	黑棕色	轻壤土	粒状	5.9	24.0	1.12	0.27					花岗岩、片麻岩等岩石风化物	E 124°01′29.3″ N 40°03′47.2″	96
						2	2—19	灰黄棕色	砂壤土		5.7	9.0	0.30	0.20							
						3	19—62														
						4	62—														
剖18	初育土	粗骨土	中性粗骨土	黄黑土	片石土	A	0—17	泣黄橙色	砂壤土	屑粒状	6.6	27.1	1.67	0.25	20.2		157	19.5	千枚岩等风化残积物	E 124°13′09.1″ N 40°02′19.0″	95
						C	17—35	浅黄色	砂壤土		6.5	7.3	0.41	0.21	23.8						

凤 城 市

主要土类说明

棕壤是凤城市主要土壤类型，占本市地域面积的89%。棕壤发生于落叶阔叶林下，但大部分已被垦殖，以旱作为主。该土壤处于硅铝风化阶段，具有黏化特征，呈棕色。土体见黏粒淀积，盐基充分淋失，见少量游离铁。

草甸土是凤城市第二大土壤类型，占本市地域面积的9%。草甸土是在冷湿条件下，受地下水浸润并在草甸植被下发育形成的土壤。因所处地下水位较高，潜水参与土壤形成过程，受地下水升降与浸润作用，其形成过程具有明显的腐殖质累积和铁锰氧化还原特征，土体出现锈色斑纹层。

小于本市地域面积3%的土壤类型有水稻土。

本区域中心区气候特征

本区域中心区气候特征值
Regional climate characteristics in central area of the region

气候带：中温带亚干旱气候 Climate region: Mid temperate subarid climate	
年平均气温 /℃ Annual average temperature /℃	8.4
年平均最高气温 /℃ Annual average maximum temperature /℃	13.8
年平均最低气温 /℃ Annual average minimum temperature /℃	3.9
年降水量 /mm Annual precipitation /mm	851
≥10℃的积温 /℃ Daily temperature accumulated in a year (≥10℃) /℃	3085
年日照时数 /h Annual sunshine /h	2414
年平均相对湿度 /% Annual average relative humidity /%	67
干燥度 Dryness	0.60

本区域中心区月平均气温与月平均降水量
Monthly temperature and precipitation in central area of the region

凤城满族自治县主要土壤类型与土壤剖面点分布图
1∶390 000

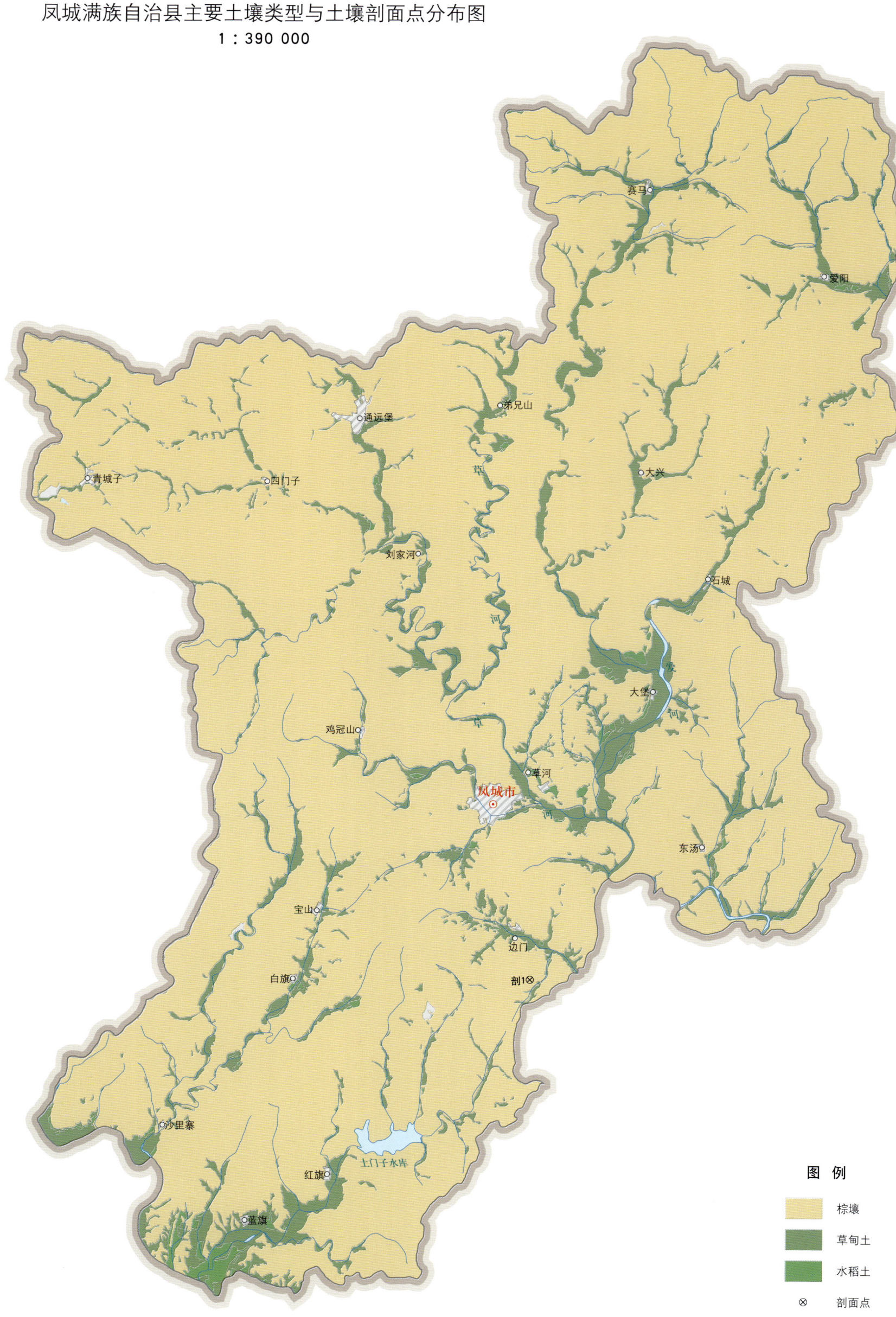

注：国务院1994年3月批准，撤销凤城满族自治县，设立凤城市。

图 例
- 棕壤
- 草甸土
- 水稻土
- ⊗ 剖面点

凤城市土壤剖面理化性状表

剖面号 Soil profile	土纲 Soil order	土类 Soil great group	亚类 Soil subgroup	土属 Soil genus	土种 Soil species	土层码 Layer code	土层厚度 Depth/cm	颜色 Soil color	质地 Soil texture	土壤结构 Soil structure	pH	有机质 OM/(g/kg)	全氮 TN/(g/kg)	全磷 TP/(g/kg)	全钾 TK/(g/kg)	阳离子交换量CEC/(cmol/kg)	土壤母质 Parent material	剖面点坐标 Profile coordinate	匹配指数 Matching index/%
剖1	淋溶土	棕壤	棕壤	坡积棕壤	边门坡黄土	A	0—14	棕灰色	黏壤土	粒状	6.0	22.7	1.08	0.24	17.0	17.6	黄土坡积物	E 124°06′16.9″ N 40°18′20.9″	95
						AB	14—34	灰黄色	黏壤土	粒块状	5.6	14.9	0.75	0.24	15.1	21.6			
						B	34—58	黄色	黏壤土	块状	5.5	8.1	0.57	0.27	17.7	27.4			
						BC	58—100	黄色		块状	5.4	5.6	0.38	0.38	17.2	20.1			

锦 州 市

黑 山 县

主要土类说明

草甸土是黑山县主要土壤类型，占本县地域面积的73%。草甸土是在冷湿条件下，受地下水浸润并在草甸植被下发育形成的土壤，主要分布在绕阳河、东沙河、羊肠河两岸，山间洼地也有零星分布。成土母质主要为河流冲积物，小部分为洪积物或坡积物。土壤质地有砂质、壤质和黏质。发育于砂质母质的草甸土，腐殖质含量较低；发育于壤质母质的草甸土，腐殖质含量居中；发育于黏质母质的草甸土，腐殖质含量较高。本县西部、中部的冲积母质不含碳酸盐，东部、南部的冲积母质含碳酸盐。草甸土是非地带性土壤，但气候对其形成仍有重要影响。由于本县蒸发量大于降水量，淋溶作用较弱，因此多形成石灰性草甸土和盐化草甸土。由于冻结期较长，冰冻上层融化后，下部冻层的阻隔使土体上部形成一个临时滞水层，浸润时间延长，同时产生潜育化过程。典型的草甸土剖面由腐殖质层、锈色斑纹层和母质层构成。本县草甸土分为草甸土、石灰性草甸土、盐化草甸土等亚类。

棕壤是黑山县第二大土壤类型，占本县地域面积的21%。棕壤分布在本县西北部的低丘和中部的漫岗，包括英城子、新立屯、芳山、八道壕、白厂门等地。棕壤是在落叶阔叶林下发育的淋溶型棕化的土壤，其剖面由凋落物层、腐殖质层、黏淀层和母质层构成。该土壤化学风化强烈，黏化作用明显，风化产生的黏粒和铁铝氧化物随重力水向下淋移，长期积聚在土壤中下部形成黏淀层。

小于本县地域面积3%的土壤类型有风沙土、沼泽土、水稻土、潮土、褐土和石质土。

本区域中心区气候特征

本区域中心区气候特征值
Regional climate characteristics in central area of the region

气候带：暖温带亚湿润气候 Climate region: Warm temperate subhumid climate	
年平均气温 /℃ Annual average temperature /℃	8.5
年平均最高气温 /℃ Annual average maximum temperature /℃	14.3
年平均最低气温 /℃ Annual average minimum temperature /℃	3.2
年降水量 /mm Annual precipitation /mm	570
≥10℃的积温 /℃ Daily temperature accumulated in a year (≥10℃) /℃	3161
年日照时数 /h Annual sunshine /h	2648
年平均相对湿度 /% Annual average relative humidity /%	60
干燥度 Dryness	0.90

本区域中心区月平均气温与月平均降水量
Monthly temperature and precipitation in central area of the region

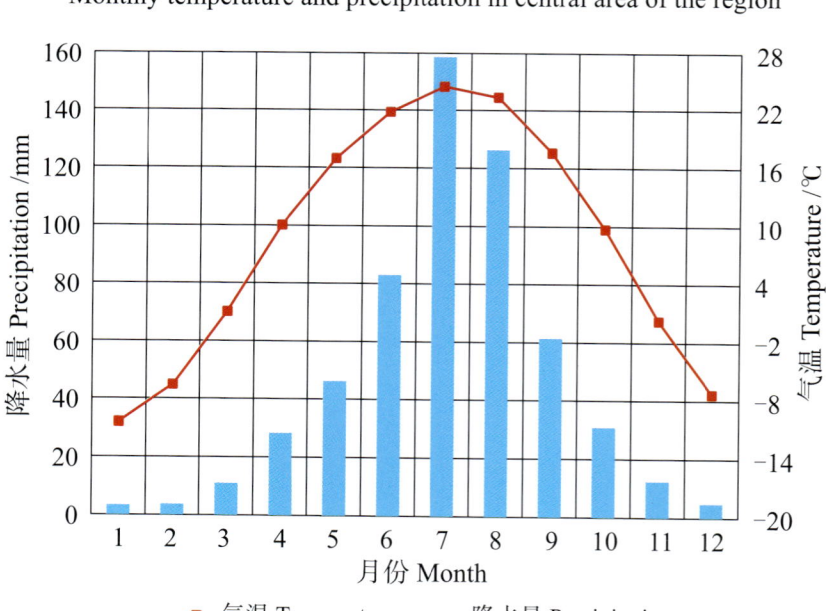

黑山县主要土壤类型与土壤剖面点分布图
1∶280 000

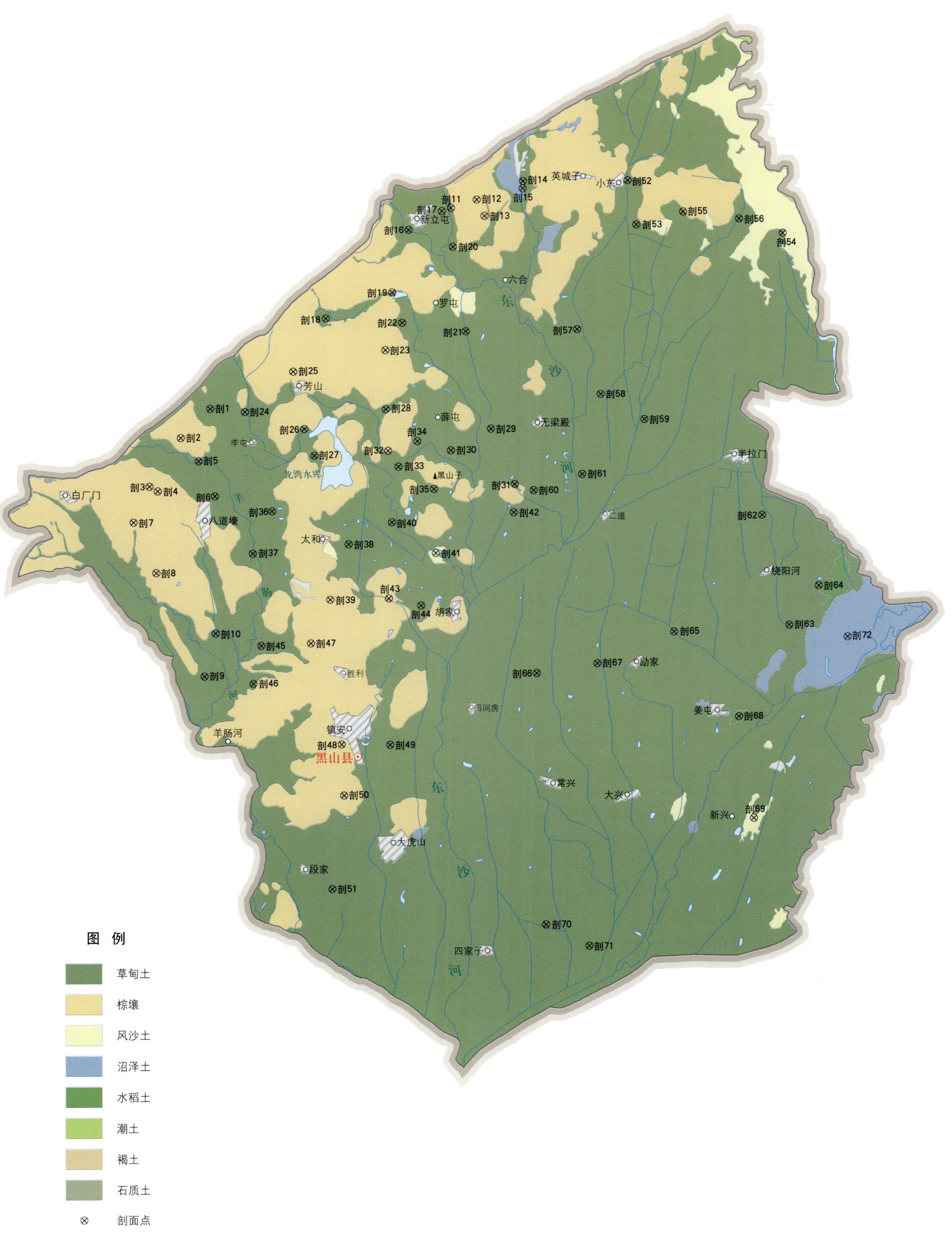

图例
- 草甸土
- 棕壤
- 风沙土
- 沼泽土
- 水稻土
- 潮土
- 褐土
- 石质土
- ⊗ 剖面点

黑山县土壤剖面理化性状表

剖面号 Soil profile	土纲 Soil order	土类 Soil great group	亚类 Soil subgroup	土属 Soil genus	土种 Soil species	土层码 Layer code	土层厚度 Depth/cm	颜色 Soil color	质地 Soil texture	土壤结构 Soil structure	pH	有机质 OM/(g/kg)	全氮 TN/(g/kg)	全磷 TP/(g/kg)	全钾 TK/(g/kg)	有效磷 AP/(mg/kg)	速效钾 AK/(mg/kg)	阳离子交换量CEC/(cmol/kg)	土壤母质 Parent material	剖面点坐标 Profile coordinate	匹配指数 Matching index/%
剖1	半水成土	草甸土	草甸土	耕型壤质草甸土	耕型壤质草甸土	1	0—23	黄棕色	轻壤土	团粒状	7.6	13.6	0.80	0.73		2.0	83		河流冲积物	E 121°59′24.0″ N 41°53′16.8″	97
						2	23—33	黄棕色	轻壤土	片状	7.5	13.8	0.76	0.66		1.0	88				
						3	33—51	黄棕色	中壤土	块状	7.7	6.4	0.40	0.44		1.0	52				
						4	51—86	浅黄棕色	中壤土	粒状	7.8	9.0	0.53	0.48		1.0	69				
						5	86—120	暗棕色	轻黏土	棱块状	8.0	15.2	0.84	0.72		1.0	134				
剖2	淋溶土	棕壤	棕壤性土	基性岩类棕壤性土	中层基性岩棕壤性土	1	0—18	棕灰色	中壤土	团粒状	7.3	25.7	1.15	0.24	22.8	2.0	90		安山岩、玄武岩等风化残积物	E 121°57′56.2″ N 41°52′11.3″	97
						2	18—40	棕黄色	轻壤土	粒状	7.5	18.1	0.79	0.21	27.4	<1.0	72				
						3	40—	浅棕色		块状											
剖3	淋溶土	棕壤	坡积棕壤	坡积棕壤	薄腐砂坡积棕壤	1	0—13	灰棕色	中壤土	团块状	8.4	21.1	0.97	0.50	29.3	1.0	118		坡积物	E 121°56′24.4″ N 41°50′21.5″	97
						2	13—100	黄棕色	轻砂土	核块状	8.3	4.2	0.36	0.40	28.2	1.0	76				
剖4	淋溶土	棕壤	棕壤性土	耕型砂页岩棕壤性土	耕型中层砂页岩棕壤性土	1	0—13	浅红色	紧砂土	粒状	7.0	18.0	1.07	0.27	>50.0	4.0	103		砂页岩风化残积物	E 121°56′48.8″ N 41°50′11.4″	97
						2	12—20	棕色	轻壤土	片状	7.0	17.2	0.82	0.25	26.3	1.0	90				
						3	20—40	红棕色	中壤土	棱块状	7.3	11.0	0.80	0.21	7.6	1.0	82				
						4	40—														
剖5	半水成土	草甸土	草甸土	砂质草甸土	薄腐砂质草甸土	1	0—11	浅棕色	轻壤土	团粒状	7.6	7.3	0.43	0.47		1.0	54		河流冲积物	E 121°58′50.9″ N 41°51′19.8″	97
						2	11—25	浅黄棕色	松砂土	粒状	8.5	1.3	0.11	0.43		1.0	14				
						3	25—70	黄棕色	紧砂土	棱块状	8.0	4.3	0.20	0.64		1.0	35				
						4	70—120	浅棕黄色	松砂土	粒状	8.3	2.9	0.10	0.21		1.0	7				
剖6	半水成土	草甸土	草甸土	耕型壤质草甸土	耕型深砂底壤质草甸土	1	0—18	棕黄色	轻壤土	团粒状	8.0	9.9	0.62	0.54		1.0	74		河流冲积物	E 121°59′41.3″ N 41°50′02.0″	97
						2	18—29	黄黄色	中壤土	片状	8.1	6.9	0.45	0.48		1.0	57				
						3	29—80	浅黄棕色	轻壤土	棱块状	8.2	4.0	0.25	0.39		1.0	78				
						4	80—120	灰黄色	松砂土		8.0	<1.0	0.10	0.61		1.0	17				
剖7	淋溶土	棕壤	耕型坡积棕壤	耕型坡积棕壤	耕型壤质浅淀坡积棕壤	1	0—18	棕色	中壤土	粒状	8.8	16.6	0.95	0.56		3.0	129		坡积物	E 121°55′37.6″ N 41°49′01.2″	95
						2	18—28	暗棕色	中壤土	片状	8.8	10.3	0.63	0.45		1.0	96				
						3	28—66	浅黄棕色	重壤土	团块状	8.8	11.0	0.64	0.27		1.0	118				
						4	66—120	灰棕色	重壤土	块状	8.8	6.3	0.39	0.21		1.0	111				
剖8	淋溶土	潮棕壤	棕壤型菜园土	耕型菜园土	耕型壤质浅淀积菜园土	1	0—26	灰红色	黏土	团粒状	8.5	16.7	0.95	0.63		2.0	120			E 121°56′47.4″ N 41°47′09.2″	95
						2	26—39	暗棕色	黏土	团块状	8.5	14.4	0.77	0.52		1.0	99				
						3	39—64	浅黄棕色	黏土	块状	8.0	16.5	0.90	0.68		1.0	126				
						4	64—120	灰黄色	中壤土	块状	7.9	10.1	0.47	0.42		1.0	100				
剖9	半水成土	草甸土	草甸土	耕型壤质草甸土	耕型壤质浅淀积草甸土	1	0—20	棕色	轻壤土	团粒状	8.1	13.1	0.76	0.71		1.0	81		河流冲积物	E 121°59′15.7″ N 41°43′19.2″	98
						2	20—29	暗棕色	中壤土	片状	7.8	11.1	0.59	0.55	22.3	1.0	72				
						3	29—47	浅深棕色	中壤土	团块状	7.9	6.9	0.46	0.49	24.1	1.0	58				
						4	47—106	灰棕色	轻壤土	粒状	8.1	5.7	0.38	0.43	23.7	1.0	57				
						5	106—120	灰黄棕色	中壤土	核块状	9.4	19.7	1.20	0.97	23.7	2.0	183				
剖10	淋溶土	草甸土	耕型黏质草甸土	耕型涂茶黄黏质草甸土	耕型涂茶黄黏质草甸土	1	0—22	暗棕色	重壤土	团块状	9.5	12.7	0.80	0.58		1.0	123		河流冲积物	E 121°59′47.8″ N 41°44′55.7″	97
						2	22—30	暗棕色	重壤土	片状	9.0	13.1	0.72	0.56		1.0	121				
						3	30—45	黄棕色	重壤土	棱块状	9.0	10.5	0.90	0.56		1.0	111				
						4	45—120	棕色	中壤土	棱块状	9.0	7.4	0.45	0.42		1.0	95				
剖11	半水成土	草甸土	石灰性草甸土	耕型壤质石灰性草甸土	耕型淀碳酸盐草甸土	1	0—20	灰棕色	中壤土	团块状	8.1	11.4	0.81	0.59		1.0	90		河流冲积物	E 122°11′21.5″ N 42°00′52.2″	97
						2	20—35	棕色	中壤土	片状	7.1	8.5	0.71	0.55		1.0	76				
						3	35—60	黄棕色	中壤土	粒状	7.6	13.0	1.03	0.55		1.0	59				
						4	60—100	棕灰色	重壤土	粒状	7.8	2.6	0.35	0.34							

续表 Continued

剖面号 Soil profile	土纲 Soil order	土类 Soil great group	亚类 Soil subgroup	土属 Soil genus	土种 Soil species	土层码 Layer code	土层厚度 Depth/cm	颜色 Soil color	质地 Soil texture	土壤结构 Soil structure	pH	有机质 OM/(g/kg)	全氮 TN/(g/kg)	全磷 TP/(g/kg)	全钾 TK/(g/kg)	有效磷 AP/(mg/kg)	速效钾 AK/(mg/kg)	阳离子交换量 CEC/(cmol/kg)	土壤母质 Parent material	剖面点坐标 Profile coordinate	匹配指数 Matching index/%
剖12	淋溶土	棕壤	潮棕壤	耕型坡积洪潮棕壤	耕型壤质洪积坡积潮棕壤	1	0~21	浅棕色	轻壤土	粒状	8.1	16.5	0.99	0.77	27.2	9.0	172		坡积物, 洪积物	E 122°12′38.0″ N 42°01′10.9″	97
						2	21~32	棕黄色	中壤土	片状	8.1	12.7	0.80	0.49	26.0	1.0	114				
						3	32~65	棕色	中壤土	核块状	8.2	15.8	0.73	0.52	25.0	1.0	88				
						4	65~120	暗棕色	重壤土	核块状	8.2	13.0	0.65	0.44	27.1	2.0	115				
剖13	淋溶土	棕壤	潮棕壤	耕型坡积洪潮棕壤	耕型壤质坡积洪积潮棕壤	1	0~16	灰棕色	中壤土	粒状	8.0	15.2	0.76	0.70	27.2	4.0	136		坡积物, 洪积物	E 122°13′03.0″ N 42°00′35.3″	95
						2	16~27	黄棕色	中壤土	片状	7.9	10.2	0.68	0.48	26.0	1.0	77				
						3	27~50	棕灰色	中壤土	团粒状	7.9	15.0	0.74	0.40	25.1	1.0	82				
						4	50~100	红棕色	中壤土	块状	7.8	14.3	0.65	0.29	27.1	1.0	92				
剖14	半水成土	草甸土	石灰性草甸土	壤质石灰性草甸土	薄腐壤质碳酸盐草甸土	1	0~18	棕灰色	轻壤土	粒状	8.5	3.2	0.26	0.26		1.0	45		河流冲积物	E 122°14′58.2″ N 42°01′53.8″	97
						2	18~29	棕黄色	轻壤土	粒状	8.6	5.4	0.29	1.02	23.2	14.0	41				
						3	29~58	灰白色	松砂土	粒状	8.8	<1.0	0.13	0.17	27.9	1.0	12				
						4	58~100	灰棕色	松砂土	粒状	8.8	<1.0	0.13	0.71	25.8	1.0	20				
						5	100~120	灰砂色	松砂土	粒状	8.8		0.11	<0.10	23.9	1.0	12				
剖15	半水成土	草甸土	石灰性草甸土	壤质石灰性草甸土	薄腐壤质碳酸盐草甸土	1	0~16	棕灰色	轻壤土	粒状	8.4	11.0	0.27	0.39		1.0	63		河流冲积物	E 122°14′57.5″ N 42°01′45.5″	97
						2	16~80	浅黄色	紧砂土	粒状	8.5	2.1	0.12	0.15	23.2	1.0	52				
						3	80~100	灰白色	松砂土	粒状	8.6	8.0	0.16	0.37	27.9	1.0	54				
						4	100~120	灰砂色	松砂土	粒状	8.6	1.5	<0.10	<0.10	25.8	1.0	27				
剖16	半水成土	草甸土	石灰性草甸土	砂质石灰性草甸土	薄腐砂质碳酸盐草甸土	1	0~20	棕黄色	轻壤土	团粒状	7.5	8.7	0.57	0.33		1.0	73		河流冲积物	E 122°09′14.8″ N 42°00′01.8″	97
						2	20~53	浅黄色	紧砂土	砂粒状	8.0	13.1	0.19	0.15	27.2	1.0	29				
						3	53~95	黄棕色	轻壤土	粒状	8.1	9.0	0.48	0.46	25.9	1.0	63				
						4	95~120	浅黄色	中壤土	团粒状	7.9	8.0	0.53	0.35	25.1	1.0	63				
剖17	半水成土	草甸土	石灰性草甸土	耕型壤质石灰性草甸土	耕型壤质碳酸盐草甸土	1	0~20	棕灰色	砂壤土	片状	8.0	9.0	0.60	0.23	27.7	1.0	66		河流冲积物	E 122°10′54.1″ N 42°00′44.6″	97
						2	20~26	暗棕色	中壤土	粒状	8.0	5.7	0.39	0.18	27.5	1.0	51				
						3	26~37	棕灰色	中壤土	核块状	8.0	4.4	0.35	0.13	24.3	1.0	45				
						4	37~83	棕灰色	中壤土	核块状	8.0	2.4	0.18	0.56	29.2	1.0	45				
						5	83~120	黄棕色	轻壤土	团粒状	8.0	8.4	0.44	0.57	27.1	1.0	63				
剖18	半水成土	草甸土	草甸土	耕型壤质草甸土	耕型浅砂底壤质草甸土	1	0~20	黄棕色	轻壤土	片状	8.0	8.3	0.43	0.53	27.1	1.0	48		河流冲积物	E 122°05′08.2″ N 41°56′42.4″	97
						2	20~27	黄棕色	轻壤土	团块状	8.0	5.5	0.34	0.18	24.6	1.0	54				
						3	27~42	棕灰色	松砂土	团粒状	7.9	<1.0	<0.10	<0.10	24.3	<1.0	5				
						4	42~100	暗黄色	重黏土	无明显结构	8.2	35.2	1.66	1.00	24.1	2.0	148				
剖19	半水成土	草甸土	石灰性草甸土	耕型黏质草甸土	耕型黏质黏碳酸盐草甸土	1	0~20	棕灰色	重黏土	团粒状	8.2	38.4	2.11	0.85	27.1	1.0	87	25.7	河流冲积物	E 122°08′27.6″ N 41°57′41.8″	97
						2	20~43	棕灰色	重黏土	核块状	8.0	23.2	1.24	1.07	24.6	1.0	244	30.9			
						3	43~70	灰色	壤质黏土	粒粒状	8.1	28.9	1.40	0.99	24.3	3.0	150	35.3			
						4	70~120	暗黄色	壤质黏土	屑粒状	8.1	15.0	0.86	0.45	17.5	3.0	98	17.5			
剖20	半水成土	草甸土	盐化草甸土	硫酸盐化草甸土	轻卤草甸土	A11	0~20	棕色	壤质黏土	块状	8.5	10.5	0.70	0.38	17.2	1.0	99	14.3	河流冲积物	E 122°11′29.0″ N 41°59′25.4″	81
						A12	20~31	黄棕色	壤质黏土	块状	8.3	9.5	0.59	0.32	17.5	1.0	90				
						Cu	31~45	黄棕色	轻盐土	块状	8.2	5.4	0.58	0.23	15.1	1.0	69				
						Cuz	45~72	完黄棕色	壤质黏土	块状	8.0	4.2	0.37	0.64	24.2	2.0	105				
						Cgz	72~120	浅黄色	壤质黏土	团粒状	8.6	<1.0	0.66	0.36	24.3	3.0	66				
剖21	半水成土	草甸土	草甸土	耕型壤质草甸土	耕型深砂质壤草甸土	1	0~14	浅棕色	轻壤土	团粒状	8.7	4.0	0.44	0.23	29.2	1.0	35		河流冲积物	E 122°12′10.1″ N 41°56′16.8″	97
						2	14~25	黄棕色	轻壤土	片状	8.7	4.3	0.46	0.23	27.1	1.0	41				
						3	25~54	灰白色	松砂土	片状	8.7	0.16	0.16	0.15	27.1	1.0	15				
						4	54~100	灰棕色	重黏土	粒状	8.3	21.7	1.04	0.63	22.3	1.0	174				
剖22	半水成土	草甸土	草甸土	耕型黏质草甸土	耕型黏质黏草甸土	1	0~19	灰色	中黏土	片状	8.4	23.3	1.03	0.64	24.1	1.0	163		河流冲积物	E 122°08′58.2″ N 41°56′34.4″	97
						2	19~31	黑色	中黏土	粒状	8.3	21.0	1.04	0.82	23.7	3.0	159				

续表 Continued

剖面号 Soil profile	土纲 Soil order	土类 Soil great group	亚类 Soil subgroup	土属 Soil genus	土种 Soil species	土层码 Layer code	土层厚度 Depth/cm	颜色 Soil color	质地 Soil texture	土壤结构 Soil structure	pH	有机质 OM/(g/kg)	全氮 TN/(g/kg)	全磷 TP/(g/kg)	全钾 TK/(g/kg)	有效磷 AP/(mg/kg)	速效钾 AK/(mg/kg)	阳离子交换量CEC/(cmol/kg)	土壤母质 Parent material	剖面点坐标 Profile coordinate	匹配指数 Matching index/%
剖23	淋溶土	棕壤	潮棕壤	耕型坡洪积潮棕壤	耕型壤质石灰性坡洪积潮棕壤	1	0—18	棕色	轻壤土	团粒状	7.9	14.2	0.75	0.56		6.0	115		坡积物、洪积物	E 122°08′08.5″ N 41°55′32.9″	95
						2	18—23	棕色	轻壤土	片状	7.9	11.1	0.59	0.38		1.0	81				
						3	23—78	棕色	轻壤土	块状	7.9	11.0	0.62	0.32		1.0	63				
						4	78—120	暗棕色	轻壤土	棱状	7.9	12.8	0.62	0.33		3.0	57				
剖24	人为土	水稻土	淹育水稻土	草甸土田	壤质浅砂底草甸土田	1	0—15	暗青色	中壤土	团粒状	7.6	18.8	0.89	0.82		7.0	90		河流冲积物	E 122°01′07.7″ N 41°53′10.7″	97
						2	15—20	浅灰色	中壤土	片状	8.0	16.2	0.76	0.51		2.0	78				
						3	20—100	浅灰色	砂壤土	无结构	8.0	11.5	0.59	0.44		1.0	76				
剖25	淋溶土	棕壤	棕壤性土	酸性岩类棕壤性土	裸露酸性岩棕壤性土	1	0—10	暗棕色	中壤土	团粒状	7.4	32.8	1.83	0.56		2.0	97			E 122°03′32.0″ N 41°54′42.8″	95
						2	10—100	暗棕色													
剖26	半水成土	草甸土	石灰性草甸土	壤质黏质草甸土	耕型浅夹砂壤质碳酸盐草甸土	1	0—17	浅棕色	中壤土	团粒状	8.1	17.9	1.06	0.76	27.2	6.0	132		河流冲积物	E 122°04′07.3″ N 41°52′34.7″	97
						2	17—24	暗棕色	中壤土	片状	7.9	14.6	0.90	0.58	25.9	1.0	97				
						3	24—35	暗棕色	砂壤土	团块状	7.8	14.8	0.84	0.65	25.1	1.0	93				
						4	35—82	浅黄色	砂壤土	核状	7.9	2.7	2.51	0.19	27.7	<1.0	37				
						5	82—120	暗棕色	中壤土	块状	8.0	16.5	1.07	0.59	27.5	1.0	99				
剖27	半水成土	草甸土	草甸土	壤质草甸土	薄腐壤黑草甸土	1	0—20	棕褐色	中壤土	团粒状	8.0	15.6	0.92	0.56	29.2	6.0	105			E 122°04′38.6″ N 41°51′34.9″	98
						2	20—100	棕褐色	重壤土	块状	8.3	4.0	0.25	0.33	26.1	2.0	58				
剖28	半水成土	草甸土	石灰性草甸土	壤质黏质草甸土	耕型浓黑黏壤质碳酸盐草甸土	1	0—20	暗棕色	中壤土	粒状	8.6	20.0	1.36	0.83		1.0	150		河流冲积物	E 122°04′11.8″ N 41°53′20.4″	97
						2	20—40	暗棕色	重黏土	片状	8.5	16.4	1.09	0.76		1.0	139				
						3	40—56	暗棕色	砂壤土	核状	8.6	10.2	0.61	0.48		<1.0	90				
						4	56—120	暗棕色	重壤土	块状	8.5	11.0	0.76	0.58		1.0	90				
剖29	半水成土	草甸土	石灰性草甸土	壤型黏质草甸土	耕型浓黑黏质碳酸盐草甸土	1	0—20	暗棕色	轻黏土	粒状	8.1	24.0	1.34	0.94		3.0	132		河流冲积物	E 122°13′28.2″ N 41°52′39.7″	98
						2	20—30	棕色	轻黏土	片状	8.0	21.6	1.09	0.73		1.0	150				
						3	30—66	棕色	中黏土	粒状	8.0	18.1	0.94	0.64		1.0	127				
						4	66—120	棕色	轻壤土	粒状	8.1	10.2	0.63	0.49		1.0	69				
剖30	半水成土	草甸土	石灰性草甸土	壤质草甸土	耕型浅夹砂壤质碳酸盐草甸土	1	0—18	棕色	轻壤土	团粒状	8.3	14.7	0.83	0.32		2.0	87		河流冲积物	E 122°11′28.7″ N 41°51′50.4″	97
						2	18—26	棕色	砂壤土	片状	8.3	12.2	0.72	0.35		1.0	78				
						3	26—39	暗棕色	轻壤土	粒状	8.4	1.9	0.18	<0.10		1.0	29				
						4	39—89	黄棕色	砂壤土	棱块状	8.1	2.4	0.33	<0.10		1.0	45				
						5	89—120	红黄色	松砂土	无结构	8.0	1.1	0.12	0.74		1.0	32				
剖31	半水成土	草甸土	盐化草甸土	耕型硫酸盐氯化物盐化草甸土		1	0—20	暗棕色	砂壤土	粒状	8.4	17.5	1.20	0.74		3.0	100			E 122°14′41.6″ N 41°50′36.2″	97
						2	20—50	棕灰色	轻壤土	片状	8.3	13.8	1.02	0.56	24.9	1.0	69				
						3	50—100	黄棕色	中壤土	棱块状	8.4	3.3	0.25	0.27	21.3	1.0	63				
剖32	淋溶土	棕壤	潮棕壤	耕型坡洪积潮棕壤	耕型壤质砂底坡洪积潮棕壤	1	0—16	棕色	轻壤土	团块状	8.1	7.9	0.43	0.56		2.0	44		坡积物、洪积物	E 122°08′19.7″ N 41°51′47.9″	95
						2	16—26	棕色	松砂土	片状	8.0	9.1	0.42	0.59		1.0	48				
						3	26—34	棕色	松砂土	无结构	8.0	1.4	0.12	0.39		1.0	11				
						4	34—120	棕色	砂壤土	无结构	8.1	3.6	0.23	0.42		1.0	42				
剖33	半水成土	草甸土	草甸土	壤质草甸土	耕型壤质浅砂草甸土	1	0—15	浅棕色	中壤土	粒状	6.8	10.3	0.58	0.53	24.9	2.0	72		河流冲积物	E 122°08′51.4″ N 41°51′12.6″	97
						2	15—25	浅棕色	砂土	片状	6.9	9.1	0.36	0.38	21.3	1.0	50				
						3	25—53	棕色	重壤土	粒状	7.0	4.5	0.17	0.24	14.7	1.0	27				
						4	53—81	棕灰色	砂土	块状	7.1	13.5	<0.10	0.43	21.6	1.0	127				
						5	81—120	棕灰色	重壤土	块状	8.0	22.9	0.81	0.27	21.5	1.0	105				
剖34	半水成土	草甸土	石灰性草甸土	耕型壤质灰性草甸土	耕型深砂壤质碳酸盐草甸土	1	0—19	浅棕色	中壤土	片状	7.4	23.1	0.80	0.38	21.5	4.0	96		河流冲积物	E 122°09′47.5″ N 41°52′09.8″	98
						2	19—24	浅棕色	中壤土	核块状	7.4	22.6	0.71	0.33	13.2	2.0	73				
						3	24—71	浅棕色	中壤土	粒状	7.4	15.7	0.64	0.28	21.2	3.0	29				
						4	71—100	棕黄色	砂壤土	砂粒状	7.3	4.3	0.95	0.20	23.1	2.0	35				

续表 Continued

剖面号 Soil profile	土纲 Soil order	土类 Soil great group	亚类 Soil subgroup	土属 Soil genus	土种 Soil species	土层码 Layer code	土层厚度 Depth/cm	颜色 Soil color	质地 Soil texture	土壤结构 Soil structure	pH	有机质 OM/(g/kg)	全氮 TN/(g/kg)	全磷 TP/(g/kg)	全钾 TK/(g/kg)	有效磷 AP/(mg/kg)	速效钾 AK/(mg/kg)	阳离子交换量CEC/(cmol/kg)	土壤母质 Parent material	剖面点坐标 Profile coordinate	匹配指数 Matching index/%
剖35	半水成土	草甸土	石灰性草甸土	火性甸泥砂土	火性腰砂甸淤土	A₁₁	0—17	暗棕色	砂质黏壤土	屑粒状	8.1	17.0	1.06	0.33	19.1	6.0	132	14.4	河流冲积物	E 122°10′38.6″ N 41°50′23.6″	95
						A₁₂	17—24	暗棕色	砂质黏壤土	片状	7.9	14.6	0.89	0.25	18.2			15.0			
						AC	24—35	暗棕色	砂质黏壤土	块状	7.8	14.8	0.84	0.28	17.7			15.4			
						Cu₁	35—82	黄色	砂壤土	粒状	7.9	2.7	0.25	<0.10	19.5			4.5			
						Cu₂	82—100	黄棕色	壤质黏土	块状	8.0	10.5	1.07	0.26	19.4			15.8			
剖36	半水成土	草甸土	石灰性草甸土	耕型壤质石灰性草甸土	耕型壤质碳酸盐草甸土	1	0—13	灰色	轻壤土	团粒状	7.9	14.9	0.89	0.87		7.0	111		河流冲积物	E 122°02′33.4″ N 41°49′30.0″	98
						2	13—35	灰色	中壤土	片状	7.9	10.7	0.72	0.48		1.0	63				
						3	35—60	灰色	中壤土	粒状	8.1	12.6	0.82	0.46		1.0	58				
						4	60—100	棕灰色	中壤土	块状	8.0	2.8	0.27	0.22		1.0	41				
剖37	半水成土	草甸土	石灰性草甸土	壤质碳酸盐型菜园土	壤质碳酸盐型菜园土	1	0—18	棕褐色	中壤土	粒状	8.1	18.1	0.83	1.11		7.0	66		河流冲积物	E 122°01′36.5″ N 41°47′55.3″	95
						2	18—50	棕褐色	中壤土	粒状	8.2	10.4	0.52	0.66		5.0	66				
						3	50—120	棕褐色	轻壤土	块状	8.2	14.1	0.67	0.60		3.0	81				
剖38	半水成土	草甸土	石灰性草甸土	耕型淤黑黏质石灰性草甸土	耕型淤黑黏质碳酸盐草甸土	1	0—20	棕褐色	中黏土	团粒状	8.0	19.3	1.07	0.56	24.1	1.0	123		河流冲积物	E 122°06′24.5″ N 41°48′18.4″	98
						2	20—29	暗棕色	中黏土	片状	7.9	11.1	0.96	0.70	27.1	1.0	126				
						3	29—74	灰棕色	轻黏土	核块状	7.8	11.6	0.99	0.61	24.6	<1.0	97				
						4	74—120	棕黄色	轻黏土	块状	8.1	5.7	0.32	0.46	24.3		114				
剖39	淋溶土	棕壤	潮棕壤	耕型坡积洪积潮棕壤	耕型壤质坡洪积潮棕壤	1	0—16	棕色	中壤土	团粒状	8.2	12.4	0.83	0.55		1.0	71		坡积物、洪积物	E 122°05′30.5″ N 41°46′14.2″	98
						2	16—31	暗棕色	中壤土	片状	8.1	10.6	0.74	0.43		1.0	79				
						3	31—120	棕黄色	重壤土	块状	8.2	13.6	0.75	0.40		1.0	97				
剖40	半水成土	草甸土	石灰性草甸土	火性甸泥砂土	火性漏砂淤土	1	0—19	棕色	砂壤土	小块状	8.0	12.3	0.92	0.31	19.1	3.0	87	14.4	河流冲积物	E 122°08′33.4″ N 41°49′08.0″	81
						2	19—28	棕色	黏壤土	片状	8.0	10.7	0.64	0.27	18.2			15.0			
						AC	28—47	棕色	黏壤土	块状	8.2	10.1	0.62	0.24	17.7			15.4			
						Cu	47—101	黄棕色	砂土	粒状	8.3	3.7	0.20	0.17	19.5			4.5			
剖41	初育土	风沙土	固定风沙土	耕型沙地固定风沙土	耕型黄色沙地固定风沙土	1	0—13	棕褐色	砂壤土	团粒状	8.4	10.6	0.50	0.45		1.0	78		风积物	E 122°10′46.2″ N 41°48′00.7″	95
						2	13—32	浅棕黄色	松砂土	无结构	8.4	1.9	0.21	0.50		1.0	33				
						3	32—57	浅棕黄色	紧砂土	无结构	8.3	2.4	0.14	0.40		1.0	38				
						4	57—120	浅黄色	砂壤土	无结构	8.3	3.5	0.19	0.39		1.0	41				
剖42	半水成土	草甸土	盐化草甸土	耕型硫酸盐氯化物盐化草甸土	耕型壤质浅底盐化草甸土	1	0—18	灰棕色	重壤土	片状	7.0	19.6	1.14	1.00		1.0	145		河流冲积物	E 122°14′39.1″ N 41°49′33.2″	97
						2	18—25	棕灰色	轻黏土	片状	9.2	17.4	1.02	0.72		1.0	127				
						3	25—46	暗黄色	轻黏土	核块状	9.4	20.3	1.07	0.61		1.0	144				
						4	46—100	浅棕黄	中壤土	粒状	7.6	8.8	0.74	0.44		1.0	69				
						5	100—120	浅棕黄	轻壤土	核块状	7.8	1.4	0.21	0.28		1.0	55				
剖43	淋溶土	棕壤	潮棕壤	耕型坡积洪积潮棕壤	耕型黏质坡洪积潮棕壤	1	0—20	浅棕色	重壤土	核块状	8.5	16.6	0.96	0.79	27.2	1.0	97		坡积物、洪积物	E 122°08′26.5″ N 41°46′18.1″	98
						2	20—35	暗黄色	重壤土	核块状	8.4	23.8	1.08	0.71	26.0	1.0	90				
						3	35—70	红棕色	重壤土	核块状	8.4	17.8	0.83	0.83	25.1	1.0	90				
						4	70—120	棕色	中壤土	核块状	8.0	12.5	0.75	1.03	27.1	6.0	145				
剖44	半水成土	草甸土	石灰性草甸土	耕型壤质石灰性草甸土	耕型壤质碳酸盐草甸土	Ap	0—19	棕色	中壤土	团粒状	8.0	12.3	0.92	0.72	27.2	2.0	87	14.4	河流冲积物	E 122°10′03.4″ N 41°46′03.0″	98
						P	19—28	棕色	黏壤土	片状	8.0	10.7	0.64	0.61	25.9	1.0	81				
						3	28—47	棕色	黏壤土	核块状	8.2	10.1	0.62	0.56	25.1	1.0	78	15.0			
						4	47—101	浅棕黄	紧砂土	核块状	8.3	1.7	0.20	0.39	27.7		<5	15.4			
						5	101—120	浅棕黄	紧砂土	粒状	8.3	2.4	0.18	0.46	27.5		42				
剖45	半水成土	草甸土	石灰性草甸土	壤质石灰性草甸土	漏石灰河淤土	1	0—19	棕色	黏质砂壤土	团粒状	8.0	12.3	0.92	0.31	19.1		87	14.4	河流冲积物	E 122°02′04.6″ N 41°44′29.0″	81
						2	19—28	棕色	黏壤土	片状	8.0	10.7	0.64	0.27	18.2			15.0			
						3	28—47	棕色	黏壤土	粒状	8.2	10.1	0.62	0.24	17.7			15.4			
						4	47—101	浅棕黄	壤质砂土	粒状	8.3	1.7	0.20	0.17	19.5			4.5			

续表 Continued

剖面号 Soil profile	土纲 Soil order	土类 Soil great group	亚类 Soil subgroup	土属 Soil genus	土种 Soil species	土层码 Layer code	土层厚度 Depth/cm	颜色 Soil color	质地 Soil texture	土壤结构 Soil structure	pH	有机质 OM/(g/kg)	全氮 TN/(g/kg)	全磷 TP/(g/kg)	全钾 TK/(g/kg)	有效磷 AP/(mg/kg)	速效钾 AK/(mg/kg)	阳离子交换量CEC/(cmol/kg)	土壤母质 Parent material	剖面点坐标 Profile coordinate	匹配指数 Matching index/%
剖46	半淋溶土	草甸土	石灰性草甸土	黏质石灰性草甸土	石灰黄淤土	A	0—38	暗棕色	壤质黏土	粒块状	8.6	21.5	1.45	0.33	17.2	1.0	114	24.9	河流冲积物	E 122°01′42.2″ N 41°43′04.1″	81
						2	38—52	棕色	壤质黏土	块状	8.6	9.4	0.63	0.23	16.2	1.0	85	23.8			
						3	52—100	棕色	壤质黏土	块状	8.3	3.7	0.28	0.11	17.6	1.0	72	17.8			
剖47	淋溶土	棕壤	棕壤性土	基性岩类棕壤性土	裸露基性岩棕壤性土	1	0—6	浅棕色	轻壤土	团块状	8.1	10.0	0.56	0.31		1.0	148		安山岩、玄武岩等风化残积物	E 122°04′34.0″ N 41°44′35.9″	93
						2	6—15	褐色	轻壤土	粒状	8.1	5.4	0.37	0.22		1.0	114				
						3	15—														
剖48	淋溶土	棕壤	潮棕壤	棕壤型菜园土	耕型壤质深淀棕壤型菜园土	1	0—25	浅棕色	轻壤土	团块状	7.4	18.3	1.01	0.84		16.0	72			E 122°06′27.0″ N 41°41′00.2″	97
						2	25—54	棕色	中壤土	团块状	7.7	11.8	0.60	0.74		4.0	67				
						3	54—97	暗棕色	中壤土	团块状	8.0	12.0	0.54	0.40		2.0	79				
						4	97—120	棕黄色	中壤土	团块状	8.1	3.7	0.24	0.23		1.0	79				
剖49	半水成土	草甸土	盐化草甸土	耕型硫酸盐盐化草甸土	耕型黏质中度硫酸盐化草甸土	1	0—20	浅棕色	重黏土	团粒状	8.4	21.1	1.21	1.02	22.2	3.0	145		河流冲积物	E 122°08′33.7″ N 41°40′50.5″	98
						2	20—30	浅棕色	重黏土	片状	8.3	23.2	1.21	0.88	25.5	1.0	169				
						3	30—48	暗棕色	重黏土	块状	8.4	23.5	1.11	0.88	23.9	1.0	165				
						4	48—70	棕黄色	重壤土	团粒状	8.4	14.2	0.87	0.63	26.3	1.0	135				
						5	70—120	灰色	重壤土	团粒状	8.3	13.8	0.56	0.48	20.0	1.0	67				
						6	120—														
剖50	淋溶土	棕壤	棕壤性土	耕型酸性岩性土棕壤性土	耕型中层酸性岩棕壤性土	1	0—17	暗棕色	中壤土	团块状	8.5	10.5	0.69	0.66	26.6	1.0	66		混合花岗岩、流纹岩等风化残积物	E 122°06′17.6″ N 41°38′55.3″	98
						2	17—26	暗棕色	轻壤土	片状	8.4	10.0	0.57	0.58		1.0	60				
						3	26—46	暗棕色	紧砂土	团块状	8.5	6.1	0.57	0.81		1.0	33				
						4	46—100	黄棕色	砂砾土	团块状	8.5	1.3	<0.10	3.21		1.0	10				
剖51	半水成土	草甸土	草甸土	耕型壤质草甸土	耕型黏质草甸土	1	0—22	暗棕色	中壤土	团块状	8.3	13.9	0.76	0.65	26.6	4.0	74		河流冲积物	E 122°05′43.8″ N 41°35′25.4″	98
						2	22—32	暗棕色	中壤土	片状	8.0	12.5	0.69	0.57	28.4	1.0	74				
						3	32—100	暗棕色	中壤土	团块状	8.0	12.7	0.69	0.60	28.4	1.0	95				
						4	100—120	暗棕色	中壤土	团粒状	8.0	10.7	0.58	0.65	26.7	4.0	112				
剖52	半水成土	草甸土	盐化草甸土	耕型硫酸盐盐化草甸土	耕型砂质盐化草甸土	1	0—17	浅棕色	砂壤土	团粒状	8.4	9.1	0.20	0.41	29.0	5.0	33		河流冲积物	E 122°20′13.2″ N 41°01′58.4″	100
						2	17—25	棕色	砂壤土	核块状	8.2	9.0	0.60		28.3	4.0	36				
						3	25—70	棕色	砂壤土	团粒状	8.1	8.1	0.40	1.30	25.8	4.0	30				
						4	70—100	浅灰色	中壤土	片状	7.4	2.9	0.20	0.30	23.7	3.0	30				
剖53	半水成土	草甸土	盐化草甸土	硫酸盐氯化物盐化草甸土	轻度硫酸盐氯化物盐化草甸土	1	0—7	棕灰色	中壤土	团块状	8.4	10.2	1.12	0.61		1.0	135		河流冲积物	E 122°20′40.2″ N 42°00′19.8″	95
						2	7—26	灰色	中壤土	片状	8.3	10.3	0.65	0.40		<1.0	55				
						3	26—100	棕灰色	中壤土	团块状	8.3	3.1	0.23	0.30		<1.0	61				
剖54	半水成土	草甸土	盐化草甸土	耕型硫酸盐盐化草甸土	耕型壤质中度硫酸盐化草甸土	1	0—20	暗棕色	轻壤土	棱块状	7.9	20.1	1.12	0.82	24.9	2.0	144		河流冲积物	E 122°28′01.9″ N 42°04′00.0″	97
						2	20—31	棕色	中壤土	块状	7.9	15.7	1.00	0.72	24.4	1.0	141				
						3	31—51	棕色	中壤土	块状	7.8	17.1	0.93	0.75	22.9	1.0	147				
						4	51—83	浅棕色	中壤土	团粒状	7.9	10.1	0.63	0.56	21.5	1.0	76				
						5	83—120	黄色	中壤土	团粒状	8.2	2.9	0.24	0.43	24.2	1.0	82				
剖55	半水成土	草甸土	盐化草甸土	耕型硫酸盐盐化草甸土	耕型壤质中度硫酸盐化草甸土	1	0—21	浅棕色	中壤土	团块状	8.0	14.3	0.78	0.86	22.3	2.0	111		河流冲积物	E 122°23′01.3″ N 42°00′50.0″	97
						2	21—33	浅棕色	中壤土	片状	8.0	13.1	0.78	0.65	24.7	1.0	79				
						3	33—71	黄棕色	中壤土	粒状	8.0	8.0	0.35	0.49	22.7	1.0	60				
						4	71—89	暗棕色	中黏土	块状	7.9	15.6	0.81	0.85	23.3	1.0	135				
						5	89—120	灰棕色	轻壤土	粒状	8.3	2.9	0.22	0.28	23.3	1.0	54				
剖56	半水成土	草甸土	盐化草甸土	耕型硫酸盐盐化草甸土	耕型壤质轻度硫酸盐化草甸土	1	0—21	棕色	中壤土	团粒状	7.6	16.8	1.16	1.11	22.3	7.0	102		河流冲积物	E 122°25′50.2″ N 42°00′35.3″	98
						2	21—31	棕色	中壤土	粒状	7.6	16.3	1.10	0.80	24.7	1.0	100				
						3	31—89	暗棕色	中黏土	块状	7.7	15.4	0.89	0.43	22.7	1.0	81				
						4	89—120	灰棕色	轻壤土	块状	7.9	5.8	0.36	0.26	23.3	1.0	93				

续表 Continued

剖面号 Soil profile	土纲 Soil order	土类 Soil great group	亚类 Soil subgroup	土属 Soil genus	土种 Soil species	土层码 Layer code	土层厚度 Depth/cm	颜色 Soil color	质地 Soil texture	土壤结构 Soil structure	pH	有机质 OM/(g/kg)	全氮 TN/(g/kg)	全磷 TP/(g/kg)	全钾 TK/(g/kg)	有效磷 AP/(mg/kg)	速效钾 AK/(mg/kg)	阳离子交换量CEC/(cmol/kg)	土壤母质 Parent material	剖面点坐标 Profile coordinate	匹配指数 Matching index/%
剖57	半水成土	草甸土	草甸土	耕型壤质草甸土	耕型壤质草甸土	1	0—14	灰棕色	轻壤土	团粒状	7.9	7.1	0.43	0.26		1.0	42		河流冲积物	E 122°17′45.2″ N 41°56′24.4″	98
						2	14—23	暗棕色	轻壤土	片状	7.9	6.5	0.38	0.28		1.0	42				
						3	23—78	暗棕色	轻壤土	粒状	8.0	4.9	0.27	0.18		1.0	33				
						4	78—120	红棕色	中壤土	块状	8.1	3.5	0.21	0.28		5.0	78				
剖58	半水成土	草甸土	盐化草甸土	硫酸盐盐化草甸土	轻度硫酸盐盐化草甸土	1	0—5	灰色	轻壤土	块状	7.7	16.7	1.11	0.48		1.0	99		河流冲积物	E 122°18′57.2″ N 41°54′00.4″	99
						2	10—25	暗灰色	轻壤土	块状	7.7	10.8	0.72	0.61		1.0	58				
						3	25—49	灰色	轻壤土	粒状	8.1	6.7	0.49	0.32		1.0	54				
						4	49—120	棕黄色	砂壤土	粒状	8.1	2.7	0.17	0.20		1.0	50				
剖59	半水成土	草甸土	盐化草甸土	氯化物化草甸土	中度氯化物盐化草甸土	1	0—20	棕灰色	中壤土	粒状	7.7	9.0	0.56	0.36	26.7	1.0	53		河流冲积物	E 122°21′09.7″ N 41°53′04.6″	97
						2	20—50	棕黄色	轻壤土	块状	8.0	1.6	0.23	0.15	30.5	1.0	42				
						3	50—100	棕黄色	轻壤土	片状	8.0	1.6	0.23	0.15	30.5	1.0	42				
剖60	半水成土	草甸土	盐化草甸土	耕型硫酸盐氯化物化草甸土		1	0—18	棕色	轻黏土	核块状	8.2	21.2	1.23	0.94		1.0	159		河流冲积物	E 122°15′38.5″ N 41°50′23.3″	97
						2	18—29	浅棕色	重壤土	片状	8.3	15.6	0.94	0.59	28.3	1.0	100				
						3	29—60	棕黄色	中壤土	团粒状	8.3	14.9	1.16	0.56	27.4		81				
						4	60—120	黄色	轻壤土	粒状	8.4	2.6	0.35	0.34	27.0		76				
剖61	半水成土	草甸土	石灰性草甸土	壤质石灰性草甸土	薄腐壤质碳酸盐草甸土	1	0—18	黄棕色	中壤土	粒状	8.6	11.5	0.62	0.48	28.3	1.0	109		河流冲积物	E 122°18′04.0″ N 41°51′00.7″	98
						2	18—25	棕色	中壤土	块状	8.6	8.1	0.46	0.39	27.4	1.0	60				
						3	25—45	浅黄色	中壤土	块状	8.4	12.9	0.82	0.47	27.0	1.0	69				
						4	45—100	暗黄色	紧砂土	片状	8.6	1.1	0.16	0.12	30.3	1.0	24				
剖62	半水成土	草甸土	石灰性草甸土	耕型浅底壤质石灰性草甸土	耕型浅底壤质碳酸盐草甸土	1	0—23	暗棕色	轻壤土	团块状	8.1	8.3	0.59	0.48		1.0	64		河流冲积物	E 122°27′05.0″ N 41°49′32.5″	98
						2	23—31	暗棕色	轻壤土	片状	8.0	5.5	0.41	0.25		<1.0	51				
						3	31—50	黄棕色	轻壤土	团粒状	7.8	4.8	0.33	0.16		<1.0	36				
						4	50—120	黄棕色	砂壤土	粒状	7.6	1.8	0.11	<0.10		1.0	27				
剖63	半水成土	草甸土	石灰性草甸土	耕型壤质石灰性草甸土	耕型浅底壤质碳酸盐草甸土	1	0—20	棕灰色	重壤土	团块状	7.3	33.6	1.78	0.80		1.0	127		河流冲积物	E 122°28′28.6″ N 41°45′26.6″	98
						2	20—47	暗棕色	轻壤土	核块状	7.6	9.9	0.69	0.33	25.5	1.0	36				
						3	47—120	黄色	轻壤土	粒状	7.7	1.4	0.18	0.36	26.7	1.0	26				
剖64	人为土	水稻土	淹育水稻土	壤质碳酸盐草甸土田	壤质碳酸盐草甸土田	1	0—20	棕色	中壤土	团块状	7.5	17.5	1.03	0.47	25.5	1.0	84		河流冲积物	E 122°29′56.4″ N 41°46′55.9″	97
						2	20—28	棕色	中壤土	片状	7.8	13.6	0.92	0.45	26.7	1.0	84				
						3	28—57	暗棕色	中壤土	粒状	8.4	16.2	1.03	0.56	29.1	1.0	72				
						4	57—120	黄棕色	中壤土	块状	7.6	2.4	0.32	0.30	29.1	1.0	82				
剖65	半水成土	草甸土	石灰性草甸土	耕型壤质石灰性草甸土	耕型壤质碳酸盐草甸土	1	0—17	浅棕色	中壤土	团粒状	8.2	9.5	0.79	0.46		1.0	55		河流冲积物	E 122°22′42.6″ N 41°45′10.1″	98
						2	17—27	暗棕色	中壤土	片状	7.9	9.5	0.62	0.40	22.2	1.0	58				
						3	27—62	暗棕色	中壤土	核块状	7.7	7.7	0.53	0.34	25.5	1.0	69				
						4	62—120	浅黄色	中壤土	粒状	7.7	2.2	0.19	0.15	23.9	1.0	57				
剖66	半水成土	草甸土	盐化草甸土	耕型硫酸盐盐化草甸土	耕型黏质轻度硫酸盐化草甸土田	1	0—18	棕黑色	轻黏土	团粒状	7.7	18.7	1.06	0.83	26.3	1.0	139		河流冲积物	E 122°15′51.8″ N 41°43′34.3″	98
						2	18—28	暗棕色	重壤土	片状	7.7	16.6	1.07	0.73	20.2	1.0	97				
						3	28—57	浅棕色	重壤土	核块状	8.0	15.1	0.94	0.56	20.2	1.0	69				
						4	57—90	黄色	中壤土	粒状	8.4	2.9	0.28	0.33	26.3	1.0	54				
						5	90—100	浅黄色	轻壤土	块状	8.2	1.6	0.20	0.30	20.0	1.0	54				
剖67	半水成土	草甸土	石灰性草甸土	耕型深砂底壤质石灰性草甸土	耕型深砂底壤质碳酸盐草甸土	1	0—15	暗棕色	重壤土	粒状	8.4	30.7	0.90	0.32	20.2	3.0	102		河流冲积物	E 122°18′53.3″ N 41°43′57.4″	98
						2	15—22	暗棕色	重壤土	片状	8.3	21.5	0.67	0.26	19.1	2.0	97				
						3	22—52	浅黄色	中壤土	粒状	8.5	9.1	0.42	0.21	19.4	3.0	63				
						4	52—120	浅黄色	砂壤土	粒状	8.7	5.1	0.20	<0.10	24.6	2.0	26				

续表 Continued

剖面号 Soil profile	土纲 Soil order	土类 Soil great group	亚类 Soil subgroup	土属 Soil genus	土种 Soil species	土层码 Layer code	土层厚度 Depth/cm	颜色 Soil color	质地 Soil texture	土壤结构 Soil structure	pH	有机质 OM/(g/kg)	全氮 TN/(g/kg)	全磷 TP/(g/kg)	全钾 TK/(g/kg)	有效磷 AP/(mg/kg)	速效钾 AK/(mg/kg)	阳离子交换量CEC/(cmol/kg)	土壤母质 Parent material	剖面点坐标 Profile coordinate	匹配指数 Matching index/%
剖68	人为土	水稻土	淹育水稻土	草甸土田	黏质草甸土田	1	0—13	棕色	轻黏土	团粒状	7.8	22.8	1.02	0.76	26.0	4.0	139		河流冲积物	E 122°25′59.2″ N 41°42′00.7″	97
						2	13—35	棕黑色	中黏土	核块状	7.9	11.5	0.49	0.72	26.9	3.0	136				
						3	35—90	棕灰色	中壤土	粒状	8.2	<1.0	0.30	1.83	26.2	6.0	93				
						4	90—120	灰黄色	砂壤土	核块状	8.0	<1.0	0.13	0.19	32.1	2.0	18				
剖69	初育土	风沙土	固定风沙土	沙丘固定风沙土	薄层沙丘固定风沙土	1	0—14	黄棕色	轻壤土	团块状	8.5	10.7	0.33	0.61	31.4	1.0	48		风积物	E 122°26′44.9″ N 41°38′12.1″	95
						2	14—36	浅黄色	砂壤土	无结构	8.5	2.8	0.66	0.23	28.0	1.0	27				
						3	36—100	棕黄色	砂壤土	无结构	8.5	3.4	0.27	0.24	29.1	1.0	30				
剖70	半水成土	草甸土	石灰性草甸土	黏质石灰性草甸土	薄腐黏质碳酸盐草甸土	1	0—18	暗棕色	重壤土	团块状	8.6	21.5	1.45	0.76	24.5	1.0	114		河流冲积物	E 122°16′24.2″ N 41°34′10.2″	98
						2	18—22	暗棕色	重壤土	团块状	8.6	9.4	0.63	0.52	23.0	1.0	85				
						3	22—100	灰棕色	中壤土	粒状	8.6	3.7	0.28	0.35	25.0	1.0	72				
剖71	半水成土	草甸土	盐化草甸土	氯化物盐化草甸土	重度氯化物盐化草甸土	1	0—25	暗棕色	中壤土		8.4	15.1	0.96	0.65	26.7	1.0	73		河流冲积物	E 122°18′33.8″ N 41°33′23.8″	97
						2	25—59	棕色	中壤土		8.5	5.7	0.46	0.43	30.5	1.0	68				
						3	59—83	棕黄色	轻壤土		8.8	1.6	0.21	0.24	30.5	1.0	39				
						4	83—100	灰棕色	轻壤土		8.8	2.4	0.16	0.28	30.5	1.0	51				
剖72	水成土	沼泽土	腐殖质沼泽土	石灰性腐殖质沼泽土	浅潜碳酸盐腐殖质沼泽土	1	0—24	暗灰色	重壤土	粒状	7.7	81.3	3.41	0.85	24.2	1.0	195		河湖相淤积物	E 122°31′23.5″ N 41°45′01.1″	92
						2	24—58	棕灰色	重壤土	粒块状	7.7	49.2	2.01	1.00	24.6	1.0	178				
						3	58—120	暗灰色	中壤土	粒块状	7.6	38.1	2.39	0.61	26.9	1.0	81				

义 县

主要土类说明

棕壤是义县主要土壤类型，占本县地域面积的69%。棕壤是在落叶阔叶林下发育的淋溶型棕化的土壤，其剖面由凋落物层、腐殖质层、黏淀层和母质层构成。成土母质为各种岩石风化残积物、坡积物，在低丘漫岗和沟谷平原的高阶地上亦有第四纪红土和黄土沉积物。该土壤化学风化强烈，黏化作用明显，风化产生的黏粒和铁铝氧化物随重力水向下淋移，长期积聚在土壤中下部形成黏淀层。本县棕壤分为棕壤、潮棕壤和棕壤性土三个亚类。

潮土是义县第二大土壤类型，占本县地域面积的23%。潮土见于近代河流冲积平原或低平阶地，地下水位高，潜水参与成土过程。在潮土成土过程中，底土氧化还原交替作用，形成锈色斑纹和小型铁子。在长期耕作条件下，表层有机质含量为10—15g/kg。

粗骨土是义县第三大土壤类型，占本县地域面积的6%。粗骨土属于A–C型，甚至（A）–C型土壤。A层发育不明显，与母质土层性状相似，略显有机质累积。有时母质层富含砾石，很少出现剖面分异与发育特征。

小于本县地域面积3%的土壤类型有草甸土、石质土、褐土和红黏土。

本区域中心区气候特征

本区域中心区气候特征值
Regional climate characteristics in central area of the region

气候带：暖温带亚湿润气候 Climate region: Warm temperate subhumid climate	
年平均气温 /℃ Annual average temperature /℃	8.9
年平均最高气温 /℃ Annual average maximum temperature /℃	14.9
年平均最低气温 /℃ Annual average minimum temperature /℃	3.6
年降水量 /mm Annual precipitation /mm	535
≥10℃的积温 /℃ Daily temperature accumulated in a year (≥10℃) /℃	3412
年日照时数 /h Annual sunshine /h	2704
年平均相对湿度 /% Annual average relative humidity /%	58
干燥度 Dryness	1.00

本区域中心区月平均气温与月平均降水量
Monthly temperature and precipitation in central area of the region

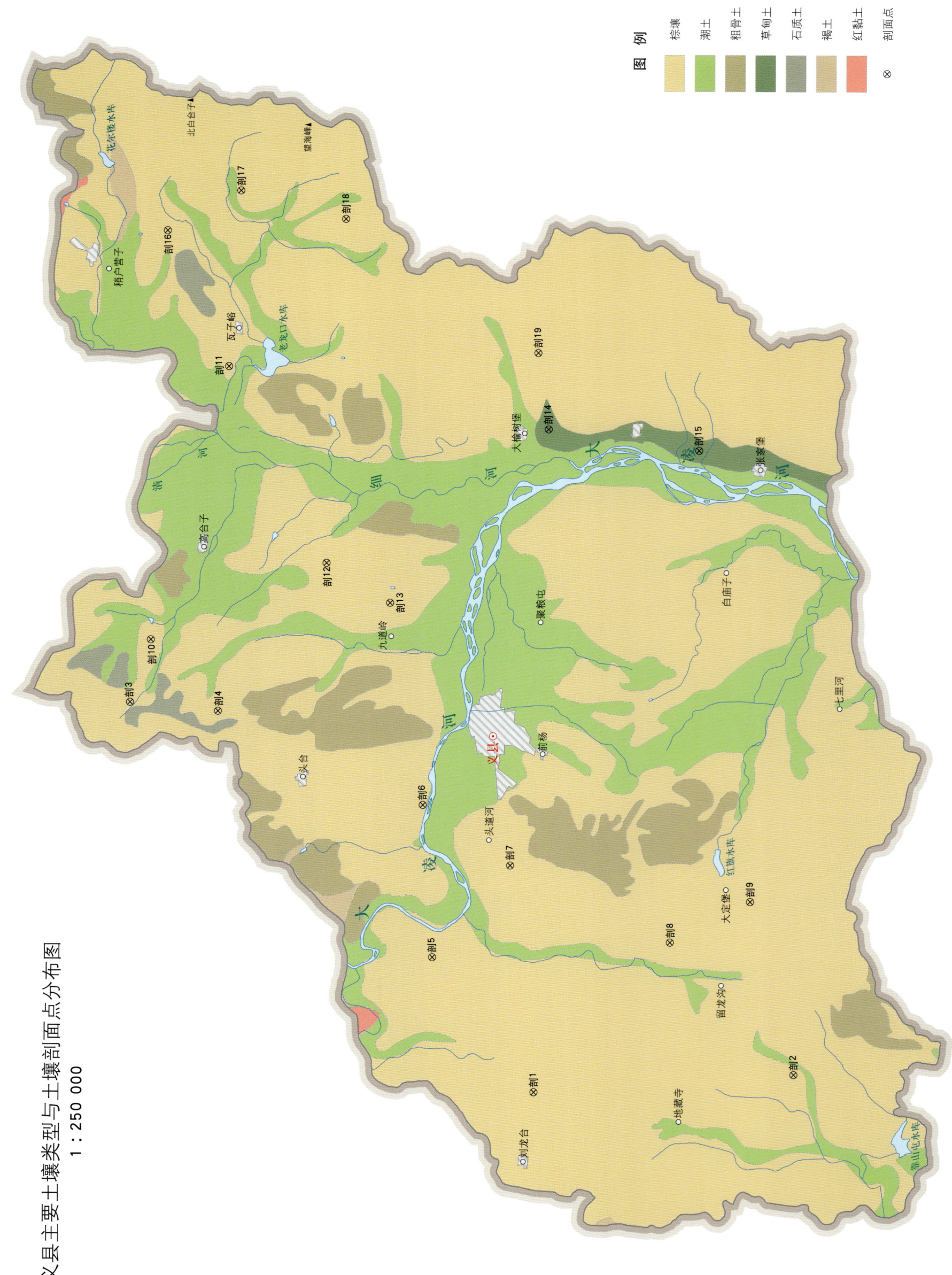

义县土壤剖面理化性状表

剖面号 Soil profile	土纲 Soil order	土类 Soil great group	亚类 Soil subgroup	土属 Soil genus	土种 Soil species	土层码 Layer code	土层厚度 Depth/cm	颜色 Soil color	质地 Soil texture	土壤结构 Soil structure	pH	有机质 OM/(g/kg)	全氮 TN/(g/kg)	全磷 TP/(g/kg)	全钾 TK/(g/kg)	有效磷 AP/(mg/kg)	速效钾 AK/(mg/kg)	土壤母质 Parent material	剖面点坐标 Profile coordinate	匹配指数 Matching index/%
剖1	淋溶土	棕壤	棕壤性土	酸性岩类棕壤性土	裸露酸性岩类棕壤性土	1	0—5	灰棕色	紧砂土	粒状	7.5	8.1	0.45	0.21		<1.0	39		E 120°57′55.4″ N 41°30′22.7″	95
剖2	淋溶土	棕壤	棕壤性土	石灰岩类棕壤性土	薄腐石灰岩棕壤性土	1	0—18	棕色	砂壤土	粒状	7.8	16.0	0.85	0.77		2.2	179		E 120°59′01.0″ N 41°21′41.8″	95
						2	18—21	棕色	砂壤土	块状	7.7	4.4	0.20	0.24						
剖3	淋溶土	棕壤	棕壤性土	基性岩类棕壤性土	薄层基性岩棕壤性土	3	21—	灰白色												75
剖4	淋溶土	棕壤	棕壤性土	耕型红土棕壤	耕型红土棕壤	1	0—10	浅棕色	轻壤土		7.5	34.0	1.88	1.22		3.2	71		E 121°14′47.0″ N 41°44′12.5″	
						1	0—22	暗棕红色	轻壤土	粒状	7.2	10.6	0.58	0.33	25.5	1.9	76	红土	E 121°14′28.7″ N 41°41′16.1″	95
						2	22—40	暗棕红色	轻壤土	块状	6.9	7.2	0.53	0.28	24.8					
						3	40—100	暗棕红色	轻壤土	棱状	7.0	1.8	0.14	0.14	11.1					
剖5	淋溶土	棕壤	棕壤性土	耕型基性岩棕壤性土	耕型薄层基性岩棕壤性土	1	0—14	浅棕色	轻壤土	粒状	7.9	10.7	0.45	0.51		<1.0	88		E 121°03′45.7″ N 41°33′53.3″	95
						2	14—19	浅棕色	轻壤土	片状	6.8	10.1	0.58	0.54						
						3	19—30	棕色	轻壤土	块状		3.9	0.19	0.19						
剖6	淋溶土	棕壤	潮棕壤	耕型坡积洪积潮棕壤	耕型薄砂底坡洪积潮棕壤	1	0—18	灰棕色	中壤土	粒状	7.5	13.6	0.71	0.49		49.9	87	坡积物、洪积物	E 121°10′31.4″ N 41°34′20.6″	95
						2	18—22	灰棕色	中壤土	片状	7.5	12.7	0.68	0.41						
						3	22—50	暗棕色	重壤土	块状	7.0	13.9	0.65	0.46						
						4	50—100	暗棕色	砾石土	粒状	7.0									
剖7	淋溶土	棕壤	棕壤性土	耕型坡积棕壤	耕型坡质浅淀坡积棕壤	1	0—18	黄棕色	轻壤土	粒状	7.5	8.8	0.60	4.90		1.2	87	坡积物	E 121°07′56.3″ N 41°31′22.1″	95
						2	18—24	黄棕色	轻壤土	片状	7.3	8.3	0.53	5.42						
						3	24—100	黄棕色	轻壤土	块状	7.9	7.0	0.35	0.49						
剖8	淋溶土	棕壤	棕壤性土	耕型砂页岩棕壤	耕型砂岩薄层页岩棕壤性土	1	0—22	棕色	紧砂土	粒状	7.0	4.1	0.24	0.75		1.6	17		E 121°04′41.5″ N 41°25′57.4″	95
						2	22—26	棕色	紧砂土	粒状	6.9	5.2	0.29	0.23						
						3	26—43	棕色	紧砂土	粒状	6.7	4.6	0.24	1.03						
剖9	淋溶土	棕壤	棕壤性土	耕型基性岩棕壤性土	耕型中层基性岩棕壤性土	1	0—18	灰棕色	中壤土	粒状	7.9	14.1	0.82	1.53		3.9	123		E 121°06′34.2″ N 41°23′19.0″	93
						2	18—26	灰棕色	中壤土	片状	7.9	10.0	0.55	0.79						
						3	26—39	灰棕色	中壤土	块状	7.6	9.2	0.48	1.38						
剖10	淋溶土	棕壤	棕壤	酸性岩类棕壤	中腐酸性岩棕壤	1	0—18	暗棕色	轻壤土	粒状	7.4	33.8	0.70	1.95		2.9	184	坡积物	E 121°17′35.5″ N 41°43′34.0″	93
						2	18—54	暗棕色	轻壤土	片状	7.4	14.4	0.40	0.79						
剖11	淋溶土	棕壤	棕壤性土	耕型坡积棕壤	耕型砂质浅淀坡积棕壤	1	0—18	浅棕黄色	轻砂土	粒状	7.1	15.1	0.97	1.04		12.0	129	坡积物	E 121°29′48.1″ N 41°41′09.6″	95
						2	18—23	浅棕黄色	轻壤土	片状	7.2	14.3	0.89	0.95						
						3	23—50	浅棕黄色	轻壤土	块状	7.5	8.9	0.56	0.80						
						4	50—100	棕色	中壤土	核状	7.8									
剖12	淋溶土	棕壤	棕壤性土	耕型坡积棕壤	耕型石灰性坡积棕壤	1	0—18	浅棕黄色	砂壤土	粒状	7.6	7.1	0.47	1.16	24.8	9.5	109	坡积物	E 121°21′09.4″ N 41°37′45.1″	95
						2	18—38	暗棕色	紧砂土	块状	7.8	2.6	0.21	1.37	24.5					
						3	38—100	暗棕色	砂壤土	块状	7.6	2.6	0.26	1.01	24.6					
剖13	淋溶土	棕壤	棕壤性土	酸性岩类棕壤	薄腐酸性岩棕壤性土	1	0—2	灰棕色	中壤土	粒状	7.2	20.0	1.05	0.41		1.9	128		E 121°19′27.5″ N 41°35′35.9″	93
						2	2—12	棕色	轻壤土	粒状	7.7	13.8	0.74	0.44						
						3														
剖14	半水成土	草甸土	草甸土	耕型壤质草甸土	耕型砂质草甸土	1	0—19	浅棕色	中壤土	粒状	7.8	11.1	0.59	0.91	24.8	5.3	88	近代淤积物	E 121°27′15.8″ N 41°30′25.2″	75
						2	19—26	浅棕色	中壤土	块状	7.8	8.8	0.62	0.88	24.5					
						3	26—52	浅棕色	中壤土	块状	8.0	9.4	0.40	0.88	24.6					
						4	52—100	浅黄棕色	中壤土	块状	6.8	6.4	0.29	0.72	26.0					
剖15	半水成土	草甸土	草甸土	耕型砂质草甸土	耕型砂质草甸土	1	0—17	棕色	砂壤土	粒状	6.8	8.3	0.47	0.79	24.9	3.8	71	近代淤积物	E 121°26′26.9″ N 41°25′22.4″	95
						2	17—24	棕色	砂壤土	粒状	6.7	5.8	0.26	0.72	24.1					
						3	24—100	棕色	砂壤土	粒状	6.5	3.6	0.34	0.59	23.5					

续表 Continued

剖面号 Soil profile	土纲 Soil order	土类 Soil great group	亚类 Soil subgroup	土属 Soil genus	土种 Soil species	土层码 Layer code	土层厚度 Depth/cm	颜色 Soil color	质地 Soil texture	土壤结构 Soil structure	pH	有机质 OM/(g/kg)	全氮 TN/(g/kg)	全磷 TP/(g/kg)	全钾 TK/(g/kg)	有效磷 AP/(mg/kg)	速效钾 AK/(mg/kg)	土壤母质 Parent material	剖面点坐标 Profile coordinate	匹配指数 Matching index/%
剖16	淋溶土	棕壤	潮棕壤	耕型坡洪积潮棕壤	耕型壤质坡洪积潮棕壤	1	0—15	浅棕色	中壤土	粒状	6.6	6.1	0.61	0.51	22.8	1.5	113	坡积物、洪积物	E 121°35′46.3″ N 41°43′17.0″	95
						2	15—21	浅棕色	重壤土	片状	6.5	11.5	0.82	0.47	25.2					
						3	21—100	棕色	中壤土	块状	6.9	11.0	0.59	0.39	24.4					
剖17			棕壤	坡积棕壤	中腐坡积棕壤	1	0—5	棕黑色	砂壤土	团粒状	7.5	162.8	2.56	0.96		17.4	472	坡积物	E 121°37′35.8″ N 41°40′51.6″	95
						2	5—18	棕黑色	轻壤土	粒状	7.3	45.1	2.09	0.62						
						3	18—37	暗棕色	轻壤土	粒状	6.4	41.0	2.18	0.76						
						4	37—65	暗棕色	中壤土	粒状	7.2	38.4	1.64	0.84						
						5	65—100		砂壤土	粒状	7.0	7.8	0.36	0.21						
剖18	淋溶土	棕壤	棕壤性土	耕型酸性岩棕壤性土		1	0—15	浅棕色		粒状	7.5	4.8	0.29	1.03		2.8	37		E 121°36′24.5″ N 41°37′20.3″	95
						2	15—					4.4	0.35	0.89						
剖19	淋溶土	棕壤	棕壤性土	耕型酸性岩棕壤性土	耕型中层酸性岩棕壤性土	1	0—14	浅棕色	轻壤土	粒状	6.5	9.4	0.49	1.09		1.8	125		E 121°30′38.9″ N 41°30′49.3″	93
						2	14—21	黄棕色	轻壤土	块状	7.2	9.1	0.46	0.11						
						3	21—52	黄棕色	中壤土	块状	7.2	5.4	0.31	<0.10						

凌 海 市

主要土类说明

潮土是凌海市主要土壤类型，占本市地域面积的 34%。潮土是经潴育化过程和受旱耕熟化影响的腐殖质累积过程形成的半水成土壤，具 A_{11}-A_{12}-Cu 或 A_{11}-C-Cu 等剖面构型。成土母质多为近代河流冲积物，部分为古河流冲积物、洪积物及少量的浅海冲积物。潮土分布区地形平坦，地下水位较高。

棕壤是凌海市第二大土壤类型，占本市地域面积的 34%。棕壤是在落叶阔叶林下发育的淋溶型棕化的土壤，其剖面由凋落物层、腐殖质层、黏淀层和母质层构成。该土壤化学风化强烈，黏化作用明显，风化产生的黏粒和铁铝氧化物随重力水向下淋移，长期积聚在土壤中下部形成黏淀层。

草甸土是凌海市第三大土壤类型，占本市地域面积的 18%。草甸土是在冷湿条件下，受地下水浸润并在草甸植被下发育形成的土壤。因所处地下水位较高，潜水参与土壤形成过程，受地下水升降与浸润作用，其形成过程具有明显的腐殖质累积和铁锰氧化还原特征，土体出现锈色斑纹层。

粗骨土占本市地域面积的 5%。粗骨土属于 A-C 型，甚至（A）-C 型土壤。A 层发育不明显，与母质土层性状相似，略显有机质累积。有时母质层富含砾石，很少出现剖面分异与发育特征。

滨海盐土占本市地域面积的 5%。滨海盐土分布于沿海一带，成土母质为滨海沉积物，全土体含有以氯化物为主的可溶盐，具 A-C 剖面构型，pH 为 7.5—8.5。滨海盐土的土壤和地下水的盐分组成与海水基本一致，氯盐占绝对优势，其次为硫酸盐和重碳酸盐；盐分中以钠、钾离子为主，钙、镁离子次之。土壤含盐量为 20—50g/kg，地下水矿化度为 10—30g/L。

小于本市地域面积 3% 的土壤类型有水稻土。

本区域中心区气候特征

本区域中心区气候特征值
Regional climate characteristics in central area of the region

气候带：暖温带亚湿润气候 Climate region: Warm temperate subhumid climate	
年平均气温 /℃ Annual average temperature /℃	9.4
年平均最高气温 /℃ Annual average maximum temperature /℃	14.7
年平均最低气温 /℃ Annual average minimum temperature /℃	4.7
年降水量 /mm Annual precipitation /mm	580
≥10℃的积温 /℃ Daily temperature accumulated in a year（≥10℃）/℃	3409
年日照时数 /h Annual sunshine /h	2697
年平均相对湿度 /% Annual average relative humidity /%	61
干燥度 Dryness	0.96

本区域中心区月平均气温与月平均降水量
Monthly temperature and precipitation in central area of the region

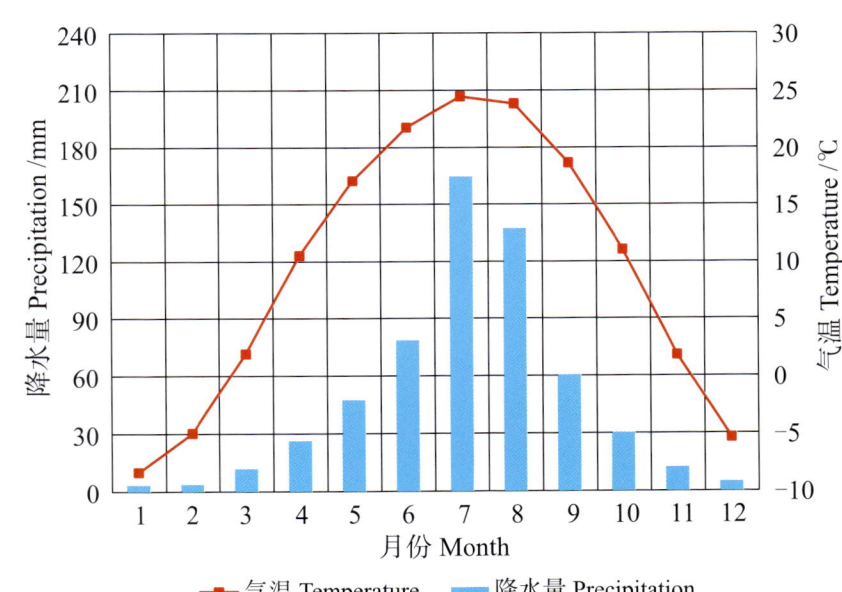

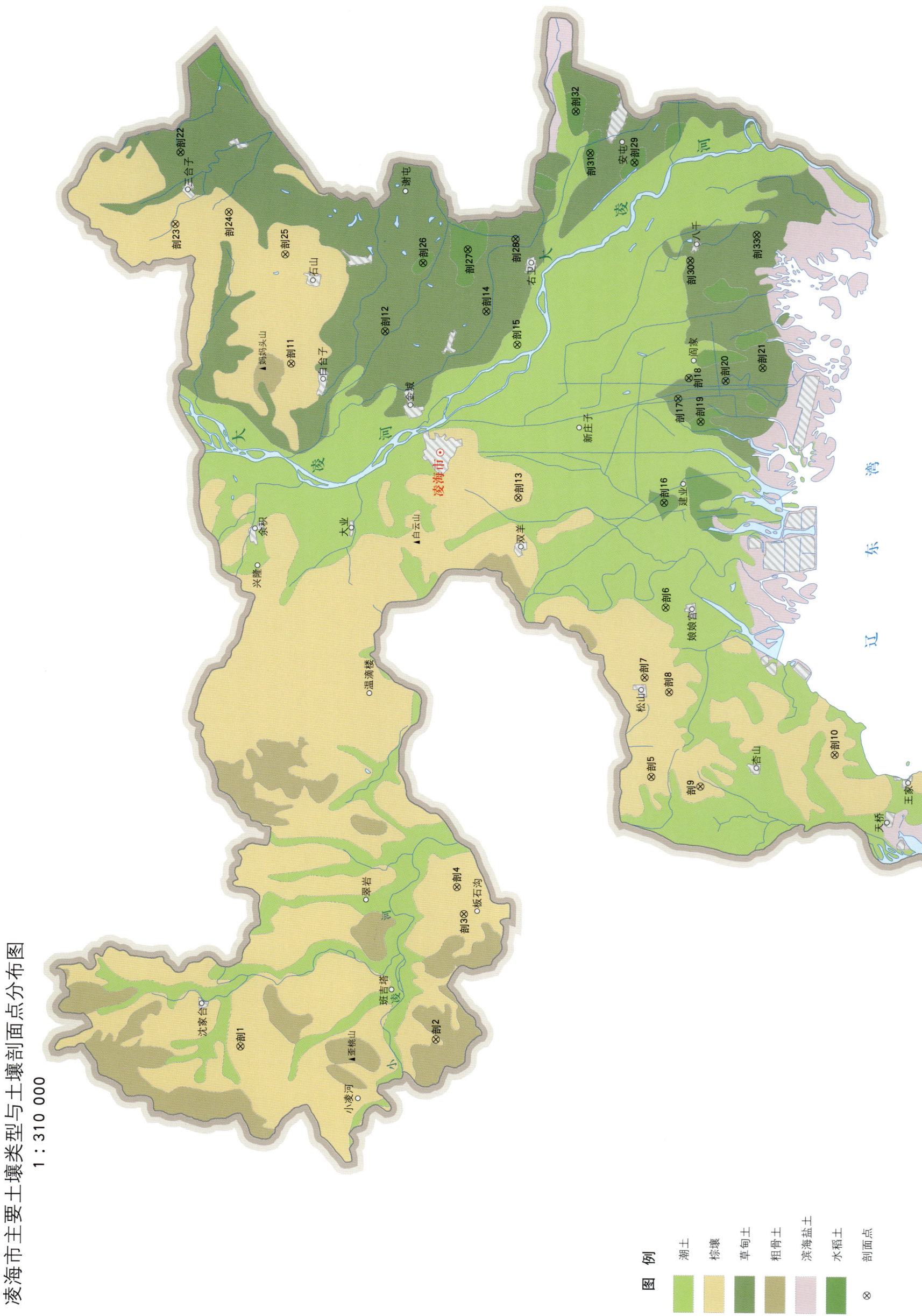

凌海市主要土壤类型与土壤剖面点分布图

凌海市土壤剖面理化性状表

剖面号 Soil profile	土纲 Soil order	土类 Soil great group	亚类 Soil subgroup	土属 Soil genus	土种 Soil species	土层码 Layer code	土层厚度 Depth/cm	颜色 Soil color	质地 Soil texture	土壤结构 Soil structure	pH	有机质 OM/(g/kg)	全氮 TN/(g/kg)	全磷 TP/(g/kg)	全钾 TK/(g/kg)	碱解氮 AN/(mg/kg)	有效磷 AP/(mg/kg)	速效钾 AK/(mg/kg)	阳离子交换量CEC/(cmol/kg)	土壤母质 Parent material	剖面点坐标 Profile coordinate	匹配指数 Matching index/%
剖1	淋溶土	棕壤	棕壤性土	铁镁质棕壤性土	大砾槽石土	Ap	0~20	黄棕色	黏壤土	粒状	6.5	17.1	0.75	0.38	17.0			130	19.4	安山岩风化物	E 120°48′38.9″ N 41°17′47.8″	94
						B	20~45	灰棕色	黏壤土	块状	7.0	9.0	0.53	0.34	17.0		1.0	125	20.5			
						C	45~65	灰棕色	砂质黏壤土	块状	7.3	6.0	0.34	0.45	14.3		1.0	138	18.1			
剖2	淋溶土	棕壤	棕壤性土			1	0~20	浅棕色	砂壤土	块状	7.3	215.7	0.79	0.71	20.2	≤1	6.9	47			E 120°49′21.0″ N 41°09′46.1″	75
剖3	淋溶土	棕壤	棕壤	耕型黄土状棕壤	耕型壤质黄土状棕壤	1	0~19	棕黄色	中壤土	粒状	7.6	14.7	0.71	0.74	33.2	59	9.2	190		黄土状母质	E 120°56′12.1″ N 41°08′46.0″	95
						2	19~26	棕黄色	重壤土	片状	7.4	10.4	0.37	0.49	44.4	27	2.3	123				
						3	26~63	黄棕色	重壤土	核块状	7.8	12.8	0.58	0.64	>50.0	56	2.3	145				
						4	63~100	棕黄色	中壤土	块状	7.0	5.9	0.38	0.55	44.6	45	18.3	117				
剖4	淋溶土	棕壤	棕壤性土	耕型基性岩棕壤性土	耕型中层基性岩棕壤性土	1	0~20	黄棕色	中壤土	粒状	6.5	7.1	0.75	0.88	34.1	70	2.3	230			E 120°57′40.7″ N 41°09′05.4″	75
						2	20~31	浅棕色	轻壤土	片状	7.0	19.0	0.63	0.78	34.2	70	1.0	251				
						3	31~45	黄棕色	中壤土	块状	7.3	10.0	0.54	1.04	30.3	77	1.0	238				
剖5	淋溶土	潮土	潮棕壤	坡洪积潮棕壤	砂山根土	Ap	0~16	暗棕色	壤质砂土	粒状	6.6	9.4	0.54	<0.10	11.9				10.2		E 121°03′56.2″ N 41°01′13.4″	95
						P	16~23	浅棕色	砂质壤土	片状	6.4	8.2	0.52	0.26	12.7				11.7			
						Bg	23~43	浅棕色	砂质黏壤土	块状	6.5	3.8	0.27	0.14	12.3				12.7			
						C	43~100	浅棕色	砂质壤土	团块状	6.4	2.5	0.17	0.19	8.6				15.7			
剖6	半水成土	潮土	潮土	潮泥土	腰砂潮淤土	A11	0~22	灰棕色	砂质黏壤土	小块状	8.4	9.3	0.71	0.35	20.1				17.7	河流冲积物	E 121°13′07.7″ N 41°00′49.3″	95
						AC	22~40	灰棕色	砂质黏壤土	块状	8.4	6.3	0.45	0.17	20.8							
						Cu	40~90	黄棕色	砂质壤土	粒状	8.4	3.3	0.25	0.16	22.0							
						Cg	90~100	亮棕色	砂质壤土	无结构	8.5	7.4	0.59	0.31	17.2							
剖7	淋溶土	棕壤	潮棕壤	耕型坡积潮积棕壤	耕型壤质坡积洪积棕壤	1	0~15	棕灰色	中壤土	粒状	7.2	17.5	0.90	0.21	25.0	91	1.0	110		坡积物、洪积物	E 121°09′19.1″ N 41°01′36.8″	95
						2	15~33	灰棕色	中壤土	块状	7.1	14.5	0.78	0.18	16.9	84	2.0	124				
						3	33~100			无结构							4.0	150				
剖8	淋溶土	棕壤	棕壤	耕型坡积棕壤	耕型壤质坡积棕壤	1	0~20	棕灰色	中壤土	粒状	6.9	15.2	0.74	0.62	45.5	84	4.4	216		坡积物	E 121°08′34.1″ N 41°00′34.9″	95
						2	20~31	灰棕色	中壤土	块状	7.0	13.3	0.65	0.55	46.9	94	2.3	80				
						3	31~55	棕色	中壤土	核块状	7.1	10.1	0.47	0.38	43.1	56	2.3	156				
						4	55~100	棕色	中壤土	粒状	7.0	7.5	0.24	0.42	46.6	49	1.0	110				
剖9	淋溶土	棕壤	棕壤	耕型红土	耕型黏质红土棕壤	1	0~14	棕红色	重壤土	粒状	7.8	10.0	0.56	0.50	15.6	77	6.9	135		第四纪红色黏土	E 121°03′29.5″ N 40°59′11.4″	95
						2	14~100	棕红色	轻壤土	核块状	7.7	6.7	0.50	0.41	21.4	80	1.0	23				
剖10	淋溶土	棕壤	潮棕壤	耕型坡洪积潮棕壤	耕型黏质夹石坡洪积潮棕壤	1	0~20	棕灰色	中壤土	粒状	6.9	12.2	0.67	0.54	28.5	73	1.0	164		坡积物、洪积物	E 121°05′23.6″ N 40°53′41.3″	95
						2	20~30	灰棕色	中壤土	片状	7.0	11.4	0.66	0.57	28.3	70	1.0	192				
						3	30~50	暗棕色	中壤土	粒状	7.0	7.8	0.40	0.44	23.3	42	1.0	96				
						4	50~72	浅黄色	中壤土	块状	7.4						1.0	99				
						5	72~100			无结构	7.5	7.5	0.33	0.38	18.3	49	2.3	114				
剖11	淋溶土	棕壤	棕壤性土	耕型酸性岩棕壤性土	耕型壤质酸性岩棕壤性土	1	0~17	灰棕色	砂壤土	粒状	7.0	17.8	0.79	0.66	>50.0	56	1.0	100		坡积物、洪积物	E 121°25′52.7″ N 41°16′29.3″	95
						2	17~28	灰棕色	轻壤土	片状	6.9	19.0	0.52	0.62	42.4	42	1.0	64				
						3	28~46	棕黄色	中壤土	块状	7.0	23.0	0.65	0.57	32.7	55	4.6	42				
剖12	半水成土	草甸土	草甸土	砂质草甸土	薄腐砂质草甸土	1	0~17	棕黄色	砂壤土	无结构	7.1	8.7	0.42	0.87	24.0	28	9.2	30		非碳酸盐淤积物	E 121°27′44.6″ N 41°12′38.9″	95
						2	17~60	棕黄色		无结构	7.2	7.2	0.31	0.80	22.4	25	2.3	32				
						3	60~100															
剖13	淋溶土	棕壤	棕壤性土			1	0~15	灰棕色	砂壤土	粒状	6.5	17.9	0.77	3.12	49.0	101	16.0	94			E 121°18′52.9″ N 41°07′00.1″	93

续表 Continued

剖面号 Soil profile	土纲 Soil order	土类 Soil great group	亚类 Soil subgroup	土属 Soil genus	土种 Soil species	土层码 Layer code	土层厚度 Depth/cm	颜色 Soil color	质地 Soil texture	土壤结构 Soil structure	pH	有机质 OM/(g/kg)	全氮 TN/(g/kg)	全磷 TP/(g/kg)	全钾 TK/(g/kg)	碱解氮 AN/(mg/kg)	有效磷 AP/(mg/kg)	速效钾 AK/(mg/kg)	阳离子交换量CEC/(cmol/kg)	土壤母质 Parent material	剖面点坐标 Profile coordinate	匹配指数 Matching index/%
剖14	半水成土	草甸土	石灰性草甸土	耕型壤质石灰性草甸土	耕型夹砂壤质碳酸盐草甸土	1	0—22	棕灰色	轻壤土	团粒状	8.4	9.3	0.71	0.81	28.6	42	1.0	110		近代碳酸盐湖积物	E 121°28′56.3″ N 41°08′29.8″	95
						2	22—40	灰棕色	轻壤土	块状	8.4	1.3	0.25	0.37	29.5	37	1.0	110				
						3	40—90	黄棕色	砂壤土	粒状	8.4	6.3	0.45	0.46	31.2	32	2.0	124				
						4	90—100	浅棕色	重壤土	块状	8.5	7.4	0.60	0.71	24.5	36	4.0	150				
剖15	半水成土	潮土	潮土	壤质潮土	腰砂河淤潮土	Ap	0—22	棕灰色	砂质黏壤土	粒状	8.4	9.3	0.71	0.35	20.1		1.0	110	17.7	近代河流冲积物	E 121°27′10.1″ N 41°07′12.0″	81
						2	22—40	黄棕色	砂质黏壤土	块状	8.4	1.3	0.25	0.16	20.8		1.0	110				
						3	40—90	黄棕色	砂壤土	粒状	8.4	6.3	0.45	0.17	22.0		2.0	124				
						4	90—100	浅棕色	砂质黏土	块状	8.5	7.4	0.59	0.31	17.2		4.0	150				
剖16	人为土	水稻土	淹育水稻土	石灰性冲积性淹育田	底黏石灰砂质田	Ap	0—14	棕灰色	砂质壤土	粒状	8.9	2.9	0.31	0.35	19.8		1.0	154	7.3	钙质河流冲积物	E 121°18′47.5″ N 41°00′59.4″	75
						C₁	14—44	棕黄色	壤质砂土	团块状	9.3	1.7	0.35	0.48	17.3		6.0	186				
						C₂	44—59	棕黄色	砂壤土	小块状	9.2	2.6	0.31	0.49	18.0		4.0	200				
						4	59—100	浅棕色	砂壤土	块状	9.2	14.4	0.89	0.60	19.6		12.0	315				
剖17	半水成土	草甸土	草甸土	耕型砂质草甸土	耕型砂质草甸土	Ap	0—14	暗棕色	黏壤土	粒状	7.2	10.4	0.59	1.23	22.6	98	2.3	230			E 121°24′26.6″ N 41°00′30.6″	75
						2	14—25	黄棕色	砂壤土		6.9	11.1	0.69	1.22	14.6	63	1.0	220				
						3	25—37	浅灰黄色		无结构	7.2	10.6	0.66	1.16	20.0	77	2.3	180				
						4	37—55	浅灰黄色		无结构	7.2	8.7	0.34	0.95	24.1	63	4.6	110				
剖18	半水成土	草甸土	草甸土	耕型砂质草甸土	耕型砂质草甸土	1	0—17	棕灰色	中壤土	团粒状	7.3	11.6	0.63	1.23	24.9	66	2.3	135		非碳酸盐淤积物	E 121°25′33.6″ N 41°00′05.4″	75
						2	17—29	棕黄色	中壤土	片状	7.4	10.7	0.49	1.10	22.0	56	1.0	82				
						3	29—80	棕黄色	中壤土	块状	7.4	11.7	0.53	1.16	24.1	52	1.0	123				
						4	80—100	黄棕色	轻壤土	块状	7.3	7.9	0.42	1.07	26.2	52	1.0	80				
剖19	人为土	水稻土	淹育水稻土	石灰性草甸田	砂质黏底碳酸盐田	1	0—14	棕黄色	紧砂土	无结构	8.9	2.9	0.31	0.80	28.1	63	1.0	154		非碳酸盐淤积物	E 121°23′13.2″ N 40°59′33.7″	95
						2	14—35	棕黄色	轻壤土	屑粒状	9.3	1.7	0.35	1.10	24.6	30	6.0	186				
						3	35—44	棕色	砂质黏壤土	小块状	9.2	2.6	0.40	0.91	26.5	45	4.0	141				
						4	44—59	棕黄色	砂质黏壤土	块状	9.4	14.4	0.31	1.12	25.6	31	4.0	200				
						5	59—100	暗棕色	砂质黏壤土	块状	9.0	4.6	0.89	1.37	27.8	28	12.0	315				
剖20	半水成土	草甸土	盐化草甸土	氯化物盐化草甸土	耕型厚层盐甸土	1	0—28	浅黄棕色	中壤土	粒状	8.3	7.2	0.22	0.69	27.5	35	1.0	98		近代碳酸盐淤积物	E 121°25′26.4″ N 40°58′34.3″	95
						2	28—42	棕黄色	中壤土	粒状	8.2	4.5	0.28	0.81	19.2	24	1.0	50				
						3	42—77	棕黄色	重壤土	无结构	8.3	6.6	0.16	0.65	24.1	49	1.0	43				
						4	77—100	黄棕色	重壤土	无结构	8.2	13.4	0.36	0.72	26.8		1.0	67				
剖21	半水成土	草甸土	石灰性草甸土	耕型黏质石灰性草甸土	耕型厚层盐甸土	Az	0—18	灰黄色	砂质黏壤土	小块状	8.7	12.2	0.64	0.35	17.5	105	5.0	100	14.6	海积物、淤积物	E 121°26′10.7″ N 40°57′03.6″	95
						AzCz	18—30	灰黄色	砂质黏壤土	粒状	8.5	6.2	0.52	0.36	17.2	122	5.0	150	15.0			
						Cuz₁	30—67	亮黄棕色	黏壤土	无结构	8.4	7.3	0.42	0.24	17.9	119	2.0	110	16.3			
						Cuz₂	67—100	棕黄色	轻壤土	粒状	8.4	5.3	0.57	0.31	17.5	112	5.0	33	19.8			
剖22	半水成土	草甸土	石灰性草甸土	耕型壤质石灰性岩成岩棕壤	耕型碳酸盐岩成岩棕壤	1	0—20	暗棕色	轻壤土	粒状	8.3	20.8	1.15	1.03	19.4	80	6.9	170		近代碳酸盐淤积物	E 121°37′14.5″ N 41°21′13.7″	93
						2	20—42	棕黄色	砂壤土	粒状	8.2	21.3	1.14	1.00	19.6	56	1.0	174				
						3	42—100	浅黄棕色	砂壤土	无结构	8.3	5.3	0.20	0.53	23.4		1.0	55				
剖23	淋溶土	棕壤	棕壤性	耕型酸酸岩成岩棕壤	耕型酸性岩成岩棕壤	1	0—20	灰棕色	砂质黏壤土	粒状	7.3	15.1	0.81	0.71	>50.0	102	1.0	72		近代碳酸盐淤积物	E 121°33′20.5″ N 41°21′23.0″	93
						2	20—32	灰棕色	砂壤土	粒状	7.3	10.5	0.48	0.55	24.1	72	2.3	38				
						3	32—61	棕色	轻壤土	块状	7.4	10.9	0.43	0.34	29.9							
剖24	淋溶土	棕壤	棕壤性	酸性岩类棕壤土	耕型坡积坡积潮棕壤	1	0—20	灰棕色	砂壤土	粒状		25.5	0.78	0.71		119	9.2	72		坡积物、洪积物	E 121°34′03.4″ N 41°19′10.9″	95
剖25	淋溶土	棕壤	潮棕壤			1	0—25	黄棕色	轻壤土	粒状	7.0	13.2	0.70	0.68	30.5	70	1.0	54			E 121°31′48.4″ N 41°16′49.8″	
						2	25—33	黄棕色	轻壤土	片状	7.4	11.6	0.61	0.56	32.3	77	1.0	58				
						3	33—69	暗棕色	中壤土	块状	7.3	16.0	0.77	0.55	28.5	84	1.0	53				
						4	69—100	浅棕色			7.3	11.1	0.59	0.50	24.8	59	4.6	65				

续表 Continued

剖面号 Soil profile	土纲 Soil order	土类 Soil great group	亚类 Soil subgroup	土属 Soil genus	土种 Soil species	土层码 Layer code	土层厚度 Depth/cm	颜色 Soil color	质地 Soil texture	土壤结构 Soil structure	pH	有机质 OM/(g/kg)	全氮 TN/(g/kg)	全磷 TP/(g/kg)	全钾 TK/(g/kg)	碱解氮 AN/(mg/kg)	有效磷 AP/(mg/kg)	速效钾 AK/(mg/kg)	阳离子交换量 CEC/(cmol/kg)	土壤母质 Parent material	剖面点坐标 Profile coordinate	匹配指数 Matching index/%
剖26	人为土	水稻土	淹育水稻土	石灰性草甸土田	壤质淤黑碳酸盐草甸土田	1	0—19	棕灰色	中壤土	块状	8.3	16.2	1.26	0.93	28.6	31	2.0	84		近代碳酸盐淤积物	E 121°31′30.0″ N 41°11′08.9″	95
						2	19—39	棕灰色	中壤土	块状	8.5	14.5	1.29	0.72	27.8	47	2.0	147				
						3	39—100	暗灰色	重壤土	核块状	8.5	14.7	1.43	1.01	31.4	56	1.0	189				
剖27	人为土	水稻土	淹育水稻土	石灰性草甸土田	壤质碳酸盐草甸土田	1	0—22	暗灰色	中壤土	粒状	8.0	10.2	0.71	0.95	22.1	39	4.0	167		近代碳酸盐淤积物	E 121°32′16.8″ N 41°09′18.7″	95
						2	22—50	暗灰色	轻壤土	块状	8.2	6.4	0.49	0.59	29.5	36	3.0	154				
						3	50—100	黄棕色	重壤土	块状	8.5	10.0	0.77	0.39	25.3	42	4.0	214				
剖28	半水成土	草甸土	石灰性草甸土	壤质石灰性草甸土		1	0—45	暗灰色	中壤土	粒状	8.1	8.1	0.42	0.71	23.3	35	1.0	62		近代碳酸盐淤积物	E 121°32′53.9″ N 41°07′22.1″	95
						2	45—100	暗灰色		块状	7.8	21.3	0.84	0.81	25.5	84	2.3	100				
剖29	人为土	水稻土	盐渍水稻土	硫酸盐氯化物盐渍田		1	0—18	灰棕色	中壤土	粒状	8.3	19.3	0.83	1.06	30.2	98	6.2	145		海积物、淤积物	E 121°37′09.5″ N 41°02′31.6″	75
						2	18—25	红棕色	中壤土	块状	9.2	8.4	0.45	1.02	25.7	38	3.9	123				
						3	25—35	暗棕色	中壤土	块状	9.5	13.6	0.67	1.11	26.2	77	7.6	95				
						4	35—100	灰棕色	轻壤土	块状	9.5	5.2	0.31	0.72	28.2	31	1.0	65				
剖30	半水成土	草甸土	石灰性草甸土	耕型壤质石灰性草甸土	耕型壤质碳酸盐草甸土	1	0—20	棕灰色	轻壤土	团粒状	8.3	10.2	0.51	0.90	22.6	59	6.9	123		近代碳酸盐淤积物	E 121°31′54.8″ N 41°00′08.3″	75
						2	20—34	棕灰色	中壤土	片状	8.2	9.0	0.46	0.93	23.6	63	2.3	125				
						3	34—95	灰棕色	中壤土	块状	8.5	10.2	0.47	0.90	28.4	66	2.3	82				
						4	95—107	灰棕色	重壤土	核块状	8.5	7.4	0.39	0.82	17.3	59	4.6	77				
剖31	人为土	水稻土	淹育水稻土	石灰性草甸土田	壤质夹砂碳酸盐草甸土田	1	0—15	灰棕色	中壤土	块状										近代碳酸盐淤积物	E 121°37′37.6″ N 41°04′21.7″	75
						2	30—47	棕色	重壤土	块状	8.1	12.0	0.82	1.07	26.5	28	4.0	128				
						3	47—56	黄棕色	砂壤土	片状	8.3	12.7	0.88	1.39	25.3	28	9.0	154				
						4	56—74	棕色	重壤土	块状	8.0	8.9	0.63	1.16	26.6	59	2.0	128				
						5	74—100	棕灰色	轻壤土	核块状	8.4	2.1	0.14	0.69	28.2	32	3.0	93				
剖32	人为土	水稻土	淹育水稻土	石灰性草甸土田	壤质砂底碳酸盐草甸土田	1	0—18	棕灰色	轻壤土	粒状	7.5	13.4	0.64	0.81	24.9	63	4.6	100		近代碳酸盐淤积物	E 121°39′51.5″ N 41°04′59.5″	75
						2	15—26	黄棕色		粒状	7.7	12.2	0.52	0.82	24.5	59	4.6	150				
						3	26—44	棕色	中壤土	块状	8.5	3.2	0.32	0.55	25.4		1.6	110				
						4	44—100	棕灰色	砂壤土	核块状	7.7	7.3	0.57	0.72	24.9	52	5.3	33				
剖33	半水成土	草甸土	盐化草甸土	氯化物盐化草甸土	中度氯化物盐化草甸土	1														海积物、淤积物	E 121°33′23.0″ N 40°57′25.6″	95

北 镇 市

主要土类说明

草甸土是北镇市主要土壤类型，占本市地域面积的 59%。草甸土是在冷湿条件下，受地下水浸润并在草甸植被下发育形成的土壤。因所处地下水位较高，潜水参与土壤形成过程，受地下水升降与浸润作用，其形成过程具有明显的腐殖质累积和铁锰氧化还原特征，土体出现锈色斑纹层。

棕壤是北镇市第二大土壤类型，占本市地域面积的 33%。棕壤发生于落叶阔叶林下，但大部分已被垦殖，以旱作为主。该土壤处于硅铝风化阶段，具有黏化特征，呈棕色。土体见黏粒淀积，盐基充分淋失，pH 为 6.0—7.5，见少量游离铁。

小于本市地域面积 3% 的土壤类型有水稻土、沼泽土、草甸盐土、风沙土和石质土。

本区域中心区气候特征

本区域中心区气候特征值
Regional climate characteristics in central area of the region

气候带：暖温带亚湿润气候 Climate region: Warm temperate subhumid climate	
年平均气温 /℃ Annual average temperature /℃	8.7
年平均最高气温 /℃ Annual average maximum temperature /℃	14.4
年平均最低气温 /℃ Annual average minimum temperature /℃	3.5
年降水量 /mm Annual precipitation /mm	567
≥10℃的积温 /℃ Daily temperature accumulated in a year（≥10℃）/℃	3231
年日照时数 /h Annual sunshine /h	2667
年平均相对湿度 /% Annual average relative humidity /%	60
干燥度 Dryness	0.92

本区域中心区月平均气温与月平均降水量
Monthly temperature and precipitation in central area of the region

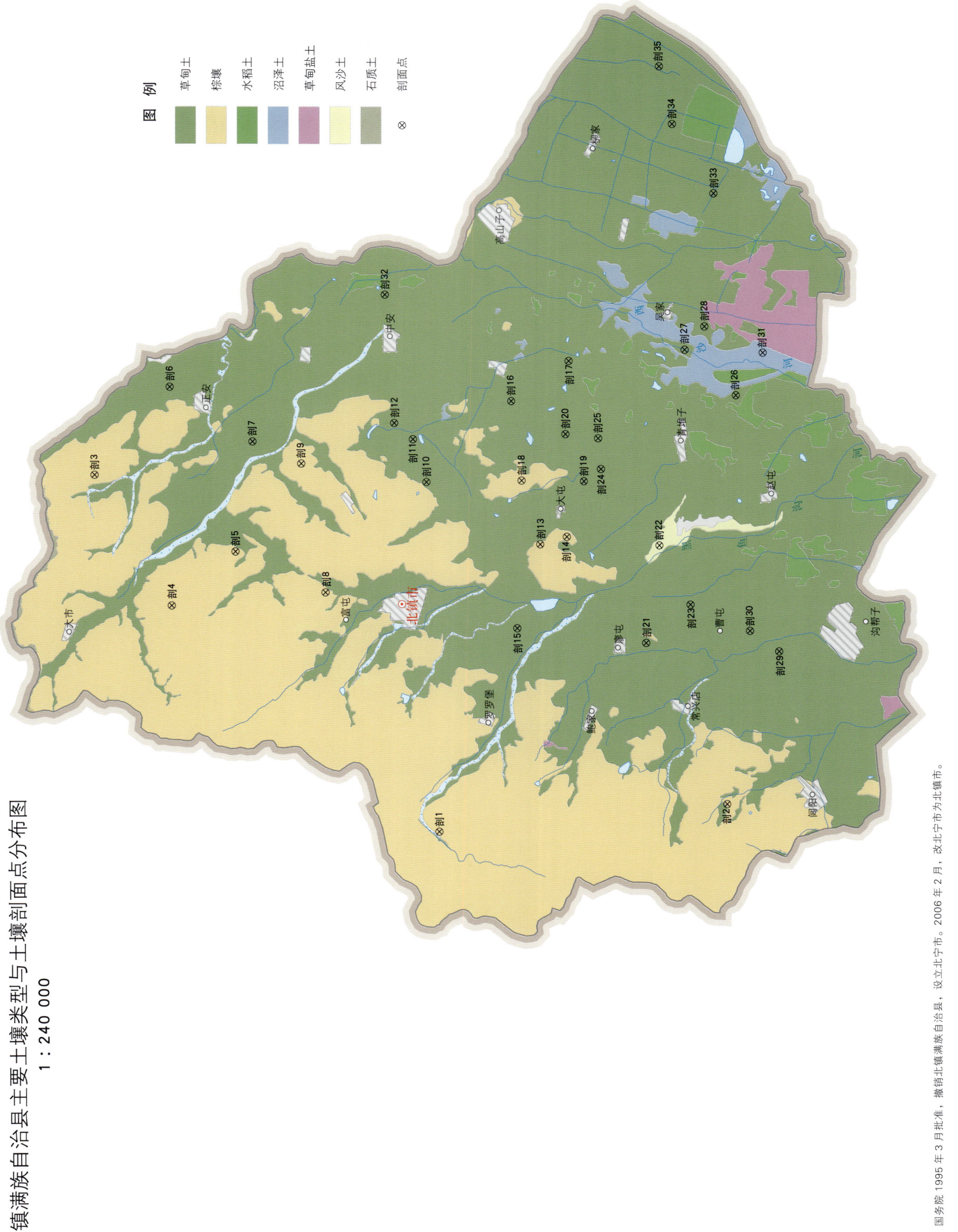

北镇满族自治县主要土壤类型与土壤剖面点分布图

1∶240 000

北镇市土壤剖面理化性状表

剖面号 Soil profile	土纲 Soil order	土类 Soil great group	亚类 Soil subgroup	土属 Soil genus	土种 Soil species	土层码 Layer code	土层厚度 Depth/cm	颜色 Soil color	质地 Soil texture	土壤结构 Soil structure	pH	有机质 OM/(g/kg)	全氮 TN/(g/kg)	全磷 TP/(g/kg)	全钾 TK/(g/kg)	有效磷 AP/(mg/kg)	速效钾 AK/(mg/kg)	阳离子交换量CEC/(cmol/kg)	土壤母质 Parent material	剖面点坐标 Profile coordinate	匹配指数 Matching index/%
剖1	淋溶土	棕壤	潮棕壤	耕型坡洪积潮棕壤	多胀黄砂土	1	0—24	浅黄色	砂壤土	砂粒状	6.9	5.8	0.40	0.20					坡积物、洪积物	E 121°37′59.5″ N 41°34′41.5″	95
						2	24—35	浅黄色	砂壤土	砂粒状	7.0	5.1	0.40	0.10							
						3	35—45	浅黄色	紧砂土	砂粒状	7.2	5.7	0.10	0.10							
						4	45—100	浅灰色	砂壤土	砂粒状	7.3	1.9	0.20	0.10							
剖2	淋溶土	棕壤	棕壤性土	酸性岩类棕壤性土	裸露酸性岩棕壤性土	1	0—20	灰棕色	砂壤土	粒状	7.1	14.2	0.70	0.60					砂岩、页岩风化残积物	E 121°39′18.4″ N 41°25′38.6″	93
						2	20—90	浅黄色	砂壤土	粒状	7.2	2.4	0.10	0.20							
剖3	淋溶土	棕壤	棕壤性土	砂页岩类棕壤性土	薄腐砂岩棕壤性土	1	0—18	暗棕色	轻壤土	粒状	7.1	16.5	0.80	0.20						E 121°52′44.4″ N 41°45′39.6″	95
						2	18—				7.6	13.7	0.70	0.10							
剖4	淋溶土	棕壤	棕壤性土	耕型酸性岩棕壤性土	酸性岩山砂土	1	0—11	黄棕色	轻壤土	粒状	7.7	18.4	1.10	0.10						E 121°47′19.7″ N 41°43′11.6″	95
						2	11—41	黄棕色	中壤土	团粒状	7.8	2.9	0.20	0.10							
剖5	淋溶土	棕壤	棕壤	人工堆垫棕壤	梯田棕黄土	1	0—13	暗棕色	轻壤土	粒状	6.8	13.6	0.80	0.60	26.2				坡积物或黄土状母质	E 121°49′36.8″ N 41°41′12.1″	95
						2	13—35	灰棕色	轻壤土	核状	7.0	6.7	0.40	0.40							
						3	35—69	黄棕色	轻壤土	核状	7.3	2.4	0.20	0.20	19.3						
						4	69—100	黄棕色	中壤土	粒状	7.2	2.6	0.20	0.30							
剖6	半水成土	草甸土	草甸土	耕型砂质草甸土	淤砂土	1	0—20	灰棕色	砂壤土	粒状	8.1	7.4	0.50	0.60	26.9				近代砂质淤积物	E 121°56′27.2″ N 41°43′19.9″	95
						2	20—34	黄棕色	砂壤土	粒状	7.9	10.8	0.40	0.50							
						3	34—98	浅灰色	砂壤土	无结构	7.8	3.4	0.30	0.40	28.1						
						4	98—100	浅黄色	松砂土	粒状	8.0	8.4	0.50	0.50							
剖7	半水成土	草甸土	石灰性草甸土	石灰岩类草甸土	石灰性河淤砂土	1	0—26	棕色	中壤土	块状	8.1	<1.0	0.20	0.20	25.5				近代壤质淤积物	E 121°54′12.2″ N 41°40′42.6″	95
						2	26—38	浅棕色	轻壤土	块状	7.5	7.2	0.40	0.50	25.7						
						3	38—60	浅棕色	紧砂土	块状	8.6	2.7									
						4	60—81	浅棕色	中壤土	块状	7.5	7.4	0.40								
						5	81—100	浅棕色	中壤土	块状	7.7	6.1	0.40	0.60							
剖8	淋溶土	棕壤	棕壤性土	耕型红土棕壤	红黏土	1	0—23	红棕色	中壤土	核状	7.6	3.1	0.20	0.30	21.0				红土	E 121°47′57.1″ N 41°38′21.5″	93
						2	23—70	棕红色	重壤土	核状	7.5	1.9	0.20	0.40	26.3						
						3	70—100	棕棕色	黏土	粒状	8.2	10.4	1.00	0.60	13.4						
剖9	淋溶土	棕壤	棕壤性土	石灰岩类棕壤性土	薄腐石灰岩棕壤性土	1	0—16	暗棕色	砂壤土	块状	7.5	9.7	0.60	0.40					石灰岩类	E 121°53′18.6″ N 41°39′09.7″	95
						2	16—22	棕色	轻壤土	团块状	7.5	11.2	0.80	0.50							
剖10	半水成土	草甸土	草甸土	耕型黏质草甸土	黑脐土	1	0—22	暗棕色	中壤土	团块状	7.6	10.3	0.60	0.50					壤质淤积物	E 121°52′35.8″ N 41°35′13.2″	95
						2	22—29	浅棕色	紧砂土	团块状	7.6	8.0	0.40	0.30							
						3	29—91	黄棕色	中壤土	块状	7.5	3.8	0.30	0.30							
						4	91—	暗棕色	重壤土	团块状	7.8	13.2	0.80	0.70							
剖11	半水成土	草甸土	石灰性草甸土	石灰岩类石灰性草甸土	石灰性黄黏土	1	0—19	灰棕色	重壤土	片状	8.0	11.5	0.90	0.70					近代壤质淤积物	E 121°54′22.3″ N 41°35′39.5″	97
						2	19—27	棕色	中壤土	核块状	7.6	8.7	0.60	0.70							
						3	27—59	浅棕色	重壤土	核块状	7.5	5.2	0.30	0.50							
						4	59—74	黄棕色	重壤土	粒状	8.1	11.7	0.60	0.30							
						5	74—	暗棕色	中壤土	片状	6.5	12.7	0.60	0.80							
剖12	半水成土	草甸土	石灰性草甸土	耕型壤质石灰性草甸土	石灰性黑河淤土	1	0—13	灰棕色	重壤土	块状	7.0	10.1	0.50	0.60					近代壤质淤积物	E 121°55′02.3″ N 41°36′15.1″	97
						2	13—22	深棕色	重壤土	块状	7.0	12.8	0.30	0.50							
						3	22—84	暗灰棕色	重壤土	无结构	7.0	9.4	0.40	0.70							
						4	84—100	棕色	砂壤土	粒状	6.9	7.0	0.30	0.20							
剖13	淋溶土	棕壤	棕壤性土	耕型酸性岩棕壤性土	山砾土	1	0—32	黄棕色	砂土	砂粒状	6.9	2.7	0.20							E 121°50′03.5″ N 41°31′36.8″	97
						2	32—														

续表 Continued

剖面号 Soil profile	土纲 Soil order	土类 Soil great group	亚类 Soil subgroup	土属 Soil genus	土种 Soil species	土层码 Layer code	土层厚度 Depth/cm	颜色 Soil color	质地 Soil texture	土壤结构 Soil structure	pH	有机质 OM/(g/kg)	全氮 TN/(g/kg)	全磷 TP/(g/kg)	全钾 TK/(g/kg)	有效磷 AP/(mg/kg)	速效钾 AK/(mg/kg)	阳离子交换量 CEC/(cmol/kg)	土壤母质 Parent material	剖面点坐标 Profile coordinate	匹配指数 Matching index/%
剖14	淋溶土	棕壤	棕壤性土	耕型砂页岩棕壤性土	砂页岩山砂土	1	0—12	暗棕色	轻壤土	粒状	7.1	10.5	0.70	0.20					砂岩、页岩风化残积物	E 121°50′22.9″ N 41°30′47.2″	97
						2	12—75	暗棕色	砂壤土	核状	7.6	13.7	0.70	0.10							
剖15	半水成土	草甸土	草甸土	草甸型菜园土	菜园土	1	0—23	棕灰色	轻壤土	团粒状	7.3	18.0	1.00	1.00	27.7				近代淤积物	E 121°46′32.5″ N 41°32′18.6″	95
						2	23—50	棕灰色	轻壤土	团粒状	7.4	16.3	<0.10	1.50	27.4						
						3	50—100	浅灰色	轻壤土	团块状	7.5	15.5	0.90	1.80							
剖16	半水成土	草甸土	草甸土	耕型壤质草甸土	河淤土	1	0—19	灰棕色	轻壤土	片状	6.7	11.1	0.70	0.50					壤质淤积物	E 121°56′01.0″ N 41°32′34.8″	95
						2	19—26	灰棕色	轻壤土	块状	6.9	8.6	0.50	0.40							
						3	26—85	暗棕色	重壤土		7.0	11.8	0.60	0.50								
						4	85—100	黄棕色	黏土		6.6	2.6	0.40	0.40								
剖17	半水成土	草甸土	石灰性草甸土	耕型黏质石灰性草甸土	石灰性黑黏土	1	0—15	棕色	重壤土	团粒状	7.7	24.9	1.60	1.00					近代壤质淤积物	E 121°57′43.2″ N 41°30′47.5″	97
						2	15—26	棕色	重壤土	片状	8.0	25.7	1.70	0.80	26.0						
						3	26—48	棕色	重壤土	团块状	8.0	18.3	1.30	0.80	25.3						
						4	48—67	棕灰色	中壤土	团块状	8.0	5.4	0.30	0.50	24.8						
						5	67—100	棕色		团块状	7.6	7.8	0.30	0.40							
剖18	淋溶土	棕壤	潮棕壤	耕型坡洪积潮棕壤	潮黄土	1	0—23	黄棕色	中壤土	团粒状	6.2	10.9	0.70	0.60					坡积物、洪积物	E 121°52′42.2″ N 41°32′13.6″	97
						2	23—34	黄棕色	中壤土	片状	7.6	5.5	0.40	0.40							
						3	34—100	灰棕色	中壤土	块状	7.6	8.5	0.50	0.50							
剖19	半水成土	草甸土	草甸土	耕型壤质草甸土	砂底河淤土	1	0—17	浅棕色	中壤土	块状	7.6	11.0	0.20	0.70					壤质淤积物	E 121°52′42.6″ N 41°30′15.8″	95
						2	17—26	暗棕色	砂壤土	团块状	8.0	8.5	0.50	0.50							
						3	26—43	浅灰色	砂壤土	片状	8.5	5.2	0.30	0.50							
						4	43—70	暗灰色	中壤土	块状	8.2	3.9	0.10	0.40							
						5	70—	浅灰棕色			8.2	3.8	0.30	0.30							
剖20	半水成土	草甸土	草甸土	耕型砂质草甸土	粗砂土	1	0—18	浅棕色	砂壤土	粒状	7.0	3.7	0.50	0.40	29.6				近代砂质淤积物	E 121°54′39.6″ N 41°30′51.8″	95
						2	18—29	浅棕色	片状	片状	6.5	7.2	0.60	0.30							
						3	29—45	灰棕色	砂壤土	块状	6.9	12.4	0.30	0.40	26.2						
						4	45—88	暗棕色	砂壤土	块状	7.2	4.2	0.10	0.30							
						5	88—100	灰棕色	紧砂土	块状	7.5	1.8	0.10	0.20							
剖21	半水成土	草甸土	盐化草甸土	耕型硫酸盐氯化物盐化草甸土	中盐化黑黏土	1	0—21	灰棕色	中壤土	团粒状	8.1	21.4	1.50	0.90					近代壤质淤积物	E 121°45′59.8″ N 41°28′15.2″	95
						2	21—31	灰棕色	中壤土	片状	8.0	23.5	1.60	0.60	24.3						
						3	31—72	棕黄色	重壤土	核状	8.2	4.8	0.40	0.50							
						4	72—100	黄棕色	中壤土	块状	8.2	3.9	0.30	0.50							
剖22	初育土	风沙土	半固定风沙土	沙丘半固定风沙土	风沙土	1	0—22	浅灰棕色	砂壤土	粒状	7.5	3.9	0.40	0.40					风积物	E 121°50′04.9″ N 41°27′52.2″	75
						2	22—42	白色	紧砂土	粒状	6.5	4.8	0.30	0.40	27.3						
						3	42—100	浅棕色	中壤土	粒状	7.2	<1.0	0.10	0.50							
剖23	半水成土	草甸土	草甸土	耕型壤质草甸土	黑黄土	1	0—21	棕色	中壤土	团块状	6.5	12.3	0.80	0.50					壤质淤积物	E 121°47′37.7″ N 41°26′52.1″	95
						2	21—28	棕色	中壤土	片状	6.6	6.8	0.50	0.30	21.3						
						3	28—61	暗棕色	中壤土	核状	6.8	5.3	0.40	0.20							
						4	61—90	黄棕色	中壤土	核状	6.4	3.3	0.30	0.20							
						5	90—	棕色	中壤土	粒状	6.1	2.1	0.30	0.20	22.6						
剖24	半水成土	草甸土	草甸土	耕型壤质草甸土	黑底河淤土	1	0—21	棕色	中壤土	粒状	8.0	13.0	0.80	0.60				14.2	壤质淤积物	E 121°53′13.6″ N 41°29′43.8″	95
						2	21—30	灰棕色	中壤土	片状	7.8	10.4	0.60	0.50				16.1			
						3	30—53	灰棕色	中壤土	粒状	7.7	10.2	0.50	0.50				21.9			
						4	53—	暗棕色	中壤土	块状	7.3										
剖25	半水成土	草甸土	石灰性草甸土	壤质石灰性草甸土	石灰河淤土	Ap	0—13	灰棕色	砂质黏壤土	团块状	7.8	12.7	0.60	0.35				20.9	近代河流冲积物	E 121°54′30.2″ N 41°29′49.9″	81
						P	13—22	砂质黏壤土	砂质黏壤土	片状	7.5	10.1	0.50	0.26							
						3	22—84	棕灰色	壤质黏土	块状	7.0	7.8	0.30	0.22							
						4	84—100	棕灰色	壤质黏土	块状	7.0	9.4	0.30	0.31							

续表 Continued

剖面号 Soil profile	土纲 Soil order	土类 Soil great group	亚类 Soil subgroup	土属 Soil genus	土种 Soil species	土层码 Layer code	土层厚度 Depth/cm	颜色 Soil color	质地 Soil texture	土壤结构 Soil structure	pH	有机质 OM/(g/kg)	全氮 TN/(g/kg)	全磷 TP/(g/kg)	全钾 TK/(g/kg)	有效磷 AP/(mg/kg)	速效钾 AK/(mg/kg)	阳离子交换量CEC/(cmol/kg)	土壤母质 Parent material	剖面点坐标 Profile coordinate	匹配指数 Matching index/%
剖26	半水成土	草甸土	石灰性草甸土	耕型壤质石灰性草甸土	石灰性砂底河淤土	1	0—20	棕灰色	中壤土	粒状	6.9	16.2	0.90	0.70					近代壤质淤积物	E 121°56′22.6″ N 41°25′30.7″	95
						2	20—29	棕灰色	中壤土	片状	6.5	16.3	0.80	0.70							
						3	29—55	黄棕色	轻壤土	块状	8.1	9.4	0.50	0.60							
						4	55—100	棕黄色	砂壤土	无结构											
剖27	半水成土	草甸土	盐化草甸土	耕型氯化物盐化草甸土	轻度盐化黏土	1	0—23	灰黑棕色	重壤土	粒状	7.6	22.6	1.40	0.60	22.7				近代淤积物	E 121°58′15.2″ N 41°27′08.3″	98
						2	23—36	灰棕色	重壤土	片状	7.9	23.8	1.40	0.90							
						3	36—85	灰黑棕色	重壤土	块状	7.7	25.8	1.60		18.7						
						4	85—100	棕黄色	重壤土		7.5	5.9	0.30								
剖28	半水成土	草甸土	石灰性草甸土	黏质石灰性草甸土	薄腐黏质碳酸盐草甸土	1	0—25	暗灰色	黏土	团粒状	8.0	29.6	2.00	0.80	27.6				近代壤质淤积物	E 121°59′13.6″ N 41°26′31.6″	95
						2	25—45	浅灰色	黏土	团粒状	8.0	19.9	1.30	0.60	20.8						
						3	45—100	棕黄色	中壤土	块状	8.0		0.20								
剖29	半水成土	草甸土	盐化草甸土	耕型氯化物盐化草甸土	中度盐化淤黏土	1	0—19	黑灰色	黏土	团粒状	8.6	20.0	1.40	0.70					近代淤积物	E 121°45′43.2″ N 41°24′03.6″	95
						2	19—32	浅灰色	黏土	团粒状	8.3	6.5	0.40	0.50							
						3	32—50	浅灰色	黏土	团块状	8.2	2.9	0.10	0.30							
						4	50—78	棕黄色	紧砂土		7.5										
						5	78—100				7.0				>50.0						
剖30	半水成土	草甸土	石灰性草甸土	黏质石灰性草甸土	厚腐黏质碳酸盐草甸土	1	0—13	暗灰色	重壤土	团粒状	6.6	3.1	1.00	0.22	18.4	4.0	163	26.5	近代壤质淤积物	E 121°46′34.0″ N 41°24′59.4″	95
						2	13—29	暗棕色	重壤土	团块状	8.0	21.5	0.70	<0.10	19.6	1.0	112	21.8			
						3	29—57	暗棕色	砂质黏壤土	糊块状	7.9	16.9	0.60	<0.10				12.9			
						4	57—72	灰黄色	壤质黏壤土	糊块状	7.9	5.7	0.40	0.52				22.6			
						5	72—100	灰黄色	重壤土	团块状	8.1	2.2	0.30								
剖31	水成土	沼泽土	腐沼泽土	腐泥土	火性洼泥土	M	0—22	黑色	黏土	糊状	7.0	40.4	1.90	0.90	24.2				黏质河流冲积物	E 121°58′10.2″ N 41°24′41.0″	95
						Mg	22—32	灰色	壤质黏土	块状	7.8	10.5	0.60	0.80							
						G₁	32—64	灰色	砂质黏壤土	块状	7.8	3.4	0.30	0.80							
						G₂	64—100	灰色	壤质黏壤土	块状	6.8	5.8	0.40	0.70							
剖32	半水成土	草甸土	盐化草甸土	耕型硫酸盐盐化草甸土	轻度盐化黑黏土	1	0—18	灰黑色	中壤土	片状	7.5	26.5	1.40	0.90					近代淤积物	E 122°00′23.8″ N 41°36′35.3″	95
						2	18—28	重黑色	重壤土	片状	7.7	24.9	1.30	0.80							
						3	28—38	灰黑色	中壤土	块状	7.5	19.2	1.10	0.50	9.3						
						4	38—85	灰黑色	轻壤土	块状	7.4	9.9	0.50	0.50							
						5	85—100	棕黄色	重壤土	块状	7.2	6.8	0.40	0.40							
剖33	半水成土	草甸土	盐化草甸土	耕型硫酸盐氯化物盐化草甸土	轻盐化黑黏土	1	0—23	黑黑棕色	重壤土	团粒状	8.0	20.3	1.30	0.70					近代淤积物	E 122°04′46.6″ N 41°26′16.8″	95
						2	23—30	暗棕色	中壤土	片状	7.9	21.8	1.40	0.80							
						3	30—79	暗黄棕色	中壤土	块状	7.7	14.3	0.90	0.80							
						4	79—100	暗棕色	轻壤土	块状	7.5	5.4	0.40	0.70							
剖34	半水成土	草甸土	盐化草甸土	耕型硫酸盐氯化物盐化草甸土	中度盐化淤黏土	1	0—24	暗黄棕色	中壤土	团粒状	7.7	26.8	1.70	1.00					近代淤积物	E 122°07′39.4″ N 41°27′36.4″	95
						2	24—30	暗黄棕色	重壤土	片状	7.9	25.7	1.50	0.90							
						3	30—48	暗黄棕色	重壤土	小核状	8.0	24.5	1.90	0.90							
						4	48—60	灰黄棕色	中壤土	小核状	8.0	10.5	0.30	0.70							
						5	60—	黄棕色	砂壤土		8.0	4.5	0.30	0.50							
剖35	半水成土	草甸土	石灰性草甸土	耕型砂质石灰性草甸土	石灰性淤砂土	1	0—18	黄棕色	砂壤土	片状		9.9	0.60	0.50	>50.0				近代砂质淤积物	E 122°10′03.0″ N 41°28′02.3″	95
						2	18—29	浅灰色	黏土	核状		6.4	0.30	0.90	>50.0						
						3	29—76	棕黄色	黏土			17.9	1.00	0.90	>50.0						
						4	76—100	浅黄棕色	砂壤土	无结构		7.9	0.50	0.60	>50.0						

营 口 市

盖 州 市

主要土类说明

棕壤是盖州市主要土壤类型，占本市地域面积的76%。棕壤发生于落叶阔叶林下，但大部分已被垦殖，以旱作为主。该土壤处于硅铝风化阶段，具有黏化特征，呈棕色。土体见黏粒淀积，盐基充分淋失，pH 为 6.0—7.5，见少量游离铁。

草甸土是盖州市第二大土壤类型，占本市地域面积的19%。草甸土是在冷湿条件下，受地下水浸润并在草甸植被下发育形成的土壤。因所处地下水位较高，潜水参与土壤形成过程，受地下水升降与浸润作用，其形成过程具有明显的腐殖质累积和铁锰氧化还原特征，土体出现锈色斑纹层。

小于本市地域面积3%的土壤类型有水稻土、风沙土和滨海盐土。

本区域中心区气候特征

本区域中心区气候特征值
Regional climate characteristics in central area of the region

气候带：暖温带亚湿润气候 Climate region: Warm temperate subhumid climate	
年平均气温 /℃ Annual average temperature /℃	9.7
年平均最高气温 /℃ Annual average maximum temperature /℃	14.2
年平均最低气温 /℃ Annual average minimum temperature /℃	5.6
年降水量 /mm Annual precipitation /mm	682
≥10℃的积温 /℃ Daily temperature accumulated in a year（≥10℃）/℃	3516
年日照时数 /h Annual sunshine /h	2714
年平均相对湿度 /% Annual average relative humidity /%	66
干燥度 Dryness	0.87

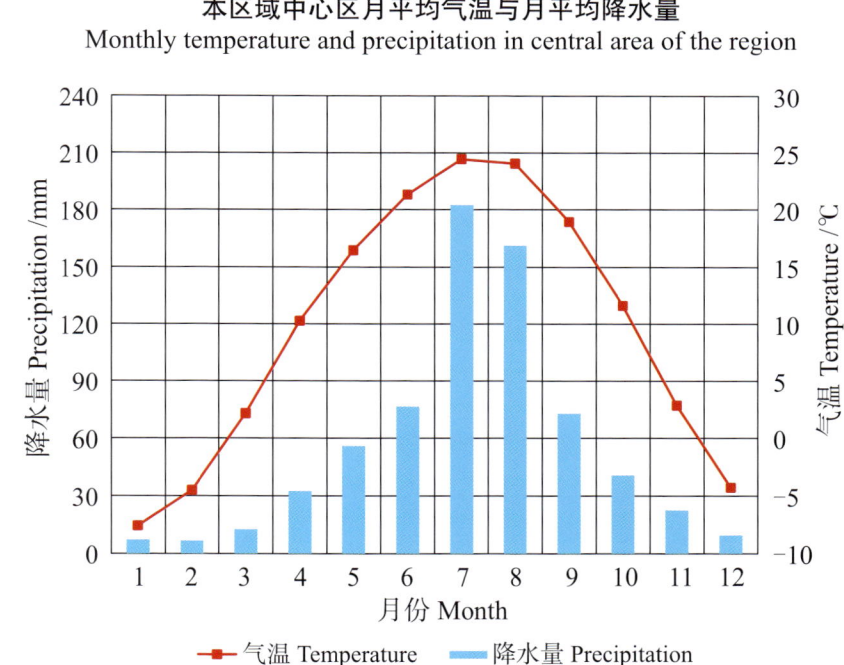

本区域中心区月平均气温与月平均降水量
Monthly temperature and precipitation in central area of the region

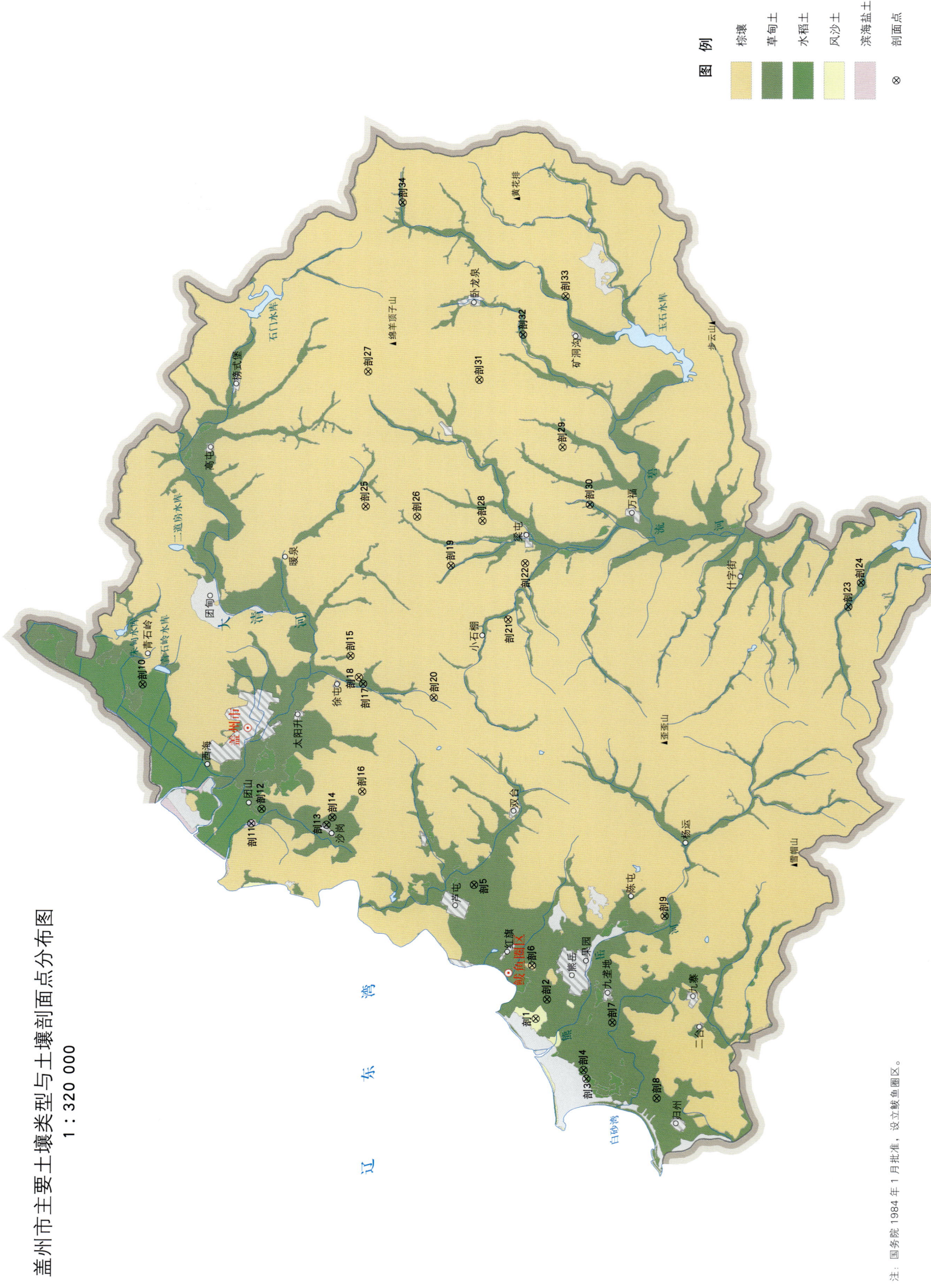

盖州市主要土壤类型与土壤剖面点分布图
1∶320 000

盖州市土壤剖面理化性状表

剖面号 Soil profile	土纲 Soil order	土类 Soil great group	亚类 Soil subgroup	土属 Soil genus	土种 Soil species	土层码 Layer code	土层厚度 Depth/cm	颜色 Soil color	质地 Soil texture	土壤结构 Soil structure	pH	有机质 OM/(g/kg)	全氮 TN/(g/kg)	全磷 TP/(g/kg)	全钾 TK/(g/kg)	有效磷 AP/(mg/kg)	速效钾 AK/(mg/kg)	阳离子交换量CEC/(cmol/kg)	土壤母质 Parent material	剖面点坐标 Profile coordinate	匹配指数 Matching index/%
剖1	初育土	风沙土	固定风沙土	耕型沙地固定风沙土	耕型灰色沙地固定风沙土	1	0—23	棕灰色	砂壤土	粒状	6.5	6.8	0.34	0.66	20.9	3.0	69		风积物	E 122° 05′ 05.3″ N 40° 12′ 11.2″	92
						2	23—36	棕灰色	砂壤土	粒状	6.4	5.0	0.63	0.72	44.0						
						3	36—94	棕灰色	紧团块状	弱团块状	6.3	6.7		0.62	28.0						
						4	94—150	灰白色	紧砂土	无结构	6.5	2.6		0.75	30.3						
剖2	半水成土	草甸土	草甸土	草甸型菜园土	耕型壤质草甸土型菜园土	1	0—23	暗棕色	中壤土	粒状	6.0	12.5	0.62	0.88	27.1	18.0	92		近代河流冲积物	E 122° 06′ 07.2″ N 40° 11′ 43.4″	95
						2	23—33	棕色	重壤土	片状	6.8	9.8	0.66	0.59	15.0						
						3	33—83	棕色	重壤土	块状	6.6	9.6	0.61	0.68	13.9						
						4	83—150	棕色	中壤土	块状	6.4	9.6	0.56	0.79	22.9						
剖3	人为土	水稻土	盐渍水稻土	氯化物盐渍田	水碱田	Ap	0—16	灰棕色	砂质黏壤土	糊状	7.9	9.3	0.48	0.33	13.2			14.4	壤质海冲击物	E 122° 01′ 52.3″ N 40° 10′ 01.9″	75
						2	16—38	暗棕色	砂壤土	无明显结构	7.4	9.8	0.45	0.37	15.1			16.1			
						C₁	38—64	黄棕色	粉砂质黏壤土	块状	6.8	9.8	0.41	0.35	15.9			21.2			
						C₂	64—150	浅黄棕色	粉砂质黏壤土	块状	6.5	10.8	0.51	0.38	29.8			20.7			
剖4	人为土	水稻土	淹育水稻土	冲积淹育田	底黏砂土田	Ap	0—17	灰棕色	砂壤土	弱片状	6.0	9.6	0.54	0.41	18.0	71.0			河流冲积物、淤积物	E 122° 02′ 20.0″ N 40° 10′ 09.1″	75
						2	17—24	暗棕色	砂壤土	块状	6.2	6.8	0.47	0.28	18.0						
						C	24—66	棕色	砂壤土	块状	6.8	4.9	0.32	0.25	9.3						
						4	66—110	暗棕色	黏壤土	块状	7.1	5.2	0.39	0.38	14.8						
						5	110—150	棕灰色	中壤土	块状	7.1	7.3	0.48	0.18	16.5						
剖5	半水成土	草甸土	草甸土	耕型壤质草甸土	耕型壤质草甸土	1	0—23	灰棕色	中壤土	粒状	7.0	14.7	0.85	0.58	28.3		6		近代河流冲积物	E 122° 12′ 20.2″ N 40° 14′ 50.3″	98
						2	23—31	暗棕色	中壤土	片状	7.6	8.3	0.50	0.52							
						3	31—72	黄棕色	中壤土	块状	7.0	7.0	0.37	0.61							
						4	72—150	棕灰色	轻壤土	块状	6.8	3.9	0.39	0.48	15.5						
剖6	淋溶土	棕壤	棕壤性土	基性岩类棕壤性土	薄层基性岩棕壤性土	1	0—3	灰棕色	砂壤土	粒状	5.9	28.3	0.89	0.70	11.3		97		安山岩、凝灰岩等基性岩类风化物	E 122° 07′ 58.1″ N 40° 12′ 22.3″	97
						2	3—8	灰棕色	砂壤土	粒状	5.8	27.8	0.85	0.71	12.9						
						3	8—13														
						4	13—19														
						5	19														
剖7	半水成土	草甸土	草甸土			1	0—18	暗棕色	轻壤土	粒状	6.4	10.7	0.77	1.19					近代河流冲积物	E 122° 04′ 55.6″ N 40° 08′ 58.9″	98
						2	18—26	暗棕色	片状	片状	6.4	10.3	0.82	1.23		2.0	22				
						3	26—65	黑棕色	中壤土	小块状	6.8	11.9	0.89	0.80							
						4	65—120	黑棕色	重壤土	小块状	6.9	13.1	0.83	0.41							
剖8	半水成土	草甸土	盐化草甸土	耕型硫酸盐盐化草甸土	耕型壤质轻度硫酸盐盐化草甸土	1	0—23	棕色	轻壤土	粒状	6.4	11.4	0.65	0.42		1.0	68		近代河流冲积物	E 122° 00′ 53.3″ N 40° 07′ 04.4″	97
						2	18—23	棕色	片状	片状	6.8	8.9	0.53	0.49							
						3	23—60	棕色	重壤土	小块状	7.0	3.3	0.22	0.34							
						4	60—150	黄棕色	轻黏土	小块状	6.7	13.1	0.30	0.40							
剖9	半水成土	草甸土	草甸土	耕型壤质草甸土	壤型浅夹砂壤质草甸土	1	0—13	黄棕色	砂壤土	粒状	6.6	4.4	0.38	0.53	11.3				近代河流冲积物	E 122° 10′ 44.8″ N 40° 06′ 50.8″	97
						2	13—19	黄棕色	砂壤土	片状	6.2	6.9	0.54	0.68		51.0					
						3	19—112	黄色	中壤土	无结构	6.1	7.4	0.34	0.82							
						4	112—150	灰棕色	中壤土	块状	6.0	5.4	0.67	0.68							
剖10	人为土	水稻土	盐渍水稻土	硫酸盐盐渍田	壤质砂底中度硫酸盐渍田	1	0—20	灰棕色	中壤土	粒状	7.5	7.4	0.25	0.31			<5		海积物	E 122° 23′ 08.2″ N 40° 28′ 49.4″	95
						2	20—30	灰黑色	中壤土	片状	7.4	8.8									
						3	30—65	灰棕色	中壤土	块状	7.4	10.2									
						4	65—90	浅灰色	中壤土	块状	7.4										
						5	90—150	浅灰色	砂壤土	无结构											

续表 Continued

剖面号 Soil profile	土纲 Soil order	土类 Soil great group	亚类 Soil subgroup	土属 Soil genus	土种 Soil species	土层码 Layer code	土层厚度 Depth/cm	颜色 Soil color	质地 Soil texture	土壤结构 Soil structure	pH	有机质 OM/(g/kg)	全氮 TN/(g/kg)	全磷 TP/(g/kg)	全钾 TK/(g/kg)	有效磷 AP/(mg/kg)	速效钾 AK/(mg/kg)	阳离子交换量 CEC/(cmol/kg)	土壤母质 Parent material	剖面点坐标 Profile coordinate	匹配指数 Matching index/%
剖11	盐碱土	滨海盐土	滨海盐土	滨海盐土	重度滨海盐土	1	0—15	灰棕色	重壤土	小块状	8.0	11.6	0.68	1.10		6.0	319		海积物	E 122°15′33.8″ N 40°24′12.2″	74
						2	15—150	暗棕色	重壤土		7.0	8.8	0.57	0.74							
剖12	人为土	水稻土	盐渍水稻土	硫酸盐渍田	黏质轻度硫酸盐渍田	1	0—18	灰棕色	轻黏土	块状	6.3	17.2	1.09	1.00		>100.0	9		海积物	E 122°16′22.8″ N 40°23′46.7″	95
						2	18—27	褐棕色	中黏土	块状	6.5	13.8	0.93	0.71							
						3	27—50	褐棕色	重黏土		6.8	14.2	1.04	1.06							
						4	50—150	灰棕色	轻壤土	小块状	7.8	15.9	0.97	0.54							
剖13	半水成土	草甸土	盐化草甸土	耕型硫酸盐盐化草甸土	耕型壤质中度硫酸盐盐化草甸土	1	0—20	黄棕色	轻壤土	粒状	7.9	9.5	0.48	0.58	17.2	5.0	107		近代河流冲积物	E 122°15′31.7″ N 40°21′02.9″	98
						2	20—25	黄棕色	轻壤土	片状	8.3	8.2	0.43	0.53	21.8						
						3	25—78	黄棕色	中壤土	片状	8.1	4.4	0.35	0.52	18.1						
						4	78—150	黄棕色	中壤土	小块状	7.6	4.2	0.37	0.64							
剖14	半水成土	草甸土	盐化草甸土	耕型硫酸盐氯化物盐化草甸土		1	0—22	暗棕色	中壤土	粒状	7.7	11.9	0.68	0.71	14.9	5.0	70		近代河流冲积物	E 122°15′36.5″ N 40°20′48.5″	97
						2	22—26	黄棕色	轻壤土	片状	6.3	6.8	0.45	0.66							
						3	26—114	黑棕色	中壤土	小块状	6.0	6.6	0.38	0.58							
						4	114—150	暗棕色	中壤土	块状	6.1	12.1	0.62	0.43							
剖15	淋溶土	棕壤	棕壤	耕型黄土状棕壤	耕型壤质浅淀黄土状棕壤	1	0—17	暗棕色	中壤土	粒状	6.1	17.3	1.02	1.04	24.4	6.0	72		黄土状母质	E 122°24′46.8″ N 40°20′07.4″	98
						2	17—22	黄棕色	中壤土	片状	6.5	13.8	0.91	0.94							
						3	22—110	黄棕色	中壤土	核状	6.2	7.0	0.53	0.90	19.7						
						4	110—150	黄棕色	中壤土		6.0	7.2	0.55	0.85							
剖16	淋溶土	棕壤	潮棕壤	耕型黄土状潮棕壤	耕型壤质深淀黄土状棕壤	1	0—20	黄棕色	轻壤土	粒状	6.7	12.3	0.70	0.57		7.0	76		黄土状母质	E 122°17′23.6″ N 40°19′34.3″	98
						2	20—28	黄棕色	中壤土	块状	6.5	11.2	0.79	0.42							
						3	28—60	黄棕色	中壤土	核状	7.0	4.5	0.49	0.41							
						4	60—150	黄棕色	中壤土	块状	6.2	8.5	0.75	0.55							
剖17	半水成土	草甸土		耕型黄土状草甸土	耕型深砂质淀黄土状棕壤	1	0—23	暗棕色	轻壤土	片状	6.4	15.1	0.90	0.95		7.0	93		近代河流冲积物	E 122°23′22.9″ N 40°19′38.3″	97
						2	23—28	暗棕色	中壤土	片状	6.8	13.1	0.64	0.79							
						3	28—70	黑棕色	中壤土	小块状	6.9	24.4	0.99	2.02							
						4	70—110	黑棕色	砂壤土	小块状	6.9	8.6	0.40	0.77							
剖18	淋溶土	棕壤	棕壤	耕型黄土状棕壤	耕型壤质深淀坡积棕壤	1	0—15	黄棕色	轻壤土	粒状	6.1	16.4	0.85	0.55		6.0	80		黄土状母质	E 122°15′37.3″ N 40°19′45.8″	97
						2	15—22	黄棕色	中壤土	片状	6.0	8.7	0.64	0.46							
						3	22—100	黄棕色	中壤土	块状	6.0	6.1	0.41	0.57							
						4	100—150	黄棕色	中壤土	核状	6.0	6.6	0.34	0.66							
剖19	淋溶土	棕壤	棕壤	耕型坡积棕壤	耕型壤质深淀坡积棕壤	1	0—15	暗棕色	砂壤土	粒状	6.4	12.8	0.83	1.04	27.1	6.0	91		坡积物	E 122°29′45.2″ N 40°15′56.9″	98
						2	15—20	黄棕色	砂壤土	块状	6.3	12.3	0.71	0.84	24.3						
						3	20—66	黄棕色	中壤土	块状	6.1	11.0	0.70	1.47							
						4	66—107	黄棕色	中壤土	块状	6.2	7.9	0.50	0.82							
剖20	淋溶土	棕壤	棕壤性土	耕型酸性岩棕壤性土	耕型中层酸性岩棕壤性土	1	0—24	暗黄棕色	砂壤土	小块状	7.6	4.1	0.32	0.41	27.8	5.0	70		花岗岩、片麻岩风化物	E 122°22′32.9″ N 40°16′36.8″	95
						2	24—29	棕黄色	灰棕色	块状	6.0	5.7	0.32	0.44	27.4						
						3	29—55	灰棕色	砂壤土	块状	6.0	8.2	0.47	0.40	24.8						
						4	55—73														
						5	73—														
剖21	淋溶土	棕壤	棕壤性土	片岩类棕壤性土	中层片岩质棕壤性土	1	0—2	暗棕色	砂壤土	粒状	6.3	16.9	0.76	0.62		70.0	<5		千枚岩、板岩风化物	E 122°26′49.6″ N 40°13′31.8″	97
						2	2—5	灰棕色	轻壤土	粒状	6.5	7.7	0.41	0.41							
						3	5—19	黄棕色	砂壤土	粒状	6.2	3.4	0.28	0.42							
						4	19—46														
						5	46—														

续表 Continued

剖面号 Soil profile	土纲 Soil order	土类 Soil great group	亚类 Soil subgroup	土属 Soil genus	土种 Soil species	土层码 Layer code	土层厚度 Depth/cm	颜色 Soil color	质地 Soil texture	土壤结构 Soil structure	pH	有机质 OM/(g/kg)	全氮 TN/(g/kg)	全磷 TP/(g/kg)	全钾 TK/(g/kg)	有效磷 AP/(mg/kg)	速效钾 AK/(mg/kg)	阳离子交换量CEC/(cmol/kg)	土壤母质 Parent material	剖面点坐标 Profile coordinate	匹配指数 Matching index/%
剖22	淋溶土	棕壤	棕壤性土	石灰岩类棕壤性土	薄层石砂岩棕壤性土	1	0—1	灰棕色	轻壤土	粒状	6.4	22.5	0.87	0.53	18.0	1.0	51			E 122°29′54.2″ N 40°12′50.4″	97
						2	1—10	浅灰棕色	中壤土	小块状	6.2	11.1	0.43	0.89	26.6						
						3	10—30														
						4	30—100														
						5	100—														
剖23	半水成土	草甸土	草甸土	壤质草甸土	河淤土	Ap	0—23	暗棕色	黏壤土	团粒状	7.0	14.7	0.85	0.25	17.0			19.4	壤质河流冲积物	E 122°27′38.2″ N 39°59′16.8″	95
						P	23—31	暗棕色	砂质黏壤土	片状	7.6	8.3	0.50	0.23	19.0			16.8			
						3	31—72	黄棕色	黏壤土	块状	7.0	7.0	0.37	0.27				14.9			
						4	72—150	黄棕色	砂质黏壤土	块状	6.8			0.21	10.6			12.3			
剖24	半水成土	草甸土	草甸土	耕型淤黄质草甸土	耕型淤黄质草甸土	1	0—21	暗棕色	中壤土	粒状	6.0	13.3	0.99	0.73		5.0	66		近代河流冲积物	E 122°28′57.4″ N 39°58′45.5″	97
						2	21—26	暗棕色	轻壤土	小块状	6.0	12.2	0.88	0.64							
						3	26—60	浅黑棕色	重壤土	小块状	6.5	12.3	0.79	0.53							
						4	60—106	黑棕色	中壤土	块状	6.2	11.5	0.77	0.58							
						5	106—150	灰棕色	轻壤土	粒状	6.3	8.8	0.69	0.79							
剖25	淋溶土	潮棕壤	潮棕壤	耕型坡积洪积潮棕壤	耕型中层黄质洪积潮棕壤	1	0—20	黄棕色	轻壤土	片状	6.0	11.8	0.78	0.56		7.0	49		坡积物、洪积物	E 122°32′57.5″ N 40°19′32.2″	95
						2	20—25	黄棕色	砂壤土	无结构	6.7	3.0	0.86	0.58							
						3	25—49	浅黄棕色	轻壤土	块状	6.4	4.6	0.37	0.27							
						4	49—90	灰黄棕色	中壤土	块状	6.6	5.6	0.35	0.27							
						5	90—150	灰棕色	轻壤土	块状	6.4	11.3	0.47	0.38							
剖26	淋溶土	棕壤	棕壤性土	耕型片岩棕壤性土	耕型中层片岩棕壤性土	1	0—10	暗棕色	轻壤土	块状	6.4	11.3	0.74	0.61	25.0	8.0	85		千枚岩、板岩风化物	E 122°32′24.7″ N 40°17′22.6″	98
						2	10—14	暗棕色	轻壤土	块状	6.4	10.7	0.67	0.61	26.8						
						3	14—43	暗棕色	砂壤土	片状	6.4	9.6	0.63	0.56	21.6						
						4	43—														
剖27	淋溶土	棕壤	棕壤	耕型坡积棕壤	耕型砾石坡积棕壤	1	0—16	暗棕色	砂壤土	粒状	6.0	20.8	0.92	1.00		3.0	43		坡积物	E 122°40′18.1″ N 40°19′27.5″	99
						2	16—24	黄棕色	砂壤土	粒状	6.2	13.9	0.68	0.92							
						3	24—150	暗棕色	砂壤土	小块状	6.5	14.6	0.53	0.97							
剖28	淋溶土	棕壤	棕壤	硅钾质棕壤	盖县片麻黄棕壤	Ap	0—18	暗棕色	砂质黏壤土	粒状	6.2	11.9	0.63	0.19	12.8			13.9		E 122°32′12.5″ N 40°14′38.0″	95
						P	18—27	浅棕色	黏壤土	小块状	6.8	11.3	0.67	0.24	12.9			16.5			
						B	27—90	棕色	黏壤土	核块状	6.0	7.8	0.49	0.36	9.1			17.3			
						BC	90—150	灰棕色	黏壤土	块状	6.0	9.0	0.67	0.38	7.4			12.4			
剖29	淋溶土	棕壤	棕壤	耕型酸性岩类棕壤	耕型壤质浅淀酸性岩棕壤	1	0—17	暗棕色	中壤土	粒状	6.0	10.0	0.64	0.68	31.4	5.0	63		花岗岩、片麻岩风化物	E 122°36′13.0″ N 40°11′17.9″	98
						2	17—27	暗棕色	中壤土	小块状	6.0	8.8	0.54	0.72	28.0						
						3	27—150	暗棕色	中壤土	核状	6.0	18.4	0.71	0.86	28.9						
剖30	半水成土	草甸土	草甸土	耕型壤质草甸土	耕型浅砂底壤质草甸土	1	0—19	暗棕色	中壤土	粒状	6.5	13.1	0.79	0.54		6.0	73		近代河流冲积物	E 122°33′06.5″ N 40°10′08.4″	98
						2	19—25	暗棕色	轻壤土	片状	6.6	16.1	1.04	0.72							
						3	25—29	暗棕色	中壤土	粒状	6.1	11.1	0.91	0.75							
						4	29—150														
剖31	淋溶土	棕壤	棕壤性土	酸性岩类棕壤性土	中层酸性岩棕壤性土	1	0—2	灰棕色	砂壤土	粒状	6.2	7.9	0.40	0.89		2.0	95		花岗岩、片麻岩风化物	E 122°39′52.6″ N 40°14′47.4″	95
						2	2—5	灰棕色	砂壤土	粒状	6.2	7.9	0.40	0.89		2.0	95				
						3	5—50	浅灰棕色	砂壤土		6.0	2.5	0.14	0.92							
						4	50—100														
						5	100—														

续表 Continued

剖面号 Soil profile	土纲 Soil order	土类 Soil great group	亚类 Soil subgroup	土属 Soil genus	土种 Soil species	土层码 Layer code	土层厚度 Depth/cm	颜色 Soil color	质地 Soil texture	土壤结构 Soil structure	pH	有机质 OM/(g/kg)	全氮 TN/(g/kg)	全磷 TP/(g/kg)	全钾 TK/(g/kg)	有效磷 AP/(mg/kg)	速效钾 AK/(mg/kg)	阳离子交换量CEC/(cmol/kg)	土壤母质 Parent material	剖面点坐标 Profile coordinate	匹配指数 Matching index/%
剖32	半水成土	草甸土	草甸土	耕型砂质草甸土	耕型砂质草甸土	1	0—13	暗棕色	砂壤土	粒状	6.5	8.9	0.49	0.98		7.0	75		近代河流冲积物	E 122°42′21.2″ N 40°12′58.7″	98
						2	13—17	暗棕色	砂壤土	片状	6.4	10.8	0.34	1.02							
						3	17—77	暗棕色	砂壤土	弱块状	6.7	7.4	0.54	0.29							
						4	77—90	黑棕色	轻壤土	块状	6.7	11.7	0.52	1.09							
						5	90—														
剖33	淋溶土	棕壤	潮棕壤	棕壤型菜园土	耕型壤质浅淀棕壤型菜园土	1	0—17	黄棕色	中壤土	粒状	6.0	14.4	0.78	0.73		10.0	97		坡积物、洪积物、黄土状沉积物	E 122°44′26.5″ N 40°11′11.8″	95
						2	17—26	黄棕色	中壤土	片状	6.6	12.6	0.73	0.95	19.2						
						3	26—100	棕色	轻黏土	核状	6.5	12.4	0.72	0.79	16.3						
						4	100—150	黄棕色	重壤土	小块状	6.2	10.7	0.59	0.77	21.3						
剖34	半水成土	草甸土	草甸土	壤质草甸土	漏河淤土	Ap	0—23	暗黄棕色	砂质黏壤土	粒状	6.4	15.1	0.90	0.41	17.2			18.5	冲积物	E 122°49′31.4″ N 40°18′02.2″	95
						P	23—28	暗黄棕色	砂质黏壤土	片状	6.4	13.1	0.64	0.34	17.0			15.2			
						3	28—48	黄棕色	黏壤土	小块状	6.8	7.4	0.49	0.88	14.9			15.8			
						4	48—100	黄棕色	壤质砂土	粒状	6.9	8.6	0.40	0.84	12.7			8.4			

大 石 桥 市

主要土类说明

水稻土是大石桥市主要土壤类型，占本市地域面积的 35%。水稻土是在长期季节性淹灌、水下翻耕、季节性脱水、氧化还原交替影响下，原来成土母质或母土的特性发生重大改变，形成的新的土壤类型。由于干湿交替，水稻土形成糊状淹育层、较坚实板结的犁底层、渗育层、潴育层与潜育层等多种发生层。这些不同发生层是在人为耕作、水浆管理下形成的。

棕壤是大石桥市第二大土壤类型，占本市地域面积的 28%。棕壤发生于落叶阔叶林下，但大部分已被垦殖，以旱作为主。该土壤处于硅铝风化阶段，具有黏化特征，呈棕色。土体见黏粒淀积，盐基充分淋失，pH 为 6.0—7.5，见少量游离铁。

粗骨土是大石桥市第三大土壤类型，占本市地域面积的 20%。粗骨土属于 A–C 型，甚至（A）–C 型土壤。A 层发育不明显，与母质土层性状相似，略显有机质累积。有时母质层富含砾石，很少出现剖面分异与发育特征。

草甸土占本市地域面积的 14%。草甸土是在冷湿条件下，受地下水浸润并在草甸植被下发育形成的土壤。因所处地下水位较高，潜水参与土壤形成过程，受地下水升降与浸润作用，其形成过程具有明显的腐殖质累积和铁锰氧化还原特征，土体出现锈色斑纹层。

小于本市地域面积 3% 的土壤类型有沼泽土。

本区域中心区气候特征

本区域中心区气候特征值
Regional climate characteristics in central area of the region

气候带：暖温带亚湿润气候 Climate region: Warm temperate subhumid climate	
年平均气温 /℃ Annual average temperature /℃	9.3
年平均最高气温 /℃ Annual average maximum temperature /℃	14.0
年平均最低气温 /℃ Annual average minimum temperature /℃	5.1
年降水量 /mm Annual precipitation /mm	699
≥10℃的积温 /℃ Daily temperature accumulated in a year（≥10℃）/℃	3406
年日照时数 /h Annual sunshine /h	2676
年平均相对湿度 /% Annual average relative humidity /%	66
干燥度 Dryness	0.82

本区域中心区月平均气温与月平均降水量
Monthly temperature and precipitation in central area of the region

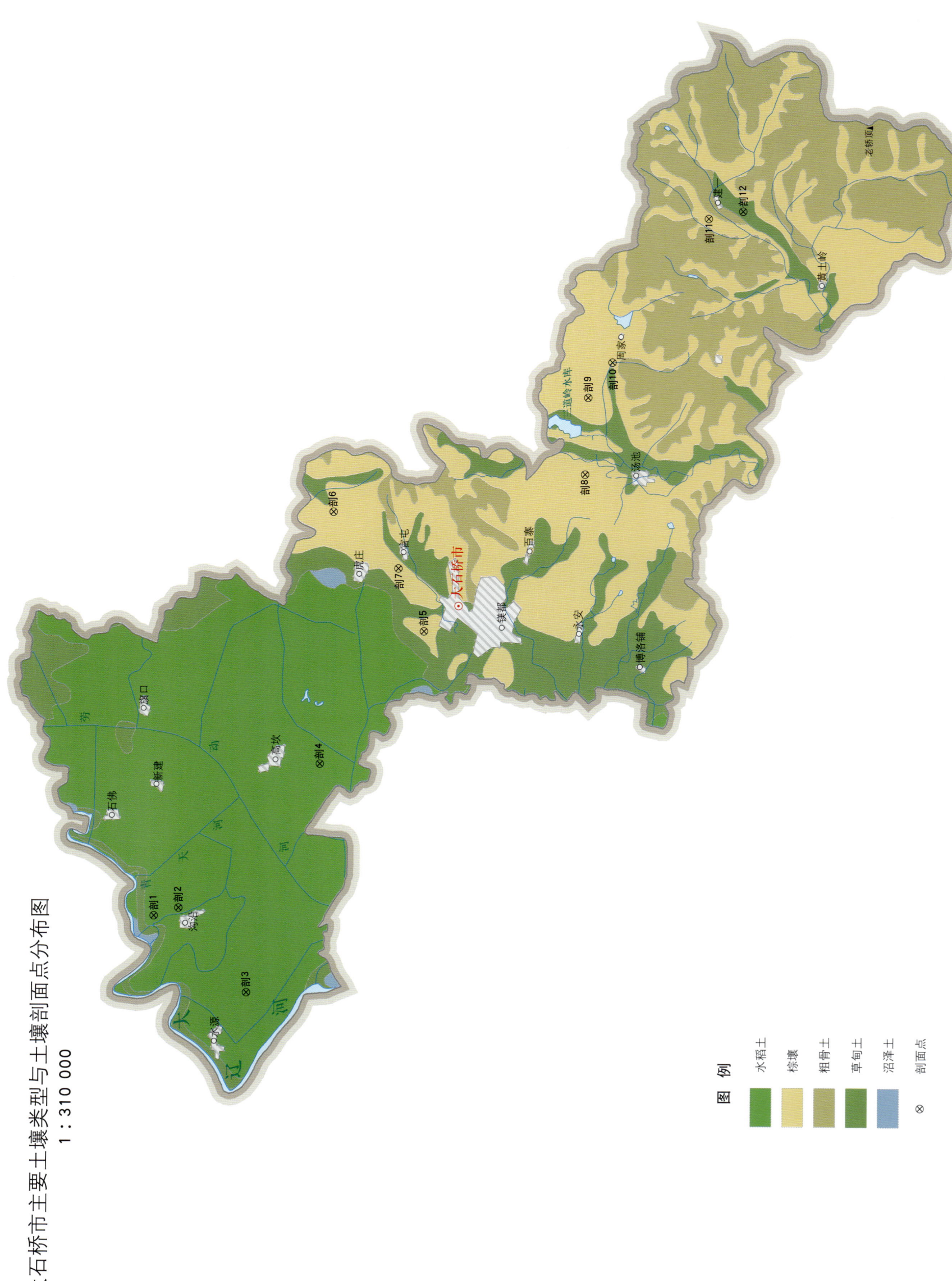

大石桥市土壤剖面理化性状表

剖面号 Soil profile	土纲 Soil order	土类 Soil great group	亚类 Soil subgroup	土属 Soil genus	土种 Soil species	土层码 Layer code	土层厚度 Depth/cm	颜色 Soil color	质地 Soil texture	土壤结构 Soil structure	pH	有机质 OM/(g/kg)	全氮 TN/(g/kg)	全磷 TP/(g/kg)	全钾 TK/(g/kg)	有效磷 AP/(mg/kg)	速效钾 AK/(mg/kg)	阳离子交换量CEC/(cmol/kg)	土壤母质 Parent material	剖面点坐标 Profile coordinate	匹配指数 Matching index/%
剖1	人为土	水稻土	淹育水稻土	草甸土田	淤砂土田	1	0—14		砂壤土		7.1	9.6	0.53	0.69	22.8				冲积物	E 122°14′30.8″ N 40°51′01.1″	75
						2	14—18		砂壤土		6.9	3.5	0.33	0.57	23.1						
剖2	人为土	水稻土	盐渍水稻土	硫酸盐盐渍田	中度硫酸盐黑土田	1	0—17		重壤土		7.1	19.0	1.60	0.85	17.1					E 122°14′56.4″ N 40°50′02.8″	75
						2	17—26		轻黏土		7.3	14.5	0.64	1.02	24.6						
						3	26—98		轻黏土		7.5	8.1	0.40	0.88	21.9						
						4	98—		中壤土		7.5	6.5	0.29	0.93	25.4						
剖3	人为土	水稻土	盐渍水稻土			1	0—18		黏壤土		8.1									E 122°10′34.3″ N 40°47′19.0″	95
						2	18—25		黏壤土		8.3										
						3	25—71		轻黏土		7.9										
						4	71—97		壤质黏土		7.6										
						5	97—118		壤质黏土		7.6										
剖4	人为土	水稻土	盐渍水稻土	硫酸盐盐渍田	重度硫酸盐黑土田	1	0—25		轻壤土											E 122°22′30.0″ N 40°44′31.9″	92
						2	25—31		中黏土	屑粒状	6.3	14.7	0.87	0.45	13.4			14.7			
						3	31—64	黄棕色	轻壤土	片状	6.6	8.0	0.66	0.28	11.9			14.9			
						4	64—90	黄棕色	中壤土	块状	6.2	10.3	0.69	0.26	12.8			20.6			
						5	90—	黄棕色	轻壤土	核块状	6.3	10.7	0.52	0.20	14.6			24.4			
剖5	淋溶土	棕壤	潮棕壤	潮棕壤	潮棕黄土	A_{11}	0—19	棕色	砂质黏壤土	块状	6.2	6.8	0.42	0.23	14.6			17.4	第四纪黄土沉积物	E 122°29′24.0″ N 40°40′28.2″	95
						A_{12}	19—26	黄棕色	黏壤土	片状	7.5	18.7	1.07	0.73	24.9						
						Bt	26—52	黄棕色	砂质黏壤土	块状	7.5	16.5	0.95	0.69	24.1						
						Bt_2	52—100	黄棕色	壤质黏壤土	核块状	7.4	15.6	0.80	0.40	23.7						
						Cu	100—150	灰棕色	黏壤土	块状	7.2	5.5	0.47	0.34	25.3						
剖6	淋溶土	棕壤	潮棕壤	耕型淤积棕壤	泥黄土	1	0—15	黄棕色	重壤土	粒状	6.3	14.7	0.87	0.45	13.4			14.7	淤积物	E 122°35′32.6″ N 40°44′04.6″	74
						2	15—20	黄棕色	重壤土	片状	6.6	8.0	0.65	0.23	11.9			14.9			
						3	20—60	黄棕色	重壤土	块状	6.2	10.3	0.69	0.26	12.8			20.6			
						4	60—				6.3	10.7	0.52	0.20	14.6			24.4			
剖7	淋溶土	棕壤	潮棕壤	黄土状潮棕壤	营口潮黄土	Ap	0—19	黄棕色	砂质黏壤土	块状	6.2	6.8	0.42	0.23	14.6			17.4	第四纪黄土状沉积物	E 122°32′37.7″ N 40°41′29.8″	81
						P	19—26	黄棕色	黏壤土	屑粒状	6.1	14.9	0.99	0.63	17.9	19.0	126	20.9			
						AB	26—52	棕色	壤质黏壤土	块状	6.8	8.2	0.60	0.45	18.6	6.0	128	20.7			
						B	52—100	棕色	黏质黏壤土	核块状	6.8	5.0	0.46	0.57	17.7	32.0	201	27.4			
						C	100—150	棕色	壤质黏壤土	块状	5.8	6.2	0.56	0.48	18.0	34.0	147	26.9			
剖8	淋溶土	棕壤	棕壤	黄土状棕壤	黄土岭黏黄土	Ap	0—20	浅红棕色	壤质黏壤土	小块状	6.1	15.0	0.99	0.63	17.9	19.0	126	20.9	第四纪黄土状堆积物	E 122°37′32.5″ N 40°34′09.5″	95
						AB	20—75	棕色	黏壤土	块状	6.8	8.3	0.60	0.45	18.6	6.0	128	20.7			
						B	75—135	棕色	黏质黏壤土	核块状	6.3	5.0	0.46	0.57	17.7			27.4			
						BC	135—250	亮红棕色	壤质黏壤土	块状	5.8	6.2	0.56	0.48	18.0			27.0			
剖9	淋溶土	棕壤	棕壤	棕黄土	黏土棕黄土	A_{11}	0—20		轻壤土		7.4	10.2	0.57	0.57	23.2				第四纪黄土堆积物	E 122°41′29.8″ N 40°34′03.4″	81
						AB	17—24		轻壤土		6.8	9.9	0.42	0.47	21.8						
						Bt	24—44		轻砾石土		7.0	8.4	0.37	0.43	23.3						
						BC															
剖10	淋溶土	棕壤	棕壤	耕型坡积棕壤	山黄土	1	0—17		中壤土		6.8	13.1	0.61	0.70	23.3				坡积物	E 122°43′18.8″ N 40°33′06.5″	86
						2	17—24		轻壤土												
						3	24—44		轻砾石土												
						4	44—														

续表 Continued

剖面号 Soil profile	土纲 Soil order	土类 Soil great group	亚类 Soil subgroup	土属 Soil genus	土种 Soil species	土层码 Layer code	土层厚度 Depth/cm	颜色 Soil color	质地 Soil texture	土壤结构 Soil structure	pH	有机质 OM/(g/kg)	全氮 TN/(g/kg)	全磷 TP/(g/kg)	全钾 TK/(g/kg)	有效磷 AP/(mg/kg)	速效钾 AK/(mg/kg)	阴离子交换量CEC/(cmol/kg)	土壤母质 Parent material	剖面点坐标 Profile coordinate	匹配指数 Matching index/%
剖11	淋溶土	棕壤	棕壤	耕型黄土状棕壤	坡黄土	1	0—13		重壤土		5.8	13.9	0.73	0.82	22.2				黄土状母质	E 122°50′44.9″ N 40°29′19.3″	75
						2	13—16		中壤土		6.5	12.0	0.46	0.67	22.1						
						3	16—53		中壤土		6.8	6.2	0.44	0.65	22.8						
						4	53—90		重壤土		6.6	10.9	0.63	0.87	23.5						
						5	90—		重壤土		6.2	12.4	1.23	1.11	23.5						
剖12	半水成土	草甸土	草甸土	耕型砂质草甸土	河淤土	1	0—20		轻壤土		6.8	14.4	0.88	0.96	24.5				冲积物	E 122°51′07.9″ N 40°27′58.0″	92
						2	20—26		轻壤土		7.0	11.0	0.54	0.92	21.8						
						3	26—54		砂壤土		7.2	9.5	0.40	0.73	19.9						
						4	54—		轻壤土		7.4	6.0	0.32	0.56	20.9						

阜 新 市

海州区、新邱区、太平区、细河区、阜新蒙古族自治县

主要土类说明

褐土是海州区、新邱区、太平区、细河区、阜新蒙古族自治县主要土壤类型，占本区域地域面积的 69%。褐土是在半湿润区发育形成的具有黏化与钙质淋移淀积特征的土壤。该土壤盐基饱和，处于硅铝风化阶段，有明显的黏淀层。在其 A–B–C 剖面构型中，B 层呈棕褐色，B 层下部有假菌丝状钙积层。土壤 pH 为 7.0—7.5，盐基饱和度在 80% 以上。本区域褐土分为褐土性土、褐土、石灰性褐土、淋溶褐土、潮褐土等亚类。

草甸土是海州区、新邱区、太平区、细河区、阜新蒙古族自治县第二大土壤类型，占本区域地域面积的 14%。草甸土是在冷湿条件下，受地下水浸润并在草甸植被下发育形成的土壤。因所处地下水位较高，潜水参与土壤形成过程，受地下水升降与浸润作用，其形成过程具有明显的腐殖质累积和铁锰氧化还原特征，土体出现锈色斑纹层。

棕壤是海州区、新邱区、太平区、细河区、阜新蒙古族自治县第三大土壤类型，占本区域地域面积的 9%。棕壤发生于落叶阔叶林下，但大部分已被垦殖，以旱作为主。该土壤处于硅铝风化阶段，具有黏化特征，呈棕色。土体见黏粒淀积，盐基充分淋失，pH 为 6.0—7.5，见少量游离铁。

小于本区域地域面积 3% 的土壤类型有潮土、风沙土、石质土和粗骨土。

本区域中心区气候特征

本区域中心区气候特征值
Regional climate characteristics in central area of the region

气候带：中温带亚湿润气候 Climate region: Mid temperate subhumid climate	
年平均气温 /℃ Annual average temperature /℃	7.9
年平均最高气温 /℃ Annual average maximum temperature /℃	14.1
年平均最低气温 /℃ Annual average minimum temperature /℃	2.4
年降水量 /mm Annual precipitation /mm	509
≥10℃的积温 /℃ Daily temperature accumulated in a year (≥10℃) /℃	3184
年日照时数 /h Annual sunshine /h	2695
年平均相对湿度 /% Annual average relative humidity /%	59
干燥度 Dryness	0.94

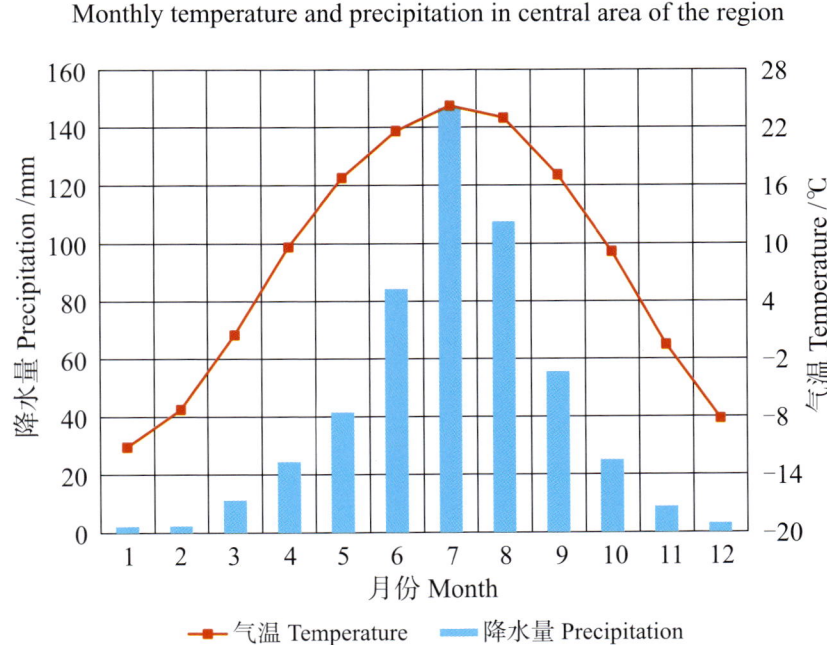

本区域中心区月平均气温与月平均降水量
Monthly temperature and precipitation in central area of the region

海州区、新邱区、太平区、细河区、阜新蒙古族自治县主要土壤类型与土壤剖面点分布图
1∶410 000

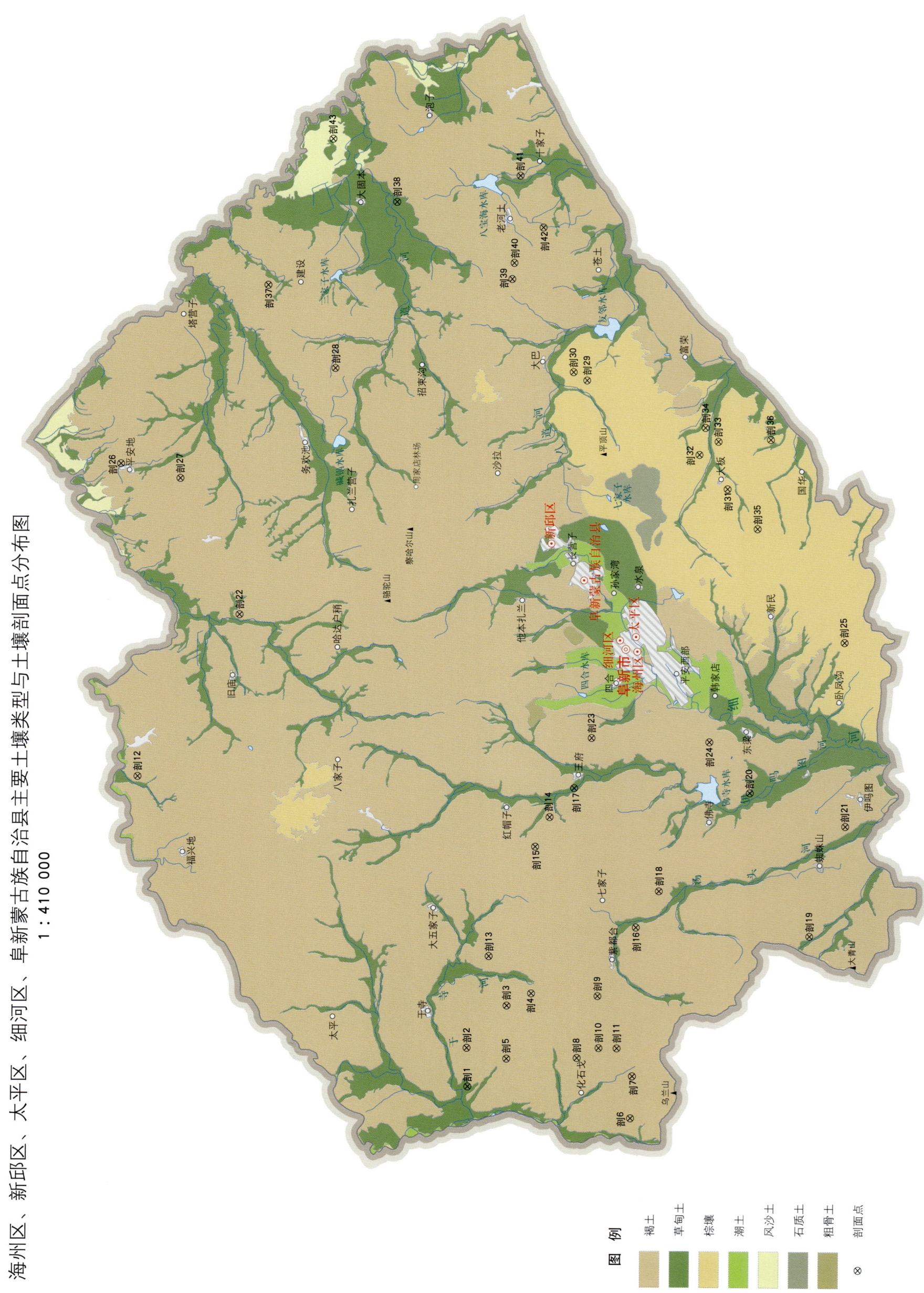

海州区、新邱区、太平区、细河区、阜新蒙古族自治县土壤剖面理化性状表

剖面号 Soil profile	土纲 Soil order	土类 Soil great group	亚类 Soil subgroup	土属 Soil genus	土种 Soil species	土层码 Layer code	土层厚度 Depth/cm	颜色 Soil color	质地 Soil texture	土壤结构 Soil structure	pH	有机质 OM/(g/kg)	全氮 TN/(g/kg)	全磷 TP/(g/kg)	全钾 TK/(g/kg)	有效磷 AP/(mg/kg)	速效钾 AK/(mg/kg)	阳离子交换量CEC/(cmol/kg)	土壤母质 Parent material	剖面点坐标 Profile coordinate	匹配指数 Matching index/%
剖1	半水成土	草甸土	盐化草甸土	耕型硫酸盐氯化物盐化草甸土	中盐化河淤土	1	0—22	灰色	轻壤土	团块状	9.4	10.1	0.81	0.41	25.4	6.7	225			E 121°06′16.9″ N 42°09′24.8″	75
						2	22—36	灰黑色	中壤土	棱块状	9.1	9.0	0.61	0.40	25.4						
						3	36—80	灰黑色	中壤土	棱块状	9.5	8.6	0.52	0.36	25.8						
						4	80—100	黄色	中壤土	粒状	9.1	4.3	0.29	0.24	24.0						
剖2	半淋溶土	褐土	淋溶褐土	坡积淋溶褐土	薄腐坡积淋溶褐土	1	0—15	褐色	轻壤土	粒状	7.6	11.9	1.13	0.36	29.2	3.4	134		坡积物	E 121°09′09.0″ N 42°09′31.0″	97
						2	15—40	褐黄色	重壤土	块状	7.9	5.2	0.43	0.21	29.2						
剖3	半淋溶土	褐土	褐土性	酸性岩类褐土性土	中腐酸性岩溶褐土	1	0—28	灰黑色	中壤土	团块状	8.0	23.4	1.02	0.53	27.4	8.0	130			E 121°12′20.2″ N 42°07′21.7″	95
						2	28—76	灰黄色	轻壤土	团块状	7.8	7.0	0.35	0.11	29.7	7.8					
						3	76—85	浅黄色														
剖4	半淋溶土	褐土	淋溶褐土	黄土淋溶褐土	薄腐黄土淋溶褐土	1	0—20	褐黄色	砂壤土	团块状	8.8	8.7	0.41	0.21	29.2	3.3	76		黄土	E 121°13′17.4″ N 42°06′00.4″	97
						2	20—43	褐黄色	轻壤土	块状	8.4	11.9	0.55	0.20	28.0						
						3	43—74	褐红色	轻壤土	块状	8.5	5.4	0.22	<0.10	24.2						
剖5	半淋溶土	褐土	石灰性褐土	红土石灰性褐土	薄腐红土石灰性褐土	1	0—20	褐红色	轻壤土	块状	8.3	19.9	0.96	0.35	25.0				红土	E 121°08′25.1″ N 42°07′17.8″	95
						2	20—50	红色	轻壤土	块状	8.5	17.2	0.23	0.83	20.0						
						3	50—110	褐红色	轻壤土	块状	8.6	5.5	0.29	1.84	12.8						
剖6	半淋溶土	褐土	淋溶褐土	耕型黄土淋溶褐土	黄土	1	0—20	浅褐色	中壤土	团块状	8.3	8.2	0.46	0.24	20.7	2.8	104		黄土	E 121°04′16.0″ N 42°00′17.6″	97
						2	20—50	浅褐色	中壤土	块状	7.8	1.6	0.81	0.31	29.2						
						3	50—100	褐黄色	中壤土	块状	7.8	<1.0	0.21	0.25	20.8						
剖7	半淋溶土	褐土	褐土性	砂页岩类褐土性土	薄腐砂页岩褐土性土	1	0—10	褐色	轻壤土	团块状	7.7	5.6	1.02	0.54	26.0	1.0	68		砂页岩、砾岩等	E 121°07′21.4″ N 42°00′15.5″	97
						2	10—20	褐黄色	轻壤土	块状	7.9	33.9	1.90	0.63	28.8						
剖8	半淋溶土	褐土	褐土性	基性岩类褐土性土	薄腐基性岩褐土性土	1	0—15	浅灰色	砂壤土	粒状	8.0	38.7	2.20	0.92	30.8	3.3	218			E 121°08′35.5″ N 42°03′22.3″	98
						2	15—30	棕色	砂壤土	团块状											
剖9	半淋溶土	褐土	褐土性	基性岩类褐土性土	裸露基性岩褐土性土	1	0—12	褐色	砂壤土	粒状	8.4	14.2	0.87	0.36	17.9	4.0	127			E 121°13′12.4″ N 42°02′17.9″	97
						2	12—														
剖10	半淋溶土	褐土	褐土性	铁镁质板栗褐土性	梅力板栗褐土	Ap	0—14	灰黄色	砂质黏壤土	块状	8.3	9.6	0.66	0.47	16.7	4.0	127	21.3	玄武岩、灰岩等风化残积物	E 121°09′22.0″ N 42°02′09.6″	81
						Bt	14—20	棕色	砂质黏壤土	块状	8.1	4.4	0.29	0.55	17.9			20.7			
						C	20—54	棕色	砂质黏壤土	块状	8.4	14.2	0.87	0.36	17.9						
剖11	半淋溶土	褐土	褐土性	幼褐泥土	薄槽褐石土	A_{11}	0—14	油黄色	砂质黏壤土	粒状	8.3	9.6	0.66	0.47	16.7	4.0	127		玄武岩风化物	E 121°09′23.0″ N 42°01′09.1″	95
						Bt	14—20	浅灰色	砂质黏壤土	块状	8.1	4.4	0.79	0.55	17.9						
						C	20—54	灰黑色	砂质黏壤土	块状	8.8	7.9	0.63	0.30	29.6						
剖12	半淋溶土	褐土	潮褐土	耕型坡积洪积潮褐土	黄潮褐土	1	0—13	浅褐色	砂壤土	团块状	8.7	12.0	0.52	0.36	26.6	3.0	85		坡积物、洪积物、淤积物	E 121°28′59.2″ N 42°28′16.0″	99
						2	13—23	褐色	砂壤土	片状	8.7	12.3	0.74	0.53	23.1						
						3	23—55	浅褐色	中壤土	块状	8.7	7.6	0.48	0.32	24.7						
						4	55—90	深褐色	轻壤土	块状	8.3	11.2	1.79	0.45	28.3						
剖13	半淋溶土	褐土	石灰性褐土	耕型红土石灰性褐土	灰红褐土	1	0—20	深褐色	轻壤土	团块状	8.5	18.2	1.01	0.50	26.3	6.1	87		红土	E 121°09′00.1″ N 42°01′25.8″	95
						2	20—30	褐色	轻壤土	块状	8.2	17.9	0.98	0.48	25.6						
						3	30—46	红褐色	中壤土	块状	8.3	6.1	0.27	0.27	22.1						
						4	46—100	褐色	轻壤土	块状	8.6	19.5	0.90	0.70	27.7						
剖14	半淋溶土	褐土	潮褐土	耕型黄土潮褐土	灰潮褐土	1	0—20	黄色	中壤土	团粒状	8.5	12.5	0.70	0.49	23.3	5.8	72		黄土状老淤积物	E 121°26′31.9″ N 42°05′12.5″	98
						2	20—40	灰褐色	中壤土	片状	8.7	7.0	0.49	0.35	22.1						
						3	40—60	灰黄色	中壤土	块状	8.5	2.0	0.40	0.20	27.7						
						4	60—110		轻壤土	块状	8.4										

续表 Continued

剖面号 Soil profile	土纲 Soil order	土类 Soil great group	亚类 Soil subgroup	土属 Soil genus	土种 Soil species	土层码 Layer code	土层厚度 Depth/cm	颜色 Soil color	质地 Soil texture	土壤结构 Soil structure	pH	有机质 OM/(g/kg)	全氮 TN/(g/kg)	全磷 TP/(g/kg)	全钾 TK/(g/kg)	有效磷 AP/(mg/kg)	速效钾 AK/(mg/kg)	阳离子交换量CEC/(cmol/kg)	土壤母质 Parent material	剖面点坐标 Profile coordinate	匹配指数 Matching index/%
剖15	半淋溶土	褐土	褐土性	酸性岩类残积褐土性土	薄腐酸性岩褐土性土	1	0~20	浅褐色	轻壤土	粒状	8.2	5.6	0.58	0.21	26.8	1.3	51			E 121° 24′ 18.0″ N 42° 05′ 58.6″	98
						2	20~30	红褐色	轻壤土	块状	8.4	3.0	0.50	0.23	27.8						
剖16	半淋溶土	褐土	淋溶褐土	耕型坡积物淋溶褐土	浅黄褐土	1	0~11	浅褐色	轻壤土	团粒状	7.9	8.9	0.73	0.48	29.8	6.7	193		坡积物	E 121° 18′ 24.8″ N 42° 00′ 15.5″	98
						2	11~17	浅褐色	中壤土	片状	8.1	8.6	0.23	0.53	29.0						
						3	17~88	深褐色	中壤土	块状	7.9	7.9	0.47	0.26	28.8						
						4	88~100	浅褐色	轻壤土	块状	7.9	7.5	0.58	0.35	10.4						
剖17	半水成土	草甸土	石灰性草甸土	砂页岩石灰性草甸土	薄腐砂质石灰性草甸土	1	0~13	暗棕色	轻壤土	块状	8.2	12.4	0.62	0.73	27.1	1.0	56		近代碳酸盐淤积物	E 121° 28′ 44.0″ N 42° 03′ 52.9″	98
						2	13~32	浅黄色	砂壤土	片状	8.8	2.4	0.14	0.74	27.1						
						3	32~67	浅黄色	砂壤土	块状	8.8	2.0	0.14	0.59	28.9						
						4	67~100	棕黄色	中壤土	块状	8.1	<1.0	0.13	0.50	27.9						
剖18	半淋溶土	褐土	石灰性褐土	坡积石灰性褐土	薄腐坡积石灰性褐土	1	0~18	浅黄色	砂壤土	无结构	8.3	4.1	0.42	0.11	27.5	<1.0	73		坡积物	E 121° 21′ 09.0″ N 41° 59′ 01.3″	93
						2	18~130	浅黄色	砂壤土	块状	8.1	2.1	0.27	0.39	27.1						
						3	130~150	灰色	中壤土	块状	8.4	1.0	0.23	0.26	26.7						
剖19	半淋溶土	褐土	淋溶褐土	红土淋溶褐土	薄腐红淋溶褐土	1	0~15	浅黄色	中壤土	块状	8.4	17.9	0.99	0.14	29.1				红土	E 121° 18′ 01.4″ N 41° 50′ 34.1″	98
						2	15~40	黄色	砂壤土	块状	8.3	6.2	0.28	0.63	25.8						
						3	40~66	红色		棱块状											
剖20	半水成土	草甸土	石灰性草甸土	耕型壤质石灰性草甸土	黄淤土	1	0~25	灰褐色	轻壤土	团粒状	8.7	14.8	0.78	0.69	27.1	2.8	67		近代碳酸盐淤积物	E 121° 28′ 37.2″ N 41° 54′ 04.3″	98
						2	25~35	暗黑色	中壤土	片状	8.5	14.6	0.85	0.45	25.4						
						3	35~50	暗黑色	轻壤土	块状	8.2	11.4	0.63	0.45	25.4						
						4	50~100	黄色	轻壤土	粒状	8.3	6.4	0.31	0.36	25.0						
						5	100~120	灰黄色	中壤土	块状	8.7	3.3	0.18	0.36	27.5						
剖21	半淋溶土	褐土	潮褐土			1	0~22	浅黄色	轻壤土	块状	7.8	10.6								E 121° 26′ 15.7″ N 41° 48′ 42.5″	93
						2	22~36	暗黄色	轻壤土	块状	8.7	9.6									
						3	36~80	暗黄色	轻壤土	块状	8.7										
						4	80~100	黄色	轻壤土	块状	9.0										
剖22	半淋溶土	褐土	石灰性褐土	耕型坡积石灰性褐土	灰白褐土	1	0~15	深褐色	砂壤土	团粒状	8.4	10.6	0.76	1.22	24.8	5.9	47		岩石风化坡积物、黄土与红土	E 121° 41′ 15.4″ N 42° 22′ 44.8″	93
						2	15~23	深褐色	砂壤土	片状	8.7	9.6	0.71	1.22	24.5						
						3	23~74	褐灰色	砂壤土	团粒状	8.4	15.0	0.71	1.52	23.8						
						4	74~100	灰白色	砂壤土	团粒状	8.4	10.8	0.71	5.02	13.6						
剖23	半淋溶土	褐土	淋溶褐土	耕型坡积物淋溶褐土	棕褐土	1	0~12	灰白色	中壤土	团粒状	8.1	10.7	0.59	0.39	27.9	<1.0	33		坡积物	E 121° 32′ 30.1″ N 42° 02′ 58.2″	98
						2	12~19	浅褐色	中壤土	片状	7.9	6.4	0.39	0.45	30.4						
						3	19~90	褐色	轻壤土	块状	8.0	5.0	0.19	0.45	29.2						
						4	90~120	褐色	轻壤土	块状	8.2	5.0	0.27	2.30	28.4						
剖24	半淋溶土	褐土	褐土性	石灰岩石灰性褐土性土	砂页岩砂质褐土	1	0~13	浅褐色	轻壤土	块状	7.7	6.0	0.43	1.80	17.5	1.7	65		砂页岩、砾岩等	E 121° 32′ 20.8″ N 41° 56′ 23.3″	98
						2	13~40	浅褐色	紧砂土	棱块状	9.1	2.5	0.17	4.77	15.6						
						3	40~80	浅黄色	中壤土	块状											
剖25	淋溶土	棕壤	棕壤性	耕型黄土石壤性土	灰黄褐土	1	0~10	褐色	重壤土	粒状	7.2	46.8	2.31	0.64	33.3	1.5	7		黄土	E 121° 39′ 54.0″ N 41° 48′ 57.2″	98
						2	10~	黄色	轻壤土	粒状	8.7	6.5	0.35	0.29	30.0	2.0	105				
剖26	半淋溶土	褐土	石灰性褐土			1	0~19	白色	轻壤土	块状	8.8	5.2	0.29	0.21	28.5					E 121° 52′ 27.5″ N 42° 29′ 29.8″	95
						2	19~29	褐黄色	中壤土	块状	8.7	5.1	0.35	0.59	26.3						
						3	29~80	褐色	砂壤土	团块状	8.5	9.7	0.54	0.23	31.0	2.0	105				
剖27	半淋溶土	褐土	褐土性	酸性岩砾褐土性土	酸性岩砾褐土	1	0~16	深褐色	砂壤土	团块状	8.6	5.8	0.36	0.40	31.0					E 121° 51′ 25.6″ N 42° 26′ 10.0″	95
						2	16~42	黄褐色	轻壤土	团块状	8.3	6.5	0.29	0.21	26.7						
						3	42~55														

续表 Continued

剖面号 Soil profile	土纲 Soil order	土类 Soil great group	亚类 Soil subgroup	土属 Soil genus	土种 Soil species	土层码 Layer code	土层厚度 Depth/cm	颜色 Soil color	质地 Soil texture	土壤结构 Soil structure	pH	有机质 OM/(g/kg)	全氮 TN/(g/kg)	全磷 TP/(g/kg)	全钾 TK/(g/kg)	有效磷 AP/(mg/kg)	速效钾 AK/(mg/kg)	阳离子交换量CEC/(cmol/kg)	土壤母质 Parent material	剖面点坐标 Profile coordinate	匹配指数 Matching index/%
剖28	半淋溶土	褐土	褐土	耕型坡积褐土	褐黄砂土	1	0~14	浅褐色	轻壤土	块状	8.6	13.7	0.70	0.48	27.7				坡积物	E 121°59′48.8″ N 42°17′36.2″	99
						2	14~26	褐色	中壤土	片状	8.6	16.8	0.78	0.36	26.1						
						3	26~64	褐色	中壤土	块状	8.6	16.4	0.73	0.24	26.2						
						4	64~110	褐色	重壤土	块状	8.6	10.5	0.48	0.45	25.0						
剖29	淋溶土	棕壤	棕壤	坡积棕壤	薄腐坡积棕壤	1	0~15	棕色	中壤土	棱块状	8.1	20.3	1.05	0.95	28.3	2.5				E 121°59′06.0″ N 42°03′32.4″	97
						2	15~25	红褐色	重壤土	屑状	8.1	9.3	0.43	0.66	30.5	4.3	76				
剖30	淋溶土	棕壤性土	基性岩类棕壤性土	薄腐基性岩棕壤性土		1	0~18	浅棕色	重壤土	屑状	7.5	31.2	1.57	0.58	27.1		105		玄武岩、安山岩、凝灰岩等残积物	E 121°59′42.4″ N 42°04′18.5″	97
						2	18~35	浅棕色	中壤土	屑状	7.6	12.1	0.64	0.39	27.1						
						3	35~50	褐色	中壤土	块状											
剖31	淋溶土	棕壤	棕壤	耕型坡积棕壤	山黄土	1	0~13	浅褐色	轻壤土	粒状	6.6	10.0	0.58	0.59	30.0	5.0	96		岩石风化物、黄土	E 121°51′09.4″ N 41°55′37.9″	98
						2	13~25	褐色	中壤土	片状	6.6	9.6	0.63	0.54	29.6						
						3	25~85	浅棕色	中壤土	块状	7.0	6.6	0.44	0.10	30.4						
						4	85~110	褐黄色	中壤土	块状	7.6	3.9	0.26	0.39	31.1						
剖32	淋溶土	棕壤	棕壤	红土棕壤	薄腐红土	1	0~17	棕色	轻壤土	团粒状	6.5	13.6	0.84	0.53	28.8	<1.0	155		第四纪黏土	E 121°53′40.6″ N 41°57′13.3″	95
						2	17~36	棕色	中壤土	团粒状	6.9	12.1	0.79	0.14	27.9						
						3	36~70	棕红色	重壤土	块状	7.0	7.1	0.58	0.26	28.3						
						4	70~110	棕红色	中壤土	块状	7.8	9.8	0.40	0.40	27.5						
剖33	淋溶土	棕壤	棕壤性土	耕型酸性岩棕壤性土	酸性岩砂砾土	1	0~15	黄色	砂壤土	团粒状	7.1	10.4	0.66	0.34	31.1	3.7	104			E 121°54′40.3″ N 41°56′10.0″	97
						2	15~25	红色	中壤土	块状	7.8	10.2	0.66	0.44	27.1						
						3	25~	红褐色		块状	7.0	3.6	0.11	>10.00	21.7						
剖34	淋溶土	棕壤	潮棕壤	耕型洪积潮棕壤	潮黄土	1	0~18	浅棕色	轻壤土	团粒状	7.5	8.7	0.76	0.41	29.2	3.7	90		坡积物、洪积物	E 121°55′41.9″ N 41°56′54.2″	98
						2	18~25	褐色	中壤土	团块状	7.7	8.2	0.73	0.50	29.2						
						3	25~88	褐色	中壤土	团块状	7.9	9.9	0.71	0.29	29.6						
						4	88~150	褐黄色	重壤土	团块状	7.6	2.2	0.32	0.36	28.6						
剖35	淋溶土	棕壤	棕壤性土	酸蔗岩类棕壤性土	粗骨酸性岩棕壤性土	1	0~14	灰棕色	轻壤土	块状	8.1	15.7	0.87	0.79	25.7	<1.0	272			E 121°48′14.8″ N 41°53′55.3″	95
						2	14~50	棕色	砂壤土	无结构	8.1	7.5	0.43	0.95	26.2						
剖36	淋溶土	棕壤	棕壤性土	酸性岩棕壤性土	酸性岩山砂土	1	0~12	浅棕色	轻壤土	团块状	7.9	14.2	0.87	0.45	31.3	4.0	90			E 121°54′52.2″ N 41°53′15.0″	97
						2	12~25	浅棕色	中壤土	块状	8.3	10.2	0.64	0.50	31.3						
						3	25~55	棕色	中壤土	块状	8.1	4.6	0.29	0.68	30.8						
剖37	半淋溶土	褐土	淋溶褐土	耕型红土淋溶褐土	红黄土	1	0~15	浅棕色	中壤土	团块状	7.9	10.4	0.60	0.34	26.1				红土	E 122°05′59.6″ N 42°21′24.5″	99
						2	15~26	浅褐色	中壤土	块状	7.8	5.2	0.62	0.29	26.8						
						3	26~60	褐色	中壤土	块状	8.0	4.0	0.31	0.12	24.8						
						4	60~66	红褐色	轻黏土	块状	7.8	23.5	0.25	<0.10	22.8						
剖38	半水成土	草甸土	石灰性草甸土	耕型黏质石灰性草甸土	黑淤土	1	0~18	黑色	轻黏土	粒状	8.7	19.9	0.95	0.83	23.5	3.3	158		近代碳酸盐淤积物	E 122°12′16.2″ N 42°14′15.7″	98
						2	18~34	黑色	中壤土	粒状	8.5	17.6	0.40	0.30	22.8						
						3	34~59	灰褐色	中壤土	块状	8.4	16.4	0.78	0.39	22.8						
						4	59~92	黄褐色	重壤土	块状	8.6	14.4	0.87	0.41	22.8						
						5	92~124	浅褐色	中壤土	块状	8.8	3.1	0.17	0.15	22.8						
剖39	半淋溶土	褐土	淋溶褐土	耕型黄土淋溶褐土	黑褐土	1	0~18	浅褐色	轻壤土	团粒状	7.7	18.1	0.87	0.64	26.7	16.8			黄土	E 122°06′36.7″ N 42°07′48.0″	99
						2	18~26	浅褐色	中壤土	块状	7.9	17.7	0.97	0.35	26.7		16				
						3	26~95	褐色	中壤土	块状	8.0	13.3	0.55	0.49	23.5						
						4	95~108	黄褐色	中壤土	块状	7.6	8.0	0.26	0.84	24.2						
剖40	半淋溶土	褐土	褐土性土	石灰岩类褐土性土	薄腐石灰岩褐土性土	1	0~12	褐色	轻壤土	块状	8.4	6.2	0.52	0.50	24.8	3.5	101			E 122°07′48.7″ N 42°07′41.2″	97
						2	12~50	灰白色	砂壤土	块状	8.3	2.1	0.69	0.95	31.0						

续表 Continued

剖面号 Soil profile	土纲 Soil order	土类 Soil great group	亚类 Soil subgroup	土属 Soil genus	土种 Soil species	土层码 Layer code	土层厚度 Depth/cm	颜色 Soil color	质地 Soil texture	土壤结构 Soil structure	pH	有机质 OM/(g/kg)	全氮 TN/(g/kg)	全磷 TP/(g/kg)	全钾 TK/(g/kg)	有效磷 AP/(mg/kg)	速效钾 AK/(mg/kg)	阳离子交换量CEC/(cmol/kg)	土壤母质 Parent material	剖面点坐标 Profile coordinate	匹配指数 Matching index/%
剖41	半淋溶土	褐土	褐土性土	耕型基性岩褐土性土	基性岩砂山褐土	1	0—15	褐色	重壤土	团块状	8.0	16.6	1.01	0.96	26.9	4.0	171		玄武岩、安山岩、凝灰岩等风化物	E 122°14′18.2″ N 42°07′23.5″	99
						2	15—20	黑色	重壤土	团块状	8.3	15.6	0.92	0.65	26.3						
						3	20—65	褐色	重壤土	块状	7.9	13.4	0.83	0.45	21.2						
剖42	半淋溶土	褐土	褐土性土	耕型基性岩褐土性土	基性岩砂砾褐土	1	0—14	褐色	砂壤土	块状	8.4	14.2	1.27	0.83	25.4	7.5	125		玄武岩、安山岩、凝灰岩等风化物	E 122°10′27.8″ N 42°06′04.7″	99
						2	14—20	褐色	中壤土	块状	8.3	9.6	0.66	0.95	23.8						
						3	20—54	褐色	砂壤土	块状	8.1	8.4	0.49	1.26	25.5						
剖43	初育土	风沙土	固定风沙土	耕型沙地风沙土	灰沙土	1	0—24	浅褐色	轻壤土	团块状	8.3	8.0	0.46	0.34	30.8	6.3	118		风积物	E 122°16′57.4″ N 42°17′51.7″	95
						2	24—37	浅褐色	砂壤土	团块状	8.0	7.3	0.42	0.21	30.0						
						3	37—120	浅褐色	轻壤土	块状	8.4	9.4	0.49	0.39	30.0						

彰 武 县

主要土类说明

草甸土是彰武县主要土壤类型，占本县地域面积的34%。草甸土主要分布在本县中部和中南部的平原地区、沿河两岸和沙丘坨间低洼处，土层深厚，成土母质为冲积物，地下水位为1—3m。土壤质地多为砂壤质或壤质。由于地下水活动频繁，草甸土下层一般有锈斑。本县草甸土分为草甸土、石灰性草甸土、盐化草甸土、碱化草甸土等亚类。除草甸土亚类外，其他亚类均有石灰反应。盐化草甸土和碱化草甸土含盐量较高，盐斑较重，保苗率较差。

风沙土是彰武县第二大土壤类型，占本县地域面积的32%。风沙土发生于干旱和半干旱地区，是剖面构型为A–C的疏松的幼年土，处于土壤发育的初始阶段，成土过程微弱，通体沙质，易随风移动。由于风力的分选作用，风沙土的颗粒组成十分均匀，有机质含量低，一般为1—6g/kg，长期固定或耕种的风沙土有机质含量在5g/kg左右。本县风沙土主要分为草原风沙土、荒漠风沙土、草甸风沙土和滨海风沙土四个亚类。

褐土是彰武县第三大土壤类型，占本县地域面积的19%。褐土主要分布在本县西部、西北部的丘陵地区以及大郑线以西的部分高平地。成土母质为酸性岩、基性岩、石灰岩风化残积物或坡积物及黄土、红土等，地下水位为3—8m或更深。典型剖面构型为A–B–Bca–C。褐土以灰白色、黄褐色、灰黄色为主，有假菌丝体、石灰结核和钙积层。本县褐土分为褐土性土、褐土、石灰性褐土、淋溶褐土、潮褐土等亚类。除褐土性土土层较浅外，其他亚类土层均较深厚。

棕壤占本县地域面积的12%，主要分布在大郑线以东的低山丘陵区。成土母质为各类岩石残积物、坡积物及黄土状母质等，地下水位为3—7m。棕壤发生于落叶阔叶林下，但大部分已被垦殖，以旱作为主。该土壤处于硅铝风化阶段，具有黏化特征，呈棕色。土体见黏粒淀积，盐基充分淋失，pH为6.0—7.5，见少量游离铁。本县棕壤分为棕壤性土、棕壤和潮棕壤三个亚类。

小于本县地域面积3%的土壤类型有水稻土、泥炭土、草甸盐土和碱土。

本区域中心区气候特征

本区域中心区气候特征值
Regional climate characteristics in central area of the region

气候带：中温带亚湿润气候 Climate region: Mid temperate subhumid climate	
年平均气温 /℃ Annual average temperature /℃	7.4
年平均最高气温 /℃ Annual average maximum temperature /℃	13.7
年平均最低气温 /℃ Annual average minimum temperature /℃	1.8
年降水量 /mm Annual precipitation /mm	486
≥10℃的积温 /℃ Daily temperature accumulated in a year (≥10℃) /℃	3223
年日照时数 /h Annual sunshine /h	2736
年平均相对湿度 /% Annual average relative humidity /%	59
干燥度 Dryness	0.93

本区域中心区月平均气温与月平均降水量
Monthly temperature and precipitation in central area of the region

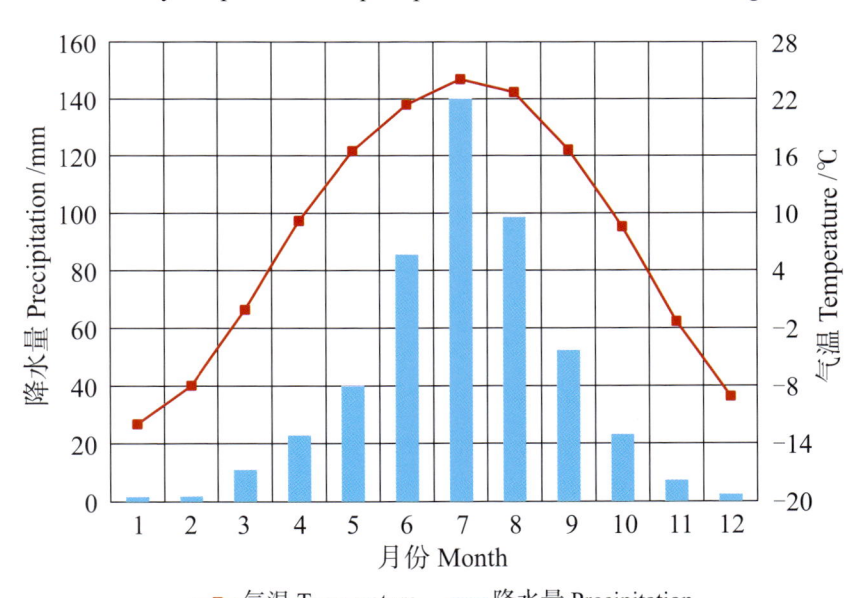

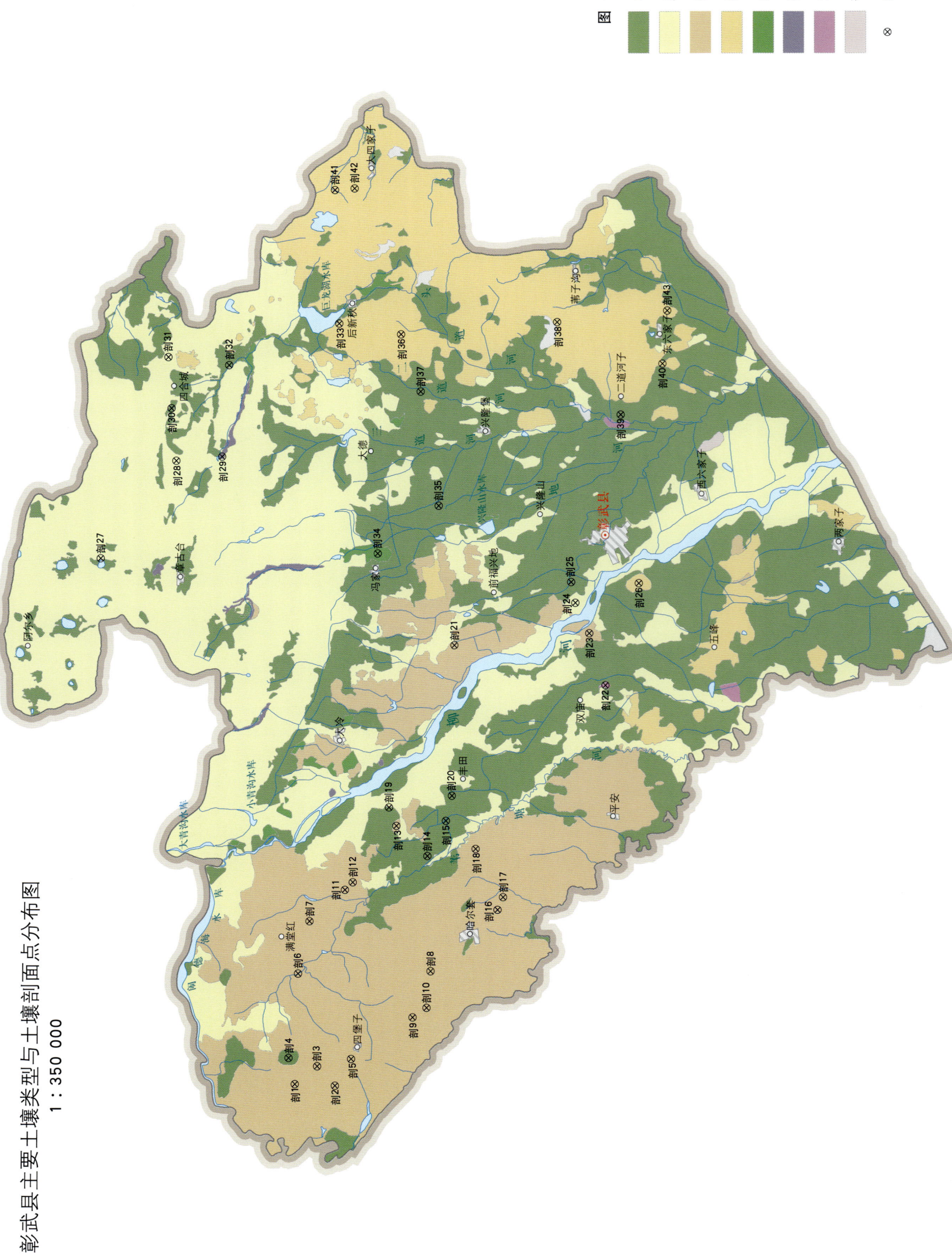

彰武县主要土壤类型与土壤剖面点分布图
1∶350 000

彰武县土壤剖面理化性状表

剖面号 Soil profile	土纲 Soil order	土类 Soil great group	亚类 Soil subgroup	土属 Soil genus	土种 Soil species	土层码 Layer code	土层厚度 Depth/cm	颜色 Soil color	质地 Soil texture	土壤结构 Soil structure	pH	有机质 OM/(g/kg)	全氮 TN/(g/kg)	全磷 TP/(g/kg)	全钾 TK/(g/kg)	碱解氮 AN/(mg/kg)	有效磷 AP/(mg/kg)	速效钾 AK/(mg/kg)	阴离子交换量CEC/(cmol/kg)	土壤母质 Parent material	剖面点坐标 Profile coordinate	匹配指数 Matching index/%
剖1	半淋溶土	褐土	褐土性土	酸性岩类褐土性土		1	0—12	棕黄色	砂壤土	块状	9.4	6.0	0.31	0.35	20.2					酸性岩风化残积物	E 121°58′03.0″ N 42°37′05.5″	97
						2	12—															
剖2	半淋溶土	褐土	石灰性褐土	黄土石灰性褐土	薄腐黄土石灰性褐土	1	0—14	灰色	轻壤土	块状	6.5	4.7	0.30	0.28	27.8					黄土状母质	E 121°58′00.1″ N 42°35′16.1″	97
						2	14—20	灰色	轻壤土	块状	6.6	4.8	0.27	0.25	26.3							
						3	20—44	米黄色	中壤土	块状	6.9	3.6	0.17	0.20	26.5							
						4	44—100	黄色	中壤土	块状												
剖3	半淋溶土	褐土	石灰性褐土	黄土石灰性褐土	薄腐石灰性砂黄褐土	1	0—9	棕黄色	轻壤土		8.0	14.3	0.75	0.37	26.1					黄土状母质	E 121°59′09.2″ N 42°36′05.0″	95
						2	9—70	黄色	轻壤土		8.1	8.3	0.39	0.46	25.8							
						3	70—150	黄色	中壤土		8.1	4.6	0.12	0.55	26.2							
剖4	半水成土	草甸土	石灰性草甸土			1	0—15	黄灰色	砂壤土	粒状	7.9										E 121°59′38.0″ N 42°37′23.9″	97
						2	15—35	黄灰色	轻壤土	片状	7.9											
剖5	半淋溶土	褐土	褐土性土	酸性岩类褐土性土	中腐酸性岩类褐土性土	1	0—5	褐黄色	砂壤土	粒状	8.0	11.7	0.66	0.34	27.5	53		74		酸性岩风化残积物	E 121°59′38.4″ N 42°34′33.2″	97
						2	5—26	褐黄色	砂壤土	块状		10.4	0.34	0.30	29.5							
						3	26—44	灰黄色	砂壤土	块状		14.8	0.57	0.31	26.7							
						4	44—		砾石土			12.8	0.59	0.27	28.5							
剖6	半淋溶土	褐土	石灰性褐土	耕型坡积石灰性褐土	灰白褐土	1	0—13	灰褐色	轻壤土	小粒状	6.5	9.2	0.46	0.30	26.3					坡积物	E 122°04′46.2″ N 42°37′01.2″	95
						2	13—20	灰黄色	轻壤土	小粒状	7.5	8.5	0.41	0.29	25.8							
						3	20—40	浅灰色	砂土	粒状	10.0	5.3	0.32	0.19	27.0							
						4	40—100	黑灰色		块状		3.4	0.18	0.19	27.4							
剖7	半淋溶土	褐土	褐土	耕型坡积褐土	褐黄砂土	1	0—17	浅褐黄色	轻壤土	粒状	7.0	6.9	0.62	0.24	26.8					坡积物	E 122°07′59.5″ N 42°36′31.7″	98
						2	17—24	浅棕黄色	轻壤土	粒状	7.0	7.4	0.50	0.27	26.8							
						3	24—53	浅棕黄色	轻壤土	粒状	7.3	9.2	0.21	0.18	27.2							
						4	53—100	浅棕黄色	砂壤土	粒状												
剖8	半淋溶土	褐土	褐土	坡积褐土	薄腐坡积褐土	1	0—18					16.6	0.60							坡积物	E 122°05′02.4″ N 42°31′00.1″	97
剖9	半淋溶土	褐土	褐土性土	耕型基性岩褐土性土	基性岩砂砾褐土	1	0—20	灰黄色	轻壤土			5.0			28.8	45	1.6	89		基性岩风化残积物	E 122°02′13.2″ N 42°31′47.6″	97
剖10	半淋溶土	褐土	褐土	耕型坡积褐土	黄褐土	1	0—18	灰黄色	轻壤土			5.0	0.18	0.38	28.2					坡积物	E 122°02′49.2″ N 42°31′09.8″	97
						2	18—25	灰黄色	轻壤土			5.6	0.31	0.34	26.8							
						3	25—60	浅黄色	轻壤土			2.2	0.28	0.29	23.6							
						4	60—90	浅黄色	轻壤土			11.2	0.19	0.25	26.5							
						5	90—130	黄色	中壤土			4.5	0.16	0.22								
剖11	半淋溶土	褐土	石灰性褐土	坡积石灰性褐土		1	0—9	灰褐色	中壤土	粒状	7.0	4.8	0.75							坡积物	E 122°09′58.0″ N 42°34′56.6″	97
剖12	半淋溶土	褐土	褐土	耕型黄土褐土	灰褐土	1	0—13	褐黄色	砂壤土	小粒状	7.5	1.7	0.33	0.56	>50.0	38	1.5	86		黄土状母质	E 122°10′25.7″ N 42°34′35.4″	97
						2	13—19	褐黄色	轻壤土	小粒状												
						3	19—44	灰黄色	轻壤土	小粒状												
						4	44—86	青黄色	轻壤土	小粒状												
						5	86—100	浅黄色	砂壤土	小粒状												
剖13	半淋溶土	褐土	褐土性土	基性岩褐土性土		1	0—19	灰黄色	轻壤土		7.5	15.8	0.60			65	6.0	145		基性岩风化残积物	E 122°13′57.0″ N 42°32′38.4″	97
						2	19—															

续表 Continued

剖面号 Soil profile	土纲 Soil order	土类 Soil great group	亚类 Soil subgroup	土属 Soil genus	土种 Soil species	土层码 Layer code	土层厚度 Depth/cm	颜色 Soil color	质地 Soil texture	土壤结构 Soil structure	pH	有机质 OM/(g/kg)	全氮 TN/(g/kg)	全磷 TP/(g/kg)	全钾 TK/(g/kg)	碱解氮 AN/(mg/kg)	有效磷 AP/(mg/kg)	速效钾 AK/(mg/kg)	阳离子交换量CEC/(cmol/kg)	土壤母质 Parent material	剖面点坐标 Profile coordinate	匹配指数 Matching index/%
剖14	半水成土	草甸土	石灰性草甸土	耕型壤质石灰性草甸土	黄淤土	1	0—16	黄灰色	砂壤土	粒状	7.9	10.2	0.58	0.34	25.8					冲积物	E 122° 12′ 05.8″ N 42° 31′ 13.1″	97
						2	16—24	黄灰色	砂壤土	片状	7.9	7.9	0.30	0.26	30.0							
						3	24—56	浅黄色	砂壤土	块状	7.9	5.5	0.10	0.20	25.3							
						4	56—	棕黄色	砂壤土	块状	7.8	1.4	0.12	0.15	26.3							
剖15	半水成土	草甸土	碱化草甸土	碱化石灰性草甸土	碱化河淤土	1	0—15					8.9					40	<1.0	165		冲积物	E 122° 14′ 17.9″ N 42° 30′ 24.1″	97
剖16	半淋溶土	褐土	褐土	红土褐土	薄腐殖质褐红土	1	0—14	棕黄色	中壤土	小粒状	7.6	2.3	0.31	0.21	27.9					红土	E 122° 08′ 50.3″ N 42° 28′ 00.1″	97
						2	14—40	棕黄色	轻壤土	块状	7.7	3.5	0.22	0.22	24.9							
						3	40—110	棕红色	轻壤土	块状	7.9	1.8	1.85	0.18	26.2							
剖17	半淋溶土	褐土	褐土	红土褐土	红褐土	1	0—10					1.9	0.55								红土	E 122° 09′ 37.4″ N 42° 27′ 45.4″	97
剖18	半淋溶土	褐土	石灰性褐土	耕型黄土石灰性褐土	灰黄褐土	1	0—20	灰黑色	轻壤土	块状	7.8	7.4	0.34	0.40	23.5					黄土状母质	E 122° 12′ 34.2″ N 42° 29′ 01.7″	99
						2	20—30	暗黑色	轻壤土	块状	7.9	4.9	0.34	0.35	25.9							
						3	30—75	黑灰色	轻壤土	块状	7.9	5.1	0.27	0.36	26.6							
						4	75—125	麦黄色	中壤土		8.0	3.4	0.22	0.27	26.1							
						5	125—150	浅黄色	轻壤土		7.9	1.7	0.42	0.14	25.0							
剖19	半淋溶土	草甸盐土	盐化草甸土	耕型硫酸盐盐化草甸土	轻度盐化淀黑土	1	0—15		中壤土	块状	8.9	12.7	0.57	0.51	29.0	46	<1.0	132		淀积物	E 122° 15′ 03.6″ N 42° 32′ 58.9″	95
						2	15—22	黑色	砂壤土	块状	8.7	6.3	0.67	0.33	28.5							
						3	22—100	黑色	轻壤土	块状	8.4	6.3	0.44	0.32	26.5							
剖20	半水成土	草甸土	石灰性草甸土			1	0—15	黄褐色	轻壤土	块状	10.0	6.4		0.32	25.5						E 122° 15′ 49.3″ N 42° 30′ 08.3″	97
						2	15—50	黄褐色	砂壤土	屑粒状	10.0	7.2	0.51	0.23	28.3							
						3	50—150	棕黄色	轻黏土	屑粒状	9.7	7.0	0.90	<0.10	30.1							
剖21	半淋溶土	褐土	潮褐土	耕型黄土潮褐土	灰潮褐土	1	0—20	灰褐色	中壤土	粒状	7.7	6.9				43	<1.0	79		黄土状母质	E 122° 25′ 03.0″ N 42° 30′ 05.4″	98
						2	20—30	浅黄色	轻壤土	块状	7.7	6.3										
						3	30—60	浅黄色	轻壤土	块状	7.9	10.3										
						4	60—100	深黑色	轻壤土	块状												
剖22	盐碱土	草甸盐土	苏打盐土	苏打盐土	轻度苏打盐土	1	0—15	暗黄棕色	砂土	粒状	7.1	5.1	0.22	<0.10	13.2		1.0	17	3.4	黄土状母质	E 122° 22′ 39.7″ N 42° 23′ 12.8″	98
						2	15—39	浊黄橙色	砂土	粒状	7.4	1.3	<0.10	<0.10	11.2		1.0	19	2.1			
						C	13—															
剖23	半淋溶土	褐土	潮褐土	耕型黄土潮褐土	砂潮褐土	1	0—21	黄褐色	中壤土	块状										黄土状母质	E 122° 25′ 50.5″ N 42° 23′ 58.6″	97
						2	21—28	黄褐色	轻壤土	粒状												
						3	28—60	灰黑色	轻黏土	粒状												
						4	60—82	黄灰色	砂壤土	粒状												
						5	82—															
剖24	初育土	风沙土	半固定风沙土	半固定草原风沙土	西章古沙包土	1	0—13	黄灰色	砂壤土	块状										风积物	E 122° 27′ 41.8″ N 42° 24′ 37.1″	76
剖25	半水成土	草甸土	潮褐土	石灰性草甸型菜园土	河淤黑土	1	0—5	黄灰色	砂壤土	屑粒状										冲积物	E 122° 28′ 57.4″ N 42° 24′ 49.0″	92
						2	5—30	灰黄色	砂壤土	块状												
						3	30—50	灰黄色	松砂土	块状												
剖26	淋溶土	棕壤	棕壤性土	基岩岩类棕壤性土	中腐基性岩棕壤性土																E 122° 28′ 55.2″ N 42° 21′ 44.6″	97

续表 Continued

剖面号 Soil profile	土纲 Soil order	土类 Soil great group	亚类 Soil subgroup	土属 Soil genus	土种 Soil species	土层码 Layer code	土层厚度 Depth/cm	颜色 Soil color	质地 Soil texture	土壤结构 Soil structure	pH	有机质 OM/(g/kg)	全氮 TN/(g/kg)	全磷 TP/(g/kg)	全钾 TK/(g/kg)	碱解氮 AN/(mg/kg)	有效磷 AP/(mg/kg)	速效钾 AK/(mg/kg)	阳离子交换量CEC/(cmol/kg)	土壤母质 Parent material	剖面点坐标 Profile coordinate	匹配指数 Matching index/%
剖27	初育土	风沙土	固定风沙土	沙地风沙土	薄结皮沙地风沙土	1	0—11	灰黄色	紧砂土	无结构	7.2	4.8	0.28	0.19	25.9					风积物	E 122°30′13.3″ N 42°46′11.3″	85
						2	11—35	黄黑相间	紧砂土	无结构	7.5	2.8	0.66	0.19	30.1							
						3	35—95	黄黑相间	紧砂土	无结构	8.0	4.0	0.24	0.22	28.3							
剖28	初育土	风沙土	流动风沙土	沙丘流动风沙土	沙丘流动风沙土	1	0—10	灰白色	松砂土	小粒状	7.1	1.5	0.76	<0.10	28.9					风积物	E 122°36′14.8″ N 42°42′46.4″	74
						2	10—100	灰白色	松砂土	小粒状	7.7	1.4	<0.10	<0.10	28.6							
剖29	水成土	泥炭土				1	0—13	黄黑色	中壤土	块状	6.5	35.6									E 122°36′30.2″ N 42°40′41.9″	75
						2	13—23	黑黑色	中壤土	块状	7.0	39.4										
剖30	半水成土	草甸土	石灰性草甸土			1	0—14	黄褐色	轻壤土	粒状	7.9										E 122°39′28.4″ N 42°43′00.1″	97
						2	14—	黑色	轻壤土	片状	7.9											
剖31	初育土	风沙土	半固定风沙土	沙地半固定风沙土	沙地半固定细砂土	1	0—20	灰黄色	紧砂土	无结构	7.3	3.3	0.28	28.2						风积物	E 122°42′37.1″ N 42°43′09.1″	79
						2	20—28	灰黄色	松砂土	无结构	7.0	4.2	0.27	27.9								
						3	28—	灰黄色	松砂土	无结构	7.4	2.1	0.14	29.2								
剖32	半水成土	草甸土	石灰性草甸土			1	0—9	黄褐色	轻壤土	片状	7.9										E 122°42′07.9″ N 42°40′23.5″	75
						2	9—40	黑色	轻壤土	粒状	7.9	8.4	0.44	0.37	30.0							
						3	40—90	褐棕色	轻壤土	粒状	7.9											
剖33	淋溶土	棕壤	潮棕壤	耕型黄土状潮棕壤	潮棕黄土	1	0—14	黑褐色	轻壤土	片状										黄土状母质	E 122°44′41.6″ N 42°35′24.0″	97
						2	14—18	黄褐色	轻壤土	片状												
						3	18—78	黄褐色	轻壤土	团块状												
						4	78—100	黄色	轻壤土	团粒状	8.3	14.9	0.81	0.55	29.8							
剖34	人为土	水稻土	淹育水稻土	石灰性草甸土田	石灰性黑土田	1	0—18	浅灰色	砂壤土	团粒状	8.3	11.1	0.45	0.53	26.3					淤黄土	E 122°30′37.8″ N 42°33′36.0″	95
						2	18—38	灰黑色	砂壤土	粒状	8.3	10.3	0.47	0.40	21.4							
						3	38—68	深灰色	砂壤土	粒状	8.2	<1.0	0.12	0.27	24.4							
						4	68—88	灰黄色		无结构	8.4	10.8	0.81	0.47	27.2							
剖35	半水成土	草甸土	盐化草甸土	耕型硫酸盐盐化草甸土	中度盐化淤灰土	1	0—15	灰黄色	轻壤土	片状	8.3	12.0	0.94	0.47	27.4					淤积物	E 122°33′34.2″ N 42°30′51.5″	95
						2	15—25	黄褐色	中壤土	片状	8.2	11.2	5.40	0.58	23.0							
						3	25—63	灰黄色	中壤土	粒状		5.2	0.54	0.38	22.4							
						4	63—90	浅黄色		粒状												
						5	90—110	浅黄色		粒状												
剖36	淋溶土	棕壤	棕壤	耕型黄土状棕壤	棕黄土	1	0—18	褐黄色	轻壤土	粒状	7.0	13.8	0.90	0.45	28.3					黄土状母质	E 122°44′02.8″ N 42°32′35.5″	97
						2	18—27	黄褐色	轻壤土	块状	7.0	12.6	0.65	0.28	28.9							
						3	27—56	黄褐色	轻壤土	粒状	7.0	9.3	0.16	0.23	29.1							
						4	56—110	浅黄色	轻壤土	粒状	7.9	6.7	0.15	0.65	30.5							
剖37	半水成土	草甸土	石灰性草甸土	耕型砂质石灰性草甸土	淤砂土	1	0—18	黄褐色	轻壤土	片状	7.9	12.9	0.86	0.58	24.8					冲积物	E 122°40′32.9″ N 42°31′41.5″	95
						2	18—23	黑色	轻壤土	块状	7.9	12.2	0.76	0.47	28.2							
						3	23—43	褐棕色	轻壤土	粒状	7.9	24.9	0.92	0.27	28.3							
						4	43—80	黄色	轻壤土	粒状	7.7	3.4	0.47		30.3							
剖38	淋溶土	棕壤	潮棕壤	耕型坡洪积潮棕壤	夹黑潮黄土	1	0—15	灰黄色	砂壤土	小块状										坡积物,洪积物	E 122°44′48.5″ N 42°25′30.4″	97
						2	15—26	灰褐色	轻壤土	小块状												
						3	26—68	灰褐色	轻壤土	小块状												
						4	68—100	夹褐色	轻壤土	小块状												

续表 Continued

剖面号 Soil profile	土纲 Soil order	亚类 Soil subgroup	土属 Soil genus	土种 Soil species	土层码 Layer code	土层厚度 Depth/cm	颜色 Soil color	质地 Soil texture	土壤结构 Soil structure	pH	有机质 OM/(g/kg)	全氮 TN/(g/kg)	全磷 TP/(g/kg)	全钾 TK/(g/kg)	碱解氮 AN/(mg/kg)	有效磷 AP/(mg/kg)	速效钾 AK/(mg/kg)	阳离子交换量CEC/(cmol/kg)	土壤母质 Parent material	剖面点坐标 Profile coordinate	匹配指数 Matching index/%
剖39	半水成土	草甸土	石灰性草甸土	耕型砂质石灰性草甸土	黄潴砂土	1	0—12	褐黄色	重壤土	粒状	8.5	24.2	1.12	0.71	23.4					冲积物	E 122°39′10.8″ N 42°22′36.1″	95
					2	12—18	浅褐色	中壤土	片状	8.1	10.1	0.90	0.46	24.8							
					3	18—29	黄棕色	中壤土	团粒状	8.2	13.9	0.90	0.58	23.9							
					4	29—44	黑色	轻壤土	粒状	8.2	25.3	1.12	0.91	25.3							
剖40	淋溶土	棕壤	耕型黄土状棕壤	黄土	1	0—16	黄棕色	轻壤土	粒状	6.5	12.1	0.70	0.47	29.1					黄土状母质	E 122°42′18.4″ N 42°20′43.4″	97
					2	16—23	棕色	砂壤土	片状		11.2	0.64	0.32	26.5							
					3	23—70	棕黄色	中壤土	团块状		10.9	0.55	0.48	29.8							
剖41	淋溶土	棕壤	耕型黄土状棕壤	灰黄土	1	0—15	灰色	中壤土	粒状	7.0	12.1	0.70	0.47	29.1					黄土状母质	E 122°52′51.6″ N 42°35′36.2″	97
					2	15—19	灰褐色	砂壤土	块状	7.0	11.2	0.64	0.32	26.5							
					3	19—80	灰褐色	轻壤土	块状	7.0	10.9	0.55	0.48	29.8							
剖42	淋溶土	棕壤性土	耕型基性岩类棕壤性土	基性岩山砂土	1	0—16	棕黄色	重壤土	粒块状	7.6	15.9	0.74	0.34	20.7	8	2.9	163			E 122°52′57.7″ N 42°34′43.0″	97
					2	16—24	棕褐色	重壤土	粒块状	7.0	12.3	0.51	0.16	30.8							
					3	24—35	棕褐色	中壤土	粒块状	7.0	9.8	0.38	0.23	23.5							
					4	35—80	棕褐色	轻壤土	粒块状	7.1	5.9	0.27	0.25	24.5							
剖43	淋溶土	棕壤	基性岩类棕壤	薄腐基性岩棕壤	1	0—19	黑褐色	轻壤土	粒状										基性岩风化残积物	E 122°45′31.7″ N 42°20′30.8″	97
					2	19—50	黑褐色	轻壤土	粒状												
					3	50—110	褐黄色	轻壤土	粒状												

辽 阳 市

辽 阳 县

主要土类说明

棕壤是辽阳县主要土壤类型，占本县地域面积的64%。棕壤发生于落叶阔叶林下，但大部分已被垦殖，以旱作为主。该土壤处于硅铝风化阶段，具有黏化特征，呈棕色。土体见黏粒淀积，盐基充分淋失，pH为6.0—7.5，见少量游离铁。本县棕壤分为棕壤、潮棕壤和棕壤性土三个亚类。

草甸土是辽阳县第二大土壤类型，占本县地域面积的29%。本县草甸土多发育于河流淤积物，大面积分布在本县西部的冲积平原，在低山丘陵区多分布在山前冲积平原及山间河谷平原。草甸土是在冷湿条件下，受地下水浸润并在草甸植被下发育形成的土壤。因所处地下水位较高，潜水参与土壤形成过程，受地下水升降与浸润作用，其形成过程具有明显的腐殖质累积和铁锰氧化还原特征，土体出现锈色斑纹层。由于地质年代漫长，河流多次泛滥改道，出现多次淤积，土体中不同部位出现夹砂（砾）、夹黑土、夹黏土等层次。

水稻土是辽阳县第三大土壤类型，占本县地域面积的3%。本县水稻土主要发育于河淤土和淤黄土，主要分布在海拔20m以下、地势平坦的西部平原，东部低山丘陵区也有零星分布。本县种稻历史较长，在长期施肥、耕作、灌溉条件下，由于还原淋溶及氧化淀积等作用，水稻土形成特有的剖面构型，一般分为耕作层、犁底层、渗育层等层次。淹育层一般在淹水期还原作用强烈，土壤结构被破坏，呈单粒泥糊状，干后结成块，有大量褐色铁锈斑。犁底层由于多年耕作，呈层状或片状结构。渗育层由于盐分和黏粒的下移，出现黏化现象，锈斑量增加。本县水稻土均为淹育水稻土。

本区域中心区气候特征

本区域中心区气候特征值
Regional climate characteristics in central area of the region

气候带：中温带亚干旱气候 Climate region: Mid temperate subarid climate	
年平均气温 /℃ Annual average temperature /℃	8.6
年平均最高气温 /℃ Annual average maximum temperature /℃	13.9
年平均最低气温 /℃ Annual average minimum temperature /℃	4.0
年降水量 /mm Annual precipitation /mm	763
≥10℃的积温 /℃ Daily temperature accumulated in a year (≥10℃) /℃	3168
年日照时数 /h Annual sunshine /h	2489
年平均相对湿度 /% Annual average relative humidity /%	66
干燥度 Dryness	0.70

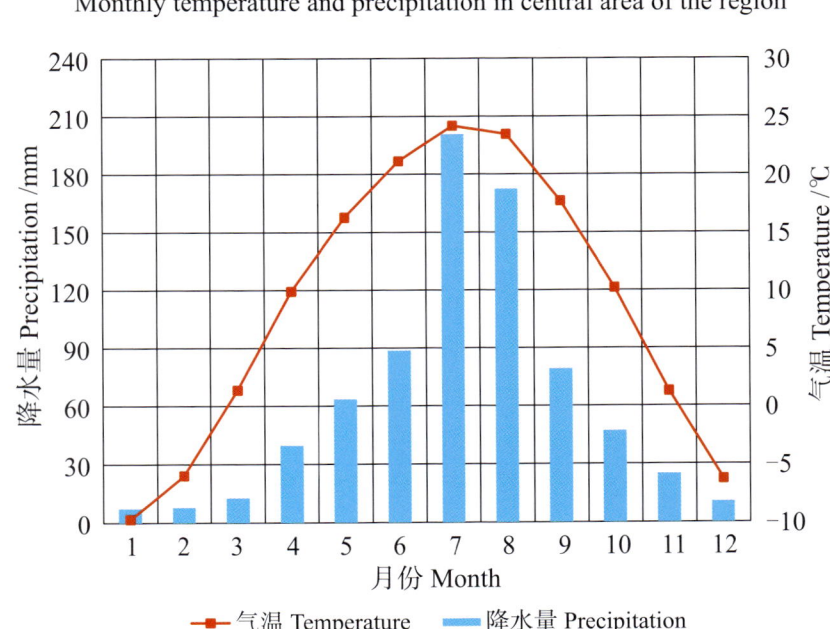

本区域中心区月平均气温与月平均降水量
Monthly temperature and precipitation in central area of the region

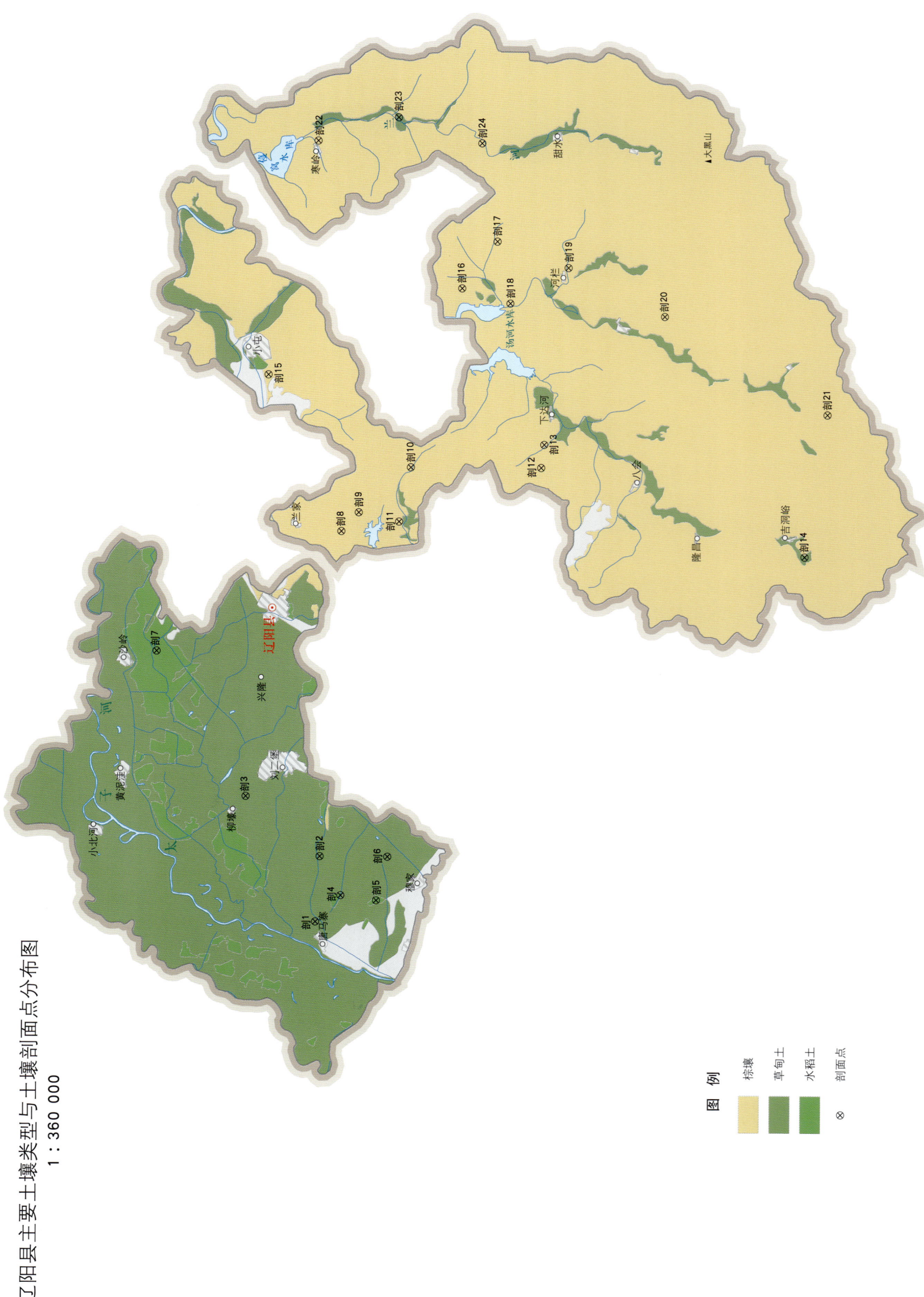

辽阳县主要土壤类型与土壤剖面点分布图
1∶360 000

辽阳县土壤剖面理化性状表

剖面号 Soil profile	土纲 Soil order	土类 Soil great group	亚类 Soil subgroup	土属 Soil genus	土种 Soil species	土层码 Layer code	土层厚度 Depth/cm	颜色 Soil color	质地 Soil texture	土壤结构 Soil structure	pH	有机质 OM/(g/kg)	全氮 TN/(g/kg)	全磷 TP/(g/kg)	全钾 TK/(g/kg)	有效磷 AP/(mg/kg)	速效钾 AK/(mg/kg)	阳离子交换量 CEC/(cmol/kg)	土壤母质 Parent material	剖面点坐标 Profile coordinate	匹配指数 Matching index/%
剖1	半水成土	草甸土	石灰性草甸土	火性甸泥砂土	火性黑黏淤土	A_{11}	0—13	灰棕色	壤质黏土	小块状	7.1	30.4	2.03	0.51	18.1			31.8	河流冲积物	E 122°44′36.6″ N 41°11′06.7″	95
						A_{12}	13—20	灰黄棕色	壤质黏土	块状	7.6	23.4	1.59	0.38	17.8			33.4			
						ACu	20—60	浊黄棕色	壤质黏土	块状	7.6	22.4	1.30	0.55	17.7			33.2			
						Cu	60—100	黄棕色	壤质黏土	粒块状	7.7	9.7	0.68	0.56	21.0			33.0			
剖2	半水成土	草甸土	草甸土	耕型黏质草甸土	淤黄土	1	0—22	黑黄色	重壤土	块状	7.0	13.0	0.85	0.88					淤积物	E 122°48′44.3″ N 41°10′55.2″	92
						2	22—30	黑黄色	重壤土	片状	7.2	14.6	0.74	0.87							
						3	30—46	黑黄色	重壤土	块状	7.1	14.2	0.68	0.90							
						4	46—74	黑黄色	重壤土	块状	7.2	18.8	0.42	0.85							
						5	74—100	黑黄色	重壤土	粒状											
剖3	半水成土	草甸土	石灰性草甸土	黏质石灰性草甸土	辽阳石黑黏淤土	Ap	0—13	暗黄棕色	粉砂质黏土	粒状	7.1	30.4	2.08	0.51	18.1			31.8	河流冲积物	E 122°52′30.0″ N 41°14′28.3″	81
						P	13—20	暗黄棕色	粉砂质黏土	片状	7.6	23.4	1.59	0.38	17.8			33.4			
						3	20—60	浅黄棕色	黏土	粒块状	7.6	22.4	1.30	0.55	17.7			33.2			
						C	60—100	黄棕色	壤质黏土	块状	7.7	9.7	0.68	0.56	21.0			33.0			
剖4	人为土	水稻土	淹育水稻土	石灰性草甸土田	黑淤黄土田	1	0—12	灰黄色	重壤土	块状	7.6	26.6	0.94	1.18					淤积物	E 122°46′17.8″ N 41°09′55.4″	75
						2	12—21	灰黑色	重壤土	块状	7.8	22.8	1.11	1.24							
						3	21—42	灰黑色	重壤土	块状	7.7	17.7	0.51	0.93							
						4	42—18	黄色	黏土	块状	7.7	0.30	0.88							
剖5	人为土	水稻土	淹育水稻土	草甸土田	河淤土田	1	0—18	棕黄色	轻壤土	块状	5.7	14.7	0.85	0.55					淤积物	E 122°45′59.0″ N 41°08′12.8″	75
						2	18—22	棕黄色	轻壤土	块状	5.6	14.8	0.86								
						3	22—56	黄色	中壤土	块状	6.4	7.7	0.59								
						4	56—100	棕黄色	中壤土	核状		7.4	0.87								
剖6	半水成土	草甸土	草甸土	黄黑土	黏黑淤土	A_{11}	0—32	浊黄棕色	壤质黏土	小块状	7.1	19.2	0.91	0.50	16.6	1.0	70	26.6	河流冲积物	E 122°48′44.6″ N 41°07′41.5″	95
						Ah	32—52	棕色	壤质黏土	块状	7.4	13.4	0.61	0.54	17.8	1.0	63	22.6			
						Cu_1	52—83	浊黄棕色	黏壤土	块状	7.4	8.0	0.45	0.45	18.0	4.0	61	18.4			
						Cu_2	83—110	浊黄橙色	黏壤土	块状	7.3	3.0	0.26	0.50	18.8	11.0	62	16.1			
剖7	人为土	水稻土	淹育水稻土	冲积淹育田	黑淤黏土田	Ap	0—17	黑灰色	壤质黏土	糊状	7.6	28.9	1.72	0.47	14.5	5.0	94	24.0	河流冲积物	E 123°01′38.6″ N 41°18′45.0″	95
						2	17—24	暗灰色	壤质黏土	片状	7.7	22.7	1.29	0.44	16.2	8.0	91	22.3			
						3	24—54	暗灰色	壤质黏土	块状	7.6	18.9	1.16	0.43	17.0	8.0	122	21.4			
						C	54—70	灰黄棕色	壤质黏土	块状	7.6	8.6	0.67	0.47	18.4	5.0	132	17.2			
剖8	淋溶土	棕壤	棕壤性土	酸性岩类棕壤性土	厚层酸性岩棕壤性土	1	0—15	褐黑棕色	中壤土	粒块状	6.1	52.1	1.08	1.20					酸性岩风化物	E 123°09′11.2″ N 41°09′57.2″	75
						2	15—30	灰黑色	中壤土	块状	6.6	37.5	1.46	1.30							
						3	30—80	黄色	轻壤土	块状	7.3	26.6	1.25	1.37							
剖9	淋溶土	棕壤	棕壤性土	耕型酸性岩棕壤性土	酸性岩山砂土	1	0—12	棕黄色	轻壤土	粒块状	7.1	14.1	0.84	0.81	10.9				酸性岩风化物	E 123°10′22.4″ N 41°09′07.9″	75
						2	12—22	浊黄棕色	轻壤土	粒块状	6.7	10.0	0.64	0.64	12.2						
						3	22—70	浊黄棕色	砂壤土	粒块状	6.8	12.8	0.85	1.19	16.0						
剖10	淋溶土	棕壤	棕壤性土	耕型石灰岩棕壤性土	石灰岩山砂土	1	0—10	黄棕色	砂壤土	粒块状	7.4	9.7	0.90	1.34	11.3				石灰岩风化物	E 123°13′11.6″ N 41°06′38.9″	75
						2	10—19	黄棕色	砂壤土	粒块状	7.5		1.47	1.36	11.0						
						3	19—50	黄棕色	砂壤土	粒块状	7.6	15.1	1.19	1.76	15.4						
剖11	淋溶土	棕壤	棕壤性土	片岩类棕壤性土	中层片岩棕壤性土	1	0—5				5.4	16.3	0.78	0.64	23.4				片岩风化物	E 123°09′47.5″ N 41°07′12.0″	75
						2	5—32				5.3	14.4	0.62	0.62	22.5						
						3	32—50				6.2	16.6	0.95	0.90	35.3						
						4	50—				6.7	19.1	0.60	1.13							

续表 Continued

剖面号 Soil profile	土纲 Soil order	土类 Soil great group	亚类 Soil subgroup	土属 Soil genus	土种 Soil species	土层码 Layer code	土层厚度 Depth/cm	颜色 Soil color	质地 Soil texture	土壤结构 Soil structure	pH	有机质 OM/(g/kg)	全氮 TN/(g/kg)	全磷 TP/(g/kg)	全钾 TK/(g/kg)	有效磷 AP/(mg/kg)	速效钾 AK/(mg/kg)	阳离子交换量CEC/(cmol/kg)	土壤母质 Parent material	剖面点坐标 Profile coordinate	匹配指数 Matching index/%
剖12	淋溶土	棕壤	棕壤性土	耕型片岩类棕壤性土	片岩山石土	1	0—11	灰棕色	砂壤土		7.5	11.0	0.66	0.69	27.3				片岩风化物	E 123°13′08.4″ N 41°00′25.9″	75
						2	11—23				7.6	<1.0	0.81	0.67	29.1						
						3	23—				7.4	5.5	0.55	0.73	>50.0						
剖13	淋溶土	棕壤	棕壤性土	耕型片岩类棕壤性土	片岩山砂土	1	0—10	棕黄色	轻壤土	粒状	6.3	9.4	0.38	0.50	23.7				片岩风化物	E 123°14′35.2″ N 41°00′17.3″	75
						2	10—18	棕黄色	轻壤土	块状	6.4	8.4	1.10	0.57	39.0						
						3	18—100	棕黄色	轻壤土	块状	6.0	20.0	0.37	0.77	41.5						
剖14	半水成土	草甸土	草甸土	草甸型菜园土	砂质菜园土	1	0—15	棕黄色	轻壤土	粒块状	6.8	4.4	0.48	0.59	26.8				河流冲积物	E 123°07′32.5″ N 40°47′51.7″	92
						2	15—59	棕黄色	轻壤土	片状	5.0	16.6	1.01	0.92	25.1						
						3	59—90	棕黄色	轻壤土	块状											
						4	90—130	棕黄色	中壤土	块状											
剖15	淋溶土	潮棕壤	潮棕壤	耕型黄土状潮棕壤	壤质黄麦黄土	1	0—17	灰黄色	中壤土	粒状	6.9	9.9	0.75	0.75	17.4				黄土状母质	E 123°19′01.9″ N 41°13′26.0″	92
						2	17—27	棕色	中壤土	片状	6.8	10.4	0.77		19.7						
						3	27—54	棕色	黏土	核状	6.7	10.4	0.81		24.5						
						4	54—100	棕色	黏土	核状	6.4	13.0	0.91		26.4						
剖16	淋溶土	棕壤	棕壤性土	幼棕黄泥土	乌棕片片岩土	A	0—15	油黄色	砂壤土	粒状	5.6	27.3	1.76	0.28	16.5			12.4	片岩风化物	E 123°24′24.5″ N 41°04′11.6″	95
						Bt	15—32	黄色	砂壤土	块状	5.8	14.3	0.86	0.27	15.8			11.9			
						C	32—50	黄色	砂壤土	小块状	6.2	6.6	0.35	0.39	17.8			8.2			
剖17	淋溶土	棕壤	棕壤性土	硅质岩质棕壤性土	塔子岭片砂土	A	0—15	浅棕黄色	砂壤土	粒状	5.6	27.3	1.76	0.28	16.5			12.4	片岩、板岩、千枚岩等残积物	E 123°27′20.2″ N 41°02′30.5″	81
						B	15—32	黄色	砂壤土	团团状	5.8	14.3	0.86	0.27	15.8			11.9			
						C	32—50	黄色	砂壤土	小块状	6.2	6.6	0.35	0.39	17.8			8.2			
剖18	淋溶土	棕壤	棕壤	黄土状棕壤	黄黍骡土	Ap	0—16	浅棕黄色	砂质黏壤土	粒状	6.7	15.2	1.00	0.43					第四纪黄土状堆积物	E 123°23′26.2″ N 41°01′53.8″	95
						P	16—22	黄棕色	砂质黏壤土	片状	6.8	14.7	0.88	0.43							
						B	22—46	灰棕色	黏壤土	块状	6.9	7.5	0.60	0.24							
						BC	46—100	黄棕色	黏壤土	块状	6.9	3.9	0.54	0.38							
剖19	淋溶土	棕壤	棕壤	壤型黄土状棕壤	浅淀黄土	1	0—10		轻壤土	粒块状	6.7	15.2	1.00	0.99					黄土状母质	E 123°25′39.4″ N 40°59′07.4″	96
						2	10—16				6.8	14.7	0.89	0.98							
						3	16—46				6.9	7.5	0.60	0.56							
						4	46—100				6.9	3.9	0.54	0.86							
剖20	淋溶土	棕壤	棕壤性土	基性岩类棕壤性土	薄层基性岩棕壤性土	1	0—10	红棕色	轻壤土		6.5	31.0	4.49	0.36	17.3				基性岩风化物	E 123°22′34.0″ N 40°54′31.3″	96
						2	10—				6.9	11.7	0.73	0.12	25.9						
剖21	淋溶土	棕壤	棕壤	耕型坡积型棕壤	砂黄土	1	0—12				6.3	24.4	1.52	1.07	30.3				坡积物	E 123°16′24.6″ N 40°46′46.2″	96
						2	12—19				6.1	23.8	1.35	0.95	26.6						
						3	19—65				6.4	18.2	1.09	1.09	27.4						
						4	65—100				6.5	12.9	0.79	0.79	29.9						
剖22	淋溶土	棕壤	棕壤	耕型黄土状棕壤	深淀黄土	1	0—16	灰棕色	重壤土	粒状	7.0	25.1	0.79	0.65	28.4				黄土状母质	E 123°33′42.8″ N 41°01′01.7″	92
						2	16—21	灰棕色	重壤土	片状	6.4	14.2	1.18	0.58	28.1						
						3	21—55	灰棕色	黏土	片状	7.0	7.7	1.06	0.46	27.4						
						4	55—100	黄棕色	黏土	块状	6.9	5.4	0.63	0.45	27.0						
剖23	半水成土	草甸土	草甸土	壤性草甸土	辽阳黑淤土	Ap	0—19	暗黄棕色	黏壤土	团粒状	6.4	30.2	2.90	0.79	17.8			21.5	近代河流冲积物、淤积物	E 123°35′08.5″ N 41°07′11.6″	81
						3	19—29	暗黄棕色	砂质黏壤土	片状	6.4	28.5	1.05	0.84	17.3			19.7			
						4	29—48	暗黄棕色	砂质黏壤土	粒块状	6.6	27.7	1.13	0.90	16.2			21.2			
						5	48—78	黄棕色	黏土	块状	6.6	15.2	0.96	0.93	18.0			18.6			
						C	78—132	黄棕色		块状											
剖24	淋溶土	棕壤	棕壤性土	酸性岩类棕壤性土	薄层酸性岩棕壤性土	1	0—10	黑色	中壤土	粒状	6.3	89.6	3.86	1.55	15.1				酸性岩风化物	E 123°33′28.8″ N 41°03′13.3″	92
						2	10—30				6.5	16.0	1.59	0.85	27.6						

灯 塔 市

主要土类说明

棕壤是灯塔市主要土壤类型，占本市地域面积的43%。棕壤是在落叶阔叶林下发育的淋溶型棕化的土壤，其剖面由凋落物层、腐殖质层、黏淀层和母质层构成。由于温暖多雨季节和干旱季节交替出现，土壤氧化还原交替进行，物理风化、化学风化、生物风化比较强烈，从而形成了较多的富含铁质的绿高岭土、水针铁矿等次生黏土矿物和高价铁氧化物的水化物，土体呈棕色或棕黄色。在雨季的强烈淋溶作用下，土体上部的黏粒和水解生成的硅酸随水下移，在心土的适宜位置黏粒聚积，形成了质地黏重、具有棱块状结构的黏淀层，该层结构体表面覆有铁质胶膜和二氧化硅粉末。同时，易溶于水的钙、镁、钾、钠等盐基被淋洗，表层土壤中盐基不饱和，使土壤呈微酸性。

草甸土是灯塔市第二大土壤类型，占本市地域面积的35%。草甸土一般分布在冲积平原、河滩地、阶地和洼地。草甸土长期受地下水影响，草甸植被茂密，有机质积累较多，腐殖质含量较高，经腐殖质胶结作用，土壤形成粒状或粒块状结构。由于干湿交替，土壤氧化还原交替频繁，心土常出现锈纹，有的发育成锈色斑纹层。此外，本市除局部低洼地和河漫滩的草甸土外，由于近代的冲积作用，地表覆盖一层淤积物，土体内除了有夹层和埋藏层，大部分剖面均由腐殖质层、锈色斑纹层和母质层构成。本市草甸土分为草甸土、石灰性草甸土等亚类。

水稻土是灯塔市第三大土壤类型，占本市地域面积的19%。水稻土主要分布在柳条寨、沈旦堡、西马峰、张台子、大河南等地。其形成过程有两个特点：一是物质的积累和人为的水耕、施肥所引起的有机质和黏粒的积累；二是土壤中物质的还原和淋溶作用，使水稻土形成了与其他土壤有明显区别的独特的剖面结构，即淹育层、犁底层、渗育层等。水稻生长期间，由于长时间的淹水灌溉，表层土壤以还原态为主，下层土壤处于氧化态。由于不同时期土壤中不同部位氧化还原交替进行，土壤全剖面有明显的锈斑。同时，由于土壤水分长时间处于饱和状态，好气性微生物活动受到抑制，有机质腐殖质化过程增强，矿化过程减弱，因此，水稻土有机质含量均高于邻近的旱田土壤。本市水稻土均为淹育水稻土。

本区域中心区气候特征

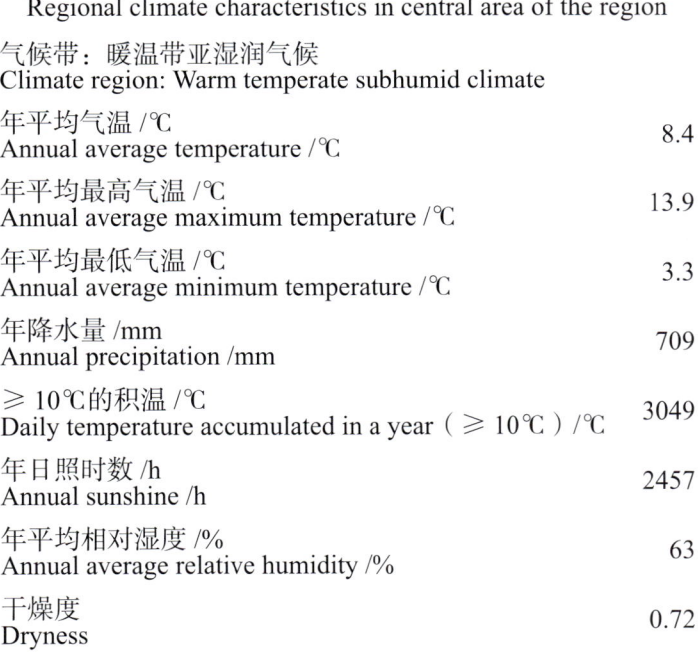

本区域中心区气候特征值
Regional climate characteristics in central area of the region

气候带：暖温带亚湿润气候 Climate region: Warm temperate subhumid climate	
年平均气温 /℃ Annual average temperature /℃	8.4
年平均最高气温 /℃ Annual average maximum temperature /℃	13.9
年平均最低气温 /℃ Annual average minimum temperature /℃	3.3
年降水量 /mm Annual precipitation /mm	709
≥10℃的积温 /℃ Daily temperature accumulated in a year（≥10℃）/℃	3049
年日照时数 /h Annual sunshine /h	2457
年平均相对湿度 /% Annual average relative humidity /%	63
干燥度 Dryness	0.72

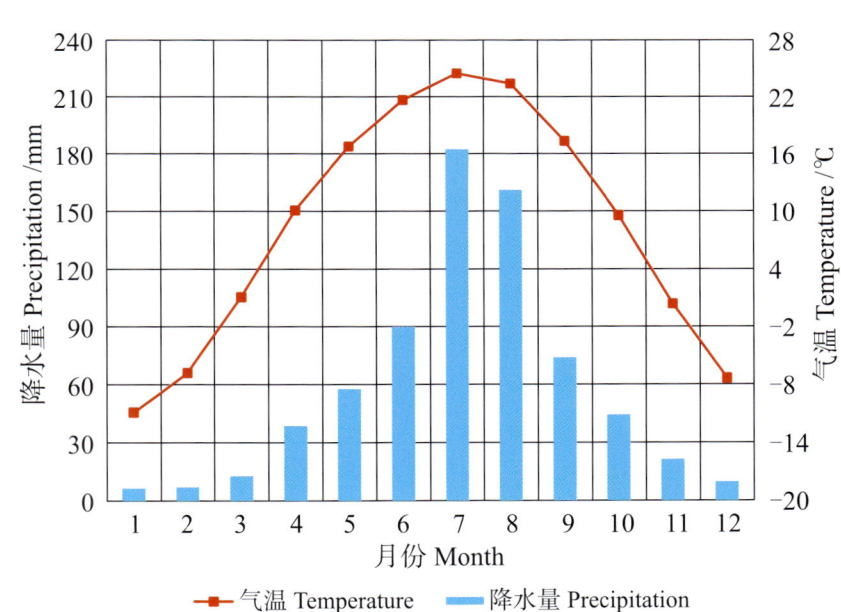

本区域中心区月平均气温与月平均降水量
Monthly temperature and precipitation in central area of the region

灯塔县主要土壤类型与土壤剖面点分布图

1 : 220 000

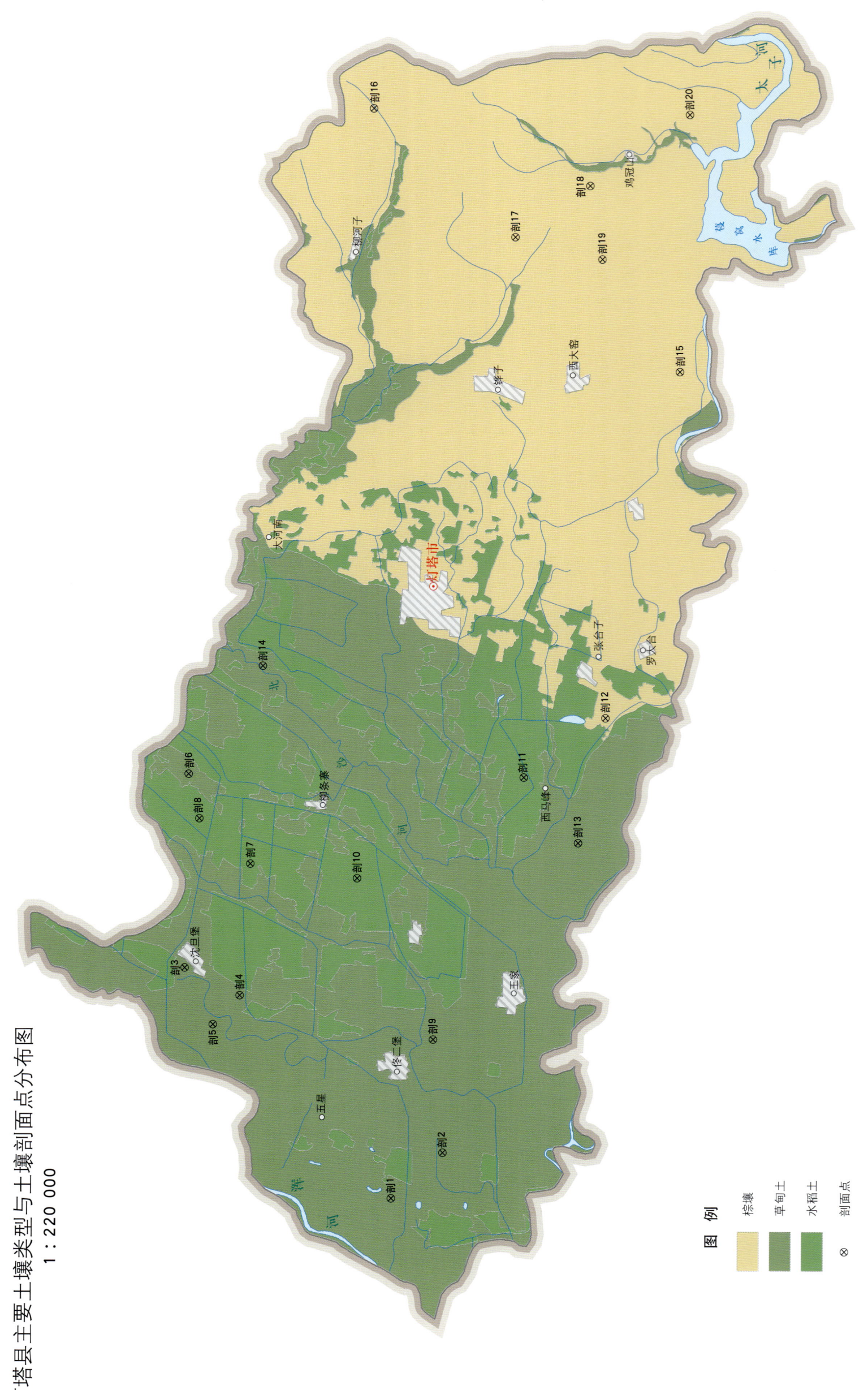

图 例

- 棕壤
- 草甸土
- 水稻土
- ⊗ 剖面点

注：国务院 1996 年 8 月批准，撤销灯塔县，设立灯塔市。

灯塔市土壤剖面理化性状表

剖面号 Soil profile	土纲 Soil order	土类 Soil great group	亚类 Soil subgroup	土属 Soil genus	土种 Soil species	土层码 Layer code	土层厚度 Depth/cm	颜色 Soil color	质地 Soil texture	土壤结构 Soil structure	pH	有机质 OM/(g/kg)	全氮 TN/(g/kg)	全磷 TP/(g/kg)	全钾 TK/(g/kg)	碱解氮 AN/(mg/kg)	有效磷 AP/(mg/kg)	速效钾 AK/(mg/kg)	阳离子交换量 CEC/(cmol/kg)	土壤母质 Parent material	剖面点坐标 Profile coordinate	匹配指数 Matching index/%
剖1	半成土	草甸土	草甸土	黏质草甸土	灯塔墨黏淤土	Ap	0—22	暗灰色	壤质黏土	粒状	7.2	20.3	1.32	1.12	12.6				26.9	黏质河流冲积物	E 122°56′57.1″ N 41°26′34.1″	81
						P	22—28	暗灰色	壤质黏土	片状	7.0	19.8	1.30	1.08	10.1				29.4			
						3	28—45	灰色	壤质黏土	粒块状	7.1	5.7	1.12	0.92	10.5				26.9			
						4	45—113	浅黄棕色	壤质黏土	无结构	7.0	11.3	0.80	0.77	9.9				21.4			
剖2	半水成土	草甸土	草甸土	矿质草甸土	砂砾质冲积草甸土	A	0—35	灰白色	砂土	无结构		10.7	0.75	0.19	13.4	6	10.6			近代河流淤积物	E 122°58′37.6″ N 41°25′08.8″	95
						C	35—100	灰白色		无结构		10.6	0.82	1.84	14.0	6	6.5					
剖3	半水成土	草甸土	草甸土	黏质草甸土	薄黏质草甸土	1	0—17	灰黄色	重壤土	粒状	7.3	26.2	1.38	0.54	25.8	9	23.5	250		近代河流淤积物	E 123°05′27.6″ N 41°32′19.7″	97
						2	17—48	黄色	重壤土	粒状	7.4	19.4	1.08	0.55	24.3	7	7.9	120				
						3	48—88	黄棕色	黏壤土	粒状	7.4	27.3	1.40	0.67	23.2	10	19.3	149				
						4	88—100	黑色	黏壤土	块状	7.2	24.5	0.96	0.57	20.2	6	8.2	228				
剖4	半水成土	草甸土	草甸土	甸泥砂土	暗黏甸淤土	A_{11}	0—22	棕灰色	壤质黏土	小块状	7.2	20.3	1.32	1.12	12.6				26.9	河流冲积物	E 123°04′25.0″ N 41°30′47.9″	95
						A_{12}	22—28	棕灰色	壤质黏土	片状	7.0	19.8	1.30	1.08	10.1				29.4			
						Cu_1	28—45	灰黄棕色	壤质黏土	块状	7.1	15.7	1.12	0.92	10.5				26.9			
						Cu_2	45—113	亮黄棕色	壤质黏土	块状	7.0	11.3	0.80	0.77	9.9				21.4			
剖5	半水成土	草甸土	石灰性草甸土	耕型石灰性草甸土	碳酸盐河砂土	1	0—14	浅黄色	砂壤土	粒状	7.8	9.5	1.33	0.38	22.2	5	4.5	66		近代河流淤积物	E 123°03′21.2″ N 41°31′32.9″	95
						2	14—24	灰黄色	中壤土	粒状	7.8	9.5	0.47	0.34	20.6	4	7.0	77				
						C	24—105	黄棕色	中壤土	粒状	8.2	6.3	0.42	0.30	22.0	4	6.9	66				
剖6	半水成土	草甸土	草甸土	黏质草甸土	荒黏淤土	A	0—17	灰黄色	黏土	粒状	7.3	26.2	1.38	0.24	18.6		23.0	250		河流冲积物	E 123°12′37.1″ N 41°32′13.2″	95
						2	17—48	黄黄棕色	粉砂质黏土	块状	7.4	24.5	1.27	0.24	17.1		8.0	120				
						3	48—88	黄棕色	壤质黏土	块状	7.4	14.3	0.82	0.29	15.7		19.0	149	21.4			
						C	88—100	黄棕色	壤质黏土	粒状	7.2	12.1	0.75	0.25	14.2		8.0		17.6			
剖7	人为土	水稻土	潜育水稻土	草甸土田	淤黄土田	1	0—15	棕灰色	重壤土	无结构	6.4	19.4	1.28	1.37	9.7					近代河流淤积物	E 123°09′17.6″ N 41°30′30.2″	95
						2	15—25	棕色	重壤土	粒状	6.4	15.5	1.01	1.25	10.2							
						3	25—76	棕色	重壤土	粒状	6.5	14.4	0.91	1.05	8.5							
						C	76—150	黄棕色	中壤土	块状	6.6	11.1	0.70	1.16	9.7							
剖8	人为土	水稻土	潜育水稻土	石灰性草甸土田	碳酸盐河淤土田	1	0—20	灰黄色	中壤土		8.0	16.3	0.91	1.02	10.0					近代河流淤积物	E 123°10′58.1″ N 41°31′55.6″	95
						2	20—25	黄色	中壤土	粒状	7.9	14.2	0.93	1.16	10.1							
						3	25—100	黄色	中壤土	粒状	6.9	17.8	1.26	1.63	14.5							
						C	100—150	黄棕色	中壤土	粒状	7.0	12.7	0.84	1.71	15.3							
剖9	半水成土	草甸土	草甸土	耕型砂质草甸土	河砂土	1	0—12	灰白色	砂壤土	无结构	7.8	16.3	0.63	0.61	26.5	7	7.5	91		近代河流淤积物	E 123°02′47.4″ N 41°25′25.0″	95
						C	12—100	棕黄色	砂土	无明显结构	7.8	5.9	0.17	0.54	27.7	3	4.7	45				
剖10	人为土	水稻土	草甸土	棕壤田	棕壤麦黄田	1	0—14	棕黄色	中壤土	片状	6.4	22.1	1.44	2.49	9.1					黄土状沉积物	E 123°08′44.9″ N 41°27′32.0″	95
						2	14—20	棕黄色	重壤土	核块状	6.8	20.7	1.45	2.38	8.2							
						3	20—75	黄色	重壤土	粒状	7.1	17.6	1.11	2.24	3.0							
						C	75—100	黄色	轻黏土	粒状	6.8	15.6	1.02	2.28	9.4							
剖11	人为土	水稻土	潜育水稻土	草甸土田	河淤土田	1	0—12	灰黄色	中壤土	粒状	6.6	17.6	1.18	1.59	18.7					近代河流淤积物	E 123°12′26.6″ N 41°22′54.1″	95
						2	12—17	灰黄色	中壤土	片状	6.5	15.5	1.00	1.63	15.5							
						3	17—40	黄棕色	中壤土	粒状	6.6	14.8	0.94	1.58	23.1							
						C	40—150	黄棕色	中壤土	粒状	6.7	13.6	0.96	1.47	22.8							

续表 Continued

剖面号 Soil profile	土纲 Soil order	土类 Soil great group	亚类 Soil subgroup	土属 Soil genus	土种 Soil species	土层码 Layer code	土层厚度 Depth/cm	颜色 Soil color	质地 Soil texture	土壤结构 Soil structure	pH	有机质 OM/(g/kg)	全氮 TN/(g/kg)	全磷 TP/(g/kg)	全钾 TK/(g/kg)	碱解氮 AN/(mg/kg)	有效磷 AP/(mg/kg)	速效钾 AK/(mg/kg)	阳离子交换量 CEC/(cmol/kg)	土壤母质 Parent material	剖面点坐标 Profile coordinate	匹配指数 Matching index/%
剖12	淋溶土	棕壤	潮棕壤	耕型黄土状潮棕壤	壤质深淀麦黄土	1	0—17	灰黄色	中壤土	粒状	6.4	17.0	0.84	0.33	18.1	8	2.0	100		第四纪黄土状沉积物	E 123°14′36.6″ N 41°20′37.7″	95
						2	17—20	灰黄色	中壤土	片状	6.7	15.9	1.01	0.27	18.4	7	1.0	102				
						3	20—80	黄棕色	重壤土	粒块状	6.9	16.1	0.71	0.29	20.9	6	1.5	120				
						4	80—100	棕黄色	轻黏土	核状	6.3	5.7	0.42	0.30	20.3	4	8.2	149				
						C	100—120	棕黄色	轻黏土	块状	6.4	5.7	0.38	0.40	13.4	3	9.2	163				
剖13	半水成土	草甸土	草甸土	矿质砂质草甸棕壤	薄腐砂质草甸土	1	0—15				6.7	18.7	1.27	1.34	18.3					近代河流淤积物	E 123°10′01.2″ N 41°21′23.4″	95
						2	15—90				6.6	19.6	1.31	1.25	19.4							
剖14	半水成土	草甸土	草甸土	壤质草甸土	薄腐壤质草甸土	1	0—25				7.4	18.6	0.84	0.40	23.7	10	7.1	170		近代河流淤积物	E 123°16′36.1″ N 41°30′09.0″	97
						2	25—95				7.4	16.5	0.81	0.39	24.0	6	14.5	150				
						3	95—100				7.6	5.8	0.43	0.39	25.0	4	18.5	70				
剖15	淋溶土	棕壤	棕壤	耕型黄土状棕壤	浅淀黄棕黏土	1	0—12	黄灰色	重壤土	粒状	6.4	23.7	0.98	0.39	20.5	11	7.0	108		黄土状黄积物	E 123°27′18.4″ N 41°18′31.0″	95
						2	12—19	黄灰色	重壤土	片状	6.4	18.7	0.91	0.30	20.5	8	7.6	102				
						3	19—45	棕黄色	重壤土	核状	6.5	7.8	0.50	0.21	21.8	6	7.0	114				
						C	45—120	棕黄色	轻黏土	块状	6.3	6.8	0.30	0.29	21.4		6.8	164				
剖16	淋溶土	棕壤	潮棕壤	耕型坡洪积潮棕壤	砂质砾黄棕壤	1	0—13	灰黄色	砂壤土	无结构	6.2	16.8	1.12	2.42	15.4	16	29.4	70		坡积物、洪积物	E 123°37′05.5″ N 41°26′58.6″	95
						2	13—20	灰黑色	轻壤土	粒状	6.3	16.8	1.09	1.75	14.9	11	26.9	73				
						3	20—72	灰黄色	中壤土	块状	6.4	12.3	0.82	1.40	15.1	13	29.2	70				
						4	72—105	黄棕色	中壤土	粒状	6.4	11.4	0.35	1.87	17.1	14	29.4	70				
剖17	淋溶土	棕壤	棕壤性	耕型酸性岩棕壤性土	酸性岩山砂土	1	0—8	灰黄色	砂壤土	粒状	6.1	13.6	1.59	2.19	18.2					酸性结晶岩风化物	E 123°32′18.2″ N 41°23′04.2″	95
						2	8—13	灰黄色	中壤土	块状	6.1	9.5	1.46	2.01	18.5							
						3	13—30	灰棕色	重壤土	块状	6.1	4.1	0.90	1.88	15.5							
						4	30—58	黄棕色	重壤土	粒状	6.3	5.9	1.10	1.97	12.7							
剖18	淋溶土	棕壤	基性岩类	薄层基性岩棕壤性土	1	0—19	灰黄色	轻壤土	粒状	7.0	39.9	1.78	0.60	23.0	10	2.0	123			E 123°34′10.2″ N 41°20′58.6″	97
						2	19—29	黄色	轻壤土	粒状												
						D	29—140															
剖19	淋溶土	棕壤	潮棕壤	棕壤型菜园土	壤质棕壤菜园土	1	0—24	灰黄色	轻壤土	粒状	6.4	47.7	3.25	2.79	16.0						E 123°31′27.5″ N 41°20′39.1″	95
						2	24—31	灰黄色	中壤土	粒状	6.3	43.0	2.61	2.93	11.2							
						3	31—103	黄棕色	中壤土	核状	6.5	27.0	1.60	2.22	19.4							
						4	103—123	黄棕色	中壤土	核块状	6.5	24.7	1.51	3.19	13.3							
						C	123—150	黄色	重壤土	块状	6.4	16.2	1.03	1.97	5.7							
剖20	淋溶土	棕壤	棕壤性	酸性岩类棕壤性土	厚层酸性岩棕壤性土	1	0—20	灰黄色	中壤土	粒状	6.5	20.5	1.47	0.92	30.2					花岗岩、片麻岩风化物	E 123°36′44.6″ N 41°18′11.2″	99
						2	20—90	灰色	轻壤土	粒块状	6.3	19.8	1.24	1.34	30.1							
						D	90—															

盘 锦 市

大 洼 区

主要土类说明

水稻土是大洼区主要土壤类型，占本区地域面积的63%。水稻土是在长期季节性淹灌、水下翻耕、季节性脱水、氧化还原交替影响下，原来成土母质或母土的特性发生重大改变，形成的新的土壤类型。由于干湿交替，水稻土形成糊状淹育层、较坚实板结的犁底层、渗育层、潴育层与潜育层等多种发生层。这些不同发生层是在人为耕作、水浆管理下形成的。

沼泽土是大洼区第二大土壤类型，占本区地域面积的15%。沼泽土主要分布在沿河局部封闭的低洼地周围，由于地表长期处于积水或半积水状态，沼泽植被生长茂盛，形成了以沼泽化为主导的成土过程。其主要成土过程包括粗腐殖质泥炭积累过程和潜育化过程。本区沼泽土分为草甸沼泽土和泥炭沼泽土两个亚类。

草甸土是大洼区第三大土壤类型，占本区地域面积的12%。草甸土是在冷湿条件下，受地下水浸润并在草甸植被下发育形成的土壤。因所处地下水位较高，潜水参与土壤形成过程，受地下水升降与浸润作用，其形成过程具有明显的腐殖质累积和铁锰氧化还原特征，土体出现锈色斑纹层。

小于本区地域面积3%的土壤类型有草甸盐土和滨海盐土。

本区域中心区气候特征

本区域中心区气候特征值
Regional climate characteristics in central area of the region

气候带：暖温带亚湿润气候 Climate region: Warm temperate subhumid climate	
年平均气温 /℃ Annual average temperature /℃	9.3
年平均最高气温 /℃ Annual average maximum temperature /℃	14.2
年平均最低气温 /℃ Annual average minimum temperature /℃	4.9
年降水量 /mm Annual precipitation /mm	632
≥10℃的积温 /℃ Daily temperature accumulated in a year（≥10℃）/℃	3384
年日照时数 /h Annual sunshine /h	2726
年平均相对湿度 /% Annual average relative humidity /%	64
干燥度 Dryness	0.89

本区域中心区月平均气温与月平均降水量
Monthly temperature and precipitation in central area of the region

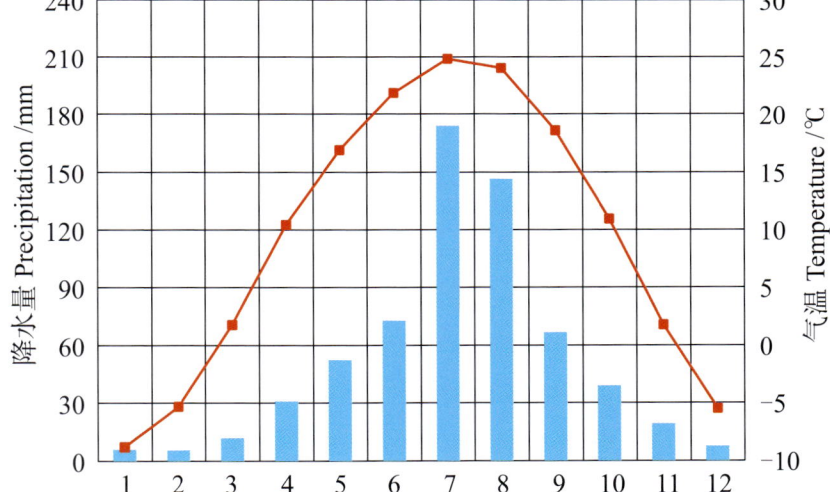

大洼县主要土壤类型与土壤剖面点分布图
1∶210 000

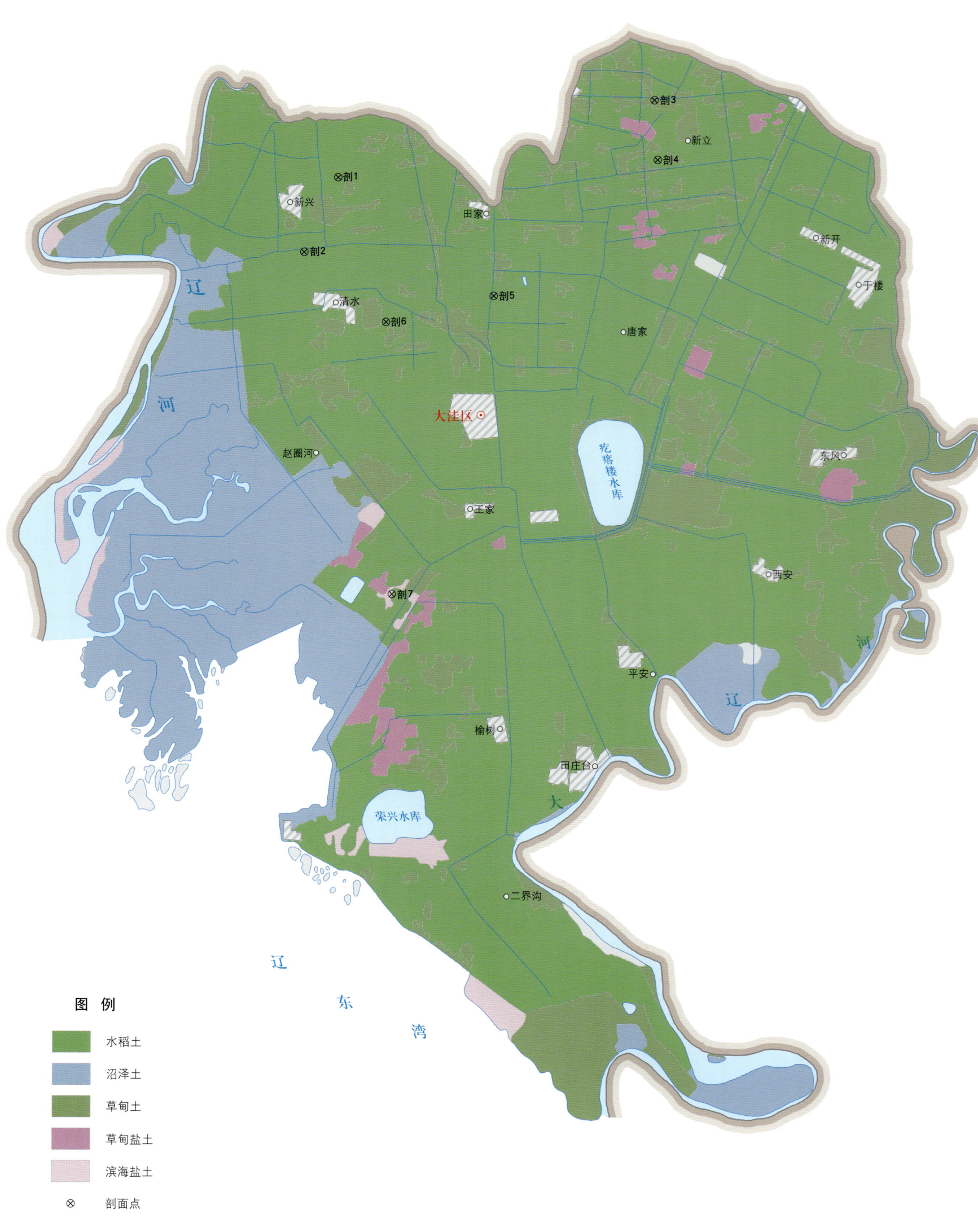

注：国务院 2016 年 3 月批准，撤销大洼县，设立大洼区。

大洼区土壤剖面理化性状表

剖面号 Soil profile	土纲 Soil order	土类 Soil great group	亚类 Soil subgroup	土属 Soil genus	土种 Soil species	土层码 Layer code	土层厚度 Depth/cm	颜色 Soil color	质地 Soil texture	土壤结构 Soil structure	pH	有机质 OM/(g/kg)	全氮 TN/(g/kg)	全磷 TP/(g/kg)	全钾 TK/(g/kg)	有效磷 AP/(mg/kg)	速效钾 AK/(mg/kg)	阳离子交换量CEC/(cmol/kg)	土壤母质 Parent material	剖面点坐标 Profile coordinate	匹配指数 Matching index/%
剖1	人为土	水稻土	盐渍水稻土	盐甸田	青碱田	Aaz	0~17	暗灰黄色	黏壤土	糊状	8.4	10.1	0.56	0.30	17.7	3.0	262	11.7	河流冲积物	E 121°58′53.0″ N 41°05′48.1″	95
						Apz	17~22	黄灰色	黏壤土	片状	8.5	9.1	0.68	0.31	17.4	3.0	294	10.1			
						Cz₁	22~40	浅黄色	黏壤土	块状	8.5	5.7	0.33	0.28	17.4	1.0	330	11.7			
						Cz₂	40~80	浅黄色	黏壤土		8.5	3.6	0.25	0.25	16.5	1.0	450	11.0			
						Cz₃	80~120	浅黄色	砂质黏壤土		8.2	3.3	0.27	0.27	17.3	2.0	502	11.5			
剖2	人为土	水稻土	盐渍水稻土	盐甸田	轻水碱黏田	Aaz	0~15	灰棕色	黏土	糊状	8.6	20.1	1.26	0.49	17.7			27.3	黏质浅海沉积物	E 121°57′42.8″ N 41°03′48.6″	95
						Apz	15~21	灰棕色	黏土	片状	8.3	16.8	1.17	0.55	17.0			30.5			
						Cz₁	21~33	灰棕色	壤质黏土	块状	8.5	11.7	0.65	0.48	16.5			24.1			
						Cz₂	33~65	灰棕色	砂质黏壤土	块状	7.8	9.1	0.63	0.22	18.2			9.2			
						Cz₃	65~100	灰棕色	砂质黏壤土	块状	8.3	3.2	0.15	0.35	18.4			5.8			
剖3	半成土	草甸土	盐化草甸土	氯化物盐化草甸土	重水碱甸土	A	0~20	灰棕黄色	壤质黏土	粒状	7.6	4.9	0.33	0.29	18.0			18.1	海积物或河流冲积物	E 122°09′59.0″ N 41°07′54.5″	95
						2	20~40	灰棕色	黏土	块状	8.6	2.0	0.16	0.32	18.9			21.5			
						3	40~100	棕灰色	壤质黏土	粒块状	8.6	1.2	0.10	0.33	18.1			18.8			
剖4	人为土	水稻土	盐渍水稻土	硫酸盐盐渍田	青碱田	A	0~17	暗灰黄色	黏壤土	糊状	8.4	10.1	0.76	0.30	27.7	3.0	262	11.7	近代河流冲积物	E 122°10′07.0″ N 41°06′20.2″	81
						Ap	17~22	黄灰色	黏壤土	核块状	8.5	9.0	0.98	0.31	27.4	3.0	294	10.1			
						C₁	22~40	灰黄色	黏壤土	块状	8.5	5.7	0.63	0.28	27.4	1.0	330	11.7			
						C₂	40~80	灰黄色	黏壤土	块状	8.5	3.6	0.35	0.25	30.5	1.0	450	11.0			
						C₃	80~120	灰棕色	砂质黏壤土	块状	8.2	3.3	0.27	0.27	27.3	2.0	502	11.5			
剖5	人为土	水稻土	盐渍水稻土	氯化物盐渍田	黏水碱田	Ap	0~18	棕灰色	壤质黏土	糊状	8.3	4.4	0.55	0.20	15.1			13.4	黏质海冲积物	E 122°04′23.5″ N 41°02′41.6″	95
						2	18~24	棕灰色	黏土	块状	9.1	8.0	0.22	0.39	16.7			19.4			
						C₁	24~78	棕灰色	壤质黏土	核块状	8.7		<0.10	0.42	15.9			20.3			
						C₂	78~100	棕灰色	壤质黏土	核块状	9.0	1.7		0.14	16.5			15.0			
剖6	人为土	水稻土	盐渍水稻土	氯化物盐渍田	黏轻水碱田	Ap	0~15	棕灰色	黏土	糊状	8.6	20.1	1.26	0.49	17.7	14.0	114	27.3		E 122°00′37.1″ N 41°01′58.4″	81
						2	15~21	棕灰色	壤质黏土	核块状	8.3	6.8	1.17	0.55	17.0	17.0	121	30.5			
						3	21~33	棕灰色	壤质黏土	块状	8.5	11.7	0.65	0.48	16.5	15.0	121	24.1			
						C₁	33~65	棕灰色	砂质黏壤土	块状	7.8	9.1	0.63	0.22	18.2	16.0	118	9.2			
						C₂	65~100	灰棕色	砂质黏壤土	块状	8.3	3.2	0.15	0.35	18.4	18.0	121	5.8			
剖7	盐碱土	滨海盐土	滨海盐土	海滨盐土	海滩土	Az	0~20	灰色	壤质黏土	小块状	8.5	14.0	1.19	0.35	28.6			22.0	海相沉积物	E 122°00′55.4″ N 40°54′45.4″	95
						Cz₁	20~40	灰棕色	壤质黏土	块状	8.1	8.4	0.94	0.36	29.7			21.0			
						Cz₂	40~60	灰棕色	壤质黏土	块状	8.0	8.2	0.99	0.34	28.7			17.0			
						Cz₃	60~80	棕灰色	壤质黏土	块状	8.0	8.2	0.92	0.26	30.7			15.9			
						Cz₄	80~100	灰棕色	壤质黏土	无明显结构	7.6	7.7	0.98	0.25	29.6			16.1			
						Cz₅	100~120	灰棕色	壤质黏土	无明显结构	7.7	10.3	1.07	0.26	32.2			15.4			

盘 山 县

主要土类说明

水稻土是盘山县主要土壤类型，占本县地域面积的32%。本县水稻土由草甸土、盐土和沼泽土经水耕熟化培育而成。在长期施肥、耕作、灌溉条件下，土壤内部进行着氧化还原交替、有机质合成和分解、盐基淋溶和复盐基作用的熟化过程，原来的土壤特性发生不同程度的改变，从而形成水稻土特有的形态、理化和生物特性。草甸土种稻后，原有的生草层发生改变，形成水稻土的耕作层，有机质、氮、磷等含量有所提高，黏粒的移动和铁、锰在一定部位的氧化淀积，逐渐改变了草甸土原有的层次和水分动态，形成犁底层，并出现淀积层。盐化草甸土在水耕熟化过程中常伴有脱盐过程。沼泽土种稻后，在施肥、耕作和灌溉过程中，特别是排水降低了地下水位，导致地表水和地下水分离，黏粒在土壤剖面中重新分配。沼泽土中的黏粒含量一般是上高下低，沼泽土发育成水稻土后，黏粒的向下移动使黏粒含量重新分配为上低下高。沼泽土一般具有腐泥层，潜在养分含量高，全剖面处于还原状态，还原性物质含量高。沼泽土开垦初期地下水位仍较高，土壤处于水分饱和状态，氧化还原状况与原土壤基本相似，剖面结构无大差异。随着种稻时间变长，地下水位降低，灌溉水和地下水分离，氧化还原电位的剖面均一性被打破，强度潜育化水稻土逐渐发育成中度潜育化水稻土，进而发育成轻度潜育化水稻土。沼泽土的这种熟化过程被称为脱沼泽化过程。

草甸土是盘山县第二大土壤类型，占本县地域面积的26%。草甸土分布在河流沿岸的冲积平原、低阶地和河漫滩。成土母质为冲积物、海积物和洪冲积物，地下水位为1—3m。其形成过程包括两个方面：一是在地面生长草甸植被的影响下，土壤表层形成了较深厚的腐殖质层；二是由于地下水升降和氧化还原作用交替，铁、锰在土壤中发生移动或局部淀积，形成了锈色斑纹和铁锰结核。本县草甸土分为石灰性草甸土、盐化草甸土等亚类。

草甸盐土是盘山县第三大土壤类型，占本县地域面积的23%。草甸盐土常与草甸土、潮土、沼泽土等呈复区分布。在其形成过程中，由于地下水或地表水参与，通过积盐过程，盐分不断向表土累积，形成盐土。剖面构型为Ahz-Bz-Cg。该土壤地下水矿化度低，其盐分组成中以硫酸盐和氯盐为主；盐分中以钠离子为主，镁离子次之，钙离子较少。本县草甸盐土分为草甸盐土、结壳盐土、沼泽盐土、碱化盐土等亚类。

滨海盐土占本县地域面积的14%。滨海盐土的土壤和地下水的盐分组成与海水基本一致，氯盐占绝对优势，其次为硫酸盐和重碳酸盐；盐分中以钠、钾离子为主，钙、镁离子次之。

小于本县地域面积3%的土壤类型有沼泽土和风沙土。

本区域中心区气候特征

本区域中心区气候特征值
Regional climate characteristics in central area of the region

气候带：暖温带亚湿润气候 Climate region: Warm temperate subhumid climate	
年平均气温 /℃ Annual average temperature /℃	9.1
年平均最高气温 /℃ Annual average maximum temperature /℃	14.5
年平均最低气温 /℃ Annual average minimum temperature /℃	4.4
年降水量 /mm Annual precipitation /mm	594
≥10℃的积温 /℃ Daily temperature accumulated in a year（≥10℃）/℃	3336
年日照时数 /h Annual sunshine /h	2693
年平均相对湿度 /% Annual average relative humidity /%	62
干燥度 Dryness	0.92

本区域中心区月平均气温与月平均降水量
Monthly temperature and precipitation in central area of the region

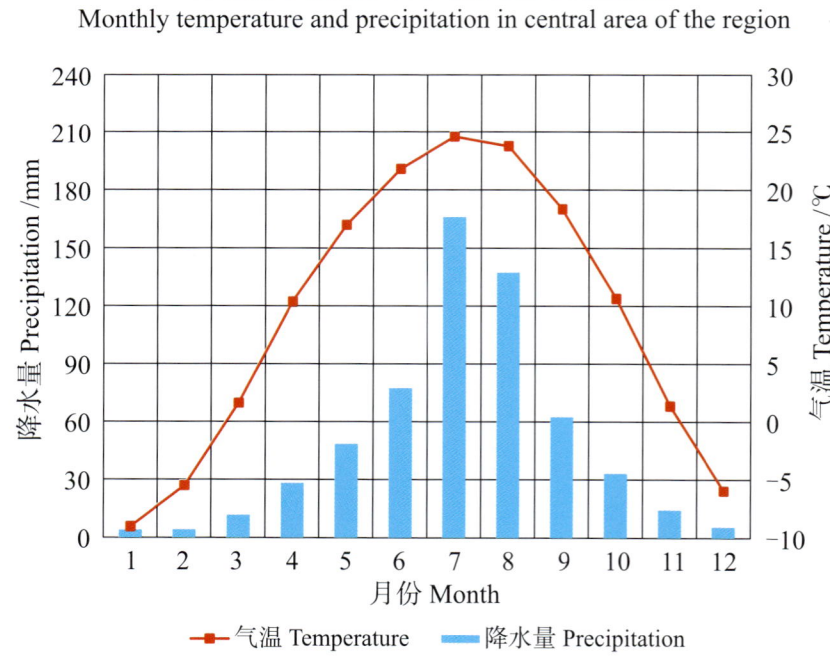

盘山县主要土壤类型与土壤剖面点分布图
1:300 000

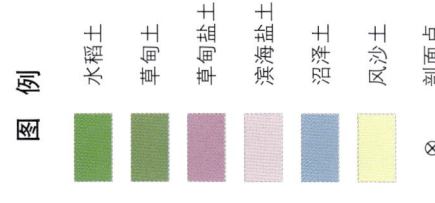

第二编　分县土壤图与土壤剖面数据 | 195

盘山县土壤剖面理化性状表

剖面号 Soil profile	土纲 Soil order	土类 Soil great group	亚类 Soil subgroup	土属 Soil genus	土种 Soil species	土层码 Layer code	土层厚度 Depth/cm	颜色 Soil color	质地 Soil texture	土壤结构 Soil structure	pH	有机质 OM/(g/kg)	全氮 TN/(g/kg)	全磷 TP/(g/kg)	全钾 TK/(g/kg)	阳离子交换量 CEC/(cmol/kg)	土壤母质 Parent material	剖面点坐标 Profile coordinate	匹配指数 Matching index/%
剖1	半水成土	草甸土	盐化草甸土	氯化物硫酸盐盐化草甸土	中度氯化物硫酸盐盐化草甸土	1	0—20		重壤土		7.9	9.4	0.80	1.13	25.7		海积物、冲积物、洪冲积物	E 121°41′20.4″ N 41°17′49.9″	95
						2	20—100		紫砂土		7.7	5.3	0.22	0.95	25.8				
						3	100—125		砂壤土		7.5	5.3	0.35	0.68	24.2				
						4	125—150		轻壤土		8.0	5.1	2.29	0.62	22.1				
						5	150—		轻壤土		7.6	5.0	0.41	0.61	12.0				
剖2	半水成土	草甸土	盐化草甸土	耕型硫酸盐化草甸土	轻度硫酸盐淤黑土	1	0—12		重壤土		8.2	14.9	0.70	1.10			海积物、冲积物、洪冲积物	E 121°37′39.7″ N 41°14′05.3″	96
						2	12—16		轻壤土		8.1	13.2	0.69	0.89					
						3	16—49		轻壤土		8.2	10.6	0.60	0.73					
						4	49—80		重壤土		8.1	5.6	0.59	0.52					
						5	80—		中壤土		8.3	1.7	0.24	0.42					
剖3	盐碱土	草甸盐土	草甸盐土	氯化物硫酸盐草甸盐土	中度氯化物硫酸盐草甸盐土	1	0—5		中壤土		8.0	5.6	0.76	1.02				E 121°48′59.8″ N 41°07′54.5″	76
						2	5—20		中壤土		8.5	10.5	0.47	0.71					
						3	20—110		紧砂土		8.3	7.8	0.32	0.78					
						4	110—		砂壤土		7.8	4.2	0.21	0.96					
剖4	人为土	水稻土	盐渍水稻土	硫酸盐渍园土	轻度硫酸盐黄土田	1	0—17		中壤土		8.3	12.8	0.67	0.91	28.1			E 121°36′12.2″ N 41°08′30.8″	95
						2	17—24		紧砂土		8.5	7.7	0.51	0.98	26.9				
						3	24—53		紧砂土		9.0	2.0	0.14	0.60	25.3				
						4	53—134		紧砂土		8.8	2.2	0.11	0.70	25.7				
						5	134—195		轻壤土		8.5	6.6	0.43	0.75	24.8				
剖5	半水成土	草甸土	盐化草甸土	耕型硫酸盐化草甸土	中度硫酸盐淤黑土	1	0—19		轻壤土		7.3	20.3	1.36	0.85	25.7		海积物、冲积物、洪冲积物	E 121°37′05.5″ N 41°08′12.1″	95
						2	19—26		重黏土		7.6	20.7	1.16	0.88	24.4				
						3	26—67		重黏土		7.5	10.5	0.54	0.80	24.0				
						4	67—		重壤土		7.3	6.9	0.48	0.77	18.2				
剖6	半水成土	草甸土	石灰性草甸土	耕型壤质石灰性草甸土	黑垆土	1	0—19		中壤土		7.7	13.5	0.72	0.70	24.7		近代冲积物	E 121°38′02.0″ N 41°09′52.6″	75
						2	19—24		中壤土		8.0	14.6	0.52	0.86	25.2				
						3	24—86		砂壤土		8.2	13.5	0.43	0.60	25.0				
						4	86—117		重壤土		8.1	11.6	0.42	0.61	24.8				
剖7	半水成土	草甸土	盐化草甸土	盐化草甸型菜园土	重盐渍黑菜园土	1	0—20		重壤土		8.3	13.9	0.77	0.74			海积物、冲积物、洪冲积物	E 121°38′30.1″ N 41°09′43.9″	75
						2	20—25		重黏土		7.6	12.7	0.69	0.67					
						3	25—100		重黏土		8.5	5.3	0.36	0.53					
						4	100—180		重黏土		8.9	4.7	0.32	0.39					
剖8	盐碱土	滨海盐土	滨海盐土			1	0—16		中壤土		7.9	21.2	1.14	1.35	31.2			E 121°42′59.8″ N 41°01′27.8″	95
						2	16—100		重黏土		8.8	7.0	0.43	0.78	27.9				
						3	100—170		轻壤土		7.7	3.9	0.61	1.09	28.9				
剖9	半水成土	草甸土	盐化草甸土	耕型硫酸盐化草甸土	轻度硫酸盐淤黑土	1	0—20		轻壤土		8.5	8.2	0.41	0.83			海积物、冲积物、洪冲积物	E 121°38′06.7″ N 41°07′13.8″	96
						2	20—29		砂壤土		8.8	7.1	0.24	1.42					
						3	29—51		砂壤土		8.8	3.8	0.42	0.99					
						4	51—171		轻壤土		9.0	1.1	0.14	0.75					
剖10	盐碱土	滨海盐土	滨海盐土			1	0—20		重壤土		8.5	23.7	1.50	0.75				E 121°51′58.7″ N 41°07′13.1″	93
						2	20—70		轻黏土		8.5	7.1	0.38	0.44					
						3	70—130		轻壤土		8.1	4.7	0.19	0.44					

续表 Continued

剖面号 Soil profile	土纲 Soil order	土类 Soil great group	亚类 Soil subgroup	土属 Soil genus	土种 Soil species	土层码 Layer code	土层厚度 Depth/cm	颜色 Soil color	质地 Soil texture	土壤结构 Soil structure	pH	有机质 OM/(g/kg)	全氮 TN/(g/kg)	全磷 TP/(g/kg)	全钾 TK/(g/kg)	阳离子交换量CEC/(cmol/kg)	土壤母质 Parent material	剖面点坐标 Profile coordinate	匹配指数 Matching index/%
剖11	盐碱土	草甸盐土	草甸盐土			1	0~7		重壤土		8.0	34.7	1.80	1.01	27.8			E 121°43′49.8″ N 41°04′00.1″	93
						2	7~11		中壤土		8.3	13.4	1.18	0.85	27.3				
						3	11~40		轻黏土		8.1	12.3	0.86	0.87	27.6				
						4	40~100		重壤土		8.3	6.0	0.35	0.86	25.7				
剖12	半水成土	草甸土	盐化草甸土	氯化物硫酸盐盐化草甸土	重度氯化物硫酸盐化草甸土	1	0~25		轻黏土		7.8	28.2	1.75	1.11			海积物、冲积物、洪冲积物	E 121°57′35.3″ N 41°20′22.9″	95
						2	25~30		轻黏土		8.1	22.3	1.44	0.83					
						3	30~70		重壤土		8.0	5.7	0.35	0.54					
						4	70~110		中黏土		8.2	5.4	0.27	0.32					
						5	110—		中壤土		8.2	3.6	0.29	0.35					
剖13	人为土	水稻土	盐渍水稻土	氯化物硫酸盐盐渍田	轻度氯化物硫酸盐黑土田	1	0~15		轻黏土		8.1	18.1	0.81	0.99	25.7			E 121°59′19.0″ N 41°21′51.5″	95
						2	15~23		重壤土		8.5	15.6	0.77	0.99	24.9				
						3	23~140		中黏土		9.1	15.0	0.71	0.91	24.8				
						4	140—		中壤土		8.5	3.9	0.12	0.63	23.5				
剖14	盐碱土	滨海盐土	盐渍水稻土	盐甸田	青碱黏田	1	0~20		中壤土		7.8	11.3	0.89	1.39	23.8			E 121°40′42.2″ N 41°07′51.2″	93
						2	20~42		重壤土		8.1	11.7	0.71	1.16					
						3	42~59		重黏土		7.8	14.9	0.71	1.10					
						4	59~90		重黏土		8.4	10.4	0.65	0.86					
						5	90—		重壤土		7.8	10.5	0.63	0.68					
剖15	人为土	水稻土	滨海盐土	滨海盐土	轻度滨海盐土	Aaz	0~15	灰棕色	粉砂质黏土	糊状	8.3	24.5	1.65	0.45	15.1	21.5	黏质河流冲积物	E 121°51′02.5″ N 41°08′17.9″	95
						Apz	15~21	灰色	粉砂质黏壤土	片状	8.4	19.8	1.50	0.44	17.5	24.8			
						Cu	21~50	灰色	黏土	块状	8.3	8.2	0.48	0.42	16.0	15.1			
						Cg	50~130	浅海色	黏土	糊块状	8.4	8.4	0.60	0.35	18.7	11.3			
剖16	滨海盐土	滨海盐土	淹育水稻土	石灰性冲积物淹育田	石灰淋溶河淤土田	1	0~3		轻壤土		8.1	32.6	1.65	1.13			海积物	E 121°48′53.6″ N 41°01′42.2″	82
						2	3~14	棕灰色	重黏土	粒状	8.4	16.6	1.14	1.00	16.6	7.8			
						3	14~36	棕灰色	中壤黏土	片状	8.4	15.7	1.09	0.88	17.4	8.8			
						4	36~120		中壤土		8.2	12.7	0.85	0.99	15.1				
剖17	人为土	水稻土	滨海盐土	耕型沙地风沙土	沙地土	Ap	0~21	褐色	砂质黏壤土	粒状	8.2	11.2	0.65	0.21	19.6	4.8	河流冲积物	E 122°05′38.8″ N 41°22′43.0″	78
						2	21~25	褐黄色	砂质黏壤土		8.4	10.7	0.60	0.23	18.9				
						C	25~47	褐黄色	砂质黏壤土		8.5	5.9	0.23	0.14	18.6				
						4	47~100	浅黄色	壤质砂土		8.7	3.5	0.21	0.10	14.3				
剖18	盐碱土	滨海盐土	草甸盐土			Ap	0~25	棕灰色	壤质黏土	粒状	7.3	18.8	1.07	0.39	16.6	18.6		E 121°42′25.6″ N 41°14′01.3″	95
						P	25~30	棕灰色	黏土	片状	7.6	18.3	1.08	0.32	17.4	17.4			
						3	30~110	浅棕黄色	壤质黏土	块状	8.0	10.4	0.84	0.25	15.1	16.9			
						C	110~150	浅棕黄色	壤质黏土	块状	8.1	5.7	0.36	0.18	18.0	14.2			
剖19	初育土	风沙土	固定风沙土			1	0~19		砂壤土		5.5	4.2	0.28	0.38	23.1		风积物	E 122°12′32.0″ N 41°21′19.4″	95
						2	19~24		砂壤土		6.2	2.0	0.27	0.38	24.2				
						3	24~60		轻壤土		6.9	5.6	0.14	0.47	28.4				
						4	60~100		砂壤土		8.0	3.7	0.32	0.96	26.7				
剖20	半水成土	草甸土	盐化草甸土	耕型硫酸盐化草甸土	轻度硫酸盐灰砂土	1	0~20		砂壤土		8.2	10.7	0.55	0.68			海积物、冲积物、洪冲积物	E 122°12′20.9″ N 41°20′21.5″	95
						2	20~25		砂壤土		8.1	8.5	0.51	0.51					
						3	25~72		轻壤土		8.7	5.9	0.28	0.20					
						4	72~95		紧砂土		8.3	2.8	<0.10	0.32					
						5	95~136		紧砂土		8.0	1.3	<0.10	<0.10					
						6	136—		紧砂土		8.0	1.1	<0.10	<0.10					

续表 Continued

剖面号 Soil profile	土纲 Soil order	土类 Soil great group	亚类 Soil subgroup	土属 Soil genus	土种 Soil species	土层码 Layer code	土层厚度 Depth/cm	颜色 Soil color	质地 Soil texture	土壤结构 Soil structure	pH	有机质 OM/(g/kg)	全氮 TN/(g/kg)	全磷 TP/(g/kg)	全钾 TK/(g/kg)	阳离子交换量 CEC/(cmol/kg)	土壤母质 Parent material	剖面点坐标 Profile coordinate	匹配指数 Matching index/%
剖21	半水成土	草甸土	盐化草甸土	耕型氯化物硫酸盐盐化草甸土	中度氯化物硫酸盐灰砂土	1	0—19		砂壤土		8.5	11.6	0.48	0.29			海积物、冲积物、洪冲积物	E 122°10′23.5″ N 41°22′18.1″	95
						2	19—25		砂壤土		8.6	9.5	0.47	0.25					
						3	25—50		砂壤土		8.3	8.2	0.41	0.25					
						4	50—83		紧砂土		8.0	5.6	0.30	0.22					
						5	83—				8.2	<1.0	0.11	<0.10					
剖22	人为土	水稻土	盐渍水稻土	氯化物硫酸盐盐渍田	重度氯化物硫酸盐黄土田	1	0—20		轻壤土		8.3	8.9	0.40	0.79				E 122°11′33.4″ N 41°15′10.8″	95
						2	20—113		轻壤土		9.2	7.4	0.39	0.71					
						3	113—145		中壤土		9.0	6.9	0.37	0.66					
						4	145—		轻黏土		8.8	9.8	0.58	0.63					
剖23	半水成土	草甸土	石灰性草甸土	耕型砂质石灰性草甸土	油砂土	1	0—16		砂壤土		8.5	12.4	0.77	0.42			近代冲积物	E 122°07′27.8″ N 41°13′15.6″	95
						2	16—20		砂壤土		8.3	6.7	0.47	0.22					
						3	20—38		砂壤土		8.7	5.7	0.26	0.26					
						4	38—70		砂壤土		8.7	4.7	0.23	0.26					
						5	70—97		砂壤土		8.5	2.4	0.13	0.17					
						6	97—		砂壤土		8.4	1.1	0.10	0.17					
剖24	水成土	沼泽土	草甸沼泽土	石灰性草甸沼泽土	深位潜育沼泽土	1	0—15		轻壤土		8.4	17.3	0.92	0.71				E 122°12′49.7″ N 41°14′44.9″	95
						2	15—30		重黏土		8.2	13.5	0.79	0.71					
						3	30—55		重黏土		8.1	8.8	0.43	0.70					
						4	55—85		中黏土		8.2	6.9	0.20	0.85					
						5	85—		轻黏土		7.7	5.6	0.39	1.02					
剖25	人为土	水稻土	盐渍水稻土	硫酸盐盐渍田	轻度硫酸盐黑土田	1	0—19		重壤土		8.2	9.6	0.44	0.95				E 122°16′46.6″ N 41°08′38.4″	95
						2	19—25		重壤土		8.3	6.9	0.32	0.99					
						3	25—155		轻壤土		8.7	6.3	0.32	1.01					
						4	155—		中壤土		9.3	6.1	0.21	0.89					
剖26	人为土	水稻土	盐渍水稻土	氯化物硫酸盐盐渍田	中度氯化物硫酸盐灰砂土田	1	0—30	灰黄棕色	轻壤土	粒状	7.9	16.7	0.96	1.06				E 122°19′33.2″ N 41°07′37.2″	95
						2	30—40	灰棕色	砂质黏壤土	片状	8.0	11.8	0.60	0.75					
						3	40—70	灰黄色	中壤土	核块状	8.1	9.5	0.51	0.79					
						4	70—	灰黄色	轻壤土	块状	8.2	4.8	0.21	0.73					
剖27	半水成土	草甸土	盐化草甸土	盐化草甸型菜园土	轻盐渍菜园土	1	0—20	灰褐色	重壤土	块状	8.7	26.6	1.40	1.42			海积物、冲积物、洪冲积物	E 122°21′38.5″ N 41°05′20.4″	95
						2	20—25	灰黄色	重壤土	块状	8.8	15.6	1.30	0.87					
						3	25—160		轻壤土	粒状	8.9	5.4	0.64	0.79					
						4	160—200		中壤土	粒状	8.9	5.3	0.37	0.77					
剖28	半水成土	草甸土	盐化草甸土	菜园盐化草甸土	高家杠盐碱园土	Ap	0—20		壤质黏壤土	粒状	8.7	26.6	1.40	0.62	16.6	21.3	河相沉积物	E 122°21′05.0″ N 41°03′10.8″	95
						P	20—25		砂质黏壤土	片状	8.8	15.6	1.30	0.38	17.0	21.7			
						3	25—100		壤质黏壤土	核块状	8.9	5.4	0.64	0.34	15.8	14.4			
						C	100—200		壤质黏壤土	块状	8.9	5.3	0.37	0.34	12.9	14.6			
剖29	人为土	水稻土	盐渍水稻土	硫酸盐盐渍田	砂青碱田	Ap	0—19	灰褐色	砂壤土	粒状	8.1	10.6	0.69	0.23	16.5	15.4	砂质河流冲积物	E 122°20′56.0″ N 41°02′22.6″	95
						2	19—24	灰黄色	砂壤土	粒状	7.8	20.9	1.02	0.37	16.7	12.1			
						C_1	24—44	棕灰色	砂壤土	粒状	7.9	7.8	0.43	0.20	17.8	10.1			
						C_2	44—149	棕灰色	砂壤土	粒状	7.9			<0.10	10.4	11.6			

铁 岭 市

银州区、铁岭县

主要土类说明

棕壤是银州区、铁岭县主要土壤类型，占本区域地域面积的 56%。棕壤是在落叶阔叶林下发育的淋溶型棕化的土壤。本区域发育较好的棕壤，成土母质大部分为黄土状母质及坡积物，也有较大面积的火成岩及沉积岩风化物。在长期人为活动影响下，有机质矿化作用很强，分解较快，腐殖质含量较低，一般为 5—20g/kg，林下为 30—40g/kg。位于本区域东部石质丘陵坡地的棕壤，土壤侵蚀严重，砾石含量高，腐殖质含量较低。

草甸土是银州区、铁岭县第二大土壤类型，占本区域地域面积的 33%。草甸土是本区域棕壤带中的隐域性土壤，具有明显的腐殖化过程和潜育化过程，地下水位为 1—3m。

水稻土是银州区、铁岭县第三大土壤类型，占本区域地域面积的 5%。在长期施肥、耕作、灌溉条件下，土壤内部进行着氧化还原交替、有机质合成和分解、盐基淋溶和复盐基作用的熟化过程，原来的土壤特性发生不同程度的改变，从而形成水稻土特有的形态、理化和生物特性。受本区域气候条件的限制，每年仅有 4—5 个月的水稻淹水期，因而水稻土发育较差，剖面分异不明显。

褐土占本区域地域面积的 4%。褐土是在半湿润区发育形成的具有黏化与钙质淋移淀积特征的土壤。该土壤盐基饱和，处于硅铝风化阶段，有明显的黏淀层。在其 A-B-C 剖面构型中，B 层呈棕褐色，B 层下部有假菌丝状钙积层。土壤 pH 为 7.0—7.5，盐基饱和度在 80% 以上。

小于本区域地域面积 3% 的土壤类型有沼泽土和泥炭土。

本区域中心区气候特征

本区域中心区气候特征值
Regional climate characteristics in central area of the region

气候带：中温带亚湿润气候 Climate region: Mid temperate subhumid climate	
年平均气温 /℃ Annual average temperature /℃	7.5
年平均最高气温 /℃ Annual average maximum temperature /℃	13.4
年平均最低气温 /℃ Annual average minimum temperature /℃	2.3
年降水量 /mm Annual precipitation /mm	652
≥10℃的积温 /℃ Daily temperature accumulated in a year（≥10℃）/℃	2830
年日照时数 /h Annual sunshine /h	2538
年平均相对湿度 /% Annual average relative humidity /%	63
干燥度 Dryness	0.71

本区域中心区月平均气温与月平均降水量
Monthly temperature and precipitation in central area of the region

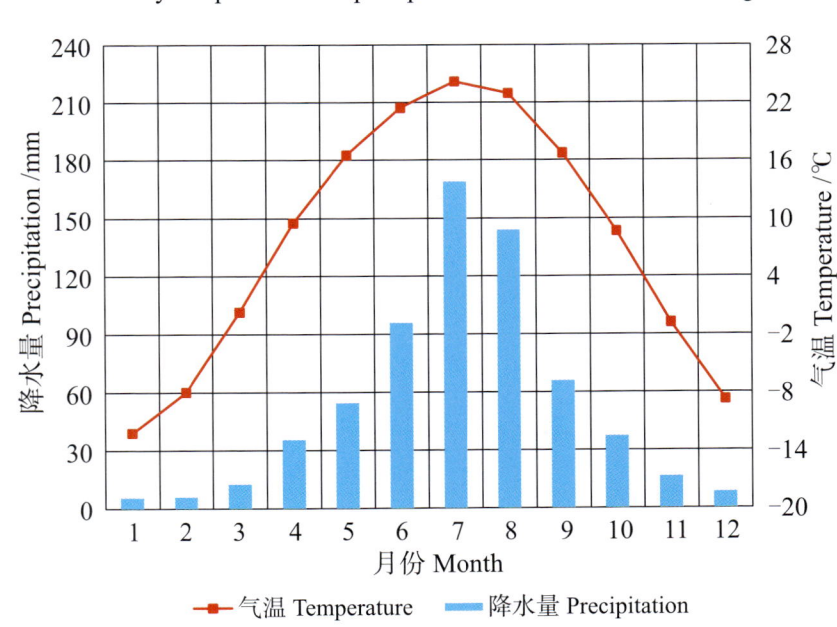

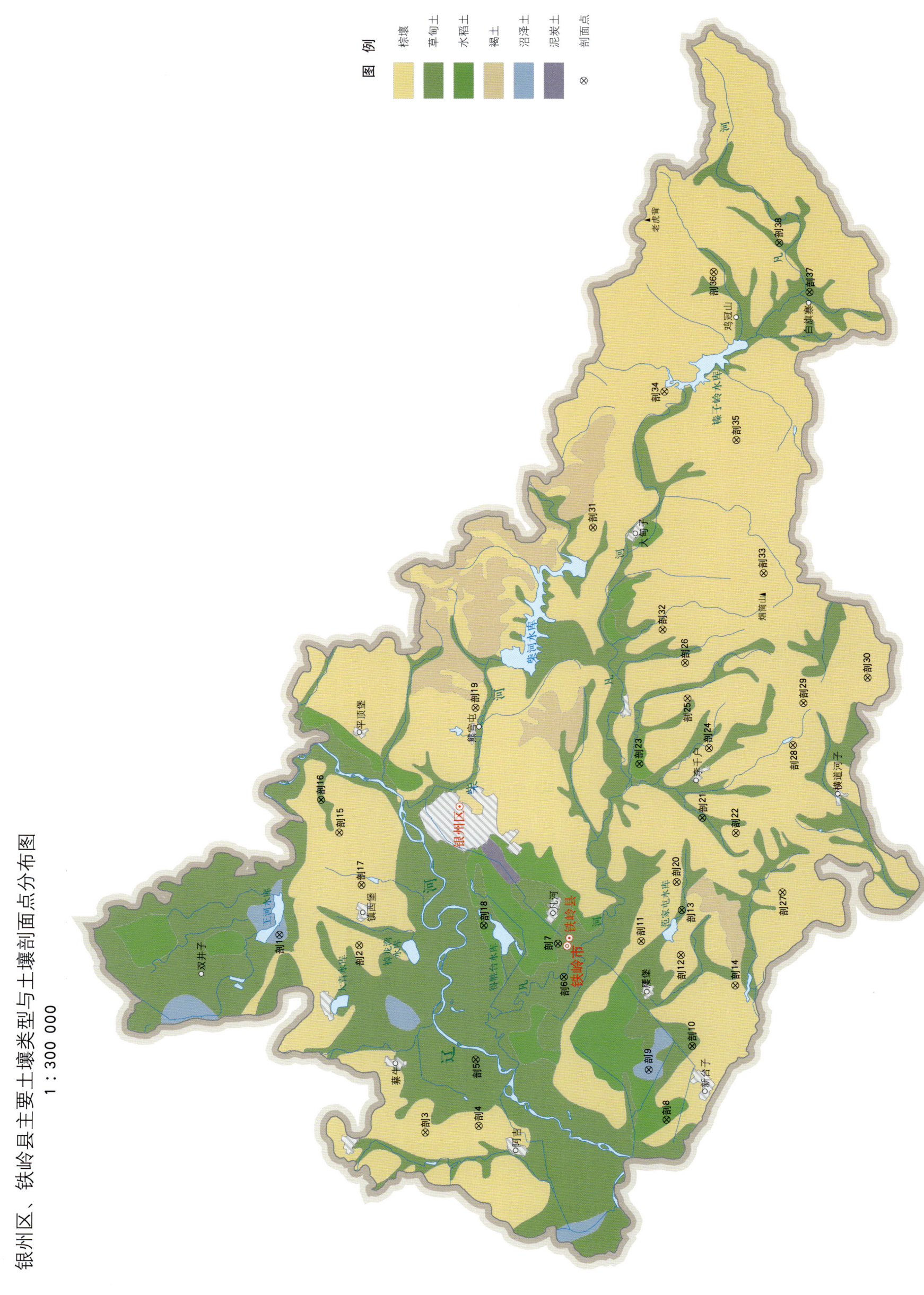

银州区、铁岭县土壤剖面理化性状表

剖面号 Soil profile	土纲 Soil order	土类 Soil great group	亚类 Soil subgroup	土属 Soil genus	土种 Soil species	土层码 Layer code	土层厚度 Depth/cm	颜色 Soil color	质地 Soil texture	土壤结构 Soil structure	pH	有机质 OM/(g/kg)	全氮 TN/(g/kg)	全磷 TP/(g/kg)	全钾 TK/(g/kg)	阳离子交换量CEC/(cmol/kg)	土壤母质 Parent material	剖面点坐标 Profile coordinate	匹配指数 Matching index/%
剖1	水成土	沼泽土	泥炭沼泽土	耕型埋藏泥炭土	耕型浅埋泥炭土	1	0—16	黑灰色	中壤土	团粒状	7.0	101.0	1.80	0.67				E 123° 44′ 32.3″ N 42° 24′ 40.3″	75
						2	16—61	黑灰色		片状		200.0	2.50	1.95					
						3	61—74	棕灰色	中壤土	片状		137.0	2.10	0.98					
剖2	淋溶土	棕壤	棕壤	黄土状棕壤	大甸子黄土	Aoo	0—1	暗灰褐色		无明显结构							黄土状母质	E 123° 44′ 17.5″ N 42° 21′ 27.0″	81
						A	1—15	灰棕色	壤质黏土	粒状	6.5	18.0	1.83	0.22	12.2	21.1			
						AB	15—35	黄棕色	砂质黏土	黏状	6.8	16.0	0.74	0.28	11.7	22.6			
						B	35—55	黄黄色	壤质黏土	块状	6.2	8.0	0.66	0.22	13.1	26.2			
						BC	55—100	浅黄棕色		块状	6.2		0.42	0.28	11.8	19.5			
剖3	淋溶土	棕壤	潮棕壤	耕型黄土状潮棕壤	黏质深淀潮棕壤	Ap	0—21	棕灰色	重壤土	团粒状	7.0	22.0	0.77	1.22			黄土状母质	E 123° 33′ 25.2″ N 42° 19′ 08.4″	95
						AB₁	21—65	棕灰色	中壤土	片状	6.5	18.0	0.58	0.34					
						AB₂	65—105	黄棕色	重壤土	粒状	6.2	10.0	0.42	0.64					
						B	105—150	黄棕色	重壤土	块状	6.8	8.0	0.42	0.86					
剖4	淋溶土	棕壤	潮棕壤	耕型坡洪积潮棕壤	壤质浅砂底潮棕壤	Ap	0—15	浅棕色	轻壤土	粒状	6.5	20.7	0.72	0.67	25.0		坡积物、洪积物	E 123° 33′ 45.7″ N 42° 16′ 58.8″	95
						P	15—25	棕色	中壤土	片状	6.5	15.6	0.56	0.75	21.1				
						AB	25—80	棕色	砂壤土	块状	6.9	13.8	0.56	0.80	22.4				
剖5	半水成土	草甸土	草甸土	耕型砂质草甸土	黑浆壤质草甸土	Ap	0—17	灰黑色	重壤土	团粒状		54.0	0.70	1.40			冲积物	E 123° 37′ 19.6″ N 42° 17′ 06.0″	95
						2	17—55	灰黑色	中壤土	团粒状		32.0	0.48	1.50					
						3	55—120	暗棕色	中壤土	团块状		27.0	0.44	1.03					
						4	120—150	暗黑色		块状		28.0	0.70	0.93					
剖6	半水成土	草甸土	草甸土	耕型砂质草甸土	壤型浅细砂底潮土	Ap	0—15	浅棕色	中壤土	无结构		10.0	0.64	0.54			冲积物	E 123° 41′ 45.6″ N 42° 13′ 31.4″	95
						2	15—55	棕色	中壤土	无结构		6.0	0.23	0.51					
						3	55—97	灰棕色	砂壤土	无结构		8.0	0.59	0.28					
						4	97—145		紧砂土			3.0	0.64	0.23					
剖7	人为土	水稻土	潴育水稻土	草甸土田	淡黏土田	1	0—12	灰黑色	重壤土								冲积物	E 123° 43′ 33.6″ N 42° 13′ 45.5″	95
						2	12—30	灰黑色	中壤土										
						3	30—57	灰黑色	中壤土										
						4	57—100	灰黑色	中壤土	无结构	8.0	48.1		0.85					
剖8	人为土	水稻土	沼泽型水稻土	草甸沼泽田	黏质草甸沼泽田	Ap	0—15	黑色	重壤土	粒状	8.1	38.8		0.81				E 123° 34′ 05.2″ N 42° 09′ 22.3″	95
						P	15—40	黑色	重壤土		6.8	38.0		0.93					
						G	40—55	灰棕色	轻黏土	粒状	6.9	55.0	1.25	1.10					
剖9	水成土	沼泽土	腐殖质沼泽土	耕型黏质潜腐殖质沼泽土	耕型黏质潜育沼泽土	1	0—14	灰棕色	重壤土	粒状	6.3	25.0	1.10	0.80				E 123° 37′ 10.9″ N 42° 09′ 25.6″	75
						2	14—26	黑色	重壤土	粒状	6.5	73.0	2.50	0.85					
						3	26—66	灰黑色	重壤土	粒状	6.0	43.0	0.33	0.89					
						4	66—78	灰棕色		无结构	6.6	12.0	0.38	0.80	29.0				
剖10	半水成土	草甸土	草甸土	耕型砂质草甸土	夹浆黏砂草甸土	Ap	0—20	灰棕色	砂壤土	团粒状	7.5	11.0	0.36	0.62	16.5		冲积物	E 123° 38′ 01.3″ N 42° 08′ 20.0″	95
						2	20—40	灰棕色	轻壤土	团块状		30.0	0.97	0.55	28.3				
						3	40—80	棕灰色	重壤土	团块状	7.5	4.0	0.22		35.6				
						4	80—150		紧砂土		6.5								
剖11	淋溶土	棕壤	棕壤性土	酸性岩类棕壤性土	中层酸性岩棕壤性土	1	0—6		紧砂土		6.3	129.0	2.50	1.19			花岗岩、片麻岩、混合岩、石英岩等风化物	E 123° 43′ 37.6″ N 42° 09′ 46.8″	75
						2	6—16		轻壤土		6.9	43.4	1.10	0.50					
						3	16—32		轻壤土		6.7	7.1	0.24	0.16					

续表 Continued

剖面号 Soil profile	土纲 Soil order	亚类 Soil subgroup	土属 Soil genus	土种 Soil species	土层码 Layer code	土层厚度 Depth/ cm	颜色 Soil color	质地 Soil texture	土壤结构 Soil structure	pH	有机质 OM/ (g/kg)	全氮 TN/ (g/kg)	全磷 TP/ (g/kg)	全钾 TK/ (g/kg)	阳离子 交换量CEC/ (cmol/kg)	土壤母质 Parent material	剖面点坐标 Profile coordinate	匹配指数 Matching index/%
剖12	淋溶土	棕壤			乌棕黄土	Ao	0—1	灰棕色	壤质黏土	屑粒状	7.0	50.0					第四纪黄土堆积物	E 123°43′09.1″ N 42°08′09.6″	95
					A	1—15	灰棕色	壤质黏土	小块状	6.5	18.0	0.94	0.28	11.7	21.1			
					AB	15—35	黄棕色	壤质黏土	块状	6.8	16.0	0.86	0.22	13.1	22.6			
					Bt	35—55	浅黄色	壤质黏土	块状	6.2	8.0	0.42	0.28	11.8	26.2			
					C	55—100	完黄棕色			6.2					19.5			
剖13	半水成土	草甸土	耕型壤质草甸土	油渗壤质草甸土	Ap	0—25		中壤土			20.0	0.99	1.01			冲积物	E 123°44′23.6″ N 42°08′38.0″	75
					2	25—50		中壤土			20.0	0.99	0.75					
					3	50—84		轻壤土			11.0	0.48	0.51					
					4	84—136		轻壤土			9.0	0.59	0.28					
剖14	淋溶土	棕壤性土	片岩类棕壤性土	中层片岩棕壤性土	1	0—0.1				6.8	126.0	3.00	0.80			花岗岩、片麻岩、混合岩、石英岩等风化物	E 123°41′16.1″ N 42°08′34.9″	93
					2	0.1—20				7.0	144.0	2.50	1.30					
					3	20—30				7.0	100.0	2.00	1.70					
					4	30—				7.0	117.0	3.40	1.30					
剖15	淋溶土	棕壤性土	耕型酸性岩类棕壤性土	耕型薄层酸性岩类棕壤性土	1	0—20		轻壤土		6.9	17.6	0.58	0.66				E 123°49′40.4″ N 42°22′35.0″	95
					2	20—30		中壤土		7.2	11.7	0.50	0.64					
					3	30—45		轻壤土		7.0	1.0	<0.10	<0.10					
剖16	淋溶土	棕壤性土	耕型砂岩类棕壤性土	耕型厚层砂页岩棕壤性土	1	0—17		中壤土		6.9	17.0	0.97	2.30	23.3			E 123°51′47.9″ N 42°23′10.0″	93
					2	17—43		中壤土		6.7	6.0	0.20	2.50	22.7				
					3	43—67		中黏土		6.8	3.0	0.24	3.30	21.1				
					4	67—80		轻壤土		6.8	3.0	0.20	4.60	17.8				
剖17	淋溶土	棕壤	耕型黄土状棕壤	黄土状深淀壤棕壤	Ap	0—22	灰棕色	中壤土	粒状		18.0	1.47	0.70	23.0		黄土状母质	E 123°46′48.4″ N 42°21′41.4″	95
					P	22—36	暗棕色	中壤土	粒状		14.0	1.17	0.59	16.0				
					AB	36—125	棕色	中壤土	块状		7.0	0.88	0.52	20.0				
					B	125—150	暗棕色	中壤土	核状		8.0	0.59	0.40					
剖18	人为土	淹育水稻土	草甸土田	砂底涂壤土田	Ap	0—10	棕灰色	中壤土	团粒状	7.1	31.0	1.61	0.82			冲积物	E 123°45′09.7″ N 42°16′11.3″	95
					2	10—27	灰色	中壤土	片状	6.8	27.0	1.27	0.98					
					3	27—63	浅灰棕色	中壤土	粒状		19.0	1.65	0.70					
					4	63—95	浅灰棕色	砂壤土	块状		4.0	1.35	0.26					
剖19	淋溶土	棕壤	酸性岩类棕壤性	裸露酸性岩类棕壤性	1	0—5		中壤土			120.0	1.69	0.99	23.6			E 123°56′22.6″ N 42°16′30.7″	93
					2	5—10		中壤土			5.1	0.15	0.10	17.6				
剖20	淋溶土	棕壤性土	砂页岩类棕壤性	薄层砂页岩棕壤性	1	0—10		轻壤土			18.3	0.77	0.31	19.1			E 123°46′38.3″ N 42°08′13.2″	93
					2	10—50		轻壤土			6.3	0.30	0.11	15.1				
剖21	半水成土	草甸土	耕型壤质草甸土	黄浆壤质草甸土	Ap	0—18	棕色	轻壤土	团粒状	6.4	15.6	0.58	0.71	19.1		冲积物	E 123°50′50.6″ N 42°07′15.6″	95
					P	18—23	棕色	轻壤土	片状	6.7	16.5	0.37	0.72	15.1				
					3	23—80	棕褐色	重壤土	团粒状	6.6	18.0	0.40	0.90	19.8				
					4	80—130	棕褐色	重壤土	块状	6.5	18.0	0.49	0.80	22.4				
剖22	淋溶土	棕壤性土	石灰岩类棕壤性	中层石灰岩棕壤性土	Ao	0—5				6.7	213.0	3.50	2.98			石灰岩、大理岩、白云岩等风化物	E 123°49′50.5″ N 42°05′40.2″	95
					2	5—19		中壤土	粒状	7.1	85.0	1.98	1.89					
					3	19—27	浅棕色	中壤土	片状	7.0	37.8	0.75	1.13					
					4	27—58	灰棕色	中壤土		6.4	40.0	1.43	0.98					
剖23	人为土	沼泽型水稻土	泥炭沼泽田	壤质薄层泥炭沼泽田	Ap	0—13	棕色	中壤土	粒状	6.4	41.0	1.25	1.49				E 123°53′59.6″ N 42°09′42.8″	75
					P	13—15	棕色	中壤土	片状	6.2	43.0	1.70	2.92					
					A	15—30	黑褐色	中壤土	团块状	6.3	200.0	2.00	2.18					
					4	30—79												

续表 Continued

剖面号 Soil profile	土纲 Soil order	土类 Soil great group	亚类 Soil subgroup	土属 Soil genus	土种 Soil species	土层码 Layer code	土层厚度 Depth/cm	颜色 Soil color	质地 Soil texture	土壤结构 Soil structure	pH	有机质 OM/(g/kg)	全氮 TN/(g/kg)	全磷 TP/(g/kg)	全钾 TK/(g/kg)	阳离子交换量 CEC/(cmol/kg)	土壤母质 Parent material	剖面点坐标 Profile coordinate	匹配指数 Matching index /%
剖24	淋溶土	棕壤	棕壤性土	砂页岩类棕壤性土	中层砂页岩棕壤性土	1	0~3		中壤土		7.0	229.0	3.10	1.15				E 123°53′40.2″ N 42°07′34.3″	93
						2	3~10				6.9	135.0	2.50	0.82					
						3	10~30		轻壤土		6.8	12.5	0.47	0.23					
						4	30~40				6.9	5.7	0.27	0.16					
剖25	淋溶土	棕壤	棕壤性土	基性岩类棕壤性土	厚层基性岩棕壤性土	1	0~7				6.8	92.4	1.93	1.36			玄武岩、安山岩、凝灰岩等风化物	E 123°56′49.6″ N 42°08′27.6″	95
						2	7~24				6.7	68.0	1.70	1.58					
						3	24~61				6.5	33.0	1.40	0.78					
剖26	淋溶土	棕壤	棕壤	黄土状棕壤	薄腐浅淀黄土状棕壤	1	0~1		重壤土		7.6	50.0	1.83	0.51	22.0		黄土状母质	E 123°58′44.8″ N 42°08′33.0″	95
						2	1~15		重壤土		6.5	18.0	0.74	0.64	18.7				
						3	15~35		轻壤土		6.8	16.0	0.66	0.51	15.8				
						4	35~55		轻壤土		6.2	8.0	0.42	0.64					
剖27	淋溶土	棕壤	棕壤	黄土状棕壤	中腐深淀黄土状棕壤	1	0~18		中壤土		6.3	33.0	1.53	0.82	30.0		黄土状母质	E 123°46′17.4″ N 42°04′40.4″	95
						2	18~52		中壤土		6.2	10.0	0.73	0.57	28.1				
						3	52~150		中壤土		6.1	8.0	0.47	0.48	25.4				
剖28	淋溶土	棕壤	棕壤性土	片岩类棕壤性土	厚层片岩棕壤性土	1	0~15		重壤土		7.5	33.0	1.17	1.10				E 123°54′15.1″ N 42°04′13.4″	93
						2	15~70		重壤土		6.8	15.0	0.52	0.59					
						3	70—		轻壤土		6.3	8.4	0.29	0.44					
剖29	淋溶土	棕壤	棕壤性土	基性岩类棕壤性土	薄层基性岩棕壤性土	1	0~8				6.6	172.0	2.58	1.58				E 123°56′31.6″ N 42°03′46.4″	95
						2	8~30				6.9	110.4	1.84	1.27					
剖30	淋溶土	棕壤	棕壤	耕型黄土状棕壤	耕型黏质深黄土状棕壤	Ap	0~20	黄棕色	轻黏土	粒状	6.9	13.0	0.55	0.64	20.0		黄土状母质	E 123°57′52.2″ N 42°01′10.6″	95
						AB	20~65	棕黄色	黏土	块状	6.9	7.0	0.36	0.95	23.0				
						B	65~125	黄棕色	重壤土	块状	7.1	6.0	0.24	0.97	20.7				
剖31	淋溶土	棕壤	棕壤	耕型黄土状棕壤	耕型黏质浅黄土状棕壤	A	0~29	棕色	中壤土	粒状		4.8	0.68	0.68	1.1		黄土状母质	E 124°06′28.1″ N 42°11′43.8″	82
						AB	29~75	浅棕色	重壤土	块状		13.6	0.67	0.68	≤1.0				
						B	75~100	灰棕色	中壤土	块状		14.0	0.84	0.84	≤1.0				
剖32	淋溶土	棕壤	棕壤性土	耕型石灰岩棕壤性土		1	0~16		砂壤土		7.3	17.4	0.87	0.48				E 124°00′33.8″ N 42°09′26.6″	95
						2	16~85					4.8	0.26	0.43					
剖33	淋溶土	棕壤	棕壤性土	酸性岩类棕壤性土	薄层酸性岩棕壤性土	1	0~10		轻壤土		6.8	65.0	1.65	1.60			石灰岩、大理岩、白云岩等风化物	E 124°03′32.4″ N 42°05′20.8″	95
						2	10~30		中壤土		6.8	65.0	1.05	1.65					
剖34	淋溶土	棕壤	棕壤性土	石灰岩类棕壤性土	中层石灰岩棕壤性土	1	0~7				6.6	47.3	0.77	0.20				E 124°13′24.2″ N 42°09′16.6″	95
						2	7~18		轻壤土		6.7	10.0	0.32	0.12					
						3	18~40		中壤土		6.7	8.1	0.32	0.10					
剖35	淋溶土	棕壤	棕壤性土	基性岩类棕壤性土	薄层基性岩棕壤性土	1	0~5		轻壤土		7.0	136.8	2.85	1.63			玄武岩、安山岩、凝灰岩等风化物	E 124°10′44.8″ N 42°06′23.0″	95
						2	5~35		中壤土		7.9	71.0	2.20	1.50					
						3	35~55		轻壤土		7.1	18.3	0.65	0.38					
剖36	淋溶土	棕壤	棕壤	人工堆垫棕壤	耕型薄层人工堆质棕壤	Ap	0~10		轻壤土			14.0	0.57	0.51			人工堆垫物	E 124°06′19.7″ N 42°06′39.2″	95
						2	10~20					15.0	0.60	0.91					
						3	20~30					14.0	0.49	0.85					
剖37	半水成土	草甸土	盐化草甸土	耕型中度硫酸盐盐化草甸土	中度盐化草甸土	1	0~20		轻壤土			4.0	1.22	0.39			冲积物	E 124°18′39.2″ N 42°03′21.2″	95
						2	20~75	棕灰色	砂壤土	团粒状		2.5	0.68	0.23					
						3	75~95	棕灰色	轻壤土	片状		4.4	2.10	0.29					
						4	95~130												
剖38	半水成土	草甸土	草甸土	耕型黏质草甸土	黏质草甸土	1	0~20	棕灰色	重壤土	团粒状		21.0	1.54	1.03			冲积物	E 124°21′41.0″ N 42°03′53.3″	95
						2	20~25	棕灰色	重壤土			21.0	1.12	0.83					
						3	25~60		重壤土			16.0	1.40	0.83					
						4	60~150		重壤土			18.0	0.64	1.10					

西 丰 县

主要土类说明

棕壤是西丰县主要土壤类型，占本县地域面积的 82%。棕壤发生于落叶阔叶林下，但大部分已被垦殖，以旱作为主。该土壤处于硅铝风化阶段，具有黏化特征，呈棕色。土体见黏粒淀积，盐基充分淋失，pH 为 6.0—7.5，见少量游离铁。

草甸土是西丰县第二大土壤类型，占本县地域面积的 16%。草甸土是在冷湿条件下，受地下水浸润并在草甸植被下发育形成的土壤。因所处地下水位较高，潜水参与土壤形成过程，受地下水升降与浸润作用，其形成过程具有明显的腐殖质累积和铁锰氧化还原特征，土体出现锈色斑纹层。

小于本县地域面积 3% 的土壤类型有水稻土和白浆土。

本区域中心区气候特征

本区域中心区气候特征值
Regional climate characteristics in central area of the region

气候带：中温带亚湿润气候 Climate region: Mid temperate subhumid climate	
年平均气温 /℃ Annual average temperature /℃	6.7
年平均最高气温 /℃ Annual average maximum temperature /℃	12.6
年平均最低气温 /℃ Annual average minimum temperature /℃	1.5
年降水量 /mm Annual precipitation /mm	678
≥10℃的积温 /℃ Daily temperature accumulated in a year (≥10℃) /℃	2439
年日照时数 /h Annual sunshine /h	2546
年平均相对湿度 /% Annual average relative humidity /%	65
干燥度 Dryness	0.60

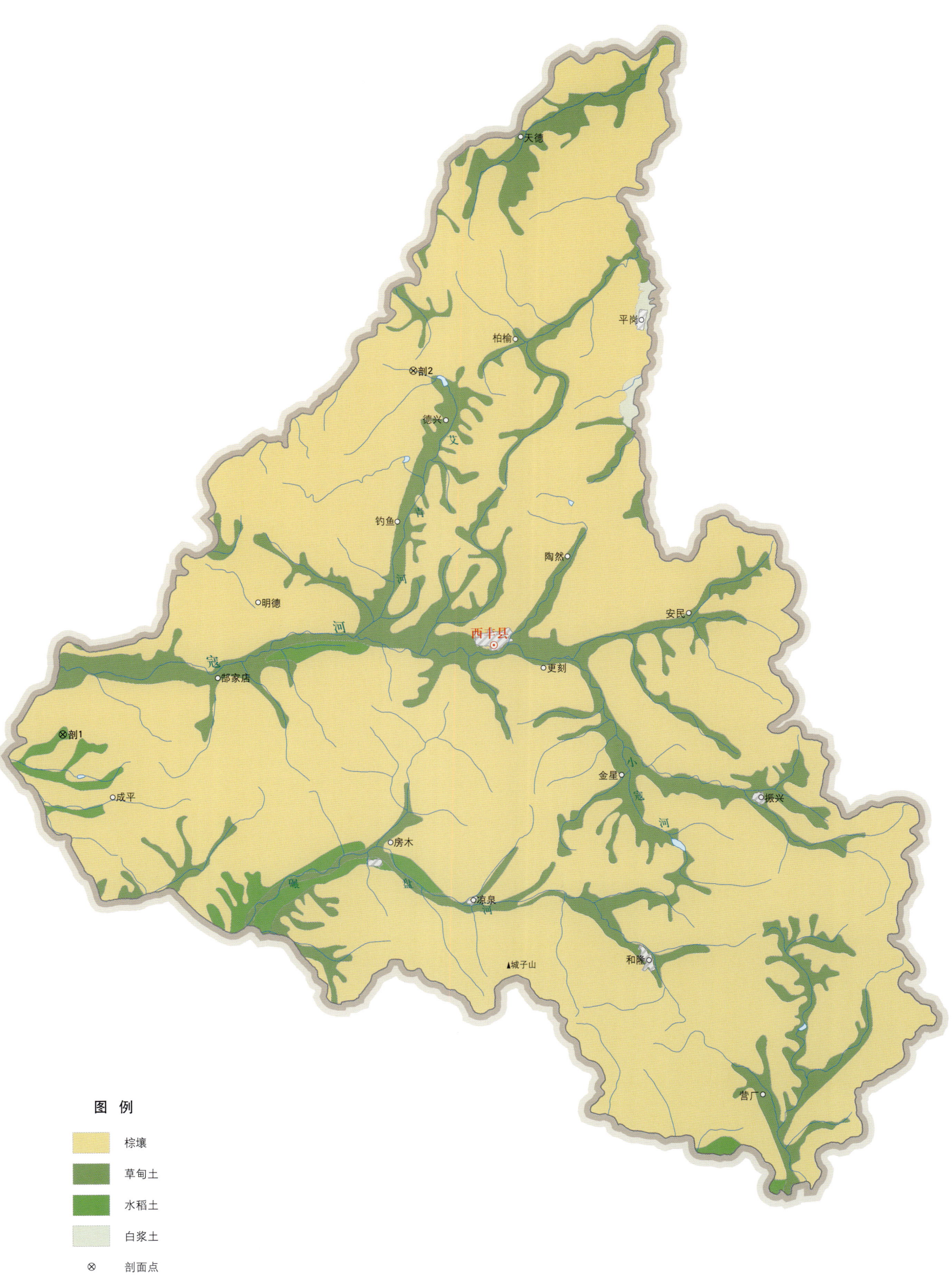

西丰县土壤剖面理化性状表

剖面号 Soil profile	土纲 Soil order	土类 Soil great group	亚类 Soil subgroup	土属 Soil genus	土种 Soil species	土层码 Layer code	土层厚度 Depth/cm	颜色 Soil color	质地 Soil texture	土壤结构 Soil structure	pH	有机质 OM/(g/kg)	全氮 TN/(g/kg)	全磷 TP/(g/kg)	全钾 TK/(g/kg)	有效磷 AP/(mg/kg)	速效钾 AK/(mg/kg)	阳离子交换量CEC/(cmol/kg)	土壤母质 Parent material	剖面点坐标 Profile coordinate	匹配指数 Matching index/%
剖1	人为土	水稻土	淹育水稻土	冲积淹育田	西丰黑淤土田	A	0—15	暗灰色	黏壤土	糊状	5.9	33.4	1.06	0.44		7.0	114	22.5	壤质河流冲积物	E 124°19′52.7″ N 42°40′16.3″	75
						Ap	15—24	灰色	黏壤土	片状	7.0	19.2	1.68	0.36		5.0	124	24.5			
						3	24—85	黑色	壤土	块状	7.0	24.4	0.92	0.52		9.0	94	14.7			
剖2	淋溶土	棕壤	棕壤	棕砾砂土	山酸黄土	Ao	0—3	棕黑色				185.8							花岗岩风化残积物	E 124°38′43.4″ N 42°54′57.6″	95
						A	3—30	棕色	砂壤土	屑粒状	6.1	35.8	1.91	0.41	18.1	8.0	66	22.5			
						Bt	30—75	浊黄橙色	砂质黏壤土	块状	6.5	5.5	0.40	0.11	19.4	2.0	31	9.8			
						C	75—100	亮黄棕色	壤质砂土	粒状	6.4	1.8	0.13	0.22	20.4	2.0	19	13.4			

昌 图 县

主要土类说明

棕壤是昌图县主要土壤类型，占本县地域面积的48%。棕壤分布在本县东部的低山至中部的漫岗平原。成土母质有残积物和黄土状母质两大类型。东部山区多为岩石风化残积物，基本上分为以花岗岩为主的酸性岩和以石灰岩为主的石灰岩类。中部漫岗平原多为水成和部分风成的黄土状母质。在性状方面，前者土壤呈棕黄色，土质较板硬；后者土壤呈浅黄色，土质较疏松。根据成土过程和发育阶段的不同，本县棕壤分为棕壤性土、棕壤和潮棕壤三个亚类。

草甸土是昌图县第二大土壤类型，占本县地域面积的24%。草甸土主要分布在辽河、招苏台河的冲积平原，其次是二道河、亮子河、马仲河等河流沿岸的淤积平原，土层深厚。草甸土是在冷湿条件下，受地下水浸润并在草甸植被下发育形成的土壤。因所处地下水位较高，潜水参与土壤形成过程，受地下水升降与浸润作用，其形成过程具有明显的腐殖质累积和铁锰氧化还原特征，土体出现锈色斑纹层。根据盐分含量的不同，本县草甸土分为草甸土、盐化草甸土和碱化草甸土三个亚类。

潮土是昌图县第三大土壤类型，占本县地域面积的13%。潮土见于近代河流冲积平原或低平阶地，地下水位高，潜水参与成土过程。在潮土成土过程中，底土氧化还原交替作用，形成锈色斑纹和小型铁子。在长期耕作条件下，表层有机质含量为10—15g/kg。

风沙土占本县地域面积的12%。风沙土发生于干旱和半干旱地区，是剖面构型为A–C的疏松的幼年土，处于土壤发育的初始阶段，成土过程微弱，通体沙质，易随风移动。由于风力的分选作用，风沙土的颗粒组成十分均匀，有机质含量低，一般为1—6g/kg，长期固定或耕种的风沙土有机质含量在5g/kg左右。本县风沙土主要分为草原风沙土、荒漠风沙土、草甸风沙土和滨海风沙土四个亚类。

黑土占本县地域面积的3%。黑土是地带性土壤，分布在平安堡、八面城、曲家店、老四平等地。本县黑土地处本省黑土带向南延伸的末端，也是黑土向棕壤过渡的地带。黑土是发生于温带半湿润草甸草原下，具深厚均腐殖质层的无石灰性黑色土壤。其成土过程主要包括腐殖质累积和淋溶淀积两个过程。该土壤有机质含量为30—60g/kg，pH为6.5—7.0，剖面构型为Ah–ABh–Btq–C。本县黑土主要分为黑土、白浆化黑土、草甸黑土和表潜黑土四个亚类。

小于本县地域面积3%的土壤类型有水稻土、沼泽土和暗棕壤。

本区域中心区气候特征

本区域中心区气候特征值
Regional climate characteristics in central area of the region

气候带：中温带亚湿润气候 Climate region: Mid temperate subhumid climate	
年平均气温 /℃ Annual average temperature /℃	6.9
年平均最高气温 /℃ Annual average maximum temperature /℃	12.8
年平均最低气温 /℃ Annual average minimum temperature /℃	1.6
年降水量 /mm Annual precipitation /mm	606
≥10℃的积温 /℃ Daily temperature accumulated in a year（≥10℃）/℃	2787
年日照时数 /h Annual sunshine /h	2683
年平均相对湿度 /% Annual average relative humidity /%	64
干燥度 Dryness	0.71

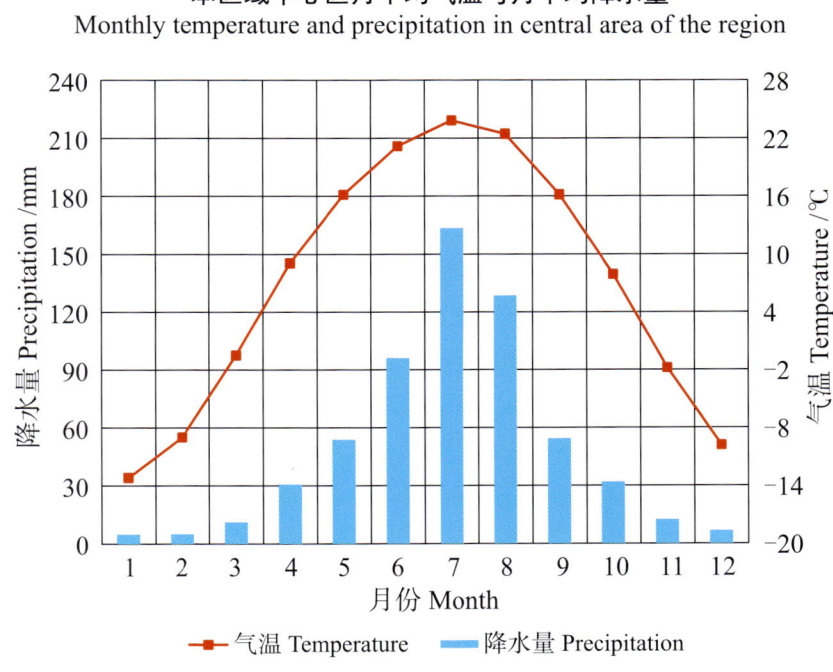

本区域中心区月平均气温与月平均降水量
Monthly temperature and precipitation in central area of the region

昌图县主要土壤类型与土壤剖面点分布图
1 : 340 000

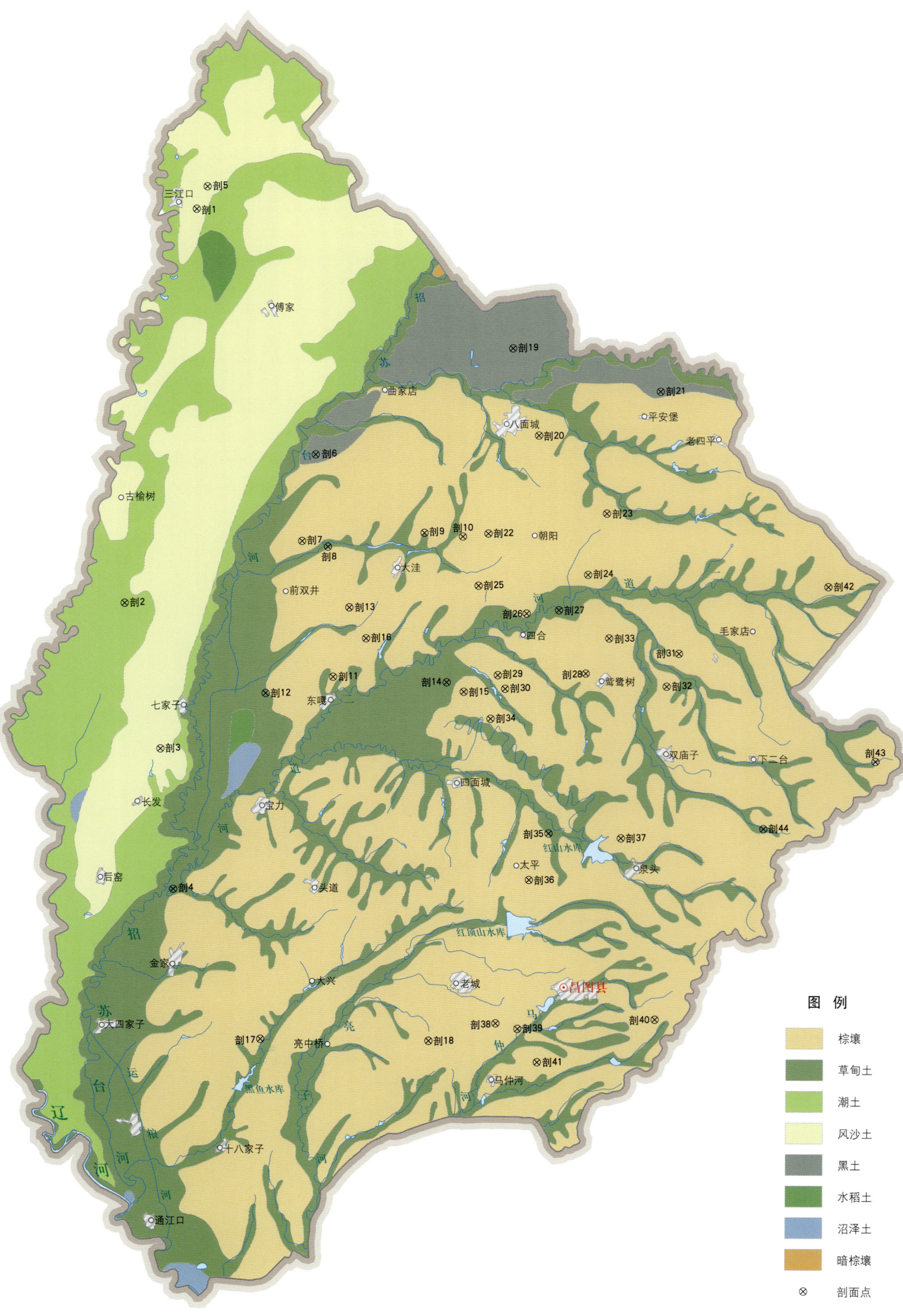

昌图县土壤剖面理化性状表

剖面号 Soil profile	土纲 Soil order	土类 Soil great group	亚类 Soil subgroup	土属 Soil genus	土种 Soil species	土层码 Layer code	土层厚度 Depth/cm	颜色 Soil color	质地 Soil texture	土壤结构 Soil structure	pH	有机质 OM/(g/kg)	全氮 TN/(g/kg)	全磷 TP/(g/kg)	全钾 TK/(g/kg)	有效磷 AP/(mg/kg)	速效钾 AK/(mg/kg)	阳离子交换量CEC/(cmol/kg)	土壤母质 Parent material	剖面点坐标 Profile coordinate	匹配指数 Matching index/%
剖1	初育土	风沙土	固定风沙土	沙丘半固定风沙土	沙包土	1	0—20	灰棕色	砂土		7.6	8.4	0.69	0.45	27.7				风积物	E 123°43′59.2″ N 43°21′31.3″	73
						2	20—60	灰棕色	砂土		7.5	9.8	0.43	0.36	26.5						
						3	60—100	灰棕色	砂土		7.8	2.2	0.20	0.13	28.5						
剖2	半水成土	潮土	盐化潮土			1	0—25	灰棕色	轻壤土	粒状										E 123°39′25.2″ N 43°04′08.8″	71
						2	25—46	棕灰色	中壤土	块状											
						3	46—100	黄棕色	中壤土	块状											
剖3	初育土	风沙土	固定风沙土	耕型沙地固定风沙土	黄底沙土	1	0—18	棕灰色	轻壤土	粒状	7.3	8.2	0.74	0.44					风积物	E 123°41′31.9″ N 42°57′41.8″	72
						2	18—33	浅灰棕色	轻壤土	粒状	7.7	6.5	0.41	0.26							
						3	33—100	棕黄色	轻壤土	粒状	7.7	2.9	0.27	0.26							
剖4	半水成土	草甸土	草甸土	耕型壤质草甸土	夹砂淤土	1	0—25	棕色	中壤土	粒状	7.3	13.3	0.82	0.63			83		河流淤积物	E 123°42′14.8″ N 42°51′27.7″	95
						2	25—39	灰色	轻壤土	块状	7.6	7.8	0.44	0.56							
						3	39—71	棕色	重壤土	块状	7.6	14.5	1.03	0.77							
						4	71—100	棕色	轻壤土		7.5	12.9	0.82	0.57							
剖5	初育土	风沙土	固定风沙土		沙包土	1	0—30	灰棕色	砂壤土								119		风积物	E 123°45′07.9″ N 43°22′06.2″	73
						2	30—100	暗棕色	轻壤土	粒状	7.1	11.0	0.82	0.55							
剖6	半淋溶土	黑土	黑土	黑土	露黄黑土	1	0—20	棕黄色	中壤土	粒状	7.4	6.0	0.94	0.27			115			E 123°51′03.6″ N 43°09′50.8″	75
						2	20—78	棕黄色	中壤土	块状	7.3	5.0	0.21	0.35							
						3	78—100		中壤土												
剖7	淋溶土	棕壤	棕壤	耕型黄土状棕壤	黄土	1	0—22		中壤土								136		黄土状母质	E 123°50′12.1″ N 43°06′48.6″	95
						2	22—29		中壤土												
						3	29—62														
						4	62—100														
剖8	半水成土	草甸土	碱化草甸土	碱化草甸土	轻黑碱甸土	Ap	0—20	棕色	黏壤土	粒状	8.5	13.2	0.81	0.27	24.2	3.0	102	13.5	近代河流冲积物	E 123°51′42.5″ N 43°06′03.2″	95
						2	20—32	棕色	黏壤土	弱柱状	8.9	12.8	0.81	0.24	13.3	5.0	72	13.1			
						3	32—95	灰棕色	黏壤土	块状	8.4	8.4	0.31	0.24	5.8	5.0	112	14.9			
						4	95—100	灰棕色	中壤土	粒状	8.5	5.6	0.21	0.16	15.8	3.0	68	15.4			
剖9	淋溶土	棕壤	棕壤	耕型黄土状棕壤	砂底黄土	1	0—23	灰棕色	砂壤土	粒状	7.4	12.0	0.65	0.46	24.4		88		黄土状母质	E 123°57′36.7″ N 43°07′07.3″	95
						2	23—45	浅棕色	砂壤土	粒状	7.3	11.9	0.50	0.46	23.8						
						3	45—100	浅棕色	砂壤土	粒状	7.1	2.3	0.30	0.23	24.7						
剖10	淋溶土	棕壤	棕壤	石灰岩类棕壤性土	石灰岩类棕壤中层山土	1	0—35	棕灰色	轻壤土	粒状	8.5	15.6	0.87	0.18	18.0				石灰岩类棕化物	E 123°59′56.4″ N 43°06′55.8″	75
						C	35—100	灰色	轻壤土	粒状	8.1	4.3	0.39	0.28	16.8						
剖11	淋溶土	棕壤	棕壤性土	酸性岩类棕壤性土	酸性岩类薄层山砂土	1	0—15	灰棕色	砂壤土	粒状	6.2	15.7	0.75	0.20	10.7					E 123°52′11.6″ N 43°00′23.8″	75
						C	15—17	黄棕色	砂壤土	粒状	6.6	2.3	0.14	0.21	7.4						
剖12	半水成土	草甸土	草甸土	耕型砂质草甸土	淤砂土	1	0—20	浅棕灰色	轻壤土	粒状	7.8	8.5	0.51	0.99					河流淤积物	E 123°47′54.6″ N 43°00′06.1″	75
						2	20—40	灰色	砂壤土		8.2	5.8	0.20	0.30							
						3	40—70	灰色	砂壤土		8.4	3.4	0.11	0.17							
						4	70—100	黑灰色	紧砂土		8.3	3.1	0.10	0.11							
剖13	淋溶土	棕壤	棕壤	耕型红色棕壤	红土	1	0—29	棕色	中壤土	粒状	6.4	20.2	1.17	0.71	19.0				第四纪红色黏土	E 123°53′01.3″ N 43°03′51.1″	95
						2	29—90	红色	重壤土	粒状	5.7	7.5	0.40	0.15	19.8		92				
						3	90—100	红色	重壤土	块状	5.6	4.9	0.26	0.14	19.7						
剖14	半水成土	草甸土	草甸土	砂质草甸土	河砾砂土	1	0—15	棕黄色	砂壤土	粒状	7.5	8.1	0.48	0.44	15.2				河流淤积物	E 123°58′52.3″ N 43°00′29.9″	75
						2	15—100	黄色	松砂土		7.5	<1.0	<0.10	0.13	5.9						

第二编 分县土壤图与土壤剖面数据

续表 Continued

剖面号 Soil profile	土纲 Soil order	土类 Soil great group	亚类 Soil subgroup	土属 Soil genus	土种 Soil species	土层码 Layer code	土层厚度 Depth/cm	颜色 Soil color	质地 Soil texture	土壤结构 Soil structure	pH	有机质 OM/(g/kg)	全氮 TN/(g/kg)	全磷 TP/(g/kg)	全钾 TK/(g/kg)	有效磷 AP/(mg/kg)	速效钾 AK/(mg/kg)	阳离子交换量CEC/(cmol/kg)	土壤母质 Parent material	剖面点坐标 Profile coordinate	匹配指数 Matching index/%
剖15	淋溶土	棕壤	棕壤性	耕型酸性岩棕壤性土	酸性岩棕砂土	1	0—12	灰棕色	砂壤土	粒状	7.4	15.0	1.50	1.08			72			E 123° 59′ 53.2″ N 43° 00′ 04.3″	75
						C	12—33	棕色	松砂土	粒状	7.4	3.0	0.20	0.34							
剖16	淋溶土	棕壤	棕壤	耕型黄土状棕壤	板黄土	1	0—18	灰棕色	中壤土	粒状	7.2	13.6	0.96	0.55	21.1		149		黄土状母质	E 123° 54′ 01.8″ N 43° 02′ 28.3″	96
						2	18—23	棕色	中壤土	粒状	7.0	9.3	0.90	0.52	21.6						
						3	23—38	棕色	中壤土	粒状	6.9	4.8	0.59	0.34	20.8						
						4	38—45	棕色	中壤土	粒状	6.6	3.8	0.53	0.38	19.9						
						5	45—100	浅棕色	中壤土	块状	7.0	2.8	0.40	0.42	20.7						
剖17	淋溶土	棕壤	潮棕壤	耕型坡洪积潮棕壤	潮黑土	1	0—20		重壤土									126		坡积物，洪积物	E 123° 47′ 27.2″ N 42° 44′ 46.7″	95
						2	20—25		重壤土												
						3	25—40		中壤土												
						4	40—100		中壤土												
剖18	淋溶土	棕壤	潮棕壤	耕型坡洪积潮棕壤	黑底黄土	1	0—24	灰棕色	中壤土	粒状	6.2	20.9	0.78	0.65			107		坡积物，洪积物	E 123° 57′ 34.2″ N 42° 44′ 38.0″	95
						2	24—30		中壤土	粒状	6.4	15.4	1.00	0.52							
						3	30—100	黑棕色	重壤土	粒状	6.6	26.3	1.22	0.92							
剖19	半淋溶土	黑土	黑土	黄黑土	黄黑土	A_{11}	0—20	暗棕色	黏壤土	粒状	6.5	13.0	0.84	0.24	3.0		137	17.7	黄土状沉积物	E 124° 03′ 07.2″ N 43° 15′ 11.9″	95
						AC	20—40		黏壤土	团块状	7.2	7.0	0.71	0.18	14.0		100	22.9			
						C_1	40—78	亮棕色	壤质黏土	棱块状	7.4	2.0	0.37	0.14	4.0		97	16.4			
						C_2	78—100	亮棕色	壤质黏土	块状	7.4	2.0	0.29	0.23	7.0		87	15.6			
剖20	淋溶土	棕壤	棕壤	耕型黄土状棕壤	黄土	1	0—25	黑色	黏壤土	团粒状	7.1	19.1	1.04	0.61	19.4	8.0	148	19.1	黄土状母质	E 124° 04′ 37.9″ N 43° 11′ 20.0″	95
						2	25—55	灰色	壤质黏土	团块状	7.5	10.3	0.53	0.28	19.6	2.0	44	19.6			
						3	55—100	浅黄色	砂质黏壤土	棱块状	7.1	3.5	0.21	0.42	19.4	7.0	59	19.0			
剖21	半淋溶土	黑土	黑土	黄黑土	暗黄黑土	1	0—20	黄棕色	砂质黏壤土	块状	7.3	2.7	0.14	0.37	19.6	3.0	71	23.5	黄土状母质	E 124° 12′ 02.9″ N 43° 13′ 11.3″	95
剖22	淋溶土	棕壤	棕壤	耕型黄土状棕壤	黄土	1	0—20		中壤土									118		黄土状母质	E 124° 01′ 29.6″ N 43° 07′ 02.6″	95
						2	20—50		中壤土												
						3	50—100		中壤土												
剖23	淋溶土	潮棕壤	潮棕壤	黄型黄土状潮棕壤	潮黄土	1	0—27	灰棕色	中壤土	粒状	5.9	13.6	0.80	0.26	21.0				黄土状母质	E 124° 08′ 41.3″ N 43° 07′ 51.2″	95
						2	27—100	重黄色	中壤土	粒状	5.1	5.5	2.60	0.31	17.8						
剖24	淋溶土	棕壤	棕壤	黄土状棕壤	岗黄土	1	0—13	棕色	中壤土	块状	5.0	2.2	0.10	0.45	17.5				黄土状母质	E 124° 07′ 30.0″ N 43° 05′ 09.2″	95
						2	13—34	棕黄色	中壤土	块状											
						3	34—100		中壤土								164				
剖25	淋溶土	棕壤	棕壤	耕型黄土状棕壤	板黄土	1	0—18		中壤土											黄土状母质	E 124° 00′ 51.5″ N 43° 04′ 44.4″	95
						2	18—23		中壤土												
						3	23—45		中壤土												
						4	45—65		中壤土												
						5	65—100		中壤土												
剖26	淋溶土	棕壤	潮棕壤	耕型黄土状潮棕壤	潮黄土	1	0—20	棕灰色	轻壤土	粒状	6.1	14.3	0.76	0.35	14.3				黄土状母质	E 124° 03′ 45.0″ N 43° 03′ 29.5″	75
						2	20—47	灰棕色	中壤土	粒状	6.5	14.6	0.87	0.33	15.9						
						3	47—83	黄棕色	中壤土	块状	6.6	13.7	0.71	0.34	21.7						
						4	83—100	浅黄色	中壤土	块状	6.5	11.3	0.47	0.34	21.7						
剖27	半水成土	草甸土	草甸土	耕型壤质草甸土	砂底淤土	1	0—25	灰色	轻壤土	粒状	5.6	13.6	0.81	0.40	24.2				河流淤积物	E 124° 05′ 42.0″ N 43° 03′ 36.7″	75
						2	25—68	浅灰色	轻壤土	粒状	6.3	12.1	0.58	0.24	23.8						
						3	68—100	浅灰色	砂土	粒状	6.4	11.9	0.60	0.36	23.8						
剖28	淋溶土	棕壤	棕壤	耕型红色黏土棕壤	红土	1	0—20											192		第四纪红色黏土	E 124° 00′ 17.0″ N 43° 00′ 48.2″	75

续表 Continued

剖面号 Soil profile	土纲 Soil order	土类 Soil great group	亚类 Soil subgroup	土属 Soil genus	土种 Soil species	土层码 Layer code	土层厚度 Depth/cm	颜色 Soil color	质地 Soil texture	土壤结构 Soil structure	pH	有机质 OM/(g/kg)	全氮 TN/(g/kg)	全磷 TP/(g/kg)	全钾 TK/(g/kg)	有效磷 AP/(mg/kg)	速效钾 AK/(mg/kg)	阳离子交换量 CEC/(cmol/kg)	土壤母质 Parent material	剖面点坐标 Profile coordinate	匹配指数 Matching index/%
剖29	淋溶土	棕壤	潮棕壤	耕型坡洪积潮棕壤	潮黑土	1	0—23		中壤土											坡积物、洪积物	E 124°01′57.4″ N 43°00′47.2″	95
						2	23—45		中壤土												
						3	45—100		中壤土												
剖30	淋溶土	棕壤	潮棕壤	耕型坡洪积潮棕壤	夹黑黄土	1	0—20	暗棕色	中壤土	粒状	6.0	12.0	0.85	0.36			115		坡积物、洪积物	E 124°02′23.6″ N 43°00′10.8″	75
						2	20—58	灰黑色	中壤土	粒状	6.4	14.0	0.82	0.31							
						3	58—100	棕黄色	中壤土	块状	6.9	7.0	0.45	0.54							
剖31	淋溶土	棕壤	棕壤	耕型黄土状棕壤	黄土	1	0—20										148		黄土状母质	E 124°12′56.2″ N 43°01′37.2″	75
剖32	淋溶土	棕壤	潮棕壤	耕型坡洪积潮棕壤	潮黑土	1	0—23	暗棕色	中壤土	粒状	7.2	19.4	1.16	0.62	17.0				坡积物、洪积物	E 124°12′10.1″ N 43°00′10.8″	75
						2	23—45	灰棕色	中壤土	粒状	7.9	18.3	1.09	0.51	17.1						
						3	45—100	黑色	中壤土	粒状	7.0	26.4	1.22	0.79	14.9						
剖33	淋溶土	棕壤	棕壤	棕壤型菜园土	棕壤菜园土	1	0—28	灰黑色	中壤土	团粒状	7.4	23.3	1.28	1.91	19.2					E 124°08′43.4″ N 43°02′20.4″	75
						2	28—95	棕黄色	中壤土	粒状	7.7	8.4	0.49	0.59	21.1						
						3	95—100	棕黄色	中壤土	核块状	7.8	2.9	0.32	0.55	22.4						
剖34	淋溶土	棕壤	棕壤	耕型黄土状棕壤	黄土	1	0—20		重壤土										黄土状母质	E 124°01′29.6″ N 42°58′52.0″	95
						2	20—30		重壤土												
						3	30—100														
剖35	半水成土	草甸土	草甸土	砂质草甸土	河砂土	1	0—40	灰棕色	砂壤土	粒状	7.0	4.0	0.30	<0.10			52		河流淤积物	E 124°04′55.6″ N 42°53′45.2″	95
						2	40—56	浅黄色	紧砂土		6.1	5.0	0.29	0.49							
						3	56—100	浅黄色	松砂土		7.0	2.0	0.10	0.73							
剖36	淋溶土	棕壤	棕壤性	石灰岩类棕壤性土	石灰岩薄层山土	1	0—20	灰黄色	轻壤土	粒状	8.4	34.8	1.63	0.45					石灰岩类风化物	E 124°03′43.2″ N 42°51′42.5″	93
						C	20—57	灰白色	砂壤土	粒状	8.9	18.2	0.74	0.35							
剖37	淋溶土	棕壤	棕壤性	耕型酸性岩棕壤性土	酸性岩山砂土	1	0—16		紧砂土										以花岗岩为主的酸性岩风化物	E 124°09′17.3″ N 42°53′30.1″	93
						2	16—48														
						3	48—86														
剖38	淋溶土	棕壤	棕壤性	酸性岩棕壤性土	红砂土	1	0—20	棕色	中壤土	粒状	6.4	12.3	1.12	0.71	19.6		112		第四纪红色黏土沉积物	E 124°01′36.8″ N 42°45′21.6″	93
						2	20—75	棕红色	重壤土	块状	6.3	7.3	0.85	0.54	19.4						
						C	75—100	棕红色	中壤土	块状	5.8	1.6	0.36	1.28	20.1						
剖39	淋溶土	棕壤	棕壤性	砂页岩类棕壤性土	荒丘红砂土	1	0—20	灰黄色	轻壤土	粒状	6.6	29.7	1.34	0.22					第四纪红色黏土沉积物	E 124°02′56.4″ N 42°45′06.5″	95
						2	20—43	红棕色	松砂土	片状	6.7	5.0	0.24	0.16							
						3	43—100	灰白色	砂壤土		6.8	1.6	<0.10	0.24							
剖40	淋溶土	棕壤	潮棕壤	潮棕型泥砂土	砾山根土	1	0—23		砂壤土											E 124°11′12.5″ N 42°45′26.3″	95
剖41	淋溶土	棕壤	棕壤性	酸性岩棕壤性土	酸性岩厚层山砂土	1	0—22	灰黄色	砂壤土	粒状	5.9	23.0	1.18	0.23	15.1			10.2		E 124°04′12.0″ N 42°43′07.0″	81
						2	22—62	黑色	砂壤土	块状	5.5	10.0	0.65	0.25	19.4			12.4			
						C		黄棕色	砂壤土	肩粒状	6.7	14.0	1.01	0.48	13.7	8.0	76	11.5			
剖42	淋溶土	棕壤	棕壤性	酸性岩棕壤性土		A11	0—15	黄棕色	砂壤土	小片状	6.5	9.3	0.56	0.45	19.6	11.0	95	9.8	花岗岩为主的酸性岩风化物、洪积物	E 124°22′01.6″ N 43°04′27.1″	95
						A12	15—25	黄棕色	砂壤土	块状	6.4	5.5	0.31	0.40	20.1	14.0	137				
						Bt	25—70	棕色	砂壤土	小块状	6.4	3.6	0.20	0.38	19.4	7.0	116				
						Cu	70—100	亮棕棕色	砂壤土								128				
剖43	淋溶土	棕壤	棕壤性	以花岗岩为主的酸性岩棕壤性	酸性岩黑砂土	1	0—20	灰黑色	轻壤土	粒状	7.6	15.7	0.69	0.58					以花岗岩为主的酸性岩风化物	E 124°24′42.8″ N 42°56′43.4″	95
						2	20—45	灰棕色	砂壤土	粒状	7.7	4.4	0.26	0.15	5.9						
						C	45—100	灰棕色	砂壤土	粒状	7.6	3.0	0.12	0.13	6.2						
剖44	淋溶土	棕壤	棕壤性	酸性岩类棕壤性土	酸性岩中层山砂土	1	0—20	棕色	砂壤土	粒状	6.6	16.6	0.78	0.37	11.0				以花岗岩为主的酸性岩风化物	E 124°17′54.2″ N 42°53′49.2″	95
						2	20—56	棕色	紧砂土	粒状	7.1	8.9	0.18	0.59	8.3						
						C	56—100	棕黄色	紧砂土	粒状	7.5	4.4	0.16	1.12	6.9						

开 原 市

主要土类说明

棕壤是开原市主要土壤类型，占本市地域面积的 67%。棕壤发生于落叶阔叶林下，但大部分已被垦殖，以旱作为主。该土壤处于硅铝风化阶段，具有黏化特征，呈棕色。土体见黏粒淀积，盐基充分淋失，pH 为 6.0—7.5，见少量游离铁。

草甸土是开原市第二大土壤类型，占本市地域面积的 21%。草甸土是在冷湿条件下，受地下水浸润并在草甸植被下发育形成的土壤。因所处地下水位较高，潜水参与土壤形成过程，受地下水升降与浸润作用，其形成过程具有明显的腐殖质累积和铁锰氧化还原特征，土体出现锈色斑纹层。

水稻土是开原市第三大土壤类型，占本市地域面积的 7%。水稻土是在长期季节性淹灌、水下翻耕、季节性脱水、氧化还原交替影响下，原来成土母质或母土的特性发生重大改变，形成的新的土壤类型。由于干湿交替，水稻土形成糊状淹育层、较坚实板结的犁底层、渗育层、潴育层与潜育层等多种发生层。这些不同发生层是在人为耕作、水浆管理下形成的。

小于本市地域面积 3% 的土壤类型有褐土和沼泽土。

本区域中心区气候特征

本区域中心区气候特征值
Regional climate characteristics in central area of the region

气候带：中温带亚湿润气候 Climate region: Mid temperate subhumid climate	
年平均气温 /℃ Annual average temperature /℃	7.0
年平均最高气温 /℃ Annual average maximum temperature /℃	12.9
年平均最低气温 /℃ Annual average minimum temperature /℃	1.8
年降水量 /mm Annual precipitation /mm	684
≥10℃的积温 /℃ Daily temperature accumulated in a year (≥10℃) /℃	2590
年日照时数 /h Annual sunshine /h	2519
年平均相对湿度 /% Annual average relative humidity /%	65
干燥度 Dryness	0.62

本区域中心区月平均气温与月平均降水量
Monthly temperature and precipitation in central area of the region

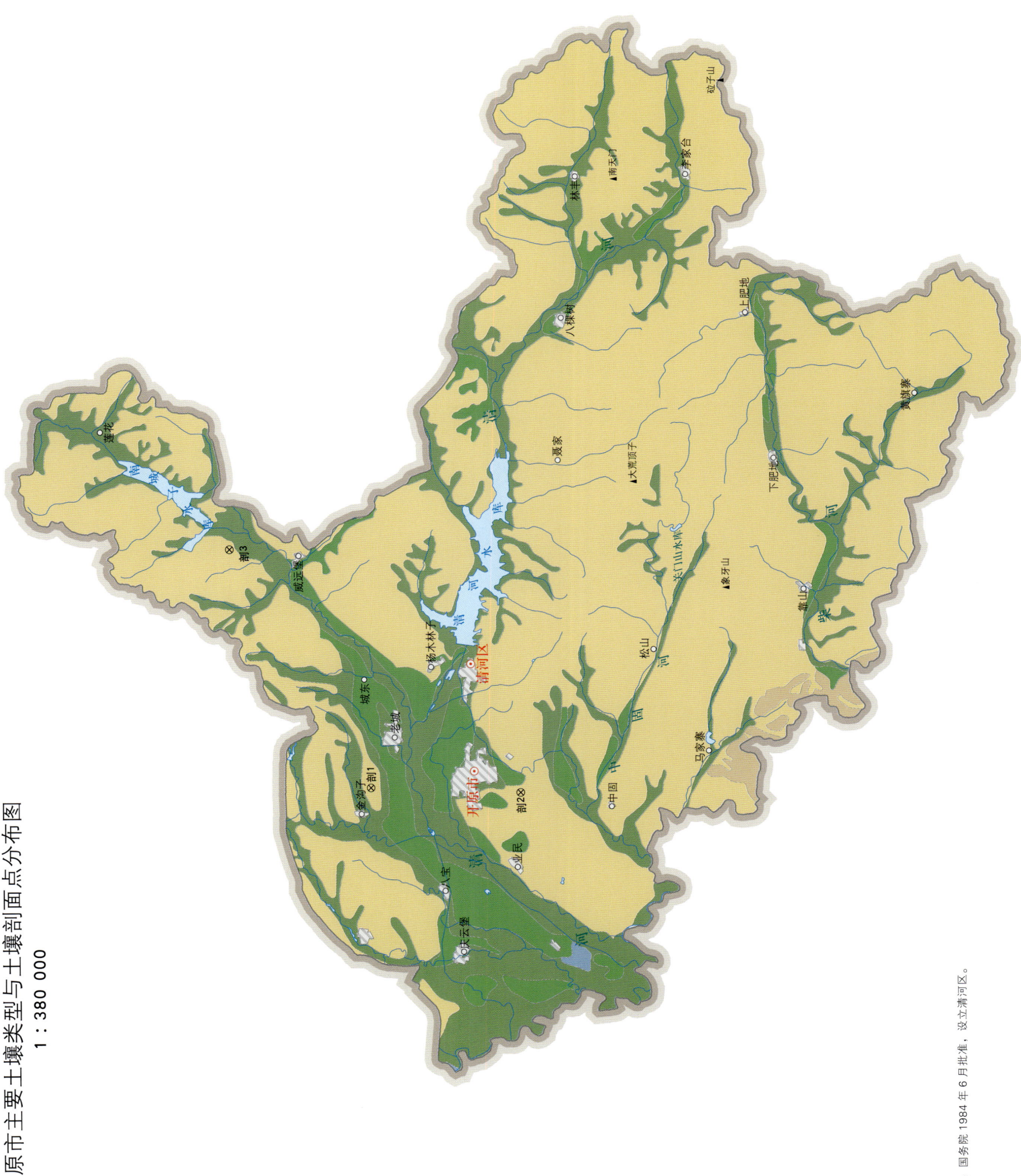

开原市主要土壤类型与土壤剖面点分布图
1∶380 000

图 例
棕壤
草甸土
水稻土
褐土
沼泽土
⊗ 剖面点

注：国务院 1984 年 6 月批准，设立清河区。

第二编　分县土壤图与土壤剖面数据

开原市土壤剖面理化性状表

剖面号	土纲	土类	亚类	土属	土种	土层码	土层厚度/cm	颜色	质地	土壤结构	pH	有机质 OM/(g/kg)	全氮 TN/(g/kg)	全磷 TP/(g/kg)	全钾 TK/(g/kg)	有效磷 AP/(mg/kg)	速效钾 AK/(mg/kg)	阳离子交换量 CEC/(cmol/kg)	土壤母质	剖面点坐标	匹配指数/%
剖1	淋溶土	棕壤	潮棕壤	坡洪积潮棕壤	开原山根土	A	0—55	棕色	黏壤土	粒状	6.3	26.4	1.36	0.51	12.4	2.0	73	19.5	山前洪积物	E 124°02′01.3″ N 42°36′55.1″	95
						Bg	55—90	黄棕色	壤质黏土	块状	6.3	9.6	0.59	0.42	12.4	3.0	59	18.0			
						C	90—120	黄棕色	黏壤土	块状	6.2	3.8	0.21	0.43	12.9	8.0	57	14.8			
剖2	淋溶土	棕壤	潮棕壤	坡洪积潮棕壤	新立山根土	A	0—15	暗棕色	砂壤土	粒状	6.3	16.4	0.85	0.31	13.9	1.0	73	9.4	山前坡积物、洪积物	E 124°00′58.0″ N 42°30′18.4″	82
						AB	15—25	棕色	砂壤土	粒块状	6.3	11.6	0.67	0.32	12.4	3.0	64	10.5			
						Bg	25—56	浅棕色	砂壤土	块状	6.3	6.6	0.41	0.32	11.0	2.0	59	13.0			
						G	56—100	浅棕色	砂壤土		6.2	3.7	0.21	0.33	12.9	8.0	57	14.8			
剖3	淋溶土	棕壤	潮棕壤	潮棕泥砂土	山根土	A	0—15	暗棕色	砂壤土	屑粒状	6.3	16.4	0.85	0.31	13.3	1.0	73	19.4	花岗岩风化坡积物、洪积物	E 124°17′09.6″ N 42°43′06.2″	95
						AB	15—25	棕色	砂壤土	小块状	6.3	11.6	0.67	0.32	12.4	3.0	64	10.5			
						Bt	25—56	亮棕色	砂壤土	块状	6.3	6.6	0.41	0.32	11.0	2.0	59	13.0			
						Bt$_2$	56—100	亮棕色	砂壤土	块状	6.2	3.7	0.21	0.33	12.9	8.0	57	14.8			

朝 阳 市

双塔区、龙城区、朝阳县

主要土类说明

褐土是双塔区、龙城区、朝阳县主要土壤类型，占本区域地域面积的77%。褐土是在半湿润区发育形成的具有黏化与钙质淋移淀积特征的土壤。成土母质主要为黄土和黄土性冲积物。褐土通体以褐色为主，土体中碳酸钙含量较高，平均含量为30—50g/kg，个别高达120—130g/kg。其典型剖面形态特征为：表土层呈浅棕灰色或浅棕褐色，具粒状结构；亚表层呈棕褐色或褐色，质地黏重，具块状结构；钙积层具有明显的钙积作用，具核块状结构，有假菌丝体、石灰斑或钙结核等新生体；底土层，即母质层。

棕壤是双塔区、龙城区、朝阳县第二大土壤类型，占本区域地域面积的12%，呈地带性分布。棕壤通体以棕色为主，有明显的淋溶淀积过程。其典型剖面形态特征为：表土层呈灰棕色，具粒状结构，呈中性或微酸性；心土层呈棕色或棕黄色，质地黏重，具核状结构，结构体表面覆有铁锰胶膜和二氧化硅粉末；底土层主要为第四纪黄土状母质、红土以及各种岩石风化残积物。

草甸土是双塔区、龙城区、朝阳县第三大土壤类型，占本区域地域面积的7%，主要分布在大凌河、小凌河两岸的河漫滩和低阶地，山间沟谷或山间平原也有零星分布，分为草甸土、石灰性草甸土等亚类。草甸土是在冷湿条件下，受地下水浸润并在草甸植被下发育形成的土壤。因所处地下水位较高，潜水参与土壤形成过程，受地下水升降与浸润作用，其形成过程具有明显的腐殖质累积和铁锰氧化还原特征，土体出现锈色斑纹层。

小于本区域地域面积3%的土壤类型有潮土、粗骨土和红黏土。

本区域中心区气候特征

本区域中心区气候特征值
Regional climate characteristics in central area of the region

气候带：暖温带亚湿润气候 Climate region: Warm temperate subhumid climate	
年平均气温 /℃ Annual average temperature /℃	9.3
年平均最高气温 /℃ Annual average maximum temperature /℃	15.8
年平均最低气温 /℃ Annual average minimum temperature /℃	3.5
年降水量 /mm Annual precipitation /mm	506
≥10℃的积温 /℃ Daily temperature accumulated in a year (≥10℃) /℃	3565
年日照时数 /h Annual sunshine /h	2730
年平均相对湿度 /% Annual average relative humidity /%	54
干燥度 Dryness	1.10

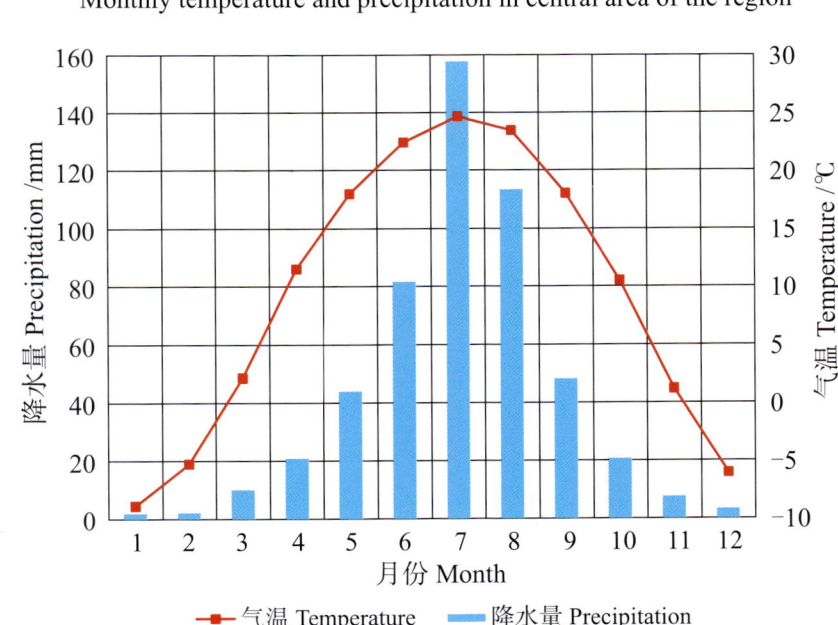

本区域中心区月平均气温与月平均降水量
Monthly temperature and precipitation in central area of the region

双塔区、龙城区、朝阳县主要土壤类型与土壤剖面点分布图
1 : 360 000

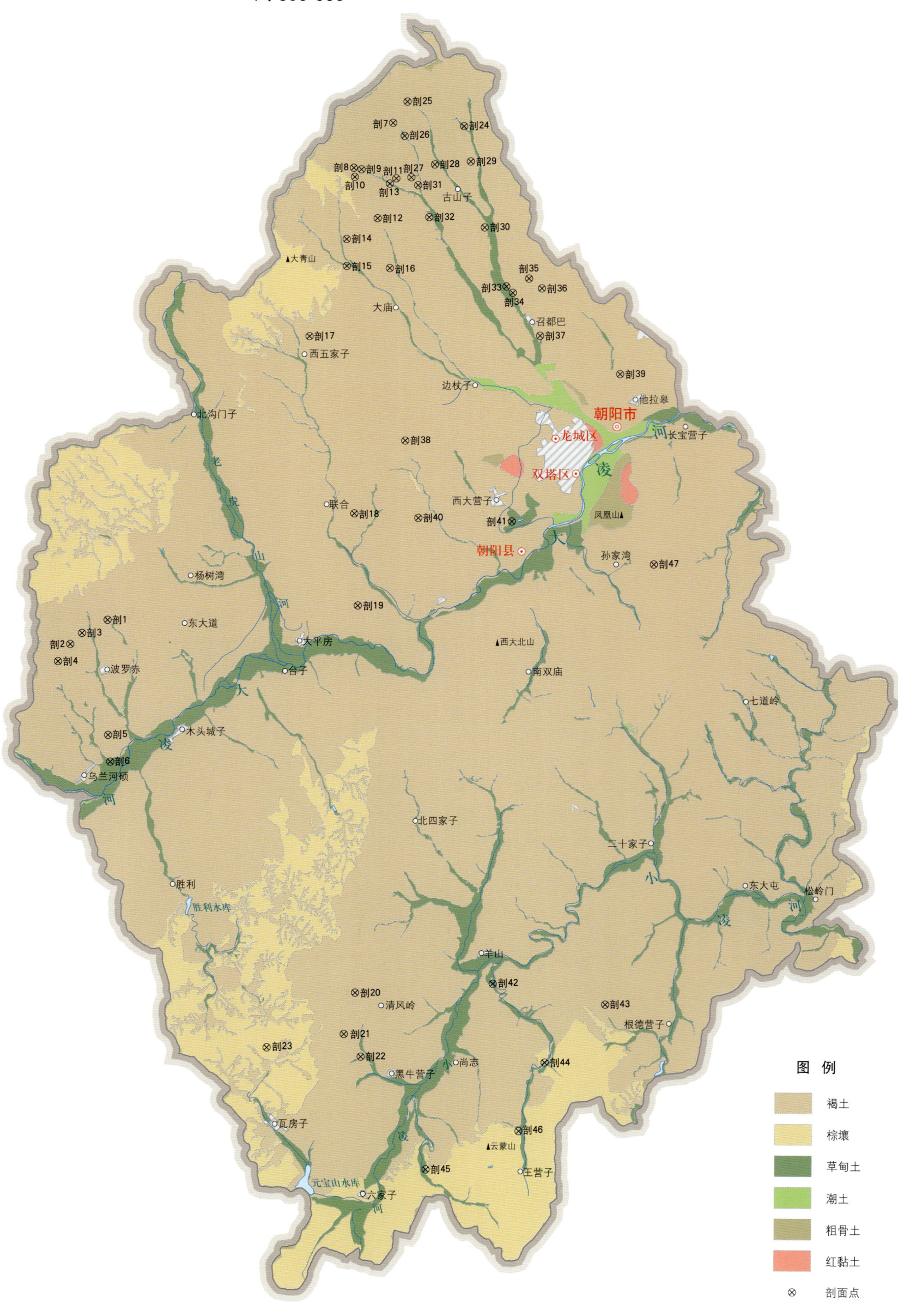

图例：褐土、棕壤、草甸土、潮土、粗骨土、红黏土、⊗ 剖面点

双塔区、龙城区、朝阳县土壤剖面理化性状表

剖面号 Soil profile	土纲 Soil order	土类 Soil great group	亚类 Soil subgroup	土属 Soil genus	土种 Soil species	土层码 Layer code	土层厚度 Depth/cm	颜色 Soil color	质地 Soil texture	土壤结构 Soil structure	pH	有机质 OM/(g/kg)	全氮 TN/(g/kg)	全磷 TP/(g/kg)	全钾 TK/(g/kg)	有效磷 AP/(mg/kg)	速效钾 AK/(mg/kg)	阳离子交换量 CEC/(cmol/kg)	土壤母质 Parent material	剖面点坐标 Profile coordinate	匹配指数 Matching index/%
剖1	半淋溶土	褐土	淋溶褐土	耕型红土淋溶褐土	红土	1	0–18		中壤土		7.3	12.5	0.79	0.62	22.2				第四纪红色黏土	E 119°57′46.4″ N 41°26′22.9″	99
						2	18–30		中壤土		7.6	11.5	0.78	0.54	22.2						
						3	30–60		中壤土		7.5	10.9	0.76	0.44	22.2						
						4	60–100		重壤土		6.2	10.8	0.71	0.38	23.4						
剖2	半淋溶土	褐土	石灰性褐土	耕型坡积石灰性褐土	坡黄土	1	0–17		中壤土		8.0	13.9	0.95	1.47	26.9				坡积物	E 119°55′30.0″ N 41°25′10.9″	98
						2	17–56		中壤土		8.0	11.3	0.78	0.77	25.9						
						3	56–100		中壤土		7.0	10.7	0.71	0.58	25.4						
剖3	半淋溶土	褐土	淋溶褐土	耕型红土淋溶褐土	红土	1	0–10		重壤土		6.7	7.6	0.77	0.47	29.0				第四纪红色黏土	E 119°56′12.1″ N 41°25′43.3″	98
						2	10–29		轻黏土		6.6	3.4	0.51	0.30	27.7						
						3	29–100		重壤土		6.5	2.3	0.50	0.30	28.6						
剖4	半淋溶土	褐土	淋溶褐土	红土淋溶褐土	山红土	1	0–15		中壤土		6.1	36.5	1.85	0.72					第四纪红色黏土	E 119°54′45.4″ N 41°24′21.6″	97
						2	15–85		重壤土		6.3	11.7	0.76	0.50	24.3						
						3	85–100		重壤土		6.8	10.5	0.57	0.48							
剖5	半淋溶土	褐土	石灰性褐土	耕型黄土石灰性褐土	白塂土	1	0–18		中壤土		8.0	10.1	0.81	0.80	22.9				黄土	E 119°58′04.8″ N 41°20′57.8″	98
						2	18–22		中壤土		7.9	9.6	0.76	0.74	22.4						
						3	22–78		重壤土		8.2	7.3	0.66	0.75	20.2						
						4	78–100		重壤土		8.1	6.7	0.55	0.80	25.2						
剖6	半水成土	草甸土	石灰性草甸土	耕型砂质石灰性草甸土	石灰性淤砂黄土	1	0–20		中壤土		7.2	9.5	0.68	1.52	24.2				现代冲积物	E 119°58′16.7″ N 41°19′42.2″	95
						2	20–28		中壤土		7.0	8.6	0.62	1.36	25.1						
						3	28–60		轻壤土		7.1	5.5	0.53	1.29	23.1						
						4	60–100		砂壤土		7.2	2.9	0.43	1.35							
剖7	半淋溶土	褐土	潮褐土	耕型坡积洪积潮褐土	砂砾底山淤黄土	1	0–16		中壤土		7.8	12.3	1.06	0.53					坡积物、洪积物	E 120°14′35.5″ N 41°50′11.4″	97
						2	16–20		重壤土		7.8	8.1	0.84	0.57							
						3	20–78		中壤土		7.9	7.2	0.75	0.78							
						4	78–100		轻壤土		8.0	10.0	0.81	0.87							
剖8	半淋溶土	褐土	潮褐土	耕型坡积洪积潮褐土	山淤黄土	1	0–16		轻壤土		7.9	9.8	0.76	0.91					坡积物、洪积物	E 120°12′12.6″ N 41°48′01.8″	98
						2	16–20		中壤土		7.9	9.5	0.74	0.82							
						3	20–38		中壤土		7.9	9.2	0.64	0.78							
						4	38–100		中壤土		7.7	13.9	1.06	0.83							
剖9	半淋溶土	褐土	淋溶褐土	耕型坡积淋溶褐土	初熟坡黄土	1	0–23		中壤土		7.8	13.4	1.02	0.43					坡积物	E 120°12′42.5″ N 41°47′57.8″	98
						2	23–45		中壤土		7.8	8.4	0.85	0.30							
						3	45–100		中壤土		7.0	9.5	0.73	0.75							
剖10	半淋溶土	褐土	潮褐土	耕型坡积洪积潮褐土	夹砂砾底山淤黄土	1	0–20		轻壤土		7.2	8.8	0.66	0.76					坡积物、洪积物	E 120°12′17.6″ N 41°47′35.9″	95
						2	20–25		轻壤土		7.4	6.4	0.52	0.71	27.7						
						3	25–37		重壤土		7.8	13.8	0.87	0.54	27.5						
						4	37–100		重壤土		7.9	12.9	0.82	0.50	27.9						
剖11	半淋溶土	褐土	褐土	耕型黄土褐土	褐黄土	1	0–13		重壤土		7.8	11.9	0.76	0.52	22.3				黄土	E 120°14′54.6″ N 41°47′35.9″	97
						2	13–20		重壤土		7.7	8.4	0.63	0.52	24.0						
						3	20–80		中壤土		7.5	8.9	0.73	0.71	24.2						
						4	80–100		中壤土		7.3	8.5	0.71	0.66	24.2						
剖12	半淋溶土	褐土	淋溶褐土	耕型坡积淋溶褐土	初熟坡黄土	1	0–19		重壤土		7.8	5.8	0.46	0.63	22.9				坡积物	E 120°13′49.8″ N 41°45′41.8″	98
						2	19–51														
						3	51–100														

续表 Continued

剖面号 Soil profile	土纲 Soil order	土类 Soil great group	亚类 Soil subgroup	土属 Soil genus	土种 Soil species	土层码 Layer code	土层厚度 Depth/cm	颜色 Soil color	质地 Soil texture	土壤结构 Soil structure	pH	有机质 OM/(g/kg)	全氮 TN/(g/kg)	全磷 TP/(g/kg)	全钾 TK/(g/kg)	有效磷 AP/(mg/kg)	速效钾 AK/(mg/kg)	阳离子交换量CEC/(cmol/kg)	土壤母质 Parent material	剖面点坐标 Profile coordinate	匹配指数 Matching index/%
剖13	半水成土	草甸土	石灰性草甸土	耕型壤质石灰性草甸土	石灰性砾石底河淤土	1	0—16		中壤土		7.1	11.7	0.80	0.97					现代冲积物	E 120° 14′ 30.8″ N 41° 47′ 20.8″	95
						2	16—23				7.3	7.3	0.51	1.00							
						3	23—100														
剖14	半淋溶土	褐土	褐土性土	钙镁质褐土性土	三家子石灰土	Ap	0—12	灰棕色	黏壤土	粒状	8.0	14.8	0.98	0.33	16.1	1.0		16.7	石灰岩、白云岩等风化残积物	E 120° 11′ 55.3″ N 41° 44′ 39.5″	81
						AB	12—17	灰棕色	黏质壤土	块状	8.0	10.2	0.74	0.31	15.3	2.0					
						Bt	17—28	浅棕色	黏质黏土	块状	8.4	7.4	0.54	0.27	15.8	2.0					
						C	28—			无明显结构											
剖15	半淋溶土	褐土	淋溶褐土	老褐黄土	黏黄土	A_{11}	0—13	暗棕色	壤质黏土	小块状	7.2	11.0	0.60	0.58	18.3	5.0	92		黄土堆积物	E 120° 11′ 59.3″ N 41° 43′ 23.5″	81
						AB	13—92	棕色	黏质黏土	块状	6.5	4.9	0.33	0.64	19.6	13.0	76				
						Bt	92—130	亮棕色	黏质黏土	块状	6.5	6.7	0.38	0.66	19.0	16.0	108				
						Btk	130—200	黄棕色	黏质黏土	块状	7.9	4.2	0.32	0.55	19.1	15.0	103				
剖16	半淋溶土	褐土	石灰性褐土	耕型石灰岩石灰性褐土	石灰岩鸡粪土	1	0—17	暗棕色	中壤土		8.1	10.8	0.78	0.79	23.3				石灰岩类风化残积物	E 120° 14′ 42.0″ N 41° 43′ 21.7″	95
						2	17—39		重壤土		8.4	9.9	0.71	0.78	29.9						
						3	39—65		黏质黏土		8.0	4.3	0.48	0.53	23.4						
剖17	半水成土	潮土	潮土	壤质潮土	河淤潮土	1	0—19	暗棕色		屑粒状	8.4									E 120° 09′ 48.2″ N 41° 40′ 02.6″	75
						2	19—30	亮棕色	黏壤土	块状	8.3										
						3	30—70	亮棕色	黏壤土	块状	8.4										
						4	70—100		砂壤土		8.1										
剖18	半淋溶土	褐土	褐土性土	石灰岩类褐土性土	薄层石灰岩褐土性土	1	0—15		中壤土		7.3	28.9	1.55	0.68						E 120° 12′ 59.8″ N 41° 31′ 47.3″	98
						2	15—														
剖19	半淋溶土	褐土	石灰性褐土	耕型黄土石灰性褐土	黄白土	1	0—18		中壤土		7.9	12.2	0.85	0.75	26.2				黄土	E 120° 13′ 24.6″ N 41° 27′ 28.4″	98
						2	18—66		中壤土		7.8	10.4	0.72	0.61	24.4						
						3	66—100		中壤土		7.8	8.5	0.66	0.65	25.6						
剖20	半淋溶土	褐土	褐土性土	耕型砂页岩褐土性土	砂页岩黑砂土	1	0—17		砂壤土		7.0	7.1	0.62	1.39						E 120° 14′ 06.4″ N 41° 09′ 14.8″	97
						2	17—				7.0	3.3	0.43	1.95							
剖21	半淋溶土	褐土	淋溶褐土	黄土淋溶褐土	山黄土	1	0—6		重壤土		7.8	12.2	0.78	0.44					黄土	E 120° 13′ 30.4″ N 41° 07′ 16.7″	97
						2	6—100		中壤土		7.8	8.2	0.66	0.35							
剖22	半淋溶土	褐土	潮褐土	耕型黄土潮褐土	暗黄土	1	0—20		重壤土		8.0	15.2	1.06	1.03					黄土状淤积物	E 120° 14′ 36.2″ N 41° 06′ 15.8″	98
						2	20—42		重壤土		7.8	13.8	1.03	0.59							
						3	42—100		中壤土		7.7	8.1	0.75	0.56							
剖23	淋溶土	棕壤	棕壤性土	石灰岩类棕壤性土	薄层石灰岩棕壤土	1	0—7		中壤土		8.0	13.4	0.93	0.93					石灰岩类风化残积物	E 120° 08′ 43.8″ N 41° 06′ 31.7″	97
剖24	半淋溶土	褐土	潮褐土	耕型黄土褐土	夹砂砾暗黄土	1	0—16		轻壤土		7.6	6.8	0.63	1.01					黄土状淤积物	E 120° 19′ 04.8″ N 41° 50′ 08.5″	97
						2	16—22		轻壤土		7.6	6.5	0.62	1.01							
						3	22—38		砂壤土		7.8	6.1	0.59	0.95							
						4	38—57		中壤土		7.8	6.0	0.54	1.05							
						5	57—100		中壤土		7.7	3.4	0.34	0.12							
剖25	半淋溶土	褐土	淋溶褐土	耕型黄土淋溶褐土	会黄土	1	0—14		轻壤土		7.6	10.2	0.81	0.65					黄土	E 120° 15′ 27.4″ N 41° 51′ 12.6″	95
						2	14—56		轻壤土		7.6	7.6	0.69	0.47							
						3	56—100		轻壤土		7.6	6.2	0.55	0.46							
剖26	半水成土	草甸土	石灰性草甸土	耕型砂质石灰性草甸土	石灰性砾石底淤砂土	1	0—14		轻壤土		8.2	4.7	0.44	1.25					现代冲积物	E 120° 15′ 20.9″ N 41° 49′ 36.1″	98
						2	14—31		轻壤土		7.6	3.6	0.43	1.23							
						3	31—41		轻壤土		7.8	3.2	0.42	0.98							
						4	41—56		紧砂土		7.6	1.8	0.27	1.64							
						5	56—100														

续表 Continued

剖面号 Soil profile	土纲 Soil order	土类 Soil great group	亚类 Soil subgroup	土属 Soil genus	土种 Soil species	土层码 Layer code	土层厚度 Depth/cm	颜色 Soil color	质地 Soil texture	土壤结构 Soil structure	pH	有机质 OM/(g/kg)	全氮 TN/(g/kg)	全磷 TP/(g/kg)	全钾 TK/(g/kg)	有效磷 AP/(mg/kg)	速效钾 AK/(mg/kg)	阳离子交换量CEC/(cmol/kg)	土壤母质 Parent material	剖面点坐标 Profile coordinate	匹配指数 Matching index/%
剖27	半淋溶土	褐土	褐土	耕型坡积褐土	坡褐黄土	1	0–10		重壤土		6.9	14.6	1.11	1.05	31.3				坡积物	E 120° 15′ 51.1″ N 41° 47′ 40.2″	97
						2	10–13		重壤土		7.3	13.9	1.09	1.12	32.2						
						3	13–54		重壤土		7.3	10.5	0.83	1.09	33.7						
						4	54–100		重壤土		7.2	9.5	0.81	1.15	32.4						
剖28	半淋溶土	褐土	褐土性土	耕型砂页岩褐土性土	砂页岩砂溜土	1	0–15		中壤土		7.9	10.2	0.69	0.63	29.1				砂岩、砂页岩、砂砾岩等	E 120° 17′ 19.0″ N 41° 48′ 18.4″	97
						2	15–25		中壤土		7.8	6.8	0.62	0.44	27.0						
						3	25–30		中壤土		7.7	6.6	0.60	0.45	28.3						
剖29	半淋溶土	褐土	石灰性褐土	耕型黄土石灰性褐土	黄白土	1	0–17		中壤土		8.1	10.0	0.63	0.94					黄土	E 120° 19′ 34.7″ N 41° 48′ 29.9″	98
						2	17–24		中壤土		8.1	8.4	0.62	0.93							
						3	24–70		重壤土		8.2	6.8	0.55	0.88							
						4	70–100		中壤土		8.1	5.1	0.46	0.98							
剖30	半淋溶土	褐土	淋溶褐土	耕型坡积淋溶褐土	中熟坡黄土	1	0–16		轻壤土		6.9	11.2	0.84	0.75					坡积物	E 120° 20′ 35.5″ N 41° 45′ 25.2″	98
						2	16–21		中壤土		7.0	10.5	0.73	0.59							
						3	21–66		重壤土		7.0	9.9	0.65	0.30							
						4	66–100		重壤土		6.8	8.2	0.63	0.23							
剖31	半淋溶土	褐土	潮褐土	耕型黄土潮褐土	砂砾底坡积黄土	1	0–20		中壤土		8.0	9.5	0.94	1.30					黄土状淤积物	E 120° 16′ 18.1″ N 41° 47′ 18.6″	97
						2	20–33		中壤土		7.9	7.8	0.82	1.20							
						3	33–63		中壤土		8.0	6.3	0.77	1.22							
						4	63–														
剖32	半淋溶土	褐土	褐土性土	幼褐灰泥土	薄钙石土	A11	0–12	灰棕色	砂质黏壤土	屑粒状	8.0	14.8	0.98	0.33	16.1	1.0	96	16.7	石灰岩风化残积物、坡积物	E 120° 17′ 04.2″ N 41° 45′ 49.3″	95
						A12	12–17	灰棕色	黏壤土	块状	8.0	10.2	0.74	0.31	15.3	2.0	78	18.3			
						Bt	17–28	亮棕色	黏壤土	块状	8.4	7.4	0.54	0.27	15.8	2.0	63	8.4			
剖33	半水成土	草甸土	石灰性草甸土	耕型壤质石灰性河潮土	石灰性河潦土	1	0–19		轻壤土		7.9	6.7	0.54	1.08	26.0				现代冲积物	E 120° 22′ 04.4″ N 41° 42′ 40.7″	98
						2	19–30		中壤土		7.7	6.6	0.53	1.23	25.2						
						3	30–70		中壤土		7.7	5.2	0.45	1.42	25.6						
						4	70–100		中壤土		7.9	3.7	0.44	1.21	28.3						
剖34	半淋溶土	褐土	潮褐土	耕型坡积洪积潮褐土	腰黑山淤黄土	1	0–21		重壤土		7.1	7.5	0.75	0.58					坡积物、洪积物	E 120° 22′ 29.6″ N 41° 42′ 23.8″	98
						2	21–54		中壤土		7.1	22.8	1.29	0.93							
						3	54–100		中壤土		7.1	7.4	0.72	0.52							
剖35	半淋溶土	褐土	褐土性土	耕型石灰岩褐土性土	石灰岩山石土	1	0–12		中壤土		8.0	14.8	0.98	0.75	22.9				石灰岩、钙质砂岩、钙质页岩	E 120° 23′ 29.4″ N 41° 43′ 04.8″	97
						2	12–17		中壤土		8.0	11.2	0.74	0.71	>50.0						
						3	17–28		中壤土		7.9	10.4	0.64	0.61	22.5						
剖36	半淋溶土	褐土	石灰性褐土	耕型黄土石灰性褐土	白墡土	1	0–18		中壤土		7.9	12.8	0.88	0.92					黄土	E 120° 24′ 19.1″ N 41° 42′ 38.5″	98
						2	18–71		中壤土		8.0	11.4	0.82	0.79							
						3	71–100		中壤土		7.8	8.3	0.77	0.83							
剖37	半淋溶土	褐土	潮褐土	耕型黄土潮褐土	黑底暗黄土	1	0–22		重壤土		8.0	19.3	1.06	0.88	30.4				黄土状淤积物	E 120° 24′ 18.0″ N 41° 40′ 25.0″	97
						2	22–44		中壤土		7.9	16.0	0.98	0.88	31.2						
						3	44–100		重壤土		7.8	14.8	0.86	0.81	32.0						
剖38	半淋溶土	褐土	石灰性褐土	耕型红土石灰性褐土	红紫瓣土	1	0–15		轻黏土		7.8	9.6	0.78	0.56	28.6				第四纪红色黏土	E 120° 16′ 02.6″ N 41° 35′ 18.2″	95
						2	15–38		重壤土		7.9	7.1	0.61	0.42							
						3	38–100		轻壤土		7.8	4.5	0.59	0.32							
剖39	半淋溶土	褐土	淋溶褐土	耕型坡积淋溶褐土	中熟坡黄土	1	0–18		重壤土		7.9	12.2	1.10	1.53	30.1				坡积物	E 120° 29′ 25.1″ N 41° 38′ 44.2″	98
						2	18–24		重壤土		7.8	11.8	1.10	1.46	30.1						
						3	24–40		轻壤土		7.8	11.4	1.11	1.43	30.0						
						4	40–100		重壤土		7.8	11.3	1.06	1.42	30.7						

续表 Continued

剖面号 Soil profile	土纲 Soil order	土类 Soil great group	亚类 Soil subgroup	土属 Soil genus	土种 Soil species	土层码 Layer code	土层厚度 Depth/cm	颜色 Soil color	质地 Soil texture	土壤结构 Soil structure	pH	有机质 OM/(g/kg)	全氮 TN/(g/kg)	全磷 TP/(g/kg)	全钾 TK/(g/kg)	有效磷 AP/(mg/kg)	速效钾 AK/(mg/kg)	阳离子交换量CEC/(cmol/kg)	土壤母质 Parent material	剖面点坐标 Profile coordinate	匹配指数 Matching index/%
剖40	半淋溶土	褐土	淋溶褐土	耕型黄土状淋溶褐土	黑黄土	1	0—18		中壤土		7.9	12.4	1.03	0.69					黄土	E 120°17′01.3″ N 41°31′40.8″	98
						2	18—21		重壤土		7.9	6.2	0.72	0.30							
						3	21—100		重壤土		8.0	6.2	0.70	0.46							
剖41	半水成土	草甸土	石灰性草甸土	耕型黏质石灰性草甸土	石灰性黏浆土	1	0—18		轻黏土		7.7	18.3	1.29	0.58					现代冲积物	E 120°22′54.8″ N 41°31′39.4″	98
						2	18—40		轻黏土		7.8	11.4	1.27	0.56							
						3	40—100		轻黏土		7.7	8.9	0.85	0.82							
剖42	半水成土	草甸土	草甸土	耕型壤质草甸土	河淤土	1	0—20		中壤土		7.8	12.0	0.84	0.86	24.9				现代冲积物	E 120°22′41.2″ N 41°09′53.6″	97
						2	20—60		中壤土		7.6	11.7	0.80	0.66	23.3						
						3	60—100		中壤土		7.7	8.5	0.70	0.45	24.6						
剖43	半淋溶土	褐土	褐土性土	耕型基性岩褐土性土	基性岩山砂土	1	0—15		轻壤土		7.9	10.7	1.08	0.70	22.7				玄武岩、安山岩、凝灰岩等风化物	E 120°29′45.6″ N 41°09′05.0″	97
						2	15—28		中壤土		8.0	10.6	0.91	0.69	22.5						
						3	28—50		中壤土		8.0	9.3	0.76	0.49	22.5						
剖44	半水成土	草甸土	草甸土	耕型壤质草甸土	砂砾底河淤土	1	0—17		中壤土		7.4	14.6	1.01	0.74					现代冲积物	E 120°26′06.0″ N 41°06′17.3″	97
						2	17—25		中壤土		7.3	13.8	0.95	0.74	25.5						
						3	25—58		中壤土		7.4	11.9	0.95	0.90	24.2						
						4	58—100								26.8						
剖45	淋溶土	棕壤	潮棕壤	耕型坡洪积潮棕壤	潮黄土	1	0—16		中壤土		7.3	14.9	1.26	0.91					坡积物、洪积物	E 120°18′54.4″ N 41°01′07.7″	98
						2	16—65		中壤土		7.5	14.3	1.08	0.95							
						3	65—100		中壤土		7.5	12.9	0.89	0.90							
剖46	淋溶土	棕壤	潮棕壤	耕型坡洪积潮棕壤	砂砾底潮黄土	1	0—15		中壤土		6.7	13.3	0.92	0.92					坡积物、洪积物	E 120°24′36.7″ N 41°03′03.6″	98
						2	15—70		中壤土		6.7	9.4	0.75	0.74							
						3	70—100														
剖47	半淋溶土	褐土	褐土性土	砂页岩类褐土性土	薄层砂页岩褐土性土	1	0—17		轻壤土		7.6	26.9	1.50	0.91						E 120°31′54.5″ N 41°29′51.0″	99
						2	17—														

建 平 县

主要土类说明

褐土是建平县主要土壤类型，占本县地域面积的68%。褐土是在半湿润区发育形成的具有黏化与钙质淋移淀积特征的土壤。该土壤盐基饱和，处于硅铝风化阶段，有明显的黏淀层。在其A–B–C剖面构型中，B层呈棕褐色，B层下部有假菌丝状钙积层。

粗骨土是建平县第二大土壤类型，占本县地域面积的20%。粗骨土属于A–C型，甚至（A）–C型土壤。A层发育不明显，与母质土层性状相似，略显有机质累积。有时母质层富含砾石，很少出现剖面分异与发育特征。

潮土是建平县第三大土壤类型，占本县地域面积的9%。潮土见于近代河流冲积平原或低平阶地，地下水位高，潜水参与成土过程。在潮土成土过程中，底土氧化还原交替作用，形成锈色斑纹和小型铁子。在长期耕作条件下，表层有机质含量为10—15g/kg。

小于本县地域面积3%的土壤类型有红黏土、风沙土、石质土和棕壤。

本区域中心区气候特征

本区域中心区气候特征值
Regional climate characteristics in central area of the region

气候带：中温带亚干旱气候 Climate region: Mid temperate subarid climate	
年平均气温 /℃ Annual average temperature /℃	8.4
年平均最高气温 /℃ Annual average maximum temperature /℃	15.3
年平均最低气温 /℃ Annual average minimum temperature /℃	2.3
年降水量 /mm Annual precipitation /mm	427
≥10℃的积温 /℃ Daily temperature accumulated in a year (≥10℃) /℃	4311
年日照时数 /h Annual sunshine /h	2804
年平均相对湿度 /% Annual average relative humidity /%	50
干燥度 Dryness	1.19

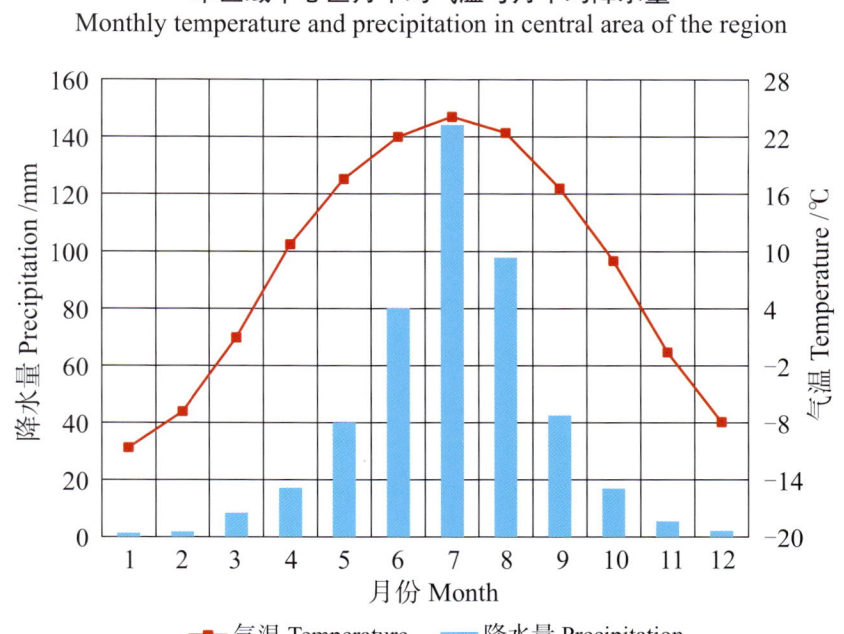

本区域中心区月平均气温与月平均降水量
Monthly temperature and precipitation in central area of the region

建平县主要土壤类型与土壤剖面点分布图
1∶390 000

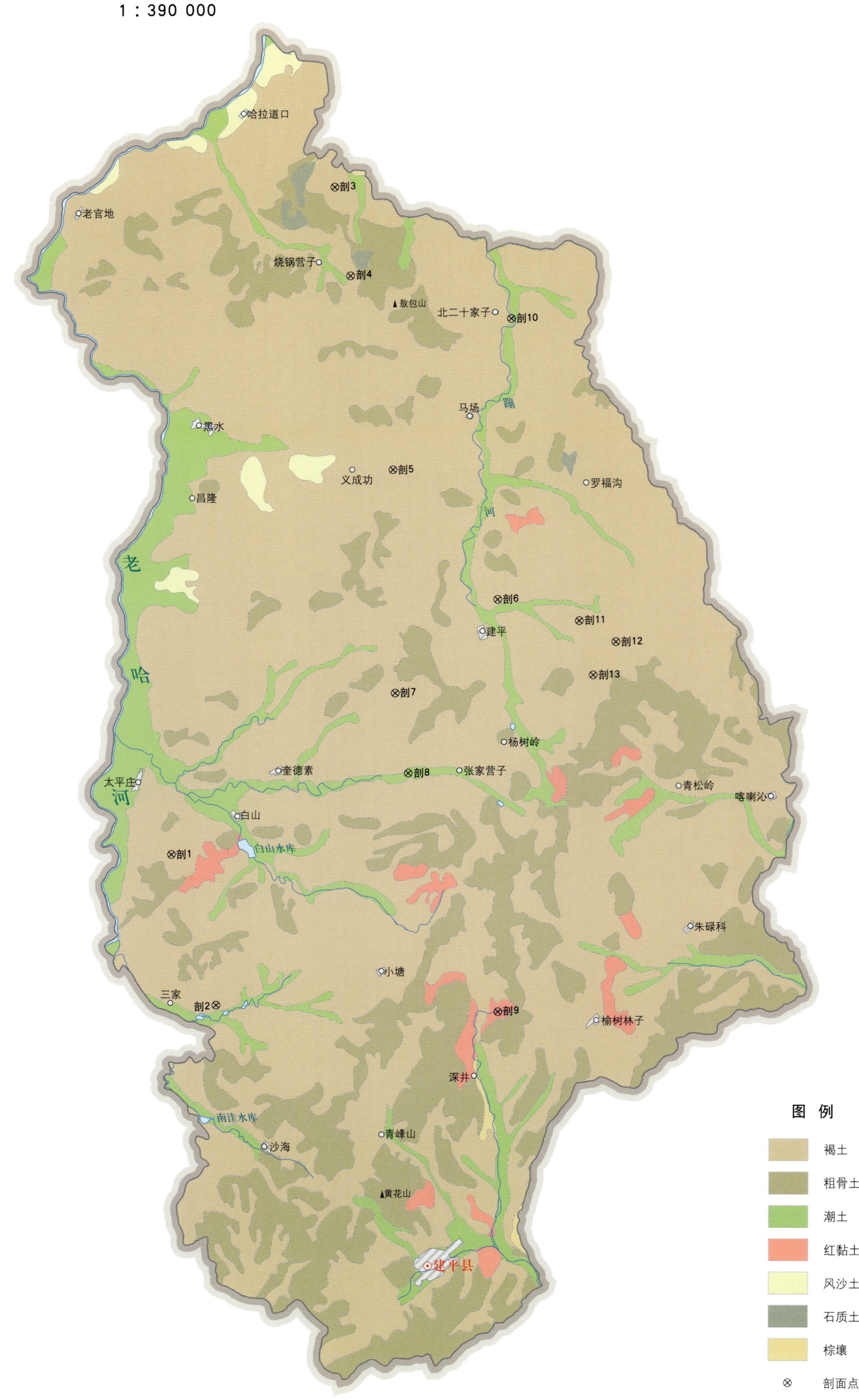

建平县土壤剖面理化性状表

剖面号 Soil profile	土纲 Soil order	土类 Soil great group	亚类 Soil subgroup	土属 Soil genus	土种 Soil species	土层码 Layer code	土层厚度 Depth/cm	颜色 Soil color	质地 Soil texture	土壤结构 Soil structure	pH	有机质 OM/(g/kg)	全氮 TN/(g/kg)	全磷 TP/(g/kg)	全钾 TK/(g/kg)	有效磷 AP/(mg/kg)	速效钾 AK/(mg/kg)	阳离子交换量 CEC/(cmol/kg)	土壤母质 Parent material	剖面点坐标 Profile coordinate	匹配指数 Matching index/%
剖1	半淋溶土	褐土	石灰性褐土	黄土质石灰性褐土	建平黄白土	A	0–15	暗棕灰色	黏壤土	粒状状	8.5								富含碳酸钙的风积砂黄土	E 119°22′03.0″ N 41°43′56.6″	95
						AB	15–49	浊棕色	黏壤土	块状	8.5										
						Bk	49–75	浊棕色	黏壤土	块状	8.6										
						BC	75–130	浊橙色	黏壤土	块状	8.6										
剖2	半淋溶土	褐土	石灰性褐土	火褐黄土	薄坡黄白土	A	0–18	浊黄棕色	砂壤土	小块状	8.5	7.3	0.33	0.20	18.6			17.6	黄土坡积物	E 119°24′39.2″ N 41°36′36.4″	95
						AB	18–45	浊黄棕色	砂质黏壤土	块状	8.5	8.9	0.44	0.28	17.9			21.2			
						Btk	45–65	浅棕色	砂质黏壤土	块状	8.6	7.2	0.38	0.25	19.4			19.2			
						C	65–102	黄橙色	壤黏土		8.3	5.0	0.24	0.14	17.3			18.0			
剖3	半淋溶土	褐土	潮褐土	潮褐黄土	潮黄黄土	A_{11}	0–18	暗棕色	砂质黏壤土	屑粒状	8.1	18.0	1.10	0.38	25.1	6.0	137	16.7	黄土	E 119°33′54.4″ N 42°15′48.2″	95
						AB	18–40	棕色	壤质黏壤土	块状	8.2	16.1	0.96	0.39	20.8	4.0	111	20.8			
						Bk	40–95	浊棕色	壤质黏壤土	块状	8.2	12.3	0.74	0.40	21.5	4.0	105	18.4			
						Btu	95–155	浊棕色	壤质黏壤土		8.1	9.7	0.61	0.45	20.6	5.0	100	16.3			
剖4	半淋溶土	褐土	石灰性褐土	火褐黄土	薄黄黄土	A	0–20	暗棕色	砂质黏壤土	小块状	8.1	14.1	0.88	0.33	21.8	6.0	91	17.5	黄土	E 119°34′44.4″ N 42°11′31.6″	95
						AB	20–45	棕色	砂质黏壤土	块状	8.1	12.9	0.74	0.40	21.6	5.0	99	16.4			
						Bk_1	45–65	棕色	砂质黏壤土	块状	8.1	10.2	0.58	0.34	20.3	4.0	92	18.0			
						Bk_2	65–160	棕色	砂质黏壤土	块状	8.2		0.43	0.41	19.9	4.0	109	14.3			
剖5	半淋溶土	褐土	石灰性褐土	火褐黄土	砂黄白土	A_{11}	0–19	浅黄色	砂壤土	小块状	8.3	4.9	0.30	0.13	16.7			9.9	黄土	E 119°37′05.2″ N 42°02′08.2″	95
						Btk_1	19–34	黄色	黏壤土	块状	8.3	3.3	0.23	0.14	18.8			10.8			
						Btk_2	34–102	黄色	黏壤土	块状	8.4	3.2	0.20	0.13	14.2			8.9			
剖6	半淋溶土	褐土	石灰性褐土	火褐黄土	坡黄白土	A_{11}	0–20	浊黄棕色	砂质黏壤土	屑粒状	8.3	10.6	0.70	0.15	13.2	1.0	65	18.7	黄土坡积物	E 119°43′36.1″ N 41°55′44.4″	95
						AB	20–45	浊黄棕色	黏壤土	块状	8.3	10.3	0.75	0.27	11.8	1.0	64	18.3			
						Btk	45–82	浊黄棕色	黏壤土	块状	8.4	7.4	0.48	0.16	11.4	1.0	51	25.2			
						Ck	82–130	亮黄棕色	砂质黏壤土	块状	8.4	4.9	0.37	0.16	12.0	1.0	54	19.8			
剖7	半淋溶土	褐土	石灰性褐土	黄土质石灰性褐土	砂黄黄土	A	0–19	灰黄色	砂壤土	屑粒状	8.3								富含碳酸钙的风积砂黄土	E 119°36′47.2″ N 41°51′23.8″	95
						AB	19–34	黄色	壤土	块状	8.3										
						Bk	34–102	黄色	壤土	块状	8.4										
剖8	潮土		潮土	潮泥土	潮淤土	A_{11}	0–22	亮棕色	黏壤土	小块状	8.7	14.8	0.77	0.84		1.0	75		河流冲积物	E 119°37′28.2″ N 41°47′31.2″	95
						AC	22–49	亮棕色	黏壤土	核块状	8.6	9.2	0.42	0.52		1.0	47				
						Cu_1	49–62	浊黄棕色	砂质黏壤土	大块状	8.1	11.2	0.66	0.54		1.0	49				
						Cu_2	62–90	浊黄橙色	黏壤土	块状	8.5	3.6	0.27	0.58		4.0	47				
						C	90–120	橙色	砂壤土	块状	8.5	4.0	0.24	0.46		11.0	44				
剖9	初育土	红黏土	红黏土	覆钙红黏土	建平石红土	Ap	0–15	浅棕黄色	砂质黏壤土	粒块状	8.2	7.9	0.49	<0.10	12.2			19.6	第四纪红色黏土堆积物	E 119°42′47.2″ N 41°35′53.2″	95
						C	15–100	暗红黏色	黏质黏壤土	核块状	8.0	2.7	0.16	<0.10	15.4			32.9			
剖10	半淋溶土	褐土	石灰性褐土	坡积石灰性褐土	义成功坡黄白土	A	0–18	暗黄棕色	砂质黏壤土	粒块状	8.5								黄土堆积物	E 119°45′05.4″ N 42°09′12.6″	81
						AB	18–45	栗色	砂质黏壤土	块状	8.5										
						Bk	45–65	灰黄色	砂质黏壤土	块状	8.3										
						C	65–102	黄色	砂质黏壤土	砂粒状	8.3										
剖11	半淋溶土	褐土	石灰性褐土	坡积石灰性褐土		粒坡黄白土	Ap	0–20	褐色	砂质黏壤土	粒块状	8.3								黄土坡积物	E 119°48′49.3″ N 41°54′34.6″	81
						AB	20–45	灰黄色	黏壤土	块状	8.3										
						Bk	45–82	黄色	黏壤土	块状	8.4										
						C	82–130	黄色	黏壤土	块状	8.4										

续表 Continued

剖面号 Soil profile	土纲 Soil order	土类 Soil great group	亚类 Soil subgroup	土属 Soil genus	土种 Soil species	土层码 Layer code	土层厚度/cm Depth/cm	颜色 Soil color	质地 Soil texture	土壤结构 Soil structure	pH	有机质 OM/(g/kg)	全氮 TN/(g/kg)	全磷 TP/(g/kg)	全钾 TK/(g/kg)	有效磷 AP/(mg/kg)	速效钾 AK/(mg/kg)	阳离子交换量CEC/(cmol/kg)	土壤母质 Parent material	剖面点坐标 Profile coordinate	匹配指数 Matching index/%
剖12	半淋溶土	褐土	褐土性土	幼褐泥土	厚槽石土	A	0—8	暗棕色	黏壤土	屑粒状	8.4	13.7	0.69	0.29	15.1	10.0	96	13.0	安山岩风化残积物、坡积物	E 119°51′08.3″ N 41°53′30.1″	95
						Bt	8—50	亮棕色	黏壤土	块状	8.3	8.3	0.43	0.17	14.3	10.0	101	13.8			
						C₁	50—65	亮棕色	黏壤土	块状	8.4	7.5	0.36	0.10	15.3	10.0	89	15.1			
						C₂	65—		砂壤土		8.1	2.4	0.21	0.14	15.5	10.0	121	10.6			
剖13	半淋溶土	褐土	褐土性土	铁镁质褐土性土	罗卜沟槽石土	A	0—8	暗棕色	黏壤土	粒状	8.4	13.7	0.69	0.29	15.1	10.0		13.0	安山岩、凝灰岩等岩石风化残积物	E 119°49′36.5″ N 41°51′56.9″	95
						Bt	8—50	浅棕色	黏壤土	块状	8.3	8.3	0.43	0.17	14.3	10.0		13.8			
						BC	50—65	浅棕色	黏壤土	块状	8.4	7.5	0.36	0.10	15.3	10.0		15.1			
						C	65—		砂壤土	粒状	8.1	2.4	0.31	0.14	15.5	10.0		10.6			

喀喇沁左翼蒙古族自治县

主要土类说明

粗骨土是喀喇沁左翼蒙古族自治县主要土壤类型，占本县地域面积的 44%。粗骨土属于 A–C 型，甚至（A）–C 型土壤。A 层发育不明显，与母质土层性状相似，略显有机质累积。有时母质层富含砾石，很少出现剖面分异与发育特征。

褐土是喀喇沁左翼蒙古族自治县第二大土壤类型，占本县地域面积的 38%。褐土是在半湿润区发育形成的具有黏化与钙质淋移淀积特征的土壤。该土壤盐基饱和，处于硅铝风化阶段，有明显的黏淀层。在其 A–B–C 剖面构型中，B 层呈棕褐色，B 层下部有假菌丝状钙积层。土壤 pH 为 7.0—7.5，盐基饱和度在 80% 以上。

潮土是喀喇沁左翼蒙古族自治县第三大土壤类型，占本县地域面积的 10%。潮土见于近代河流冲积平原或低平阶地，地下水位高，潜水参与成土过程。在潮土成土过程中，底土氧化还原交替作用，形成锈色斑纹和小型铁子。在长期耕作条件下，表层有机质含量为 10—15g/kg。

棕壤占本县地域面积的 5%。棕壤发生于落叶阔叶林下，但大部分已被垦殖，以旱作为主。该土壤处于硅铝风化阶段，具有黏化特征，呈棕色。土体见黏粒淀积，盐基充分淋失，pH 为 6.0—7.5，见少量游离铁。

红黏土占本县地域面积的 3%。深厚黄土层下，常见第三纪红色黏土（保德期红黏土）埋藏。厚层黄土层侵蚀殆尽处，红色黏土层露出，形成的母质性状明显的初育土，即红黏土。其黏粒含量高，塑性强，生物作用微弱，母质特性明显，pH 为 7.0—8.0，有时夹有砂姜。

本区域中心区气候特征

本区域中心区气候特征值
Regional climate characteristics in central area of the region

气候带：中温带亚湿润气候 Climate region: Mid temperate subhumid climate	
年平均气温 /℃ Annual average temperature /℃	9.5
年平均最高气温 /℃ Annual average maximum temperature /℃	15.9
年平均最低气温 /℃ Annual average minimum temperature /℃	3.8
年降水量 /mm Annual precipitation /mm	515
≥10℃的积温 /℃ Daily temperature accumulated in a year（≥10℃）/℃	3738
年日照时数 /h Annual sunshine /h	2727
年平均相对湿度 /% Annual average relative humidity /%	55
干燥度 Dryness	1.11

本区域中心区月平均气温与月平均降水量
Monthly temperature and precipitation in central area of the region

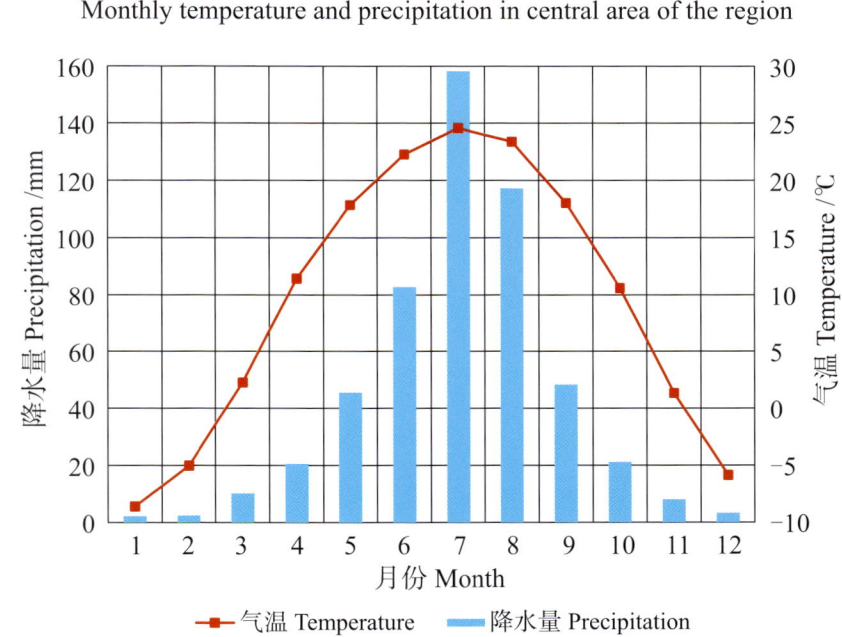

喀喇沁左翼蒙古族自治县主要土壤类型与土壤剖面点分布图
1∶290 000

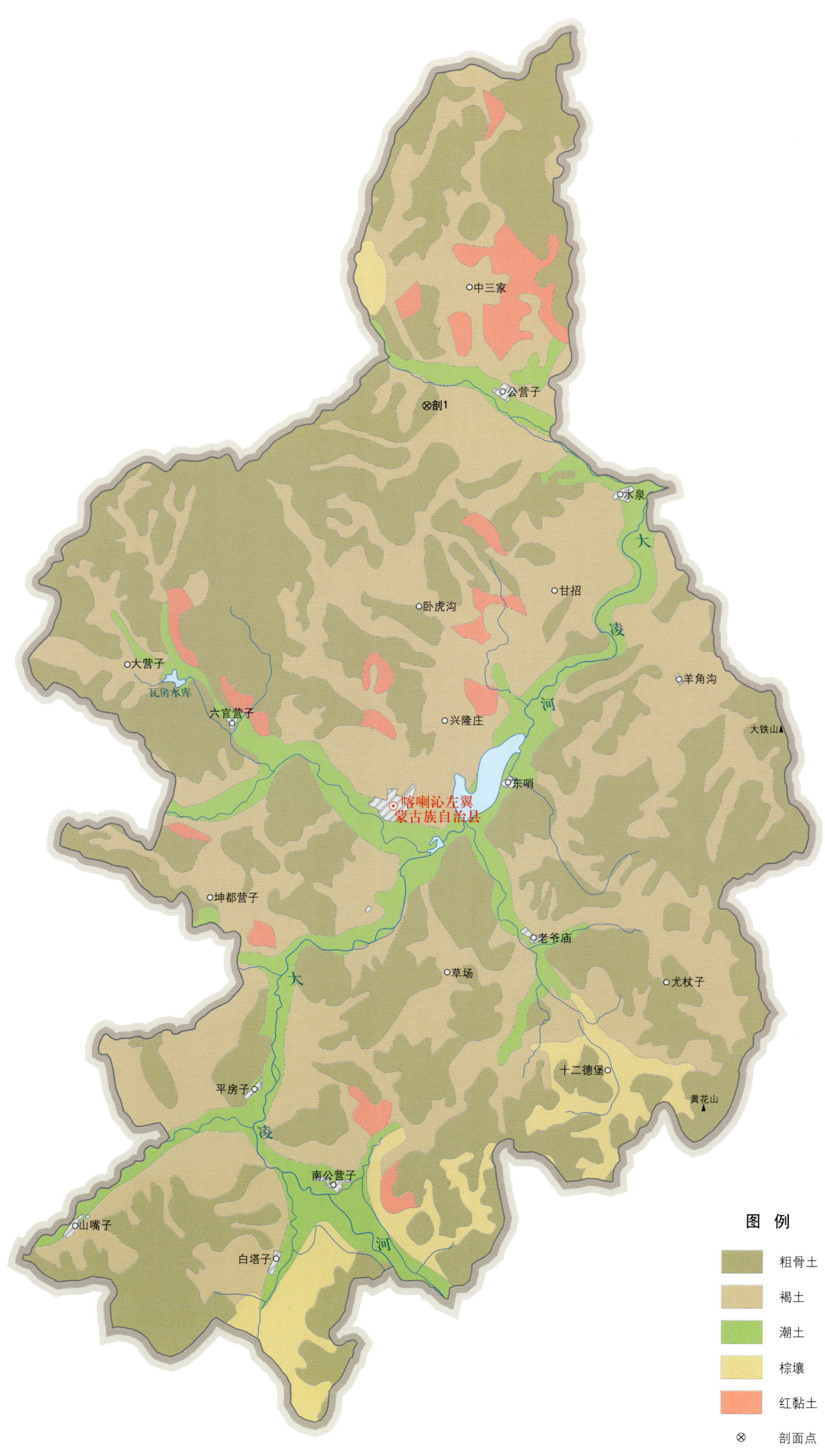

喀喇沁左翼蒙古族自治县土壤剖面理化性状表

剖面号 Soil profile	土纲 Soil order	土类 Soil great group	亚类 Soil subgroup	土属 Soil genus	土种 Soil species	土层码 Layer code	土层厚度 Depth/cm	颜色 Soil color	质地 Soil texture	土壤结构 Soil structure	pH	有机质 OM/(g/kg)	全氮 TN/(g/kg)	全磷 TP/(g/kg)	全钾 TK/(g/kg)	土壤母质 Parent material	剖面点坐标 Profile coordinate	匹配指数 Matching index/%
剖1	初育土	粗骨土	钙质粗骨土	黄黑土	灰砾土	A	0—19	棕黑色	砂壤土	团粒状或碎块状	7.9	46.6	3.22	0.18	22.8	石灰岩风化残积物	E 119°46′44.4″ N 41°21′03.6″	95
						C	19—59	浅灰色	砂壤土		8.3	2.9	0.20	<0.10	11.6			

北 票 市

主要土类说明

褐土是北票市主要土壤类型，占本市地域面积的81%。褐土是在半湿润区发育形成的具有黏化与钙质淋移淀积特征的土壤。该土壤盐基饱和，处于硅铝风化阶段，有明显的黏淀层。在其A–B–C剖面构型中，B层呈棕褐色，B层下部有假菌丝状钙积层。土壤pH在7.5左右，盐基饱和度在80%以上。其典型剖面形态特征为：表土层呈棕褐色，具粒状结构；亚表层呈褐色或棕褐色，质地偏黏，具核块状结构；钙积层有假菌丝体、石灰斑或钙结核等新生体，石灰性褐土、潮褐土和褐土亚类在距地表1m内可见钙积层，淋溶褐土的钙积层出现在距地表1—3m处或更深；底土层，即母质层，多为黄土或岩石风化物。本市褐土分为褐土性土、褐土、石灰性褐土、淋溶褐土、潮褐土等亚类。

棕壤是北票市第二大土壤类型，占本市地域面积的7%，主要分布在本市南部和东南部，地处本省棕壤带的边缘。棕壤发生于落叶阔叶林下，但大部分已被垦殖，以旱作为主。该土壤处于硅铝风化阶段，具有黏化特征，呈棕色。土体见黏粒淀积，盐基充分淋失，pH为6.0—7.5，见少量游离铁。本市棕壤分为棕壤性土、棕壤和潮棕壤三个亚类。

草甸土是北票市第三大土壤类型，占本市地域面积的7%，主要分布在沿河两岸的河漫滩、低阶地以及丘陵漫岗间的低平地或山间平原，土层深厚。成土母质为近代淤积物或洪积物，质地粗细不一，层次分化明显，具有明显的砂黏相间的层次排列。地下水位较高，一般为1—3m。受地下水升降活动的影响，土壤氧化还原交替频繁，土体下部常有锈斑或铁锰结核。本市草甸土分为草甸土、石灰性草甸土和盐化草甸土三个亚类。由于石灰性草甸土呈微碱性，亚铁离子在碱性条件下形成氢氧化铁沉淀，降低了铁离子随地下水移动的活性，因此，在土体中很难见到锈斑或铁锰结核。由于盐化草甸土地下水矿化度高，春季向地表渍盐，可见盐斑和结皮。

小于本市地域面积3%的土壤类型有粗骨土和潮土。

本区域中心区气候特征

本区域中心区气候特征值
Regional climate characteristics in central area of the region

气候带：中温带亚干旱气候 Climate region: Mid temperate subarid climate	
年平均气温 /℃ Annual average temperature /℃	8.5
年平均最高气温 /℃ Annual average maximum temperature /℃	15.1
年平均最低气温 /℃ Annual average minimum temperature /℃	2.5
年降水量 /mm Annual precipitation /mm	474
≥10℃的积温 /℃ Daily temperature accumulated in a year（≥10℃）/℃	3620
年日照时数 /h Annual sunshine /h	2761
年平均相对湿度 /% Annual average relative humidity /%	54
干燥度 Dryness	1.07

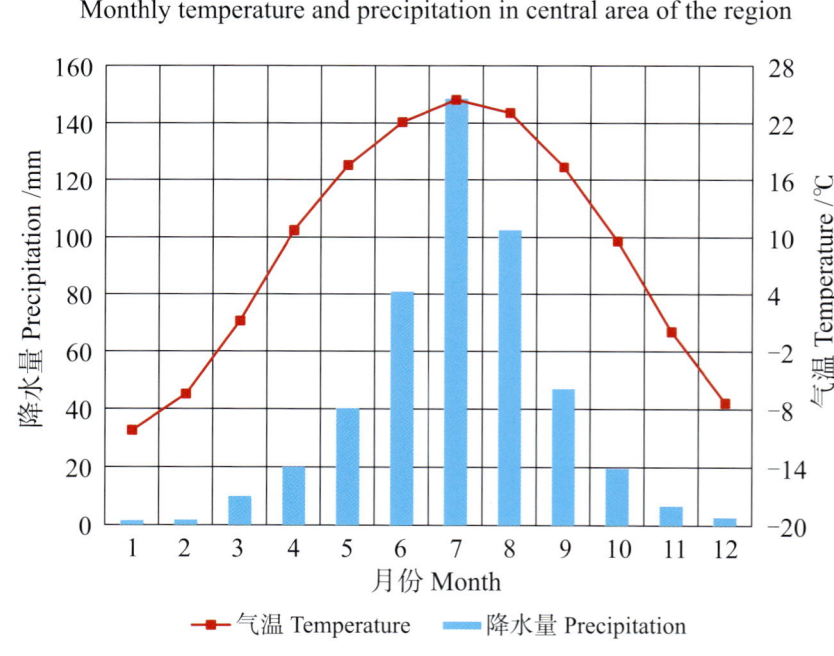

本区域中心区月平均气温与月平均降水量
Monthly temperature and precipitation in central area of the region

北票市主要土壤类型与土壤剖面点分布图
1:370 000

北票市土壤剖面理化性状表

剖面号	土纲	土类	亚类	土属	土种	土层码	土层厚度/cm	颜色	质地	土壤结构	pH	有机质OM/(g/kg)	全氮TN/(g/kg)	全磷TP/(g/kg)	全钾TK/(g/kg)	有效磷AP/(mg/kg)	速效钾AK/(mg/kg)	阳离子交换量CEC/(cmol/kg)	土壤母质	剖面点坐标	匹配指数/%
剖1	半淋溶土	褐土	淋溶褐土	黄土性淋溶褐土	中腐山褐黄土	1	0—10		中壤土		7.7	13.4	0.44	0.71	22.0				黄土	E 120°29′53.9″ N 42°00′59.2″	97
						2	10—37		重壤土		7.7	5.8	0.32	0.65	18.9						
						3	37—100		重壤土		7.4	4.7	0.33	0.55	26.4						
剖2	半淋溶土	褐土	淋溶褐土	耕型黄土淋溶褐土	黑褐黄土	1	0—16		轻壤土		7.7	8.4	0.52	0.40					黄土	E 120°30′05.4″ N 42°00′28.9″	97
						2	16—23		轻壤土		7.5	8.8	0.60	0.40							
						3	23—96		中壤土		7.8	7.7	0.41	0.43							
						4	96—100		中壤土		7.7	7.2	0.65	0.25							
剖3	半淋溶土	褐土	石灰性褐土	耕型黄土石灰性褐土	白塘土	1	0—16		中壤土		7.5	4.7	0.41	0.57					黄土	E 120°43′00.5″ N 42°09′46.1″	97
						2	16—30		中壤土		7.4	3.1	0.26	0.63							
						3	30—53				7.4	3.4	0.38	0.51							
						4	53—100		中壤土		7.4	2.8	0.25	0.41							
剖4	半淋溶土	褐土	褐土	褐土	褐黄土	A_{11}	0—19	暗黄褐色	黏壤土	块状	7.7	9.0	0.67	0.12	17.2	6.0	245	20.4	黄土堆积物	E 120°45′37.4″ N 42°10′11.7″	95
						A_{12}	19—25	油黄色	壤质黏土	块状	7.7	8.6	0.61	0.11	17.7	5.0	262	20.0			
						Bt	25—65	亮黄棕色	壤质黏土	棱柱状	7.6	7.0	0.50	0.15	16.9	4.0	238	19.5			
						Btk	65—120	黄色	壤质黏土	棱柱状	7.8	3.5	0.30	0.12	17.0	3.0	245	17.7			
剖5	半淋溶土	褐土	石灰性褐土	耕型黄土石灰性褐土	灰黄土	1	0—19		重壤土		7.0	5.7	0.77	0.75					黄土	E 120°44′32.6″ N 42°09′31.3″	97
						2	19—26		重壤土		7.2	4.5	0.48	0.76							
						3	26—70				7.5	3.8	0.37	0.82							
						4	70—100				7.4	4.3	0.37	0.97							
剖6	半淋溶土	褐土	潮褐土	耕型黄土潮褐土	暗黄褐土	1	0—20		轻壤土		7.7	6.7	0.41	0.37	24.9				黄土淤积物	E 120°37′43.0″ N 42°08′31.2″	97
						2	20—41		轻壤土		7.6	6.6	0.38	0.37	25.2						
						3	41—100		中壤土		7.5	5.5	0.35	0.35	25.9						
剖7	半淋溶土	褐土	褐土	耕型黄土褐土	褐黄砂土	1	0—19		中壤土		7.8	9.0	0.67	0.28	24.4				黄土	E 120°40′35.8″ N 42°08′01.3″	97
						2	19—25		中壤土		7.8	8.6	0.61	0.25	25.1						
						3	25—33		中壤土		7.5	7.0	0.50	0.34	24.0						
						4	33—100		中壤土		7.8	3.5	0.30	0.30	24.2						
剖8	半淋溶土	褐土	潮褐土	潮褐黄土	老潮黄土	A_{11}	0—17	灰棕色	砂质黏壤土	小块状	7.5	22.2	0.99	0.37	20.9	8.0	254	17.1	黄土	E 120°33′19.4″ N 42°07′25.7″	95
						A_{12}	17—26	灰棕色	砂质黏壤土	块状	7.5	10.1	0.75	0.30	19.8	7.0	227	15.5			
						AB	26—53	油黄色	壤质黏壤土	块状	7.5	10.4	0.78	0.28	16.2	7.0	205	12.1			
						Bku	53—102	黄色	砂质黏土	粒状	7.7	6.3	0.67	0.28	17.3	6.0	214	13.1			
剖9	半淋溶土	褐土	淋溶褐土	黄土质淋溶褐土	北票黄土	A	0—10	灰棕色	黏壤土	粒状	7.7								第四纪黄土状沉积物	E 120°36′39.6″ N 42°06′11.9″	81
						AB	10—37	褐棕色	壤质黏土	柱状	7.7										
						Bt	37—100	浅棕黄色	壤质黏土	柱状	7.4										
剖10	半淋溶土	褐土	褐土性	幼褐泥土	槽石土	A	0—18	暗棕色	砂质黏壤土	屑粒状	7.4	14.2	0.81	0.32	12.7	8.0	148	16.4	安山岩风化残积物,坡积物	E 120°41′39.8″ N 42°04′46.6″	95
						Bt	18—33	灰棕色	砂质黏壤土	块状	7.5	6.9	0.47	0.17	14.4	5.0	153	14.2			
						C	33—55	亮棕色	砂质黏壤土	粒状	7.4	2.3	0.18	0.13	19.6	3.0	162	10.2			
剖11	半淋溶土	褐土	潮褐土	坡洪积潮褐土	腰砂坡洪土	Ap	0—16	灰棕色	砂壤土	团块状	7.7								坡积物、洪积物	E 120°43′55.6″ N 42°04′37.2″	95
						AB	16—36	灰黄色	砂质黏壤土	粒状	7.8										
						Bt	56—100	褐色	砂质黏壤土	核块状	7.8										

续表 Continued

剖面号 Soil profile	土纲 Soil order	土类 Soil great group	亚类 Soil subgroup	土属 Soil genus	土种 Soil species	土层码 Layer code	土层厚度 Depth/cm	颜色 Soil color	质地 Soil texture	土壤结构 Soil structure	pH	有机质 OM/(g/kg)	全氮 TN/(g/kg)	全磷 TP/(g/kg)	全钾 TK/(g/kg)	有效磷 AP/(mg/kg)	速效钾 AK/(mg/kg)	阳离子交换量 CEC/(cmol/kg)	土壤母质 Parent material	剖面点坐标 Profile coordinate	匹配指数 Matching index/%
剖12	半淋溶土	褐土	潮褐土	耕型黄土潮褐土	腰聚黄褐土	1	0-17		轻壤土		7.5	30.2	0.77	0.43					黄土状淤积物	E 120° 43′ 13.4″ N 42° 04′ 18.1″	97
						2	17-26		轻壤土		7.6	29.3	0.66	0.46							
						3	26-43		中壤土		7.5	33.4	0.93	0.49							
						4	43-100		中壤土		7.5	27.9	0.73	0.44							
剖13	半淋溶土	褐土	潮褐土	耕型黄土潮褐土	夹砂黑底黄褐土	1	0-22		轻壤土		7.5	30.8	0.73	0.41					黄土淤积物	E 120° 35′ 26.5″ N 42° 04′ 16.7″	97
						2	22-28		中壤土		7.5	19.1	0.28	0.20							
						3	28-100		中壤土		7.8	26.9	0.57	0.23							
剖14	半淋溶土	褐土	石灰性褐土	黄土质石灰性褐土	三宝黄白土	Ap	0-16	暗棕灰色	黏壤土	粒块状	7.5								富含碳酸钙的黄土或砂黄土	E 120° 44′ 53.2″ N 42° 03′ 48.6″	81
						P	16-23	浊棕色	壤质黏土	片状	7.5										
						AB	23-53	褐色	黏壤土	块状	7.7										
						Bk	53-102	黄色	壤质黏壤土	棱柱状	7.8										
剖15	半淋溶土	褐土	褐土性	幼褐灰泥土	中钙石土	A	0-25	棕色	砂质黏壤土	屑粒状	7.8	24.3	1.49	0.48	19.8	1.0	112	13.2	石灰岩风化残积物、坡积物	E 120° 42′ 40.7″ N 42° 03′ 33.5″	81
						Bt	25-55	棕色	黏质壤土	块状	8.6	17.8	1.05	0.39	19.0	1.0	105	19.8			
						C	55-100	浅棕灰色	壤质黏壤土		9.3	5.2	0.33	0.18	12.5	2.0	20	14.4			
剖16	半淋溶土	褐土	潮褐土	耕型黄土潮褐土	黑底黄褐土	1	0-30		中壤土		7.3	32.7	0.85	0.52					黄土淤积物	E 120° 36′ 22.0″ N 42° 02′ 32.6″	97
						2	30-42		中壤土		7.3	34.5	0.96	0.45							
						3	42-100		重壤土		7.4	30.2	0.96	0.35							
剖17	半淋溶土	褐土	石灰性褐土	黄土质石灰性褐土	板黄白土	Ap	0-16	灰褐色	黏壤土	粒块状	7.5								富含碳酸钙的黄土或砂黄土	E 120° 41′ 02.0″ N 42° 02′ 08.5″	81
						P	16-23	浅褐色	壤质黏土	片状	7.6										
						Bk₁	23-53	褐色	壤质黏土	块状	7.8										
						Bk₂	53-102	黄色	壤质黏壤土	块状	7.7										
剖18	半淋溶土	褐土	褐土	坡积褐土	北票坡黄土	Ap	0-20	浊棕色	砂质黏壤土	粒块状	8.1		0.84	0.27	18.3	1.0	69	16.9	黄土坡积物	E 120° 39′ 29.2″ N 42° 01′ 41.9″	81
						Bt	20-60	浊红棕色	砂质黏壤土	团块状	8.6		0.57	0.25	18.3	1.0	69	18.5			
						Bk	60-170	浊红棕色	砂质黏壤土	块状	8.5		0.66	0.25	18.3	3.0	77	20.4			
						BC	170-200	浊红棕色	黏质黏土	块状	8.5		0.51	0.24	18.3	2.0	69	19.5			
剖19	半淋溶土	褐土	潮褐土	潮褐泥砂土	坡淤土	1	0-20	浊红棕色	砂质黏壤土	屑粒状	7.6		0.45	0.20	18.3	1.0	120	14.5	黄土状坡积物、洪积物	E 120° 30′ 28.4″ N 42° 01′ 33.6″	95
						2	20-55	棕色	砂质黏壤土	小块状	7.3	12.0	0.73								
						3	55-80	棕色	砂质黏壤土	块状	7.7	8.2	0.57								
剖20	半淋溶土	褐土	潮褐土	坡积褐土	坡淤土	Ap	0-20	棕色	砂质黏壤土	块状	7.7	10.0	0.66						坡积物、洪积物	E 120° 41′ 31.8″	81
						AB	20-55	浊红棕色	砂质黏壤土	块状	7.7	8.8	0.51								
						Bt₁	55-80	浊红棕色	砂质黏壤土	块状	7.7	6.2	0.45								
						Bt₂	80-110	浊红棕色	砂质黏壤土	块状	7.6										
						BC	110-160	浊红棕色	黏质黏壤土	块状	7.6										
剖21	半淋溶土	褐土	淋溶褐土	红土淋溶褐土	中腐山红褐土	1	0-20	棕色	重壤土	块状	7.7	12.7		0.18	23.9				第四纪红色黏土	E 120° 44′ 37.3″ N 42° 00′ 52.9″	97
						2	20-80	棕色	重壤土	块状	7.6	27.8		0.33	22.8						
						3	80-100	棕色	重壤土	块状	7.6	2.0	0.94	0.34	24.3						
剖22	半淋溶土	褐土	石灰性褐土	耕型红石灰性褐土	红褐土	1	0-16	棕色	中壤土	屑粒状	7.5	18.2	1.16		22.8				红土	E 120° 38′ 11.8″ N 42° 00′ 23.0″	97
						2	16-46	棕色	中壤土	块状	7.5	17.9	0.87	0.37	24.4						
						3	46-100	棕色	中壤土	块状	7.4	4.0	0.58		24.3						
剖23	半淋溶土	褐土	褐土	耕型红土褐土	红黄土	1	0-20	棕色	轻壤土	块状	7.5	8.3	0.64		24.5				红土	E 120° 39′ 20.5″ N 42° 00′ 14.4″	97
						2	20-45	棕色	中壤土	块状	7.4	7.2	0.55	0.29	19.6						
						3	45-100	棕色	中壤土	块状	7.4	5.1	0.49	0.29	23.7						

续表 Continued

剖面号 Soil profile	土纲 Soil order	土类 Soil great group	亚类 Soil subgroup	土属 Soil genus	土种 Soil species	土层码 Layer code	土层厚度 Depth/cm	颜色 Soil color	质地 Soil texture	土壤结构 Soil structure	pH	有机质 OM/(g/kg)	全氮 TN/(g/kg)	全磷 TP/(g/kg)	全钾 TK/(g/kg)	有效磷 AP/(mg/kg)	速效钾 AK/(mg/kg)	阳离子交换量CEC/(cmol/kg)	土壤母质 Parent material	剖面点坐标 Profile coordinate	匹配指数 Matching index/%
剖24	半淋溶土	褐土	石灰性褐土	黄土石灰性褐土	薄腐岗黄白土	1	0—10		轻壤土		7.5	30.6	0.69	0.38	21.1				黄土	E 120°55′04.8″ N 42°09′01.1″	97
						2	10—30		轻壤土		7.6	27.8	0.35	0.34	22.2						
						3	30—100		轻壤土		7.5	26.4	0.46	0.25	21.5						
剖25	半淋溶土	褐土	潮褐土	黄土质潮褐土	南台潮黄土	Ap	0—17	灰棕色	砂质黏壤土	粒状	7.5								第四纪黄土沉积物	E 120°56′19.3″ N 42°08′35.2″	82
						P	17—26	灰棕色	砂质黏壤土	片状	7.5										
						AB	26—53	褐色	砂质黏壤土	块状	7.5										
						Bk	53—103	黄色	砂质黏土	块状	7.7										
剖26	半淋溶土	褐土	褐土性土	酸性岩类褐性土	酸性岩岩槽石土	1	0—18	暗棕色	中壤土		7.4	20.5	1.25	0.83					玄武岩,安山岩等残积物	E 120°50′40.2″ N 42°07′50.2″	92
剖27	半淋溶土	褐土	褐土性土	铁镁质褐土性	土坡子槽石土	Ap	0—18	暗棕色	砂壤土	粒状	7.4	14.2	0.81	0.32	12.7	8.0	148	10.4		E 120°52′58.8″ N 42°05′45.2″	81
						Bt	18—33	灰棕色	砂质黏壤土	块状	7.5	6.9	0.47	0.17	14.4	5.0	153	8.2			
						BC	33—55	浅棕色	砂质黏壤土	块状	7.4	2.3	0.18	0.13	19.6	3.0	162	6.2			
剖28	半淋溶土	褐土	石灰性褐土	坡积石灰性褐土	北票坡黄土	Ap	0—19	暗灰黄色	砂质黏壤土	粒块状	7.4								黄土坡积物	E 120°47′20.8″ N 42°01′59.2″	95
						P	19—26	褐黄色	砂质黏壤土	弱块片状	7.4										
						Bt	26—70	灰黄色	砂质黏壤土	块状	7.6										
						Bk	70—140	黄色	砂质黏土	块状	7.7										
剖29	半淋溶土	褐土	石灰性褐土	火褐黄褐土	老坡黄白土	A_{11}	0—19	暗黄褐色	砂质黏壤土	小块状	8.3	9.7	0.67	0.33	13.1	5.0	186	15.4	黄土坡积物	E 120°27′45.7″ N 41°58′17.8″	95
						A_{12}	19—26	浊黄色	砂质黏壤土	块状	8.2	4.5	0.28	0.33	12.6	4.0	177	14.2			
						B	26—70	浅黄色	砂质黏壤土	块状	8.2	3.8	0.17	0.36	13.7	3.0	182	15.0			
						Btk	70—140	黄色	砂质黏壤土	块状	8.2	4.3	0.27	0.42	14.9	3.0	195	16.1			
剖30	半淋溶土	褐土	潮褐土	褐土型菜园土	油黄褐土	1	0—23		中壤土		7.5	22.2	0.99	0.84	29.7					E 120°30′27.0″ N 41°56′07.4″	97
						2	23—32		中壤土		7.6	10.1	0.75	0.68	28.1						
						3	32—60		中壤土		7.6	14.4	0.88	0.65	23.0						
						4	60—100		重壤土		7.7	12.3	0.97	0.63	24.6						
剖31	淋溶土	棕壤	潮棕壤	耕型黄土状潮棕壤	黄土	1	0—27		中壤土		7.5	10.6	0.77	0.44	27.5				黄土状母质	E 121°13′44.4″ N 41°50′38.0″	97
						2	27—56		中壤土		7.6	5.5	0.42	0.40	24.5						
						3	56—100		中壤土		7.5	6.3	0.55	0.25	21.0						
剖32	半淋溶土	褐土	石灰性褐土	火褐黄褐土	北票黄白土	A_{11}	0—16	灰棕色	黏壤土	小块状	8.0	9.7	0.81	0.25	16.5	5.0	189		黄土	E 120°43′41.9″ N 41°45′52.9″	95
						A_{12}	16—23	油棕色	壤质黏壤土	块状	8.1	3.1	0.26	0.28	16.7	4.0	197				
						Btk	23—53	黄色	壤质黏壤土	块状	8.2	3.4	0.28	0.22	16.9	3.0	212				
						BC	53—102	黄色	砂质黏壤土	块状	8.2	2.8	0.25	0.18	15.6	3.0	193				
剖33	淋溶土	棕壤	棕壤	黄土状棕壤	薄腐山黄土	1	0—28		重壤土		7.6	25.3	1.30	1.58	24.3				黄土状母质	E 121°13′12.0″ N 41°48′24.5″	97
						2	28—100		重壤土		7.5	24.4	1.09	1.69	22.0						
剖34	淋溶土	棕壤	棕壤	耕型红土棕壤	红黏土	1	0—18		轻壤土		7.1	8.1	0.60	0.36	25.9				红土	E 120°44′50.6″ N 41°28′31.8″	92
						2	18—23		轻壤土		7.9	6.9	0.54	0.42	28.5						
						3	23—54		轻壤土		7.1	3.4	0.38	0.31	24.4						
						4	54—100		轻壤土		7.0	3.0	0.33	0.33	24.4						

凌 源 市

主要土类说明

粗骨土是凌源市主要土壤类型，占本市地域面积的 56%。粗骨土属于 A–C 型，甚至（A）–C 型土壤。A 层发育不明显，与母质土层性状相似，略显有机质累积。有时母质层富含砾石，很少出现剖面分异与发育特征。

褐土是凌源市第二大土壤类型，占本市地域面积的 27%。褐土是在半湿润区发育形成的具有黏化与钙质淋移淀积特征的土壤，土壤盐基饱和，处于硅铝风化阶段，有明显的黏淀层。该土壤腐殖质层一般厚 15cm 左右，有机质含量为 20—30g/kg，呈暗棕色。黏化层有机质含量与腐殖质层相比明显减少，呈亮棕色，黏粒含量较腐殖质层有所增加，结构体表面可见光性定向黏粒胶膜。钙积层碳酸盐含量明显高于腐殖质层和黏化层，多具白色假菌丝体、松软粉末或结核。母质层为黄土状母质及岩石风化坡积物或洪积物，无明显结构。本市褐土分为褐土性土、褐土、石灰性褐土、淋溶褐土和潮褐土五个亚类。

棕壤是凌源市第三大土壤类型，占本市地域面积的 10%。棕壤发生于落叶阔叶林下，但大部分已被垦殖，以旱作为主。该土壤处于硅铝风化阶段，具有黏化特征，呈棕色。土体见黏粒淀积，盐基充分淋失，pH 为 6.0—7.5，见少量游离铁。

草甸土占本市地域面积的 6%。草甸土是在冷湿条件下，受地下水浸润并在草甸植被下发育形成的土壤。因所处地下水位较高，潜水参与土壤形成过程，受地下水升降与浸润作用，其形成过程具有明显的腐殖质累积和铁锰氧化还原特征，土体出现锈色斑纹层。

小于本市地域面积 3% 的土壤类型有潮土。

本区域中心区气候特征

本区域中心区气候特征值
Regional climate characteristics in central area of the region

气候带：暖温带亚湿润气候 Climate region: Warm temperate subhumid climate	
年平均气温 /℃ Annual average temperature /℃	9.5
年平均最高气温 /℃ Annual average maximum temperature /℃	16.0
年平均最低气温 /℃ Annual average minimum temperature /℃	3.9
年降水量 /mm Annual precipitation /mm	517
≥ 10℃的积温 /℃ Daily temperature accumulated in a year（≥ 10℃）/℃	3804
年日照时数 /h Annual sunshine /h	2720
年平均相对湿度 /% Annual average relative humidity /%	56
干燥度 Dryness	1.11

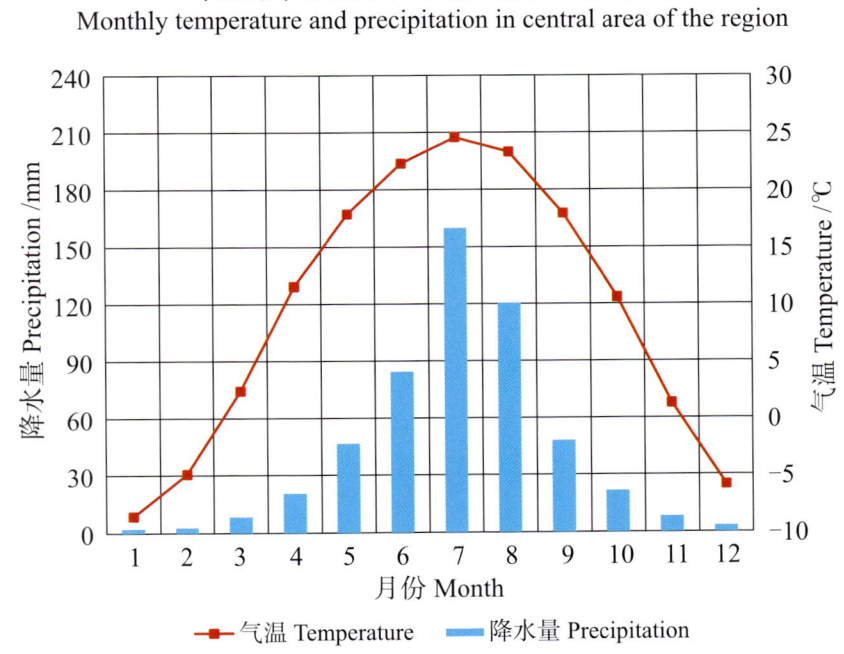

本区域中心区月平均气温与月平均降水量
Monthly temperature and precipitation in central area of the region

凌源市主要土壤类型与土壤剖面点分布图
1 : 310 000

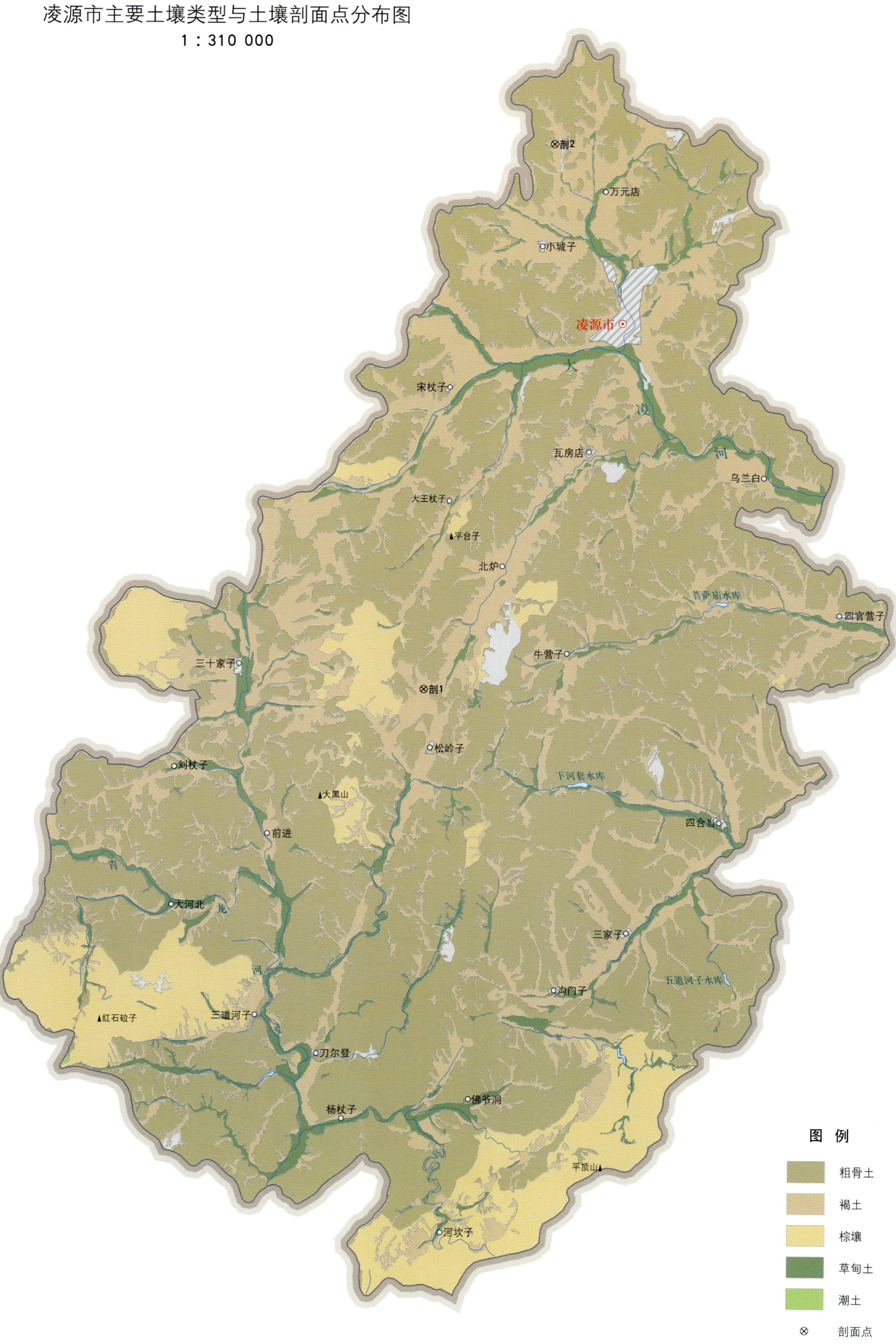

图例：粗骨土、褐土、棕壤、草甸土、潮土、⊗ 剖面点

凌源市土壤剖面理化性状表

剖面号 Soil profile	土纲 Soil order	土类 Soil great group	亚类 Soil subgroup	土属 Soil genus	土种 Soil species	土层码 Layer code	土层厚度 Depth/cm	颜色 Soil color	质地 Soil texture	土壤结构 Soil structure	pH	有机质 OM/(g/kg)	全氮 TN/(g/kg)	全磷 TP/(g/kg)	全钾 TK/(g/kg)	有效磷 AP/(mg/kg)	速效钾 AK/(mg/kg)	阳离子交换量CEC/(cmol/kg)	土壤母质 Parent material	剖面点坐标 Profile coordinate	匹配指数 Matching index/%
剖1	半淋溶土	褐土	淋溶褐土	黄土质淋溶褐土	米杖子黄土	Ap	0—20	棕色	黏壤土	粒块状	7.5								第四纪黄土沉积物	E 119°12′53.3″ N 41°00′15.8″	81
						Bt₁	20—80	暗棕色	壤质黏土	棱块状	7.8										
						Bt₂	80—130	暗棕色	壤质黏土	小棱块状	7.8										
						Bt₃	130—205	棕色	壤质黏土	大棱块状	7.6										
						Bk	205—	浊棕色	壤质黏土	大棱块状	7.9										
剖2	半淋溶土	褐土	淋溶褐土	老褐黄土	老褐黄土	A₁₁	0—20	棕色	黏壤土	小块状	7.5	15.8	1.24	0.51	23.4	10.0	194	22.2	黄土堆积物	E 119°20′29.8″ N 41°21′59.0″	95
						Bt₁	20—80	暗棕色	壤质黏土	棱块状	7.8	13.9	0.99	0.49	22.9	17.0	172	29.8			
						Bt₂	80—130	暗棕色	壤质黏土	小棱块状	7.8	10.8	0.82	0.48	22.4	33.0	186	29.7			
						Bt₃	130—205	棕色	壤质黏土	大棱块状	7.6	6.7	0.71	0.54	22.4	44.0	243	27.4			
						Bk	205—250	浊棕色	壤质黏土	棱块状	8.0	6.1	0.69	0.64	22.7	44.0	180	21.5			

葫芦岛市

市辖区

主要土类说明

棕壤是葫芦岛市主要土壤类型，占本市地域面积的49%。棕壤发生于落叶阔叶林下，但大部分已被垦殖，以旱作为主。该土壤处于硅铝风化阶段，具有黏化特征，呈棕色。土体见黏粒淀积，盐基充分淋失，见少量游离铁。

粗骨土是葫芦岛市第二大土壤类型，占本市地域面积的26%。粗骨土属于A–C型，甚至（A）–C型土壤。A层发育不明显，与母质土层性状相似，略显有机质累积。有时母质层富含砾石，很少出现剖面分异与发育特征。

潮土是葫芦岛市第三大土壤类型，占本市地域面积的23%。潮土见于近代河流冲积平原或低平阶地，地下水位高，潜水参与成土过程。在潮土成土过程中，底土氧化还原交替作用，形成锈色斑纹和小型铁子。在长期耕作条件下，表层有机质含量为10—15g/kg。

小于本市地域面积3%的土壤类型有褐土和滨海盐土。

本区域中心区气候特征

本区域中心区气候特征值
Regional climate characteristics in central area of the region

气候带：暖温带亚湿润气候 Climate region: Warm temperate subhumid climate	
年平均气温 /℃ Annual average temperature /℃	9.6
年平均最高气温 /℃ Annual average maximum temperature /℃	15.4
年平均最低气温 /℃ Annual average minimum temperature /℃	4.6
年降水量 /mm Annual precipitation /mm	550
≥10℃的积温 /℃ Daily temperature accumulated in a year (≥10℃) /℃	3525
年日照时数 /h Annual sunshine /h	2705
年平均相对湿度 /% Annual average relative humidity /%	58
干燥度 Dryness	1.04

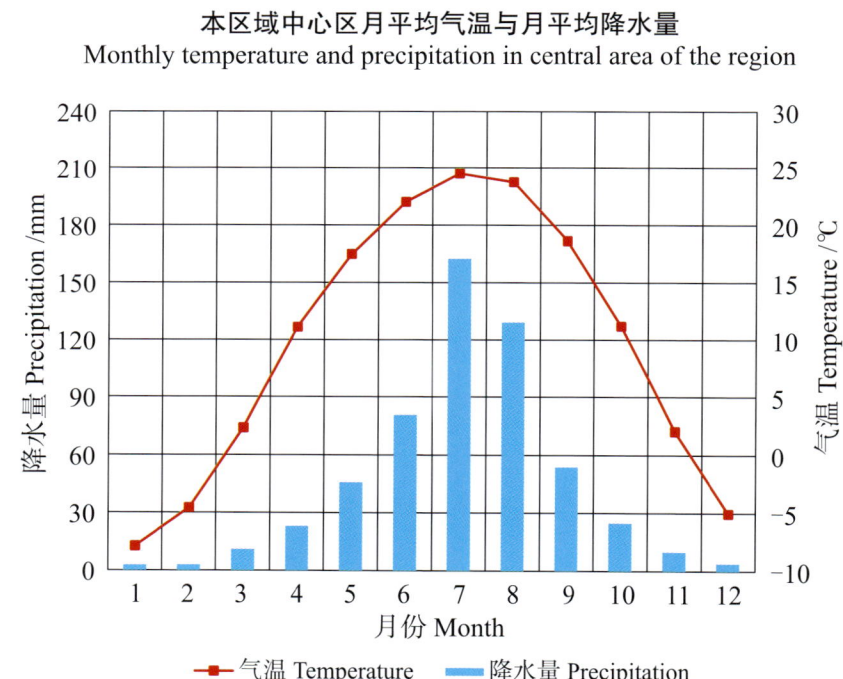

本区域中心区月平均气温与月平均降水量
Monthly temperature and precipitation in central area of the region

葫芦岛市市辖区主要土壤类型与土壤剖面点分布图

1:270 000

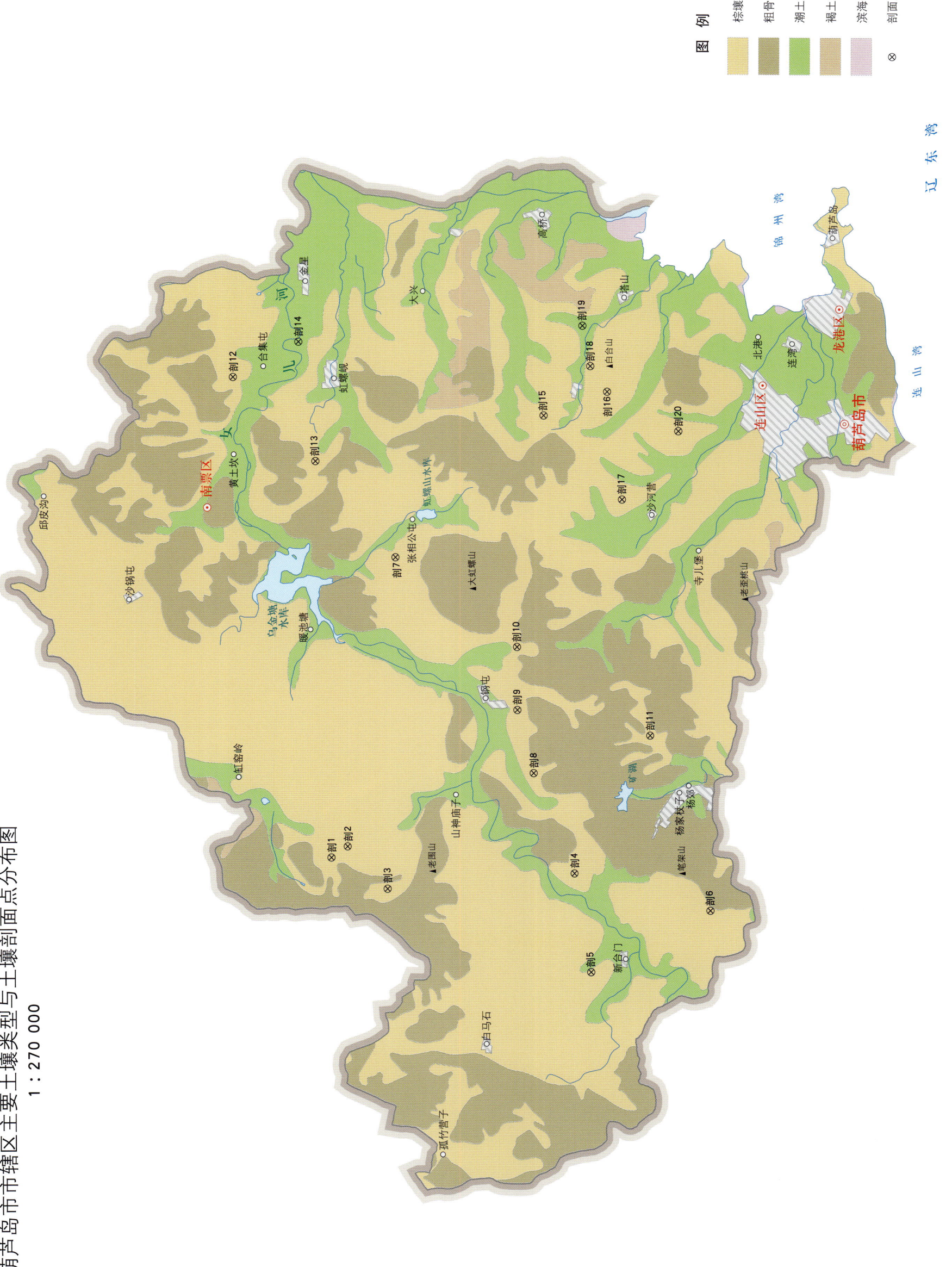

葫芦岛市土壤剖面理化性状表

剖面号 Soil profile	土纲 Soil order	土类 Soil great group	亚类 Soil subgroup	土属 Soil genus	土种 Soil species	土层码 Layer code	土层厚度 Depth/cm	颜色 Soil color	质地 Soil texture	土壤结构 Soil structure	pH	有机质 OM/(g/kg)	全氮 TN/(g/kg)	全磷 TP/(g/kg)	全钾 TK/(g/kg)	有效磷 AP/(mg/kg)	速效钾 AK/(mg/kg)	阳离子交换量CEC/(cmol/kg)	土壤母质 Parent material	剖面点坐标 Profile coordinate	匹配指数 Matching index/%
剖1	淋溶土	棕壤	棕壤性土	耕型砂页岩棕壤性土	耕型中层砂页岩棕壤性土	1	0—14	浅棕色	轻壤土	团块状	7.5	9.0	0.60	0.47	18.0	6.0	99		砂岩、页岩、砂页岩等风化残积物	E 120°29′23.3″ N 41°00′40.0″	75
						2	14—19	浅棕色	轻壤土	片状	7.4	8.6	0.42	0.52	18.0	9.0	91				
						3	19—32	红棕色	砂壤土	团块状	7.3	5.0	0.30	0.45	20.0	1.0	82				
剖2	淋溶土	棕壤	棕壤性土	砂页岩类棕壤性土	薄层砂页岩棕壤性土	1	0—7	灰白色	松砂土	粒状	7.2	43.9	1.31	1.03	11.7	15.0	76			E 120°29′55.3″ N 41°00′05.8″	75
						2	7—100	灰黄色		块状	7.5	1.5	0.57	0.77	7.1	21.0	43				
剖3	淋溶土	棕壤	棕壤性土	耕型石灰岩棕壤性土		1	0—10	浅棕色	重壤土	粒状	7.1	20.6	1.12	0.90	20.9	24.0	169		石灰岩风化坡积物	E 120°27′59.8″ N 40°58′38.3″	93
						2	10—100	灰白色		块状	6.9	10.5	0.75	0.64	22.1	8.0	95				
剖4	淋溶土	棕壤	棕壤	耕型坡积棕壤	耕型壤质坡积棕壤	1	0—15	暗棕色		团粒状	7.5	11.2	0.24	0.46	26.5	4.0	185		岩石风化坡积物	E 120°28′57.4″ N 40°52′01.2″	95
						2	15—39	暗棕色		团粒状	7.3	8.9	0.21	0.54	21.8	1.0	87				
						3	39—100	浅棕色		块状	6.6	1.5	0.16	<0.10	27.4	1.0	96				
剖5	淋溶土	棕壤	棕壤性土	酸性岩类棕壤性土	薄层酸性岩棕壤性土	1	0—12	暗黑色	轻壤土	团粒状	7.0	34.8	1.13	0.47	17.4	8.0	120			E 120°24′24.1″ N 40°51′20.2″	93
						2	12—70	红棕色	轻壤土	粒状	6.0	6.0	0.45	0.65	20.6	1.0	78				
剖6	淋溶土	棕壤	潮棕壤	耕型坡洪积潮棕壤	耕型壤质夹砂坡洪积潮棕壤	1	0—20	棕色	轻壤土	块状	7.1	12.1	0.48	0.72	20.5	8.0	116		坡积物、洪积物	E 120°27′24.5″ N 40°47′10.0″	95
						2	20—60	浅棕色	中壤土	块状	7.2	1.1	<0.10	0.25	7.2	5.0	39				
						3	60—100	棕色		块状	6.5	3.8	0.16	0.71	18.8	10.0	99				
剖7	淋溶土	棕壤	棕壤	坡积棕壤	薄层坡积棕壤	1	0—10	黄棕色	中壤土	团粒状	7.5	7.5	0.43	0.35	22.8	1.0	77		岩石风化坡积物	E 120°43′29.6″ N 40°58′40.4″	95
						2	10—35	黄棕色	轻壤土	团块状	6.7	3.3	0.27	0.38	25.1	2.0	65				
						3	35—100	浅黄棕色	轻壤土	块状	5.7	2.9	0.25	0.48	22.6	3.0	62				
剖8	淋溶土	棕壤	潮棕壤	耕型坡洪积潮棕壤	耕型壤质坡洪积潮棕壤	1	0—19	暗棕色	轻壤土	粒状	8.0	12.8	40.64	0.48	24.2	4.0	56		坡积物、洪积物	E 120°33′36.4″ N 40°53′34.1″	95
						2	19—35	黄棕色	中壤土	片状	7.2	9.5	0.36	0.38	23.3	4.0	73				
						3	35—70	暗棕色	中壤土	块状	7.4	2.7	0.23	0.20	28.6	2.0	79				
						4	70—100	棕色	中壤土	块状	7.8	5.7	0.45	0.19	24.2	7.0	81				
剖9	淋溶土	棕壤	潮棕壤	耕型坡洪积潮棕壤	耕型砂质潮棕壤	1	0—21	灰棕色	轻壤土	粒状	7.5	20.5	0.80	1.16	21.9	8.0	94		坡积物、洪积物	E 120°36′31.7″ N 40°54′12.2″	95
						2	21—30		轻壤土	粒状	7.8	13.4	0.51	0.94	26.9	3.0	62				
						3	30—100		轻壤土	粒状	7.9	9.5	0.41	0.85	37.2	1.0	71				
剖10	淋溶土	棕壤	棕壤	耕型黄土状棕壤	耕型壤质黄土状棕壤	1	0—18	浅棕色	中壤土	片状	6.6	15.8	0.77	1.19	29.9	3.0	105		黄土状母质	E 120°39′27.7″ N 40°54′16.6″	95
						2	18—30	黄棕色	中壤土	片状	7.1	13.1	0.69	<0.10	31.7	1.0	99				
						3	30—100	黄棕色	重壤土	块状	7.3	4.9	0.46	0.65	25.6	1.0	118				
剖11	淋溶土	棕壤	棕壤性土	石灰岩类棕壤性土	薄层石灰岩灰性坡棕壤性土	1	0—13	暗棕色	中壤土	团粒状	8.2	9.4	2.20	0.88	17.1	3.0	11		石灰岩风化坡积物	E 120°35′30.5″ N 40°49′28.2″	93
						2	13—100				7.2	3.1	0.24	0.26	23.6	2.0	158				
剖12	淋溶土	棕壤	棕壤	耕型坡积棕壤		1	0—17	黄棕色	中壤土	粒状	7.3	12.8	0.86	0.47	22.9	3.0	127		岩石风化坡积物	E 120°51′42.5″ N 41°04′36.5″	95
						2	10—17	黄棕色	中壤土	片状	7.3	11.6	0.70	0.59	24.4	1.0	109				
						3	17—35	褐色	重壤土	块状	7.3	8.8	0.44	0.59	29.8	1.0	123				
						4	35—75	棕色	重壤土	块状	7.3	6.4	0.38	0.44		1.0					
剖13	淋溶土	棕壤	潮棕壤	耕型坡洪积潮棕壤	耕型黏质坡洪积潮棕壤	1	0—15	暗棕色	中壤土	块状	7.3	13.5	0.81	0.51	22.4	1.0	81		坡积物、洪积物	E 120°47′52.4″ N 41°01′36.1″	95
						2	15—25	暗棕色	重壤土	块状	7.6	12.1	0.64	0.61	21.8	6.0	92				
						3	25—100	灰黑色	重壤土	块状	7.6	13.0	0.61	0.41	25.6	1.0	100				
剖14	半水成土	潮土	盐化潮土	潮泥土	盐溃潮土	Az	0—17	棕色	黏壤土	团粒状	8.3	13.7	1.11	0.59	16.5	6.0	118	12.3	海积物、冲积物	E 120°53′25.8″ N 41°02′19.3″	93
						AC	17—32	棕色	壤质黏土	小块状	8.2	12.9	0.85	0.44	16.3	4.0	65	11.9			
						Cu_1	32—75	棕色	黏质黏土	块状	8.2	11.5	0.80	0.35	17.1	1.0	71	25.6			
						Cu_2	75—100	棕色	壤质黏土	块状	8.0	10.5	0.51	0.20	15.8	6.0	79	22.9			

续表 Continued

剖面号 Soil profile	土纲 Soil order	土类 Soil great group	亚类 Soil subgroup	土属 Soil genus	土种 Soil species	土层码 Layer code	土层厚度 Depth/cm	颜色 Soil color	质地 Soil texture	土壤结构 Soil structure	pH	有机质 OM/(g/kg)	全氮 TN/(g/kg)	全磷 TP/(g/kg)	全钾 TK/(g/kg)	有效磷 AP/(mg/kg)	速效钾 AK/(mg/kg)	阳离子交换量 CEC/(cmol/kg)	土壤母质 Parent material	剖面点坐标 Profile coordinate	匹配指数 Matching index/%
剖15	淋溶土	棕壤	棕壤	坡积棕壤	薄层坡积棕壤	1	0—14	暗灰棕色	轻壤土	团粒状	6.4	35.4	1.38	0.29	16.0	2.0	91		岩石风化坡积物	E 120°50′17.2″ N 40°53′33.0″	95
						2	14—35	暗灰棕色	轻壤土	团粒状	6.3	28.4	0.96	0.35	18.3	1.0	44				
						3	35—69	灰棕色	轻壤土	粒状	6.6	5.3	0.47	0.21	15.8	2.0	31				
						4	69—83	浅棕色	中壤土	块状	6.5	4.0	0.35	0.33	18.8	2.0	45				
						5	83—100	棕色	重壤土	核块状	5.4	2.5	0.68	0.31	21.4	5.0	47				
剖16	淋溶土	棕壤	棕壤性土	耕型酸性岩棕壤性土		1	0—22	棕色	砂壤土	粒状	7.6	7.0	0.29	0.56	17.9	1.0	51			E 120°51′28.8″ N 40°51′19.1″	95
						2	22—100	浅棕色	紧砂土	棱状	6.9	3.7	<0.10	0.55	16.2	1.0	20				
剖17	淋溶土	棕壤	棕壤	耕型坡积棕壤	耕型壤质坡积棕壤	1	0—25	黄棕色	中壤土	块状	5.5	19.3	0.95	0.71	26.9	5.0	62		岩石风化坡积物	E 120°46′28.6″ N 40°50′41.3″	95
						2	25—50	灰棕色	中壤土	团粒状	7.4	10.7	0.63	0.64	30.4	2.0	91				
						3	50—100	黄棕色	中壤土	团粒状	7.4	11.7	0.62	0.77	35.5	2.0	88				
剖18	淋溶土	棕壤	棕壤性土	耕型酸性岩棕壤性土	耕型中层酸性岩棕壤性土	1	0—14	棕色	砂壤土	粒状	7.5	10.7	0.59	1.06	19.5	5.0	95			E 120°52′39.4″ N 40°51′56.2″	93
						2	14—23	棕色	砂壤土	片状	7.5	6.1	0.28	0.84	22.7	1.0	53				
						3	23—40	深棕色	砂壤土	粒状	7.4	4.4	<0.10	4.85	27.8	1.0	26				
						4	40—100	红棕色	中壤土	块状	7.2	3.8	0.12	4.80	20.6	3.0	36				
剖19	半水成土	潮土	盐化潮土	氯化物潮土	水碱潮土	Ap	0—17	棕色	黏壤土	团粒状	8.3	18.7	1.20	0.26	16.5	6.0	118	12.3	海积物	E 120°54′31.7″ N 40°52′14.9″	81
						P	17—32	棕色	壤质黏土	片状	8.2	12.9	0.85	0.20	16.3	6.0	118	11.9			
						3	32—75	棕色	黏壤土	块状	8.2	11.5	0.80	0.15	17.1	4.0	65	25.6			
						4	75—100	棕色	壤质黏土	块状	8.0	10.5	0.51	<0.10	15.8	1.0	71	22.9			
剖20	淋溶土	棕壤	棕壤性土	基性岩类棕壤性土	薄层基性岩棕壤性土	1	0—20	黄棕色	紧砂土	团块状	7.0	10.7	0.57	0.70	9.1	1.0	49			E 120°49′44.4″ N 40°48′45.0″	95
						2	20—100	浅棕色	松砂土	团块状	7.1	1.3	0.53	0.34	4.2	1.0	14				

绥 中 县

主要土类说明

棕壤是绥中县主要土壤类型,占本县地域面积的52%。棕壤发生于落叶阔叶林下,但大部分已被垦殖,以旱作为主。该土壤处于硅铝风化阶段,具有黏化特征,呈棕色。土体见黏粒淀积,盐基充分淋失,pH为6.0—7.5,见少量游离铁。

潮土是绥中县第二大土壤类型,占本县地域面积的36%。潮土见于近代河流冲积平原或低平阶地,地下水位高,潜水参与成土过程。在潮土成土过程中,底土氧化还原交替作用,形成锈色斑纹和小型铁子。在长期耕作条件下,表层有机质含量为10—15g/kg。

粗骨土是绥中县第三大土壤类型,占本县地域面积的12%。粗骨土属于A–C型,甚至(A)–C型土壤。A层发育不明显,与母质土层性状相似,略显有机质累积。有时母质层富含砾石,很少出现剖面分异与发育特征。

小于本县地域面积3%的土壤类型有石质土和滨海盐土。

本区域中心区气候特征

本区域中心区气候特征值
Regional climate characteristics in central area of the region

气候带:暖温带亚湿润气候 Climate region: Warm temperate subhumid climate	
年平均气温 /℃ Annual average temperature /℃	9.9
年平均最高气温 /℃ Annual average maximum temperature /℃	15.6
年平均最低气温 /℃ Annual average minimum temperature /℃	5.1
年降水量 /mm Annual precipitation /mm	570
≥10℃的积温 /℃ Daily temperature accumulated in a year (≥10℃) /℃	3679
年日照时数 /h Annual sunshine /h	2702
年平均相对湿度 /% Annual average relative humidity /%	61
干燥度 Dryness	1.04

本区域中心区月平均气温与月平均降水量
Monthly temperature and precipitation in central area of the region

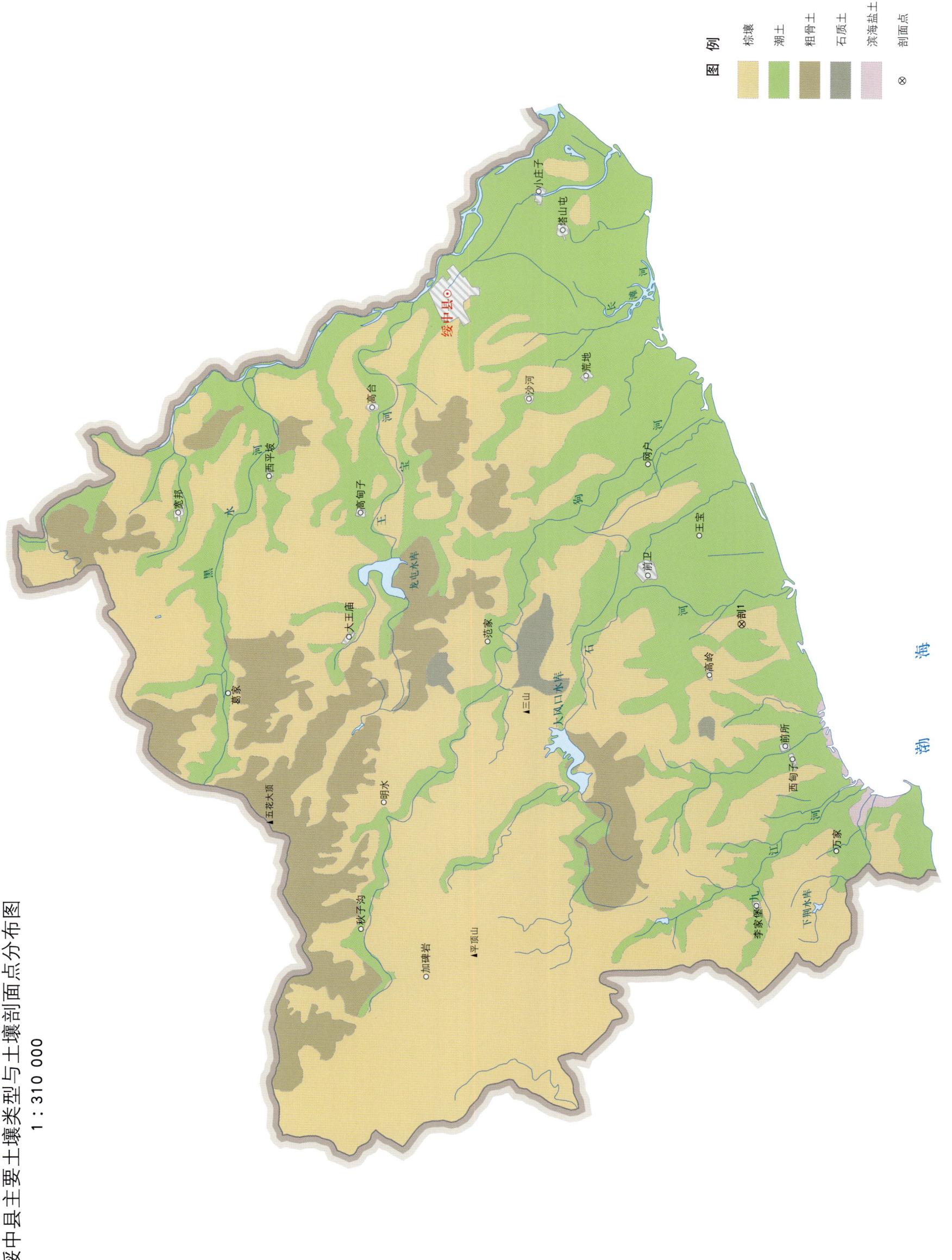

绥中县主要土壤类型与土壤剖面点分布图
1∶310 000

绥中县土壤剖面理化性状表

剖面号 Soil profile	土纲 Soil order	土类 Soil great group	亚类 Soil subgroup	土属 Soil genus	土种 Soil species	土层码 Layer code	土层厚度 Depth/cm	颜色 Soil color	质地 Soil texture	土壤结构 Soil structure	pH	有机质 OM/(g/kg)	全氮 TN/(g/kg)	全磷 TP/(g/kg)	全钾 TK/(g/kg)	阳离子交换量CEC/(cmol/kg)	土壤母质 Parent material	剖面点坐标 Profile coordinate	匹配指数 Matching index/%
剖1	淋溶土	棕壤	棕壤	棕泥砂土	棕砂黄土	A$_{11}$	0—20	暗棕色	砂壤土	粒状	5.8	6.0	0.30	0.24	13.0	4.2	黄土状坡积物	E 120°03′08.3″ N 40°07′29.6″	95
						A$_{12}$	20—30	亮红棕色	砂壤土	块状	5.8	5.1	0.25	0.13	11.4	5.2			
						Bt	30—63	棕色	砂壤土	块状	6.7	5.8	0.33	0.21	13.3	9.6			
						C	63—100	黄棕色	砂壤土	小块状	5.7	2.6	0.14	0.14	15.4	6.6			

建 昌 县

主要土类说明

棕壤是建昌县主要土壤类型，占本县地域面积的91%。棕壤发生于落叶阔叶林下，但大部分已被垦殖，以旱作为主。该土壤处于硅铝风化阶段，具有黏化特征，呈棕色。土体见黏粒淀积，盐基充分淋失，pH为6.0—7.5，见少量游离铁。

草甸土是建昌县第二大土壤类型，占本县地域面积的5%，集中分布在大凌河、六股河、黑水河、青龙河及其他河流两岸的低阶地。草甸土是在冷湿条件下，受地下水浸润并在草甸植被下发育形成的土壤。成土母质为近代河流淤积物。其特点是砾石磨圆度好，质地分选性强。一般离河床越近，质地越粗，砾石越多；反之，离河床越远，质地越细，砾石越少，土壤越肥沃。位于河漫滩和古河床的草甸土，常常出现上黏下砂的二元结构和砂黏相间的层次排列。草甸土地势平坦，地下水位为1—3m，旱季水位下降，雨季水位上升。随着地下水的升降，土体内氧化还原交替进行，在土体下部形成铁锈斑纹或铁锰结核，发育为草甸土特有的剖面层次——锈色斑纹层。本县草甸土分为草甸土和石灰性草甸土两个亚类。

小于本县地域面积3%的土壤类型有粗骨土、褐土和潮土。

本区域中心区气候特征

本区域中心区气候特征值
Regional climate characteristics in central area of the region

气候带：暖温带亚湿润气候 Climate region: Warm temperate subhumid climate	
年平均气温 /℃ Annual average temperature /℃	9.7
年平均最高气温 /℃ Annual average maximum temperature /℃	15.9
年平均最低气温 /℃ Annual average minimum temperature /℃	4.3
年降水量 /mm Annual precipitation /mm	537
≥10℃的积温 /℃ Daily temperature accumulated in a year（≥10℃）/℃	3737
年日照时数 /h Annual sunshine /h	2709
年平均相对湿度 /% Annual average relative humidity /%	57
干燥度 Dryness	1.09

本区域中心区月平均气温与月平均降水量
Monthly temperature and precipitation in central area of the region

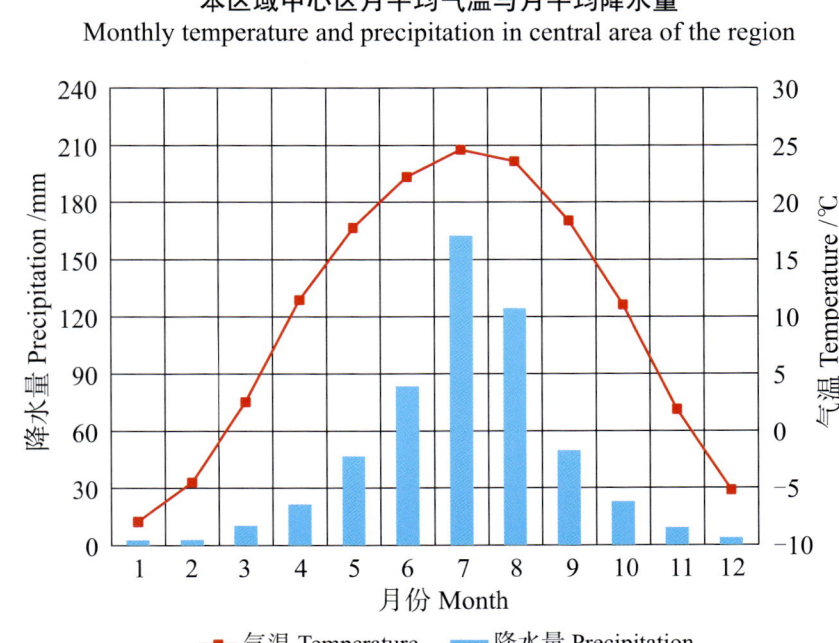

建昌县主要土壤类型与土壤剖面点分布图

1∶370 000

图例
- 棕壤
- 草甸土
- 粗骨土
- 褐土
- 潮土
- ⊗ 剖面点

建昌县土壤剖面理化性状表

剖面号 Soil profile	土纲 Soil order	土类 Soil great group	亚类 Soil subgroup	土属 Soil genus	土种 Soil species	土层码 Layer code	土层厚度 Depth/cm	质地 Soil texture	pH	有机质 OM/(g/kg)	全氮 TN/(g/kg)	全磷 TP/(g/kg)	全钾 TK/(g/kg)	土壤母质 Parent material	剖面点坐标 Profile coordinate	匹配指数 Matching index/%
剖1	淋溶土	棕壤	棕壤性土	耕型基性岩棕壤性土	棕砂土	1	0—10	中壤土	7.2	15.8	0.89	1.04			E 119°29′01.3″ N 40°41′31.6″	98
						2	10—18	中壤土	7.2	15.1	0.87	1.06				
剖2	淋溶土	棕壤	潮棕壤	耕型黄土状潮棕壤	暗黄土	1	0—20		7.4	11.7	0.70	0.79	24.1	黄土状母质	E 119°35′04.6″ N 40°45′58.7″	97
						2	20—25		7.4	10.8	0.65	0.79	23.6			
						3	25—56	重壤土	7.2	12.5	0.67	0.47	22.0			
						4	56—100	中壤土	7.2	10.9	0.54	0.50	24.6			
剖3	淋溶土	棕壤	潮棕壤	耕型淤积物潮棕壤	麦黄土	1	0—18		7.1	9.0	0.70	0.98	26.6	淤积物	E 119°37′04.4″ N 40°46′04.1″	98
						2	18—22		7.3	9.2	0.55	0.91	26.4			
						3	22—55		7.5	10.7	0.60	0.90	26.7			
						4	55—100		7.3	<1.0	0.61	0.82	25.0			
剖4	淋溶土	棕壤	潮棕壤	耕型坡洪积物潮棕壤	砂地黄	1	0—16		7.5	12.1	0.74	0.81		坡积物、洪积物	E 119°31′25.7″ N 40°40′39.4″	95
						2	16—20		7.3	9.9	0.59	0.71				
						3	20—66		7.3	14.3	0.73	0.76				
						4	66—									
剖5	半水成土	草甸土	草甸土	耕型坡洪积物草甸土	河淤土	1	0—15		6.7	11.0	0.69	0.74		近代河流淤积物	E 119°37′55.6″ N 40°43′04.1″	97
						2	15—60		7.0	6.4	0.40	0.65	22.4			
						3	60—100		7.1	9.1	0.51	0.68	22.8			
剖6	淋溶土	棕壤	棕壤	耕型坡积物棕壤	浅淀坡黄土	1	0—13		7.5	15.9	1.02	0.54	25.5	坡积物	E 119°42′54.4″ N 40°42′49.0″	81
						2	13—16		7.4	13.9	0.89	0.43	25.8			
						3	16—28		7.5	10.2	0.67	0.32	25.2			
						4	28—41		7.5	6.9	0.44	0.29				
						5	41—100		7.2	6.9	0.52	0.31				
剖7	半水成土	草甸土	草甸土	耕型壤质草甸土	夹砂河淤土	1	0—14		7.0	11.3	0.74	0.89		近代河流淤积物	E 119°40′45.1″ N 40°40′44.0″	97
						2	14—20		7.2	8.8	0.56	0.90				
						3	20—44		7.4	7.6	0.56	0.87	28.0			
						4	44—100		7.1	12.4	0.78	0.31	25.9			
剖8	淋溶土	棕壤	棕壤性土	耕型酸性岩棕壤性土	山砂土	1	0—11		6.5	9.1	0.60	0.28	25.4	近代河流淤积物	E 119°32′03.5″ N 40°36′00.7″	98
						2	11—15		7.3	14.2	1.01	0.98				
剖9	半水成土	草甸土	草甸土	耕型壤质草甸土	菜园淤黄土	1	0—22		7.1	11.3	0.91	0.75	25.7	近代河流淤积物	E 119°48′36.0″ N 40°48′58.7″	97
						2	22—59		7.0	7.9	0.77	0.62	27.4			
						3	59—100		6.1	41.6	2.08	0.48				
剖10	淋溶土	棕壤	棕壤性土	酸性岩棕壤性土	厚层酸性岩棕壤性土	1	0—23	中壤土	6.6	11.4	0.59	0.36		坡积物、洪积物	E 119°56′26.5″ N 40°49′21.0″	97
						2	23—80	中壤土	6.9	10.4	0.91	0.46				
剖11	淋溶土	棕壤	潮棕壤	耕型坡洪积物潮棕壤	腰黑黄	1	0—19		6.8	13.8	0.80	0.54		坡积物、洪积物	E 120°02′44.2″ N 40°57′11.5″	95
						2	19—22		6.8	15.1	0.99	0.56				
						3	22—67	中壤土	7.0	13.4	0.37	0.46				
						4	67—100		6.9	7.7	0.45	1.17	25.4			
剖12	半水成土	草甸土	草甸土	耕型砂质草甸土	砂底面砂土	1	0—16		7.0	5.9	<0.10	1.02	25.3	近代河流淤积物	E 120°01′06.2″ N 40°54′49.7″	98
						2	16—48									
						3	48—									

续表 Continued

剖面号 Soil profile	土纲 Soil order	土类 Soil great group	亚类 Soil subgroup	土属 Soil genus	土种 Soil species	土层码 Layer code	土层厚度 Depth/cm	质地 Soil texture	pH	有机质 OM/(g/kg)	全氮 TN/(g/kg)	全磷 TP/(g/kg)	全钾 TK/(g/kg)	土壤母质 Parent material	剖面点坐标 Profile coordinate	匹配指数 Matching index/%
剖13	淋溶土	棕壤	潮棕壤	耕型黄土状潮棕壤	潮黄土	1	0—15		7.2	11.0	0.75	0.83		黄土状母质	E 120°03′31.7″ N 40°53′18.6″	98
						2	15—19		7.1	3.7	0.20	0.75				
						3	19—58		7.4	3.5	0.26	0.88				
						4	58—100		7.6	4.7	0.25	0.92				
剖14	半水成土	草甸土	草甸土	耕型壤质草甸土	潆金河淤土	1	0—17		7.5	9.1	0.43	0.85		近代河流淤积物	E 120°00′27.0″ N 40°41′38.0″	99
						2	17—20		7.4	13.6	0.80	1.06				
						3	20—52		6.5	<1.0	0.58	0.36	26.7			
						4	52—100	中壤土	6.6	13.5	0.81	0.65	24.3			

兴 城 市

主要土类说明

棕壤是兴城市主要土壤类型，占本市地域面积的48%。棕壤广泛分布在除本市东南沿海平原外的地区。棕壤是在落叶阔叶林下发育的淋溶型棕化的土壤，分布在海拔50—500m的山顶至山前缓坡平地。成土母质为各种岩石风化残积物、坡积物和洪积物。除分布在山脚和缓坡平地的潮棕壤外，其余棕壤的形成不受地下水影响。但气候条件，特别是降水量的季节分布直接影响其成土过程（棕壤化过程）。受气候条件影响，土壤温度、水分条件优越，微生物活动旺盛，物理风化、化学风化、生物风化较强烈，次生黏土矿物形成较多，在淋溶作用下形成具有棱块状结构的黏淀层，该层结构体表面覆有铁质胶膜和二氧化硅粉末。同时，易溶于水的钙、镁、钾、钠等盐基被淋洗，表层土壤中盐基不饱和，使土壤呈微酸性。本市棕壤分为棕壤性土、棕壤和潮棕壤三个亚类。

潮土是兴城市第二大土壤类型，占本市地域面积的29%。潮土见于近代河流冲积平原或低平阶地，地下水位高，潜水参与成土过程。在潮土成土过程中，底土氧化还原交替作用，形成锈色斑纹和小型铁子。在长期耕作条件下，表层有机质含量为10—15g/kg。

粗骨土是兴城市第三大土壤类型，占本市地域面积的20%。粗骨土属于A–C型，甚至（A）–C型土壤。A层发育不明显，与母质土层性状相似，略显有机质累积。有时母质层富含砾石，很少出现剖面分异与发育特征。

小于本市地域面积3%的土壤类型有石质土、水稻土、滨海盐土和褐土。

本区域中心区气候特征

本区域中心区气候特征值
Regional climate characteristics in central area of the region

气候带：暖温带亚湿润气候 Climate region: Warm temperate subhumid climate	
年平均气温 /℃ Annual average temperature /℃	9.8
年平均最高气温 /℃ Annual average maximum temperature /℃	15.4
年平均最低气温 /℃ Annual average minimum temperature /℃	4.9
年降水量 /mm Annual precipitation /mm	562
≥10℃的积温 /℃ Daily temperature accumulated in a year (≥10℃) /℃	3623
年日照时数 /h Annual sunshine /h	2713
年平均相对湿度 /% Annual average relative humidity /%	60
干燥度 Dryness	1.04

本区域中心区月平均气温与月平均降水量
Monthly temperature and precipitation in central area of the region

兴城市主要土壤类型与土壤剖面点分布图
1：270 000

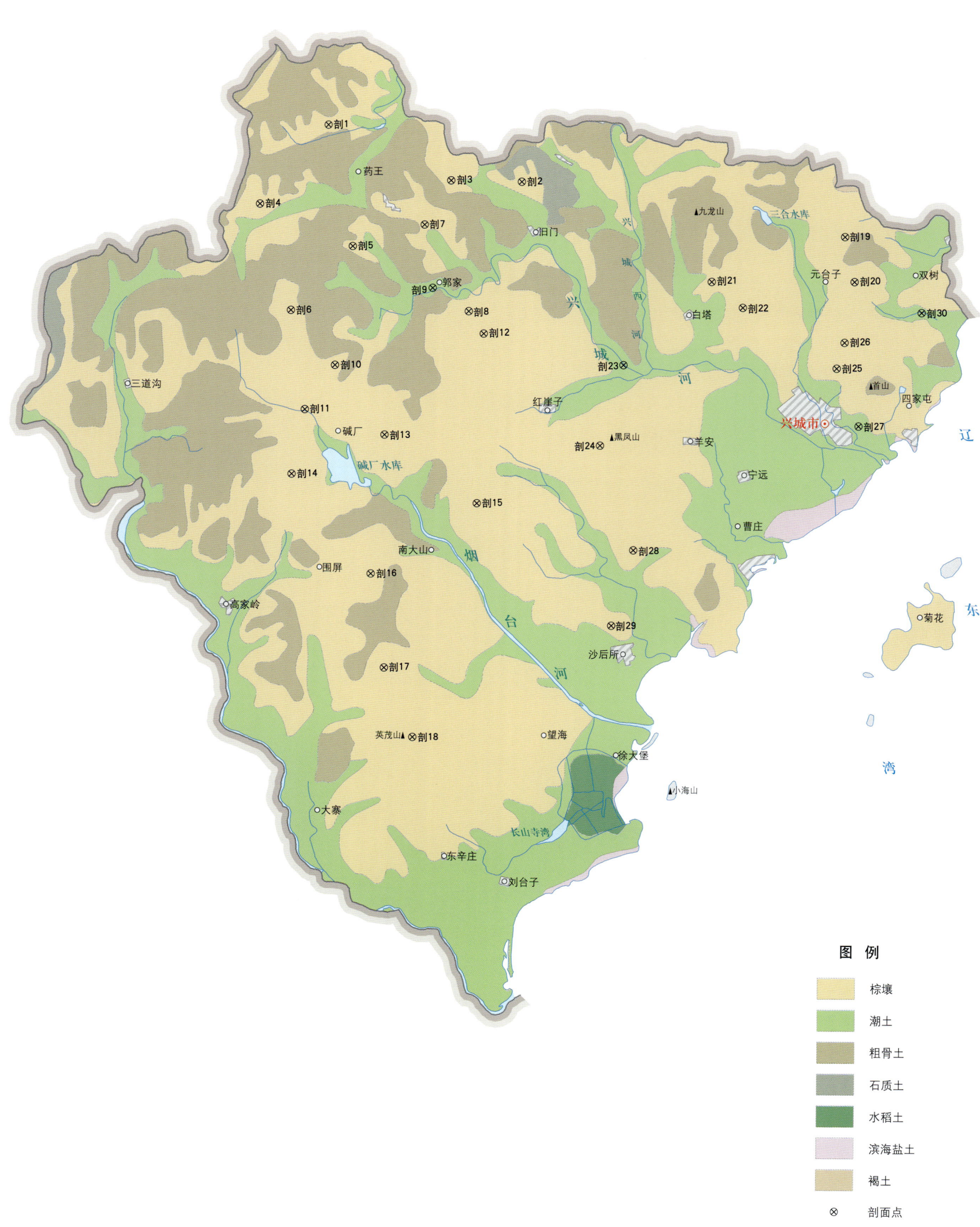

图 例
- 棕壤
- 潮土
- 粗骨土
- 石质土
- 水稻土
- 滨海盐土
- 褐土
- ⊗ 剖面点

兴城市土壤剖面理化性状表

剖面号 Soil profile	土纲 Soil order	土类 Soil great group	亚类 Soil subgroup	土属 Soil genus	土种 Soil species	土层码 Layer code	土层厚度 Depth/cm	颜色 Soil color	质地 Soil texture	土壤结构 Soil structure	pH	有机质 OM/(g/kg)	全氮 TN/(g/kg)	全磷 TP/(g/kg)	全钾 TK/(g/kg)	阳离子交换量 CEC/(cmol/kg)	土壤母质 Parent material	剖面点坐标 Profile coordinate	匹配指数 Matching index/%
剖1	淋溶土	棕壤	潮棕壤	耕型坡积洪积潮棕壤	耕型壤土夹砂坡洪积潮棕壤	1	0—20	棕色	轻壤土	粒状	6.8	7.9	0.48	0.40	22.8		坡积物、洪积物	E 120° 19′ 58.8″ N 40° 46′ 48.4″	95
						2	20—38	暗棕色	砂壤土	片状	6.9	6.3	0.39	0.15	15.1				
						3	38—85	浅棕色	重壤土	粒状	6.8	1.8	0.14	<0.10	10.6				
						4	85—100	灰棕色	松砂土	块状	6.5	8.6	0.63	0.68	17.9				
剖2	淋溶土	棕壤	潮棕壤	耕型洪积潮棕壤	耕型壤坡石灰性坡积潮棕壤	1	0—20	黄棕色	中壤土	粒状	8.2	12.9	0.97	0.59	8.3		坡积物、洪积物	E 120° 28′ 56.3″ N 40° 45′ 01.8″	95
						2	20—60	棕黄色	重壤土	块状	7.3	10.5	0.86	0.62	17.3				
						3	60—100	红棕色	重壤土	块状	8.1	8.9	0.48	0.31	19.3				
剖3	淋溶土	棕壤	棕壤	耕型坡积棕壤	耕型石灰性坡积棕壤	1	0—13	棕色	中壤土	团块状	7.0	14.5	0.83	0.59	17.7		石灰岩风化坡积物	E 120° 25′ 41.5″ N 40° 45′ 00.4″	95
						2	13—25	棕色	中壤土	片状	7.2	5.4	0.46	0.24	16.8				
						3	25—46	黄棕色	中壤土	块状	7.1	10.2	0.61	0.42	19.0				
						4	46—100	暗棕色		块状									
剖4	淋溶土	棕壤	棕壤	坡积棕壤	薄腐坡积棕壤	1	0—23	浅棕色	中壤土	团块状	6.6	10.4	0.74	0.36	22.4		坡积物	E 120° 16′ 56.6″ N 40° 43′ 59.5″	95
						2	23—100	红褐色	轻壤土	粒状	6.5	3.4	0.40	0.47	17.6				
剖5	淋溶土	棕壤	棕壤性土	石灰岩类棕壤性土	薄腐石灰岩棕壤性土	1	0—10	白色		粒状	7.9	37.2	0.67	0.74	21.6			E 120° 21′ 16.6″ N 40° 42′ 36.4″	93
						2	10—			块状	7.5			0.40					
剖6	淋溶土	棕壤	潮棕壤	耕型洪积潮棕壤	耕型壤质洪积潮棕壤	1	0—19	棕色	轻壤土	团粒状	6.4	11.8	0.92	0.48	19.3		坡积物、洪积物	E 120° 18′ 31.3″ N 40° 40′ 18.8″	95
						2	19—25	暗棕色	轻壤土	片状	7.7	7.7	0.53	0.63	13.1				
						3	25—58	浅棕色		块状									
						4	58—100			块状									
剖7	淋溶土	棕壤	棕壤性土	酸性岩类棕壤性土	薄腐酸性岩棕壤性土	1	0—15	黄棕色	松砂土	粒状	5.9	13.8	1.01	0.69	11.0	12.7		E 120° 24′ 32.8″ N 40° 43′ 26.4″	93
						2	15—	暗棕色	紧砂土	粒状	6.2	8.9	0.80	0.78	20.6	4.2			
剖8	淋溶土	棕壤性土	耕型酸性岩棕壤性土	耕型壤坡积酸性岩棕壤性土		1	0—10	浅棕色	紧砂土	粒状	5.5	10.1	0.36	0.67	14.3	6.3		E 120° 26′ 41.3″ N 40° 40′ 28.2″	95
						2	10—	黄褐色	砂壤土	片状	6.4	10.1	0.28	0.14	5.6	10.7			
剖9	半水成土	潮土	砂质潮土	荒砂潮土		A	0—10	浅棕色	砂壤土	团块状	6.1	10.4	0.80	0.53	11.5			E 120° 25′ 00.1″ N 40° 41′ 14.6″	95
						2	10—43	灰白色	壤质砂土	弱粒状	6.4	2.2	0.14	0.40	8.6				
						3	43—78	白色	壤质砂土	粒状	6.2	2.0	0.15	0.43	14.8				
						4	78—100	浅棕色	砂壤土	块状	6.7	6.9	0.60	0.44	14.2				
剖10	淋溶土	棕壤	棕壤性土	石灰岩类棕壤性土	裸露石灰岩棕壤性土	1	0—7	暗棕色	轻壤土	粒状	6.3	41.3	1.50	1.19	24.6		近代河流冲积物	E 120° 20′ 38.0″ N 40° 38′ 27.2″	93
						2	7—	暗棕色	轻壤土	块状	6.2	2.4	0.30	1.09	8.8				
剖11	淋溶土	棕壤性土	耕型基性岩棕壤性土	薄腐基性岩棕壤性土		1	0—10	浅棕色	轻壤土	团粒状	5.9	13.3	0.46	0.47	10.5			E 120° 19′ 18.8″ N 40° 36′ 52.9″	93
						2	10—	栗色	轻壤土	块状	6.6	<1.0	0.13	0.40	4.0				
剖12	淋溶土	棕壤性土	基性岩类棕壤性土	薄腐基性岩棕壤性土		1	0—15	浅棕色	中壤土	粒状	7.0	11.9	1.97	0.59	20.8			E 120° 27′ 24.8″ N 40° 39′ 42.5″	95
						2	15—	暗棕色	轻壤土	块状	7.0	5.8	1.06	0.95	23.1				
剖13	淋溶土	棕壤性土	酸性岩类棕壤性土	薄路酸性岩棕壤性土		1	0—11	暗棕色	紧砂土	粒状	6.2	4.6	0.39	1.04	16.2			E 120° 23′ 00.2″ N 40° 36′ 05.4″	95
						2	11—	棕色	轻壤土	粒状	7.2	3.7	0.23	0.24	9.1				
剖14	淋溶土	棕壤	棕壤	耕型坡积棕壤	耕型壤砂坡积棕壤	1	0—10	红褐色	中壤土	粒状	5.5	5.9	0.50	0.50	20.2		岩石风化坡积物	E 120° 18′ 48.6″ N 40° 34′ 37.2″	95
						2	10—19	红褐色	轻壤土	片状	7.0	5.0	0.37	0.56	21.3				
						3	19—40	浅棕色	轻壤土	块状									
						4	40—100	浅棕色		块状									
剖15	淋溶土	棕壤	潮棕壤	耕型洪积潮棕壤	耕型壤砂底洪积潮棕壤	1	0—15	浅棕色	轻壤土	团粒状	6.8	14.2	2.73	1.30	19.4		坡积物、洪积物	E 120° 27′ 20.9″ N 40° 33′ 47.9″	95
						2	15—21	浅棕色	轻壤土	片状	7.0	10.6	0.68	0.64	21.2				
						3	21—36	暗棕色	中壤土	团粒状	7.0	7.8	0.79	0.62	17.3				
						4	36—80	暗棕色	中壤土	块状	7.1	10.3	0.91	1.06	28.6				
						5	80—100	浅黄色	松砂土	粒状									

续表 Continued

剖面号 Soil profile	土纲 Soil order	亚类 Soil subgroup	土属 Soil genus	土种 Soil species	土层码 Layer code	土层厚度 Depth/cm	颜色 Soil color	质地 Soil texture	土壤结构 Soil structure	pH	有机质 OM/(g/kg)	全氮 TN/(g/kg)	全磷 TP/(g/kg)	全钾 TK/(g/kg)	阳离子交换量CEC/(cmol/kg)	土壤母质 Parent material	剖面点坐标 Profile coordinate	匹配指数 Matching index/%
剖16	淋溶土	棕壤性土	酸性岩类棕壤性土	裸露酸性岩棕壤性土	1	0—12	浅棕色	砂壤土	粒状	6.8	5.6	0.40	<0.10	14.2			E 120°22′35.4″ N 40°31′13.8″	93
					2	12—	黄棕色	砂壤土	块状	6.5	7.2	0.56	<0.10	12.7				
剖17	淋溶土	棕壤土	耕型酸性岩棕壤性土	耕型中层酸性岩棕壤性土	1	0—13	浅棕色	砂壤土	粒状	5.1	2.8	0.24	0.31	10.8			E 120°23′20.0″ N 40°27′59.0″	93
					2	13—33	红棕色	轻壤土	块状	5.3	3.9	0.43	0.45	16.8				
					3	33—100	棕黄色	轻壤土	块状	6.0	5.1	0.33	0.37	19.1				
剖18	淋溶土	棕壤性土	耕型酸性岩棕壤性土		1	0—30	浅棕色	砂壤土	粒状	7.0	5.5	0.32	0.53	13.3			E 120°24′45.4″ N 40°25′35.8″	95
					2	30—	红棕色	砂壤土	粒状	6.9	3.5	0.22	0.28	4.4				
剖19	淋溶土	潮棕壤	潮棕泥砂土	砂山根土	A_{11}	0—15	棕色	砂壤土	屑粒状	6.6	9.4	0.45	0.66	11.9	10.2	花岗岩风化坡积物、洪积物	E 120°43′52.3″ N 40°43′25.3″	95
					A_{12}	15—23	亮棕色	砂壤土	块状	6.4	8.2	0.52	0.26	12.7	11.7			
					Bt	23—43	亮棕色	砂壤土	块状	6.5	3.8	0.27	0.14	12.3	12.7			
					Cu	43—100	亮棕色	砂壤土	块状	6.4	2.5	0.17	0.19	8.6	10.7			
剖20	淋溶土	棕壤土	砂页岩棕壤性土	薄薄砂页岩棕壤性土	1	0—17	灰棕色	砂壤土	粒状	7.1	12.4	0.70	0.68	9.7			E 120°44′21.5″ N 40°41′51.7″	93
					2	17—	灰棕色	轻壤土	块状	6.0	8.3	0.11	0.59	8.5				
剖21	淋溶土	潮棕壤	耕型坡积物潮棕壤	耕型砂质坡洪积物潮棕壤	1	0—15	暗棕色	松砂土	粒状	6.6	9.4	1.19	0.14	15.9		坡积物、洪积物	E 120°37′48.7″ N 40°41′44.2″	95
					2	15—24	浅棕色	砂壤土	片状	6.4	8.2	6.87	0.60	8.1				
					3	24—43	浅棕色	中壤土	粒状	5.5	3.8	0.37	0.31	7.5				
					4	43—100	暗灰色	轻壤土	团块状	6.4	2.5	0.41	0.43	12.2				
剖22	淋溶土	棕壤性土	基性岩类棕壤性土	裸露基性岩棕壤性土	1	0—7	灰褐色	砂壤土	粒状		21.9	0.95	0.14	18.0	9.9		E 120°39′16.2″ N 40°40′51.6″	95
					2	7—	灰色	砂壤土	块状		6.2	0.65	0.32	12.7	17.4			
剖23	半水成土	潮土	砂质潮土	河砂潮土	Ap	0—18	暗棕色	砂壤土	团块状	7.0	6.2	0.65	0.32	12.7	17.4	近代河流冲积物	E 120°33′51.5″ N 40°38′45.2″	81
					P	18—22	暗棕色	砂壤土	弱片状	7.0	3.0	0.50	0.45	13.7	13.0			
					3	22—48	浅棕色	砂壤土	粒状	7.0	1.7	0.26	0.34	15.7	8.2			
					4	48—100	灰白色	砂壤土	粒状	6.8	15.9	0.71	0.75	10.4				
剖24	淋溶土	棕壤性土	砂页岩棕壤性土		1	0—13	浅棕色	砂壤土	粒状	6.8	15.9	0.71	0.75	10.4			E 120°32′54.2″ N 40°35′56.0″	95
					2	13—	黄棕色	砂壤土	块状	6.9	6.0	0.37	0.60	4.3				
剖25	淋溶土	潮棕壤	耕型坡积物潮棕壤	耕型砂质坡积棕壤	1	0—15	暗棕色	中壤土	团粒状	6.8	21.4	1.38	0.91	19.9		岩石风化坡积物	E 120°43′39.0″ N 40°38′51.0″	81
					2	15—24	暗棕色	中壤土	片状	7.0	11.1	0.85	0.63	19.9				
					3	24—39	黄棕色	中壤土	粒状	7.1	10.2	0.61	0.42	19.0				
					4	39—100	黄色	轻壤土	块状	7.0	14.8	1.04	0.16	8.6				
剖26	淋溶土	棕壤性土	耕型基性岩棕壤性土		1	0—17	暗棕色	中壤土	小块状	7.1	12.8	0.87	0.29	11.2			E 120°43′58.8″ N 40°39′45.0″	95
					2	17—	暗棕色	砂壤土	小块状	7.1	11.9	0.95	0.14	18.2	9.9			
剖27	半水成土	潮土	潮砂土	潮砂土	Ap	0—18	暗棕色	砂壤土	块状	7.0	6.2	0.55	0.32	12.7	17.4	砂质河流冲积物	E 120°44′44.2″ N 40°36′51.8″	95
					ACu	18—22	亮棕色	砂壤土	粒状	7.0	3.0	0.20	0.45	13.7	13.0			
					Cu	22—48	浅棕灰色	砂土	片状	7.0	1.7	0.16	0.34	15.7	8.2			
剖28	淋溶土	棕壤性土	耕型基性岩棕壤性土		1	0—30	灰色	轻壤土	粒状	6.5	20.5	1.23	0.91	15.5			E 120°34′35.0″ N 40°32′19.7″	93
					2	30—	灰色	松砂土	粒状	6.6	<1.0	0.13	0.40	4.0				
剖29	淋溶土	棕壤性土	耕型酸性岩棕壤性土	耕型薄层酸性岩棕壤性土	1	0—13	浅棕色	轻砂土	粒状	6.7	7.6	0.29	0.37	18.9		岩石风化坡积物	E 120°33′40.3″ N 40°29′40.9″	93
					2	13—19	红棕色	砂壤土	片状	6.5	10.0	0.56	<0.10	18.7				
					3	19—	浅棕色	轻壤土	块状									
剖30	半水成土	潮土	浅潮砂土	潮黏土	A_{11}	0—23	棕色	壤质黏土	粒状	7.2	15.6	0.72	0.37	14.5	20.0	河流淤积物	E 120°47′28.7″ N 40°40′50.9″	95
					A_{12}	23—30	暗棕色	壤质黏土	小块状	7.8	16.1	1.00	0.34	12.2	19.4			
					Cu	30—70	暗棕色	壤质黏土	块状	7.7	17.8	1.18	0.29	11.4	30.3			
					Cg	70—100	灰色	壤质黏土	块状	7.9	7.9	0.57	0.19	12.5	24.5			

附 录

附录1 辽宁省县级行政区及分县主要土壤类型与土壤剖面点分布图地域名对照表

地级行政区划	县级行政区划[1]	分县主要土壤类型与土壤剖面点分布图地域名[2]	地级行政区划	县级行政区划[1]	分县主要土壤类型与土壤剖面点分布图地域名[2]
沈阳市	和平区	市辖区*	鞍山市	岫岩满族自治县	岫岩满族自治县
	沈河区			海城市	海城市
	大东区		抚顺市	新抚区	市辖区*
	皇姑区			东洲区	
	铁西区			望花区	
	苏家屯区			顺城区	
	浑南区			抚顺县	抚顺县
	沈北新区			新宾满族自治县	新宾满族自治县
	于洪区			清原满族自治县	清原满族自治县
	辽中区	辽中县	本溪市	平山区	
	康平县	康平县		溪湖区	
	法库县	法库县		明山区	
	新民市	新民市		南芬区	
大连市	中山区	市辖区*		本溪满族自治县	本溪满族自治县
	西岗区			桓仁满族自治县	桓仁满族自治县
	沙河口区		丹东市	元宝区	市辖区*
	甘井子区			振兴区	
	旅顺口区			振安区	
	金州区	金州区		宽甸满族自治县	宽甸满族自治县
	普兰店区	普兰店市		东港市	东港市
	长海县			凤城市	凤城满族自治县
	瓦房店市	瓦房店市	锦州市	古塔区	市辖区*
	庄河市	庄河市		凌河区	
鞍山市	铁东区	市辖区*		太和区	
	铁西区			黑山县	黑山县
	立山区			义县	义县
	千山区			凌海市	凌海市
	台安县	台安县		北镇市	北镇满族自治县

续表

地级行政区划	县级行政区划[1]	分县主要土壤类型与土壤剖面点分布图地域名[2]	地级行政区划	县级行政区划[1]	分县主要土壤类型与土壤剖面点分布图地域名[2]
营口市	站前区		盘锦市	大洼区	大洼县
	西市区			盘山县	盘山县
	鲅鱼圈区		铁岭市	银州区	银州区、铁岭县
	老边区			铁岭县	
	盖州市	盖州市		清河区	
	大石桥市	大石桥市		西丰县	西丰县
阜新市	海州区	海州区、新邱区、太平区、细河区、阜新蒙古族自治县		昌图县	昌图县
	新邱区			调兵山市	
	太平区			开原市	开原市
	细河区		朝阳市	双塔区	双塔区、龙城区、朝阳县
	阜新蒙古族自治县			龙城区	
	清河门区			朝阳县	
	彰武县	彰武县		建平县	建平县
辽阳市	白塔区			喀喇沁左翼蒙古族自治县	喀喇沁左翼蒙古族自治县
	文圣区			北票市	北票市
	宏伟区			凌源市	凌源市
	弓长岭区		葫芦岛市	连山区	市辖区*
	太子河区			龙港区	
	辽阳县	辽阳县		南票区	
	灯塔市	灯塔县		绥中县	绥中县
盘锦市	双台子区			建昌县	建昌县
	兴隆台区			兴城市	兴城市

注：1）为民政部于2022年3月发布的《2021年中华人民共和国行政区划代码》中的县级行政区名称。该名称也作为本数据集分县目录。分县排序按《2021年中华人民共和国行政区划代码》中的地级、县级行政区排列。

2）分县主要土壤类型与土壤剖面点分布图地域名是全国第二次土壤普查中分县采样调查、制图的县级行政区名称。分县主要土壤类型与土壤剖面点分布图采用的县级行政域是从国家测绘局获取的1：25万DLG（公众版）数据（使用许可协议编号：非2011—1011）。附录1显示了全国第二次土壤普查时的县级行政区域名与《2021年中华人民共和国行政区划代码》中的县级行政区名称之间的关联。附录1中仅有《2021年中华人民共和国行政区划代码》中的县级行政区名称，而没有对应的分县主要土壤类型与土壤剖面点分布图地域名的分县，表示该县级行政区无土壤剖面数据，未纳入分县目录。

* 在附录1中，凡分县主要土壤类型与土壤剖面点分布图地域名表示为"市辖区"的地域，均指在全国第二次土壤普查中，在城市中心区及近郊区完成的采样调查和制图。此时，县级行政区名称与分县主要土壤类型与土壤剖面点分布图地域名不是完全的对应关系。如沈阳市市辖区（部分）主要土壤类型与土壤剖面点分布图代表土壤调查中沈阳市城区及近郊区的土壤分布状况。此时将"市辖区"作为这一节的标题。

附录2 专题图基础地理要素图例

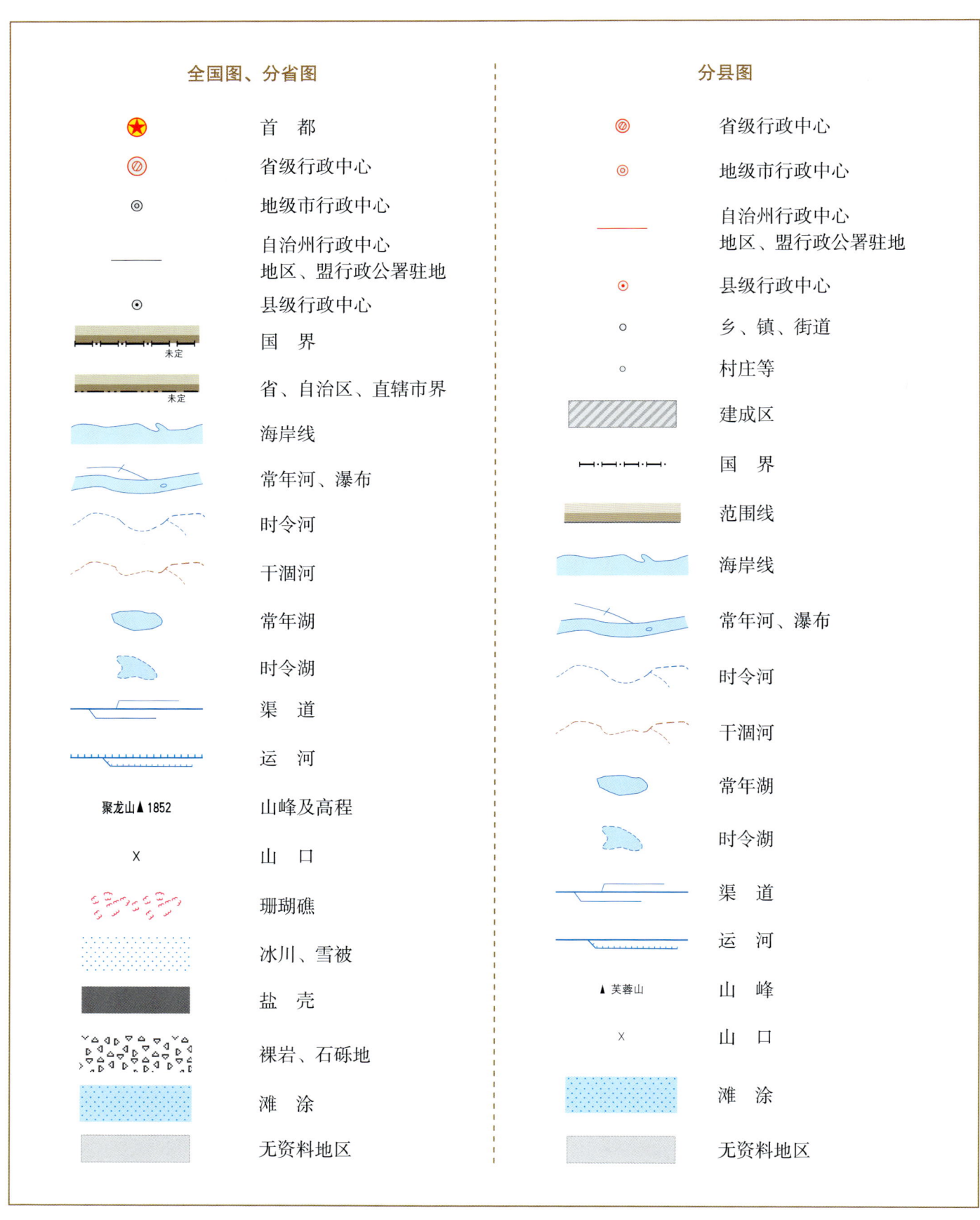

附录3　土壤图土类图例

图例	土类名	色码（RGB）	色码（CMYK）	图例	土类名	色码（RGB）	色码（CMYK）
	砖红壤	253，139，149	0，56，26，0		棕钙土	250，221，212	2，17，13，0
	赤红壤	253，160，170	0，47，17，0		灰钙土	230，214，165	11，15，40，1
	红　壤	252，199，209	1，29，6，0		灰漠土	246，237，182	4，6，36，0
	黄　壤	250，238，14	2，5，92，0		灰棕漠土	232，207，118	8，19，62，1
	黄棕壤	247，231，171	3，9，40，0		棕漠土	238，220，86	5，12，76，1
	黄褐土	249，236，121	2，5，64，0		黄绵土	249，223，2	1，13，93，0
	棕　壤	238，218，147	6，14，50，1		红黏土	247，149，143	1，52，33，0
	暗棕壤	226，181，98	9，33，68，2		新积土	184，199，156	30，11，44，2
	白浆土	223，226，205	15，7，22，0		龟裂土	254，252，55	0，7，86，0
	棕色针叶林土	206，169，142	18，35，40，4		风沙土	242，242，180	6，2，39，0
	灰化土	183，169，182	31，31，16，4		石灰（岩）土	176，175，85	28，21，75，9
	漂灰土*	220，219，162	15，9，44，1		火山灰土	223，167，170	11，41，19，2
	燥红土	250，161，9	0，46，95，0		紫色土	199，177，221	28，31，0，0
	褐　土	225，201，153	12，21，43，1		磷质石灰土	240，250，156	7，1，51，0
	灰褐土	228，219，186	12，12，30，0		石质土	171，181，150	35，18，43，5
	黑　土	142，164，151	46，21，38，8		粗骨土	196，187，132	23，21，53，4
	灰色森林土	162，178，175	40，19，27，4		草甸土	128，171，117	51，14，63，7

续表

图例	土类名	色码（RGB）	色码（CMYK）	图例	土类名	色码（RGB）	色码（CMYK）
	黑钙土	230，188，50	6，30，88，1		潮　土	169，219，118	34，1，68，0
	栗钙土	214，195，161	17，22，37，2		砂姜黑土	191，202，188	29，13，26，1
	栗褐土	240，213，157	5，18，43，1		林灌草甸土	171，191，44	31，12，93，5
	黑垆土	201，204，125	22，12，60，3		山地草甸土	132，184，161	52，9，42，3
	沼泽土	144，183，212	49，14，8，2		灌漠土	158，184，110	39，12，67，6
	泥炭土	150，140，173	46，41，10，6		草毡土	150，172，169	45，20，29，6
	草甸盐土	222，145，201	21，49，0，0		黑毡土	129，157，106	48，19，63，14
	滨海盐土	232，206，217	10，22，5，0		寒钙土	198，214，203	26，8，21，1
	酸性硫酸盐土	187，159，184	29，38，9，3		冷钙土	194，194，96	23，15，72，5
	漠境盐土	209，130，159	16，58，11，3		冷棕钙土	183，186，169	31，20，32，3
	寒原盐土	187，159，184	29，38，9，3		寒漠土	235，223，181	9，12，33，0
	碱　土	227，211，211	13，18，11，0		冷漠土	223，197，102	11，22，68，2
	水稻土	107，176，107	59，9，72，3		寒冻土	196，171，79	19，29，77，8
	灌淤土	136，146，47	38，24，90，21				

注：*漂灰土，《中国土壤分类与代码》（GB/T 17296—2009）中无此土类，在全国第二次土壤普查中完成的中国1∶100万土壤图和分县土壤图中含漂灰土，主要分布于西藏自治区南部，总面积约为112 km^2。

附录4 中国主要土壤类型简表

土纲名[1]	土类名[2]	主要成土条件及特征[3]	分布区域	WRB 土组名[4]	MR[5]/%	百分比[6]/%
铁铝土纲 Ferrallisols	砖红壤 Latosols	热带雨林或季雨林下，强烈脱硅富铝化，游离铁占全铁的80%，土壤呈砖红色，具A-Bs-Bv-C剖面构型	海南、广东等	Acrisols	29	0.46
	赤红壤 Latosolic red soils	南亚热带季雨林下，脱硅富铝化程度次于砖红壤、强于红壤，铁的游离度介于二者之间，土壤呈赤红色，具A-Bs-C剖面构型	广东、云南、广西、福建等	Acrisols	40	2.23
	红壤 Red soils	中亚热带常绿阔叶林下，中度脱硅富铝化，具有深厚红色土层，具A-Bs-Bv 或 A-Bs-C剖面构型	南部的江西、福建、湖南等	Cambisols	35	6.79
	黄壤 Yellow soils	亚热带湿润气候条件下，多见于海拔700—1200m的山区，中度富铝化，土壤有机质累积较多，土壤呈黄色，具O-A-AB-B-C剖面构型	贵州、四川、云南、西藏、台湾等	Cambisols	45	2.65
淋溶土纲 Alfisols	黄棕壤 Yellow-brown soils	北亚热带暖湿落叶阔叶林下，弱度富铝化，母质多为砂页岩及花岗岩风化物，黏化特征明显，土壤呈黄棕色，具A-B-C 或 A-(B)-C剖面构型	长江中下游沿江低山丘陵区，以及云南、贵州、四川、陕西、西藏等	Cambisols	39	2.37
	黄褐土 Yellow-cinnamon soils	北亚热带地区，黄土状母质，无游离碳酸钙，黏化淀积明显，土壤呈灰黄棕色，具A-B-C 或 A-Bt-C剖面构型	河南、安徽面积最大，陕南、鄂北、江苏、川东北、江西等地也有分布	Luvisols	58	0.59
	棕壤 Brown soils	湿润暖温带地区，处于硅铝风化阶段，盐基已淋失，土体见黏粒淀积，土壤呈棕色，具O-A-Bt-C剖面构型	辽东至苏北低山丘陵，以及内蒙古、河南、西藏、云南、湖北等地的山地垂直带	Luvisols	51	2.73
	暗棕壤 Dark brown soils	湿润温带地区，针阔叶混交林下，弱酸性淋溶，有机质富集明显，土体B层呈棕色，具O-A-B-C剖面构型	黑龙江、吉林、内蒙古等	Cambisols	48	4.12

续表

土纲名[1]	土类名[2]	主要成土条件及特征[3]	分布区域	WRB 土组名[4]	MR[5]/%	百分比[6]/%
淋溶土纲 Alfisols	白浆土 Bleached baijiang soils	湿润温带平缓岗地森林草原下，上层土壤周期性滞水，还原铁、锰，漂洗形成灰黄色至灰白色白浆土层 E，具 Ah-E-Bt-C 剖面构型	黑龙江、吉林等	Luvisols	46	0.49
	棕色针叶林土 Brown coniferous forest soils	寒温带针叶林下，酸性淋溶，表层盐基饱和度降低，B 层呈棕色，具 O-A-AB-B-C 剖面构型	内蒙古、黑龙江、四川、云南、吉林、新疆等	Cambisols	47	1.15
	灰化土 Podzolic soils	寒冷湿润针叶林下，表层有机质层深厚，强烈淋溶和 SiO$_2$ 淀积形成灰化层 A$_2$，具 A$_1$-A$_2$-B-BC 剖面构型	西藏	Podzols	100	< 0.01
半淋溶土纲 Semi-alfisols	燥红土 Torrid red soils	热带、亚热带干旱河谷与雨区稀树草原下形成的盐基饱和的红色土壤，具 A-B-C（D）剖面构型	海南、贵州、云南、四川等	Luvisols	100	0.08
	褐土 Cinnamon soils	暖温带半湿润，黏化与钙质淋移淀积，盐基饱和，B 层呈棕褐色，具 A-B-Bk-C 剖面构型	河北、山西、北京等	Cambisols	48	2.88
	灰褐土 Gray-cinnamon soils	温带干旱、半干旱山地云冷杉下，腐殖质累积与钙积作用明显，弱黏淀特征，具 Ao-A-B-C 剖面构型	甘肃、内蒙古、新疆、西藏、青海、宁夏等地的山地垂直带	Cambisols	43	0.65
	黑土 Black soils	温带半湿润草甸草原下，具深厚的腐殖质层，无石灰性的黑色土壤，底层轻度淋溶，具 A-ABh-BhC-C 剖面构型	东北平原	Phaeozems	31	0.68
	灰色森林土 Gray forest soils	温带森林植被下，腐殖质层深厚，弱度淋溶，剖面下部见硅粉，具 O-A-AB 或（B）-BC-C 剖面构型	内蒙古、新疆、河北	Phaeozems	77	0.34
钙层土 Pedocals	黑钙土 Chernozems	温带半湿润草甸草原下，具深厚的腐殖质层、碳酸钙淋溶淀积层	内蒙古、新疆、吉林、黑龙江、青海、甘肃	Chernozems	50	1.51
	栗钙土 Castanozems	温带半干旱草原下，具有栗色腐殖质层和灰白色钙积层	内蒙古、新疆、河北、山西、吉林等	Kastanozems	61	4.18
	栗褐土 Castano-cinnamon soils	暖温带半干旱草原及灌木下，弱度黏化和弱度淋溶，通体有石灰反应	山西、内蒙古、河北	Cambisols	40	0.47
	黑垆土 Dark loessial soils	黄土高原上，由黄土母质发育，有机质含量低，腐殖质层深厚，无明显黏化层	甘肃面积最大，其次为陕北和宁南地区	Cambisols	59	0.21
干旱土 Aridisols	棕钙土 Brown caliche soils	温带干旱草原向荒漠过渡区，具浅棕色薄腐殖质层、灰白色薄钙积层，钙积层接近地表	内蒙古、甘肃、青海、新疆	Cambisols	36	2.81
	灰钙土 Sierozems	暖温带干旱草原下，母质多为黄土，低腐殖质、弱淋溶，具腐殖质层和钙积层	甘肃、宁夏、新疆、青海、内蒙古、陕西	Cambisols	63	0.50

续表

土纲名1)	土类名2)	主要成土条件及特征3)	分布区域	WRB 土组名4)	MR5)/%	百分比6)/%
漠土 Desert soils	灰漠土 Gray desert soils	温带干旱漠境边缘区	宁夏、内蒙古、甘肃、新疆等	Cambisols	44	0.72
	灰棕漠土 Gray-brown desert soils	温带干旱中心	新疆、内蒙古等	Cambisols	78	3.11
	棕漠土 Brown desert soils	暖温带极干旱漠境中心	新疆、甘肃等	Cambisols	65	2.69
初育土 Amorphic soils	黄绵土 Loessial soils	黄土高原上，由黄土母质直接翻耕形成，具 A-C 剖面构型	陕西、甘肃、山西、宁夏等	Cambisols	33	1.97
	红黏土 Red primitive soils	由第三纪红色黏土及部分第四纪老黄土发育	陕西、甘肃、河南、山西、辽宁等	Regosols	48	0.07
	新积土 Neo-alluvial soils	新近冲积、洪积、坡积、塌积或人工堆垫，具 A-C 或（A）-C 剖面构型	全国各地，以吉林、陕西面积最大，其次为黑龙江、宁夏、四川等	Fluvisols	51	0.57
	龟裂土 Takyr	干旱、漠境地区山前细土洪积微弱发育，表层为不规则龟裂结皮	新疆、甘肃、内蒙古、宁夏	Cambisols	72	0.06
	风沙土 Aeolian soils	半干旱、干旱及滨海地区，由风成沙性母质发育	新疆、内蒙古、甘肃、青海等	Arenosols	75	7.03
	石灰（岩）土 Limestone soils	由热带、亚热带石灰岩母质发育	贵州、广西、四川、湖南等	Cambisols	80	1.73
	火山灰土 Volcanic ash soils	由火山喷发碎屑、粉尘状堆积物发育，具 A-C 剖面构型	黑龙江、江苏、海南等	Andosols	53	0.04
	紫色土 Purplish soils	由热带、亚热带紫红色岩层侵蚀发育，土层浅薄，具 A-C 剖面构型	四川、云南、湖南、贵州、广西等	Cambisols	68	2.44
	磷质石灰土 Phospho-calcic soils	热带珊瑚岛礁上，由海鸟粪与珊瑚礁风化物形成	南海的西沙、南沙、东沙、中沙诸岛	Arenosols	81	< 0.01
	石质土 Lithosols	石质山地岩石风化残积物，风化层厚度一般小于 10cm，具 A-R 剖面构型	西北和华北山地	Leptosols	100	1.87
	粗骨土 Skeletal soils	基岩风化残积物、坡积物，属于 A-C 或（A）-C 剖面构型	辽宁、内蒙古、山东、浙江等地的河谷阶地、丘陵、低山和中山	Regosols	93	1.76
水成土 Aqueous soils	沼泽土 Bog soils	所处地势低洼，长期地表积水，还原作用形成潜育层 G，泥炭层或腐泥层厚度小于 50cm，具 H-G 剖面构型	黑龙江、青海、内蒙古等地的沟谷、平原河湖滨低洼地区均有分布，主要分布于东北	Gleysols	53	1.53
	泥炭土 Peat soils	泥炭层 H 厚度大于 50cm，其下为潜育层 G，具 H-G 剖面构型	青海、四川、黑龙江、吉林等	Histosols	48	0.06

续表

土纲名[1]	土类名[2]	主要成土条件及特征[3]	分布区域	WRB 土组名[4]	MR[5]/%	百分比[6]/%
半水成土 Semi-aqueous soils	草甸土 Meadow soils	冷湿条件下受地下水浸润并在草甸植被下发育，有明显腐殖质累积，铁、锰氧化还原形成锈纹层 Cu，具 A-Cu 或 A-C-Cu 剖面构型	黑龙江、内蒙古、新疆、四川等	Cambisols	92	3.54
	潮土 Fluvo-aquic soils	河流冲积平原或低平阶地耕作土壤，地下水位高，底土氧化还原交替形成锈纹层 Cu，具 A_{11}-A_{12}-Cu 或 A_{11}-C-Cu 剖面构型	主要分布于黄淮海平原，内蒙古、辽宁、湖北等地的河谷平原，滨湖低地与山间谷地也有分布	Cambisols	85	3.71
	砂姜黑土 Lime concretion black soils	河湖沉积物经脱沼与长期耕作形成，底土见砂姜	主要分布于安徽、河南、山东、江苏等，河北、湖北、广西等地也有分布	Cambisols	79	0.54
	林灌草甸土 Shrubby meadow soils	漠境河谷平原沿河一带的胡杨林下发育，有交替氧化还原作用，具 Ao-AC-C 剖面构型	新疆、内蒙古、甘肃等	Cambisols	87	0.24
	山地草甸土 Mountain meadow soils	中海拔山顶平台草甸植被下发育的薄层土壤，草皮层 As 下见铁锰锈纹、胶膜，具 As-A-C-D 剖面构型	除青藏高原及西北高山区以外，各省、自治区、直辖市均有分布，以西部为多，西南部次之	Cambisols	60	0.04
盐碱土 Alkali-saline soils	草甸盐土 Meadow solonchaks	草甸土、潮土、沼泽土地区，盐分累积量大于 6g/kg，有盐化表土层 Az，具 Az-C 剖面构型	从长江口到松辽平原均有分布	Solonchaks	55	1.21
	滨海盐土 Coastal solonchaks	母质为滨海沉积物，盐分来自海水和高矿化潜水，通常含盐量为 10g/kg，具 Az-Cz 剖面构型	山东、浙江、福建等沿海地区	Solonchaks	47	0.31
	酸性硫酸盐土 Acid sulphate soils	热带、南亚热带滨海低平原的海潮可及处，红树林残体形成的硫化物经氧化形成硫酸，土壤呈强酸性	海南、广东、广西、福建、台湾等	Solonchaks	36	<0.01
	漠境盐土 Desert solonchaks	极端干旱的漠境条件，含盐量通常在 100g/kg 以上	新疆、青海、甘肃等	Solonchaks	50	0.31
	寒原盐土 Frigid plateau solonchaks	青藏高寒地区退缩内陆湖盆、河间洼地	西藏	Solonchaks	88	0.10
	碱土 Solonetzes	碱化度（交换性钠占阳离子交换量百分比）大于 20%	零星分布于东北、华北、西北的内陆地区	Solonetz	50	0.06
人为土 Anthrosols	水稻土 Paddy soils	长期季节性淹灌、排水，水下翻耕，氧化还原交替，形成多种发生层分异：淹育层 Aa、犁底层 Ap、渗育层 P、潴育层 W 与潜育层 G	全国各地，以四川、江西、湖南等地面积为大	Anthrosols	83	4.93
	灌淤土 Irrigated warped soils	引用高泥沙含量灌溉水淤灌，加厚土层大于 50cm	新疆、宁夏、甘肃、河北、青海、西藏等	Anthrosols	70	0.22

续表

土纲名[1]	土类名[2]	主要成土条件及特征[3]	分布区域	WRB 土组名[4]	MR[5]/%	百分比[6]/%
人为土 Anthrosols	灌漠土 Irrigated desert soils	干旱荒漠地区，坎儿井水长期耕灌	新疆、甘肃、宁夏、青海等地的荒漠绿洲地带	Anthrosols	68	0.12
高山土 Alpine soils	草毡土 Felty soils	高寒区平缓高原面上，强度生草腐殖质累积与弱度氧化还原形成草毡层	青海、西藏、四川、新疆等	Cambisols	69	5.46
	黑毡土 Dark felty soils	高寒区略较温湿的原面上，草毡层初步分解，色泽较暗，有机质含量较高	西藏、四川、新疆、甘肃等	Cambisols	61	2.73
	寒钙土 Frigid calcic soils	高寒半干旱区，弱度腐殖质累积，底层积钙	西藏、青海、新疆、甘肃等	Calcisols	70	7.88
	冷钙土 Cold calcic soils	高寒区冷凉半干旱原面下，具弱腐殖质累积与钙积特征	新疆、西藏、甘肃等	Cambisols	45	1.43
	冷棕钙土 Cold brown calcic soils	高寒区温凉的半干旱河谷处，土壤弱腐殖质累积，弱度淋溶与积钙	西藏	Cambisols	67	0.09
	寒漠土 Frigid desert soils	高寒干旱条件下成土	青藏高原西北部海拔 4000m 以上地区，涉及新疆、四川、西藏、青海等	Cryosols	87	0.29
	冷漠土 Cold desert soils	亚高山冷凉干旱条件下成土	西藏海拔 4500m 以下的湖盆、河谷及山地中下部	Cambisols	42	0.03
	寒冻土 Frigid frozen soils	高山冰川冰缘地带条件下，以物理风化为主	青藏高原冰缘地区，涉及新疆、西藏、甘肃等	Leptosols	100	3.23

注：1）中国土壤分类系统中土纲名及土纲英译名。
2）中国土壤分类系统中土类名及土类英译名。
3）本栏所用土层及后缀代码释义。
  自然土壤：A 表土层，As 草根层、草毡层，A_2 灰化层，B 母质特征消失的表下层，C 受成土作用影响小的母质层，D 未受成土作用影响的碎屑层，R 坚硬岩石层，E 漂白层、白浆层，H 泥炭状有机质层，Hi 纤维状泥炭层，He 半分解泥炭层，O 凋落物有机质层。
  旱地土壤：A_{11} 旱耕层，A_{12} 亚耕层，C_1 心土层，C_2 底土层。
  水田土壤：Aa 耕作层（淹作层），Ap 犁底层（淹育层），P 渗育层，W 潜育层，G 潜育层，Gw 脱潜层，M 腐泥层。
  土层后缀代码：d 漂灰特征，c 铁结核或硬结核，f 冰冻特征，h 有机质淀积，k 石灰聚积，n 碱化特征，q 硅积，t 黏粒淀积，v 网纹特征，x 脆盘，z 易溶盐聚积，su 硫化物聚积，b 埋藏或重叠，e 漂洗特征，g 潜育特征，i 弱分解有机质，m 胶结或固结，p 人工扰动，s 三氧化二物聚积，u 锈色斑纹，w 色泽或结构发育，y 石膏聚积，mo 铁锰胶膜。
4）世界土壤资源参比基础（world reference base for soil resources，WRB）工作组发布土组名，WRB 土组划分原则与中国土壤分类系统中土纲接近。
5）WRB 土组对中国土壤分类系统中各土类的最大可参比性（maximum referencibility，MR）。
6）该土类面积占各土类总面积的百分比。

附录5 辽宁省主要土壤类型表

土纲名[1]	土类名[2]	WRB 土组名[3]	MR[4]/%	百分比[5]/%
淋溶土纲 Alfisols	棕壤 Brown soils	Luvisols	51	41.7
	暗棕壤 Dark brown soils	Cambisols	48	0.1
半淋溶土纲 Semi-alfisols	褐土 Cinnamon soils	Cambisols	48	10.0
	黑土 Black soils	Phaeozems	31	0.1
初育土 Amorphic soils	红黏土 Red primitive soils	Regosols	48	0.5
	风沙土 Aeolian soils	Arenosols	75	1.3
	石质土 Lithosols	Leptosols	100	0.3
	粗骨土 Skeletal soils	Regosols	93	12.6
水成土 Aqueous soils	沼泽土 Bog soils	Gleysols	53	0.4
半水成土 Semi-aqueous soils	草甸土 Meadow soils	Cambisols	92	17.4
	潮土 Fluvo-aquic soils	Cambisols	85	8.9
盐碱土 Alkali-saline soils	滨海盐土 Coastal solonchaks	Solonchaks	47	1.6
	碱土 Solonetzes	Solonetz	50	0.1
人为土 Anthrosols	水稻土 Paddy soils	Anthrosols	83	4.5

注：1）中国土壤分类系统中土纲名及土纲英译名。
2）中国土壤分类系统中土类名及土类英译名。
3）世界土壤资源参比基础（world reference base for soil resources，WRB）工作组发布土组名，WRB 土组划分原则与中国土壤分类系统中土纲接近。
4）WRB 土组对中国土壤分类系统中各土类的最大可参比性（maximum referencibility，MR）。
5）该土类面积占辽宁省省域面积百分比，土类面积不足本省省域面积0.05%的土类未列入本表。

附录6 分省土壤有机质含量图有机质含量分级图例

图例	分级序号	色码（CMYK）	色码（RGB）	图例	分级序号	色码（CMYK）	色码（RGB）
	1	2, 2, 17, 0	255, 255, 220		8	38, 0, 74, 0	157, 218, 104
	2	4, 1, 35, 0	248, 255, 190		9	42, 0, 80, 0	146, 210, 90
	3	8, 0, 47, 0	238, 255, 165		10	48, 1, 85, 0	132, 200, 80
	4	17, 0, 53, 0	220, 249, 150		11	52, 4, 89, 1	123, 190, 70
	5	23, 0, 60, 0	203, 242, 135		12	54, 11, 94, 3	115, 175, 55
	6	28, 0, 62, 0	185, 235, 130		13	61, 18, 98, 7	92, 158, 37
	7	34, 0, 68, 0	169, 225, 118		14	64, 24, 100, 15	70, 138, 20

附录7 辽宁省典型剖面0—20cm土层土壤理化性状中位数与平均数

土壤理化性状[1]	辽宁省[2]			东北地区[3]			全国[4]		
	中位数	平均数	样本量*	中位数	平均数	样本量*	中位数	平均数	样本量*
有机质/（g/kg）	14.5	18.3	1074	19.3	32.3	3813	18.6	25.4	53243
pH	7.1	7.1	1023	6.8	6.9	3624	6.8	6.8	54014
全氮/（g/kg）	0.83	1.10	1052	1.17	1.73	3395	1.06	1.37	49409
全磷/（g/kg）	0.61	0.77	1057	0.60	0.85	3329	0.60	0.78	50185
全钾/（g/kg）	22.5	22.2	729	22.4	22.3	2763	18.0	17.5	29736
碱解氮/（mg/kg）	50	51	34	127	168	1821	90	114	19316
有效磷/（mg/kg）	4.0	6.0	310	5.9	10.1	2062	4.4	7.5	23100
速效钾/（mg/kg）	94	101	307	110	127	1915	90	110	23841
阳离子交换量/（cmol/kg）	17.1	17.4	157	20.1	21.4	626	13.1	14.8	22361

注：1）土壤全氮、全磷、全钾、碱解氮、有效磷、速效钾含量均以N、P、K纯养分量计。
2）本卷收录的辽宁省典型土壤剖面共计1213个。通过对剖面数据的土层厚度转换，附录7给出了这些典型剖面0—20cm土层土壤理化性状中位数与平均数。全国第二次土壤普查剖面采样为典型土类采样，而非网格化采样。0—20cm土层土壤理化性状中位数与平均数不代表本省土壤理化性状平均状况。但全国第二次土壤普查是我国最早的大样本量调查，附录7所示的0—20cm土层土壤理化性状中位数与平均数对了解辽宁省20世纪80年代土壤肥力性状量化指标具有一定参考价值。
3）东北地区包括黑龙江、吉林和辽宁3个省，本数据集收录该地区的剖面共计4906个。
4）本数据集全集收录的剖面共计63792个。
* 样本量的单位为"个"。

附录8 辽宁省主要土地利用类型0—30cm土层土壤有机质含量[1]

土地利用类型	辽宁省		东北地区[2]		全国	
	占省域面积百分比[3]/%	有机质/(g/kg)	占地域面积百分比/%	有机质/(g/kg)	占地域面积百分比/%	有机质/(g/kg)
耕地	35.30	14.34	19.51	25.91	13.52	18.65
园地	3.60	13.81	1.93	14.56	2.13	16.68
林地	40.98	20.55	24.52	35.78	30.04	26.96
草地	3.32	14.05	32.56	26.52	27.97	19.18
湿地	1.95	14.63	2.36	26.36	2.48	17.56

注：1）各土地利用类型0—30cm土层土壤有机质含量由本卷编制的辽宁省土壤有机质含量图和自然资源部土地科学数据中心编制的2019年1∶100万比例尺全国土地利用缩编图通过叠加、计算生成。其中，耕地包括水田、水浇地和旱地；园地包括果园、茶园和其他园地；林地包括有林地、灌木林地和其他林地；草地包括天然牧草地、人工牧草地和其他草地；湿地包括沼泽地、沿海滩涂和内陆滩涂。
2）东北地区包括黑龙江、吉林和辽宁3个省。
3）土地利用类型占省域面积百分比根据第三次全国国土调查发布的2019年土地利用现状分类面积汇总数据计算生成。

附录 9 辽宁省耕地、园地、林地和草地中主要土壤类型占比[1]

辽宁省								东北地区[2]								全国							
耕地		园地		林地		草地		耕地		园地		林地		草地		耕地		园地		林地		草地	
土类名	占比/%	土类名	占比/%	土类名	占比/%	土类名	占比/%	土类名	占比/%	土类名	占比/%	土类名	占比/%	土类名	占比/%	土类名	占比/%	土类名	占比/%	土类名	占比/%	土类名	占比/%
棕壤	30.3	棕壤	62.0	棕壤	59.8	粗骨土	51.8	草甸土	30.9	棕壤	59.0	暗棕壤	49.3	草甸土	44.3	水稻土	14.9	水稻土	14.3	红壤	16.7	寒钙土	21.8
草甸土	26.0	草甸土	19.1	粗骨土	23.2	褐土	20.6	黑土	13.3	草甸土	19.0	棕色针叶林土	12.3	沼泽土	12.7	潮土	14.3	红壤	13.1	暗棕壤	10.3	草甸土	14.4
潮土	15.5	粗骨土	10.0	褐土	7.5	棕壤	13.2	黑钙土	11.1	粗骨土	9.5	棕壤	9.9	黑钙土	9.3	草甸土	9.1	砖红壤	11.5	黄壤	7.0	栗钙土	9.7
褐土	12.8	潮土	4.3	草甸土	5.6	潮土	3.9	暗棕壤	10.1	潮土	4.1	草甸土	9.7	暗棕壤	8.7	褐土	6.1	褐土	10.5	黄棕壤	6.3	棕钙土	7.4
水稻土	7.4	褐土	2.9	潮土	1.6	滨海盐土	3.5	白浆土	8.4	褐土	2.8	沼泽土	6.7	粗骨土	5.5	紫色土	4.8	赤红壤	9.6	棕壤	5.8	寒冻土	5.3
粗骨土	3.9	水稻土	0.5	风沙土	0.9	草甸土	2.3	棕壤	6.0	暗棕壤	2.4	白浆土	4.2	碱土	4.4	红壤	4.7	紫色土	5.6	赤红壤	5.1	风沙土	4.8
风沙土	1.8	石质土	0.4	石质土	0.4	沼泽土	1.4	沼泽土	4.8	白浆土	0.6	粗骨土	3.8	风沙土	3.7	黑土	3.4	粗骨土	5.0	褐土	4.6	灰棕漠土	4.4
红黏土	0.7	滨海盐土	0.3	水稻土	0.4	红黏土	1.2	水稻土	3.5	水稻土	0.6	褐土	1.2	褐土	2.2	黑钙土	3.2	潮土	4.8	紫色土	4.5	黑毡土	4.0
合计	98.4	合计	99.5	合计	99.4	合计	97.9	合计	88.1	合计	98.0	合计	97.1	合计	90.8	合计	60.5	合计	74.4	合计	60.3	合计	71.8

注：1) 耕地、园地、林地和草地中主要土壤类型占比由本表编制的辽宁省土壤图和自然资源部土地科学数据中心编制的 2019 年 1:100 万比例尺全国土地利用缩编图通过叠加、计算生成。其中，耕地包括水田、水浇地和旱地；园地包括果园、茶园和其他园地；林地包括有林地、灌木林地和其他林地；草地包括天然牧草地、人工牧草地和其他草地。当某省、自治区、直辖市中某土地利用类型所含土壤类型较多时，本表仅列出占比较大的土壤类型。

2) 东北地区包括黑龙江、吉林和辽宁 3 个省。

附录10 《中国土壤剖面数据集》参编单位

国家科技基础性工作专项重点项目"我国1∶5万土壤图籍编撰及高精度数字土壤构建"主持与参加单位	
中国农业科学院农业资源与农业区划研究所	湖南农业大学
中国科学院南京土壤研究所	西北农林科技大学
中国农业科学院农业环境与可持续发展研究所	沈阳大学
中国科学院地理科学与资源研究所	山东省国土测绘院
国家基础地理信息中心	辽宁省基础测绘院
全国农业技术推广服务中心	黑龙江省农业科学院土壤肥料与环境资源研究所
中国农业大学	海南省农业科学院
华中农业大学	上海市农业科学院生态环境保护研究所
中国地质大学（北京）	城信迪赛（北京）科技有限公司
参加数据集各分卷审核和修订工作的单位	
北京市农林科学院植物营养与资源研究所	广西农业科学院农业资源与环境研究所
河北省农林科学院农业资源环境研究所	重庆市农业技术推广总站
山西省农业科学院农业环境与资源研究所	贵州省农业科学院土壤肥料研究所
辽宁省农业科学院植物营养与环境资源研究所	云南省农业科学院农业环境资源研究所
吉林省农业科学院农业资源与环境研究所	甘肃省农业科学院土壤肥料与节水农业研究所
江苏省农业科学院农业资源与环境研究所	青海省农林科学院土壤肥料研究所
福建省农业科学院	宁夏农林科学院农业资源与环境研究所
江西省土壤肥料技术推广站	新疆农业科学院土壤肥料与农业节水研究所
山东省农业科学院农业资源与环境研究所	西藏自治区农牧科学院
湖南省土壤肥料研究所	

续表

参加分县大比例尺纸质土壤图与土种志收集的单位	
北京市耕地建设保护中心	福建省农田建设与土壤肥料技术总站
天津市农田建设管理处	山东省土壤肥料总站
河北省土壤肥料总站	河南省土壤肥料站
山西省耕地质量监测保护中心	湖北省耕地质量与肥料工作总站（湖北省土壤肥料调查测试中心）
内蒙古自治区土壤肥料和节水农业工作站	湖南省土壤肥料工作站
辽宁省土壤肥料总站	广东省农业科学院农业资源与环境研究所
吉林省土壤肥料总站	河池市土壤肥料工作站
黑龙江八一农垦大学	成都土壤肥料测试中心
上海市农业技术推广服务中心	云南省土壤肥料工作站
江苏省农业科学院	陕西省耕地质量与农业环境保护工作站
扬州市土壤肥料站	甘肃省耕地质量建设保护总站
安徽省土壤肥料总站	

注：表中各参编单位仅出现一次，参与多项工作的单位不重复列出。

参考文献

[1] 张维理，徐爱国，张认连，等.土壤分类研究回顾与中国土壤分类系统的修编［J］.中国农业科学，2014，47（16）：3214-3230.

[2] 张维理，KOLBE H，张认连，等.世界主要国家土壤调查工作回顾［J］.中国农业科学，2022，55（18）：3565-3583.

[3] MCBRATNEY A B，MENDONÇA SANTOS M L，MINASNY B. On digital soil mapping［J］. Geoderma，2003（117）：3-52.

[4] USDA. Natural Resources Conservation Service［EB/OL］. Soils National Soil Information System（NASIS）［2021-12-01］. http://www.nrcs.usda.gov/wps/portal/ nrcs/detail/soils/survey/cid=nrcs142p2_053552.

[5] CSIRO Land and Water. Australian Soil Resource Information System（ASRIS）［EB/OL］.［2021-12-01］. http://www.asris.csiro.au/asris.

[6] European Soil Data Centre［EB/OL］.［2021-12-01］. http://eusoils.jrc.ec.europa.eu/.

[7] 全国土壤普查办公室.全国第二次土壤普查暂行技术规程［M］.北京：农业出版社，1979.

[8] 张维理，张认连，徐爱国，等.中国1∶5万比例尺数字土壤的构建［J］.中国农业科学，2014，47（16）：3195-3213.

[9] 张维理，傅伯杰，徐爱国，等.中国土壤调查结果的地统计特征［J］.中国农业科学，2022，55（13）：2572-2583.

[10] 张维理.海量空间数据提取、整合与制图表达方法概要［J］.中国农业科学，2014，47（16）：3231-3249.

[11] 张维理.智能化海量空间信息分析与地图制图软件包IMAT设计及构建［J］.中国农业科学，2014，47（16）：3250-3263.

[12]《第一次全国地理国情普查地图集》编纂委员会.第一次全国地理国情普查地图集［M］.北京：中国地图出版社，2019.

[13] 中国地图出版社.中国地图集［M］.3版.北京：中国地图出版社，2022.

[14] 全国土壤质量标准化技术委员会.土壤制图 1∶25 000 1∶50 000 1∶100 000 中国土壤图用色和图例规范：GB/T 36501—2018［S］.北京：中国标准出版社，2018.

[15] 张维理，KOLBE H，张认连.土壤有机碳作用及转化机制研究进展［J］.中国农业科学，2020，53（2）：317-331.

[16] 周北燕，石家星.中华人民共和国地形图［M］.北京：中国地图出版社，2009.

[17]《中华人民共和国气候图集》编委会.中华人民共和国气候图集［M］.北京：气象出版社，2002.

[18] 中国标准化与信息分类编码研究所，全国农业技术推广服务中心.中国土壤分类与代码：GB/T 17296—1998［S］.

[19] 中国标准研究中心.中国土壤分类与代码：GB/T 17296—2000［S］.

[20] 全国信息分类编码标准化技术委员会.中国土壤分类与代码：GB/T 17296—2009［S］.北京：中国标准出版社，2009.

[21] ISSS，ISRIC，FAO. World Reference Base for Soil Resources. Wageningen/Rome，1998.

[22] SHI X Z, YU D S, XU S X, et al. Cross-reference for relating Genetic Soil Classification of China with WRB at different scales [J]. Geoderma, 2010 (155): 344-350.
[23] 全国土壤普查办公室. 中国土种志　第一卷 [M]. 北京: 中国农业出版社, 1993.
[24] 全国土壤普查办公室. 中国土种志　第二卷 [M]. 北京: 中国农业出版社, 1994.
[25] 全国土壤普查办公室. 中国土种志　第三卷 [M]. 北京: 中国农业出版社, 1994.
[26] 全国土壤普查办公室. 中国土种志　第四卷 [M]. 北京: 中国农业出版社, 1995.
[27] 全国土壤普查办公室. 中国土种志　第五卷 [M]. 北京: 中国农业出版社, 1995.
[28] 全国土壤普查办公室. 中国土种志　第六卷 [M]. 北京: 中国农业出版社, 1996.
[29] 全国土壤普查办公室. 中国土壤 [M]. 北京: 中国农业出版社, 1998.